WILLIAM N. DUNN

Análisis de política pública

Un enfoque integrado

sexta edición

Traducción de
CARLOS A. MOSQUERA O.

PETER LANG
Lausanne • Berlin • Bruxelles • Chennai • New York • Oxford

Library of Congress Cataloging-in-Publication Control Number: 2022016459

Bibliographic information published by the **Deutsche Nationalbibliothek.**
The German National Library lists this publication in the German
National Bibliography; detailed bibliographic data is available
on the Internet at http://dnb.d-nb.de.

Cover design by Peter Lang Group AG

ISBN 978-1-4331-6789-8 (hardback)
ISBN 978-1-4331-6788-1 (paperback)
ISBN 978-1-4331-6793-5 (ebook)
ISBN 978-1-4331-6794-2 (epub)
DOI 10.3726/b15498

Published by Peter Lang Publishing Inc., New York, USA
info@peterlang.com - www.peterlang.com

This publication has been peer reviewed.

Análisis de política pública

En memoria de Donald T. Campbell

CONTENIDO BREVE

CONTENIDO DETALLADO

PARTE II
MÉTODOS DEL ANÁLISIS DE POLÍTICA PÚBLICA

PARTE III
MÉTODOS DE COMUNICACIÓN EN LA POLÍTICA PÚBLICA

CONTENIDO DE RECUADROS

CONCEPTOS, GUÍAS Y LISTAS DE VERIFICACIÓN ÚTILES

CONTENIDO DE ESTUDIOS DE CASO

LECCIONES DESDE LA PRÁCTICA

CONTENIDO DE REPRESENTACIONES VISUALES

FIGURAS PARA ORGANIZAR EL PENSAMIENTO

TABLAS PARA ORGANIZAR EL PENSAMIENTO

PREFACIO

Mi objetivo al escribir las varias ediciones de este libro ha sido producir una síntesis crítica del campo y ofrecer, al mismo tiempo, a estudiantes, docentes y profesionales, un cuerpo de conocimientos y habilidades aplicables a problemas del mundo real. Este no es un texto en el sentido estrecho y convencional del término.

Desde la publicación de la primera edición de *Análisis de política pública* hace más de treinta y cinco años, he llegado a convencerme cada vez más de que la metodología del análisis de política pública descansa o debería descansar en fundamentos epistemológicos distintos de los de las disciplinas que integran el análisis de política pública. Por esta razón, persisto en definir el análisis de política pública como una disciplina científico-social aplicada que emplea múltiples métodos de investigación para resolver problemas prácticos.

Lo que esto significa es que la metodología del análisis de política pública no se puede restringir a las teorías y rutinas analíticas de la microeconomía, porque las soluciones de problemas prácticos demandan mucho más que el análisis de la elección racional, la utilidad esperada y los costos de oportunidad. De igual modo, la metodología del análisis de política pública no se puede limitar al estudio de la política, porque las soluciones de problemas prácticos requieren más que el análisis del poder, el gobierno y la autoridad, o de quién obtiene qué, cuándo y cómo. Mucho más está implicado. Finalmente, dado que el principal objetivo del análisis de política pública es mejorar las políticas públicas, la metodología del análisis de política pública no se puede reducir a un deporte académico de espectadores en que el conocimiento es premiado por su propia virtud.

En esta sexta edición he intentado emplear un estilo simplificado de escritura, elegir casos basados en prácticas analíticas del mundo real, y crear gráficos que hacen comprensibles ideas complejas. Los materiales de caso incluyen asuntos de política exterior y seguridad internacional, así como problemas domésticos sobre justicia ambiental, economía urbana, transporte y seguridad pública. Se incluyen gráficos avanzados para mapear y evaluar argumentos de política pública con vistas a cultivar habilidades de pensamiento crítico en áreas que van desde el pronóstico experto y el análisis estadístico hasta teorías sobre la justicia ambiental. El libro brinda a los estudiantes habilidades mercadeables en la comunicación del análisis de política pública mediante la escritura de memorandos de política pública, documentos de posición o síntesis, y otros productos de escritura analítica estructurada. Finalmente, nuevas preguntas de repaso y ejercicios de demostración enfatizan un aprendizaje más activo que pasivo.

Se emplean de nuevo especiales dispositivos de instrucción y estrategias de aprendizaje a lo largo del libro:

- *Organizadores avanzados.* El libro utiliza organizadores avanzados, especialmente gráficos, para introducir a los estudiantes en la lógica y la aplicación de métodos. El organizador avanzado para el libro en su conjunto es el modelo funcional de análisis de política pública presentado en el primer capítulo.
- *Objetivos de aprendizaje.* Al comienzo de cada capítulo hay una declaración explícita de objetivos de aprendizaje que los estudiantes deben ser capaces de alcanzar leyendo el capítulo, respondiendo las preguntas de estudio y realizando los ejercicios de demostración. Estos objetivos se afirman en términos de adquisición de conocimiento y habilidades para hacer o ejecutar algo -esto es, objetivos de aprendizaje conductualmente anclados que implican reconocimiento, definición, comprensión, explicación, predicción, evaluación y aplicación. Con la afirmación de objetivos de aprendizaje en esta forma, el énfasis está en el aprendizaje activo antes que en el pasivo, en la aplicación antes que en la memorización.
- *Preguntas de repaso.* El conocimiento y las habilidades deben reforzarse. Por esta razón, al final de cada capítulo se ofrecen preguntas de repaso. Éstas se ocupan de conocimientos y habilidades de orden superior (*e.g.*, explicación o aplicación), así como de conocimientos y habilidades de orden inferior (*e.g.*, cálculo o estimación). Las preguntas de repaso pueden ser utilizadas por los estudiantes en su estudio autónomo y por los instructores que están desarrollando ejercicios escritos, exámenes y pruebas.
- *Ejercicios de demostración.* Conocimientos y habilidades no se adquieren o retienen si no se cuenta con oportunidades frecuentes de aplicación a los problemas del mundo real. Por esta razón, cada capítulo ofrece oportunidades para demostrar la aplicación de conocimientos y habilidades a problemas prácticos. El intento es conducir a los estudiantes del "análisis de política pública de pizarra" hacia el mundo real de los problemas carentes de orden.
- *Casos.* Los casos en el análisis de política son el foco de los ejercicios de demostración. Los casos comprenden una serie de cuestiones que incluyen política exterior y contraterrorismo, política de transporte, salud y seguridad ocupacional, y política urbana. Algunos casos son ante todo conceptuales; la mayoría son de naturaleza metodológica.
- *Bibliografías.* Además de la literatura citada en notas a pie de página, cada capítulo está acompañado por una bibliografía relacionada con la materia de cada capítulo. He intentado incluir literatura representativa de varios de los más importantes desarrollos recientes y clásicos en el análisis de política pública.
- *Pautas para la comunicación escrita y oral.* Los estudiantes que dominan métodos casi siempre encaran dificultades cuando se enfrentan a traducir y comunicar resultados del análisis. Por esta razón, se hace énfasis en la escritura de artículos temáticos, memorandos de política pública, documentos de posición o síntesis, y en la planeación de sesiones informativas orales. Los apéndices presentan pautas paso a paso y listas de verificación.
- *Mapas de argumentos.* El análisis versa sobre la elaboración y comprensión de argumentos de política pública. Esta edición usa mapas de argumentos creados con *Rationale*, un innovador programa de mapeo de argumentos disponible en www.reasoninglab.com. En otro lugar he

expresado mi gratitud al profesor Tim van Gelder, uno de los creadores del programa, por su colaboración.

- *Sitio web*. Un sitio web especial (www.routledge.com/9781138743847) apoya a los usuarios de este libro proporcionándoles filminas relacionadas con cada capítulo y conjuntos de datos relacionados con los casos cubiertos en los capítulos. Varias de estas filminas pueden servir como notas de enseñanza.
- *Software de mapeo de argumentos*. Los usuarios de este libro pueden adquirir el software de mapeo de argumentos (*Rationale 2*) ingresando a www.reasoninglab.com. Hay disponibles descuentos educativos.

RECONOCIMIENTOS

No habría empezado este ambicioso proyecto multidisciplinario sin el estímulo del finado Paul F. Lazarsfeld, quien hace muchos años me desafió a investigar lo que él denominaba el "movimiento de las ciencias de la política pública". Lazarsfeld, uno de los pocos científicos sociales aplicados más importantes del siglo veinte, era escéptico acerca de la envergadura de la empresa, tal como había sido esbozada por Harold Lasswell, Daniel Lerner y otros. Sus objetivos le parecían imprudentemente abarcadores y pretenciosos, una crítica que Charles Lindblom y otros especialistas en política pública también compartían. Debe decirse que Lazarsfeld no se identificaba como sociólogo, sino como un científico social aplicado con compromisos multidisciplinarios. Por esta razón, fue profesor universitario de ciencia social (no de sociología) en la Universidad de Pittsburgh.

Unos diez años después hicimos el intento, en últimas infructuoso, de ocupar el cargo vacante de Lazarsfeld con otro científico social aplicado de primer orden, Donald T. Campbell, quien virtualmente había revolucionado la metodología de las ciencias sociales aplicadas en el siglo veinte. Campbell, al igual que Lazarsfeld, no se identificaba principalmente con su disciplina original, que era la sicología social; se consideraba más bien como un científico social aplicado multidisciplinario, especializado en evaluación de programas y de política pública, y en filosofía y sociología de la ciencia. Si se hubiese unido a nosotros, Campbell habría sido profesor universitario de ciencia social (no de sicología) en la Universidad de Pittsburgh.

La mentoría de Campbell en un estadio crítico de mi vida profesional hace unos treinta años tuvo un profundo efecto sobre la forma en que pienso acerca de las fortalezas y limitaciones del análisis de política pública, la evaluación de programas y las ciencias sociales aplicadas. Su impronta puede verse a lo largo de este libro.

Casi al mismo tiempo me solicitaron hacer parte de un equipo de la facultad que estaba desarrollando materiales curriculares sobre análisis de política pública para practicantes en gobiernos locales. Con el liderazgo de Blue Wooldridge del Servicio Nacional de Información Técnica, actualmente en la

Universidad de la Mancomunidad de Virginia, el grupo atinadamente había contratado especialistas en teoría del aprendizaje y desarrollo curricular, entre los que se contaban Doris Gow y Jyotsna Vasudev, que fueron vinculados al proyecto. Aprendí de ellos la importante lección pedagógica de que materias abstractas, como el análisis de política pública, pueden enseñarse más efectivamente centrándose en objetivos de aprendizaje conductualmente definidos, que las universidades enseñan hoy bajo la rúbrica de aprendizaje a distancia. Estoy agradecido con ellos por hacerme ver que buena parte de la literatura que asignamos en los cursos no se conecta fácil o satisfactoriamente con resultados de aprendizaje, lo cual significa que con frecuencia no podemos decir por qué deseamos que los estudiantes lean los materiales que les asignamos. Esto fue una revelación iluminadora.

He tenido la fortuna de conocer y trabajar con colegas que cambiaron mis ideas sobre muchas cosas, incluyendo el importante papel que la filosofía y la sociología de la ciencia desempeñan en las ciencias sociales aplicadas. Entre estos colegas están Ian I. Mitroff, Burkart Holzner, y mi antiguo estudiante y hoy profesor, Bahman Fozouni, quien me presentó a otros colegas del Centro de Historia y Filosofía de la Ciencia de la Universidad de Pittsburgh. Aprendí mucho acerca de la importancia pragmática del análisis de política pública y de las ciencias sociales aplicadas de Gerald Zaltman, Robert F. Rich, Thomas D. Cook y de la difunta Carol H. Weiss, todos los cuales estaban y están comprometidos en investigar y en modificar deliberadamente las condiciones bajo las cuales pueden utilizarse las ciencias sociales para resolver problemas prácticos. B. Guy Peters también me enseñó mucho sobre la necesidad de ligar el análisis de política pública con el campo de la gobernanza y particularmente con el diseño de la política pública.

La facultad y los estudiantes de la Escuela para Graduados de Asuntos Públicos e Internacionales de la Universidad de Pittsburgh me han ayudado a mejorar mi pensamiento, escritura y enseñanza. Entre ellos están Alex Weilenmann, Louise Comfort, Dipak Gupta, Steve Coulthart, Tom Pavlak, John Mendeloff, Ilia Murtazashvili, Jennifer Murtazashvili, Héctor Correa, Michael Sabath, Soumana Sako, Sam Overman, Tony Cahill, Mary Jo Dukes, Sofian Effendi, Kevin Kearns, S. Laurel Weldon, Dave Miller, Ralph Bangs, Jan Jernigan, Neda Milevska, Phil Murphy, Keun Namkoong, Andrea Hegedus y Phil Williams.

En los últimos treinta y cinco años este libro ha sido utilizado en programas de entrenamiento, de certificados y conducentes a título de grado en universidades, centros de pensamiento y gobiernos en este país y en el extranjero. Se han terminado o se hallan en curso traducciones al árabe, chino, indonesio, coreano, macedonio, rumano, ruso y ucraniano. El libro ha sido utilizado en programas y proyectos de entrenamiento en países de la Unión Europea, Europa suroriental, Medio Oriente, norte de África y América Latina. Las revisiones incorporadas en esta edición reflejan algo de lo que he aprendido de los participantes y organizadores de estos programas.

También estoy agradecido con los estudiantes y la facultad del Centro para Graduados en Política y Administración Públicas en Skopje, Macedonia, una institución innovadora pero hoy inactiva, con algunos de los mejores estudiantes a los que he enseñado. Deseo también agradecer a los revisores de esta edición y de ediciones previas. Además de los revisores anónimos, ellos incluyen a David Nice de la Universidad Estatal de Washington, David Houston de la Universidad de Tennessee en Knoxville, Louise Comfort de la Universidad de Pittsburgh. Sheila Kelly, Lien Rung-Kao, Sujatha Raman, Eric Sevigny, Kate Freed, Bojana Aceva-Andonova, Erin McGrath, Alla Golovina Khadka y Jessica Reyes me asistieron en la preparación de materiales para esta edición y ediciones anteriores. Estoy asimismo agradecido por la asistencia editorial de *Integra Software Services Pvt Ltd.*, en Pondicherry, India, y con los editores de Pearson. Para esta sexta edición debo un especial reconocimiento a Misha Kydd, Yvette M. Chin, Sophie Watson, y a la editora de Routledge, Laura D. H. Stearns.

William N. Dunn
Graduate School of Public and International Affairs, University of Pittsburgh

PARTE I

METODOLOGÍA DEL ANÁLISIS DE POLÍTICA PÚBLICA

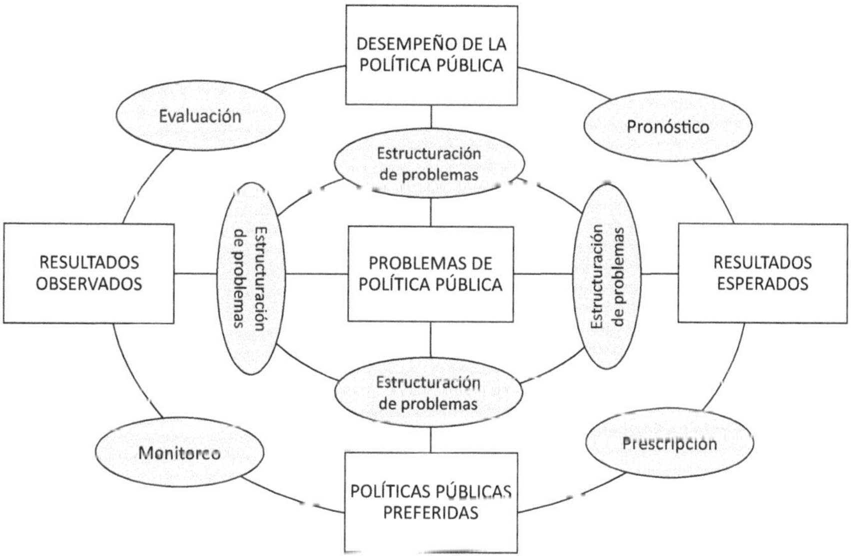

CAPÍTULO 1

EL PROCESO DEL ANÁLISIS DE POLÍTICA PÚBLICA

OBJETIVOS DE APRENDIZAJE

Mediante el estudio de este capítulo, usted debe ser capaz de:

- Definir e ilustrar las fases del análisis de política pública
- Distinguir cuatro estrategias del análisis de política pública
- Contrastar lógica reconstruida y lógica en uso
- Distinguir análisis de política pública prospectivo y retrospectivo

- Distinguir estructuración de problemas y solución de problemas
- Describir la estructura de un argumento de política pública y sus elementos
- Entender el papel del mapeo de argumentos en el pensamiento crítico
- Interpretar cuadros de mando, hojas de cálculo, diagramas de influencia, árboles de decisión y mapas de argumentos

INTRODUCCIÓN

El análisis de política pública es un proceso de investigación multidisciplinaria orientado a la creación, valoración crítica y comunicación de conocimiento relevante para la política pública. Como disciplina relacionada con la solución de problemas, abreva en métodos, teorías y hallazgos sustantivos de las ciencias sociales para resolver problemas prácticos[1].

METODOLOGÍA DE LA INVESTIGACIÓN DE POLÍTICA PÚBLICA

La *metodología* de la investigación de política pública se refiere a la investigación crítica de soluciones potenciales a problemas prácticos. Abraham Kaplan, uno de los fundadores de las ciencias de la política pública, observaba que el objetivo de la metodología es ayudar a entender y cuestionar no solo los productos de la investigación de política pública, sino también el proceso empleado para crear estos productos. La metodología de la investigación de política pública contribuye al entendimiento reflexivo de teorías, métodos y prácticas de campos especializados como el análisis beneficio-costo en economía, el análisis de la implementación en la ciencia política y la presupuestación por programas en la administración pública. Estos y otros campos especializados ocupan un lugar importante en el proceso de investigación de política pública porque colaboran en la provisión de sus fundamentos multidisciplinarios.

La metodología de la investigación de política pública no es lo mismo que métodos como el análisis de regresión, la entrevista etnográfica o el análisis beneficio-costo, porque la metodología se interesa en los supuestos filosóficos que justifican el uso de estos métodos. La metodología de la investigación de política pública tampoco es equivalente a una u otra filosofía de la ciencia, por ejemplo, el positivismo lógico, la hermenéutica o el pragmatismo[2]. Por el contrario, la metodología de la investigación de

1 Para una muestra de definiciones alternativas ver Harold Lasswell, *A Pre-view of Policy Sciences* (New York: American Elsevier Publishing, 1971); Yehezkel Dror, *Ventures in Policy Sciences: Concepts and Applications* (New York: American Elsevier Publishing, 1971); Edward Quade, *Analysis for Public Decisions*, 3a. ed. rev., edición de Grace M. Carter (New York: North Holland Publishing, 1989); David L. Weimer y Aidan R. Vining, *Policy Analysis: Concepts and Practice*, 2a. ed. (Englewood Cliffs, NJ: Prentice Hall Inc., 1992) [sexta edición: 2017].

2 El positivismo lógico (o empirismo lógico) fue abandonado por la mayoría de los filósofos de la ciencia hace más de cincuenta años, aunque sus pilares epistemológicos -la teoría de la correspondencia de la verdad, el criterio empírico de significado y la ciencia libre de valores- son aún venerados por muchos científicos sociales. Para alternativas al positivismo lógico en la economía y la ciencia política, ver Daniel Bromley, *Sufficient Reason: Volitional Pragmatism and the Meaning of Economic Institutions* (Princeton, NJ: Princeton University Press, 2006); Henry E. Brady y David Collier (eds.), *Rethinking Social Inquiry: Diverse Tools, Shared Standards* (Lanham, MD: Rowman Littlefield, 2004); Deirdre N. McCloskey, *The Rhetoric of Economics*, 2a. ed. (Madison: University of Wisconsin Press, 1998); Thomas Ziliak y Deirdre N. McCloskey, *The Cult of Statistical Significance: How the Standard Error Costs Us Jobs, Justice, and Lives* (Ann Arbor: University of Michigan Press, 2008). [*N. del t.*: Acaso más tempranamente que en Estados Unidos, la controversia sobre el positivismo en las ciencias sociales también aconteció en Europa. Libro representativo de tal controversia durante los años sesenta del siglo pasado en este otro lugar del mundo es Theodor Adorno *et al.*, *Der Positivismusstreit in der deutschen Soziologie* (Neuwied und Berlin: Luchterhand Verlag, 1969) [*La disputa del positivismo en la sociología alemana* (Barcelona y México D.F.: Grijalbo, 1972)], que contiene las ponencias presentadas por Theodor Adorno y Karl Popper, "jefes de fila" de la "teoría crítica de la sociedad" y del "racionalismo crítico" respectivamente, en un congreso celebrado en 1961 en Tubinga. Contiene además aportes de comentaristas y ponencias de epígonos de ambas "escuelas"

política pública es productivamente ecléctica; sus practicantes son libres de elegir entre una variedad de métodos científicos, cualitativos así como cuantitativos, y filosofías de la ciencia, con tal que estos produzcan conocimiento confiable[3]. En este contexto, el análisis de política pública comprende arte y artesanía, que pueden considerarse científicos en la medida en que tienen éxito en producir conocimiento que es *confiable* porque se puede confiar. El conocimiento ordinario de sentido común y la sabiduría práctica bien avalada, productos del aprendizaje evolutivo a través de generaciones de solucionadores de problemas, a menudo producen conclusiones que son al menos tan confiables, y algunas veces más, como las producidas mediante métodos de la ciencia social especializada[4].

El fundamento racional del análisis de política pública es pragmático. Por esta razón, el análisis de política pública es inequívocamente diferente de las disciplinas científico-sociales que valoran el conocimiento por sí mismo. La relevancia de estas disciplinas para la política pública depende no solamente de su estatus como ciencias, sino también del grado en que son exitosas en iluminar y aliviar problemas prácticos. Sin embargo, los problemas prácticos no arriban en paquetes disciplinarios separados dirigidos, por así decir, a los departamentos de ciencias sociales. En el mundo actual, el análisis multidisciplinario de política pública parece proporcionar el mejor ajuste a la múltiple complejidad de la elaboración de la política pública.

ANÁLISIS MULTIDISCIPLINARIO DE POLÍTICA PÚBLICA

El análisis de política pública es en parte *descriptivo*. Se basa en las disciplinas de las ciencias sociales tradicionales para describir y explicar causas y consecuencias de las políticas públicas. Pero también es *normativo*, término que se refiere a juicios de valor sobre lo que debe ser, en contraste con declaraciones descriptivas sobre lo que es[5]. Para investigar problemas de eficiencia y justicia, el análisis de política pública se basa en la economía normativa y el análisis de decisiones, así como en la ética y otras ramas de la filosofía social y política, disciplinas que consideran lo que *debe* ser. Este compromiso normativo surge del hecho de que analizar políticas públicas demanda que elijamos entre consecuencias deseadas

(Ralf Dahrendorf, Hans Albert, Jürgen Habermas, Harald Pilot). Se ha dicho que se trató de la tercera gran disputa metodológica (*Methodenstreit*) de las ciencias sociales en el ámbito lingüístico alemán].

3 Larry Laudan ha argumentado persuasivamente que la demarcación entre ciencia y no ciencia, incluidos ciencia, arte y artesanía, es un seudoproblema. No es necesario preguntar si el conocimiento es "científico", solamente si es confiable. "The Demise of the Demarcation Problem", en R. S. Cohen y L. Laudan, *Physics, Philosophy and Psychoanalysis: Essays in Honor of Adolf Grünbaum*. Boston Studies in the Philosophy of Science, vol. 76 (Dordrecht: D. Reidel, 1983), pp. 111–127. Aaron Wildavsky y otros parecen yuxtaponer arte y artesanía para caracterizar el análisis de política pública. Ver Aaron Wildavsky, *Speaking Truth to Power: The Art and Craft of Policy Analysis* (Boston, MA: Little Brown, 1979); e Iris Geva-May y Aaron Wildavsky, *An Operational Approach to Policy Analysis: The Craft, Prescriptions for Better Analysis* (Boston: MA: Kluwer, 1997). El término *ciencias de la política pública* (*policy sciences*) es de Harold Lasswell. Ver la breve historia metodológica de las ciencias de la política pública en Ronald Brunner, "The Policy Movement as a Policy Problem", en *Advances in Policy Studies since 1950*, vol. 10, *Policy Studies Review Annual*, ed. de W. N. Dunn y R. M. Kelly (New Brunswick, NJ: Transaction Books, 1992), pp. 155–197, y las contribuciones a Michael Moran, Martin Rein y Robert E. Goodin (eds.), *The Oxford Handbook of Public Policy* (Oxford: Oxford University Press, 2006).

4 Sobre los contrastes entre conocimiento científico y profesional, por una parte, y conocimiento ordinario de sentido común, por otra, ver Charles E. Lindblom y David K. Cohen, *Usable Knowledge: Social Science and Social Problem Solving* (New Haven, CT: Yale University Press, 1979). En cuanto a la adecuación general del conocimiento práctico desarrollado -pero con la necesidad periódica de realizar pruebas científicas suplementarias-, ver Donald T. Campbell, "Evolutionary Epistemology", en *Methodology and Epistemology for Social Science: Selected Papers*, ed. de E. S. Overman (Chicago, IL: University of Chicago Press, 1989).

5 Una exposición clásica de la diferencia entre conocimiento positivo y normativo en economía es Milton Friedman, *Essays in Positive Economics* (Chicago, IL: University of Chicago Press, 1953) [*Ensayos sobre economía positiva* (Madrid: Gredos, 1967)]. Esta misma distinción entre conocimiento positivo y normativo está presente en todas las ciencias sociales. Esta misma distinción es la base de *Public Choice III* (Cambridge: Cambridge University Press, 2012) de Dennis C. Mueller, un tratado ampliamente respetado sobre teoría e investigación económica positiva y normativa.

(fines) y cursos de acción preferidos (medios). La elección de fines y medios exige soluciones de compromiso permanentes entre valores que compiten tales como la eficiencia, la equidad, la seguridad, la libertad, la democracia y la ilustración[6]. Un antiguo subsecretario del Departamento de Vivienda y Desarrollo Urbano afirmó concisamente la importancia del razonamiento normativo en el análisis de política pública: "Nuestro problema no es hacer lo correcto. Nuestro problema es saber qué es correcto"[7].

Conocimiento relevante para la política pública

El análisis de política pública está diseñado para proporcionar *conocimiento relevante para la política pública* sobre cinco tipos de preguntas:

- *Problemas de política pública.* ¿Cuál es el problema para el que se busca una potencial solución? ¿Es el calentamiento global una consecuencia artificial de las emisiones de los vehículos o una consecuencia de fluctuaciones periódicas en la temperatura de la atmósfera? ¿Qué alternativas están disponibles para mitigar el calentamiento global? ¿Cuáles son los resultados potenciales de estas alternativas y cuál es su valor o utilidad?
- *Resultados de política pública esperados.* ¿Cuáles son los resultados esperados de las políticas diseñadas para reducir futuras emisiones nocivas? Dado que las fluctuaciones naturales periódicas son difíciles si no imposibles de controlar, ¿cuál es la probabilidad de que puedan reducirse las emisiones aumentando el precio de la gasolina y del combustible diésel o requiriendo que los aviones utilicen biocombustibles?
- *Políticas públicas preferidas.* ¿Qué políticas deben elegirse, considerando no solo sus resultados esperados en reducir emisiones nocivas, sino también el valor de las emisiones reducidas en términos de costos y beneficios monetarios? ¿Debe valorarse la justicia ambiental junto con la eficiencia económica?
- *Resultados de política pública observados.* ¿Qué resultados de política pública se observan, a diferencia de los resultados esperados antes de la adopción de una política pública preferida? ¿Resultó realmente la política preferida en una disminución de las emisiones, o las caídas en la producción mundial de petróleo y los consecuentes aumentos en los precios de la gasolina y la reducción de la conducción también menguaron las emisiones?
- *Desempeño de la política pública.* ¿En qué medida se ha logrado el desempeño de la política pública, tal como lo definen los resultados de política valorados que señalan la reducción del calentamiento global mediante controles de emisiones? ¿Hasta qué punto la política pública ha alcanzado otras medidas de desempeño de la política, por ejemplo, la reducción de costos de las emisiones de carbono y del calentamiento global para las generaciones futuras?

Respuestas a estas preguntas producen cinco tipos de conocimiento relevante para la política pública, que se muestran como rectángulos en la Figura 1.1[8].

6 Ver Deborah Stone, *Policy Paradox: The Art of Political Decision Making*, ed. rev. (New York: W. W. Norton, 2001), y Harold D. Lasswell, *A Pre-view of Policy Sciences* (New York: American Elsevier Publishing, 1971).

7 Robert C. Wood, citando al Presidente Lyndon Johnson en su "Prefacio" a *The Study of Policy Formation*, ed. de Raymond A. Bauer y Kenneth J. Gergen (New York: Free Press, 1968), p. v.

8 Un marco de trabajo similar, diseñado para la disciplina de la sociología, fue sugerido por Walter Wallace, *The Logic of Science in Sociology* (Chicago, IL: Aldine Books, 1971) [*La lógica de la ciencia en la sociología* (Madrid: Alianza Editorial, 1976)]. El marco de trabajo de Wallace aborda la metodología de la investigación en sociología, mientras que la Figura 1.1 considera la metodología de la investigación multidisciplinaria del análisis de política pública.

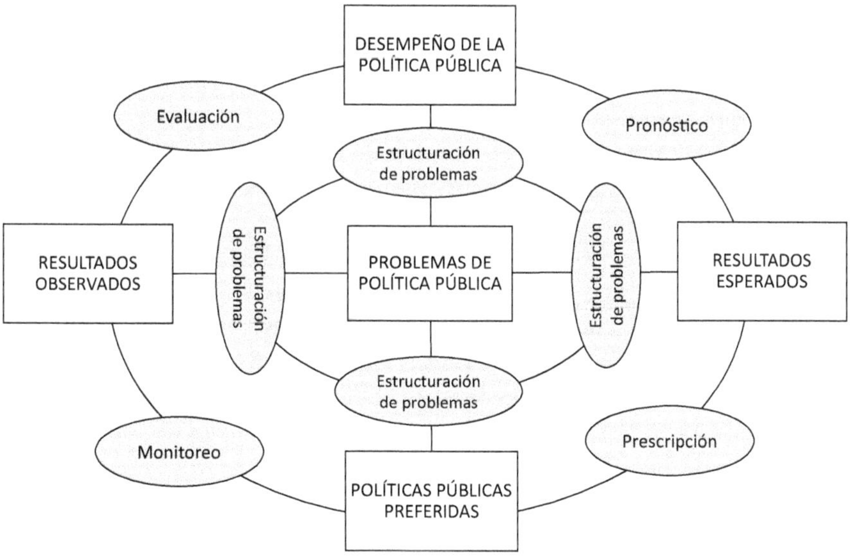

FIGURA 1.1 Análisis multidisciplinario de política pública

Los *problemas de política pública* son representaciones de situaciones problema, que son conjuntos difusos de preocupaciones, de incipientes signos de tensión o de sorpresas para los cuales no hay solución aparente. El conocimiento de qué problema solucionar demanda conocimiento acerca de las condiciones antecedentes de una situación problema (*e.g.*: deserción escolar como condición antecedente del desempleo), así como conocimiento de los valores (*e.g.*: escuelas seguras o un salario digno) cuyo logro puede conducir a la definición del problema y sus potenciales soluciones. El conocimiento de los problemas de política pública también comprende al menos dos posibles soluciones del problema y, si están disponibles, las probabilidades de que cada alternativa pueda lograr una solución. El conocimiento de los problemas de política pública juega un papel crítico en el análisis de política pública, porque la forma en que se define el problema configura la identificación de soluciones utilizables. Conocimiento inadecuado o defectuoso puede redundar en errores serios e incluso fatales: definir el problema incorrecto[9].

Los *resultados de política pública esperados* son consecuencias probables de adoptar una o más políticas alternativas diseñadas para resolver un problema. El conocimiento de las circunstancias que dieron lugar a un problema es importante para producir conocimiento sobre resultados de política esperados. Con frecuencia, empero, tal conocimiento es insuficiente, puesto que el pasado no se repite completamente y los valores que dan forma a la conducta pueden cambiar en el futuro. Por esta razón, el conocimiento de resultados de política pública esperados no está "dado" en la situación existente. Producir tal conocimiento puede demandar creatividad, intuición y uso de conocimiento tácito[10]

9 Definir el problema incorrecto es un error Tipo III, que contrasta con los errores Tipo I y Tipo II, implicados cuando el nivel de significancia estadística (*alpha*) se establece muy alto o muy bajo en la prueba de la hipótesis nula. Exposiciones tempranas de este contraste se hallan en Howard Raiffa, *Decision Analysis* (Reading, MA: Addison-Wesley, 1968), p. 264, y en Ian Mitroff y Thomas R. Featheringham, "On Systematic Problem Solving and the Error of the Third Kind", *Behavioral Sciences* 19, 6 (1974): 383–393.

10 Libros que tratan de la creatividad, la intuición y el conocimiento tácito son Yehezkel Dror, *Venture in Policy Sciences: Concepts and Applications* (New York: American Elsevier Publishing, 1971); Sir Geoffrey Vickers, *The Art of Judgment: A Study of Policy Making* (New York: Basic Books, 1965); y C. West Churchman, *The Design of Inquiring Systems: Basic Concepts of Systems and Organization* (New York: Basic Books, 1971). El concepto de conocimiento tácito es atribuido a Michael Polanyi, *Personal Knowledge* (Chicago, IL: University of Chicago Press, 1958).

Una *política pública preferida* es una solución potencial a un problema. Para elegir una política pública preferida, es necesario tener conocimiento de los resultados de política esperados así como conocimiento del valor o utilidad de los resultados esperados. Otra forma de decir esto es que para la prescripción de una política pública se requieren premisas tanto factuales como de valor. El hecho de que una política sea más eficaz o eficiente que otra no justifica él solo la elección de una política preferida. Las premisas factuales deben conectarse con premisas de valor, que involucran igualdad, eficiencia, seguridad, democracia, ilustración o algún otro valor.

Un *resultado de política pública observado* es una consecuencia pasada o presente de implementar una política preferida. Algunas veces no es claro si un resultado es realmente efecto de una política. Algunos efectos no son resultados de *política pública*, porque muchos resultados son el producto de factores ajenos a la política pública. También es importante reconocer que las consecuencias de la acción no se pueden afirmar o conocer plenamente en el desarrollo de la acción, lo cual significa que muchas consecuencias no se anticipan ni se desean*. Afortunadamente, el conocimiento de resultados de política pública observados puede producirse después de que las políticas se han implementado.

El *desempeño de la política pública* es el grado en que un resultado de política pública observado contribuye a la solución de un problema. En la práctica, el desempeño de la política nunca es perfecto. Los problemas raramente son "solucionados": la mayoría de las veces cambian, se reformulan o incluso "no se solucionan"[11]. Para saber si un problema ha sido solucionado, se necesita conocimiento de los resultados de política pública observados, así como conocimiento de la medida en que estos resultados contribuyen a las oportunidades de mejoramiento valoradas que dieron lugar a un problema.

Transformaciones del conocimiento

Los cinco tipos de conocimiento relevante para la política pública son interdependientes. Las líneas sólidas que conectan cada par de componentes en la Figura 1.1 representan *transformaciones del conocimiento*, donde un tipo de conocimiento se convierte en otro, de modo que la creación de conocimiento en cualquier punto depende del conocimiento producido en una fase adyacente (y en su mayoría, con frecuencia, en una fase anterior). El conocimiento sobre el desempeño de la política pública, por ejemplo, depende de la transformación de conocimiento previo acerca de resultados de política pública observados. La razón de esta dependencia es que cualquier apreciación sobre qué tan bien una política alcanza sus objetivos asume que nosotros ya disponemos de conocimiento confiable respecto de los resultados de esa política. Adviértase, sin embargo, que los tipos de conocimiento están conectados con líneas sólidas en lugar de flechas para mostrar que el conocimiento puede transformarse hacia atrás y hacia adelante en forma iterativa. El proceso de transformación raramente es lineal.

El conocimiento de los problemas de política pública es un caso especial. El conocimiento de los problemas de política pública contiene otros tipos de conocimiento. Algunos tipos de conocimiento se pueden incluir -por ejemplo, conocimiento sobre políticas preferidas- y otros excluir. Lo que se incluye o excluye en la formulación de un problema afecta las políticas públicas que eventualmente se prescriben, los valores que se eligen como criterio del desempeño de la política pública y los resultados esperados que merecen o no merecen atención. A riesgo de ser repetitivos, vale la pena subrayar que un error fatal del análisis de política pública es el error Tipo III: definir el problema incorrecto[12].

* *N. del t.*: El tratamiento clásico de este tema -las consecuencias no previstas de la acción social- es del sociólogo Robert K. Merton en un temprano artículo suyo titulado "The Unanticipated Consequences of Purposive Social Action", *American Sociological Review*, 1 (1936): 894–904. Versión española del artículo en Robert K. Merton, *Ambivalencia sociológica y otros ensayos* (Madrid: Espasa-Calpe, 1980).

11 Russell L. Ackoff, "Beyond Problem Solving", *General Systems* 19 (1974): 237–239.

12 Los errores Tipo I y Tipo II son también conocidos como falsos positivos y falsos negativos. Otras fuentes sobre los errores Tipo III son A. W. Kimball, "Errors of the Third Kind in Statistical Consulting", *Journal of the American Statistical Association* 52 (1957): 133–142; Howard Raiffa, *Decision Analysis* (Reading, MA: Addison-Wesley, 1968); y Ian I. Mitroff, *The Subjective Side of Science* (New York: American Elsevier Publishing, 1974).

Métodos analíticos de política pública

Los cinco tipos de conocimiento relevante para la política pública se producen y transforman mediante el uso de los métodos analíticos de política pública, que son los vehículos que impulsan la producción y transformación del conocimiento. Los métodos implican juicios de diferentes clases[13]: juicios para aceptar o rechazar una explicación, afirmar o disputar sobre la adecuación o inadecuación de una política preferida, prescribir o no prescribir una política preferida, aceptar o rechazar una predicción sobre un resultado esperado, formular un problema en una forma antes que en otra.

En el análisis de política pública, estos métodos tienen nombres especiales:

- *Estructuración de problemas.* Los métodos de estructuración de problemas se emplean para producir conocimiento sobre qué problema solucionar. Los métodos de estructuración de problemas incluyen el diagrama de influencia y el árbol de decisión presentados en el Caso 1.2 de este capítulo ("Utilización de diagramas de influencia y de árboles de decisión para estructurar problemas de política energética y de seguridad en las carreteras"). Otros ejemplos de métodos de estructuración de problemas incluyen el mapeo de argumentos (Caso 1.3, "Mapeo de las crisis de seguridad internacional y energética"). El Capítulo 3 de este libro considera más extensamente los métodos de estructuración de problemas.
- *Pronóstico.* Los métodos de pronóstico se utilizan para producir conocimiento sobre resultados de política pública esperados. Aunque en el Capítulo 4 se exponen varias clases de métodos de pronóstico, un ejemplo de una herramienta simple de pronóstico es el cuadro de mando que se describe en el Caso 1.1 (El cuadro de mando de Goeller y el cambio tecnológico). Los cuadros de mando, basados en juicios de expertos, son útiles en la identificación de resultados esperados en las políticas de ciencia y tecnología.
- *Prescripción.* Los métodos de prescripción se usan para crear conocimiento sobre políticas públicas preferidas. Un ejemplo de método prescriptivo es la hoja de cálculo (en el Caso 1.2, "Utilización de diagramas de influencia y de árboles de decisión"). La hoja de cálculo va más allá de la identificación de resultados de política pública esperados expresando consecuencias en términos de beneficios y costos monetarios. El análisis beneficio-costo y otros métodos de prescripción se presentan en el Capítulo 5.
- *Monitoreo.* Los métodos de monitoreo se emplean para producir conocimiento sobre resultados de política pública observados. El cuadro de mando (Caso 1.1) es un método simple para el monitoreo de resultados de política observados así como para el pronóstico de resultados de política esperados. El Capítulo 6 examina métodos de monitoreo en detalle.
- *Evaluación.* Los métodos de evaluación se utilizan para producir conocimiento sobre el valor o la utilidad de resultados de política pública observados y sus contribuciones al desempeño de la política pública. Aunque los métodos de evaluación se presentan más completamente en el Capítulo 7, la hoja de cálculo del Caso 1.2 puede utilizarse así para la evaluación como para la prescripción.

El primer método, estructuración de problemas, se sobrepone a los otros métodos. Por esta razón es un *metamétodo* (método de métodos). En el curso de la estructuración de un problema, los analistas usualmente experimentan una "situación problemática, confusa y perturbadora, donde la dificultad está, por así decir, dispersa por la situación entera, infectándola como un todo"[14]. Las *situaciones*

13 John O'Shaughnessy, *Inquiry and Decision* (London: George Allen & Unwin, 1972).

14 John Dewey, *How We Think* (Boston, MA: D.C. Heath and Company, 1933), p. 108. La exposición original de la diferencia entre un problema y una situación problema es atribuible a los filósofos pragmatistas, entre los que se cuentan Charles Sanders Peirce y John Dewey.

problema no son problemas, porque los problemas son representaciones o modelos de situaciones problema. Por lo tanto, los problemas no están "ahí afuera" en el mundo, sino que proceden de la interacción de los pensamientos de muchas personas con los ambientes externos en los que trabajan o viven. Es importante entender que los analistas con distintas perspectivas ven la misma situación problema de modo diferente. Imagine una gráfica que muestra crecientes gastos de defensa nacional en trillones de dólares. Una parte interesada puede ver la situación problema, representada por la gráfica, como evidencia de creciente seguridad nacional (más del presupuesto se asigna a defensa), y otra la puede ver como una indicación de que los recursos para los servicios sociales disminuyen (menos del presupuesto puede asignarse a servicios sociales). La estructuración de problemas, entendida como un proceso de prueba de diferentes formulaciones de una situación problema, gobierna la producción y transformación del conocimiento producido por los otros métodos. La estructuración de problemas, que es importante para obtener soluciones aproximadas a problemas mal estructurados o "perversos"[15], es el "sistema guía central" del análisis de política pública.

Los métodos analíticos de política pública son interdependientes. No es posible utilizar un método sin utilizar otros. Así, aunque es posible monitorear políticas del pasado sin pronosticar sus consecuencias futuras, usualmente no es posible pronosticar políticas sin monitorearlas primero[16]. De modo similar, los analistas pueden monitorear resultados de política sin evaluarlos, pero no es posible evaluar un resultado sin monitorear primero la existencia y magnitud de un resultado. Finalmente, seleccionar una política preferida exige habitualmente que los analistas hayan monitoreado, evaluado y pronosticado resultados en forma previa[17]. Esta es otra forma de decir que la prescripción de una política pública se basa en premisas fácticas así como en premisas de valor.

La Figura 1.1 suministra un marco para integrar métodos de diferentes disciplinas y profesiones. Los cinco métodos analíticos de política pública se utilizan en la ciencia política, la sociología, la economía, la investigación operacional, la administración pública, la evaluación de programas y la ética. Algunos métodos se utilizan sola o primordialmente en algunas disciplinas y profesiones, y no en otras. La evaluación de programas, por ejemplo, emplea el monitoreo para investigar si una política pública es causalmente relevante para un resultado de política observado. Aunque la evaluación de programas ha usado extensamente los análisis de series de tiempo interrumpidas, los análisis de discontinuidad en la regresión, la modelación causal y otras técnicas asociadas al diseño y análisis de experimentos de campo[18], la investigación de la implementación en la ciencia política no lo ha hecho. En su lugar, los investigadores de la implementación se han valido principalmente de técnicas del análisis de estudios

15 La exposición original sobre problemas "perversos", término acuñado por C. West Churchman en 1967, es de Horst W. Rittel, "On the Planning Crisis: Systems Analysis of the First and Second Generations", pp. 390–396. Berkeley, CA: Institute of Urban and Regional Development. Una exposición más reciente se halla en Sandra S. Batie, "Wicked Problems and Applied Economics", *American Journal of Agricultural Economics*, 90, 5 (2008): 1176–1191. [*N. del t.*: el artículo de Rittel fue originalmente una conferencia impartida por él en Karlsruhe, en 1971, en un seminario sobre análisis de sistemas organizado por la *Asociación europea de centros nacionales de productividad* y el *Grupo de estudio para la investigación de sistemas* de Heidelberg. El artículo fue publicado en *Bedriftsøkonomen*, 8 (1972): 390–396].

16 Una excepción son las predicciones hechas sobre la base de juicio experto o del razonamiento abductivo (retroductivo). La explicación de una política pública no es necesaria para predecir sus consecuencias futuras. Hablando estrictamente, una predicción es una inferencia causal, mientras que una proyección, extrapolación o "pronóstico racional" no lo son. Sobre el razonamiento abductivo en economía, ver Bromley, *Sufficient Reason.*

17 La causación se puede asumir pero no comprender. Las fórmulas indican tan solo que un resultado deseado es una consecuencia de la acción. Joseph L. Bower, "Descriptive Decision Theory from the 'Administrative' Viewpoint", en *The Study of Policy Formation*, ed. de Raymond A. Bauer y Kenneth J. Gergen (New York: Free Press, 1968), p. 10.

18 Ver, *e.g.*, William R. Shadish, Thomas D. Cook y Donald T. Campbell, *Experimental and Quasi-Experimental Designs for Generalized Causal Inference* (Belmont, CA: Wadsworth, Cengage Learning, 2002).

de caso[19]. Otro ejemplo proviene del pronóstico. Si bien el pronóstico es central en la economía y en el análisis de sistemas, la economía se ha apoyado casi exclusivamente en técnicas econométricas. El análisis de sistemas ha hecho mayor uso de técnicas de pronóstico cualitativas para sintetizar el juicio experto, por ejemplo, de la técnica Delphi y de otras técnicas cualitativas[20].

FORMAS DEL ANÁLISIS DE POLÍTICA PÚBLICA

Las relaciones entre tipos de conocimiento y métodos proporcionan una base para contrastar diferentes formas del análisis de política pública (Figura 1.2).

Análisis prospectivo y análisis retrospectivo

El *análisis prospectivo de política pública* implica la producción y transformación de conocimiento antes de hacer prescripciones. El análisis prospectivo o *ex ante*, mostrado como la mitad derecha de la Figura 1.2, tipifica los estilos de trabajo de economistas, analistas de sistemas, investigadores operacionales y analistas de decisiones. La forma prospectiva de análisis es lo que Williams significa con la expresión *análisis* de política pública. El análisis de política pública es un medio de analizar conocimiento "para derivar de él alternativas y preferencias de política pública afirmadas en términos comparables y predictivos, cuantitativos y cualitativos ... no incluye *acopio* de conocimiento"[21]. La *investigación* de política pública, en contraste, se refiere a estudios que emplean métodos de las ciencias sociales para describir o explicar fenómenos. Sin embargo, el análisis prospectivo se caracteriza con frecuencia por brechas entre la elección de soluciones preferidas y los esfuerzos por implementarlas. La razón de estas brechas reside en que solamente una pequeña parte del trabajo requerido para alcanzar un conjunto deseado de objetivos se lleva a cabo *antes* de que las políticas se implementen. "No es que tengamos muchas soluciones analíticas buenas de problemas", escribe Graham Allison. "Sucede más bien que tenemos muchas más soluciones buenas que acciones apropiadas"[22]. El *análisis retrospectivo de política pública*, una solución potencial, se presenta como la mitad izquierda de la Figura 1.2. Esta forma de análisis *ex post* implica la producción y transformación de conocimiento *después* de que las políticas públicas se han implementado. El análisis retrospectivo caracteriza los estilos de trabajo de varios grupos de analistas:

19 Paul A. Sabatier y Hank C. Jenkins-Smith, "The Advocacy Coalition Framework: An Assessment", en *Theories of the Policy Process*, ed. de P. A. Sabatier (Boulder, CO: Westview Press, 1999), pp. 117–166 [Paul A. Sabatier (ed.), *Teorías del proceso de las políticas públicas* (Buenos Aires: Jefatura de Gabinete de Ministros-Presidencia de la Nación, 2010). Esta traducción es de la edición de 2007].

20 Ver Capítulo 5.

21 Walter Williams, *Social Policy Research and Analysis: The Experience in the Federal Social Agencies* (New York: American Elsevier Publishing, 1971), p. 8.

22 Graham T. Allison, *Essence of Decision: Explaining the Cuban Missile Crisis* (Boston: MA: Little Brown, 1971), pp. 267–268.

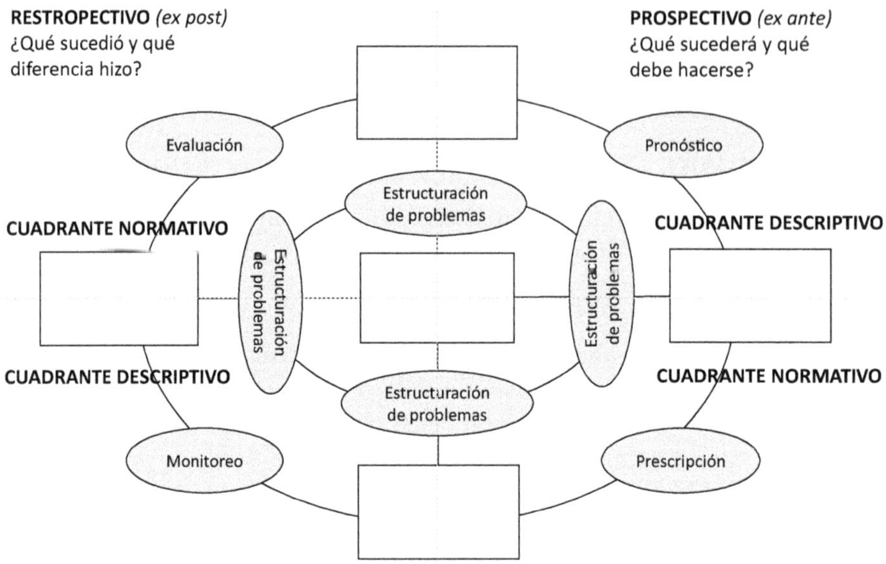

FIGURA 1.2 Formas del análisis de política pública

- *Analistas orientados por las disciplinas.* Este grupo, constituido principalmente por politólogos, economistas y sociólogos, busca desarrollar y probar teorías de las disciplinas sobre causas y consecuencias de las políticas públicas. Este grupo no está interesado en la identificación de variables de "política" manipulables y las que no lo son[23]. Por ejemplo, el análisis de los efectos de la competencia partidista en los gastos del gobierno proporciona poco o ningún conocimiento sobre metas específicas de política pública y sobre cómo alcanzarlas, porque la competencia partidista no es una variable que los formuladores de política puedan manipular para modificar los gastos gubernamentales.
- *Analistas orientados por problemas.* Este grupo, de nuevo constituido principalmente por politólogos, economistas y sociólogos, busca también describir causas y consecuencias de las políticas públicas. Sin embargo, los analistas orientados por problemas están menos interesados, si es que lo están, en el desarrollo y comprobación de teorías que son importantes en las disciplinas de las ciencias sociales. Están interesados más bien en la identificación de variables que puedan explicar un problema. Los analistas orientados por problemas no están interesados en objetivos específicos, porque la orientación de los analistas enfocados a problemas es general, no específica. Por ejemplo, el análisis de datos cuantitativos sobre los efectos de la etnicidad y la pobreza en los resultados de pruebas de logro académico ayuda a explicar las causas del inadecuado desempeño en las pruebas, pero no brinda conocimiento sobre políticas específicas que puedan manipularse para solucionar el problema.
- *Analistas orientados a las aplicaciones.* Un tercer grupo incluye a politólogos aplicados, economistas aplicados, sociólogos aplicados y psicólogos aplicados, así como a profesionales de la administración pública, el trabajo social y la investigación evaluativa. Este grupo también

23 James S. Coleman, "Problems of Conceptualization and Measurement in Studying Policy Impacts", en *Public Policy Evaluation*, ed. de Kenneth M. Dolbeare (Beverly Hills and London: Sage Publications, 1975), p. 25.

busca describir causas y consecuencias de políticas y presta poca atención al desarrollo y verificación de teorías. Este grupo, empero, en contraste con los grupos previamente descritos, se dedica a la identificación de variables de política manipulables que pueden potencialmente lograr objetivos específicos que, a su vez, se pueden monitorear y evaluar para valorar el éxito de las políticas públicas[24]. Por ejemplo, los analistas orientados a las aplicaciones pueden abordar programas de preparación para la lectura en la primera infancia potencialmente utilizables para alcanzar calificaciones más altas en las pruebas estandarizadas.

Los estilos de operación de los tres grupos reflejan sus fortalezas y debilidades características. Los analistas orientados por las disciplinas así como los analistas orientados por problemas raras veces producen información que sea directamente útil para los diseñadores de política pública. Aun cuando los analistas orientados por problemas investigan problemas como las oportunidades educativas, la conservación de la energía o el control de la delincuencia, el resultado es conocimiento *macronegativo*, esto es, conocimiento que describe las causas (o "raíces") básicas de las políticas con el objetivo de mostrar por qué estas *no* operan. En contraste, el conocimiento *micropositivo* muestra que las políticas *operan* en condiciones específicas[25]. En este contexto, es prácticamente importante saber que una forma específica del control de armas reduce la comisión de delitos graves o que el patrullaje policial intensivo es un disuasivo para los robos. Sin embargo, es de poco valor práctico saber que la tasa de crímenes es más alta en las áreas urbanas que en las rurales o que hay una asociación entre delincuencia y pobreza.

Aunque los analistas orientados a las aplicaciones proporcionan conocimiento micropositivo, pueden sin embargo encontrar difícil comunicarse con los profesionales del análisis de política pública *ex ante*, porque los analistas orientados a las aplicaciones se concentran en resultados observados (retrospectivos) antes que en resultados esperados (prospectivos). En escenarios de acción, los analistas *ex ante*, cuyo trabajo es hallar soluciones futuras óptimamente eficientes, generalmente carecen de conocimiento sobre resultados de política observados mediante análisis retrospectivos. Los profesionales del análisis *ex ante* también pueden fallar en especificar con suficiente detalle los tipos de conocimiento relevante para la política pública más útiles para la implementación, monitoreo y evaluación de sus recomendaciones. Por esta razón, como ha indicado Alice Rivlin, "los resultados previstos de una política son tan vagos que casi cualquier evaluación de ella puede considerarse irrelevante porque omitió el 'problema' hacia el cual se dirigía la política"[26]. Además, los legisladores a menudo formulan los problemas en términos generales con vistas a ganar aceptación, evitar oposición y mantener flexibilidad política.

Los contrastes entre los estilos de trabajo de los analistas sugieren que el análisis orientado por disciplinas y el análisis orientado a problemas proporcionan conocimiento menos útil que el análisis orientado a las aplicaciones, porque el análisis retrospectivo (*ex post*) como un todo es quizás menos efectivo en solucionar problemas que el análisis prospectivo (*ex ante*). Esta conclusión, frecuentemente aducida por los economistas, es valiosa desde el punto de vista de los formuladores de política que desean orientación sobre qué acciones emprender en el futuro. No obstante, el análisis retrospectivo tiene importantes beneficios. Pone énfasis primordial en los resultados observados de la acción -esto es, en lo que realmente ha funcionado o no y no se contenta con especulaciones sobre resultados de política esperados. El análisis orientado por disciplinas y el análisis orientado a problemas pueden ofrecer nuevos marcos de trabajo para entender la elaboración de la política pública, desafiar la sabiduría

24 Una importante transición en economía es el movimiento hacia la economía orientada a las aplicaciones en la forma de "experimentos naturales". Una historia concisa de esta transición es Joshua D. Angrist y Jörn-Steffen Pischke, "The Credibility Revolution in Empirical Economics: How Better Research Design is Taking the Con out of Econometrics", *Journal of Economic Perspectives* 24, 2 (2010): 3–30.

25 W. Williams, *Social Policy Research and Analysis*, p. 8.

26 *Ibid.*, p. 13; y Alice Rivlin, *Systematic Thinking for Social Action* (Washington, DC: The Brookings Institution, 1971).

convencional, cuestionar mitos sociales y económicos, y dar forma al clima de opinión. Con todo, el análisis retrospectivo, aunque ha configurado prioridades e interpretaciones intelectuales, no se ha desempeñado tan bien en la oferta de soluciones potenciales a problemas específicos[27].

Análisis descriptivo y análisis normativo

La Figura 1.2 captura otro importante contraste: la distinción entre análisis descriptivo y análisis normativo. El *análisis descriptivo de política pública* es paralelo a la *teoría descriptiva de la decisión*, que se refiere a un conjunto de proposiciones lógicamente consistentes que describen o explican la acción[28]. Las teorías descriptivas de la decisión pueden verificarse contra observaciones obtenidas mediante el monitoreo y el pronóstico. Las teorías y marcos conceptuales descriptivos tienden a originarse en la ciencia política, la sociología y la economía. La función principal de estas teorías y marcos conceptuales es explicar, entender y predecir políticas públicas mediante la identificación de patrones de causalidad, también conocidos como *mecanismos causales*. La función de enfoques del monitoreo como la experimentación de campo es establecer la validez aproximada de inferencias causales relacionando políticas públicas con sus presuntos resultados[29]. En la Figura 1.2 el análisis descriptivo de política pública puede visualizarse como un eje que se mueve del cuadrante inferior izquierdo (monitoreo) al cuadrante superior derecho (pronóstico).

El *análisis normativo de política pública* es paralelo a la *teoría normativa de la decisión*, que se refiere a un conjunto de proposiciones lógicamente consistentes que evalúan o prescriben la acción[30]. En la Figura 1.2 la forma normativa del análisis de política pública puede visualizarse como un eje que se desplaza del cuadrante inferior derecho (prescripción) al cuadrante superior izquierdo (evaluación). Se requieren distintos tipos de conocimiento para verificar las teorías normativas de decisión, a diferencia de las teorías descriptivas de decisión. Los métodos de evaluación y prescripción proporcionan conocimiento acerca del desempeño de la política pública y sobre políticas preferidas, políticas que han sido o serán eficientes de modo óptimo porque los beneficios superan los costos u óptimamente equitativas porque los más necesitados se hallan en mejor condición. Una de las características más importantes del análisis normativo de política pública es que sus proposiciones descansan en valores como la eficiencia, la eficacia, la equidad, la capacidad de respuesta, la libertad, la ilustración y la seguridad[31].

Estructuración de problemas y solución de problemas

Los ciclos interno y externo de la Figura 1.2 brindan otra importante distinción. El ciclo interno designa procesos de *estructuración de problemas*. Los procedimientos de estructuración de problemas están diseñados para identificar elementos que entran en la definición de un problema, no para identificar soluciones. ¿Cuáles son los principales elementos de un problema? ¿Son políticos, económicos, sociales, éticos, o todos estos? ¿Cómo se estructura el problema, esto es, se organiza en una configuración específica de elementos, por ejemplo, en una secuencia lineal o como un sistema complejo? ¿Cuáles son las partes interesadas más importantes que afectan el problema y se ven afectadas por él? ¿Se han

27 Janet A. Weiss, "Using Social Science for Social Policy", *Policy Studies Journal*, 4 (1976): 237.
28 J. L. Bower, "Descriptive Decision Theory", p. 104.
29 Ver Thomas D. Cook y Donald T. Campbell, *Quasi-Experimentation: Design and Analysis Issues for Field Settings* (Boston, MA: Houghton Mifflin, 1979); W. R. Shadish, T. D. Cook y D. T. Campbell, *Experimental and Quasi-Experimental Designs for Generalized Causal Inference*.
30 J. L. Bower, "Descriptive Decision Theory", pp. 104–105.
31 El tratado clásico sobre estos y otros valores base es Harold D. Lasswell y Abraham Kaplan, *Power and Society: A Framework for Political Inquiry* (New Haven, CT: Yale University Press, 1950).

identificado los objetivos apropiados? ¿Qué alternativas están disponibles para alcanzar los objetivos? ¿Hay eventos inciertos que deban tenerse en cuenta? ¿Estamos resolviendo el problema "correcto" en lugar del problema "incorrecto"?

En contraste, los métodos de solución de problemas se localizan en el ciclo exterior de la Figura 1.2. Ellos están diseñados para solucionar un problema, no para estructurar un problema. La solución de problemas es ante todo de naturaleza técnica, en contraste con la estructuración de problemas, que es primordialmente conceptual. Métodos como el pronóstico econométrico o el análisis beneficio-costo son métodos de solución de problemas. Para que los problemas se solucionen, deben estructurarse apropiadamente. Por ejemplo, los métodos de solución de problemas responden preguntas sobre la cantidad de varianza en un resultado que una variable independiente pueda explicar. ¿Cuál es la probabilidad de obtener una varianza tan grande o mayor que la obtenida? ¿Cuáles son los beneficios netos de diferentes políticas? ¿Cuál es su utilidad o recompensa esperadas?

Análisis integrado y análisis segmentado

El *análisis integrado de política pública* liga las dos mitades de la Figura 1.2, los cuatro cuadrantes, y los ciclos interno y externo. Las formas retrospectiva y prospectiva del análisis se relacionan en un proceso continuo. Las formas descriptiva y normativa del análisis también están conectadas, en cuanto se trata de métodos diseñados para estructurar problemas e igualmente para solucionarlos. Hablando en términos prácticos, esto significa que el análisis integrado de política pública tiende un puente entre los varios pilares principales del análisis multidisciplinario de política pública, especialmente la economía y la ciencia política.

Actualmente, esta necesidad no está siendo apropiadamente satisfecha por las disciplinas de las ciencias sociales especializadas que a menudo producen *análisis segmentados de política pública.* En la actualidad, el trabajo de conectar estas disciplinas segmentadas se realiza dentro de profesiones multidisciplinarias como la administración pública, la planeación, la administración y el análisis de política pública. La Sociedad Americana de Administración Pública, la Asociación Nacional de Escuelas de Asuntos Públicos y Administración Pública, la Asociación Americana de Planeación, la Asociación Internacional de Escuelas e Institutos de Administración, la Academia de Administración, la Sociedad Americana de Investigación Operacional, y la Asociación de Política y Administración Públicas congregan estas profesiones multidisciplinarias. Hasta el presente, estas profesiones han sido más abiertas a la economía, la ciencia política y otras disciplinas de las ciencias sociales que estas disciplinas a aquellas, a pesar del consenso virtual entre analistas y profesionales de política pública de que la investigación multidisciplinaria es esencial para solucionar problemas del mundo real, los cuales no respetan fronteras disciplinarias.

El marco de referencia para el análisis integrado de política pública, con el que empezamos este capítulo (Figura 1.1), ayuda a examinar los supuestos, fortalezas y limitaciones de los métodos empleados en disciplinas que son tan especializadas que resulta difícil utilizarlas en la solución de problemas prácticos. Con todo, el marco de referencia para el análisis integrado de política pública identifica y relaciona las metas de los métodos del análisis de política pública, permitiéndonos observar las funciones específicas ejecutadas por los métodos de estructuración de problemas, monitoreo, evaluación, pronóstico y prescripción. El marco de referencia identifica diferentes tipos de análisis de política pública: prospectivo (*ex ante*) y retrospectivo (*ex post*), descriptivo y normativo, estructuración de problemas y solución de problemas. El marco de referencia explica por qué definimos el análisis de política pública como una disciplina orientada a la solución de problemas que liga teorías, métodos y hallazgos sustantivos de las ciencias sociales para resolver problemas prácticos.

LA PRÁCTICA DEL ANÁLISIS DE POLÍTICA PÚBLICA

Lógica reconstruida versus lógica en uso

El proceso del análisis integrado de política pública es una *reconstrucción lógica*[32]. El proceso de hacer realmente análisis de política pública nunca se ajusta exactamente a esta reconstrucción, porque todas las reconstrucciones lógicas son abstracciones de conductas y no descripciones literales de ellas[33]. El término *lógica en uso*, que se refiere a la forma en que los analistas practicantes hacen realmente su trabajo, captura esta ausencia de ajuste. En forma notable, el trabajo parte significativamente de las "mejores prácticas" metodológicas sugeridas por las reconstrucciones lógicas[34]. La variación de las mejores prácticas depende de una serie de factores que incluyen características personales de los analistas, su socialización profesional y los escenarios institucionales en que trabajan.

- *Estilos cognitivos.* Los estilos cognitivos personales de los analistas los predispone hacia diferentes modos de adquirir, interpretar y utilizar el conocimiento[35]. Corporaciones, organizaciones sin ánimo de lucro y agencias públicas como el Departamento de Correcciones de los Estados Unidos y la Fundación Nacional para la Ciencia emplean varias herramientas para diagnosticar diferencias en estilos cognitivos con miras a realizar ubicaciones óptimas del personal.
- *Papeles analíticos.* En escenarios de acción, la mayoría de los analistas están relativamente aislados de la política. Cuando esto ocurre, se pueden describir como "técnicos". Sin embargo, otros desempeñan papeles que, además del contenido técnico, son políticos. Estos "políticos" están activamente comprometidos en promover los intereses de los líderes políticos o funcionarios a quienes ellos reportan, usualmente en altos niveles del gobierno. Otros analistas activistas son "empresarios" que buscan mayor influencia en el proceso de factura de la política pública[36].
- *Sistemas institucionales de incentivos.* Los "centros de pensamiento" de política pública alientan distintas orientaciones hacia el análisis, incluidas la "crítico-humanística" y la "científica"[37]. Las recompensas y sanciones institucionales proporcionadas por centros de pensamiento y otras organizaciones profesionales de investigación afectan la validez de conclusiones y recomendaciones[38].
- *Restricciones institucionales de tiempo.* El trabajo de los analistas en escenarios gubernamentales está sujeto a estrechas restricciones institucionales de tiempo (de veinticuatro horas a tres días es habitual). Ellos trabajan con mucha mayor velocidad, y quizás mayor eficiencia, que los analistas en escenarios académicos. Comprensiblemente, los primeros raramente reúnen datos originales y la mayoría tampoco emplea técnicas complejas que demandan tiempo[39].

32 También denominada *lógica reconstruida.*

33 Sobre lógica reconstruida y lógica en uso, ver A. Kaplan, *The Conduct of Inquiry*, pp. 3–11.

34 Para un análisis cuidadoso de este problema, ver Hal K. Colebatch, Robert Hoppe y Mirko Noordegraaf, *Working for Policy* (Amsterdam: Amsterdam University Press, 2010).

35 Estudios que emplean el indicador de tipo Myers-Briggs (tipos jungianos de personalidad) sugieren estilos cognitivos distintos entre científicos, gerentes y analistas. Referencias proporcionadas por la Fundación Myers y Briggs en www.myersbriggs.org. Ver también Ian I. Mitroff y Ralph H. Kilmann, *Methodological Approaches to Social Science* (San Francisco, CA: Jossey-Bass, 1978).

36 Arnold Meltsner, *Policy Analysts in the Bureaucracy* (Berkeley: University of California Press, 1976); Robert A. Heineman, William T. Bluhm, Steven A. Peterson y Edward N. Kearney, *The World of the Policy Analyst* (Chatham, NJ: Chatham House, 1990).

37 Pamela Doty, "Values in Policy Research", en *Values, Ethics, and the Practice of Policy Analysis*, ed. de William N. Dunn (Lexington, MA: D.C. Heath, 1983).

38 Donald T. Campbell, "Guidelines for Monitoring the Scientific Competence of Preventive Intervention Research Centers: An Exercise in the Sociology of Scientific Validity", en *Knowledge, Creation, Diffusion, Utilization* 8, 3 (1987): 389–430.

39 Ver P. J. Cook y J. W. Vaupel, "What Policy Analysts Do: Three Research Styles", *Journal of Policy Analysis and Management* 4, 3 (1985): 427–428. Agencias como la Oficina de Estadísticas Laborales de los EUA y la Oficina de Presupuesto del Congreso de los EUA son excepciones.

- *Socialización profesional.* Las distintas disciplinas y profesiones socializan a sus miembros en diferentes normas y valores. Los análisis de trabajos publicados sugieren que los analistas emplean enfoques formales cuantitativos así como enfoques narrativos informales, aunque sólidas recomendaciones de política pública exigen algunas veces procedimientos cuantitativos formales[40].
- *Equipo multidisciplinario de trabajo.* Mucho del análisis desarrollado en las agencias públicas es realizado por equipos multidisciplinarios. Algunos miembros tienen responsabilidad primaria por los diferentes tipos de análisis expuestos en las dos mitades y los cuadrantes de la Figura 1.2. Los economistas y los analistas de decisiones son por lo general más calificados para realizar el análisis prospectivo (*ex ante*), mientras que los que tienen formación en ciencia política, sociología y evaluación de programas usualmente son mejores en el análisis retrospectivo (*ex post*). La efectividad de los equipos depende de que todos adquieran una comprensión básica de los métodos analíticos empleados por otros.

Costos de oportunidad metodológicos

El análisis integrado tiene costos de oportunidad. Dado que el tiempo y los recursos son limitados, es difícil conducir análisis económicos, políticos y organizacionales sistemáticos simultáneamente. La *triangulación múltiple*[41], o lo que Cook denomina *multiplismo crítico*[42], responde a algunas de estas inadecuaciones. Otro costo de oportunidad metodológico es intentar seguir, sin tiempo ni recursos suficientes, doctrinas y principios de filosofías de la ciencia como el positivismo lógico, el constructivismo o el pragmatismo[43]. Por ejemplo, el positivismo se presenta hoy como una metodología y epistemología unilaterales afirmando que las declaraciones sobre la política pública deben ser verificables lógica y empíricamente, expresadas en un lenguaje formal (ideal) como la estadística matemática, y confirmadas por medio de declaraciones que correspondan a alguna noción de realidad objetiva y no a una realidad constituida por las acciones subjetivas significativas de los actores interesados en la política pública. El positivismo lógico, como argumenta Cook, era la metodología dominante del análisis de política pública y de la evaluación de programas durante la época de la guerra contra la pobreza del presidente Lyndon Johnson. La ventaja del multiplismo sobre el positivismo lógico radica en que el multiplismo proporciona una mejor aproximación a la verdad con el empleo de procedimientos que triangulan desde una variedad de perspectivas sobre lo que vale la pena conocer y lo que se sabe acerca de las políticas públicas[44].

Una desventaja del multiplismo descansa en sus costos. La triangulación entre múltiples perspectivas, junto con el uso de múltiples métodos, medidas y fuentes de datos, implica costos de oportunidad

40 Una temprana pero representativa visión de conjunto de enfoques se halla en Janet A. Schneider, Nancy J. Stevens y Louis G. Tornatzky, "Policy Research and Analysis: An Empirical Profile, 1975–1980", *Policy Sciences* 15, 2 (1982): 99–114.

41 La metodología de la triangulación es análoga a las prácticas empleadas en los estudios geodésicos, la cartografía, la navegación y, más recientemente, en el seguimiento satelital. La posición o localización de un objeto se determina mediante cálculos desde dos o más puntos o señales electrónicas fijos situados a una distancia conocida.

42 Cook planteó el multiplismo crítico como una alternativa al positivismo lógico. Ver Thomas D. Cook, "Postpositivist Critical Multiplism", en *Social Science and Social Policy*, ed. de R. Lane Shotland y Melvin M. Mark (Beverly Hills, CA: Sage Publications, 1985), pp. 21–62.

43 Una evaluación crítica minuciosa del positivismo lógico se halla en Mary E. Hawkesworth, "Epistemology and Policy Analysis", en *Advances in Policy Studies since 1950*, ed. de W. N. Dunn y R. M. Kelly, pp. 293–328; y en Mary E. Hawkesworth, *Theoretical Issues in Policy Analysis* (Albany: State University of New York Press, 1988).

44 T. D. Cook, "Postpositivist Critical Multiplism", p. 57.

significativos[45] (Figura 1.3). Cuando se utilizan métodos singulares, como la modelación econométrica, para alcanzar precisión y generalizabilidad estadística, los analistas renuncian a la oportunidad de adquirir una comprensión más profunda de las políticas públicas mediante entrevistas etnográficas, estudios de caso y otros métodos cualitativos. Un connotado econometrista, observando que los economistas son únicos entre los científicos sociales porque están formados solamente para analizar datos existentes, no para reunirlos, señala que "el trabajo empírico puede mejorarse notablemente siendo sensibles al contexto del problema (el proceso de generación de datos) y sabiendo mucho sobre los datos propios"[46]. Soluciones de compromiso similares aplican para los métodos de síntesis de investigación, o metaanálisis, que procuran precisión en la medición y generalización en la causalidad de política pública a expensas de una comprensión más profunda de la complejidad de los contextos de elaboración de la política pública[47].

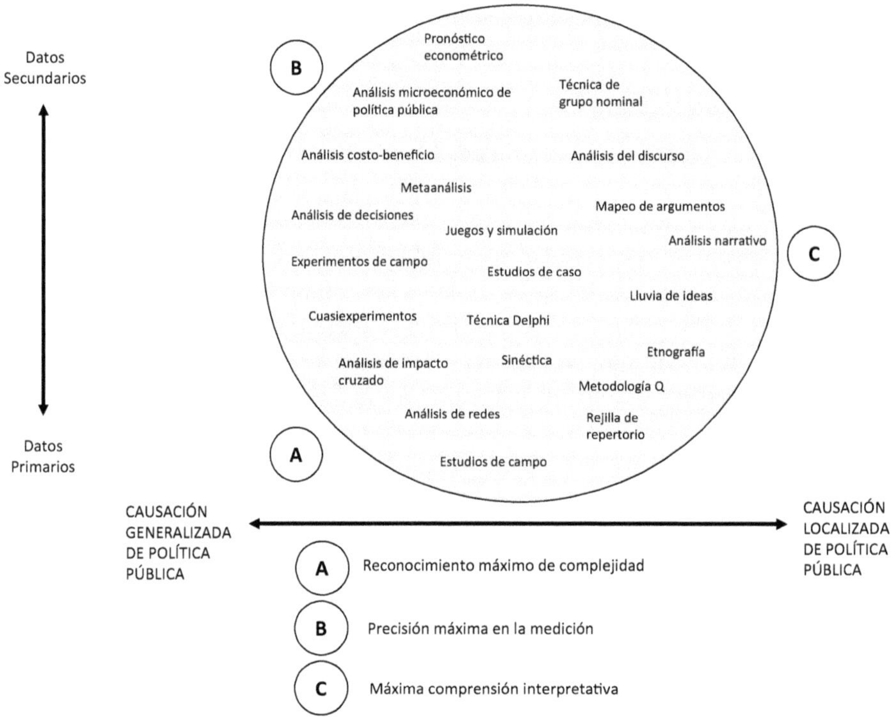

FIGURA 1.3 Costos de oportunidad de usar múltiples métodos
Fuente: Adaptado de Diesing (1991): 88.

En contraste, las entrevistas etnográficas implican altos costos de conocimiento porque exigen la recopilación de datos primarios sustanciales en terreno. Sin embargo, también carecen de precisión y

45 Ver David Brinberg y Joseph E. McGrath, *Validity and the Research Process* (Beverly Hills, CA: Sage Publications, 1985). Para Brinberg y McGrath y otros metodólogos pragmatistas, la elección de métodos es similar a un problema de optimización en el análisis de decisiones. Ver C. West Churchman, *Prediction and Optimal Decision: Philosophical Issues of a Science of Values* (Englewood Cliffs, NJ: Prentice Hall, 1961); y Russell Ackoff, *Scientific Method: Optimizing Applied Research Decisions* (New York: John Wiley, 1962).

46 Peter Kennedy, *A Guide to Econometrics*, 4a. ed. (Cambridge, MA: MIT Press, 1988), pp. 83–84.

47 Ver Lawrence Rudner, Gene V. Glass, David L. Evartt y Patrick J. Emery (2002), *A User's Guide to the Meta-Analysis of Research Studies*, ERIC Clearinghouse on Assessment and Evaluation, University of Maryland, College Park, MD. http://echo.edres.org.

raras veces permiten la generalización de la causalidad de política pública a otros escenarios. Aunque puede alcanzarse mayor precisión por medio de experimentos de campo, estos son costosos, especialmente cuando se emplean en conexión con métodos mixtos (cuantitativos y cualitativos). Sin duda, la triangulación entre perspectivas, métodos y medidas convergentes (y divergentes) amplía la validez del análisis de política pública y de otras ciencias sociales aplicadas[48]. Pero las restricciones de tiempo y financieras hacen que las soluciones de compromiso sean inevitables.

PENSAMIENTO CRÍTICO Y POLÍTICA PÚBLICA

El análisis de política pública es complejo. Los analistas deben cribar grandes volúmenes de datos disponibles, evaluar las fuentes de estos datos, elegir métodos apropiados de análisis y emplear estrategias efectivas para comunicar resultados. Este desafío exige *pensamiento crítico*, el cual implica organización, síntesis y evaluación de diferentes razones y cuerpos de evidencia ofrecidos para respaldar afirmaciones contendientes. Un método disponible para este propósito es el análisis de *argumentos de política pública*. Mediante el análisis de argumentos de política pública, podemos identificar y probar los supuestos subyacentes a afirmaciones de política pública que compiten entre sí, reconocer y evaluar objeciones a estas afirmaciones, y sintetizar conocimiento de diferentes fuentes.

La estructura de los argumentos de política pública

Los argumentos de política pública son el principal vehículo para conducir debates sobre políticas públicas[49]. Aunque los científicos sociales se enorgullecen con razón del uso de métodos científicos, frecuentemente olvidan que "la política pública está hecha de lenguaje. Sea en forma escrita u oral, la argumentación es central en todos los estadios del proceso de la política pública"[50].

La estructura de un argumento de política pública puede representarse como un conjunto de siete elementos (Figura 1.4)[51]:

48 El ejemplo para la triangulación en sus varias formas es Donald T. Campbell, *Methodology and Epistemology for Social Science: Selected Papers*, ed. de E. Samuel Overman (Chicago, IL: University of Chicago Press, 1988).

49 Frank Fischer y John Forester (eds.), *The Argumentative Turn in Policy Analysis and Planning* (Durham, NC: Duke University Press, 1993). Trabajos tempranos son Ian I. Mitroff y Richard O. Mason, *Creating a Dialectical Social Science* (Boston: MA: D. Reidel, 1981); William N. Dunn, "Reforms as Arguments", *Science Communication* 3 (1982): 293–326; Des Gaspers y R. V. George, "Analyzing Argumentation in Planning and Public Policy: Improving and Transcending the Toulmin-Dunn Model", *Environment and Planning B: Planning and Design* 25 (1998): 367–390; Giandomenico Majone, *Evidence, Argument, and Persuasion in the Policy Process* (New Haven, CT: Yale University Press, 1989) [*Evidencia, argumentación y persuasión en la formulación de políticas* (México: FCE, 1997)]; y Deborah Stone, *Policy Paradox and Political Reason* (Glenview, IL: Scott Foresman, 1988).

50 Majone, *Evidence, Argument, and Persuasion*, p. 1.

51 Este modelo de argumento está construido en el software denominado *Rationale 2*, que fue desarrollado por Tim van Gelder y colegas en Australia (www.austhink.com). El modelo estructural clásico está presentado en Stephen Toulmin, *The Uses of Argument* (Cambridge: Cambridge University Press, 1958) [*Los usos de la argumentación* (Barcelona: Península, 2007)].

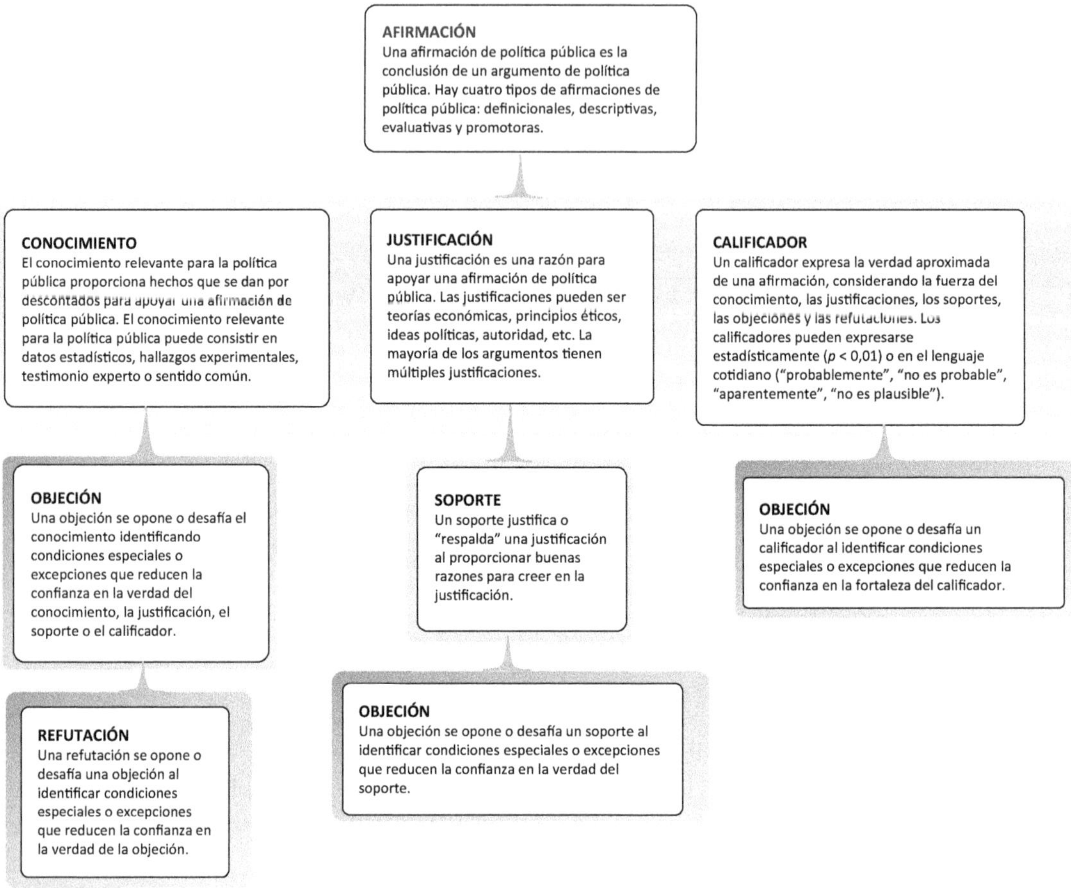

FIGURA 1.4 Elementos de un argumento de política pública

Afirmación de política pública (A). Una afirmación de política pública es la conclusión de un argumento de política pública. Las afirmaciones de política pública son de diferentes tipos. Algunas son normativas o promotoras ("El Congreso debe aprobar las enmiendas a la ley de prácticas justas de empleo") y algunas son descriptivas ("El uso de la internet se doblará en los próximos diez años"). Otras más son evaluativas ("La distribución de las oportunidades de empleo es injusta") y algunas son definicionales ("El desempleo es el número de personas en la fuerza laboral activa que buscan trabajo").

Conocimiento relevante para la política pública (C). El conocimiento relevante para la política pública proporciona los fundamentos de una afirmación de política pública. Estos fundamentos pueden ser datos estadísticos, hallazgos experimentales, testimonio experto o sentido común. El conocimiento relevante para la política pública es una respuesta a la pregunta: *¿Qué conocimiento es relevante para la afirmación?* El conocimiento, que es el punto de partida de todo argumento, provee los fundamentos para hacer afirmaciones de política pública. Los argumentos de política pública pueden formar cadenas de argumentos y ramificarse en árboles y ciclos.

Justificación (J). La justificación es una razón para apoyar una afirmación. Las justificaciones son teorías económicas, principios éticos, ideas políticas o autoridad profesional[52]. Una justificación responde la pregunta: *¿Por qué esta razón apoya la afirmación?* Distintos tipos de justificaciones se relacionan con argumentos formulados en diferentes disciplinas y profesiones. Por ejemplo, el derecho usa comparaciones de casos y reglas de evidencia, mientras que la economía utiliza teorías y leyes componentes como la ley de la utilidad decreciente del dinero. Los formuladores de política así como los científicos sociales emplean justificaciones causales como "Los ataques aéreos, que establecen la credibilidad de la OTAN en la región, desalentarán la limpieza étnica". La justificación, que proporciona una explicación para aceptar una afirmación, responde la pregunta: *Teniendo en cuenta el conocimiento existente, ¿qué razones hacen que la afirmación sea verdadera?*

Calificador (Ca). El calificador expresa el grado en que una afirmación es aproximadamente cierta, dada la fuerza del conocimiento, las justificaciones, los soportes, las objeciones y las refutaciones. Aunque los científicos sociales pueden afirmar calificadores en el lenguaje de la probabilidad formal (p = 0,01), el lenguaje ordinario es el modo normal de calificar afirmaciones con términos como: ciertamente, absolutamente, probablemente, con toda probabilidad, presumiblemente, salvo circunstancias imprevistas. El calificador, que empieza con las palabras *a menos que*, responde la pregunta: *¿Qué tan fuerte o creíble es la afirmación?* Es ante todo mediante el proceso de argumentación o debate que los formuladores de política pública, los analistas de política pública y otros actores interesados de la política pública ajustan los argumentos y algunas veces los abandonan. Tales cambios, cuando suceden, se basan en la fortaleza de las objeciones y refutaciones.

Soporte (S). El soporte es una razón adicional para apoyar o respaldar una justificación. El soporte, que comienza con el término *porque*, responde la pregunta: *¿Por qué la justificación respalda la afirmación?*, proporcionando una razón, asunción o argumento más general. Diferentes disciplinas y profesiones emplean distintos tipos de soportes. Estos pueden ser leyes científicas, reglas de evidencia, apelaciones a la autoridad de expertos, o principios éticos o morales. Por ejemplo, considérese la justificación ilustrada anteriormente: "Los ataques aéreos, que establecen la credibilidad de la OTAN en la región, desalentarán la limpieza étnica". El soporte para las justificaciones que abogan por el uso de la fuerza coercitiva es con frecuencia una declaración informal de la ley de la utilidad decreciente: "Cuanto más alto sea el costo de una alternativa, menos probable será que se persiga".

Objeción (O). Una objeción se opone o desafía el conocimiento, la justificación, el soporte o el calificador identificando condiciones especiales o excepciones que reducen la confianza en la verdad del conocimiento, la justificación, el soporte o el calificador. Una objeción, que empieza con el término *pero*, responde la pregunta: *¿Hay circunstancias especiales o excepciones que amenacen la credibilidad de la justificación?* Los analistas que incorporan objeciones en sus análisis son más propensos a adoptar una perspectiva crítica sobre un problema identificando supuestos débiles u ocultos, anticipando consecuencias no buscadas o cuestionando posibles refutaciones a las objeciones. De este modo, los analistas son autocríticos, desafiando sus propias suposiciones y las de otros.

Refutación (R). Una refutación es una objeción a una objeción. Las refutaciones se oponen o desafían objeciones identificando condiciones especiales o excepciones que reducen la confianza en la verdad de la objeción. Las refutaciones, que comienzan con las palabras *sin embargo*,

52 Los "modos" de argumentación en la política pública discutidos en el Capítulo 8 producen diferentes tipos de justificaciones.

responden la pregunta: *¿Hay circunstancias especiales o excepciones que amenacen la credibilidad de la justificación?* Muchos argumentos de política pública contienen objeciones y refutaciones, porque la elaboración de la política pública involucra regateo, negociación y competición entre oponentes y proponentes de políticas públicas.

Las perspectivas de los analistas pueden determinarse identificando sus justificaciones, soportes, objeciones y refutaciones subyacentes. De manera significativa, idéntico conocimiento relevante para la política pública se interpreta por lo general en formas claramente diferentes. Una reducción de la tasa de delitos en las áreas urbanas puede ser vista de distinto modo: los pobres urbanos la pueden acoger con beneplácito; los propietarios de negocios del centro de la ciudad la pueden ver con escepticismo; los criminólogos, que atribuyen el delito urbano a cambios en el desempleo y la falta de vivienda, la pueden rechazar; y los funcionarios electos la pueden saludar como un logro. Mediante el examen de argumentos contendientes y de sus supuestos inherentes, los analistas pueden descubrir y valorar críticamente razones y evidencia que de otro modo pasarían desapercibidas. Igualmente importante es lo que el pensamiento crítico aporta a los analistas, que se hallan así capacitados para probar sus propios supuestos examinando objeciones, calificaciones y excepciones a sus propias afirmaciones.

RESUMEN DEL CAPÍTULO

Este capítulo ha proporcionado una metodología para el análisis de política pública que identifica las funciones de los métodos en la creación y transformación de conocimiento relevante para la política pública. Las cuatro regiones del marco de referencia, junto con los ciclos interno y externo, llaman la atención sobre las distintas propiedades de estos métodos y remiten a sus orígenes en las diferentes disciplinas y profesiones de las ciencias sociales. En virtud de que no hay un método que sea apropiado para todos o la mayoría de los problemas, el análisis multidisciplinario es necesario, el cual exige soluciones de compromiso y comporta costos de oportunidad. A su turno, el análisis de soluciones de compromiso y de costos de oportunidad demanda pensamiento crítico. El análisis de argumentos de política pública es adecuado para este propósito.

PREGUNTAS DE REPASO

1. ¿Qué significa definir el análisis de política pública como un proceso de investigación que se distingue de la aplicación de métodos de análisis de política pública?
2. Describa las dinámicas de los tipos de conocimiento relevante para la política pública, los métodos analíticos de política pública y las transformaciones de conocimiento.
3. Contraste los análisis segmentado e integrado de política pública. Proporcione ejemplos.
4. ¿En qué difiere la teoría normativa de la decisión de la teoría descriptiva de la decisión?
5. Liste algunas de las diferencias clave entre solución de problemas y estructuración de problemas.
6. Contraste los análisis prospectivo y retrospectivo. ¿Qué disciplinas de las ciencias sociales tienden a especializarse en el análisis prospectivo? ¿En el análisis retrospectivo?
7. Discuta las fortalezas y limitaciones del multiplismo crítico.
8. Contraste la "lógica en uso" y la "lógica reconstruida" del análisis de política pública. Proporcione ejemplos.
9. ¿Cómo puede el mapeo de argumentación ayudar a los analistas a convertirse en pensadores críticos?

EJERCICIOS DE DEMOSTRACIÓN

1. Los cuadros de mando son una vía conveniente para representar resultados e impactos complejos de políticas públicas. Al mismo tiempo, los cuadros de mando asumen conexiones causales que pueden no existir. ¿Qué otros métodos están disponibles para valorar efectos de las políticas públicas? Retorne a la Figura 1.1 como guía para su respuesta.
2. Los diagramas de influencia y los árboles de decisión son útiles para estructurar problemas de política pública. El diagrama y el árbol presentados en la Figura C1.2.1 ayudan a identificar partes interesadas en la política pública, alternativas de política pública, resultados y eventos inciertos, probabilidades de estos resultados y eventos, y objetivos. Considérese el diagrama de influencia que representa el problema de suministro de energía en 1973 y 1974, cuando el embargo petrolero de la OPEP planteó importantes desafíos para el abastecimiento de energía y la seguridad nacional de los Estados Unidos. ¿Cómo nos ayuda la Figura C1.2.1 a formular el problema? ¿Qué sugieren las flechas acerca de las causas de la escasez de energía así como sobre las causas del descenso de los accidentes fatales de tráfico? ¿Qué sugiere el diagrama de influencia sobre las condiciones que dieron lugar al límite de velocidad de 55 millas por hora? Después de comparar el diagrama de influencia con el árbol de decisión (que se basa en el diagrama de influencia), describa por qué estas dos representaciones del problema son buenos ejemplos de las teorías descriptiva y normativa de la decisión.
3. Cree un mapa de argumentos basado en el diagrama de influencia presentado en el Caso 1.2. Empiece con la afirmación: "Los Estados Unidos deberían retornar al límite de velocidad de 55 millas por hora para ahorrar combustible y salvar vidas". Incluya en su mapa tantas justificaciones, soportes, objeciones y refutaciones como pueda. Asumiendo que el calificador original fuese "ciertamente", indique si el calificador cambia cuando transitamos de un argumento simple, estático e incontestado a un argumento complejo, dinámico e impugnado.

BIBLIOGRAFÍA

Angrist, Joshua D. y Jörn-Steffen Pischke, "The Credibility Revolution in Empirical Economics: How Better Research Design is Taking the Con out of Econometrics". *Journal of Economic Perspectives* 24, 2 (Spring 2010): 3–30.

Campbell, Donald T. *Methodology and Epistemology for Social Science: Selected Papers*. Edición de E. Samuel Overman. Chicago, IL: University of Chicago Press, 1988.

Diesing, Paul. *How Social Science Works: Reflections on Practice*. Pittsburgh, PA: Pittsburgh University Press, 1991.

Dunn, William N. y Rita Mae Kelly. *Advances in Policy Studies since 1950*. New Brunswick, NJ: Transactions Books, 1992.

Fischer, Frank y John Forester (eds.). *The Argumentative Turn in Policy Analysis and Planning*. Durham, NC: Duke University Press, 1993.

Imbens, Guido W. y Donald B. Rubin. *Causal Inference for Statistics, Social, and Biomedical Sciences*. Cambridge: Cambridge University Press, 2015.

Kaplan, Abraham. *The Conduct of Inquiry: Methodology for Behavioral Science*. San Francisco, CA: Chandler, 1964.

MacRae, Duncan, Jr. *The Social Function of Social Science*, New Haven, CT: Yale University Press, 1976.

Quade, Edward S. *Analysis for Public Decisions*. New York: American Elsevier Publishing, 1975.

Shadish, William R., Thomas D. Cook y Donald T. Campbell. *Experimental and Quasi-Experimental Designs for Generalized Causal Inference*. Belmont, CA: Wadsworth, Cengage Learning, 2002.

Stone, Deborah. *Policy Paradox: The Art of Political Decision Making*. Ed. revisada. New York: W. W. Norton, 2001.

Toulmin, Stephen E. *Return to Reason*. Cambridge, MA: Harvard University Press, 2001 [*Regreso a la razón*. Barcelona: Península, 2003].

Toulmin, Stephen E., Richard Rieke y Alan Janik, *An Introduction to Reasoning*. Segunda edición. New York: Macmillan, 1984.

Van Gelder, Tim. "The Rationale for Rationale". *Law, Probability, and Risk* 6 (2007): 23–42.

CASO 1.1 EL CUADRO DE MANDO DE GOELLER Y EL CAMBIO TECNOLÓGICO

Cuando se usan tecnologías avanzadas para alcanzar metas de política pública, complejos sistemas sociales y técnicos se hallan implicados. Si bien es analíticamente tentador preparar un comprehensivo análisis económico de los costos y beneficios de tales tecnologías, muchos analistas practicantes no tienen el tiempo o los recursos para hacerlo. Muchos análisis se concluyen en un período de varios días a un mes, y en la mayoría de los casos los análisis de política pública no implican reunión y análisis de datos nuevos. Al inicio de un proyecto, los formuladores de política y sus equipos habitualmente desean una visión general del problema y de los impactos potenciales de políticas alternativas. En estas circunstancias, el cuadro de mando es apropiado.

El *cuadro de mando* de Goeller, llamado así por Bruce Goeller de la Corporación RAND, es adecuado para este fin. La Tabla C1.1 muestra los impactos de sistemas alternativos de transporte. Algunos de los impactos involucran servicios de transporte utilizados por miembros de la comunidad, mientras que otros implican impactos en grupos de bajos ingresos. En este caso, como observa Quade, el gran número de diversos impactos es difícil de valorar en términos de dólares, haciendo impráctico e incluso imposible un análisis beneficio-costo[53]. Otros impactos involucran cuestiones financieras y económicas como inversiones, puestos de trabajo creados, ventas e ingresos tributarios. Otros impactos son distributivos.

TABLA C1. Cuadro de mando

Impactos	**Aviones de despegue y aterrizaje convencionales**	**Aviones de despegue y aterrizaje verticales**	**Vehículo con cojín de aire**
TRANSPORTE			
Pasajeros (millón de millas)	7	4	9
Tiempo por viaje (horas)	2	1,5	2,5
Costo por viaje ($)	17	28	20
Congestión reducida (%)	0	5	10
FINANCIEROS			
Inversión (millones de $)	150	200	200
Subsidio anual (millones de $)	0	0	90
ECONÓMICOS			
Puestos de trabajo agregados (miles)	20	25	100
Ventas agregadas (millones de $)	50	88	500
COMUNIDAD			
Ruido (hogares)	10	1	20
Contaminación adicional del aire (%)	3	9	1
Ahorro de petróleo (%)	0	-20	30
Hogares desplazados	0	20	500
Impuestos perdidos (millones de $)	0	0,2	2
Lugares emblemáticos destruidos	Ninguno	Ninguno	Fort X
DISTRIBUTIVOS			
Viajes de bajos ingresos (%)	7	1	20
Hogares de bajos ingresos			
Molestia por el ruido (%)	2	16	40

Fuente: Quade (1975): 60.

53 E. S. Quade, *Analysis for Public Decisions* (New York: American Elsevier Publishing, 1975), p. 65.

CASO 1.2 UTILIZACIÓN DE DIAGRAMAS DE INFLUENCIA Y DE ÁRBOLES DE DECISIÓN PARA ESTRUCTURAR PROBLEMAS DE POLÍTICA ENERGÉTICA Y DE SEGURIDAD EN LAS CARRETERAS

Junto con los métodos de análisis de política pública discutidos previamente en este capítulo (Figura 1.1), el *diagrama de influencia* y el *árbol de decisión* son herramientas útiles para la estructuración de problemas de política pública[54]. El diagrama de influencia (Figura C1.2.1) presenta la política, el Límite Nacional de Velocidad Máxima (LNVM) de 1974, que estableció el límite de velocidad de 55 millas por hora (mph). El rectángulo en la Figura C1.2.1 se refiere a una elección de política o nodo de decisión que en este caso es la elección entre adoptar el límite nacional de velocidad máxima de 55 mph y no adoptarlo. A la derecha y encima del nodo de decisión hay eventos inciertos, representados como óvalos, que están conectados con el nodo de decisión con flechas que muestran cómo el límite de velocidad afecta o es afectado por eventos inciertos. Los rectángulos con esquinas redondeadas representan resultados u objetivos de política valorados. Los objetivos son disminuir el consumo de combustible, reducir el tiempo de viaje, y evitar accidentes mortales y lesiones. A la derecha de los objetivos se halla otro rectángulo con esquina redondeada que designa los beneficios netos (beneficios menos costos) de los cuatro objetivos. En este caso, el sorprendente resultado de utilizar el diagrama de influencia fue el descubrimiento de eventos económicos causalmente relevantes como la recesión y el desempleo, que afectan las millas recorridas, lo que a su vez afecta el logro de todos los cuatro objetivos. La "causa raíz" parece ser el embargo petrolero de la OPEP.

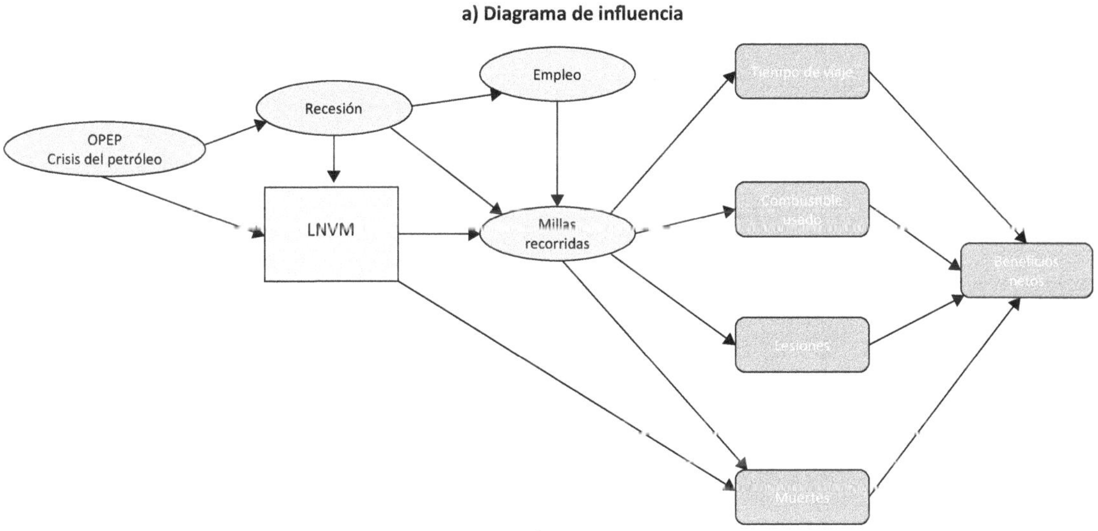

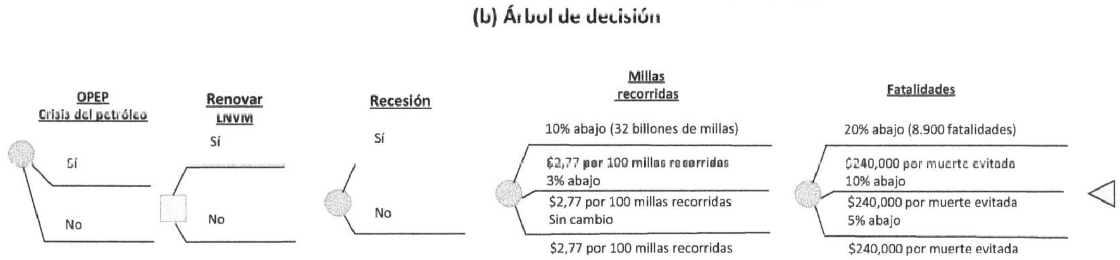

FIGURA C1.2.1 Diagrama de influencia y árbol de decisión

54 El diagrama y el árbol fueron creados con el Lenguaje de Programación de Decisiones (DPL, por su sigla en inglés), que está disponible en el Software Sincopación en www.syncopation.com. Hay disponibles versiones educativas, profesionales y comerciales del DPL 7.0.

El árbol de decisión es otra forma de representar el diagrama de influencia. Mientras que el diagrama de influencia muestra cómo las elecciones de política y los eventos inciertos afectan el logro de los objetivos, el árbol de decisión presenta el valor monetario de estos resultados. En este abreviado y simplificado árbol de decisión, hay dos ramas que no solo representan las dos alternativas (reafirmar o no reafirmar el LNVM), sino también la crisis petrolera de la OPEP, la recesión, los costos de las millas recorridas y los beneficios en dólares de reducir accidentes mortales. Las ramas en negrita muestran los eventos con la mayor probabilidad de ocurrir o que ya han ocurrido.

CASO 1.3 MAPEO DE LAS CRISIS DE SEGURIDAD INTERNACIONAL Y ENERGÉTICA

Otra forma de representar problemas es utilizar los métodos de mapeo de argumentos introducidos anteriormente en este capítulo (Figura 1.4). El papel del mapeo de argumentos en la estructuración de discursos de política pública se puede ilustrar con el bien conocido estudio de Graham Allison sobre la toma de decisiones de política exterior durante la crisis de los misiles cubanos de octubre de 1962[55]. Mostrando cómo diferentes modelos explicativos producen conclusiones distintas, Allison argumenta que los analistas gubernamentales de política emplean modelos conceptuales implícitos para pensar y hacer recomendaciones de política pública. Estos modelos conceptuales explican la conducta de los gobiernos en términos que asumen la racionalidad de las elecciones políticas (modelo del actor racional), la inercia creada por los procesos organizacionales (modelo del proceso organizacional) y los efectos de la política burocrática (modelo de la política burocrática). Cada uno de estos modelos proporciona su propia explicación de la elaboración de la política pública.

En 1962, las alternativas de política abiertas a los Estados Unidos en respuesta a la crisis variaban desde no actuar y la presión diplomática hasta las negociaciones secretas, la invasión, los ataques aéreos quirúrgicos y el bloqueo. Entre las varias afirmaciones hechas en el momento de la crisis de los misiles cubanos, consideramos la política realmente adoptada por Estados Unidos. "Los Estados Unidos deben bloquear a Cuba". En este caso, el conocimiento relevante de política pública (C) es "La Unión Soviética está emplazando misiles ofensivos en Cuba". La justificación (J) sostiene que "el bloqueo forzará la retirada de los misiles mostrando a los rusos que los Estados Unidos están decididos a usar la fuerza". En la provisión de razones para aceptar la justificación, el soporte (S) apoya la justificación afirmando que "un incremento del costo de una alternativa reduce la probabilidad de que esa alternativa sea elegida"[56]. El soporte (S) representa una proposición teorética general, o ley, dentro del modelo racional de política pública. Después de que la objeción (O) ha desafiado exitosamente la justificación, el calificador (Ca) cambia de *absolutamente* a *dudoso*.

La descripción de Allison muestra cómo el uso de múltiples explicaciones competidoras puede facilitar el pensamiento crítico. El uso de diversos modelos en competencia mueve el análisis desde un argumento simple e incontestado (Figura C1.3.1) hasta un nuevo argumento que es complejo, impugnado y dinámico (Figura C1.3.2). Este cambio acontece porque se ha formulado una seria objeción sobre la justificación y el soporte de la afirmación. La objeción reza: "Pero los líderes soviéticos pueden no convencer a sus unidades navales de apartarse de las rutinas organizacionales establecidas". La justificación de esta objeción es: "La mayor parte de la investigación sobre las organizaciones muestra que las líneas principales de la conducta organizacional tienden a ser rectas. La conducta en el momento $t + 1$ difiere poco de la conducta en el momento t. El bloqueo no operará"[57]. La justificación de la objeción es de nuevo una proposición general o ley dentro del modelo del proceso organizacional, conocido de otro modo como la teoría incremental inconexa del cambio en la política pública.

Los mapas de argumentos simples y no controvertidos sobre la crisis de los misiles cubanos y el límite nacional de velocidad de 55 mph (Figuras C1.3.1[a] y [b]) se presentan junto con los mapas de argumentos complejos, dinámicos y controvertidos sobre los mismos asuntos (Figuras C1.3.2[a] y [b]. Las comparaciones muestran que los mapas de argumentos simples tienden a resultar en pensamiento acrítico. En contraste, los mapas complejos, dinámicos e impugnados ilustran lo que significa *pensamiento crítico*.

55 Graham T. Allison, "Conceptual Models and the Cuban Missile Crisis", *American Political Science Review* 63, 3 (1969): 689–718 ["Modelos conceptuales y la crisis de los misiles cubanos", en Luis Aguilar Villanueva (ed.), *La hechura de las políticas* (México: Porrúa, 1992), pp. 119–200].
56 Allison, "Conceptual Models", p. 694.
57 *Ibíd.*, p. 702.

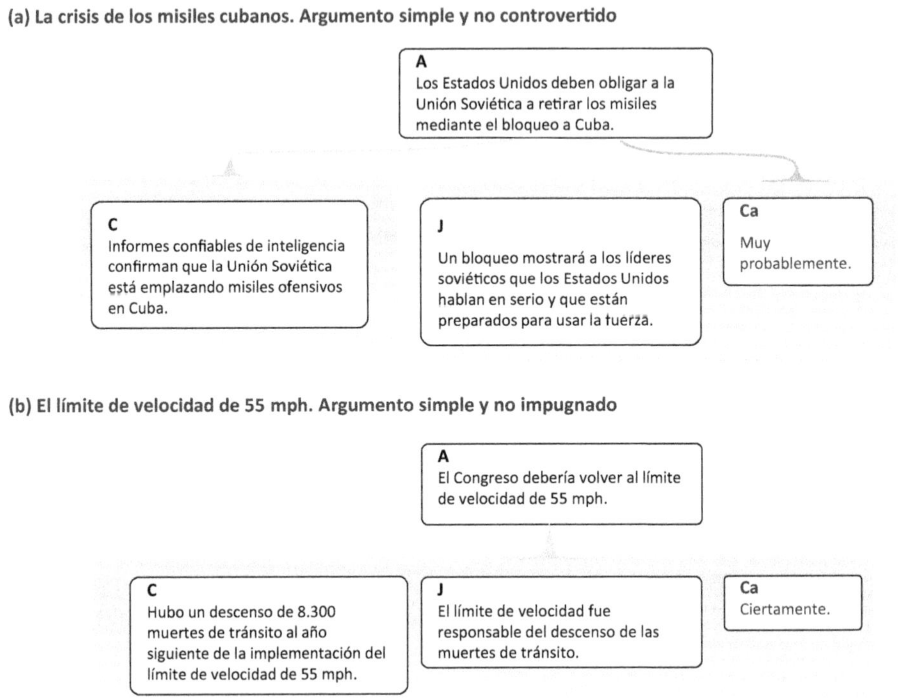

FIGURA C1.3.1 Los mapas de argumentos simples son estáticos e incontestados

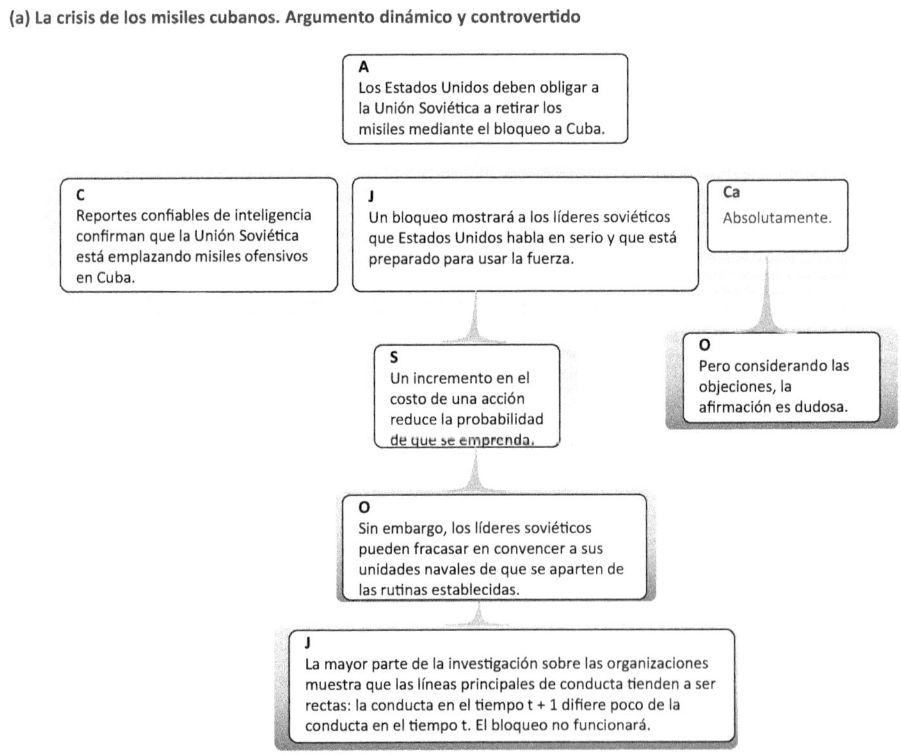

(b) El límite de velocidad de 55 mph. Argumento dinámico e impugnado

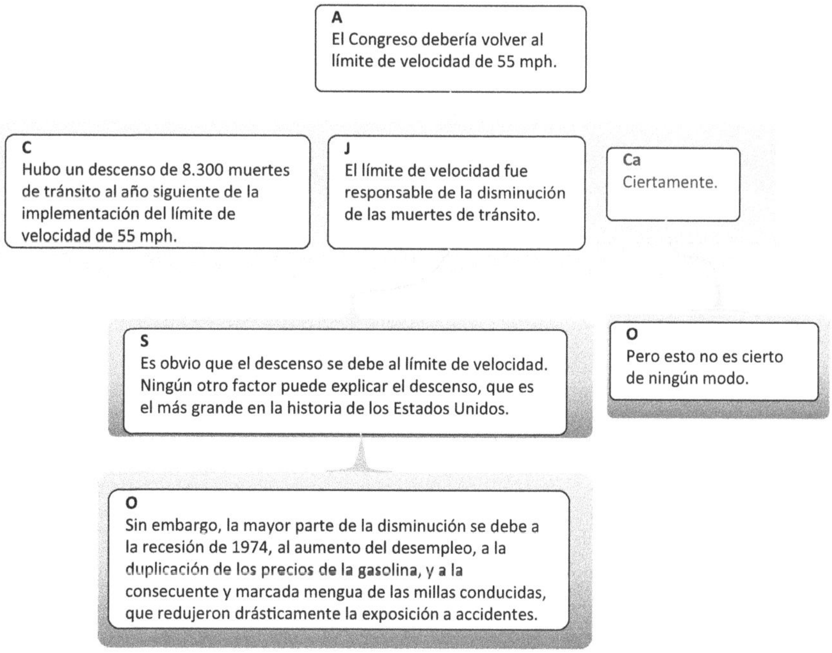

FIGURA C1.3.2 Los mapas de argumentos complejos son dinámicos y controvertidos

CAPÍTULO 2

EL ANÁLISIS DE POLÍTICA PÚBLICA EN EL PROCESO DE ELABORACIÓN DE LA POLÍTICA PÚBLICA

OBJETIVOS DE APRENDIZAJE

Mediante el estudio de este capítulo, usted debe ser capaz de:

- Entender el análisis de política pública como una actividad intelectual inscrita en un proceso social
- Explicar el desarrollo histórico del análisis de política pública como una respuesta a problemas prácticos
- Describir la elaboración de la política pública como un proceso complejo de múltiples fases ordenadas en el tiempo
- Contrastar explicaciones rivales de la continuidad y el cambio en la política pública

- Distinguir la composición, alcance y efectos esperados del uso del conocimiento
- Utilizar criterios asociados con la "verdad" y la "utilidad" para explicar los usos del análisis

INTRODUCCIÓN

Los analistas de política pública crean, valoran críticamente y comunican conocimiento sobre y en el proceso de elaboración de la política pública[1]. La distinción entre *sobre* y *en* marca una diferencia esencial entre el análisis de política pública, por una parte, y la ciencia política y la economía, disciplinas especializadas en desarrollar y probar empíricamente teorías sobre la elaboración de la política pública. Si bien algunos miembros de estas disciplinas trabajan en los problemas prácticos que enfrentan los formuladores de políticas, la mayoría está motivada por sistemas de incentivos que demandan producción de conocimiento por el conocimiento mismo. En contraste, los analistas de política pública trabajan con incentivos diseñados para promover conocimiento práctico -de modo característico, conocimiento de lo que funciona[2]. Aunque el análisis de política pública deriva de métodos, teorías y hallazgos sustantivos de las ciencias sociales tradicionales, el objetivo es resolver problemas prácticos. Esto exige comunicación y uso de conocimiento *en* así como *sobre* el proceso de elaboración de la política pública[3].

CONTEXTO HISTÓRICO

En un sentido amplio, el análisis de política pública es tan antiguo como la civilización misma. Incluye diversas formas de investigación, desde el misticismo y ocultismo hasta la ciencia moderna. Etimológicamente, la expresión *política pública* nos llega de los idiomas griego, sánscrito y latín. El término griego *polis* (ciudad-estado) y el término sánscrito *pur* (ciudad) evolucionaron hacia el término latino *politia* (Estado) y, posteriormente, hacia el término *policie* del inglés medio. Este último se refiere a la conducción de asuntos públicos o a la administración del Estado.

Los orígenes etimológicos de la palabra *policy* son los mismos para otras dos importantes palabras: *police* y *politics*. Estas varias connotaciones se hallan en las lenguas alemana y eslavas, que disponen solamente de una palabra (*Politik*, *politika*) para referirse tanto a *policy* (política pública) como a *politics*

1 Harold D. Lasswell, *A Pre-view of Policy Sciences* (New York: American Elsevier Publishing, 1971), pp. 1–2. Para Lasswell el conocimiento *sobre* se refiere a "estudios sistemáticos y empíricos acerca de cómo se diseñan las políticas públicas y se llevan a efecto", mientras que el conocimiento *en* se refiere al hecho de que "el realismo de una decisión depende en parte del acceso al repertorio de conocimiento disponible".

2 Aquí y en otros lugares se usa preferiblemente el término *conocimiento* en lugar de *información*. Como señala Fritz Machlup, el conocimiento no tiene que ser científico o intelectual para calificar como conocimiento. Otros tipos de conocimiento son los conocimientos prácticos, de pasatiempo, religiosos y no deseados. Fritz Machlup, *Knowledge: Its Creation, Distribution and Economic Significance*, volumen I: *Knowledge and Knowledge Production* (Princeton, NJ: Princeton University Press, 2014).

3 *Social Science Research and Decision Making* (New York: Columbia University Press, 1980) de Carol H. Weiss es una de las síntesis más comprehensivas de investigación y teoría sobre los usos de la investigación científico-social en la elaboración de la política pública. Esfuerzos similares son los de William N. Dunn y Burkart Holzner, "Knowledge in Society: Anatomy of an Emerging Field", en *Knowledge in Society* (posteriormente titulada *Knowledge and Policy*) 1, 1 (1988): 1–26; David J. Webber, "The Distribution and Use of Policy Knowledge in the Policy Process", en *Advances in Policy Studies since 1950*, ed. de W. N. Dunn y R. M. Kelly (New Brunswick, NJ: Transaction, 1991), pp. 415–441; y National Academy of Sciences, *Using Science as Evidence in Public Policy* (Washington, DC: National Academies Press, 2009). Revistas que se han centrado en estos problemas incluyen *Science Communication* (anteriormente *Knowledge: Creation, Diffusion, Utilization*) y *Science, Technology and Human Values.*

(política)*. Esta es una de las razones de las porosas fronteras entre ciencia política, administración pública y análisis de política pública, y de la confusión resultante sobre sus objetivos.

Orígenes tempranos

La expresión *análisis de política pública* no necesita restringirse a su significado contemporáneo, donde análisis se refiere a la descomposición de problemas en elementos o partes básicos, como cuando desarmamos un reloj o un vehículo. Este es el sentido de "análisis" cuando el término se usa para hablar de la descomposición de una decisión en opciones, alternativas y resultados. Una visión relacionada es que el análisis de política pública consiste en una colección de técnicas cuantitativas empleadas por analistas de sistemas, analistas de decisiones y economistas para examinar la probabilidad y utilidad de resultados de política pública.

Sin embargo, entendido en un sentido más general, puede verse que el análisis de política pública surgió en algún punto de la evolución de las sociedades humanas donde el conocimiento práctico se cultivaba conscientemente, lo cual promovió un examen autorreflexivo de los nexos entre conocimiento y acción. El desarrollo de procedimientos especializados para analizar políticas públicas estuvo relacionado con la emergencia de la civilización urbana más allá de las sociedades tribales y *folk* dispersas y en buena medida autónomas[4]. Como actividad especializada, el análisis de política pública siguió los cambios en la organización social y sobre todo política que acompañaron a las nuevas tecnologías de producción y a los patrones estables del poblamiento humano.

Un temprano esfuerzo por cultivar conocimiento relevante para la política pública aconteció en Mesopotamia, en lo que hoy es la región de Basora al sur de Irak. En la antigua ciudad mesopotámica de Ur, se produjo uno de los primeros códigos legales, en el siglo vigésimo primero a. C., unos dos mil años antes de que Aristóteles (384–322 a. C.), Confucio (551–479 a. C.) y Kautilia (*ca.* 300 a. C.) escribiesen sus clásicos tratados sobre el gobierno y la política. En el siglo dieciocho a. C., el gobernador de Babilonia, con la asistencia de profesionales a quienes hoy llamaríamos analistas de política pública, creó el Código de Hammurabi. El Código se diseñó para establecer un orden público unificado y justo en un período en que Babilonia transitaba de pequeña ciudad-estado a gran estado territorial. El Código de Hammurabi, un conjunto de políticas paralelo a las leyes mosaicas, reflejaba los requerimientos económicos y sociales de asentamientos urbanos estables donde derechos y obligaciones estaban definidos según la posición social. El Código cubría procedimientos penales, derechos de propiedad, tráfico y comercio, relaciones familiares y maritales, honorarios médicos, y lo que hoy denominamos contabilidad pública[5].

Los primeros códigos legales mesopotámicos fueron una respuesta a la creciente complejidad de los asentamientos urbanos fijos, donde se requerían políticas para regular la distribución de productos básicos y de servicios, organizar el mantenimiento de registros, y preservar la seguridad interna y la defensa externa. Una conciencia ampliada de las relaciones entre conocimiento y acción promovía el desarrollo de capas educadas especializadas en la producción de conocimiento relevante para la política pública. Estos "especialistas simbólicos", como los denominaba Lasswell, eran responsables del

* *N. del t.*: Este es también el caso de la lengua española: solo disponemos de la palabra *política* para referirnos a los varios significados indicados por el autor. André-Noël Roth Deubel, en *Políticas Públicas* (Bogotá: Ediciones Aurora, 2015), p. 35, señala al respecto: "… en lengua española hay por lo menos tres acepciones cobijadas por la misma palabra que el idioma inglés sí distingue: Primero, la *política* es concebida como el ámbito de gobierno de las sociedades humanas, *polity* en inglés. Segundo, la *política* es la actividad de organización y lucha por el control del poder, *politics* en inglés. Y, finalmente, la *política* es designación de los propósitos y programas de las autoridades públicas, *policy* en inglés".

4 Lasswell, *A Pre-view of Policy Sciences*, pp. 9–13.

5 *The Code of Hammurabi*, traducción de Robert F. Harper (Chicago, IL: University of Chicago Press, 1904).

pronóstico de política pública. Se esperaba que anticiparan los rendimientos de los cultivos al inicio de la temporada de siembra y que predijesen los resultados de la guerra[6].

Debido a que los analistas utilizaban el misticismo, el ritual y el ocultismo para pronosticar el futuro, sus métodos eran difíciles de replicar. Sin duda, estos y otros procedimientos se basaban en parte en evidencia adquirida mediante experiencia. No obstante, cualquier definición razonable de ciencia demanda que las declaraciones de conocimiento se valoren contra observaciones que son independientes de las expectativas de los analistas o de quienes los contratan[7].

Entonces como hoy, el conocimiento relevante para la política pública se juzgaba en últimas según su éxito (o fracaso) en configurar mejores políticas, no simplemente porque se emplearan métodos especiales para producirlo. Los antiguos sabían lo que algunos analistas contemporáneos olvidan - cuando los métodos se utilizan para ejecutar funciones latentes de purificación ritualista y legitimación simbólica, los analistas y sus clientes deben eventualmente enfrentar la cuestión del desempeño práctico[8]. Declaraciones como "la política de interdicción de drogas se fundamenta en buena ciencia" o que los resultados de la opinión pública se basan en una muestra "científica", están en boga. Pero la invocación de la "ciencia" en este contexto puede representar poco más que legitimación simbólica o purificación ritualista.

En la India, el *Arthashastra* de Kautilia, escrito en el siglo cuarto a. C., es una guía sistemática para la elaboración de políticas públicas, la conducción de asuntos públicos y la administración estatal. El *Arthashastra* sintetizaba mucho de lo que se había escrito hasta ese momento sobre el éxito material o lo que hoy denominamos economía. Kautilia, consejero del imperio maurya en el norte de la India, ha sido comparado con Platón (427–347 a. C.), Aristóteles (384–322 a. C.) y Maquiavelo (1469–1527), todos los cuales se involucraron profundamente en aspectos prácticos de la elaboración de la política pública. Platón sirvió como consejero de los gobernantes de Sicilia, mientras que Aristóteles fue tutor de Alejandro de Macedonia desde el momento en que este tuvo catorce años hasta cuando ascendió al trono a los veinte años de edad. Aunque Aristóteles, como algunos científicos sociales y de la conducta actuales, encontraba repugnante la política práctica, pareció haber aceptado el encargo porque deseaba aportar conocimiento a los asuntos cotidianos de la política pública. En este respecto seguía a su profesor Platón, quien decía que el buen gobierno no acontecería hasta que los filósofos fuesen reyes o filósofos reyes. La oportunidad de influir en la política pública mediante la instrucción de Alejandro, el evidente heredero, era una oferta que en buena conciencia él no podía rehusar[9].

Estos son ejemplos de productores individuales preeminentes de conocimiento especializado, no de los grupos de capas educadas que posteriormente influirían en la factura de la política pública en Europa y Asia. En la Edad Media, la expansión y diferenciación graduales de la civilización urbana trajeron consigo una estructura ocupacional que facilitó el desarrollo del conocimiento especializado. Príncipes y reyes reclutaban especialistas en política pública para disponer de consejo y asistencia técnica en las áreas donde los gobernantes eran menos capaces de tomar decisiones eficaces: las finanzas, la guerra y el derecho. El sociólogo alemán Max Weber describió el desarrollo histórico de una clase de

6 Lasswell, *A Pre-view of Policy Sciences*, p. 11.

7 Donald T. Campbell, "A Tribal Model of the Social System Vehicle Carrying Scientific Knowledge", en *Methodology and Epistemology for Social Science: Selected Papers*, ed. de E. Samuel Overman (Chicago, IL: University of Chicago Press, 1988), pp. 489–503.

8 Edward A. Suchman, "Action for What? A Critique of Evaluative Research", en *Evaluating Action Programs*, ed. de Carol H. Weiss (Boston, MA: Allyn and Bacon, 1972), p. 81; y Martin Rein y Sheldon H. White, "Policy Research: Belief and Doubt", *Policy Analysis* 3, 2 (1977): 239–271.

9 J. A. K. Thompson, *The Ethics of Aristotle. The Nichomachean Ethics Translated* (Baltimore, MD: Penguin Books, 1955), p. 11.

especialistas en política pública en esas tres áreas. Este "funcionariado experto", escribió Weber, triunfaba en el siglo XVI[10].

El desarrollo de una burocracia experta, también conocida como "políticos profesionales", asumió diferentes formas en diversas partes del mundo. En la Europa medieval, India, China, Japón y Mongolia, la clerecía letrada y técnicamente útil constituía la burocracia experta. Los sacerdotes cristianos, brahmanes, budistas y lamaístas, muy semejantes a muchos de los científicos sociales modernos, ganaban reputación por su imparcialidad y desinterés en la medida en que se situaban allende la política práctica y las tentaciones del poder político y del beneficio económico. Hombres de letras educados -cuya contraparte moderna es el consejero presidencial especial- influían en la elaboración de la política pública hasta que los nobles cortesanos, que posteriormente llegaron a dominar el servicio político y diplomático, los reemplazaron. En Inglaterra se reclutaba sin compensación a pequeños nobles y rentistas urbanos (inversores) para administrar gobiernos locales en su propio interés. Juristas entrenados en derecho romano y jurisprudencia tuvieron una fuerte influencia en la factura de la política pública, particularmente en la Europa continental. Ellos fueron grandemente responsables de la transformación del Estado medieval tardío y del movimiento hacia el Estado moderno.

La época de la revolución industrial fue también la de la Ilustración, periodo en que la creencia en el progreso humano por virtud de la ciencia y la tecnología pasó a ser un tema cada vez más dominante entre los formuladores de política pública y sus consejeros. El desarrollo y la verificación de teorías científicas de la naturaleza y la sociedad llegaron a ser gradualmente los medios preferidos para entender y resolver problemas sociales. Por primera vez, el conocimiento relevante para la política pública se produjo, en su mayor parte, de acuerdo con los cánones del empirismo y el método científico.

La transformación del siglo diecinueve

En la Europa decimonónica los productores de conocimiento relevante para la política pública empezaron a fundar su trabajo en el registro sistemático de datos empíricos. Más tempranamente, filósofos y estadistas habían ofrecido explicaciones sistemáticas sobre la elaboración de la política pública y su papel en la sociedad. Con todo, por varios miles de años hubo una continuidad esencial en los métodos de investigar y resolver los problemas sociales, económicos y políticos. Si se proporcionaba evidencia para un punto de vista particular, ello se basaba habitualmente en apelaciones a la autoridad religiosa, el ritual o la doctrina filosófica. Lo novedoso en el siglo diecinueve fue el cambio básico en los procedimientos empleados para entender la sociedad y sus problemas, cambio reflejado en el desarrollo de la investigación empírica, cuantitativa y orientada hacia la política pública[11].

Los primeros censos se realizaron en Estados Unidos (1790) e Inglaterra (1801). Fue en esta época cuando la estadística -a veces conocida como "aritmética estatal"- y la demografía empezaron a desarrollarse como campos especializados. Las sociedades estadísticas de Manchester y Londres, establecidas en la década de 1830, ayudaron a configurar una nueva orientación hacia el conocimiento relevante para la política pública. Organizadas por banqueros, industriales y académicos, estas sociedades esperaban reemplazar las formas tradicionales de pensar acerca de los problemas sociales con análisis empíricos de los efectos de la urbanización y el desempleo sobre las vidas de los trabajadores y de sus familias. En la Sociedad de Manchester, el entusiasmo por la cuantificación se acopló con un compromiso de

10 Max Weber, "Politics as a Vocation", en *From Max Weber. Essays in Sociology*, ed. de Hans C. Gerth y C. Wright Mills (New York: Oxford University Press, 1946), p. 88 [Max Weber, *Ensayos de sociología contemporánea* (Barcelona: Ediciones Martínez Roca, 1972). Esta versión española es traducción indirecta de los ensayos allí contenidos. Hay varias traducciones directas al español del original alemán de la conferencia de Weber (*Politik als Beruf*) citada por el autor. *N. del t.*].

11 El ensayo de Daniel Lerner, titulado "Social Science: Whence and Whither?", considera esta importante transición. Ver *The Human Meaning of the Social Sciences*, ed. de Daniel Lerner (New York: World Publishing, 1959), pp. 13–23.

reforma social o "progreso de mejora social en la población manufacturera"[12]. La Sociedad de Londres, bajo la influencia de Thomas Malthus (1766–1834), recalcaba que limitaba su atención a los hechos y, en la medida de lo posible, los expresaba numéricamente y en tablas[13]. Las sociedades de Londres y Manchester empleaban cuestionarios para llevar a cabo estudios, amén de "agentes" pagados que eran la contraparte del entrevistador profesional o censal de hoy. Hubo desarrollos similares en Francia, Alemania y Países Bajos.

Un contribuyente destacado a la metodología de la estadística social y la investigación por encuestas fue Adolphe Quetelet (1796–1874), matemático y astrónomo belga que fue el principal consejero científico de los gobiernos holandés y belga[14]. Muchos de los tópicos de los textos contemporáneos sobre diseño y análisis de encuestas fueron esbozados por Quetelet: diseño de cuestionarios; colección, análisis e interpretación de datos; organización y almacenamiento de datos; e identificación de las condiciones bajo las cuales se recogen los datos. En el mismo período, Frederic Le Play (1806–1882) escribió *Les Ouvriers Européens* (*Los obreros europeos*), una detallada investigación empírica de los ingresos y gastos familiares de trabajadores europeos en varios países. En Alemania, Ernst Engel (1821–1896) buscó derivar leyes de "economía social" de datos empíricos expresados en forma estadística.

En Inglaterra, el trabajo de Henry Mayhew y Charles Booth, que estudiaron la vida y las condiciones de empleo de los pobres urbanos en escenarios naturales (lo que hoy denominamos "trabajo de campo"), es representativo del nuevo enfoque empírico en el estudio de problemas sociales. *London Labour and the London Poor* (*El trabajo en Londres y los pobres de Londres*) (1851) de Mayhew describió las vidas de obreros, vendedores callejeros, artistas y prostitutas, que constituían la clase baja urbana londinense. Para escribir *Life and Labour of the People in London* (*Vida y trabajo de la gente en Londres*) (1891–1903), Booth empleó inspectores escolares como informantes clave. Utilizando lo que hoy denominamos *observación participativa*, Booth vivió entre pobres urbanos experimentando de primera mano las condiciones de vida reales. Como miembro de la Comisión Real sobre la Ley de Pobres, influyó de manera importante en la revisión de las políticas sobre las pensiones de vejez. El trabajo de Booth sirvió también como una especie de modelo para la investigación orientada hacia la política pública en los Estados Unidos, que incluía *Hull House Maps and Papers* (*Mapas y documentos de Hull House*) (1895) y *The Philadelphia Negro* (*El negro de Filadelfia*) (1899) de W. E. B. Dubois, trabajos que buscaban documentar el alcance y la severidad de la pobreza en las áreas urbanas.

La transformación del siglo diecinueve no fue el resultado de declaraciones de lealtad metodológica a los cánones del empirismo y el método científico. Declaraciones a este efecto no sucedieron y no pudieron suceder hasta el siglo siguiente, cuando los filósofos del Círculo de Viena se comprometieron en la reconstrucción lógica de la física para proponer principios y reglas formales de la práctica científica. La transformación provino, según parece, de la incertidumbre que acompañó el cambio de sociedades agrarias a sociedades industriales, cambio que antecedió realmente a la revolución industrial, cuando la industria y la ciencia industrializada demandaron un orden políticamente estable para operar de manera eficiente. La estabilidad política fue un amortiguador contra la profunda inestabilidad social[15].

Así, contrariamente a la teorización académica, la ciencia y la tecnología no fueron responsables del crecimiento de los sistemas de control político recientemente centralizados. La situación fue más complicada. Aunque la ciencia y la tecnología contribuyeron a los problemas de una clase de trabajadores

12 Nathan Glazer, "The Rise of Social Research in Europe", en *The Human Meaning of the Social Sciences*, ed. de Daniel Lerner (New York: World Publishing, 1959), p. 51.

13 *Ibíd.*, pp. 51–52.

14 Una significativa historia de la estadística y los estadísticos es la de Stephen M. Stigler, *The History of Statistics: The Measurement of Uncertainty before 1900* (Cambridge, MA: Harvard University Press, 1990).

15 J. H. Plumb, *The Growth of Political Stability in England, 1675–1725* (Baltimore, MD: Penguin Books, 1973), p. 12.

urbanos recién desarraigados, sin educación y desplazados, y de sus familias, fue la dirección política de la ciencia y la tecnología la que formó parte de la solución. Los grupos sociales dominantes valoraron la investigación científica orientada hacia la política pública como medio para consolidar y legitimar el control político y administrativo.

En la esfera de la producción fabril, por ejemplo, la organización política del trabajo precedió a los desarrollos científicos y tecnológicos que culminarían más tarde en la maquinaria de mejora de la eficiencia y la especialización de tareas[16]. En la esfera de la política pública, vemos un desarrollo paralelo. Los métodos de la investigación empírica, cuantitativa y orientada hacia la política pública, fueron el producto del reconocimiento de banqueros, industriales, políticos y de la clase media victoriana de que los métodos de antaño para el entendimiento del mundo natural y social ya no eran adecuados. Los interrogantes claves del día eran prácticos y políticos. ¿Cuánto necesitaban ganar los miembros del proletariado urbano para sostenerse ellos y sus familias? ¿Cuánto tenían que ganar antes de que hubiese un excedente gravable? ¿Cuánto tenían que ahorrar de sus ingresos para pagar tratamientos médicos y educación? ¿Cuánto debían invertir los propietarios capitalistas y el Estado en guarderías para que las madres pudiesen trabajar el día de modo efectivo? ¿Cuánta inversión se requería en proyectos de obras públicas -saneamiento, alcantarillado, vivienda, vías- para mantener una fuerza de trabajo productiva y proteger a las clases medias y altas de las enfermedades infecciosas que prosperaban en los barrios bajos urbanos? La investigación empírica orientada a la política pública proporcionaba respuestas a estas y otras preguntas prácticas.

La profesionalización del siglo veinte

Comparado con el siglo diecinueve, una importante característica del siglo veinte es la profesionalización de las ciencias sociales y conductuales[17]. Los productores de conocimiento relevante para la política pública del siglo veinte no eran ya ese heterogéneo grupo de banqueros, industriales, periodistas y profesores universitarios que se congregó alrededor de las primeras sociedades estadísticas. Eran más bien graduados con titulación profesional y avanzada en disciplinas y profesiones relevantes para la política pública. Junto con algunos de sus profesores, ocupaban influyentes posiciones en el gobierno, trabajando como consultores o investigadores con contratos y subvenciones. En antecedentes, experiencia y calificación, eran miembros de profesiones establecidas que se orientaban por estándares científicos y profesionales generalmente aceptados.

Los nuevos profesionales jugaron un papel activo en la administración de Woodrow Wilson, particularmente durante la Primera Guerra Mundial en el Departamento de Guerra. Luego, en la administración republicana de Herbert Hoover, los científicos sociales llevaron a cabo dos grandes encuestas sociales, *Recent Economic Trends* (*Tendencias económicas recientes*) y *Recent Social Trends* (*Tendencias sociales recientes*). La más amplia influencia de los científicos sociales en el gobierno llegó, empero, con el *New Deal* de Franklin Roosevelt. Un gran número de científicos sociales formó parte de las varias agencias nuevas establecidas durante la administración Roosevelt (Administración Nacional de Recuperación, Administración de Proyectos de Trabajo, Administración de Obras Públicas, Comisión Nacional del Mercado de Valores y Administración Federal de Vivienda).

La función primaria de los científicos sociales en los años 1930 era investigar amplios conjuntos de soluciones potenciales para problemas generales de política pública y no, como sucedería en periodos posteriores, emplear la modelación económica, el análisis de decisiones y la experimentación de política pública para identificar y elegir soluciones específicas a problemas bien definidos. La Junta Nacional

16 Stephen A. Marglin, "What Do Bosses Do? The Origins and Functions of Hierarchy in Capitalist Production", *Review of Radical Political Economy* 6, 2 (1974): 33–60.

17 Elliot Freidson, *Professional Powers: A Study of the Institutionalization of Formal Knowledge* (Chicago, IL: University of Chicago Press, 1986).

de Planeación de la administración Roosevelt (posteriormente Junta Nacional de Planeación de Recursos), la mayoría de cuyos miembros eran científicos sociales y de la política, ilustra el enfoque general de las cuestiones de política pública característico de los años 1930. La Junta era concebida como "un personal general que reúne y analiza hechos, observando la interrelación y administración de políticas públicas amplias, proponiendo de vez en cuando líneas alternativas de procedimiento nacional, basadas en investigación exhaustiva y madura consideración"[18]. Esta misma orientación general hacia los problemas era evidente entre los economistas que trabajaban en el Departamento de Agricultura, los politólogos implicados en la reorganización de la rama ejecutiva y los antropólogos que realizaban estudios para la Oficina de Asuntos Indígenas. Sin embargo, los científicos sociales también contribuyeron con innovaciones metodológicas específicas. Por ejemplo, el Departamento de Agricultura lideró el desarrollo de la encuesta por muestreo como una nueva herramienta de investigación e instrumento de la política censal del gobierno[19].

La Segunda Guerra Mundial y el período de reajuste de posguerra brindaron también a los científicos sociales oportunidades de demostrar su valor en la solución de problemas prácticos. Los logros de entreguerras en el área de la investigación por encuestas habían prestado fundamento al uso de entrevistas por parte de la Oficina de Información de Guerra, la Junta de Producción de Guerra y la Oficina de Administración de Precios. Las agencias militares y civiles confiaron en los científicos sociales para investigar problemas de seguridad nacional, bienestar social, producción de guerra, control de precios y racionamiento de alimentos. Las actividades de agencias como la Oficina de Servicios Estratégicos fueron continuadas después de la guerra por la Oficina de Investigación Naval, el Departamento de la Fuerza Aérea y, posteriormente, por la Junta de Investigación y Desarrollo (más tarde RAND) del Departamento de Defensa, y la Agencia Central de Inteligencia. El gobierno federal estableció institutos especiales de investigación, entre ellos la Oficina de Investigación de Operaciones de la Universidad Johns Hopkins y la Oficina de Investigación de Recursos Humanos de la Universidad George Washington. Entre las contribuciones seminales a la investigación de política pública en este período estuvo *The American Soldier* (*El soldado americano*) (1950), estudio en cuatro volúmenes producido por varios científicos sociales notables. El director de la División de la Moral del Ejército encargó este proyecto a gran escala, que estuvo bajo la dirección general del sociólogo Samuel Stouffer, en 1941. El proyecto es significativo no solo por su dimensión, sino también porque fue parte del desarrollo de apoyo gubernamental a la investigación y análisis de política pública. Los formuladores de la política militar acudieron al investigador social no solo por hechos, sino también por inferencias causales y conclusiones que afectarían las vidas de millones de soldados[20]. Este gran proyecto de investigación contribuyó al desarrollo y refinamiento del análisis estadístico multivariado y de otras técnicas cuantitativas que hoy utilizan ampliamente los investigadores en todas las disciplinas de las ciencias sociales.

Después de la Segunda Guerra Mundial, el primer esfuerzo sistemático por desarrollar una orientación explícita de política pública dentro de las ciencias sociales y conductuales fue *The Policy Sciences: Recent Developments in Scope and Method* (*Las ciencias de la política pública: alcance y método en sus desarrollos recientes*) (1951), editado por los politólogos Daniel Lerner y Harold D. Lasswell. Las "ciencias de la política pública", como afirmaba Lasswell en la introducción, no están limitadas a los objetivos teoréticos de la ciencia; ellas también tienen una orientación fundamentalmente práctica. Su propósito no es simplemente suministrar una base para tomar decisiones eficientes, sino además

18 Gene Lyons, *The Uneasy Partnership: Social Science and the Federal Government in the Twentieth Century* (New York: Russell Sage Foundation, 1969), p. 65.

19 Harry Alpert, "The Growth of Social Research in the United States", en *The Human Meaning of Social Sciences*, ed. de Daniel Lerner (New York: World Publishing, 1959), pp. 79–80.

20 Howard E. Freeman y Clarence C. Sherwood, *Social Research and Social Policy* (Englewood Cliffs, NJ: Prentice Hall, 1970), p. 25.

proveer conocimiento necesario para mejorar los procesos democráticos. "En una palabra, el énfasis especial está en las ciencias de la política pública de la democracia, en las que el objetivo último es la realización de la dignidad humana en la teoría y en los hechos". Veinte años después, en 1971, Lasswell reconocería su deuda con John Dewey y los fundadores del pragmatismo. "Las ciencias de la política pública", escribía Lasswell, "eran una adaptación contemporánea del enfoque general de la política pública recomendado por John Dewey y otros pragmatistas"[21].

El estudio sistemático de la política pública también tuvo lugar fuera de la administración pública, en ese entonces un campo dentro de la ciencia política. En 1937, la Universidad de Harvard creó la Escuela para Graduados en Administración Pública, que se centró en parte en la política pública. A finales de los años 1940, se estableció un comité interuniversitario para desarrollar currículos de política pública, producto importante del cual fue *Public Administration and Policy Development: A Case-Book* (*Administración pública y desarrollo de la política pública: un libro de casos*) (1952) de Harold Stein. El comité interuniversitario, integrado por profesores y profesionales de administración pública, habla de la estrecha relación entre análisis de política pública y administración pública antes y después de la segunda guerra[22].

El ímpetu por desarrollar métodos y técnicas de análisis de política pública -en cuanto se distinguen de su teoría y metodología- no se originó en la ciencia política o la administración pública. El aspecto técnico del análisis de política pública partió más bien de la ingeniería, la investigación operacional, el análisis de sistemas y la matemática aplicada. Muchos de los responsables del desarrollo de métodos y técnicas habían recibido su entrenamiento formal fuera de las ciencias sociales. La Segunda Guerra Mundial había estimulado la implicación de especialistas cuya orientación hacia la política pública era primordialmente analítica antes que conceptual. La idea del "análisis" llegó a asociarse con los esfuerzos por descomponer los problemas en sus componentes fundamentales, por ejemplo, fraccionando problemas de defensa nacional en alternativas de política (ojivas nucleares, bombarderos tripulados, tropas de tierra convencionales), las consecuencias de las cuales podían medirse contra el logro de objetivos de política. Esta nueva orientación, que el especialista en presupuesto Allen Schick denomina "perspectiva centrada en el análisis"[23], tendía a excluir o restringir las preocupaciones por los aspectos políticos y administrativos de la política pública, por ejemplo, las preocupaciones por la factibilidad política de alternativas o por su implementación con fines de reforma democrática. Aunque el "giro centrado en el análisis" de Schick representaba un movimiento que se apartaba de la orientación contextual, enfocada a problemas y multidisciplinaria de las ciencias de la política pública[24], ha suministrado procedimientos más sistemáticos para identificar, seleccionar y estimar beneficios y costos de las políticas públicas[25].

El giro centrado en el análisis estuvo acompañado por la creciente influencia de organizaciones de investigación sin ánimo de lucro ("tanques de pensamiento") como la Corporación RAND, que promovían la difusión del análisis de sistemas y de otras técnicas en agencias gubernamentales y la comunidad académica[26]. El desarrollo de sistemas de presupuestación planificados por programas se debió en gran medida a los esfuerzos de investigadores operacionales y economistas que trabajaban bajo la orientación de Charles Hitch en la Corporación RAND. El grupo RAND quería saber cómo podía Estados Unidos "comprar" seguridad nacional de la manera más eficiente: "cuánto de la riqueza

21 Lasswell, *A Pre-view of Policy Sciences*, pp. xiii-xiv.
22 H. George Frederickson y Charles Wise, *Public Administration and Public Policy* (Lexington, MA: D.C. Heath, 1977).
23 Allen Schick, "Beyond Analysis", *Public Administration Review* 37, 3 (1977): 258–263.
24 Peter de Leon, *Advice and Consent: The Development of the Policy Sciences* (New York: Russell Sage Foundation, 1988), cap. 2.
25 Martin Greenberger, Matthew A. Crenson y Brian L. Crissey, *Models in the Policy Process: Public Decision Making in the Computer Era* (New York: Russell Sage Foundation, 1976), pp. 23–46.
26 Bruce L. R. Smith, *The Rand Corporation: A Case Study of a Nonprofit Advisory Corporation* (Cambridge, MA: Harvard University Press, 1966).

nacional debía dedicarse a defensa, cómo debían distribuirse los fondos asignados a defensa entre las diferentes funciones militares y cómo asegurar el uso más efectivo de estos fondos"[27]. Aunque los sistemas de presupuestación planificados por programas se introdujeron en el Departamento de Defensa en 1965 y posteriormente se ordenó su uso en todas las agencias federales, fue difícil implementarlos. Después de 1971 llegaron a ser discrecionales y pronto cayeron en desuso. A pesar de las heterogéneas conclusiones sobre su éxito como herramienta de análisis de política pública, tales sistemas parecen haber captado la atención de analistas gubernamentales y universitarios que valoran procedimientos sistemáticos para seleccionar y evaluar alternativas de política pública[28].

El giro centrado en el análisis ha sido compensado en alguna medida por el rápido crecimiento de fundaciones privadas cuya misión es apoyar líneas tradicionales de investigación en las ciencias sociales y las humanidades. Más de las tres cuartas partes de estas fundaciones se establecieron después de 1950[29]. En el periodo posterior a 1950, el gobierno federal empezó a apartar fondos para la investigación relacionada con la política pública en las ciencias sociales, aunque las ciencias naturales continuaron recibiendo la mayor parte del apoyo total del gobierno para investigación. Si bien la financiación de investigación aplicada y básica en las ciencias sociales descendió aproximadamente un cuarenta por ciento en dólares constantes entre 1980 y 1990[30], es importante reconocer que más del noventa y cinco por ciento de la investigación financiada por todo tipo de organizaciones -gubernamentales, sin ánimo de lucro y privadas- está representada, no por investigación básica, sino por investigación aplicada sobre problemas prácticos.

En los años 1970 varias disciplinas de las ciencias sociales habían establecido instituciones expresamente comprometidas con la investigación aplicada y relacionada con la política pública, cada una con su propia revista especializada. Dichas instituciones incluían la Organización de Estudios de Política Pública (ciencia política), la Sociedad para el Estudio de Problemas Sociales (sociología), y la Sociedad para el Estudio Psicológico de Asuntos Sociales (sicología). En los años 1980 el proceso de institucionalización de la ciencia social relevante para la política pública dio un paso más allá con la creación de asociaciones profesionales multidisciplinarias como la Asociación para la Política y la Administración Públicas, que organiza conferencias anuales de investigación y publica una revista especializada: la *Journal of Policy Analysis and Management*. La nueva revista comportaba un enfoque aplicado y práctico, que la distinguía del enfoque predominantemente intelectual de las revistas disciplinarias convencionales como la *American Political Science Review*, la *American Economic Review* y la *American Sociological Review*. En contraste, revistas como *Policy Sciences*, *Policy Studies Journal* y *Policy Studies Review* ayudaron a crear una orientación más aplicada y relevante para la política pública, como lo indica en parte el término *policy* en sus títulos. En adición a las revistas principales, había literalmente cientos de otras publicaciones centradas en asuntos específicos relacionados con salud, bienestar, educación, justicia penal, ciencia y tecnología, seguridad nacional y otras áreas temáticas de política pública[31].

27 M. Greenberger, M. A. Crenson y B. L. Crissey, *Models in the Policy Process*, p. 32.

28 Por ejemplo, Alice Rivlin, *Systematic Thinking for Social Action* (Washington, DC: Brookings Institution, 1971); y Walter Williams, *Social Policy Research and Analysis: The Experience in the Federal Social Agencies* (New York: American Elsevier Publishing, 1971).

29 Irving Louis Horowitz y James E. Katz, *Social Science and Public Policy in the United States* (New York: Praeger Publishers, 1975), p. 17.

30 National Science Foundation, *Federal Funds for Research, Development, and Other Scientific Activities* (Washington, DC: NSF, 1973); y National Science Board, *Science and Engineering Indicators -1989* (Washington, DC: NSB, 1989).

31 En 1991, Michael Marien, editor de *Future Survey* (revista de la *World Future Society*), estimaba que el número de revistas de política pública excedía las 400. Michael Marien, "The Scope of Policy Studies: Reclaiming Lasswell's Lost Vision", en *Advances in Policy Studies since 1950*, vol. 10, *Policy Studies Review Annual*, ed. de William N. Dunn y Rita Mae Kelly (New Brunswick, NJ: Transaction, 1991), pp. 445–488.

En el mismo periodo, universidades de Estados Unidos y Europa crearon nuevos programas y grados en análisis de política pública. En Estados Unidos se establecieron nuevos programas con el apoyo del Programa de Política Pública y Organización Social de la Fundación Ford. La mayoría de las universidades de investigación en Estados Unidos cuentan con centros o institutos de política pública listados en la *Encyclopedia of Associations*, que coexisten con miles de organizaciones independientes de investigación de política pública sin ánimo de lucro y grupos promotores. La mayor parte se estableció después de 1950. En Washington y la mayoría de las capitales, y en la Unión Europea, el "analista de política pública" es una descripción formal de trabajo. La Asociación Nacional de Gobernadores y la Liga Nacional de Ciudades cuentan con unidades de análisis de política pública. Hay unidades similares en todo el gobierno de los Estados Unidos que figuran en las direcciones generales de la Unión Europea, las Naciones Unidas y el Banco Mundial. Wikipedia registra decenas de miles de centros de pensamiento de política pública en más de ciento cincuenta países, mientras que la *Encyclopedia of Organizations*, sostenida por *Gale Publishing Company*, relaciona veintitrés mil organizaciones en Estados Unidos comprometidas con la investigación de política pública o la promoción de políticas públicas[32].

La época de la política pública basada en la evidencia

En la primera década del siglo veinte hubo un reconocimiento extendido entre analistas y formuladores de políticas de que las interdependencias entre problemas en campos de política pública relacionados -energía, ambiente, salud pública, bienestar social, seguridad nacional, justicia penal y desarrollo económico- parecían ir en aumento a una tasa creciente, como cuando un río acumula fuerza y significación mientras atraviesa las cascadas que se precipitan. En el área de la política de salud, que es uno de los sectores de más rápido crecimiento en los Estados Unidos, el número de organizaciones dedicadas a la investigación de la política de salud y a la promoción de la política ha crecido a una tasa de aproximadamente el diecisiete por ciento por año desde el cambio de este siglo. Es de destacar, y quizá profético, que esta es la tasa aproximada de crecimiento de los gastos en salud como porcentaje del producto interno en los últimos veinte años. En 2020 el número de estas organizaciones pudo superar las quince mil.

Una respuesta a esta y otras instancias de acelerada dependencia mutua es el desarrollo de diferentes visiones sistémicas de estas dinámicas interdependencias. El informe de la Academia Nacional de Medicina 2010 caracteriza el mundo como un complejo sistema integrado por un gran número de influencias que en su mayor parte están interactuando simultáneamente. Una perspectiva sistémica compromete a los diseñadores y analistas de política a pensar en términos amplios, en lugar de centrarse en las partes componentes de forma aislada. Una perspectiva sistémica puede mejorar la capacidad para desarrollar y usar la evidencia de modo efectivo y sugerir acciones con el potencial de generar cambio. Una perspectiva sistémica "puede pronosticar las consecuencias potenciales de no actuar, los efectos posibles no buscados de las intervenciones, la magnitud probable del efecto de una o más intervenciones, los conflictos entre intervenciones o la complementariedad entre ellas, y las prioridades entre intervenciones"[33].

32 La página web de *Gale Group* (http://galegroup.com/) afirma que *The Encyclopedia of Associations* (*EA*) es la única fuente exhaustiva de conocimiento detallado concerniente a las organizaciones estadounidenses de investigación, profesionales y de membresía sin fines de lucro de alcance nacional. *EA* es una guía de más de 23.000 organizaciones en asuntos comerciales, de negocios, legales, gubernamentales, de administración pública, militares, culturales, educativos, de salud y medicina, de veteranos, deportivos y muchos más.

33 Citado en *Using Science as Evidence in Public Policy*, Committee on the Use of Social Science Knowledge in Public Policy, Division of Behavioral and Social Sciences and Education (Washington, DC: The National Academies Press), p. 60.

El desarrollo del pensamiento de sistemas ha cursado de modo paralelo con el llamado a la *política pública basada en la evidencia*, primero en el Reino Unido y luego en los Estados Unidos y la Unión Europea. La política pública basada en la evidencia es una respuesta a la complejidad, pero en un nivel de análisis meso o micro. Existe el reconocimiento de que las influencias ideológicas, religiosas y políticas, usualmente ocultas y carentes de transparencia, han ejercido un efecto potencialmente nocivo en nuestra comprensión de los factores responsables de políticas no exitosas. En palabras de un reporte de la Cámara de los Comunes británica, la elaboración de la política pública basada en la evidencia "tiene sus raíces en el compromiso gubernamental de que 'se trabaja' sobre la política pública conducida ideológicamente. ... Este gobierno espera ... nuevas ideas, más voluntad de cuestionar las formas heredadas de hacer las cosas, mejor uso de la evidencia y de la investigación en la factura de la política pública"[34].

La elaboración de la política pública basada en la evidencia, aunque adopta diferentes formas, está ligada, en su definición de evidencia, al conocimiento causalmente relevante de las relaciones entre políticas públicas, por una parte, y resultados de corto plazo, intermedios y de largo plazo, por otra. Entre los más grandes y competentes repositorios de políticas públicas sustentadas en la evidencia están la Colaboración Cochrane (C1) (www.cochranecollaboration.org) y la Colaboración Campbell (C2) (www.campbellcollaboration.org). C1 y C2 combinan la preocupación por valorar los resultados causalmente relevantes de políticas públicas (y también de intervenciones médicas en el caso de C1) y el análisis de la investigación mundial existente sobre los resultados de estas intervenciones. Las dos principales metodologías utilizadas por los investigadores de política pública que trabajan con C1 y C2 son la síntesis de investigación y el metaanálisis[35], métodos excepcionalmente poderosos y apropiados para analizar la existencia global de conocimiento sobre una materia.

En Estados Unidos la política pública basada en la evidencia ha sido promovida por destacados evaluadores de programas y analistas de política pública asociados a la Coalición para la Política Pública Basada en la Evidencia del Consejo para la Excelencia en el Gobierno[36]. Algunos procedimientos de la Oficina de Administración y Presupuesto se fundamentan en análisis de política pública basado en la evidencia, especialmente en métodos y estándares de la evaluación de programas. Adicionalmente, una breve revisión de títulos de libros recientes sobre política pública, política social, política educativa, política de seguridad, etc., muestra que los títulos empiezan con la frase "basada en la evidencia". En este contexto también debe decirse que algunos ven el movimiento hacia la elaboración de la política pública fundada en la evidencia como un nuevo y perjudicial enfoque positivista lógico ("cientificista") de los asuntos de política pública, enfoque que puede ser inconsistente con la democracia[37]. Otros ven la política pública basada en la evidencia solamente como una de las varias alternativas de realizar investigación sobre política pública que incorpora enfoques asentados en investigación cualitativa, hermenéutica e interpretativa[38].

EL PROCESO DE ELABORACIÓN DE LA POLÍTICA PÚBLICA

Como hemos visto, el desarrollo del análisis de política pública ha sido una respuesta a problemas prácticos. Si bien el reconocimiento de estos orígenes prácticos es importante para la comprensión del

34 United Kingdom, House of Commons, Science and Technology Committee, *Scientific Advice, Risk and Evidence Based Policy Making*. Séptimo reporte de la sesión 2005–2006, vol. I (London: HMO Printing House, 2006).

35 Un texto comprehensivo sobre estas dos metodologías es Harris M. Cooper, *Research Synthesis and Meta-Analysis: A Step-by-Step Approach*, cuarta edición (Thousand Oaks, CA: Sage Publications, 2010).

36 Coalition for Evidence Based Policy, www.evidencebasedprograms.org/.

37 Wayne Parsons, "From Muddling Through to Muddling Up: Evidence Based Policy-Making and the Modernization of British Government", *Public Policy and Administration* 17, 3 (2002): 43–60.

38 John W. Creswell, *Qualitative Inquiry and Research Design: Choosing Among Five Approaches* (Thousand Oakes, CA: Sage Publications, 2013).

análisis de política pública, la mera conciencia histórica no nos dice mucho acerca de las características de la elaboración de la política pública (*policymaking*) y sobre cómo opera. Por esta razón, debemos volver a los fundadores del movimiento conocido como las *ciencias de la política pública*.

El movimiento de las ciencias de la política pública fue fundado por el preeminente científico de la política Harold D. Lasswell, quien ofreció una nueva visión de la relación entre las ciencias sociales y la elaboración de la política pública. Aunque fragmentos de la visión de Lasswell pueden remontarse al siglo diecinueve, las ciencias de la política pública no solo demandaron creación de conocimiento sobre la factura de la política pública, algo que se había hecho durante siglos, sino que también exigieron que el conocimiento producido fuese utilizado para mejorar el proceso de elaboración de la política pública[39]. Al igual que *Knowledge for What?* (1939) de Robert S. Lynd, esta fue una visión revolucionaria, que afirmaba la centralidad de las ciencias sociales en el proceso de elaboración de la política pública.

Las ciencias de la política pública veían el análisis como una actividad *intelectual* inscrita en un contexto *social*. Para Lasswell y Myres S. McDougal, su colaborador de décadas en el desarrollo de las ciencias de la política pública, este proceso se dividía en tres componentes. El primer componente es la *contextualidad*, que se refiere al hecho de que las decisiones están insertas en un amplio proceso social. El segundo es la *orientación hacia problemas*. Los profesionales de las ciencias de la política pública son competentes en las actividades intelectuales implicadas en la clarificación de metas, tendencias, condiciones, proyecciones y alternativas. El tercero es la *diversidad metodológica*, que hace hincapié en que los métodos empleados cubren un amplio rango (Lasswell 1971: 4).

Los fundadores de las ciencias de la política pública representaban el proceso de decisión como siete *funciones decisionales* secuencialmente ordenadas, apoyada cada una en los poderes coactivo y persuasivo del gobierno. Cada función decisional tiene resultados y cada resultado tiene efectos. Los valores identificados por Lasswell y Kaplan[40] -por ejemplo, ilustración y experticia- son efectos de resultados tales como la recopilación, el procesamiento y la difusión de conocimiento[41]. Estas son las siete funciones decisionales secuencialmente ordenadas:

Inteligencia. Resultados de la función de inteligencia incluyen la recopilación, el procesamiento y la difusión de conocimiento para uso de los participantes en el proceso de decisión, por ejemplo, agencias regulatorias y cuerpos judiciales. Valores como la ilustración, la riqueza y la experticia están entre los efectos posibles de la recopilación, el procesamiento y la difusión de conocimiento.

Promoción. Resultados de la función de promoción incluyen la agitación y la propaganda para uso de líderes, partidos políticos y grupos de interés. Valores como el poder y la experticia están entre los efectos posibles de la agitación y la propaganda.

Prescripción. Resultados de la función prescriptiva incluyen la rutinización e institucionalización de normas exigibles por gobernantes y legisladores. Valores como el poder, el respeto y la experticia están entre los efectos posibles de órdenes ejecutivas, estatutos legislativos y otras normas exigibles.

39 Las ciencias de la política pública, sostenía Lasswell (*A Pre-view of Policy Sciences*, 1971: 1), "están interesadas en el conocimiento *de* y *en* los procesos de decisión del orden público y cívico".

40 Harold D. Lasswell y Abraham Kaplan, *Power and Society: A Framework for Political Inquiry* (New Haven, CT: Yale University Press, 1951). Los diez valores (o "valores base") incluyen riqueza, ilustración, poder, experticia y bienestar.

41 La distinción entre resultados y efectos de resultados es imprecisa, como la afirmó originalmente Lasswell. Otra forma de expresar la distinción es usar los términos resultados (efectos de corto plazo) e impactos (efectos de largo plazo), como se hace a menudo en la evaluación de programas públicos.

Invocación. Resultados de la función de invocación incluyen la conformidad exigible con las prescripciones del personal de las agencias de línea*. Entre los posibles efectos de la conformidad obligada con las prescripciones están la riqueza, la salud y el bienestar.
Aplicación. Resultados de la función de aplicación incluyen la caracterización o documentación escrita por los jueces de los tribunales de apelación de las condiciones bajo las cuales se aplican las prescripciones. Valores como la experticia, el respeto y la rectitud son efectos posibles de los casos escritos por los jueces de los tribunales de apelación.
Terminación. Resultados de la función de terminación incluyen la decisión legal sobre reclamaciones de las partes afectadas por la cancelación de prescripciones. Valores como el poder y el bienestar están entre los efectos posibles de juzgar casos ante tribunales de reclamos menores[42].
Evaluación. Resultados de la función de evaluación incluyen la asignación de responsabilidad legal o administrativa por la evaluación de objetivos de política pública. Valores como la riqueza, el poder y la ilustración están entre los posibles efectos de la evaluación de objetivos mediante comisiones investigativas, inspectores generales y oficinas de investigación de las legislaturas.

Las siete funciones decisionales originales fueron revisadas posteriormente por Lasswell en *A Pre-view of Policy Sciences*, publicado en 1971, que fue su último trabajo importante sobre el proceso de decisión antes de su fallecimiento en 1978. A primera vista, el libro parece presentar una típica teoría de la toma de decisiones secuencial. Tales teorías empiezan con un problema de política pública, seguido por una secuencia de actividades orientadas a su solución. Una reelaboración ampliamente conocida de estas funciones decisionales incluye los siguientes siete estadios: configuración de la agenda, formulación de la política, adopción de la política, implementación de la política, comunicación de la política, evaluación de la política y adaptación de la política[43].

Sin embargo, las decisiones secuenciadas de Lasswell se denominan funciones, no estadios o fases, una diferencia de significación teorética esencial, porque Lasswell seguía a John Dewey al ver una función como una acción (*act*) orientada por fines (o teleológica), no simplemente como un conjunto de actividades ordenadas en forma temporal. Para Dewey, una función es "cualquier proceso lo suficientemente complejo como para involucrar un arreglo o coordinación de procesos menores que *realice un fin específico* de tal forma que se conserve a sí mismo"[44]. Las funciones, vistas de esta forma, se pueden rastrear hasta una tradición de razonamiento práctico documentada por Georg Henrik von Wright en su tratado sobre las teorías epistemológicas asociadas al positivismo lógico y al interpretativismo[45]. Alcanzar un propósito es una consecuencia de tomar decisiones o hacer elecciones sobre estados futuros de cosas, antes que de aplicar reglas inductivas o deductivas por adelantado[46]. La elaboración de

* *N. del t.*: Las agencias de línea operan directamente en la consecución de los fines de gobierno. Agencias de línea en el gobierno estadounidense son, entre otras, los departamentos federales (Departamento de Defensa, Departamento de Agricultura, Departamento de Educación, etc.) o las corporaciones públicas (Autoridad del Valle del Tennessee, Corporación Nacional de Pasajeros del Ferrocarril, Administración Federal de Vivienda, etc.).

42 Algunos críticos observan que es ilógico que Lasswell colocase la terminación antes de la evaluación. Sin embargo, "terminación" se refiere a lo que hoy podríamos denominar "implementación tardía". La evaluación entonces se hace necesaria con miras a evaluar resultados; por ejemplo, resultados en la forma de reclamaciones juzgadas en un tribunal de reclamos menores.

43 Aunque difieren ligeramente, la primera reelaboración de las funciones decisionales fue de Charles O. Jones, *An Introduction to the Study of Public Policy*, 2a. ed. (North Scituate, MA: Duxbury Press, 1977), seguida por la de James A. Anderson, *Public Policymaking: An Introduction*, 7a. ed. (Boston, MA: Wadsworth, 2011). Cada una está organizada según estadios similares del proceso de elaboración de la política pública que se basan en Lasswell.

44 John Dewey, "Brief Studies in Realism. II", *The Journal of Philosophy, Psychology and Scientific Methods* 8, 20 (1911): 546–554.

45 Georg Henrik von Wright, *Explanation and Understanding* (Ithaca, NY: Cornell University Press, 1971) [*Explicación y comprensión* (Madrid: Alianza Editorial, 1979)].

46 Myres S. McDougal, Harold D. Lasswell y W. Michael Reisman, "The Intelligence Function and World Public Order", *Temple Law Quarterly* 46 (1972): 365–448.

la política pública, escriben Lasswell y McDougal, "no es un cuerpo de reglas, sino … un proceso de toma de decisiones autoritativas sobre la producción y distribución de valores en la comunidad. … Las reglas por sí solas no pueden explicar por qué se tomaron decisiones pasadas o cómo es probable que se tomen decisiones futuras"[47].

El legado de Lasswell, McDougal y las ciencias de la política pública es lo que conocemos actualmente como *proceso de elaboración de la política pública* o, dicho brevemente, como *proceso de la política pública.* Hoy, al igual que en la época de Lasswell, es útil visualizar este proceso como una serie de funciones interdependientes organizadas en el tiempo. El proceso empieza con la configuración de la agenda, la formulación de la política y la adopción de la política, y continúa con la implementación de la política, la evaluación de la política y la adaptación de la política (Tabla 2.1)[48]. Dependiendo de las circunstancias, los analistas producen conocimiento relevante sobre una, varias o todas las fases de la elaboración de la política pública.

El proceso de la política pública está integrado por ciclos complejos (Figura 2.1). Cada fase del *ciclo de la política pública* está ligada a la siguiente, en bucles hacia atrás y hacia adelante, y el proceso como un todo no tiene comienzo o fin definidos. Individuos, grupos de interés, oficinas, departamentos y ministerios están implicados en los ciclos de la política pública a través de la cooperación, la competición y el conflicto. Una forma del ciclo trae consigo *adaptación de la política*, donde un bucle de retroalimentación se conecta con fases anteriores. Otras formas de los ciclos son la *sucesión de la política*, donde nuevas políticas y organizaciones se edifican sobre unas antiguas, y la *terminación de la política.* La terminación de la política puede significar el fin de una política o programa, aunque incluso la terminación afecta los asuntos que se instalan en la agenda pública y en este sentido representa otra clase de ciclo.

En algunos casos, primero se adopta una política y luego se justifica trabajando hacia atrás, hacia la configuración de la agenda, donde un problema se formula o reformula para ajustar o justificar la política. Círculos paralelos acontecen donde grupos diferentes desarrollan políticas al mismo tiempo, y puede haber ramificaciones hacia adelante ("arborescencia") y hacia atrás ("ensamblado"), desde una fase hasta múltiples fases sucesoras o predecesoras. Fases adyacentes se pueden conectar u omitir por completo, dando lugar a "cortos circuitos". Soluciones y problemas se hallan en flujo continuo, creando "sopas de política pública primigenia" y "anarquías organizadas"[49]. La Figura 2.1 también asume que el conocimiento relevante para la política pública puede afectar el proceso de elaboración de la política pública, si bien no hay certeza de que esto ocurrirá.

47 Harold D. Lasswell y Myres S. McDougal, "Legal Education and Public Policy: Professional Training in the Public Interest", *The Yale Law Journal* 52, 2 (1943): 203–295.

48 El ciclo de la política pública o el enfoque por etapas de la política pública es compendiado por Peter de Leon, "The Stages Approach to the Policy Process: What Has It Done? Where Is It Going?", en *Theories of the Policy Process*, ed. de Paul Sabatier (Boulder, CO: Westview Press, 1999) [sobre la versión española del libro, ver n. 19 del Capítulo 1]. Ver también Charles O. Jones, *An Introduction to the Study of Public Policy*, 2a. ed. (North Scituate, MA: Duxbury Press, 1977); James A. Anderson, *Public Policymaking* (New York: Praeger, 1975); y Gary Brewer y Peter de Leon, *Foundations of Policy Analysis* (Homewood, IL: Dorsey Press, 1983). El trabajo clásico que influyó todos los trabajos aquí citados es Harold D. Lasswell, *The Decision Process: Seven Categories of Functional Analysis* (College Park, MD: Bureau of Governmental Research, University of Maryland, 1956).

49 Michael Cohen, James March y Johan Olsen, "A Garbage Can Model of Organizational Choice", *Administrative Science Quaterly* 17 (1972): 1–25; John W. Kingdon, *Agendas, Alternatives, and Public Policies*, 2a. ed. (New York: Harper Collins, 1995).

TABLA 2.1 Fases del proceso de elaboración de la política pública

Fase	Características	Ilustración
Configuración de la agenda	Bajo la presión de intereses organizados, funcionarios electos y nombrados sitúan problemas en la agenda gubernamental. Muchos problemas no se tratan en absoluto, mientras que otros se afrontan después de largos periodos.	Un legislador estatal, a petición de una organización local de derechos de bienestar, solicita al grupo de analistas una investigación legislativa sobre el tema del salario digno. Los analistas informan a los miembros del Comité de Salud y Bienestar, que no muestran interés alguno en la legislación. El gobierno no actúa sobre el asunto durante veinte años.
Formulación de la política	Funcionarios formulan políticas alternativas para tratar un problema. Políticas alternativas asumen la forma de órdenes ejecutivas, decisiones judiciales y actos legislativos.	Un tribunal estatal considera prohibir el uso de pruebas de desempeño estandarizadas como la Prueba de Aptitud Académica sobre la base de que las pruebas están sesgadas contra las mujeres y las minorías.
Adopción de la política	Se adopta una política con el apoyo de una mayoría legislativa, el consenso entre directores de agencias, o por decisión mayoritaria de un tribunal.	En el caso *Roe v. Wade**, los jueces de la Corte Suprema llegan a la decisión mayoritaria de que las mujeres tienen el derecho a interrumpir sus embarazos mediante el aborto.
Implementación de la política	Una política adoptada se lleva a cabo por unidades administrativas que movilizan recursos financieros y humanos para implementar la política.	El tesorero de la ciudad contrata personal adicional para asegurar el cumplimiento de una nueva ley que impone impuestos a hospitales que ya no están exentos de ellos.
Evaluación de la política	Unidades gubernamentales de auditoría y de contabilidad determinan si órdenes ejecutivas, actos legislativos y decisiones judiciales cumplen con los requerimientos estatutarios y alcanzan sus objetivos.	La *General Accounting Office* monitorea programas de bienestar social tales como Asistencia Temporal para Familias Necesitadas con miras a determinar el alcance del posible fraude en los programas.
Adaptación de la política	Unidades de auditoría y evaluación informan a las agencias responsables de la formulación, adopción e implementación de políticas que regulaciones pobremente escritas, recursos insuficientes y entrenamiento inadecuado demandan la adaptación de las políticas.	Un Departamento de Trabajo e Industria estatal evalúa un programa de entrenamiento de acción afirmativa, encontrando que los empleados creen erróneamente que las quejas contra la discriminación deben dirigirlas a los supervisores inmediatos, quienes son objeto de las quejas, en lugar de dirigirlas a los funcionarios del programa de acción afirmativa.
Sucesión de la política	Agencias responsables de la evaluación de políticas determinan que una política ya no es necesaria porque el problema ha sido resuelto. En lugar de terminar la política, se redefinen sus objetivos.	La Administración Nacional de Seguridad del Tráfico en Carreteras convence al Congreso de mantener la velocidad de 55 millas por hora, originalmente diseñado para ahorrar combustible, porque está reduciendo en forma inesperada los accidentes de tránsito mortales.
Terminación de la política	Un comité legislativo responsable de la evaluación y vigilancia de las agencias determina que una política pública o toda una agencia deben terminarse porque ya no son necesarias.	El Congreso de los EUA liquida la Oficina de Evaluación de Tecnología sobre la base de que otras agencias y el sector privado son capaces de evaluar los efectos económicos y sociales de las tecnologías.

* *N. del t.*: Se trata del polémico caso judicial de 1973 por el que la Corte Suprema de Justicia de los Estados Unidos despenalizó mediante fallo dividido de siete contra dos el aborto inducido en ese país.

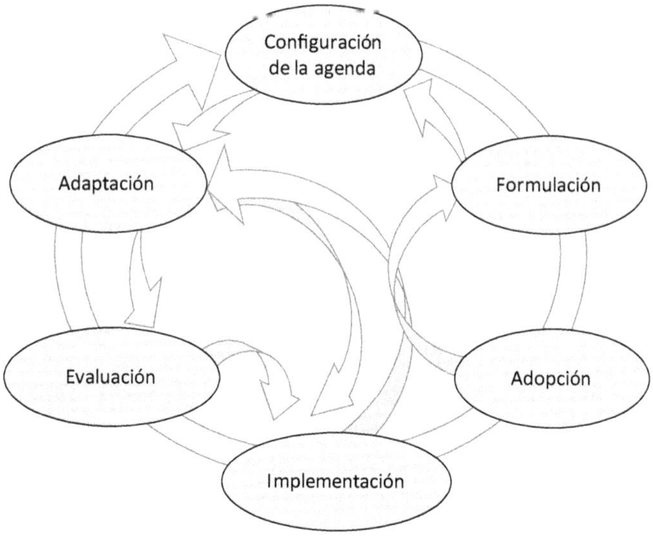

FIGURA 2.1 Complejidad, retroalimentación y cortocircuito en el proceso de elaboración de la política pública

MODELOS DE CAMBIO EN LA POLÍTICA PÚBLICA

Es fácil visualizar metáforas como botes de basura, sopas de política pública primigenia y anarquías organizadas, pero son difíciles de aplicar a políticas concretas. Desde luego, puede parecer que las políticas, cuando se representan en esta forma, no tienen estructura o forma en absoluto. Sin embargo, una historia puede ayudar a clarificar la importancia de estas metáforas[50].

> Hace un mes, en una base militar secreta, hubo informes sobre el robo de materiales clasificados. Todos los días, casi a la misma hora, un trabajador que empujaba una carretilla intentaba abandonar la base pasando por el guardia de seguridad. El primer día, el guardia le preguntó al trabajador qué llevaba en la carretilla. "Solo suciedad", replicó él. El guardia sondeó la tierra con su bastón y, no hallando nada, le permitió al trabajador que continuara. La exploración se repitió exitosamente durante una semana. En la segunda semana, empero, los guardias, cada vez más desconfiados, le ordenaron al trabajador que volcara el contenido de la carretilla sobre el suelo. Esta vez los guardias utilizaron un rastrillo para examinar el contenido, sin encontrar nada nuevamente. Esta situación persistió durante otras dos semanas. Una semana después los guardias acudieron a una unidad especial de investigación equipada con un dispositivo de escaneo. Se le ordenó de nuevo al trabajador que vertiera el contenido, que fue escaneado, pero sin resultado. Tras ello, se le permitió al trabajador pasar libremente. Al final del mes, treinta carretillas se reportaron perdidas.

50 Debo este ejemplo a John Funari, comunicación personal.

El punto de la historia es que las estructuras son tan importantes como los procesos que pretenden representar. Los modelos conceptuales, que son tipos particulares de estructuras intelectuales, son esenciales para comprender el proceso de factura de la política pública. Estos modelos conceptuales, que con frecuencia se basan en metáforas como los botes de basura, las anarquías organizadas y las sopas primigenias[51], estructuran las formas en que pensamos y explicamos los procesos de elaboración de la política pública.

El modelo de la racionalidad comprehensiva

El modelo de la *racionalidad comprehensiva* estructura la forma en que pensamos y explicamos el proceso de toma de decisiones. Este modelo explica la factura de la política pública como un esfuerzo exhaustivo por la eficiencia económica. Un actor económico racional, u *homo economicus*, sopesa los costos y beneficios de las alternativas disponibles y toma una decisión motivado por el interés en el uso eficiente de los recursos. La proposición básica del modelo de la racionalidad comprehensiva es la siguiente: entre dos o más alternativas exhaustivas, la alternativa seleccionada tendrá (o debería tener) beneficios netos de eficiencia (beneficios menos costos) que superen las otras alternativas[52]. Se toman decisiones económicamente racionales cuando los tomadores de decisiones:

- Especifican un conjunto exhaustivo de alternativas sobre las cuales existe suficiente consenso para actuar en nombre de otros.
- Identifican objetivos para cada alternativa.
- Pronostican las consecuencias de elegir cada alternativa.
- Especifican y clasifican transitivamente las alternativas que mejor logran los objetivos.
- Eligen la alternativa que maximiza la consecución de los objetivos.

Hay otras versiones de la elección racional que involucran la incorporación de los costos de transacción institucionales en situaciones de elección[53]; la redefinición de beneficios y costos en términos políticos, sociales o éticos (*e.g.*, *homo politicus*)[54]; y la salvedad de que los tomadores de decisiones son aprendices falibles con información imperfecta, capacidades computacionales limitadas y propensión al error[55].

51 Otras metáforas y símiles son el "muro", la "oleada", la "decadencia de las políticas", la "guerra contra la pobreza" y los "problemas como enfermedades infecciosas". Rein y Schon las denominan "metáforas generativas" porque producen un marco para estructurar problemas de política pública. Ver Martin Rein y Donald A. Schon, "Problem Setting in Policy Research", en *Using Social Research in Public Policymaking*, ed. de Carol Weiss (Lexington, MA: D.C. Heath, 1977), pp. 240–243.

52 Los modelos de elección racional son revisados por Elinor Ostrom, "Institutional Rational Choice: An Assessment of the Institutional Analysis and Development Framework", en *Theories of the Policy Process*, ed. de P. A. Sabatier, pp. 35–72 [sobre la versión española del libro, véase la n. 19 del Capítulo 1]. La crítica clásica de la elección racional comprehensiva es Charles E. Lindblom, *The Policy-Making Process* (Englewood Cliffs, NJ: Prentice Hall, 1968) [*El proceso de elaboración de políticas públicas* (Madrid: Ministerio para las Administraciones Públicas, 1991)].

53 Oliver E. Williamson, *The Economic Institutions of Capitalism* (New York: Free Press, 1985) [*Las instituciones económicas del capitalismo* (México: FCE, 1989)].

54 David J. Silverman, *The Theory of Organisations* (New York: Free Press, 1972).

55 Elinor Ostrom, *Governing the Commons: The Evolution of Institutions for Collective Action* (New York: Cambridge University Press, 1990) [*El gobierno de los bienes comunes: la evolución de las instituciones de acción colectiva* (México: FCE, 2000)]; y Mancur Olson, *The Logic of Collective Action: Public Goods and the Theory of Groups* (Cambridge, MA: Harvard University Press, 1965).

La segunda mejor racionalidad

Una crítica importante del modelo de la racionalidad económica comprehensiva es el *teorema de la imposibilidad de Arrow*, que proporciona una explicación alternativa de los procesos de elaboración de la política pública. El teorema afirma que es imposible para los tomadores de decisiones en una sociedad democrática satisfacer los requerimientos de la racionalidad económica comprehensiva[56]. Es imposible hacer una mejor elección singular agregando elecciones racionales individuales mediante votación de la mayoría. La imposibilidad de crear una decisión colectiva que implique preferencias transitivas (si A es preferida por B y B es preferida por C, entonces A es preferida por C) se describe como la "paradoja del votante".

Considérese un comité integrado por tres miembros: Brown, Jones y Smith. El comité desea decidir cuál de tres formas de energía -solar, carbonífera y nuclear- debería adoptarse para resolver la crisis energética. Brown, líder de una organización de derechos energéticos, prefiere la energía solar a la carbonífera y la carbonífera a la nuclear, razonando que esta clasificación crea menos riesgo para los ciudadanos. Debido a que la elección de Brown es transitiva, ella se conforma con la regla: si A se prefiere a B y B se prefiere a C, entonces A se prefiere a C. Jones y Smith, que representan las industrias carbonífera y nuclear, también tienen preferencias transitivas. Jones prefiere la carbonífera a la nuclear, la nuclear a la solar y la carbonífera a la solar, afirmando que la carbonífera es la más beneficiosa, seguida por la nuclear y la solar. A su turno, Smith prefiere la nuclear a la solar, la solar a la carbonífera y la nuclear a la carbonífera, aduciendo que la nuclear es la más beneficiosa. La energía solar es menos beneficiosa que la carbonífera, pero crea menos daños al ambiente. Smith estima la carbonífera como la menos deseable de las tres alternativas.

Las tres opciones son racionales y transitivas desde el punto de vista de cada individuo. Sin embargo, una vez los tres miembros intentan alcanzar una decisión democrática mediante la regla de la mayoría, emerge una paradoja (Tabla 2.2). Cuando les pedimos que elijan entre la solar y la carbonífera, vemos que la solar se prefiere a la carbonífera por un margen de dos a uno (Brown y Smith *versus* Jones). De modo similar, cuando les pedimos que elijan entre la carbonífera y la nuclear, observamos que la carbonífera se prefiere a la nuclear por un margen de dos a uno (Brown y Jones *versus* Smith). No obstante, si aplicamos la regla de la transitividad a estas preferencias *colectivas*, debemos encontrar que si A se prefiere a B (la solar a la carbonífera) y B se prefiere a C (la carbonífera a la nuclear), entonces A se prefiere a C (la solar a la nuclear). Con todo, este no es el resultado colectivo, porque dos miembros del comité (Jones y Smith) prefieren C a A (la nuclear a la solar). Por lo tanto, las preferencias individuales son transitivas, mientras que la preferencia colectiva es *cíclica*, lo cual significa que las alternativas no se pueden jerarquizar consistentemente. Por esta razón, una elección racional es imposible.

56 Kenneth J. Arrow, *Social Choice and Individual Values* (New York: John Wiley, 1963) [*Elección social y valores individuales* (Madrid: Instituto de Estudios Fiscales, 1974)].

TABLA 2.2 *La paradoja del votante*

Miembro del Comité	Preferencia
Brown	A (solar) preferida a B (carbonífera) B (carbonífera) preferida a C (nuclear) A (solar) preferida a C (nuclear)
Jones	B (carbonífera) preferida a C (nuclear) C (nuclear) preferida a A (solar) B (carbonífera) preferida a A (solar)
Smith	C (nuclear) preferida a A (solar) A (solar) preferida a B (carbonífera) C (nuclear) preferida a B (carbonífera)
Mayoría	A (solar) preferida a B (carbonífera) B (carbonífera) preferida a C (nuclear) C (nuclear) preferida a A (solar)

El teorema de la imposibilidad de Arrow demuestra mediante deducción lógica que es imposible aplicar procedimientos democráticos (*e.g.*, la regla de la mayoría) para llegar a decisiones colectivas que sean transitivas. Específicamente, es imposible satisfacer una o más de las "condiciones razonables" de cualquier procedimiento democrático de decisión: 1) *no restricción de elecciones*, esto es, todas las posibles combinaciones de preferencias individuales deben tenerse en cuenta; 2) *no perversidad de la elección colectiva*, esto es, las elecciones colectivas deben reflejar consistentemente las elecciones individuales; 3) *independencia de alternativas irrelevantes*, esto es, las elecciones deben confinarse a un conjunto dado de alternativas que sean independientes de todas las demás; 4) *soberanía de los ciudadanos*, es decir, las elecciones colectivas no deben ser limitadas por elecciones previas; y 5) *no dictadura*, es decir, ningún individuo o grupo puede determinar el resultado de elecciones colectivas imponiendo sus preferencias a otros.

Para evitar el dilema de las preferencias intransitivas, las elecciones colectivas podrían delegarse a unos pocos decisores (*e.g.*, élites políticas o técnicas), de quienes se puede esperar que arriben a un consenso y efectúen una elección transitiva. Aunque esto resuelve el problema de las preferencias intransitivas, desconoce empero las condiciones de soberanía de los ciudadanos y de no dictadura. A cambio, podríamos introducir alternativas adicionales (*e.g.*, energía eólica) con la esperanza de que esto fomentará consenso, salvo que esto ignore la condición de independencia de alternativas irrelevantes. En la práctica, sin embargo, los sistemas políticos basados en la regla de la mayoría emplean ambos procedimientos (delegación y adición de alternativas) para alcanzar elecciones colectivas[57]. Estas elecciones se describen como *segundas mejores* decisiones.

Incrementalismo inconexo

El *modelo incremental inconexo* sostiene que el modelo de la racionalidad económica comprehensiva es impracticable como explicación de los procesos de factura de la política pública[58]. La proposición fundamental de la teoría incremental inconexa es que las decisiones se toman en el margen del *statu quo*, de modo que una conducta en el tiempo $t + 1$ es marginalmente diferente de una conducta en

57 El establecimiento de secuencias de temas en las agendas es un ejemplo importante de desconocimiento de las condiciones de soberanía de los ciudadanos y de no dictadura. Ver Duncan Black, *The Theory of Committees and Elections* (Cambridge, MA: Cambridge University Press, 1958). Para una revisión de estos problemas, ver Norman Frohlich y Joe A. Oppenheimer, *Modern Political Economy* (Englewood Cliffs, NJ: Prentice Hall, 1978), cap. 1.

58 Charles E. Lindblom y David Braybrooke, *A Strategy of Decision* (New York: Free Press, 1963).

el tiempo *t*. De acuerdo con el incrementalismo inconexo, se hacen elecciones racionales cuando los tomadores de decisiones:

- Consideran solo aquellas alternativas que difieren incrementalmente (*i.e.*, en pequeñas cantidades) del *statu quo*.
- Limitan el número de consecuencias pronosticadas para cada alternativa.
- Mutuamente ajustan objetivos, por una parte, y alternativas de política, por otra.
- Reformulan problemas y alternativas en el curso de adquisición de nuevo conocimiento.
- Analizan y evalúan alternativas secuencialmente, de modo que las elecciones se modifican a lo largo del tiempo, en lugar de hacerse en un punto singular en el tiempo.
- Remedian los problemas existentes, en lugar de intentar resolver los problemas completamente.
- Comparten responsabilidades en el análisis y la evaluación con muchos grupos de la sociedad, creando un proceso inconexo.

Racionalidad limitada

Estrechamente relacionado con el incrementalismo inconexo está el modelo de la *racionalidad limitada*, que ofrece una explicación alternativa del proceso de elaboración de la política pública. Sin embargo, mientras el incrementalismo inconexo versa sobre las limitaciones de las elecciones racionales colectivas, la racionalidad limitada lo hace sobre las limitaciones de las elecciones racionales individuales. La racionalidad limitada afirma que los tomadores de decisiones individuales no pretenden ser enteramente racionales o comprehensivos en el sentido de considerar y sopesar todas las alternativas[59]. Aunque las elecciones son racionales, están limitadas por las circunstancias prácticas y las restricciones de decisiones complejas. La proposición fundamental de la racionalidad limitada es que las decisiones se basan en "reglas de juego" para hacer elecciones mínimamente aceptables. El proponente del modelo de la racionalidad limitada, Herbert Simon, sostiene que es imposible para un individuo solo y aislado alcanzar cualquier alto grado de racionalidad. "El número de alternativas que debe explorar es tan grande, el conocimiento que necesitaría para evaluarlas tan vasto, que incluso una aproximación a la racionalidad objetiva es difícil de concebir"[60].

En contraste con la *conducta maximizante*, Simon propone el concepto de *conducta satisficiente*. Satisficiente se refiere a decisiones que son "suficientemente buenas", esto es, donde las decisiones combinan *satisfactorio* y *suficiente* para crear una elección *satisficiente*. En otras palabras, los tomadores de decisiones no consideran todo el espectro de alternativas que podrían maximizar el logro de objetivos. Para tomar decisiones *satisficientes*, los formuladores y analistas de política pública consideran solamente las soluciones potenciales más fácilmente identificables.

Algunos ven la conducta satisficiente como un esfuerzo por maximizar resultados valorados al tiempo que reconocen las restricciones impuestas por los costos de la información. Considerando que la búsqueda de información consume tiempo y es costosa, "un procedimiento óptimo de decisión

59 Ver Herbert A. Simon, *Administrative Behavior* (New York: Macmillan, 1945) [*El comportamiento administrativo: estudio de los procesos decisorios en la organización administrativa* (Madrid: Aguilar, 1962)]. Simon recibió el Premio Nobel de Economía en 1978 por sus contribuciones al estudio de la toma de decisiones en las organizaciones económicas. Otras obras importantes de Simon son *Models of Man: Social and Rational. Mathematical Essays on Rational Human Behavior in a Social Setting* (New York: Wiley, 1957) y *The Sciences of the Artificial* (New York: Wiley, 1970) [*Las ciencias de lo artificial* (Granada: Comares, 2006)].

60 H. Simon, *Administrative Behavior*, p. 79.

debería tener en cuenta estos factores ... el costo de tomar decisiones debería incorporarse en el modelo maximizante"[61].

Racionalidad erotética

En los términos más simples, la racionalidad erotética se refiere al proceso de preguntar y responder[62]. Los modelos de la racionalidad erotética, aunque pueden ser insatisfactorios para los que demandan respuestas a partir de modelos de procesos de decisión deductivos y estadísticos inductivos, tienen su origen en una tradición metodológica enteramente diferente, la del pragmatismo de James, Peirce y Dewey en filosofía, y la de Harold Lasswell, Myres McDougal y Donald Schon en política pública y ciencias de la política pública[63]. Todos sostienen que gran parte de la factura de la política pública en el mundo real se ajusta a los procesos de razonamiento abductivo, no a los procesos de deducción e inducción[64].

Un interrogante importante sobre la racionalidad erotética es dónde empieza el proceso de preguntar. Puede hallarse una respuesta en la historia del pragmatismo metodológico, especialmente en los trabajos de Charles Sanders Peirce, para quien las preguntas emergen en el proceso de abducción. Como subraya Bromley, la abducción comienza cuando nos enfrentamos con una sorpresa y, más generalmente, cuando nuestras creencias se "desestabilizan". Otro escenario en el cual las creencias se desestabilizan es el que Dewey denominaba *situación problema*. Rein y Schon, abrevando en la distinción de Dewey entre problema y situación problema, describen una situación problema (no un problema) como un "conjunto difuso de preocupaciones y de signos incipientes de estrés"[65]. Una formulación similar de creencia inestable es la de Albert, quien sostiene que la ignorancia es condición *sine qua non* de la racionalidad en la realización de análisis costo-beneficio[66]. Aquí, como en otras partes, las creencias de los analistas y de los formuladores de política se "desestabilizan" cuando reconocen que la relación entre políticas, resultados de política y valores sociales es desconocida o indeterminada. En este punto, el franco reconocimiento de la ignorancia es prerrequisito para comprometerse en el proceso de interrogar y responder, proceso que produce respuestas racionalmente óptimas a preguntas que "trascienden la experiencia acumulada y superan el alcance del conocimiento que está a nuestra disposición"[67].

Bromley ofrece un ejemplo convincente del proceso de abducción, que vincula a inferencias basadas en el silogismo práctico, el cual, como todos los silogismos, tiene tres elementos o premisas. Considérese el ejemplo de una persona que enciende un interruptor de luz para resolver su creencia inestable

61 Richard Zeckhauser y Elmer Schaefer, "Public Policy and Normative Economic Theory", en *The Study of Policy Formation*, ed. de Raymond A. Bauer (Glencoe, IL: Free Press, 1966), p. 92.

62 Nicholas Rescher, metodólogo pragmatista, aboga por la racionalidad erotética en *Induction* (Pittsburgh, PA: University of Pittsburgh Press, 1980), pp. 6–7.

63 La descripción del pragmatismo sigue a Nicholas Rescher, *Methodological Pragmatism: A Systems-Theoretic Approach to the Theory of Knowledge* (Oxford: Basil Blackwell, 1971), quien prefiere el término *pragmatismo metodológico*, término que distingue de la noción vulgar de que el pragmatismo significa "práctico" y del énfasis más abstracto en aspectos filosóficos como la ontología y la epistemología. Los modelos de la racionalidad erotética, aunque pueden ser insatisfactorios para los que demandan modelos de procesos de decisión deductivos y estadísticos bien especificados, afirman que gran parte de la elaboración de la política pública en el mundo real se ajusta a los procesos de razonamiento y acción abductivos.

64 Daniel W. Bromley, economista ambiental e institucional, que fundamenta su modelo pragmatista de elaboración de la política publica en la práctica del razonamiento abductivo, ha presentado un ejemplo persuasivo en este alegato. Ver Bromley, *Sufficient Reason*.

65 Martin Rein y Donald Schon, "Problem Setting in Policy Research", en *Using Social Research in Public Policymaking* (1977): 235–236.

66 Jeffrey M. Albert, "Some Espistemological Aspects of Cost-Benefit Analysis", *George Washington Law Review* 45, 5 (1977): 1030.

67 Rescher, *Induction*, p. 6.

en las propiedades de los objetos que están insuficientemente iluminados. La persona presiona el interruptor de luz porque desea que la habitación se ilumine. Este deseo de un estado futuro (iluminación) es la razón de la elección, mientras que la causa es que presionó el interruptor de luz. La presión del interruptor "es meramente un paso necesario, aunque bastante poco interesante, en el proceso que empieza con una razón, acarrea una secuencia causal y concluye con un resultado deseado" (Bromley 2006: 7).

El proceso de preguntar y responder, o racionalidad erotética, está estrechamente relacionado con la estructuración de problemas como sistema guía central del análisis de política pública (ver Capítulo 3). La racionalidad erotética descansa en el núcleo de innovaciones recientes en la física, como lo muestra la obra de Ilya Prigogine, creador de la teoría del caos: la física ya no trata de certezas, sino de preguntas y respuestas, "y en todas partes, en lugar de descubrir la permanencia e inmutabilidad que la ciencia clásica nos ha enseñado a buscar en la naturaleza, hemos encontrado cambio, inestabilidad y evolución"[68]. Los estudiantes de política pública que interrogan la práctica, abandonando los modelos deductivos y los estadísticos inductivos[69], parecen estar describiendo el proceso de razonamiento erotético y abductivo[70].

Convergencia simultánea

La *convergencia simultánea* se refiere a procesos que son como un complejo delta ribereño de múltiples corrientes convergentes y divergentes cuando atraviesan la planicie inundable hacia el mar[71]. Si intentamos entender los "resultados" del proceso utilizando un cubo de agua para tomar muestras del mar, no seremos capaces de descubrir las varias rutas o estructuras por las que el agua alcanza el mar. No obstante, si fuésemos capaces de monitorear todo el proceso y su estructura, encontraríamos que de vez en vez algunas corrientes convergen para modelar profundos canales que, al menos temporalmente, orientan el proceso en formas predecibles.

La metáfora del delta del río y sus múltiples corrientes ilustra algo de la complejidad del proceso de factura de la política pública, pero sin abandonar la responsabilidad de identificar estructuras que configuran el proceso. En contextos de elaboración de la política pública, individuos y grupos interactúan a través del tiempo para establecer agendas y formular políticas. Su éxito, sin embargo, depende de la capacidad para reconocer momentos críticos ("ventanas de política pública") cuando convergen tres tipos de corrientes: problemas, políticas y política[72]. La proposición fundamental del modelo de convergencia simultánea es que el *cambio en la política pública acontece en estos momentos críticos*. El reconocimiento de estos momentos es parte del desafío que enfrenta el analista.

Equilibrio puntuado

Una de las dificultades de varios de estos modelos es que ninguno da cuenta satisfactoriamente de las principales desviaciones del patrón dominante de cambio gradual predicho por el modelo incremental inconexo. Una desviación importante fueron los cambios abruptos, discontinuos y relativamente raros que ocurrieron en la política ambiental con la Ley de Aire Limpio[73]. Reconociendo que un cambio

68 Ilya Prigogine, "A New Model of Time, a New View of Physics", en *Models of Reality*, ed. de Jacques Richardson (Mt. Airy, MD: Lomond Publications, 1984). Citado por Rita Mac Kelly y William N. Dunn, "Some Final Thoughts", en *Advances in Policy Studies since 1950*, ed. de W. N. Dunn y R. M. Kelly, p. 526.
69 Hal K. Colebatch, Robert Hoppe y Mirko Noordegraaf, *Working for Policy* (Amsterdam: Amsterdam University Press, 2010).
70 Otra definición de abducción es "el método de hipótesis" (Peirce).
71 Alex Weilenmann atribuye la metáfora al teórico de sistemas Stafford Beer. Comunicación personal.
72 En contraste con John Kingdon, *Agendas: Alternatives, and Public Policies*, estoy utilizando el "delta del río" en lugar del "bote de basura". La combinación de "corrientes", "botes de basura" y "ventanas" es una metáfora demasiado surtida que deseo evitar.
73 Ver Charles O. Jones, *Clean Air* (Pittsburgh, PA: University of Pittsburgh Press, 1975).

significativo en la política pública puede acontecer más o menos cada veinticinco años, Sabatier y Jenkins-Smith[74] llaman la atención sobre la importancia de las perturbaciones externas o choques exógenos en la producción de cambios en la política pública que son discontinuos y de amplio alcance. Tales cambios incluyen transformaciones socioeconómicas relativamente rápidas representadas por recesiones, depresiones y crisis petroleras; virajes súbitos en la opinión pública como los que ocurrieron tardíamente en la guerra de Vietnam; y la dramática emergencia de nacionalismo e inseguridad personal que tuvo lugar después de los ataques del 11 de septiembre de 2001 al *World Trade Center* y al Pentágono.

El *modelo del equilibrio puntuado* compara el proceso de cambio en la política pública con la evolución biológica[75]. La mayoría de las políticas públicas son relativamente estables: cambian incrementalmente durante largos periodos de tiempo. Hay un equilibrio dinámico entre políticas públicas rivales, al igual que en el proceso de mutuo ajuste partidista identificado por Lindblom y Braybrooke[76]. El mutuo ajuste partidista puede e implica con frecuencia un proceso competitivo entre burocracias relativamente autónomas. Los dirigentes burocráticos compiten por reconocimiento y recursos de acuerdo con los incentivos institucionales y la estructura de recompensas de sus organizaciones. Periódicamente, cambios abruptos (puntuaciones) en la política pública suceden como consecuencia de nuevas imágenes políticas que, a su turno, son productos de "sismos de política pública" y de otros choques externos. La proposición fundamental del modelo del equilibrio puntuado es que los choques externos son condición necesaria pero no suficiente de un cambio importante en la política pública. La condición suficiente es que nuevas imágenes políticas y nuevos arreglos del mundo político surgen en respuesta a estos choques. Sin embargo, cuando nuevas imágenes, creencias y valores políticos se desarrollan gradualmente, durante largos periodos de tiempo, el proceso no es "puntuado"[77].

EL ANÁLISIS DE POLÍTICA PÚBLICA EN EL PROCESO DE ELABORACIÓN DE LA POLÍTICA PÚBLICA

El propósito del análisis de política pública es mejorar la factura de la política pública. Esta no es una tarea simple cuando consideramos que muchas de las más importantes políticas públicas son resistentes incluso a cambios incrementales. Cambios grandes y discontinuos son relativamente raros, y proceden de choques externos al sistema político, no de cambios internos prescritos por los analistas y realizados por los formuladores de política. Sin embargo, el análisis de política pública multidisciplinario es importante debido al potencial de cambio incorporado en los cinco tipos de conocimiento relevante para la política pública y métodos asociados (Figura 2.2).

74 Paul A. Sabatier y Hank C. Jenkins-Smith, "The Advocacy Coalition Framework: An Assessment", en *Theories of the Policy Process*, ed. de P. A. Sabatier, pp. 117–166 [sobre la versión española del libro, véase n. 19 del Capítulo 1]. Dos condiciones causalmente relevantes que generan cambio en la política pública son los choques externos y los valores fundamentales. Su "marco de la coalición promotora" es paralelo a las teorías de la dinámica de poblaciones en biología.

75 Ver James L. True, Frank R. Baumgartner y Bryan D. Jones, "Punctuated-Equilibrium Theory: Explaining Stability and Change in American Policymaking", en *Theories of the Policy Process*, ed. de P. A. Sabatier, pp. 97–116; y Frank R. Baumgartner y Bryan D. Jones, *Agendas and Instability in American Politics* (Chicago, IL: University of Chicago Press, 1993).

76 Charles E. Lindblom and David Braybrooke, *A Strategy of Decision* (New York: Free Press, 1963).

77 Ver P. A. Sabatier y H. C. Jenkins-Smith, "The Advocacy Coalition Framework".

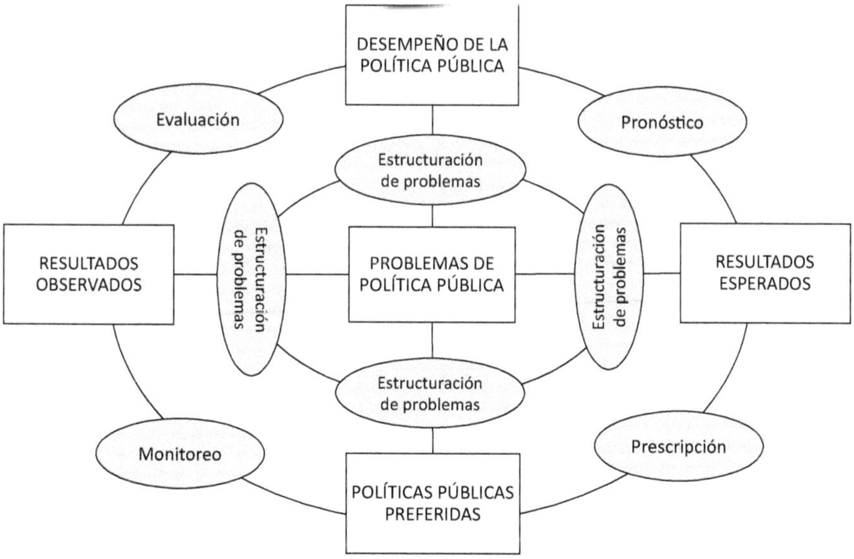

FIGURA 2.2 Conocimiento relevante para la política pública y métodos asociados

Usos potenciales del análisis

Para muchos analistas es artículo de fe sobreentendido que producir conocimiento relevante para la política pública redundará en mejores políticas públicas. Aquí, la supuesta eficacia práctica del conocimiento es evidente en las funciones o fines que sirven los métodos analíticos de política pública.

Estructuración de problemas. La función de los métodos de estructuración de problemas es suministrar conocimiento relevante para la política pública a quienes desean examinar los supuestos subyacentes a la definición de problemas en la *agenda pública* (ver Tabla 2.1). En la fase de configuración de la agenda de la elaboración de la política pública, la estructuración de problemas puede ayudar a revelar supuestos ocultos, diagnosticar causas rivales, mapear objetivos posibles, sintetizar puntos de vista en conflicto, y visualizar nuevas y mejores políticas. Por ejemplo, el problema del sesgo racial y sexual en unos veinte millones de pruebas estandarizadas administradas anualmente en los Estados Unidos fue llevado a las agendas legislativas de varios estados a finales de los años 1980. En Pensilvania, analistas cuestionaron el supuesto de que el sesgo de la prueba era un problema que demandaba acción legislativa -por ejemplo, la prohibición definitiva de pruebas estandarizadas- después de sintetizar y evaluar investigación sobre el sesgo de la prueba publicada en la literatura profesional y académica. Había grandes discrepancias en los puntajes alcanzados en la prueba por minorías y blancos, pero ello confirmaba que la mayor parte de estas diferencias no surgían del sesgo de la prueba *per se*. Eran más bien un indicador o calibrador de la desigualdad de oportunidades educativas. Los analistas recomendaron el uso continuado de pruebas estandarizadas para monitorear estas desigualdades, conduciendo a la remoción del tema de la agenda legislativa[78].

Pronóstico. Los métodos para pronosticar resultados esperados de política proporcionan conocimiento relevante para la política pública sobre las consecuencias que seguirán a la adopción de políticas preferidas (incluyendo no hacer nada) en la fase de *formulación de la política pública*. El pronóstico ayuda a examinar futuros plausibles, potenciales y normativamente valorados; a estimar las consecuencias de

78 William N. Dunn y Gary Roberts, *The Role of Standardized Tests in Minority-Oriented Curricular Reform*, documento de política pública preparado para la Oficina Legislativa de Enlace de Investigación, Cámara de Representantes de Pensilvania, febrero 1987.

políticas existentes y propuestas; a especificar probables restricciones futuras sobre el logro de objetivos; y a estimar la factibilidad política (apoyo y oposición) de diferentes opciones. En 1990, por ejemplo, analistas de la Administración Financiera para el Cuidado de la Salud emplearon métodos de pronóstico para estimar los efectos del déficit de ingresos sobre el fondo fiduciario del *Medicare*, que podía agotarse en las siguientes dos décadas. Ante la ausencia de nuevas iniciativas de política en salud, los beneficios futuros bajo el *Medicare* podían reducirse en cuarenta o cincuenta billones de dólares, creando una reducción del cincuenta por ciento del programa. Entretanto, dado el *baby-boom*, era probable que aumentara el número de los cuarenta millones de personas que no tenían seguro de salud[79]. La aprobación de la Ley de Atención Asequible (Abamperes008) redujo significativamente el número de personas sin atención médica.

Prescripción. Los métodos para prescribir alternativas de política privilegiadas producen conocimiento relevante para la política pública sobre beneficios y costos -y más generalmente sobre el valor o la utilidad- de resultados esperados de política pública, estimados mediante prognosis. Esto ayuda a los formuladores de política en la fase de *adopción de la política pública*. Con el uso de métodos para prescribir políticas preferidas, los analistas pueden estimar niveles de riesgo e incertidumbre, identificar externalidades y desbordamientos, especificar criterios para hacer elecciones, y asignar responsabilidad administrativa en la implementación de políticas. Por ejemplo, el debate sobre los límites de velocidad máxima en los Estados Unidos se ha centrado en los costos por víctima mortal evitados bajo las opciones de cincuenta y cinco y sesenta y cinco millas por hora. En los años 1980, una recomendación, basada en la conclusión de que el límite de velocidad de cincuenta y cinco millas por hora continuaría dando cuenta de no más que el dos al tres por ciento de las muertes evitadas, prescribió un cambio en los gastos: de mantener el límite de velocidad hacia la compra de detectores de humo, lo que salvaría muchas más vidas[80]. En 1987, unos cuarenta estados estaban experimentando con límites de velocidad más altos. En 1995, el límite de velocidad de cincuenta y cinco millas por hora se abandonó del todo.

Monitoreo. Los métodos para monitorear resultados observados de política suministran conocimiento sobre las consecuencias de adoptar políticas, colaborando así en la fase de *implementación de la política pública*. Muchas agencias monitorean regularmente resultados e impactos de política empleando indicadores de salud, educación, vivienda, bienestar, delitos, y ciencia y tecnología[81]. El monitoreo ayuda a evaluar grados de cumplimiento, descubrir consecuencias no buscadas de políticas y programas, identificar obstáculos y restricciones en la implementación, y localizar fuentes de responsabilidad por desviaciones de las políticas. Por ejemplo, analistas de varias agencias, que incluyen la Oficina del Censo y la Oficina de Estadísticas Laborales, monitorean las políticas de bienestar económico y social en los Estados Unidos. Un análisis de 1991 concluyó que el ingreso medio real del hogar en los Estados Unidos creció meramente el dos por ciento entre 1969 y 1989. En el mismo periodo, la proporción del ingreso nacional en el quintil superior de los hogares transitó del 43 al 46,7 por ciento, mientras que todos los otros grupos de ingreso experimentaron un declive. En este caso, el monitoreo de la política reveló un marcado incremento en la desigualdad del ingreso, una erosión de la clase media y un descenso del estándar de vida entre 1969 y 1989[82]. La situación en el periodo 1989–2015 ha estado marcada por una mayor desigualdad del ingreso.

79 Sally T. Sonnefeld, Daniel R. Waldo, Jeffrey A. Lemieux y David R. McKusick, "Projections of National Expenditures through the Year 2000", *Health Care Financing Review* 13, no. 1 (1991): 1–27.

80 Ver, por ejemplo, Charles A. Lave y Lester B. Lave, "Barriers to Increasing Highway Safety", en *Challenging the Old Order: Towards New Directions in Traffic Safety Theory*, ed. de J. Peter Rothe (New Brunswick, NJ: Transaction Books, 1990), pp. 77–94.

81 Ver Duncan MacRae Jr., *Policy Indicators: Links between Social Science and Public Debate* (Chapel Hill: University of North Carolina Press, 1985).

82 Gordon Green, Paul Ryscavage y Edward Welniak, "Factors Affecting Growing Income Inequality: A Decomposition", documento presentado en la Sexagésima Sexta Conferencia Anual de la Asociación Económica Occidental Internacional, Seattle, Washington, 2 de julio de 1991.

Evaluación. Los métodos para evaluar resultados observados de política producen conocimiento relevante para la política pública sobre discrepancias entre el desempeño esperado y el desempeño real de la política, colaborando así en las fases de *evaluación*, *adaptación*, *sucesión* y *terminación* de la política pública. La evaluación no solo resulta en conclusiones sobre el grado en que los problemas han sido mitigados, sino que también puede contribuir a la clarificación y crítica de los valores que orientan una política, colaborar en el ajuste o reformulación de políticas, y establecer una base para reestructurar problemas. Un buen ejemplo de evaluación es el tipo de análisis que contribuye a la clarificación, crítica y debate al proponer que el razonamiento ético y moral complemente el razonamiento técnico que impulsa las políticas ambientales en la Unión Europea y en otras regiones y países[83].

Usos del análisis en la práctica

El uso del análisis de política pública y de sus resultados tiene el potencial de realizar la visión de Lasswell del conocimiento *de* y *en* el proceso de la política pública. En la práctica, sin embargo, la materialización de esta visión está sujeta a limitaciones[84].

- *El uso es indirecto, tardío y general.* El uso del análisis es típicamente indirecto, tardío y general. Los análisis singulares rara vez son vistos como importantes a menos que hagan parte de un cuerpo más extenso de conocimiento. El carácter indirecto y general del uso es comprensible cuando reconocemos que la elaboración de la política pública es un proceso complejo de ciclos impredecibles, que varían desde la terminación y sucesión hasta la adaptación y el cortocircuito.
- *El significado del mejoramiento es éticamente controversial.* Cuando se usan los resultados del análisis, el significado de qué constituye una mejora depende de la perspectiva política, ideológica y ética de los observadores. Los que creen que el interés público se sirve asistiendo a los que están peor imponiendo impuestos a los que están mejor, pueden ver el "mejoramiento" de modo diferente de los que creen que el interés público se sirve cuando los individuos resuelven sus problemas sin intervención del Estado. Indudablemente, el valor de la "eficiencia" es visto con frecuencia como algo que todos apoyan. Sin embargo, la eficiencia misma es un asunto ético, porque las políticas públicas muy a menudo benefician a algunos individuos e imponen costos a otros.
- *Ser útil refleja intereses personales, profesionales e institucionales.* Como profesionales y como personas, los analistas buscan mejorar su estatus, recompensas y bienestar, no solamente los de sus agencias y comunidades. Obtener acceso a personas con poder político, privilegios y posición económica -como sus consejeros, consultores, testigos expertos o analistas- es parte de la motivación de ser un profesional.

Los malentendidos sobre los usos del análisis proceden del fracaso en reconocer que el proceso de utilizar conocimiento relevante para la política pública es tan complejo como el proceso de elaborar la política pública (Figura 2.1). Considérese la siguiente descripción de tomar una decisión de política pública, de Chester Barnard, exitoso director ejecutivo e importante contribuyente a la teoría y práctica de la administración pública y de negocios. Barnard escribió que ejecutar una orden (*policy*) de trasladar

83 Ver, por ejemplo, Silvio O. Funtowicz y Jerome R. Ravetz, "Global Environmental Issues and the Emergence of Second Order Science" (Luxembourg: Commission of the European Communities, Directorate-General for Telecommunications, Knowledge Industries, and Innovation, 1990). Ver también Funtowicz y Ravetz, "A New Scientific Methodology for Global Environmental Issues", en *Ecological Economics*, ed. de Robert Costanza (New York: Columbia University Press, 1991), pp. 137–152.

84 La discusión que sigue se inspira en Carol H. Weiss, "Introduction", en *Using Social Research in Public Policymaking*, ed. de C. H. Weiss, pp. 1–22; y Carol H. Weiss y Michael J. Bucuvalas, *Social Science Research and Decision Making* (New York: Columbia University Press, 1980).

un poste telefónico de un lado de la calle al otro, probablemente demandaría que cien empleados, localizados en una docena de sitios, llevasen a efecto unas diez mil decisiones. Para realizar un análisis competente, sería necesario investigar los hechos sociales, políticos, morales, legales, económicos y físicos del entorno, proceso que "requerirá nueve mil redefiniciones y mejoras de propósito … probablemente no más de media docena de decisiones se redefinirán o se considerarán dignas de mención. … Las demás se 'darán por descontadas', formando todas parte de la tarea del conocedor de su oficio"[85].

- *Composición de los usuarios.* Individuos así como colectivos -por ejemplo, agencias, ministerios, oficinas, tribunales, legislaturas, parlamentos- usan el análisis de política pública. Cuando el uso del análisis implica ganancias (o pérdidas) en la utilidad personal del conocimiento, el proceso del uso es un aspecto de decisiones individuales (uso individual). En contraste, cuando el proceso del uso involucra a muchos individuos, es un aspecto de decisiones colectivas o de políticas (uso colectivo).
- *Alcance del concimiento utilizado.* El alcance del conocimiento utilizado por los formuladores de política pública va de lo específico a lo general. El uso de "ideas en buena moneda" es de alcance general (uso general), e incluye el empleo de metáforas y símiles que capturan el significado esencial de ideas y acciones[86]. En contraste, el uso de una recomendación particular es específico (uso específico), como lo ejemplifican los procedimientos operativos estándar que rigen las horas de trabajo o las directivas presupuestales que involucran gasto de fondos.
- *Efectos esperados del uso.* El uso del análisis de política pública tiene efectos conceptuales, simbólicos e instrumentales. Los efectos conceptuales incluyen el uso del análisis para pensar sobre problemas y soluciones (uso conceptual) y legitimar formulaciones privilegiadas de problemas y soluciones (uso simbólico). En contraste, los efectos comportamentales implican el uso del análisis de política pública como un instrumento para orientar o manipular actividades o funciones (uso instrumental). Los usos conceptual, simbólico e instrumental del conocimiento acontecen entre usuarios individuales y colectivos[87].

En la práctica, estas tres dimensiones del uso del conocimiento se traslapan. Como veremos en el Capítulo 9, la intersección entre ellas proporciona una base para valorar y mejorar los usos del análisis de política pública.

85 Chester I. Barnard, *The Functions of Executive* (Cambridge, MA: Harvard University Press, 1938, 1962), p. 198. Citado por Carol Weiss, "Knowledge Creep and Decision Accretion", *Science Communication* 1, 3 (1980): 403.

86 El concepto de "ideas en buena moneda" es discutido por Donald A. Schon, "Generative Metaphor: A Perspective on Problem Setting in Social Policy", en *Metaphors and Thought*, ed. de A. Ortony (Cambridge: Cambridge University Press, 1979), pp. 254–283.

87 Sobre las distinciones entre los usos conceptual, instrumental y simbólico, ver Carol H. Weiss, "Research for Policy's Sake: The Enlightenment Function of Social Science Research", *Policy Analysis* 3 (1977): 200–224; C. H. Weiss, "The Circuitry of Enlightenment", *Science Communication* 8, 2 (1986): 274–281; Nathan Caplan, Andrea Morrison y Roger Stambaugh, *The Use of Social Science Knowledge in Policy Decisions at the National Level* (Ann Arbor, MI: Institute for Social Research, Center for the Utilization of the Scientific Knowledge, 1975); Robert F. Rich, "Uses of Social Science Knowledge by Federal Bureaucrats: Knowledge for Action versus Knowledge for Understanding", en *Using Social Research in Public Policymaking*, ed. de C. H. Weiss, pp. 199–211; y Karin D. Knorr, "Policymakers' Use of Social Science Knowledge: Symbolic or Instrumental?", en *Using Social Research in Public Policymaking*, ed. de C. H. Weiss, pp. 165–182.

RESUMEN DEL CAPÍTULO

Este capítulo ha presentado una visión general del papel del análisis de política pública en la factura de la política pública. Históricamente, el propósito del análisis de política pública ha consistido en suministrar a los formuladores de política conocimiento que puede utilizarse para resolver problemas prácticos. El análisis de política pública es una actividad intelectual inscrita en un proceso social. Aunque la elaboración de la política pública puede verse como un conjunto de fases ordenadas en el tiempo, la organización de estas fases se asemeja a un cubo de basura o a una anarquía organizada. Hay numerosos modelos disponibles para describir cómo y por qué cambian las políticas, todos los cuales capturan una propiedad importante de la factura de la política pública.

Los métodos de análisis están diseñados para producir conocimiento relevante para la política pública que sea útil en todas las fases de la elaboración de la política pública. Sin embargo, los usos del análisis son indirectos, tardíos, generales y éticamente controversiales. Aunque esto complica el proceso de uso del conocimiento, esto es esperable, considerando que muchas variaciones del uso del conocimiento se basan en la intersección de su composición, alcance y efectos esperados.

PREGUNTAS DE REPASO

1. ¿Qué significa decir que el análisis de política pública es un proceso de producir conocimiento *de* y *en* el proceso de elaboración de la política pública?
2. ¿Cuál es la relación entre los problemas enfrentados por las sociedades y el desarrollo de lo que se ha denominado una perspectiva "centrada en el análisis"?
3. Compare y contraste los aspectos intelectuales y sociales de la elaboración de la política pública. De ejemplos.
4. ¿Qué es una "anarquía organizada"? ¿Cómo se relaciona ella con el modelo "bote de basura" de la elaboración de la política pública?
5. En su experiencia, ¿qué modelo(s) de cambio en la política pública son más útiles? ¿Por qué?
6. Considerando las tres dimensiones del uso del conocimiento, ¿cómo sabría usted cuándo los formuladores de política pública han utilizado el análisis de política pública? ¿Qué haría usted al respecto?
7. ¿Cuáles son los pros y los contras de la elaboración de la política pública basada en la evidencia? Considere los conceptos de "dirección tecnocrática" y "consejo tecnocrático" presentados en el estudio de caso para este capítulo.

EJERCICIOS DE DEMOSTRACIÓN

1. Después de leer el Caso 2.1 (¿Los analistas de política pública son tecnócratas?), evalúe las siguientes afirmaciones sobre "consejo tecnocrático" y "dirección tecnocrática" en la factura de la política pública. ¿Está usted de acuerdo? ¿En desacuerdo? ¿Por qué?
   - "La perspectiva de la *dirección* tecnocrática exagera el poder y la influencia de los analistas profesionales".
   - "La perspectiva del *consejo* tecnocrático sobrestima la importancia simbólica de los analistas en la legitimación de políticas públicas formuladas sobre bases políticas".
   - "El remedio para el 'consejo tecnocrático' no es abandonar el análisis de política pública, sino crear un nuevo enfoque denominado 'experticia democrática'. Este enfoque contrarrestará sesgos tecnocráticos "transitando de la falsa neutralidad

al partidismo reflexivo, trabajando intensamente para ayudar a los menos aventajados a entender y defender sus casos ... asistiendo a todos los partidos a enfrentar las incertidumbres"[88].

2. Obtenga un análisis de un tema contemporáneo de política pública. El análisis podría no estar publicado, publicado en un sitio web o publicado en una revista profesional o no profesional, o en un periódico. Utilice el Caso 2.2 "Monitoreo de los usos del análisis de política pública" para escribir un breve informe que responda las siguientes preguntas:
   - ¿En qué medida el análisis es de alta *calidad técnica*?
   - ¿En qué medida el análisis está *conforme con lo que usted esperaba*?
   - ¿En qué grado el análisis es *actuable*, esto es, tiene una orientación hacia la acción?
   - ¿En qué grado el análisis es un *desafío al statu quo*?
   - ¿Qué sugiere su informe sobre las razones por las que se considera que el análisis de política es *útil*? ¿Útil para qué? Sea específico.
   - ¿Qué sugiere su informe sobre las razones por las que la investigación realmente *se utiliza* o *no se utiliza*?

BIBLIOGRAFÍA

Barber, Bernard. *Effective Social Science: Eight Cases in Economics, Political Science, and Sociology*. New York: Russell Sage Foundation, 1987.

Coalition for Evidence Based Policy, www.evidence-basedprograms.org/.

De León, Peter. *Advice and Consent: The Development of the Policy Sciences*. New York: Russell Sage Foundation, 1988.

Donaldson, Stewart I., Christina A. Christie y Melvin M. Mark, eds. *Credible and Actionable Evidence: The Foundation for Rigorous and Influential Evaluations*. Segunda edición. Los Ángeles: Sage Publications, 2015.

Fischer, Frank. *Technocracy and the Politics of Expertise*. Newbury Park, CA: Sage Publications, 1990.

Freidson, Elliot. *Professional Powers: A Study of the Institutionalization of Formal Knowledge*. Chicago, IL: University of Chicago Press, 1986.

Horowitz, Irving L., ed. *The Use and Abuse of Social Science: Behavioral Science and Policymaking*. Segunda edición. New Brunswick, NJ: Transaction Books, 1985.

Jasanoff, Sheila. *The Fifth Branch: Science Advisors as Policymakers*. Cambridge, MA: Harvard University Press, 1990.

Kingdon, John. *Agendas, Alternatives, and Public Policies*. Glenview, IL: Scott, Foresman, 1984.

Lerner, Daniel, ed. *The Human Meaning of the Social Sciences*. Cleveland, OH: World Publishing Company, 1959.

Lindblom, Charles E. *Inquiry and Change. The Troubled Attempt to Understand and Change Society*. New Haven, CT: Yale University Press, 1990 [existe edición revisada de 1992].

Lindblom, Charles E. y David K. Cohen. *Usable Knowledge: Social Science and Social Problem Solving*. New Haven, CT: Yale University Press, 1979.

Lindblom, Charles E. y Edward J. Woodhouse. *The Policy-Making Process*. Tercera edición. Englewood Cliffs, NJ: Prentice-Hall, 1993.

Machlup, Fritz. *Knowledge: Its Creation, Distribution, and Economic Significance*. Vol. 1 of *Knowledge and Knowledge Production*. Princeton, NJ: Princeton University Press, 1980.

MacRae, Duncan, Jr. *The Social Function of Social Science*. New Haven, CT: Yale University Press, 1976.

Parsons, Wayne. "From Muddling Through to Muddling Up: Evidence Based Policy-Making and the Modernization of British Government". Artículo no publicado. London: University of London, 2004.

Parsons, Wayne. *Public Policy: An Introduction to the Theory and Practice of Policy Analysis*. Northampton, MA: Edward Elgar Publishing Inc., 1995 [*Políticas públicas. Una introducción a la teoría y la práctica del análisis de políticas públicas* (México, D.F.: Flacso y Miño y Dávila Editores, 2009)].

Ravetz, Jerome. *Science and Its Social Problems*. Oxford: Oxford University Press, 1971.

Sabatier, Paul A. *Theories of the Policy Process*. Boulder, CO: Westview Press, 1999 [sobre su versión española, ver n. 19 del Capítulo 1]

Schmandt, Jürgen y James E. Katz. "The Scientific State: A Theory with Hypotheses". *Science, Technology, and Human Values* 11 (1986): 40–50.

United Kingdom, House of Commons, Science and Technology Committee. *Scientific Advice, Risk and Evidence Based Policy Making*. Seventh Report of Session 2005–2006, volumen I. London: HMO Printing House, 2006.

Weiss, Carol H. *Social Science Research and Decision Making*. New York: Columbia University Press, 1980.

88 Rowland Egger, "The Period of Crisis 1933–1945", en *American Public Administration: Past, Present, and Future*, ed. de Frederick C. Mosher (Tuscaloosa, AL: University of Alabama Press, 1975), pp. 49–96.

CASO 2.1 ¿LOS ANALISTAS DE POLÍTICA PÚBLICA SON TECNÓCRATAS?

En la primera mitad del siglo veinte, la implicación de científicos sociales y naturales en la factura de la política pública fue en gran medida una respuesta a crisis sociales, económicas y político-militares[89]. Científicos y profesionales eran participantes *ad hoc* e irregulares en el gobierno en el periodo de depresión, dislocación y guerra que se extendió desde los primeros años treinta hasta los últimos de los cuarenta del siglo veinte. En los años siguientes, no obstante, las ciencias y profesiones sociales -ciencia política, sociología, economía, administración pública, administración de empresas, trabajo social, planeación- se convirtieron en una de las principales fuentes de personal, asesores y consultores gubernamentales de tiempo completo. Por primera vez, las agencias públicas reclutaban sobre una base regular especialistas que habían recibido su formación y habían sido certificados por sus respectivas organizaciones profesionales.

Para muchos observadores, esta nueva época significaba el advenimiento de una nueva forma de organización social y política en que la elaboración de la política pública y la dirección societal eran críticamente dependientes del conocimiento y las tecnologías especializados de las ciencias y profesiones. Enfatizando su aspecto social, algunos se referían a esta nueva forma de organización como la "sociedad del conocimiento"[90] o "sociedad posindustrial"[91]. Otros, centrados en su aspecto político, hablaban de la transición del "Estado administrativo" al "Estado científico"[92].

Sociedad posindustrial y Estado científico

La sociedad posindustrial, una extensión de los patrones de elaboración de la política pública y de organización socioeconómica de la sociedad industrial, es dominada de modo creciente por una clase profesional-técnica educada. Es importante considerar varias de las características de una sociedad posindustrial cuando reflexionamos cuidadosamente sobre la evolución y significación históricas del análisis de política pública[93]:

- *Centralidad del conocimiento teorético.* Aunque las primeras civilizaciones se basaban en conocimiento especializado, solamente a finales del siglo veinte y en el veintiuno las innovaciones en tecnologías "blandas" (sociales) y "duras" (físicas) dependen directamente de la codificación del conocimiento teorético proporcionado por las ciencias sociales, físicas y biológicas.
- *Creación de nuevas tecnologías intelectuales.* El mejoramiento de las técnicas matemáticas y estadísticas ha hecho posible utilizar la modelación avanzada, la simulación y varias formas de análisis de sistemas para hallar soluciones más eficientes y "racionales" de los problemas públicos.
- *Extensión de una clase dedicada al conocimiento.* El grupo ocupacional de más rápida expansión en los Estados Unidos es el constituido por técnicos y profesionales. Este grupo, que incluye gerentes profesionales, representaba el 28% de las personas empleadas en 1975, el 28,3% en 1995, y el 30,3% en 2000. Las personas en ocupaciones no agrícolas pasaron del 62,5% al 98,4% entre 1900 y 1990.
- *Tránsito de bienes a servicios.* En 1975, más del 65% de la fuerza laboral activa estaba comprometida en la producción y oferta de servicios, cifra que excedía el 80% en 2000. Los servicios son primordialmente humanos (*e.g.*, salud, educación, bienestar social) y técnico-profesionales (*e.g.*, servicios de conocimiento, programación computacional, telecomunicaciones).
- *Instrumentalización de las ciencias.* Si bien las ciencias naturales y sociales se han utilizado por largo tiempo como instrumentos para controlar el entorno humano y material, han estado en alta medida abiertas a la crítica

89 Rowland Egger, "The Period of Crisis 1933–1945", en *American Public Administration: Past, Present, and Future*, ed. de Frederick C. Mosher (Tuscaloosa, AL: University of Alabama Press, 1975), pp. 49–96.

90 Fritz Machlup, *The Production and Distribution of Knowledge in the United States* (Princeton, NJ: Princeton University Press, 1962).

91 Daniel Bell, *The Coming of Post-Industrial Society: A Venture in Social Forecasting* (New York: Basic Books, 1976) [*El advenimiento de la sociedad post-industrial: un intento de prognosis social* (Madrid: Alianza Editorial, 2001)].

92 Jürgen Schmandt y James E. Katz, "The Scientific State: A Theory with Hypotheses", *Science, Technology, and Human Values* 11 (1986): 40–50.

93 Bell, *The Coming of Post-Industrial Society*, pp. xvi-xviii.

interna y protegidas por las normas de la investigación científica. En el periodo actual y en forma creciente, la ciencia y la tecnología se han burocratizado, subordinado a las metas de los gobiernos y valorado en términos de sus recompensas para la sociedad. Más del 95% de toda la investigación financiada es investigación aplicada a problemas prácticos de los negocios, el comercio y el gobierno.

- *Escasez de conocimiento científico y técnico.* El conocimiento se ha convertido crecientemente en uno de los recursos más escasos de la sociedad. El conocimiento es un bien colectivo, no privado, y para su producción y uso, si han de alcanzarse resultados óptimos, se requieren estrategias cooperativas más que competitivas. El rápido crecimiento exponencial de la Internet y la *World Wide Web* son vehículos para satisfacer la demanda de conocimiento por los gobiernos, empresas y organizaciones sin fines de lucro.

El desarrollo del análisis de política pública y de otras ciencias aplicadas parece ser parte de la irrupción de una sociedad posindustrial y un Estado científico. Sin embargo, ¿qué significa este desarrollo para los temas de la gobernanza democrática, las libertades civiles y la vida privada? ¿Cuánta influencia tienen los productores de conocimiento relevante para la política pública? Aunque el conocimiento teorético claramente parece ser más central de lo que ha sido en otros periodos históricos, ¿qué significa esto para la distribución del poder político? ¿La proliferación de nuevas tecnologías intelectuales también significa que estructuras y procesos de elaboración de la política pública han cambiado? ¿La extensión de una "clase dedicada al conocimiento" es conmensurable con su poder e influencia? Considerando que el objetivo del análisis de política pública y de otras ciencias aplicadas es producir conocimiento con propósitos prácticos, ¿qué propósitos se están sirviendo? En suma, ¿cómo debemos interpretar la transformación histórica de la investigación orientada a la política pública desde los primeros tiempos hasta el momento actual de la "sociedad del conocimiento" y el "Estado científico"?

Dirección tecnocrática *versus* consejo tecnocrático

Hay varias perspectivas contendientes sobre estas cuestiones, dos de las cuales consideraremos aquí[94]. Una perspectiva sostiene que la profesionalización del análisis de política pública y de otras ciencias sociales aplicadas está -o debería estar- transfiriendo poder y responsabilidad de los formuladores de política a los analistas de política[95]. Esta perspectiva, denominada *dirección tecnocrática,* se asocia con el "giro centrado en el análisis" descrito anteriormente en este capítulo. La premisa básica del giro centrado en el análisis es que "la forma más segura de mejorar la calidad de las decisiones públicas es teniendo más analistas produciendo más análisis"[96]. En contraste, una perspectiva rival, llamada *consejo tecnocrático,* sostiene que la profesionalización del análisis de política pública y de otras ciencias sociales aplicadas significa nuevas y más efectivas formas de ampliar la influencia de los formuladores de política y de otros grupos dominantes cuyas posiciones continuarían basándose en el poder, la riqueza y el privilegio[97].

Hablando estrictamente, ninguna de estas perspectivas es enteramente precisa en su interpretación de los eventos que rodean el movimiento hacia la sociedad posindustrial; cada una contiene un énfasis unilateral en características particulares de la sociedad contemporánea con exclusión de otras. Con todo, así como el desarrollo del análisis de política pública en el siglo diecinueve fue una respuesta práctica a los problemas del día como los veían los grupos dominantes, así también el análisis contemporáneo de política pública es una consecuencia de cambios en la estructura y papel del Estado en cuanto ha intentado lidiar con nuevos problemas. "El auge contemporáneo del análisis de política pública", escribe Schick, "tiene su fuente primaria en el enorme crecimiento de los gobiernos americanos, no en el desarrollo intelectual de las ciencias sociales"[98]. A lo largo del siglo veinte, demandas de más conocimiento relevante

94 Ver Jeffrey D. Straussman, "Technocratic Counsel and Societal Guidance", en *Politics and the Future of Industrial Society*, ed. de León N. Lindberg (New York: David McKay, 1976), pp. 126–166.

95 Por ejemplo, Amitai Etzioni, *The Active Society* (New York: Free Press, 1968) [*La sociedad activa: una teoría de los procesos societales y políticos* (Madrid: Aguilar, 1980)], y Donald T. Campbell, "The Experimenting Society", en *The Experimenting Society: Essays in Honor of Donald T. Campbell*, ed. de William N. Dunn (New Brunswick, NJ: Transaction Books, 1998) pp. 35–68.

96 Allen Schick, "Beyond Analysis", *Public Administration Review* 37, 3 (1977): 259.

97 Ver, por ejemplo, Guy Benveniste, *The Politics of Expertise* (Berkeley, CA: Glendessary Press, 1972), y Frank Fisher, *Technocracy and the Politics of Expertise* (Newbury Park, CA: Sage Publications, 1990).

98 Schick, "Beyond Analysis", p. 258.

para la política pública siguieron a la expansión del Estado. En la medida en que el Estado ha crecido, así también lo ha hecho el mercado del análisis de política pública[99].

El desarrollo del análisis de política pública en este siglo ha conocido ajustes y comienza con el crecimiento de las agencias ejecutivas federales[100]. En 1940, esta cifra había transitado a 196, y en 1973 el número total de agencias ejecutivas federales había saltado a 394. El más alto incremento porcentual ocurrió después de 1960: alrededor del 35 por ciento se creó después de este año. El rápido crecimiento del gobierno federal fue principalmente una respuesta a nuevos problemas en las áreas de defensa nacional, transporte, vivienda, salud, educación, bienestar, crimen, energía y ambiente. Hubo muchos nuevos "desafíos" a la factura de la política pública[101]: sobrecarga de participación, movilización de los trabajadores del sector de servicios, transformación de valores sociales básicos, realineamiento de grupos de interés, fracturas crecientes entre ciudadanos urbanos y suburbanos, y crisis fiscales recurrentes. Algunos observadores, notablemente el científico de la política pública Yehezkel Dror, llegaron tan lejos que formularon la relación entre tales problemas y el análisis de política pública en la forma de una ley general: "Mientras las dificultades y peligros de los problemas tienden a crecer a una tasa geométrica, el número de personas calificadas para tratar con estos problemas tiende a crecer a una tasa aritmética"[102]. De este modo, el crecimiento del análisis de política pública parece ser una consecuencia, no una causa, de cambios en la estructura del Estado y en la naturaleza y alcance de los problemas sociales.

La perspectiva de la *dirección tecnocrática* afirma que el conocimiento relevante para la política pública es un recurso crecientemente escaso cuya posesión aumenta el poder y la influencia de los analistas de política pública. Esta perspectiva puede resumirse en términos de cinco importantes proposiciones[103]:

- Las interdependencias, complejidad y ritmo de cambio crecientes de la sociedad contemporánea hacen obsoleto el conocimiento existente, aumentando así la demanda de nuevas formas de conocimiento relevante para la política pública.
- Los problemas de la sociedad contemporánea pueden resolverse con el conocimiento especializado producido por los analistas de política pública.
- La complejidad técnica de las elecciones de política pública estimula altos niveles de implicación directa de analistas de política pública y otros científicos aplicados.
- Altos niveles de implicación directa aumentan el poder de los analistas profesionales para influir en la elaboración de la política pública, haciendo que los políticos dependan crecientemente de ellos.
- La creciente dependencia de los políticos de los analistas profesionales de política pública socava su poder político.

Una perspectiva rival, la del *consejo tecnocrático*, parte del supuesto de que los analistas profesionales de política pública operan en escenarios en que los formuladores de política, como consumidores de conocimiento especializado, determinan en gran medida las actividades de los productores. En este contexto, el papel básico de los analistas es legitimar -esto es, justificar en términos científicos y técnicos- las decisiones de política pública adoptadas por los detentadores reales del poder. Esta perspectiva también puede resumirse en términos de varias proposiciones clave[104]:

- Importantes alternativas de política pública reflejan valores en conflicto sostenidos por diferentes segmentos de la comunidad.
- Conflictos de valores se asocian con disparidades de poder político.
- La elección de una alternativa de política dada simboliza la victoria de un segmento de la sociedad sobre otro.

99 Schmandt y Katz, "The Scientific State".
100 Herbert Kaufman, *Are Government Organizations Inmortal?* (Washington, DC: Brookings Institution, 1976): pp. 34–63.
101 Samuel P. Huntington, "Postindustrial Politics: How Benign Will It Be?", *Comparative Politics* 6 (1974): 163–192; Ronald Inglehart, "The Silent Revolution in Europe: Intergenerational Change in Postindustrial Societies", *American Political Science Review*, 65 (1971): 991–1017; y James O'Connor, *The Fiscal Crisis of the State* (New York: St. Martin's Press, 1973).
102 Yehezkel Dror, *Ventures in Policy Sciences: Concepts and Applications* (New York: American Elsevier Publishing, 1971), p. 2.
103 Straussman, "Technocratic Counsel", pp. 150–151.
104 *Ibid.*, pp. 151–152.

- Los formuladores de política emplean justificaciones científicas y técnicas producidas por los analistas para superar conflictos y legitimar elecciones que realmente se hacen sobre fundamentos políticos.
- La credibilidad de las justificaciones científicas y técnicas exige que el análisis de política pública y otras ciencias aplicadas se presenten como valorativamente neutrales, imparciales y apolíticos.
- Los analistas profesionales, aunque son una fuente de justificaciones científicas y técnicas, son prescindibles. Ellos sirven como convenientes chivos expiatorios para las políticas que fracasan.

Si escogemos nuestros casos cuidadosamente, podemos mostrar que los analistas ejercen una gran dosis de "dirección tecnocrática". Por ejemplo, el análisis de la Corporación RAND-*New York City* de los factores que influyen en el tiempo de respuesta de los bomberos de la ciudad a los incendios reportados ha sido acreditado con un éxito inusual, aunque otros esfuerzos RAND han sido menos efectivos en moldear las decisiones[105]. Por otra parte, el uso de conocimiento especializado para hacer elecciones de política pública parece ser altamente desigual. Por ejemplo, en un estudio de 204 ejecutivos federales realizado en 1973–1974, la investigación científico-social era relativamente poco importante como base para elegir entre alternativas de política pública[106]. Además, el grado en el cual se utilizaba la investigación dependía esencialmente de factores no técnicos: "el nivel de utilización del conocimiento no es tanto el resultado de un lento flujo de conocimiento relevante y válido desde los productores de conocimiento hacia los formuladores de política, sino que se debe más a factores que implican valores, ideología y estilos en la toma decisiones"[107].

El hallazgo de que el análisis de política pública se usa con fines políticos agrega una medida de credibilidad a la perspectiva del consejo tecnocrático. Así ocurre con el aparente carácter conservador de muchos análisis. En este contexto, el análisis de política pública ha sido caracterizado como una especie de ciencia social conservadora y superficial que falla en plantear preguntas radicales sobre valores e instituciones sociales básicos, y olvida alternativas de política que se alejan significativamente de las prácticas existentes[108]. Por otra parte, algunos observadores ven en el análisis de política pública una ideología disfrazada que suprime las cuestiones éticas y de valor en nombre de la ciencia[109]. En tales condiciones, es comprensible que los analistas puedan utilizarse como instrumentos de la política cotidiana.

105 Sobre este y otros casos, ver Greenberger, Crenson y Crissey, *Models in the Policy Process*, pp. 231–318.

106 Nathan Caplan *et al. The Use of Social Science Knowledge in Policy Decisions at the National Level* (Ann Arbor, MI: Institute for Social Research, Center for Research on the Utilization of Scientific Knowledge, 1975).

107 Nathan Caplan, "Factors Associated with Knowledge Use among Federal Executives", *Policy Studies Journal* 4, 3 (1976): 233. Ver también Robert F. Rich, *Social Science Knowledge and Public Policymaking* (San Francisco, CA: Josey-Bass, 1981), y David J. Webber, "The Production and Use of Knowledge in the Policy Process", en *Advances in Policy Studies since 1950*, ed. de Dunn y Kelly, pp. 415–441.

108 Charles E. Lindblom, "Integration of Economics and the Other Social Sciences through Policy Analysis", en *Integration of the Social Sciences through Policy Analysis*, ed. de James C. Charlesworth (Philadelphia: American Academy of Political and Social Sciences, 1972), p. 1. Para una elaboración de esta crítica, ver Charles E. Lindblom, *Inquiry and Change: The Troubled Attempt to Understand and Change Society* (New Haven, CT: Yale University Press, 1990).

109 Laurence H. Tribe, "Policy Science: Analysis or Ideology?", *Philosophy and Public Affairs* 2, 1 (1972): 66–110.

CASO 2.2 MONITOREO DE LOS USOS DEL ANÁLISIS DE POLÍTICA PÚBLICA

El siguiente perfil, basado en el trabajo de Carol H. Weiss, es útil para monitorear los usos del análisis de política pública[110]. Obtenga un informe de un sitio *web* como www.publicagenda.org, www.rand.org, www.aei.org, o una fuente similar. Use la escala que sigue para las respuestas a las preguntas sobre el informe[111].

1 = muchísimo
2 = bastante
3 = hasta cierto punto
4 = no mucho
5 = en absoluto

1. ¿Hasta qué punto el análisis contiene conocimiento que sea relevante para su trabajo?
2. ¿Hasta qué punto piensa usted que el análisis es confiable (podría repetirse con similares conclusiones) y válido (explica plausiblemente lo que se propuso explicar)?
3. ¿Hasta qué punto las conclusiones están de acuerdo con sus propias opiniones sobre el tema?
4. Indique el grado en el cual el análisis

   a. se ocupa de un tema de alta prioridad (OA)
   b. agrega conocimiento teorético al campo (CT)
   c. agrega conocimiento práctico sobre políticas o programas (OA)
   d. concuerda con sus ideas o valores (CEU)
   e. identifica resultados sobre los que los formuladores de política pueden hacer algo (OA)
   f. sugiere cursos potenciales de acción (OA)
   g. implica la necesidad de grandes cambios de política (DSQ)
   h. se centra en resultados específicos de política (OA)
   i. contiene recomendaciones explícitas para la acción (OA)
   j. apoya su propia posición sobre el tema (CEU)
   k. proporciona evidencia para respaldar recomendaciones (CT)
   l. contiene implicaciones políticamente factibles (OA)
   m. concuerda con conocimiento previo sobre el tema (CT)
   n. puede implementarse en las circunstancias actuales (OA)
   o. desafía supuestos y arreglos institucionales existentes (DSQ)
   p. plantea nuevos temas o perspectivas (DSQ)
   q. no es costoso de implementar (OA)
   r. estaba disponible en el momento en que debía tomarse una decisión (OA)
   s. contiene hallazgos nuevos o inesperados (codificación negativa)
   t. proporciona datos cuantitativos (CT)
   u. puede generalizarse a escenarios o personas similares (CT)
   v. examina en forma minuciosa diferentes factores que podrían explicar los resultados (CT)
   w. usa análisis estadísticamente sofisticados (CT)
   x. demuestra alta competencia técnica (CT)
   y. presenta hallazgos internamente consistentes y no ambiguos (CT)
   z. adopta un enfoque objetivo y no sesgado (CT)

Utilice las siguientes categorías para sumar las respuestas calificadas según la escala (números del 1 al 5), y luego promédielas (divida por el número de respuestas contestadas). Las letras mayúsculas después de cada pregunta (*e.g.*, CT) se refieren a las siguientes categorías:

Calidad técnica (CT):
Conformidad con las expectativas del usuario (CEU):
Orientación a la acción (OA):
Desafío al statu quo *(DSQ):*

110 Estas preguntas se extrajeron de Carol H. Weiss y Michael J. Bucuvalas, "The Challenge of Social Research to Decision Making", en *Using Social Research in Public Policymaking* (Lexington, MA: D.C. Heath, 1977), Apéndices 15A y 15B. pp. 231–233.
111. Agradezco a Carol Weiss por permitirme el uso de estas preguntas y en algunos casos sugerir que fuesen modificadas.

PARTE II

MÉTODOS DEL ANÁLISIS DE POLÍTICA PÚBLICA

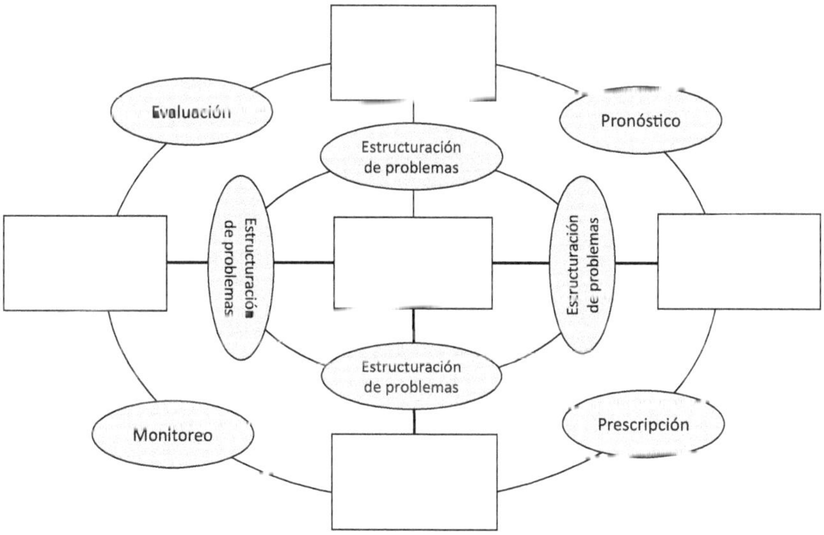

CAPÍTULO 3

ESTRUCTURACIÓN DE PROBLEMAS DE POLÍTICA PÚBLICA

OBJETIVOS DE APRENDIZAJE

Mediante el estudio de este capítulo, usted debe ser capaz de:

- Distinguir estructuración de problemas de solución de problemas
- Entender la naturaleza subjetiva, sistémica e interdependiente de los problemas
- Contrastar situaciones problema y problemas
- Distinguir problemas relativamente bien estructurados, moderadamente estructurados y mal estructurados
- Contrastar problemas domesticados y problemas perversos

- Comparar y contrastar tipos de modelos de política pública
- Valorar fortalezas y limitaciones de diferentes métodos de estructuración de problemas
- Usar una carta de Pareto para estimar la frontera de un problema relativamente mal estructurado

INTRODUCCIÓN

Los analistas sin experiencia suponen que los hechos hablan por sí mismos. Esta visión epistemológicamente inocente no reconoce que los mismos hechos se interpretan en distintas formas. Idéntica información relevante para la política pública puede evocar definiciones rivales de un problema, conduciendo a diferentes interpretaciones de los mismos hechos. Supuestos sobre la naturaleza humana, el papel propio del Estado, la naturaleza de la economía y la definición del conocimiento mismo configuran estas interpretaciones.

NATURALEZA DE LOS PROBLEMAS DE POLÍTICA PÚBLICA

Los problemas de política pública son necesidades, valores u oportunidades de mejoramiento no realizados[1]. El conocimiento de la naturaleza, alcance y gravedad de un problema se produce con la aplicación del procedimiento analítico de política pública denominado estructuración de problemas. La estructuración de problemas, que es una fase de la investigación en la que los analistas comparan, contrastan y evalúan formulaciones de un problema competidoras entre sí, es uno de los procedimientos más importantes ejecutados por los analistas. La estructuración de problemas es un sistema de orientación central que afecta el éxito de otras fases del análisis de política pública. Los analistas parecen fallar más a menudo por resolver el problema incorrecto que por obtener la solución equivocada del problema correcto[2].

Solución de problemas versus estructuración de problemas

El análisis de política pública se describe con frecuencia como una metodología de solución de problemas. Aunque esto es parcialmente correcto -y los analistas logran encontrar soluciones a los problemas[3]-, la imagen de la solución de problemas es incompleta. La imagen de la solución de problemas sugiere erróneamente que los analistas pueden identificar, evaluar y recomendar con éxito soluciones para un problema sin invertir tiempo considerable en formular ese problema. El análisis de política pública se aprecia mejor como un proceso dinámico y multinivel en el que los métodos de estructuración de problemas son esenciales para el éxito de los métodos de solución de problemas (Figura 3.1).

1 Ver David Dery, *Problem Definition in Policy Analysis* (Lawrence: University Press of Kansas, 1984).

2 Russell L. Ackoff, *Redesigning the Future: A Systems Approach to Societal Problems* (New York: Wiley, 1974), p. 21 [*Rediseñando el futuro* (México, D.F.: Limusa, 1979)].

3 Ver, por ejemplo, Bernard Barber, *Effective Social Science: Eight Cases in Economics, Political Science, and Sociology* (New York: Russell Sage Foundation, 1987).

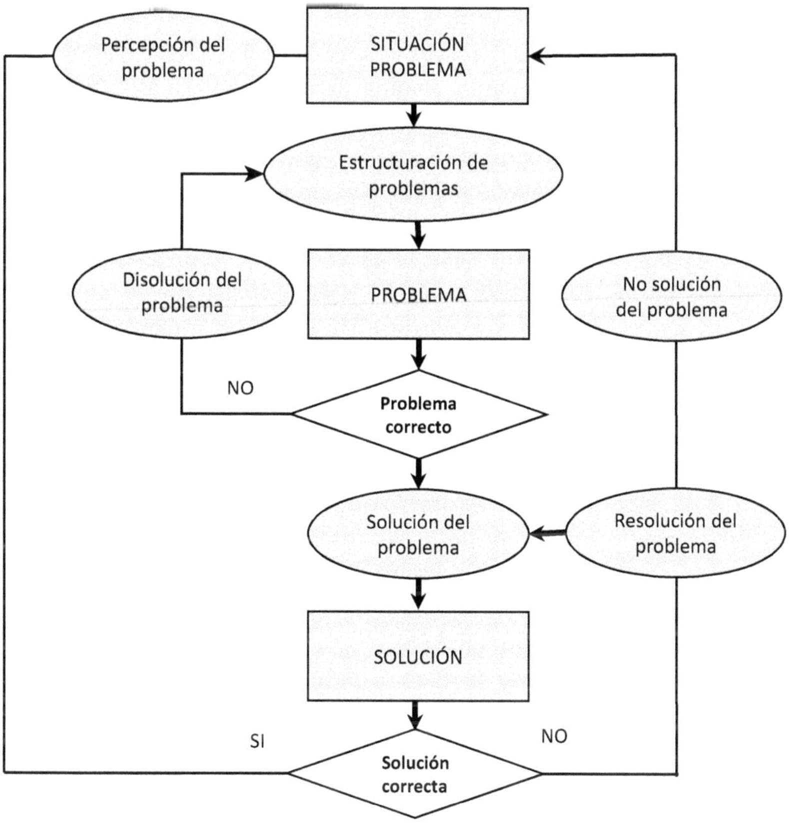

FIGURA 3.1 El proceso de estructuración de problemas
Fuente: Dunn (1988): 720–737.

Los métodos de estructuración de problemas son diferentes de los métodos de solución de problemas, porque las preguntas que se diseñan para responder son distintas. Los métodos de solución de problemas son más apropiados y efectivos cuando sabemos más o menos precisamente qué problema resolver. Los problemas que implican cálculo de beneficios netos de programas para reducir la contaminación industrial son en general formulados con precisión. Los problemas que implican juicios sobre el alcance e intensidad de la contaminación industrial y la identificación de las condiciones que pueden causarla están formulados de modo impreciso y pobre. Aquí podemos establecer que la adecuada formulación del problema está estrechamente relacionada con los hábitos de conducción de los estadounidenses para quienes los combustibles del petróleo son comparativamente más baratos, según los estándares mundiales, y subsidiados por el gobierno. Esta es una cuestión que demanda métodos de estructuración de problemas. El problema formulado de manera más o menos precisa, que involucra cálculo, es una cuestión de solución de problemas. Y así como podemos distinguir solución de problemas y estructuración de problemas, también podemos contrastar:

- *Percepción de problemas* versus *estructuración de problemas*. El proceso de solucionar problemas rara vez empieza con problemas claramente articulados: comienza más bien con un sentimiento de preocupaciones difusas e incipientes signos de estrés[4]. Estas preocupaciones difusas y signos incipientes de estrés no son problemas sino *situaciones problema*, que se refieren al estado de "creencia inestable" que enfrentamos cuando experimentamos situaciones vagas y mal definidas que exigen acción. En contraste, los *problemas de política pública* son productos de la aplicación de métodos de estructuración de problemas a situaciones problema. Los problemas son elementos de situaciones problema que han sido abstraídos de estas situaciones mediante la estructuración de problemas[5].

- *Estructuración de problemas* versus *solución de problemas.* El análisis de política pública comprende métodos de *estructuración de problemas* así como métodos de *solución de problemas.* Los métodos de estructuración de problemas brindan un complemento metodológico a las teorías del diseño de la política pública o ciencia del diseño[6]. Los métodos de estructuración de problemas son *metamétodos* -esto es, métodos de solución de problemas "acerca de" y de "llevar a cabo antes".
- *Resolución de problemas* versus *no solución de problemas y disolución de problemas.* Los términos *resolución de problemas, no solución de problemas* y *disolución de problemas* se refieren a tres tipos de corrección de error[7]. Aunque los tres términos vienen de la misma raíz (L. *solvere,* solucionar o disolver), los procesos de corrección de error a que se refieren son diferentes (Figura 3.1). La resolución de problemas implica el reanálisis de un problema correctamente estructurado para reducir errores de calibración, por ejemplo, disminuyendo la probabilidad de errores Tipo I y Tipo II al probar la hipótesis nula de que una política no tiene efecto. La *no solución de problemas,* en contraste, implica el abandono de una solución basada en la formulación equivocada de un problema -por ejemplo, la política de renovación urbana implementada en ciudades centrales durante los años 1960- y un retorno a la estructuración del problema en un intento por formular el problema correcto. Finalmente, la *disolución de problemas* implica el abandono de un problema incorrectamente formulado y un regreso a la estructuración del problema para empezar de nuevo el proceso.

CARACTERÍSTICAS DE LOS PROBLEMAS

Hay varias características importantes de los problemas de política pública:

1. *Interdependencia.* Los problemas de política pública en un área (*e.g.*, energía) afectan con frecuencia los problemas de política pública en otras áreas (*e.g.*, salud y desempleo). En realidad, los problemas de política pública no son entidades independientes; son partes de sistemas completos de problemas mejor descritos como *messes**, esto es, sistemas de condiciones externas que producen insatisfacción entre diferentes segmentos de la sociedad[8]. Es difícil o

4 Martin Rein y Sheldon H. White, "Policy Research: Belief and Doubt", *Policy Analysis* 3, 2 (1977): 262. Esta es una paráfrasis de John Dewey.
5 Ackoff, *Redesigning the Future*, p. 21. Ackoff no especifica que el proceso de abstracción acontece mediante la estructuración del problema, empleando el término más general de "análisis".
6 Ver Stephen H. Linder y B. Guy Peters, "From Social Theory to Policy Design", *Journal of Public Policy* 4, 4 (1985): 237–259; John Dryzek, "Don't Toss Coins into Garbage Cans: A Prologue to Policy Design", *Journal of Public Policy* 3, 3 (1983): 345–367; y Trudi C. Miller, "Conclusion: A Design Science Perspective", en *Public Sector Performance: A Turning Point*, ed. de T. C. Miller (Baltimore: Johns Hopkins University Press, 1985).
7 Russell L. Ackoff, "Beyond Problem Solving", *General Systems* 19 (1974): 237–239.
* *N. del t.*: Este término, con el significado expuesto por el autor, carece de una traducción equivalente en español. Siempre que sea el caso, se relaciona el término en inglés.
8 Ackoff, *Redesigning the Future*, p. 21.

imposible resolver sistemas de problemas (*messes*) utilizando un *enfoque reduccionista* -esto es, un enfoque que descompone los problemas en sus elementos o partes componentes-, porque rara vez los problemas se pueden definir y resolver independientemente uno de otro. Algunas veces es más fácil "solucionar diez problemas entrelazados simultáneamente que solucionar uno por sí mismo"[9]. Sistemas de problemas interdependientes requieren un *enfoque holístico*, esto es, un enfoque que ve los problemas como inseparables e inmedibles aparte del sistema del que son partes interrelacionadas[10].

2. *Subjetividad.* Las condiciones externas que dan lugar a un problema se definen, clasifican y evalúan selectivamente. Aunque hay un sentido en que los problemas son objetivos -por ejemplo, la contaminación del aire puede definirse en términos de CO_2, gases y material particulado en la atmósfera-, los mismos datos sobre la contaminación se interpretan en formas marcadamente diferentes. La razón es que los analistas abstraen los problemas de política pública de situaciones problema. Los problemas son en parte subjetivos y en parte objetivos, caracterización apoyada por la doctrina epistemológica del *relativismo objetivo*. Los problemas son relativos, pero también objetivos[11].
3. *Artificialidad.* Los problemas de política pública son posibles solamente cuando los seres humanos hacen juicios sobre la deseabilidad de alterar alguna situación problema. Los problemas de política pública son productos del juicio humano subjetivo; los problemas de política pública llegan a aceptarse como definiciones legítimas de condiciones sociales objetivas; los problemas de política pública se construyen, sostienen y modifican socialmente[12]. Los problemas no tienen existencia aparte de los individuos y grupos que los definen, lo cual significa que no hay estados "naturales" de la sociedad que en sí mismos constituyan problemas de política pública.
4. *Inestabilidad.* Puede haber tantas soluciones diferentes de un problema como definiciones de ese problema. "Los problemas y soluciones se hallan en flujo constante; de allí que los problemas *no se solucionen*. ... Las soluciones de los problemas se vuelven obsoletas aun si los problemas a los que se dirigen no lo hacen"[13].

Los problemas no son entidades mecánicas discretas; ellos son sistemas de fines (teleológicos) en los que no hay dos miembros idénticos en todas o incluso alguna de sus propiedades o conductas; las propiedades o conducta de cada miembro tienen un efecto sobre las propiedades o conducta del sistema como un todo; las propiedades y conducta de cada miembro, y la forma en que cada uno afecta al sistema como un todo, dependen de las propiedades y conducta de al menos uno de los miembros del sistema; y todos los posibles subgrupos de miembros tienen un efecto no independiente sobre el sistema como un todo[14]. Los problemas subjetivamente experimentados -crimen, pobreza, desempleo, inflación, energía, contaminación, salud, seguridad- no se pueden descomponer en subconjuntos independientes sin correr el riesgo de producir una solución aproximadamente correcta del problema incorrecto.

Una característica clave de los sistemas de problemas es que el todo es mayor -esto es, cualitativamente diferente- que la simple suma de sus partes. Una pila de piedras puede definirse como la suma

9 Harrison Brown, "Scenario for an American Renaissance", *Saturday Review*, diciembre 25, 1971, 18–19.
10 Ver Ian I. Mitroff y L. Vaughan Blankenship, "On the Methodology of the Holistic Experiment: An Approach to the Conceptualization of Large-Scale Social Experiments", *Technological Forecasting and Social Change* 4 (1973): 339–353.
11 Ackoff, *Redesigning the Future*, p. 21; Abraham Kaplan, *The Conduct of Inquiry: Methodology for Behavioral Science* (San Francisco, CA: Chandler, 1964), pp. 392–393.
12 Peter L. Berger y Thomas Luckmann, *The Social Construction of Reality*, 2a. edición (New York: Irvington, 1980) [*La construcción social de la realidad* (Buenos Aires: Amorrortu editores, 1968)].
13 Ackoff, *Redesigning the Future*, p. 21.
14 Mitroff y Blankenship, "On the Methodology of the Holistic Experiment", pp. 341–342.

de todas las piedras individuales, pero también como una pirámide. En forma similar, un ser humano puede pensar y actuar, pero ninguna de sus partes puede hacerlo de manera independiente. La membrecía en un sistema puede aumentar o disminuir las capacidades de cada elemento, pero no deja de afectarlas. Claramente, un cerebro que no es parte de un cuerpo viviente no puede funcionar. "Por lo tanto, un individuo que es parte de una nación o corporación no puede hacer algunas cosas que de otra manera podría hacer, y está capacitado para hacer otras que de otro modo no podría hacer"[15].

Finalmente, el reconocimiento de la interdependencia, subjetividad, artificialidad e inestabilidad de los problemas nos alerta sobre las posibles *consecuencias no anticipadas* que siguen a las políticas basadas en la solución correcta del problema equivocado. Considérese, por ejemplo, la situación problema confrontada por los gobiernos de Europa occidental a finales de los años 1970. Francia y Alemania occidental, buscando expandir la oferta de energía disponible mediante la construcción de plantas de energía nuclear sobre el río Rin, definieron el problema energético en una forma que asumió que la producción de energía nuclear era independiente de otros problemas. Iván Illich fue tan lejos que llegó a predecir que la malaria se convertiría en una importante epidemia en Europa al cabo de diez años, porque Alemania y Francia habían decidido "construir generadores atómicos que utilizan las aguas del río para sus sistemas de enfriamiento y por tanto llevan la temperatura del agua a un rango en que el *anopheles* (el mosquito portador de la malaria) se reproduce"[16].

Aunque el pronóstico resultó ser incorrecto, no lo fue el entendimiento de que la política energética implica un sistema de problemas.

Problemas versus temas

Los *temas de política pública* involucran desacuerdos sobre cursos actuales o potenciales de acción. También pueden reflejar visiones competidoras sobre la naturaleza de los problemas mismos. Un tema aparentemente claro -por ejemplo, si el gobierno debería imponer estándares de calidad del aire a las industrias- es habitualmente la consecuencia de conjuntos de supuestos en conflicto sobre la naturaleza de la contaminación[17]:

1. La contaminación es una consecuencia natural del capitalismo, sistema económico en que los propietarios de la industria buscan naturalmente aumentar las ganancias de sus inversiones. Algún daño del ambiente es un precio que tiene que pagarse por una economía capitalista saludable.
2. La contaminación es un resultado de la necesidad de poder y prestigio entre los gerentes industriales que buscan promociones en grandes burocracias orientadas por la carrera. La contaminación ha sido igualmente grave en los sistemas socialistas donde no hay propietarios privados con ánimo de lucro.
3. La contaminación es una consecuencia de las preferencias del consumidor en las sociedades de alto consumo masivo. Con miras a asegurar la supervivencia corporativa, propietarios y gerentes deben satisfacer las preferencias del consumidor por motores de alto rendimiento y viajes en automóvil.

La capacidad de reconocer las diferencias entre situaciones problema y problemas de política pública es importante para entender las formas en que experiencias comunes se traducen en temas de política pública. Los supuestos que los actores interesados de la política pública llevan a la situación problema

15 Ackoff, *Redesigning the Future*, p. 13.
16 Iván Illich en conversación con Sam Keen, publicada en *Psychology Today* (mayo 1976).
17 Ver Ritchie P. Lowry, *Social Problems: A Critical Analysis of Theories and Public Policy* (Lexington, MA: D.C. Heath and Company, 1974), pp. 23–25.

influyen en la formulación del problema. A su vez, diferentes formulaciones del problema configuran las formas en que se definen los temas de política. En nuestro ejemplo anterior de la contaminación ambiental, los supuestos sobre la operación de una economía capitalista saludable pueden resultar en una visión negativa de la regulación gubernamental de los estándares de calidad del aire en la industria, mientras que los supuestos sobre la conducta gerencial corporativa pueden resultar en una posición afirmativa. En contraste, supuestos sobre las preferencias del consumidor y la sobrevivencia corporativa pueden influir en la opinión de que la regulación gubernamental no es un tema de política, porque el gobierno no puede legislar sobre la demanda del consumidor.

Los temas de política pública pueden clasificarse de acuerdo con una jerarquía de tipos: mayores, secundarios, funcionales y menores (Figura 3.2). *Temas mayores* son los que se encuentran en los niveles más altos de gobierno dentro y entre las jurisdicciones nacional, regional y local. Temas mayores implican de modo típico cuestiones sobre la misión de las agencias, esto es, cuestiones sobre la naturaleza y el propósito de una organización. El tema de si el propósito del Departamento de Salud y Servicios Humanos es la eliminación de las condiciones que dan lugar a la pobreza es una cuestión de la misión de la agencia. *Temas secundarios* son los que se localizan en el ámbito de programas de las agencias en los niveles federal, estatal y local. Temas secundarios involucran el establecimiento de prioridades del programa y la definición de grupos objetivo y beneficiarios. El tema de cómo definir las familias pobres es un tema secundario. *Temas funcionales*, en contraste, son los que se localizan a nivel de programa y proyecto acarreando cuestiones de presupuesto, finanzas y adquisiciones. Finalmente, *temas menores* implican dotación de personal, beneficios de los empleados, tiempo de vacaciones, horas de trabajo, y procedimientos y reglas de operación estándar.

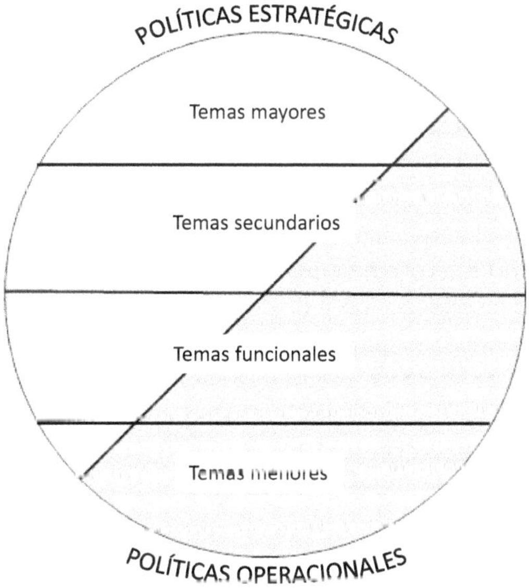

FIGURA 3.2 Jerarquía de tipos de temas de política pública

Algunos tipos de temas son estratégicos, mientras que otros son operacionales. Una *política pública estratégica* es aquella donde las consecuencias de las decisiones son relativamente irreversibles. Temas como si los Estados Unidos deben enviar tropas a Irak o Afganistán, o si debe existir una atención universal en salud, exigen políticas públicas estratégicas que suponen acciones que no se pueden revertir por muchos años. En contraste, las *políticas públicas operacionales* -esto es, las políticas donde las consecuencias de las decisiones son relativamente reversibles- no implican los riesgos y la incertidumbre presentes en los niveles más altos. Aunque todos los tipos de políticas son interdependientes y, por lo tanto, atraviesan los niveles, la complejidad e irreversibilidad de las políticas aumentan a medida que uno asciende en la jerarquía de los tipos de temas de política pública.

Tres clases de problemas de política pública

Hay tres clases de problemas de política pública: problemas bien estructurados, moderadamente estructurados y mal estructurados[18]. La clasificación de un problema está determinada por su relativa complejidad. Las diferencias entre problemas bien estructurados, moderadamente estructurados y mal estructurados pueden ilustrarse considerando las propiedades de sus respectivos elementos (Tabla 3.1).

TABLA 3.1 Diferencias en la estructura de tres clases de problemas de política pública

	Estructura del problema		
Elemento	*Bien estructurado*	*Moderadamente estructurado*	*Mal estructurado*
Tomador(es) de decisiones	Uno	Pocos	Muchos
Alternativas	Fijas	Limitadas	Ilimitadas
Utilidades (valores)	Consenso	Negociación	Conflicto
Resultados	Ciertos	Inciertos	Arriesgados
Probabilidades	Determinísticas	Estimables	Estimables

Los *problemas bien estructurados* involucran uno o pocos tomadores de decisiones y un pequeño conjunto de alternativas. Hay consenso sobre las utilidades (valores), que se clasifican claramente en el orden de preferencias de los tomadores de decisiones. Los resultados de cada alternativa se conocen con total certeza (determinísticamente) o dentro de un aceptable margen de error. El prototipo del problema bien estructurado es el problema de decisión algorítmica, donde todas las consecuencias de todas las alternativas de política están programadas con anticipación por un computador. Problemas operativos en agencias públicas enfrentadas al reemplazo de vehículos de la agencia son problemas bien estructurados relativamente simples, que implican el hallazgo del punto óptimo en el cual un vehículo viejo debería cambiarse por uno nuevo teniendo en cuenta los costos promedio de reparación de los vehículos antiguos y los costos de adquisición y de depreciación de los nuevos.

Los *problemas moderadamente estructurados* involucran unos pocos tomadores de decisiones y un número relativamente limitado de alternativas. Los desacuerdos sobre las utilidades (valores) son manejables y pueden resolverse mediante negociación y mutuo ajuste. Sin embargo, los resultados de las alternativas son inciertos. El prototipo del problema moderadamente estructurado es la simulación o el juego, por ejemplo, el "dilema del prisionero"[19]. En este juego dos prisioneros están recluidos en celdas separadas, donde cada uno es interrogado por un fiscal, quien debe obtener una confesión de uno o de ambos prisioneros para establecer una condena. El fiscal, que dispone de evidencia suficiente para condenar a cada prisionero por un delito menor, le dice a cada uno de ellos que si ninguno confiesa, ambos serán juzgados por un delito menor con un castigo menor; si ambos confiesan el delito más grave, ambos recibirán una sentencia reducida; pero si solo uno confiesa, ese recibirá libertad condicional,

18 La primera discusión extensa de problemas mal estructurados (que él denominaba mal definidos) fue de Walter R. Reitman, "Heuristic Decision Procedures, Open Constraints, and the Structure of Ill-Defined Problems", *Human Judgments and Optimality* (1964): 282–315; y Herbert A. Simon, "The Structure of Ill Structured Problems", *Artificial Intelligence* 4, 3–4 (1973): 181–201. Ver también Francisco Sagasti, "Epistemology as General Systems Theory: An Approach to Design of Complex Decision-Making Experiments", *Philosophy of the Social Sciences* 3 (1973): 117–134.

19 Anatol Rapoport y Albert M. Chammah, *Prisoner's Dilemma* (Ann Arbor: University of Michigan Press, 1965).

mientras que el otro recibirá una condena máxima. La elección "óptima" de cada prisionero, dado que ninguno puede predecir el resultado de la decisión del otro, es confesar. Sin embargo, es precisamente esta elección la que resultará en sentencias de cinco años para ambos prisioneros, porque ambos intentan minimizar sus condenas. Este ejemplo no solo ilustra las dificultades de tomar decisiones cuando los resultados son inciertos; también muestra que elecciones individuales "racionales" pueden contribuir a la irracionalidad colectiva en grupos pequeños, agencias y corporaciones.

Los *problemas mal estructurados* involucran muchos tomadores de decisiones cuyas utilidades (valores) o se desconocen totalmente o, si se conocen, es imposible clasificarlas en forma consistente. Mientras que los problemas moderadamente estructurados pueden resolverse mediante negociación, una importante característica de los problemas mal estructurados es el conflicto entre metas que compiten. Alternativas y resultados también pueden desconocerse o estar sometidos a riesgos que pueden estimarse probabilísticamente. Aquí el problema no es descubrir relaciones determinísticas conocidas, sino más bien definir la naturaleza del problema. El prototipo del problema mal estructurado es el problema de la decisión completamente intransitiva, esto es, donde es imposible elegir una sola alternativa de política que se prefiera sobre las demás. Mientras que los problemas bien estructurados y moderadamente estructurados contienen clasificaciones de preferencias que son *transitivas* -esto es, si la alternativa A_1 se prefiere a la alternativa A_2, y la alternativa A_2 se prefiere a la alternativa A_3, entonces la alternativa A_1 se prefiere a la alternativa A_3-, los problemas mal estructurados tienen clasificaciones de preferencias intransitivas.

Sean encarados por un individuo, un pequeño grupo o una organización, muchos problemas importantes son relativamente mal estructurados. Aunque algunos han propuesto que utilicemos los términos problemas "perversos" o "domesticados" en lugar de problemas mal estructurados y bien estructurados, la distinción perverso-domesticado parece haber sido creada con fines primordialmente retóricos[20]. Por esta razón, retenemos la distinción entre problemas relativamente bien estructurados, moderadamente estructurados y mal estructurados. El cualificador "relativamente" refleja la salvedad de que las distinciones marcan puntos aproximados sobre un *continuum*.

Varios científicos sociales han resumido en forma competente las razones del por qué los problemas mal estructurados son importantes para la política pública. Los problemas relativamente mal estructurados son importantes porque en contextos de política pública no es realista asumir la existencia de uno o pocos tomadores de decisiones con preferencias consistentes (o transitivas) y consenso sobre objetivos, y porque la elaboración de la política pública implica de modo típico negociación, competición y conflicto[21]. Además, rara vez es posible identificar toda la variedad de soluciones alternativas de un problema, en parte por las restricciones en la adquisición de información y en parte porque es difícil saber cuándo hemos reunido información suficiente para establecer en qué momento se ha encontrado

20 En 1967, C. West Churchman designó tales problemas como "perversos". C. West Churchman, "Guest Editorial: Wicked Problems", *Management Science* 14, 4 (1967): B141–B142. Horst Rittel y otros colegas que trabajaban en planeación en Berkeley ampliaron posteriormente el concepto, identificando diez características de los problemas perversos. La naturaleza ética del término "perverso" no se discutió. Curiosamente, en el otro extremo del *continuum*, el término descriptivo "domesticado" simplemente se equiparó con "satisfactorio" o "suficientemente bueno", sin ninguna connotación ética particular.

21 Ver, por ejemplo, Thomas R. Dye, *Understanding Public Policy*, 3a. ed. (Englewood Cliffs, NJ: Prentice Hall, 1978), pp. 30–31 [decimoquinta edición: 2017]; Richard O. Mason y Ian I. Mitroff, *Creating a Dialectical Social Science* (Dordrecht, The Netherlands: D. Reidel, 1981); y James G. March y Johan P. Olsen, "The New Institutionalism: Organizational Factors in Political Life", *American Political Science Review* 78, 3 (1984): 739–749. Trabajos anteriores que elaboran los mismos puntos son Herbert A. Simon, "A Behavioral Model of Rational Choice", *The Quarterly Journal of Economics* (1955): 99–118; y David Braybrooke y Charles E. Lindblom, *A Strategy of Decision: Policy Evaluation as a Social Process* (New York: Free Press of Glencoe, 1963).

una solución. Rittel y Webber afirman esto concisamente cuando proponen que no hay "regla de detención" para determinar cuándo se ha solucionado un problema[22].

ESTRUCTURACIÓN DE PROBLEMAS EN EL ANÁLISIS DE POLÍTICA PÚBLICA

Los métodos para solucionar problemas mal estructurados difieren de los que se emplean para solucionar problemas bien estructurados[23]. Mientras que los problemas bien estructurados permiten el uso de métodos más o menos estándar, los problemas mal estructurados demandan que el analista tome parte activa y consciente en la definición de la naturaleza del problema mismo[24]. Al definir de manera activa la naturaleza del problema, los analistas no solo deben imponer parte de ellos mismos a la situación problema, sino también ejercer juicio reflexivo e intuición.

Creatividad en la estructuración de problemas

Los criterios para determinar el éxito en la estructuración de problemas son también diferentes de los que se emplean para juzgar el éxito en la solución de problemas. La solución exitosa de problemas demanda que los analistas obtengan soluciones técnicas relativamente precisas para problemas relativamente bien estructurados. En contraste, la estructuración de problemas exige que los analistas produzcan soluciones creativas. Criterios para juzgar actos creativos en general son también aplicables a la creatividad en la estructuración de problemas. La estructuración de problemas es creativa en la medida en que[25]:

1. el producto del análisis es lo suficientemente *novedoso* como para que la mayoría de la gente no pueda llegar o no hubiese llegado a la misma solución;
2. el proceso de análisis es lo suficientemente *poco convencional* como para implicar la modificación o el rechazo de ideas previamente aceptadas;
3. el proceso de análisis requiere una *motivación* y una *persistencia* suficientemente *altas* para que el análisis se efectúe con gran intensidad o durante largos períodos de tiempo;
4. el producto del análisis se considera *valioso* porque proporciona una solución apropiada del problema; y
5. el problema como se planteó inicialmente es tan *ambiguo*, *vago* o *mal definido* que el principal desafío es formular el problema mismo.

Fases de la estructuración de problemas

La estructuración de problemas tiene cuatro fases interrelacionadas: *búsqueda del problema*, *delineación del problema*, *especificación del problema* y *percepción del problema* (Figura 3.3). Un primer paso es el reconocimiento o la "existencia sentida" de una *situación problema*, esto es, un sentimiento difuso de preocupaciones, una incredulidad o una sorpresa. Al moverse desde la situación problema, el analista se involucra en la *búsqueda del problema*. En este estadio la meta no es el descubrimiento de un problema

22 Horst Rittel y Melvin Webber, "Dilemmas in a General Theory of Planning", *Policy Sciences* 4 (1973): 162.
23 William N. Dunn, "Methods of the Second Type: Coping with the Wilderness of Conventional Policy Analysis", *Review of Policy Research* 7, 4 (1988): 720–737.
24 Ver John R. Hayes, *Cognitive Psychology* (Homewood, IL: Dorsey Press, 1978), pp. 210–213.
25 Ver Alan Newell, J. C. Shaw y Herbert A. Simon, "The Process of Creative Thinking", en *Contemporary Approaches to Creative Thinking*, ed. de H. F. Gruber, G. Terrell y M. Wertheimer (New York: Atherton Press, 1962), pp. 63–119; ver también la excelente monografía de James L. Adams, *Conceptual Blockbusting* (Stanford, CA: Stanford Alumni Association, 1974).

singular (*e.g.*, el del cliente o del analista), sino más bien el descubrimiento de las representaciones del problema de múltiples partes interesadas. En este contexto los analistas profesionales usualmente enfrentan un gran número de diferentes formulaciones del problema que se distribuyen a lo largo del proceso de elaboración de la política pública. En efecto, los analistas encaran un *metaproblema*[26] -un problema de problemas, por así decir, que implica tantas representaciones del problema que su número puede parecer inmanejablemente enorme[27]. Mediante la *delineación del problema*, es posible definir los límites del metaproblema: problema de segundo orden que es la clase de todos los problemas de primer orden, que son sus miembros[28]. A menos que se distingan estos dos niveles, los analistas corren el riesgo de formular el problema incorrecto confundiendo miembro y clase, desconociendo la regla de que "lo que implique *toda* una colección no debe ser parte de la colección"[29].

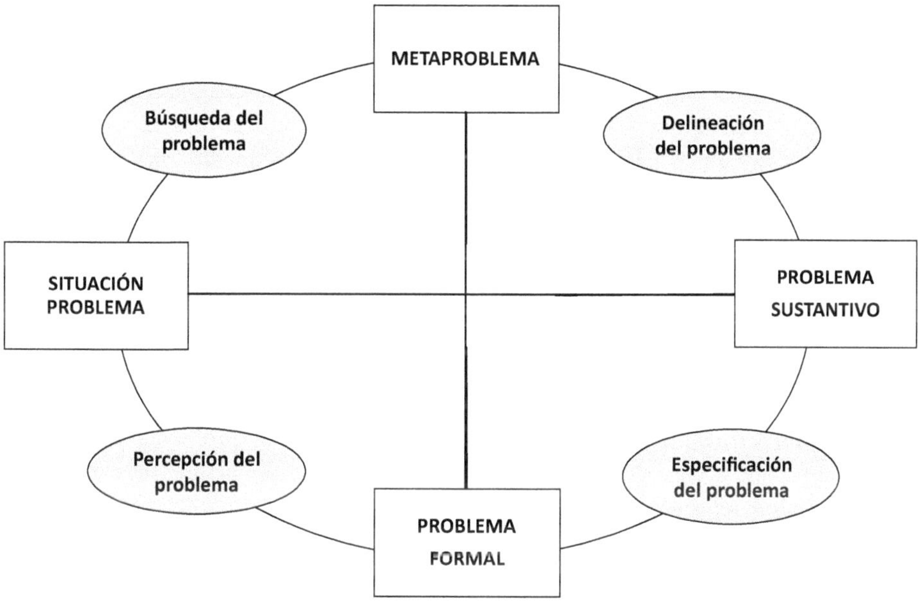

FIGURA 3.3 Fases de la estructuración de problemas

Al transitar del metaproblema al *problema sustantivo*, intentamos *delinear* el problema en sus términos más básicos y generales. Por ejemplo, podemos decidir si el problema tiene sus raíces en la economía, la sociología, la ciencia política, la ingeniería y así sucesivamente. Si el problema sustantivo se conceptualiza como económico, el analista lo tratará en términos de factores relacionados con la producción y distribución de bienes y servicios. Alternativamente, si el problema se considera político o sociológico, el analista lo enfocará en términos de la distribución del poder y la influencia entre grupos de interés, élites o clases rivales. De muchas maneras, la elección de un marco de referencia conceptual es similar a la elección de una visión del mundo, ideología o mito popular, e indica un compromiso con una visión particular de la realidad[30].

26 Ver Yehezkel Dror, *Design for Policy Sciences* (New York: American Elsevier Publishing, 1971).

27 Este punto es señalado por P. Harmon y D. King, *Expert Systems: Artificial Intelligence in Business* (New York: Wiley, 1985).

28 Paul Watzlawick, John Weakland y Richard Fisch, *Change: Principles of Problem Formation and Problem Resolution* (New York: W. W. Norton & Company, 1974), p. 6 [existe edición de 2011].

29 Alfred North Whitehead y Bertrand Russell, *Principia Mathematica*, 2a. ed., vol. 1 (Cambridge: Cambridge University Press, 1910), p. 101. Citado por P. Watzlawick *et al.*, p. 6.

30 Ian Mitroff y Ralph H. Kilmann, *Methodological Approaches to Social Science* (San Francisco, CA: Jossey-Bass, 1978). Ver también Thomas Kuhn, *The Structure of Scientific Revolutions*, segunda ed. (Chicago, IL: University of Chicago Press,

Para ilustrar la importancia de cosmovisiones, ideologías y mitos populares en la conceptualización de problemas sustantivos, consideremos diversas formas de definir la pobreza. La pobreza puede definirse como una consecuencia de accidentes o condiciones inevitables de la sociedad, de las acciones de élites económicas egoístas o de imperfecciones de los propios pobres[31]. Estas definiciones de la pobreza contienen elementos de una visión del mundo, mito o ideología en la medida en que cada una involucra la percepción selectiva de elementos de una situación problema.

Cosmovisiones, ideologías y mitos pueden ser parcialmente ciertos y parcialmente falsos. En este ejemplo, la atribución de la pobreza a accidentes históricos puede sugerir que alterar la distribución de la riqueza es inútil, pero este mismo mito, que representa una *perspectiva naturalista* de los problemas sociales, sensibiliza a los analistas sobre la naturaleza relativa de la pobreza señalando el hecho de que ninguna sociedad conocida la ha superado por completo. En forma similar, la atribución de la pobreza a élites malvadas o moralmente corruptas puede distorsionar sus motivaciones reales. Con todo, esta misma *perspectiva moralista*, que explica la pobreza en términos de presuntas debilidades morales, también orienta la atención hacia las formas en que la concentración de la propiedad promueve el desperdicio, la explotación y la irresponsabilidad social. Por último, atribuir la pobreza a la imperfección de los pobres mismos resulta en culpar a la víctima antes que a las circunstancias ambientales[32]. Si bien algunas personas pobres eligen vivir en condiciones que el resto de la sociedad define como "pobreza", esta perspectiva puede "justificar una forma perversa de acción social diseñada para cambiar, no la sociedad, como uno podría esperar, sino más bien a la víctima de la sociedad"[33].

Una vez se ha definido un problema sustantivo, puede construirse un *problema formal* más detallado y específico. El proceso de transitar del problema sustantivo al problema formal se lleva a cabo mediante la *especificación del problema*, que implica el desarrollo de un modelo formal, simbólico o matemático, del problema sustantivo. En este punto pueden surgir dificultades, porque la relación entre el problema sustantivo y su representación formal puede ser tenue[34]. La especificación de un problema complejo en términos matemáticos simplistas puede ser prematura o inapropiada. Aquí la principal tarea no es obtener la solución matemática correcta, sino definir la naturaleza del problema.

Errores del tercer tipo (E_{III})

Una importante cuestión de la estructuración de problemas es qué tan bien los problemas sustantivo y formal corresponden a la situación problema. Si una situación problema es un sistema complejo de problemas, entonces una tarea central es la formulación de problemas sustantivos y formales que representen adecuadamente esa complejidad. El encuentro entre una situación problema y un problema sustantivo se determina en la fase de delineamiento del problema. El problema sustantivo puede basarse en supuestos sobre la naturaleza humana, el tiempo y las posibilidades de cambio mediante la acción pública. Igualmente importante es el acoplamiento entre la situación problema y el problema formal. Este último se especifica de modo típico en la forma de una fórmula o ecuación matemática, proceso que está sujeto a todas las precauciones relacionadas con la especificación errónea de modelos estadísticos.

Información sobre la situación problema se transforma en información sobre el *metaproblema* mediante el proceso de búsqueda del problema. Los analistas que fallan en la búsqueda o que la detienen

1971) [*La estructura de las revoluciones científicas* (Bogotá: FCE, 1992)]; y Ian G. Barbour, *Myths, Models and Paradigms* (New York: Harper & Row, 1976).

31 Lowry, *Social Problems*, pp. 19–46.

32 Esta suerte de humanismo que se contradice a sí mismo se conoce como "culpar a la víctima". Ver William Ryan, *Blaming the Victim* (New York: Pantheon Books, 1971).

33 Ryan, *Blaming the Victim*, p. 7.

34 Para un ejemplo de especificación errónea, ver Ralph E. Strauch, "A Critical Look at Quantitative Methodology", *Policy Analysis* 2 (1976): 121–144.

de modo prematuro, corren el riesgo de definir imprecisamente los límites del metaproblema. Pueden dejarse de lado aspectos importantes, restringiendo su alcance de manera inapropiada. La transformación de información sobre el metaproblema en información sobre el problema sustantivo se cumple a través del proceso de delineación del problema. Aquí el riesgo es seleccionar dentro de los límites del metaproblema el problema sustantivo incorrecto. A su turno, la transformación del problema sustantivo en problema formal gracias al proceso de especificación del problema puede resultar en una representación formal o modelo equivocado del problema sustantivo en lugar del correcto. Cualquiera de las transiciones que se muestran en la Figura 3.3 puede redundar en un *error Tipo III*: formular el problema incorrecto[35]. Un error Tipo III es diferente del error estadístico Tipo I (rechazar la hipótesis nula cuando es verdadera) y del error estadístico Tipo II (aceptar la hipótesis nula cuando es falsa). Hace mucho tiempo Raiffa advirtió que los "profesionales con demasiada frecuencia cometen errores de un tercer tipo: solucionar el problema equivocado"[36].

El concepto de error Tipo III plantea asuntos que son centrales para el análisis de política pública y la ciencia en general. Las diferentes fases de la estructuración de problemas (Figura 3.3) demandan diversas habilidades metodológicas. Las habilidades más apropiadas para descubrir *metaproblemas* son primordialmente observacionales, porque el objetivo es descubrir y agregar las definiciones del problema de múltiples partes interesadas. En contraste, las habilidades requeridas para transformar un metaproblema en un *problema sustantivo* son conceptuales y analíticas, al igual que las habilidades utilizadas en el análisis de datos cualitativos. Aquí el desafío es identificar un problema sustantivo reduciendo a proporciones manejables las varias definiciones de un problema situadas dentro de los límites del metaproblema. A su vez, las habilidades necesarias para transformar un problema sustantivo en un problema formal son matemáticas, estadísticas y lógicas, las cuales incluyen la modelación econométrica y el análisis de decisiones.

MODELOS DE POLÍTICA PÚBLICA Y ESTRUCTURACIÓN DE PROBLEMAS

Los *modelos de política pública* son representaciones simplificadas de una situación problema[37]. Como tal, el desarrollo de modelos de política pública involucra habilidades en la estructuración de problemas. Los modelos de política pública pueden expresarse como conceptos, diagramas, gráficos o ecuaciones, y pueden usarse no solamente para describir, explicar y predecir aspectos de un problema, sino también para solucionarlo recomendando cursos de acción. Aunque los modelos nunca son descripciones literales de un problema, son útiles y aun necesarios. Ellos simplifican sistemas de problemas reduciendo y haciendo manejables las complejidades que los analistas encuentran en su trabajo. Los modelos de política pública también ayudan a distinguir las características esenciales de un problema de las no esenciales, a iluminar relaciones entre factores o variables importantes, y a explicar y predecir las consecuencias de elecciones de política pública. Los modelos de política pública juegan asimismo un papel autocrítico en el análisis de política pública forzando a los analistas a hacer explícitos sus propios supuestos y a desafiar el saber convencional.

El uso de modelos de política pública no es un asunto de elección, porque cada uno de nosotros emplea modelos en el trabajo y la vida cotidiana. "Una imagen mental es un modelo. Todas nuestras

35 Ver Ian I. Mitroff y Frederick Betz, "Dialectical Decision Theory: A Meta-Theory of Decision-Making", *Management Science* 19, 1 (1972): 11–24. Kimball define un error Tipo III como "el error cometido al dar una respuesta correcta al problema equivocado". Ver A. W. Kimball, "Errors of the Third Kind in Statistical Consulting", *Journal of the American Statistical Association* 52 (1957): 133–142.

36 Howard Raiffa, *Decision Analysis* (Reading, MA: Addison-Wesley, 1968), p. 264.

37 Ver Saul I. Gass y Roger L. Sisson, eds., *A Guide to Models in Governmental Planning and Operations* (Washington, DC: Office of Research and Development, Environmental Protection Agency, 1974); y Martin Greenberger, Matthew A. Crenson y Brian L. Crissey, *Models in the Policy Process* (New York: Russell Sage Foundation, 1976).

decisiones se adoptan sobre la base de modelos. La cuestión no es usar o ignorar los modelos. La cuestión es solo una elección entre alternativas"[38].

Simplificando las situaciones problema, los modelos distorsionan selectivamente la realidad. Los modelos por sí mismos no nos pueden decir cómo discriminar entre cuestiones esenciales y no esenciales; tampoco pueden explicar, evaluar o recomendar, porque estos juicios son externos al modelo y no parte de él. Mientras que los modelos nos ayudan a emprender estas tareas analíticas, es el analista y no el modelo quien suministra los supuestos necesarios para identificar las características de la realidad descritas por un modelo. Finalmente, los modelos de política pública -particularmente los que se expresan en forma matemática- son con frecuencia difíciles de comunicar a los formuladores de política y a otras partes interesadas no versadas en el lenguaje de los modelos matemáticos, aunque los modelos pueden contribuir potencialmente a tomar mejores decisiones.

Modelos descriptivos

Un tipo de modelo, el *modelo descriptivo*, explica o predice causas y consecuencias de las elecciones de política pública. Los modelos descriptivos se usan para monitorear resultados de acciones de política pública, por ejemplo, resultados tales como ingreso, empleo, tasas de arresto o costos en el cuidado de la salud, incluidos en las listas de indicadores sociales y económicos publicadas por la Oficina de Administración y Presupuesto o por *Eurostat*. Los modelos descriptivos también se utilizan para pronosticar el desempeño económico, la demanda de energía, el calentamiento global y otros resultados futuros de política pública. Por ejemplo, el Consejo de Asesores Económicos prepara un pronóstico económico anual para su inclusión en el Informe Económico del Presidente.

Modelos normativos

Otro tipo de modelo es el *modelo normativo*. Los modelos normativos no solo intentan explicar o predecir, sino también prescribir cursos de acción para optimizar el logro de valores como el ingreso, la riqueza, la educación, la ilustración y la justicia. Entre los muchos tipos de modelos normativos usados por los analistas de política pública están los que ayudan a determinar niveles óptimos de capacidad de servicio (modelos de colas), el momento óptimo de servicio y reparación (modelos de reemplazo), el volumen y momento óptimos de pedidos (modelos de inventario), y el retorno óptimo de inversiones públicas (modelos beneficio-costo). Los modelos normativos de decisión adoptan la siguiente forma: halle los valores de las variables de política pública que produzcan la mayor utilidad, medida por el valor de las variables de resultado que deseamos cambiar. Los valores de las variables de política y de las variables de resultado se expresan frecuentemente como una cantidad monetaria (dólares, euros) o alguna otra cantidad.

Un modelo normativo simple y familiar es el interés compuesto. Muchas personas han utilizado alguna variación de este modelo para encontrar los valores de una variable de "política" (*e.g.*, colocar dinero en un banco *versus* una cooperativa de crédito) que producirá el mayor interés sobre los ahorros, medidos por la cantidad de dinero que uno puede esperar después de un determinado número de años. El modelo del interés compuesto es

$$S_n = (1 + r)^n S_o$$

donde S_n es la cantidad a la que llegarán los ahorros en un determinado número de años, n, S_o es el ahorro inicial, y $(1 + r)^n$ es un retorno constante de la inversión, 1, más la tasa de interés, r, en un periodo definido de tiempo, n. Si conocemos las tasas de interés de diferentes instituciones de ahorro

38 Jay W. Forrester "Counter-Intuitive Behavior of Social Systems", *Technological Review* 73 (1971): 3.

y deseamos optimizar el retorno del ahorro, este simple modelo normativo permite una elección sencilla de la institución que ofrece la tasa más alta de interés, siempre que no haya otras consideraciones importantes (*e.g.*, seguridad de los depósitos o privilegios especiales para los clientes) que deban tenerse en cuenta. Este modelo normativo del interés compuesto predice la acumulación de ahorros bajo tasas de interés alternativas, *r*. Esto apunta a una característica de todos los modelos normativos: ellos no solo nos permiten estimar valores pasados, presentes o futuros de variables de resultado, sino también optimizar el logro de algún valor.

Modelos verbales

Los modelos pueden expresarse en tres formas: verbal, simbólica y procedimentalmente[39]. Los *modelos verbales* se expresan en el lenguaje cotidiano antes que en el lenguaje de la lógica simbólica (si $p > q$ y $q > r$, entonces $p > r$) o de las matemáticas ($\log_{10} 10.000 = 4$). Los modelos verbales son a menudo partes de argumentos de política y se expresan como una narrativa. Los modelos verbales se comunican relativamente de modo fácil entre expertos y legos por igual, y sus costos son bajos. Una limitación potencial de los modelos verbales es que las razones ofrecidas para las predicciones o recomendaciones pueden estar implícitas u ocultas, dificultando el examen crítico de los argumentos. Los argumentos a favor y en contra del bloqueo de la marina soviética durante la crisis de los misiles cubanos son buenos ejemplos de modelos verbales de política pública. El propio modelo verbal de la crisis del Presidente Kennedy arguía, en efecto, que un bloqueo era la única opción real de los Estados Unidos: "Por encima de todo, mientras defendemos nuestros propios intereses vitales, las potencias nucleares deben evitar aquellas confrontaciones que lleven a un adversario a elegir entre una retirada humillante o una guerra nuclear"[40].

Modelos simbólicos

Los *modelos simbólicos* usan notación matemática o lógica para describir relaciones entre variables clave que se cree que caracterizan un problema. Predicciones o soluciones óptimas se obtienen de modelos simbólicos que emplean métodos de las matemáticas, la estadística y la lógica. Los modelos simbólicos son difíciles de comunicar entre profanos y entre formuladores de política, e incluso entre modeladores expertos hay malentendidos sobre elementos básicos de los modelos[41]. Los costos de los modelos simbólicos probablemente no son más altos que los de los modelos verbales, considerando que tenemos en cuenta el tiempo y el esfuerzo invertidos en el debate público, que es el principal vehículo de expresión de los modelos verbales. Una limitación práctica de los modelos simbólicos es que sus resultados pueden no ser fácilmente interpretables, aun entre especialistas, porque los significados de los símbolos pueden no estar adecuadamente definidos. Los modelos simbólicos pueden mejorar las decisiones de política pública, pero solamente si los supuestos de los modelos se hacen transparentes. "Con demasiada frecuencia lo que pretende ser un modelo basado en teoría y evidencia no es nada más que ideas preconcebidas y prejuicios del erudito encubiertos bajo la apariencia de rigor científico y adornados con extensas simulaciones por computador"[42].

39 Los modelos también pueden expresarse físicamente, como cuando se usan varios materiales para construir representaciones de órganos humanos, ciudades o máquinas. La limitación básica de tales modelos es que ellos no pueden representar la acción humana, la cual implica procesos de comunicación, aprendizaje social y elección.

40 Citado en Graham T. Allison, "Conceptual Models and the Cuban Missile Crisis", *American Political Science Review* 63, 3 (1969): 698 [sobre su versión española, ver n. 55 del Capítulo 1].

41 Ver Greenberger *et al.*, *Models in the Policy Process*, pp. 328–336.

42 Gary Fromm, "Policy Decisions and Econometric Models", citado por Greenberger *et al.*, *Models in the Policy Process*, p. 72.

Aunque ya hemos considerado el interés compuesto, modelo simbólico simple diseñado con fines normativos, otros modelos simbólicos son descriptivos antes que normativos. Un modelo simbólico descriptivo frecuentemente utilizado es la simple ecuación lineal

$$Y = a + bX$$

donde *Y* es el valor de la variable dependiente que hay que predecir y *X* el valor de una variable independiente que puede manipularse para alcanzar *Y*[43]. La relación entre *X* y *Y* se conoce como una función lineal, lo cual significa que la relación entre *X* y *Y* forma una línea recta cuando se representa en una gráfica (Figura 3.4). En este modelo, el símbolo *b*, expresado como un coeficiente, denota la cantidad de cambio en *Y* debida a un cambio de una unidad en *X*. Esto puede ser representado por la pendiente de una línea recta. Cuanto más pronunciada es la pendiente, mayor es el efecto de *X* sobre *Y*. El símbolo *a*, llamado *constante intercepto*, denota el punto donde la línea recta intercepta el eje vertical o *Y* cuando *X* es cero. En la Figura 3.4, los valores de *Y* son la mitad de los valores de *X* a lo largo de la línea punteada (*i.e.*, $Y = 0 + 0{,}5X$), mientras que, a lo largo de la línea sólida, cada cambio en *X* produce un cambio de unidad 1,0 en *Y* (*i.e.*, $Y = 0 + 1{,}0X$). Este modelo lineal predice cuánto cambio en la variable de política (*X*) se necesita para producir un valor de la variable de resultado (*Y*).

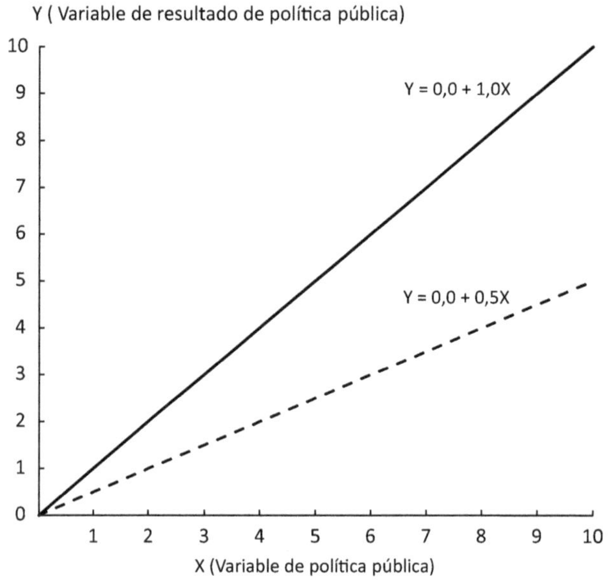

FIGURA 3.4 Un modelo simbólico

Modelos procedimentales

Los *modelos procedimentales* representan relaciones dinámicas entre variables. Predicciones y soluciones óptimas se obtienen buscando a través de y simulando conjuntos de posibles relaciones; por ejemplo, relaciones entre crecimiento económico, consumo de energía y oferta de alimentos en años futuros. Los procedimientos de simulación y búsqueda generalmente se ejecutan con la ayuda de un computador, que se programa para producir predicciones bajo diferentes conjuntos de supuestos.

43 La ecuación puede escribirse $Y = b_0 + b_x + e$ en notación estándar.

Los modelos procedimentales hacen uso de modos simbólicos de expresión. La principal diferencia entre modelos simbólicos y procedimentales es que los primeros usan datos actuales para estimar relaciones entre variables de política pública y variables de resultado, mientras que los modelos procedimentales asumen o simulan tales relaciones. Los costos de los modelos procedimentales son relativamente altos, comparados con los modelos verbales y simbólicos, en gran parte debido al tiempo requerido para desarrollar y ejecutar programas de computadora. Al mismo tiempo, los modelos procedimentales pueden escribirse en lenguaje razonablemente no técnico, facilitando así la comunicación entre profanos. Aunque la fortaleza de los modelos procedimentales radica en que permiten la simulación y búsqueda creativas, algunas veces es difícil encontrar evidencia para justificar los supuestos del modelo.

Una forma simple de modelo procedimental es el árbol de decisiones, que se crea para proyectar varias consecuencias posibles de políticas. La Figura 3.5 ilustra un árbol de decisión simple que estima la probabilidad en que cada una de varias alternativas de política pública reducirá la contaminación[44]. Los árboles de decisión son útiles para comparar estimaciones subjetivas de las consecuencias posibles de varias elecciones de política donde hay poca información o no existe.

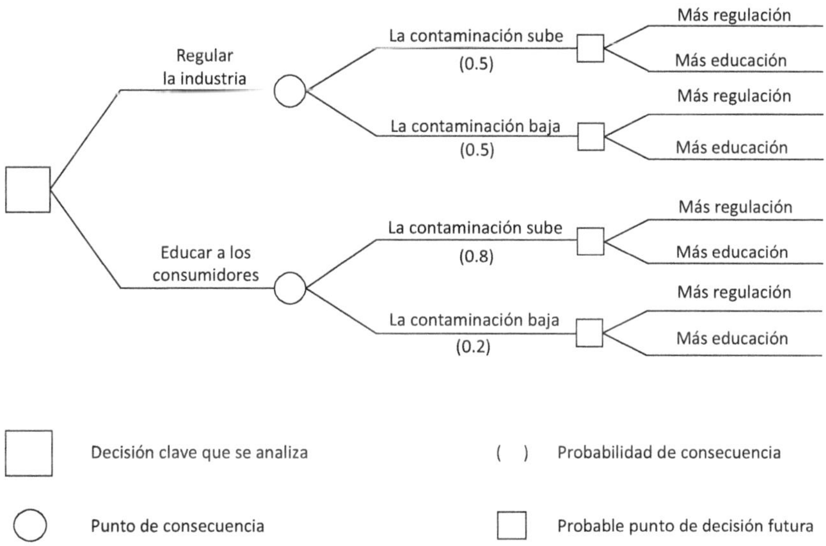

FIGURA 3.5 Modelo de simulación o procedimental

Modelos como sustitutos y perspectivas

Los modelos de política pública se pueden ver como sustitutos o perspectivas[45]. Se asume que un *modelo sustituto* obra como sustituto o *proxy* de un problema sustantivo. Los modelos sustitutos se basan, consciente o inconscientemente, en el supuesto de que el problema formal es una representación válida del problema sustantivo. En contraste, los *modelos de perspectiva* son vistos como uno entre varios modos posibles de considerar un problema sustantivo. Los modelos de perspectiva asumen que el problema formal nunca puede ser una representación enteramente válida del problema sustantivo.

La distinción entre modelos sustitutos y modelos de perspectiva es importante en el análisis de política pública donde muchos de los problemas más importantes están mal estructurados. La estructura de

44 Ver Gass y Sisson, eds., *A Guide to Models to Governmental Planning and Operations*, pp. 26–27.
45 Strauch, "A Critical Look at Quantitative Methodology", pp. 136–144.

muchos problemas es lo suficientemente compleja como para que el uso acrítico de modelos sustitutos acreciente de modo significativo la probabilidad de errores del tercer tipo (E_{III}) -esto es, solucionar la formulación equivocada de un problema cuando se debió haber solucionado la correcta. Este punto puede aclararse considerando dos ejemplos de modelación formal. El primero de estos es un modelo simbólico, el segundo es un modelo verbal[46].

Supóngase que hemos construido un modelo simbólico expresado en la forma de una ecuación lineal como la que se describió anteriormente en la Figura 3.4. Utilizando la ecuación $Y = a + bX$ (posteriormente usaremos la notación estándar para escribir esta ecuación como $Y = b_0 + b_x + e$), podemos empezar representando los valores reales de X y Y sobre el gráfico de dispersión, como se muestra en la Figura 3.6. Nuestra perspectiva implícita es que los valores observados de X y Y constituyen un modelo sustituto de una relación causal, donde se cree que la variable de política, X, es la causa de la variable de resultado, Y. Podríamos interpretar erróneamente los resultados como un modelo sustituto, que confirma la supuesta estructura causal del problema sustantivo. Podemos interpretar la pendiente de la línea como una medida de los efectos de la profundidad del reservorio, X, sobre Y, la tasa de precipitación. Adicionalmente, la correlación entre los valores observados de Y (puntos de datos) y los que predice la ecuación (los que yacen sobre la línea recta) se tomará como una confirmación de la precisión de la predicción. La conclusión probable es que un cambio en el valor de la variable de política pública resultará en un cambio correspondiente en el valor de la variable de resultado. Este es un error Tipo III[47].

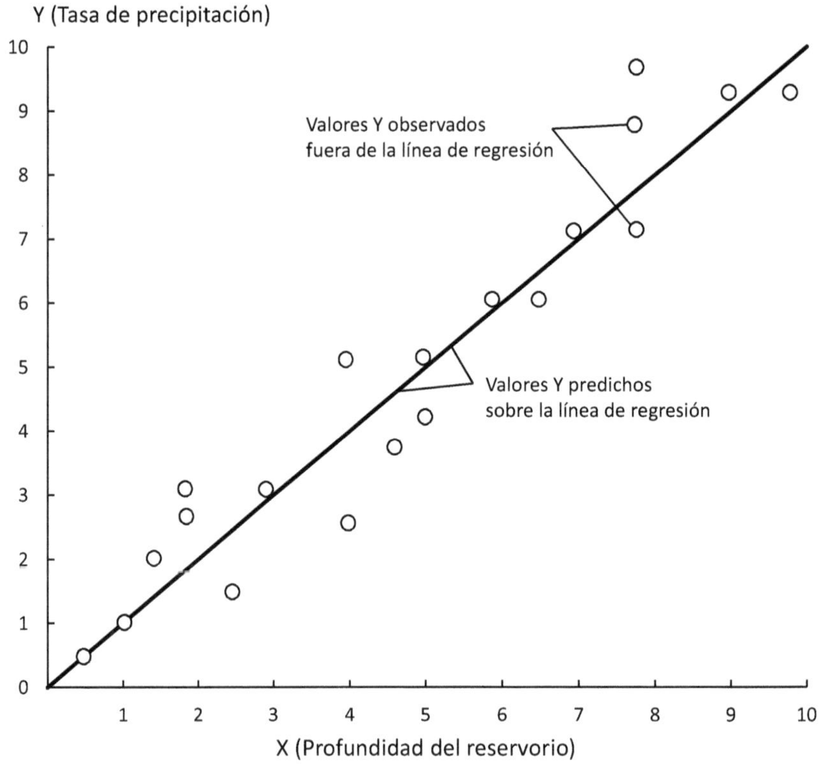

FIGURA 3.6 Efectos asumidos de X sobre Y desde una perspectiva

46 Estos ejemplos se han adaptado de Strauch, "A Critical Look at Quantitative Methodology", pp. 131–133; y Watzlawick, Weakland y Fisch, *Change*.

47 Por supuesto, si estuviéramos simplemente correlacionando la profundidad del reservorio con la lluvia tendríamos una respuesta correcta. Es cuando manipulamos la variable independiente (de política) para producir lluvia que encontramos dificultades que no se diferencian de las de un chamán fracasado.

El punto de este ejemplo es que el modelo simbólico formal no proporciona ninguna orientación para responder la pregunta de si *X* causa *Y* o *Y* causa *X*. Si *X* pasa a ser desempleo y *Y* pobreza, puede tratarse de un ejemplo para la relación predicha, siempre y cuando brindemos razones plausibles para creer que el desempleo es causalmente relevante para la pobreza. Sin embargo, esta información causal no está contenida en el modelo simbólico: viene desde *afuera* del modelo. La relación observada entre *X* y *Y* podría interpretarse fácilmente de otra forma, como evidencia de que la pobreza afecta el desempleo, asumiendo, por ejemplo, que la pobreza deprime el deseo de buscar empleo.

La lección de este ejemplo es que la conceptualización de los problemas sustantivos gobierna su especificación como modelos simbólicos formales. Los modelos formales de los problemas sustantivos pueden encubrir el hecho de que el modelo formal es una perspectiva de la "realidad", no un sustituto. Para aclarar este punto considérese el modelo simbólico formal previamente discutido. Supóngase que *X* es la profundidad media anual de un reservorio y que *Y* es la precipitación anual en el área circundante. En vista de que las políticas que gobiernan la profundidad del reservorio pueden modificarse, la profundidad del reservorio es una variable de política sujeta a manipulación. Si deseamos controlar la precipitación anual, el sentido común sugeriría que la relación entre precipitación y profundidad del reservorio es una relación causal. Sin embargo, la conclusión de que podemos disminuir la precipitación drenando más rápidamente el agua del reservorio es inválida y carente de sentido. Como ha enfatizado el analista de RAND Ralph Strauch: "Esto sucede porque la relación causal asumida en el análisis -la profundidad del reservorio causa lluvia- va en contra de nuestro entendimiento de sentido común de que la lluvia determina la profundidad del reservorio"[48].

Considérese un segundo ejemplo de las dificultades que surgen cuando confundimos los modelos sustitutos y de perspectiva. Esta vez usaremos un ejemplo que señala el mismo punto sobre modelos verbales, esto es, modelos que se expresan en el lenguaje cotidiano. Supóngase que estamos enfrentados con la siguiente situación problema: el director del departamento estatal de transportes ha solicitado que se realice un estudio para recomendar la forma menos costosa de conectar nueve puntos de transporte clave en la región central del estado. Como analista de política de la agencia, se le indica que muestre cómo los nueve puntos pueden ser conectados por cuatro secciones de la autopista. También se le dice que estas cuatro secciones de la autopista deben ser rectas (no se permitirán curvas) y que cada nueva sección debe empezar en el punto donde culminó la última sección (al equipo de construcción no se le permitirá volver sobre sus pasos). A continuación se le enseña un mapa de la región (Figura 3.7) y se le pide que haga una recomendación que solucione el problema del director.

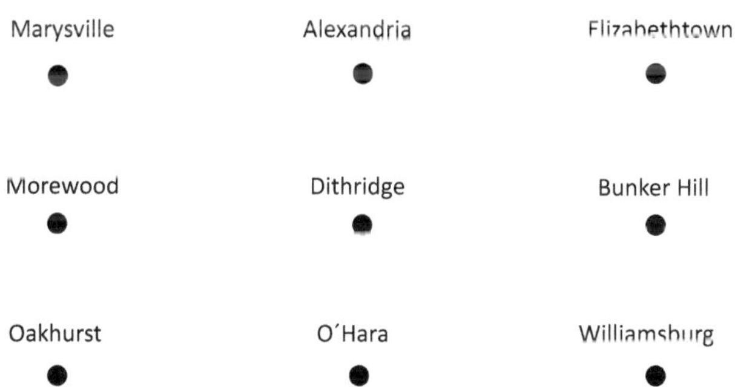

FIGURA 3.7 Mapa de puntos de transporte en la región central

48 Strauch, "A Critical Look at Quantitative Methodology", p. 132.

A menos que usted ya se encuentre familiarizado con este problema conceptual clásico (denominado simplemente el "problema de los nueve puntos"), es muy poco probable que sea capaz de resolverlo. Pocas personas logran encontrar la solución por sí mismas, no porque el problema sea técnicamente complicado (de hecho es simple), sino porque las personas cometen casi siempre un error del tercer tipo (E_{III}): dan solución a la formulación equivocada de un problema cuando debieron haber resuelto la correcta. Esto sucede porque la mayoría de las personas enfocan la *situación problema* con supuestos implícitos que hacen imposible solucionar el problema. Los analistas introducen estos supuestos, que *no* son parte de la situación problema. En otras palabras, los analistas crean un problema sustantivo que no puede solucionarse.

La solución del problema de los nueve puntos se presenta en la Figura 3.8. La solución parece sorprendentemente simple, novedosa y poco convencional; esto es, tiene varias de las características clave de la creatividad discutidas más arriba. En el proceso de análisis, de repente queda claro que hemos estado resolviendo el problema incorrecto. Mientras asumamos que la solución debe hallarse dentro de los límites establecidos por nuestro modelo verbal -esto es, un rectángulo constituido por nueve puntos- no es posible una solución. Sin embargo, esta condición no la impone el modelo verbal, sino el supuesto implícito de la "cuadratura" que configura inconscientemente nuestra definición del problema sustantivo. Imagínese qué habría ocurrido si hubiésemos transformado el modelo verbal en un modelo simbólico, utilizando, por ejemplo, la geometría plana para derivar estimaciones cuantitativas precisas de la distancia entre los puntos. Esto no solo nos habría alejado más y más de la solución; también habría creado un aura de precisión científica que prestaría autoridad a la conclusión de que el problema es "insoluble". Este ejemplo ayuda a transmitir un punto simple pero importante sobre el uso de modelos formales: los modelos formales no pueden decirnos ellos mismos si estamos solucionando la formulación incorrecta de un problema. ¡*El mapa no es el territorio*! ¡*El menú no es la comida*![49]

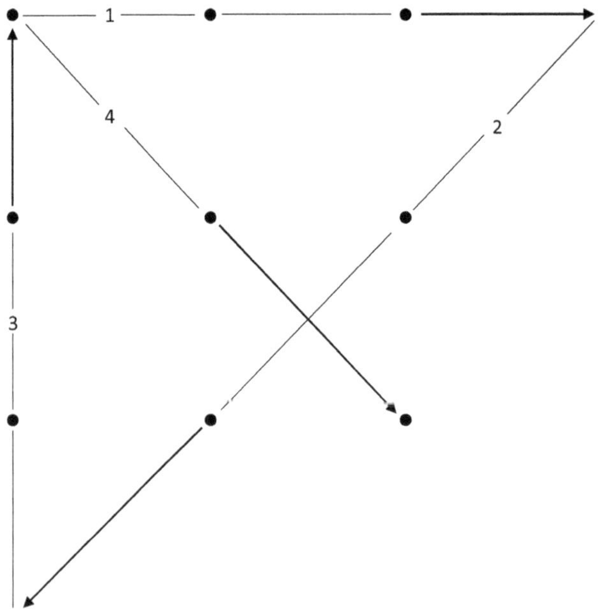

FIGURA 3.8 Solución del problema de los nueve puntos

49 Estas admoniciones son de Gregory Bateson, *Steps to an Ecology of Mind: Collected Essays in Anthropology, Psychiatry, Evolution, and Epistemology* (Chicago, IL: University of Chicago Press, 1972) [*Pasos hacia una ecología de la mente. Una aproximación revolucionaria a la autocomprensión del hombre* (Buenos Aires: Ediciones Lohlé-Lumen, 1998).

MÉTODOS DE ESTRUCTURACIÓN DE PROBLEMAS

La estructuración de problemas es el proceso de generar y verificar formulaciones alternativas de problemas sustantivos. Como vimos en la Figura 3.3, la estructuración de problemas tiene cuatro fases interrelacionadas: percepción del problema, búsqueda del problema, delimitación del problema y especificación del problema. Varios métodos y técnicas son útiles para llevar a cabo actividades de estructuración de problemas en cada fase. Estos métodos, junto con sus respectivos objetivos, procedimientos, fuentes de conocimiento y criterios de desempeño, se muestran en la Tabla 3.2.

TABLA 3.2 Características de los métodos de estructuración de problemas

Método	**Objetivo**	**Procedimientos**	**Fuente de conocimiento**	**Criterio de desempeño**
Análisis de límites	Estimar límites del metaproblema	Muestreo de saturación y suscitación de problemas	Múltiples partes interesadas Analista singular	Exactitud en el límite
Análisis de clasificación	Aclaración de conceptos	División lógica y clasificación de conceptos	Analista singular	Consistencia lógica
Análisis de jerarquía	Identificar causas posibles, plausibles y actuables	División lógica y clasificación de causas	Analista singular	Consistencia lógica
Sinéctica	Reconocimiento de semejanzas entre problemas	Construcción de analogías personales, directas, simbólicas y de fantasía	Miembros del grupo	Plausibilidad
Lluvia de ideas	Generación de ideas, metas y estrategias	Generación y evaluación de ideas	Miembros del grupo	Consenso
Análisis de perspectivas múltiples	Generación de entendimiento intuitivo (*insight*)	Uso de perspectivas técnicas, organizacionales y personales	Miembros del grupo	Multiplicidad de perspectivas
Análisis de supuestos	Síntesis creativa de supuestos en conflicto	Identificación de partes interesadas; emergencia, desafío y síntesis de supuestos	Miembros del grupo	Productividad dialéctica
Mapeo de argumentos	Pensamiento crítico	Análisis de plausibilidad de argumentos	Miembros del grupo	Plausibilidad

Análisis de límites

Una importante tarea de la estructuración de problemas es estimar si el sistema de formulaciones de problemas individuales que hemos denominado *metaproblema* es relativamente completo. La tarea es similar a la situación de los colonos descrita por el matemático Morris Kline en sus ensayos sobre el mito de la certidumbre en matemáticas[50]. Los colonos, mientras desmontan su tierra, son conscientes de que los enemigos se ocultan en el área imperturbada que se encuentra más allá del clareamiento. Para aumentar su seguridad, los colonos limpian un área cada vez más grande, pero nunca se sienten completamente seguros. Con frecuencia deben decidir si desbrozar más tierra o atender sus cultivos y animales domesticados dentro de los límites del clareamiento. Hacen todo lo posible por hacer

50 Morris Kline, *Mathematics: The Loss of Certainty* (New York: Oxford University Press, 1980) [*Matemáticas. La pérdida de la certidumbre* (Madrid: Siglo XXI Editores, 1985)]. Para ensayos sobre incertidumbre y creatividad en las matemáticas modernas, ver Michael Guillén, *Bridges to Infinity* (Ithaca, NY: Cornell University Press, 1988).

retroceder la tierra inculta, pero saben que los enemigos que se esconden allende la tierra clareada podrían sorprenderlos y superarlos. Esperan no tener que optar por cuidar cultivos y ganado cuando, en cambio, deberían estar despejando más tierra.

La analogía de los colonos apunta a un problema clave de la estructuración de problemas. Rara vez estamos enfrentados a un problema singular bien definido; por el contrario, estamos confrontados con múltiples problemas que son definidos en distintas formas por las partes interesadas. Los analistas son análogos a los colonos que, trabajando sin límites conocidos, no tienen una "regla de detención"[51]. Son la contraparte moderna de Diógenes, comprometidos en "un discurso interminable con la realidad, para descubrir aún más facetas, más dimensiones de acción, más oportunidades de mejoramiento"[52].

Para hacer un uso efectivo de los métodos de estructuración de problemas descritos en este capítulo, es importante realizar un *análisis de límites*. Los métodos de estructuración de problemas recién discutidos, y los métodos relacionados que presuponen que el problema ya ha sido estructurado[53], no proporcionan la forma de saber si un conjunto de formulaciones del problema es relativamente completo.

La integridad relativa de un conjunto de formulaciones del problema puede estimarse por medio de un proceso de tres pasos[54].

1. *Muestreo de saturación*. El primer paso es bosquejar una muestra de saturación (o bola de nieve) de partes interesadas. Las partes interesadas, en este conjunto inicial, pueden estar en contacto cara a cara, por teléfono o por computador, y se les pide que nombren dos partes interesadas adicionales, una de las cuales está más de acuerdo con los argumentos y otra menos. El proceso continúa hasta que no se nombren *nuevas* partes interesadas. La variación muestral es poca o ninguna, porque todos o la mayoría de los miembros del universo de trabajo de las partes interesadas relevantes para la política pública en un área específica (*e.g.*, reforma de la atención en salud) están en contacto[55].
2. *Suscitación de representaciones del problema*. En el segundo paso los analistas suscitan representaciones alternativas del problema por las partes interesadas. Son estas las representaciones del problema que Heclo describe como "ideas, paradigmas básicos, metáforas dominantes, procedimientos operativos estándar, o como queramos llamar los sistemas de interpretación por cuya virtud atribuimos significado a los eventos"[56]. La información requerida para documentar estas representaciones del problema se puede obtener mediante entrevistas cara a cara o, dadas las restricciones que enfrenta la mayoría de los analistas, mediante comunicaciones telefónicas, o por ordenador y documentos disponibles.
3. *Estimación de límites*. El tercer paso es estimar los límites del metaproblema. Una distribución acumulativa de frecuencias muestra las partes interesadas sobre el eje horizontal, y el número de *nuevos* elementos del problema, que pueden ser supuestos, ideas, objetivos o políticas, se

51 La "regla de detención" tiene su origen en Rittel y Webber, "Dilemmas in a General Theory of Planning", *Policy Sciences* 4 (1973): 155–169.

52 Dery, *Problem Definition in Policy Analysis*, pp. 6–7.

53 Estos otros métodos incluyen el proceso de jerarquía analítica, la modelación estructural interpretativa, la captura de políticas y la metodología Q. Ver, respectivamente, Thomas L. Saaty, *The Analytic Hierarchy Process* (New York: McGraw-Hill, 1980); John N. Warfield, *Societal Systems: Planning, Policy, and Complexity* (New York: Wiley, 1976); Kenneth R. Hammond, *Judgment and Decision in Public Policy Formation* (Boulder, CO: Westview Press, 1977); y Stephen R. Brown, *Political Subjectivity: Application of Q-Methodology in Political Science* (New Haven, CT: Yale University Press, 1980). Hay software de ordenador disponible para la aplicación de estos métodos.

54 Dunn, "Methods of the Second Type: Coping with the Wilderness of Conventional Policy Analysis".

55 Sobre estos puntos, tal como se aplican en el muestreo sociométrico y de saturación en general, ver Seymour Sudman, *Applied Sampling* (New York: Academic Press, 1976).

56 Hugh Heclo, "Policy Dynamics", en *The Dynamics of Public Policy*, ed. de Richard Rose (Beverly Hills, CA: Sage Publications, 1976), pp. 253–254.

traza sobre el eje vertical (Figura 3.9). A medida que se grafican los nuevos elementos (*i.e.*, no duplicados) de cada parte interesada, la pendiente de la curva exhibe diferentes tasas de cambio. A una tasa rápida inicial de cambio le sigue un cambio lento y eventualmente el estancamiento. Este es el punto en que la curva se aplana. Después de este punto es poco probable que la recopilación de información adicional sobre elementos del problema mejore la integridad del conjunto, porque el límite del metaproblema ha sido estimado.

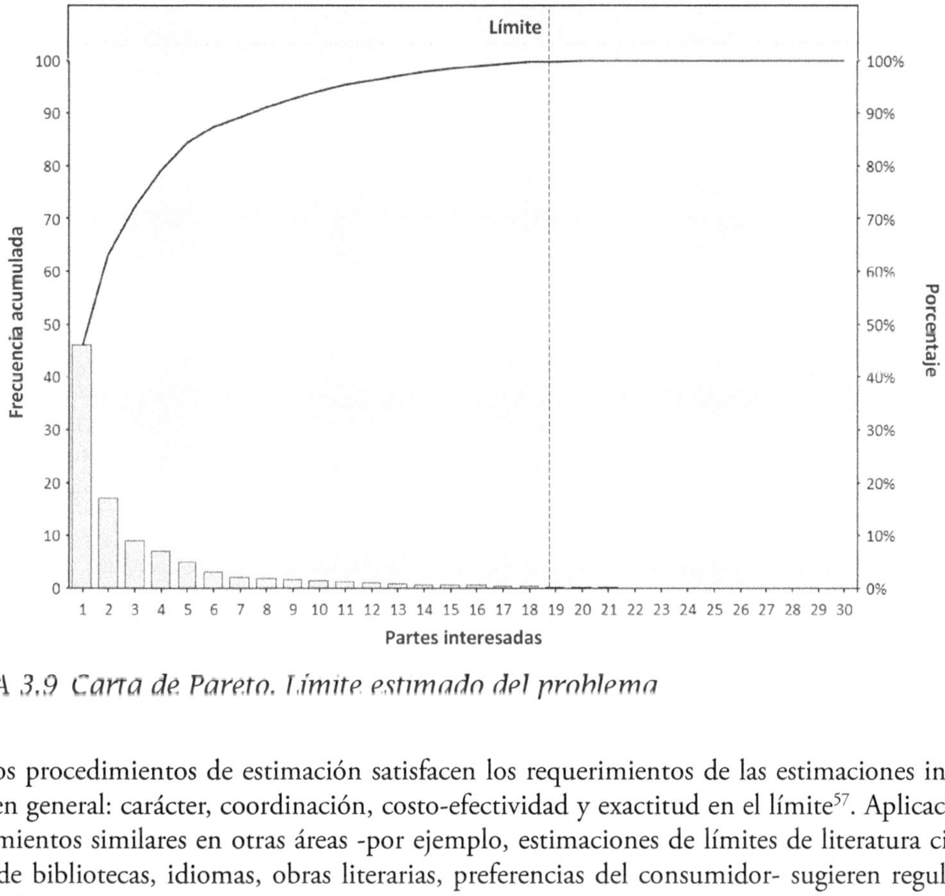

FIGURA 3.9 Carta de Pareto. Límite estimado del problema

Estos procedimientos de estimación satisfacen los requerimientos de las estimaciones inductivas sólidas en general: carácter, coordinación, costo-efectividad y exactitud en el límite[57]. Aplicaciones de procedimientos similares en otras áreas -por ejemplo, estimaciones de límites de literatura científica, fondos de bibliotecas, idiomas, obras literarias, preferencias del consumidor- sugieren regularidades sujetas a ley en el crecimiento de los sistemas de conocimiento[58]. El análisis de límites, al igual que otros procedimientos analíticos de política pública, produce resultados que son plausibles y no ciertos. Cuando se usa en conjunción con otros métodos de estructuración de problemas, los procedimientos de estimación de límites reducen la probabilidad de errores Tipo III en el análisis de política pública.

Análisis de clasificación

El *análisis de clasificación* es una técnica para aclarar conceptos utilizados en la definición y clasificación de situaciones problema[59]. Al percibir una situación problema, los analistas deben clasificar sus experiencias. Incluso simples descripciones de situaciones problema se basan en clasificación de la experiencia mediante razonamiento inductivo, proceso donde conceptos generales (abstractos), como pobreza,

57 Ver Nicholas Rescher, *Induction* (Pittsburgh, PA: University of Pittsburgh Press, 1980), pp. 24–26. Sobre argumentos detallados relativos a estos requerimientos para la estructuración de problemas, ver Dunn, "Methods of the Second Type".

58 Para un breve pero provocativo ensayo sobre estas regularidades, ver Herbert A. Simon, "The Sizes of Things", en *Statistics: A Guide to the Unknown*, ed. de Judith M. Tanur *et al.* (San Francisco, CA: Holden-Day, 1972), pp. 195–202.

59 John O'Shaughnessy, *Inquiry and Decision* (New York: Harper & Row, 1973), pp. 22–30.

crimen y contaminación, se forman experimentando objetos o situaciones particulares (concretos). Cuando clasificamos una situación problema en una forma, anulamos oportunidades de clasificarla en otra forma, como lo ilustra el problema de los nueve puntos.

El análisis de clasificación se fundamenta en la división lógica y la clasificación lógica. Cuando seleccionamos una clase de elementos y la descomponemos en sus partes componentes, el proceso se denomina *división lógica*; el proceso inverso, que implica la combinación de elementos en grupos o clases más amplios, se apellida *clasificación lógica*. La base de una clasificación depende de nuestro propósito, que depende a su vez del conocimiento sustantivo del problema.

Considérese la pobreza en los Estados Unidos. Como porcentaje de la población total, la pobreza transitó del 11,2 por ciento en 2000 al 14,9 por ciento y al 14,6 por ciento en 2010 y 2014, respectivamente. El porcentaje de personas por debajo del nivel de pobreza ($10.890 por persona en 2011) se puede dividir en tres categorías de edad: menores de 18 años, 18–64 años, y más de 64 años. Si usamos la división lógica entre los datos de la fila uno de la Tabla 3.3, llegaremos a la conclusión de que el problema de la pobreza en los Estados Unidos es más o menos igual en 2000 que en 1970, cuando se implementó la Guerra contra la Pobreza del Presidente Lyndon Johnson. Cuando el proceso de división lógica se lleva un paso más adelante, y las personas por debajo del nivel de pobreza se dividen en tres clases sobre la base de la edad, arribamos a una conclusión diferente. Ahora concluimos que la pobreza ha empeorado ligeramente para los adultos entre 18 y 64 años y para los menores de 18 años, comparados con las personas de más de 64 años, donde la pobreza ha declinado. Las reformas de bienestar implementadas en 1996 por el Presidente Clinton parecen haber beneficiado a todos los grupos. Del mismo modo, parece que el sistema de la empresa privada no está aliviando la pobreza, porque el porcentaje de personas por debajo de la línea de pobreza ha crecido en todos los grupos excepto los de mayor edad, de los cuales solo el cinco o seis por ciento obtiene ingresos por empleo y casi todos gozan de los beneficios del apoyo gubernamental (Tabla 3.3). La recesión de 2008 también tuvo un efecto sobre la pobreza. En comparación con 2000, todos los grupos estaban peor excepto los de mayor edad, aunque hubo una leve mejoría general en 2010–2014 con el Presidente Obama.

TABLA 3.3 Porcentaje de personas que viven por debajo del nivel de pobreza por grupo de edad en EUA, 1970-2014

Grupos de edad	1970	1980	1990	2000	2010	2014
Todos	12,5	12,9	13,5	11,2	14,9	14,6
Porcentaje <18	15,1	18,3	20,6	16,2	22,0	21,1
Porcentaje 18–64	9,0	10,1	10,7	9,6	13,8	13,5
Porcentaje >64	24,6	15,7	12,2	9,9	8,9	10,0

Nota: En 2011, la Oficina del Censo de los EUA definió la pobreza como un ingreso individual inferior a $10.890, con un agregado de $3.820 por cada miembro del hogar ($22.350 para una familia de cuatro personas). Los datos excluyen transferencias del gobierno en la forma de pagos en efectivo (seguridad social, asistencia pública), nutrición (cupones de alimentos), vivienda, salud (*Medicaid*, *Medicare*), servicios sociales, empleo y mano de obra, y educación.
Fuente: U.S. Census Bureau, www.census.gov/topics/income-poverty/poverty/guidance/poverty-measures.html.

No hay forma de conocer con certeza si las categorías de un sistema de clasificación son las correctas. Pero hay varias reglas que ayudan a garantizar que un sistema de clasificación sea relevante para una situación problema y lógicamente consistente:

1. *Relevancia sustantiva*. La base de una clasificación debe desarrollarse de acuerdo con el propósito del analista y la naturaleza de la situación problema. Esta regla engañosamente simple

significa que clases y subclases deben conformarse tan estrechamente como sea posible con las "realidades" de la situación problema. Sin embargo, lo que sabemos sobre una situación es en parte una función de los conceptos que usamos para experimentarla. Por esta razón, no hay pautas absolutas que nos digan cuándo hemos percibido un problema de manera correcta. La pobreza, por ejemplo, se puede clasificar como un problema de ingreso inadecuado, desempleo, privación cultural o motivación sicológica -puede ser todo esto y más.

2. *Exhaustividad.* Las categorías en un sistema de clasificación deben ser exhaustivas. Esto significa que todas las materias o situaciones de interés deben ajustarse a una u otra de las varias categorías. Si descubrimos que algunos tienen ingresos adicionales, sea por su propio esfuerzo o por transferencias del gobierno, se podría crear una nueva categoría.
3. *Exclusividad.* Las categorías deben ser mutuamente excluyentes. Cada materia o situación debe asignarse a una y solo una categoría o subcategoría. Al clasificar familias, por ejemplo, ellas deben ubicarse en una u otra de las dos principales subcategorías (ingresos por encima y por debajo de la línea de pobreza), lo cual significa que ninguna familia puede "contarse doblemente".
4. *Consistencia.* Cada categoría y subcategoría deben basarse en un solo principio de clasificación. El desconocimiento de esta regla conduce a traslapar subclases, lo que se conoce como la falacia de la división cruzada. Por ejemplo, incurrimos en la falacia de la división cruzada si clasificamos familias según si están por encima de la línea de pobreza o reciben subsidios de asistencia social, porque muchas familias caen en ambas categorías. Esta regla es realmente una extensión de las reglas de exhaustividad y exclusividad.
5. *Diferencia jerárquica.* El significado de los niveles en un sistema de clasificación (categorías, subcategorías, sub-subcategorías) debe distinguirse cuidadosamente. La regla de diferencia jerárquica, que es una pauta para interpretar sistemas de clasificación, deriva del principio discutido previamente: lo que sea que involucre *toda* una colección no debe ser parte de la colección. La humanidad es la clase de todos los individuos, pero no es un individuo. De modo similar, la pobreza es una característica de cuarenta y cinco millones de personas, pero ellas no pueden entenderse en términos de la conducta de una persona multiplicada por cuarenta y cinco millones. Así, una población de cuarenta y cinco millones de personas no es cuantitativamente diferente de una familia singular; es sí cualitativamente diferente porque implica un agregado o sistema.

La regla de diferencia jerárquica es central para la estructuración de problemas. Al estructurar problemas, sucede con frecuencia que los analistas ignoran la distinción entre miembro y clase y olvidan que una clase no puede ser miembro de sí misma. Este punto puede ilustrarse retornando al problema de los nueve puntos (Figura 3.7). Cuando una persona intenta por primera vez resolver este problema, la asunción es que los puntos componen un cuadrado o un rectángulo y que la solución debe encontrarse dentro de él. Esta condición es autoimpuesta; no es parte del problema según las instrucciones dadas. El fracaso en solucionar el problema de los nueve puntos acontece porque nosotros mismos creamos el problema. No importa qué combinación intentemos de las cuatro líneas. Fallaremos siempre en conectar un punto. Podemos intentar todas las posibilidades, pero ninguna funciona, porque todas están confinadas a la clase definida como un cuadrado. Eventualmente aprendemos que "la solución es un cambio de segundo orden [*i.e.*, uno que implica *toda* la clase] que consiste en abandonar el campo y que no puede contenerse dentro de sí mismo porque … involucra toda una colección y, por lo tanto, no puede ser parte de ella"[60].

60 Watzlawick *et al. Change*, p. 25. Gregory Bateson, *Steps to an Ecology of Mind* (New York: Ballantine Books, 1972), advierte que no debemos confundir el mapa con el territorio, el menú con la comida.

Un enfoque útil para el análisis de clasificación es el *pensamiento conjuntista*[61]. El pensamiento conjuntista implica pensamiento sobre las relaciones de conjuntos entre sí y con subconjuntos, donde un *conjunto* se define como una colección claramente delimitada de objetos o elementos. Conjuntos y subconjuntos son los equivalentes de clases y subclases en un sistema de clasificación y se expresan visualmente con la ayuda de diagramas de Venn[62]. En el diagrama de Venn de la Figura 3.10, el rectángulo se usa para representar todas las familias de los Estados Unidos. En el lenguaje de conjuntos, se conoce como el *conjunto universal* (*U*). Dos de sus conjuntos componentes, mostrados por los círculos *A* y *B*, representan las familias por encima y por debajo de la línea de pobreza. Si aplicamos las reglas de exhaustividad, exclusividad y consistencia, todas las familias se repartirán en uno u otro de los conjuntos, *A* y *B*, de modo que los dos conjuntos reflejan distintos niveles de pobreza que no se traslapan. En el lenguaje conjuntista, la unión de *A* y *B* es igual al *universo* (*U*) de todas las familias. El símbolo de unión es ∪, que se lee "unión" o "taza".

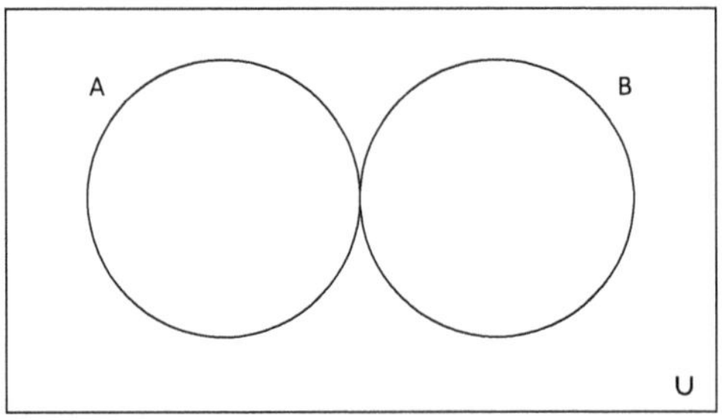

$A \cup B = U$

FIGURA 3.10 Unión de conjuntos

Dos conjuntos pueden intersecarse para formar un subconjunto, de modo que las propiedades de los dos conjuntos originales se superponen, como se muestra en la Figura 3.11. Por ejemplo, la intersección (*D*) de familias no pobres (*A*) y pobres (*B*) podría utilizarse para ilustrar que algunas familias en cada grupo reciben pagos de transferencia del gobierno. En el lenguaje conjuntista, la intersección de *A* y *B* es igual a *D*, que se expresa simbólicamente como $A \cap B = D$ y se lee "*A* interseca (o "gorra") *B* igual *D*". Unión e intersección son las dos operaciones de conjuntos más importantes y pueden usarse para construir esquemas de clasificación (Figura 3.12) y cortes cruzados (Figura 3.13). Los cortes cruzados son una forma de división lógica utilizada para organizar datos en tablas.

61 La teoría de conjuntos, creada por el matemático alemán Georg Cantor (1874–1897), es la teoría matemática de las colecciones de agregados de entidades.

62 Los diagramas de Venn, extensamente utilizados para ilustrar problemas de conjuntos, deben su nombre al lógico inglés John Venn (1834–1923).

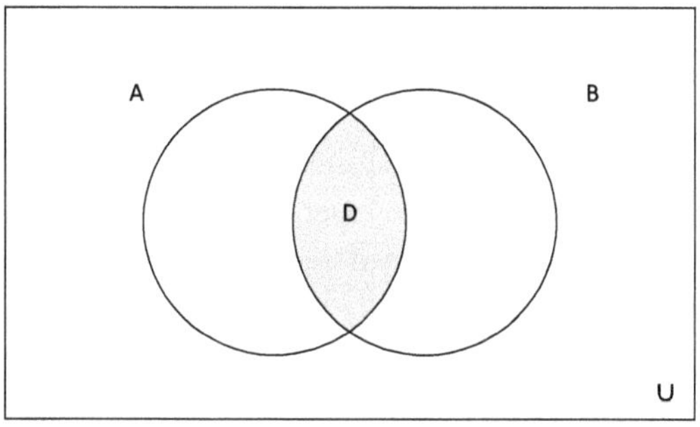

$A \cap B = D$

FIGURA 3.11 Intersección de conjuntos

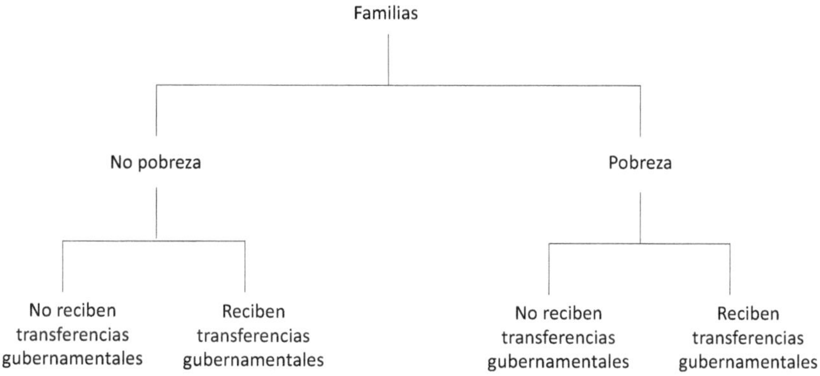

FIGURA 3.12 Esquema de clasificación

	A_1	A_2
B_1	B_1A_1	B_1A_2
B_2	B_2A_1	B_2A_2

FIGURA 3.13 Corte cruzado

Diagramas de Venn, esquemas de clasificación y cortes cruzados son instrumentos importantes para estructurar problemas. El análisis de clasificación es usualmente (pero no necesariamente) empleado por individuos en lugar de grupos, y la consistencia lógica es el criterio para valorar qué tan bien se ha conceptualizado un problema. Aunque la consistencia lógica es importante, no hay forma de saber con entera confianza que la base sustantiva de una categoría sea la correcta. Aunque el análisis de clasificación mejora la claridad de los conceptos y sus relaciones, solo garantiza que los conceptos tienen relevancia sustantiva aproximada.

Análisis de jerarquía

El *análisis de jerarquía* es una técnica para identificar causas posibles de un problema[63]. La lógica formal y muchas teorías de las ciencias sociales brindan poca orientación para la identificación de causas posibles. No hay manera aceptable de deducir formalmente causas de efectos, o efectos de causas, y las teorías de las ciencias sociales son frecuentemente tan generales que prestan poca ayuda. Con miras a

63 Ver O'Shaughnessy, *Inquiry and Decision*, pp. 69–80.

identificar causas posibles, es útil tener un marco de referencia conceptual que identifique las muchas causas que pueden estar operando en una situación dada.

El análisis de jerarquía sirve para identificar tres clases de causas: causas posibles, causas plausibles y causas actuables. *Causas posibles* son eventos o acciones que, por más que remotos, pueden contribuir a la ocurrencia de una situación dada. Por ejemplo, la renuencia a trabajar, el desempleo, y la distribución del poder y la riqueza entre las élites pueden considerarse todas como causas posibles de la pobreza. En contraste, *causas plausibles* son aquellas que, sobre la base de la investigación o de la experiencia directa, se cree que son una influencia importante en la ocurrencia de una situación que se juzga como problemática. En el ejemplo precedente, es poco probable que la renuencia a trabajar se considere como una causa plausible de pobreza, al menos entre observadores experimentados, mientras que el desempleo lo es. Por último, es poco probable que la distribución del poder y la riqueza entre las élites se vea como una *causa actuable* -esto es, como una causa sujeta a manipulación por los formuladores de política-, porque ninguna política orientada a resolver problemas de pobreza puede alterar la estructura social de toda una sociedad. En este ejemplo el desempleo es al tiempo una causa plausible y actuable de pobreza.

Nagel y Neef ofrecen un buen ejemplo de los usos potenciales del análisis de jerarquía. Muchos observadores han estado dispuestos a aceptar la explicación de que la causa principal del hacinamiento en las cárceles es el gran número de personas arrestadas y detenidas en ellas a la espera de un juicio. Por esta razón, los reformadores han favorecido una política de excarcelación previa al juicio -esto es, una política que prevé la libertad de un cierto número de personas arrestadas (usualmente por los delitos menos graves) antes de un juicio formal.

La dificultad con esta política, así como con la explicación causal en que se apoya, es que pasa por alto la negociación de culpabilidad como una entre las varias causas plausibles de la sobrepoblación carcelaria. En dicha negociación, que se practica ampliamente en el sistema judicial de los Estados Unidos, el acusado acepta declararse culpable a cambio de un acuerdo con el fiscal de reducir o retirar el cargo. Cuando se tiene en cuenta la negociación de culpabilidad junto con la liberación previa al juicio, pueden ocurrir las siguientes consecuencias:

- Si el porcentaje de acusados liberados antes del juicio aumenta, entonces el porcentaje de negociaciones de culpabilidad exitosas probablemente disminuirá.
- Si las declaraciones de culpabilidad decrecen como resultado del aumento de excarcelaciones previas al juicio, entonces el número de juicios probablemente aumentará.
- Si el número de juicios crece, entonces el retraso en ir a juicio también crecerá, a menos que el sistema incremente el número de fiscales, jueces y defensores públicos.
- Si se dilata el retraso en ir a juicio para los casos en general, incluidos los acusados que están en la cárcel, entonces la población carcelaria puede aumentar. Su tamaño depende del tiempo que los acusados permanezcan en la cárcel y de la cantidad de inculpados.
- Cualquier disminución de la población carcelaria causada por la libertad previa al juicio puede ser más que contrarrestada por el aumento de la demora y duración de la detención previa al juicio, que a su vez es causado por el incremento de excarcelaciones previas al juicio, la consecuente reducción de las declaraciones de culpabilidad y el aumento de juicios[64].

Este ejemplo no solo ilustra el papel potencialmente creativo del análisis de jerarquía en la estructuración de problemas. También muestra cómo el análisis de jerarquía ayuda a descubrir posibles consecuencias no previstas de las políticas. Por ejemplo, ¿qué podría ser más obvio que esa liberación previa al juicio resultará en una reducción de la población carcelaria? La respuesta depende de tener un

64 Stuart S. Nagel y Marian G. Neef, "Two Examples from the Legal Process", *Policy Analysis* 2, 2 (1976): 356–357.

entendimiento satisfactorio de las causas plausibles que contribuyen a la situación problema original. La Figura 3.14 proporciona otra ilustración del análisis de jerarquía aplicado a causas posibles, plausibles y actuables de incendios.

FIGURA 3.14 Análisis de jerarquía de causas de incendios
Fuente: O'Shaughnessy (1973): 76.

Las reglas para realizar un análisis de jerarquía son las mismas que se usan para el análisis de clasificación: relevancia sustantiva, exhaustividad, exclusividad, consistencia y diferencia jerárquica. En forma similar, los procedimientos de división y clasificación lógicas también aplican para ambos tipos de análisis. La principal diferencia entre el análisis de clasificación y el análisis de jerarquía es que el primero involucra división y clasificación de conceptos en general, mientras que el análisis de jerarquía emplea los conceptos de causas posibles, plausibles y actuables. Sin embargo, ambas formas de análisis son utilizadas por individuos que emplean la consistencia lógica como criterio principal para evaluar qué tan bien se ha conceptualizado un problema. Con todo, ninguna de las dos garantiza que se hallará la base sustantiva correcta para los conceptos. El análisis de jerarquía puede excluir oportunidades de generar explicaciones causales alternativas si se basa en el analista individual y no en grupos como fuente de conocimiento.

Sinéctica

La *sinéctica* es un método diseñado para promover el reconocimiento de problemas análogos[65]. La sinéctica, que se refiere ampliamente a la investigación de similitudes, ayuda a los analistas a hacer un uso creativo de las analogías en la estructuración de problemas. Muchos estudios muestran que la gente falla en reconocer que lo que parece ser un nuevo problema es en realidad un viejo problema camuflado

65 Ver W. J. Gordon, *Synectics* (New York: Harper & Row, 1961) [*Sinéctica. El desarrollo de la capacidad creadora* (México: Herrero Hermanos Sucesores, 1963)]; y Hayes, *Cognitive Psychology*, pp. 72, 241.

y que los viejos problemas pueden contener soluciones potenciales para problemas que parecen ser nuevos. La sinéctica se basa en la suposición de que la conciencia de relaciones idénticas o similares entre problemas acrecienta las capacidades de los analistas de solucionar problemas.

En la estructuración de problemas de política pública, se pueden identificar cuatro tipos de analogías:

1. *Analogías personales*. En la construcción de analogías personales, los analistas intentan imaginarse a sí mismos experimentando una situación problema en la misma forma en que lo hace otra persona, por ejemplo, un formulador de política o un cliente. Las analogías personales son con frecuencia importantes para descubrir dimensiones políticas de una situación problema, pues "a menos que estemos dispuestos y podamos pensar 'políticamente' -tratándose solamente de jugar un papel-, no podremos entrar al mundo fenomenológico del formulador de política y comprender el proceso de la política pública"[66].
2. *Analogías directas*. En la factura de analogías directas, el analista inquiere por relaciones similares entre dos o más situaciones problema. Al estructurar problemas de adicción a las drogas, por ejemplo, los analistas pueden construir analogías directas a partir de experiencias con el control de enfermedades contagiosas[67].
3. *Analogías simbólicas*. En la hechura de analogías simbólicas, el analista intenta descubrir relaciones similares entre una situación problema dada y algún proceso simbólico. Por ejemplo, a menudo se trazan analogías simbólicas entre servomecanismos de varias clases (termostatos, pilotos automáticos) y procesos de política pública. En cada caso, procesos análogos de adaptación se consideran consecuencias de realimentación continua desde el entorno[68].
4. *Analogías de fantasía*. En la elaboración de analogías de fantasía, los analistas se hallan completamente libres para explorar similitudes entre una situación problema y algún estado imaginario de cosas. Analistas de la política de defensa, por ejemplo, han utilizado analogías de fantasía para estructurar problemas de defensa contra ataques nucleares[69].

La sinéctica descansa así en individuos como en grupos para crear analogías. El principal criterio para valorar qué tan bien ha sido conceptualizado un problema es la plausibilidad de las comparaciones, esto es, el grado en que una determinada situación problema es semejante a otras consideradas como analogías.

Lluvia de ideas

La *lluvia de ideas* es un método para generar ideas, metas y estrategias que pueden ayudar a conceptualizar situaciones problema. Originalmente diseñada por Alex Osborn como medio para aumentar la creatividad, la lluvia de ideas puede usarse para generar un gran número de sugestiones sobre soluciones potenciales de problemas[70]. La lluvia de ideas implica procedimientos simples:

66 Raymond A. Bauer, "The Study of Policy Formation: An Introduction", en *The Study of Policy Formation*, ed. de R. A. Bauer y K. J. Gergen (New York: Free Press, 1968), p. 4.

67 Mark H. Moore, "Anatomy of the Heroin Problem: An Exercise in Problem Definition", *Policy Analysis* 2, 4 (1976): 639–662.

68 David Easton, *A Framework for Political Analysis* (Englewood Cliffs, NJ: Prentice Hall, 1965) [*Esquema para el análisis político* (Buenos Aires: Amorrortu editores, 1969)].

69 Herman Kahn, *On Thermonuclear War* (Princeton, NJ: Princeton University Press, 1960). Para una crítica, ver Philip Green: *Deadly Logic: The Theory of Nuclear Deterrence* (Columbus: Ohio State University Press, 1966).

70 Alex F. Osborn, *Your Creative Power* (New York: Charles Scribner, 1948).

1. Los grupos de lluvias de ideas deben conformarse según la naturaleza de la situación problema que se investiga. Usualmente esto significa la selección de personas particularmente bien informadas sobre la situación dada.
2. Los procesos de generación de ideas y de evaluación de ideas deben mantenerse estrictamente aparte, porque la crítica y el debate prematuros pueden inhibir la discusión grupal intensa.
3. La atmósfera de las actividades de la lluvia de ideas debe mantenerse lo más abierta y permisiva posible en la fase de generación de ideas.
4. La fase de evaluación de ideas debe empezar solo después de que las ideas generadas en la primera fase se hayan agotado.
5. Al final de la fase de evaluación de ideas, el grupo debe priorizar ideas e incorporarlas en una propuesta que contenga una conceptualización del problema y sus potenciales soluciones.

La lluvia de ideas es un procedimiento versátil que puede acarrear actividades relativamente estructuradas o no estructuradas, dependiendo de los objetivos y las restricciones prácticas de la situación. Actividades de lluvia de ideas relativamente no estructuradas acontecen a menudo en las agencias gubernamentales y en los "tanques de pensamiento" públicos y privados. Aquí las discusiones de los problemas de política son informales y en buena medida espontáneas, involucrando la interacción de generalistas y especialistas de varias disciplinas o campos científicos[71].

Actividades similares a la lluvia de ideas también pueden ser relativamente estructuradas, con diversos procedimientos utilizados para coordinar o focalizar las discusiones grupales. Estos dispositivos pueden incluir el uso de los *seminarios de decisión continua* de Harold Lasswell que, buscando evitar la atmósfera restrictiva de los comités convencionales, involucran equipos de expertos altamente motivados que se reúnen con mucha frecuencia durante un determinado número de años[72].

Otro conjunto de procedimientos para coordinar y focalizar actividades de lluvia de ideas es la construcción de *escenarios*, que son contornos de hipotéticos eventos futuros que pueden alterar alguna situación problema. La escritura de escenarios, que ha sido utilizada para explorar crisis militares y políticas potenciales, implica el uso constructivo de la imaginación para describir algún aspecto de una situación futura. Hay dos tipos principales de escenarios: analítico de operaciones y de forma libre. En la construcción de un escenario de forma libre, el analista es "un iconoclasta, un destructor de modelos, un cuestionador de supuestos y -en casos extraordinarios- un creador de nuevos criterios"[73]. En contraste, el escenario analítico de operaciones tiene objetivos limitados. En lugar de usar fantasías o utopías, el escenario analítico de operaciones "comienza con el estado presente del mundo y muestra, paso a paso, cómo podría desenvolverse un estado futuro de modo plausible a partir del presente"[74].

Un buen ejemplo de una lluvia de ideas relativamente estructurada es el Programa de Planeación Año 2000, proyecto de dos años y medio llevado a cabo por la Oficina del Censo de los Estados Unidos[75]. En este proyecto, a ciento veinte participantes autoseleccionados de todos los niveles y ramas de la Oficina, desde secretarios hasta jefes de división y el director, se les pidió que pensaran tan libremente como fuese posible sobre el futuro. En efecto, construyeron escenarios de forma libre, que les

71 Ver Edgar S. Quade, *Analysis for Public Decisions* (New York: American Elsevier Publishing, 1975), pp. 186–188; y Olaf Helmer y Nicholas Rescher, *On the Epistemology of the Inexact Sciences* (Santa Mónica, CA: RAND Corporation, 1960).

72 Harold D. Lasswell, "Technique of Decision Seminars", *Midwest Journal of Political Science* 4, 2 (1960): 213–226; y H. D. Lasswell, *The Future of Political Science* (New York: Atherton Press, 1963).

73 Seyon H. Brown, "Scenarios in Systems Analysis", en *Systems Analysis and Policy Planning: Applications in Defense*, ed. de E. S. Quade y W. I. Boucher (New York: American Elsevier Publishing, 1968), p. 305.

74 Olaf Helmer, *Social Technology* (New York: Basic Books, 1966), p. 10. Citado en Quade, *Analysis for Public Decisions*, p. 188.

75 Ver Ian I. Mitroff, Vincent P. Barabba y Ralph H. Kilmann, "The Application of Behavioral and Philosophical Technologies to Strategic Planning: A Case Study of a Large Federal Agency", *Management Science* 24, 1 (1977): 44–58.

indicaron cómo debería ser la Oficina en el año 2000. Se les solicitó a los participantes que escribieran informes grupales que un grupo ejecutivo compuesto por representantes de los grupos individuales integró posteriormente en un informe final. El informe final se presentó después al personal ejecutivo de la Oficina del Censo, así como a los comités asesores de la Asociación Estadística Americana, la Asociación Americana de Mercadeo y la Asociación Económica Americana.

El Programa de Planeación Año 2000 fue exitoso en varios aspectos. El informe fue recibido con aprobación moderada por todos los grupos, y la mayoría de los miembros pensó que el programa debería continuar en alguna forma, quizá permanentemente. Dos productos creativos del proyecto fueron las sugerencias de establecer un defensor (*ombudsman*) para proteger los intereses de los usuarios de los datos del Censo, y crear una Universidad del Censo para desarrollar y ejecutar programas de educación continuada de la Oficina. Los que se mostraron más positivos sobre el informe se orientaron hacia preocupaciones estratégicas que involucraban problemas relativamente mal estructurados; las reacciones menos positivas provinieron de personas con orientaciones tácticas u operacionales hacia problemas bien estructurados. El programa en sí fue posible por el reconocimiento del personal de alto nivel de la Oficina, incluido el director, de que la organización estaba enfrentada a problemas importantes de largo alcance cuya estructura era altamente compleja. Aunque el programa implicó asignaciones significativas de recursos, no parecía haber mayor riesgo en la ejecución del programa.

La principal diferencia entre la lluvia de ideas y otras técnicas para la estructuración de problemas es que el foco está en grupos de individuos conocedores y no en aquellos que se han identificado, usualmente mediante adscripción, como expertos. Sin embargo, las actividades de la lluvia de ideas no se valoran en términos de consistencia lógica o plausibilidad de las comparaciones, sino según el consenso entre los miembros del grupo de lluvia de ideas. La principal limitación del consenso como criterio de evaluación es que los conflictos sobre la definición de los problemas pueden suprimirse, anulando las oportunidades de generar ideas, metas y estrategias potencialmente apropiadas. Si bien el Programa de Planeación Año 2000 buscó crear una atmósfera abierta y permisiva, la evaluación final del éxito del programa se basó en el consenso entre tomadores de decisiones (personal ejecutivo de la agencia) y expertos (comités asesores de asociaciones profesionales) de reconocida autoridad. En suma, este programa no proporcionó procedimientos explícitos para promover el uso creativo del conflicto en la estructuración de problemas.

Análisis de perspectivas múltiples

El *análisis de perspectivas múltiples* es un método para obtener un claro entendimiento de los problemas con la aplicación de tres tipos de perspectivas -personal, organizacional y técnica- a situaciones problema[76]. Visto como una alternativa al énfasis casi exclusivo en los llamados enfoques técnicos racionales, el análisis de perspectivas múltiples está expresamente diseñado para tratar problemas mal estructurados. Aunque son muchas las características de cada una de las tres perspectivas, las principales son las siguientes:

1. *Perspectiva técnica.* La perspectiva técnica (T) ve problemas y soluciones en términos de modelos de optimización y emplea la microeconomía, el análisis beneficio-costo, el análisis de sistemas y el análisis de decisiones. La perspectiva T, basada según se dice en una cosmovisión científico-tecnológica, enfatiza el razonamiento causal, el análisis objetivo, la predicción y

76 Ver Harold A. Linstone, *Multiple Perspectives for Decision Making: Bridging the Gap between Analysis and Action* (New York: North-Holland Publishing, 1984), y Linstone *et al.*, "The Multiple Perspective Concept: With Applications to Technology Assessment and Other Decision Areas", *Technological Forecasting and Social Change* 20 (1981): 275–325.

la inferencia estadística. Un ejemplo de la perspectiva T es la decisión de lanzar la bomba atómica sobre Japón. El problema se vio constituido por cinco alternativas: bombardeo y bloqueo, invasión, ataque atómico sin previo aviso, ataque atómico después de la advertencia y lanzamiento de la bomba sobre una isla deshabitada. Dada la meta de rendición incondicional con una pérdida mínima de vidas de los aliados y la destrucción de Japón, la perspectiva T resultó en la elección de la tercera alternativa: ataque atómico sin previo aviso[77].

2. *Perspectiva organizacional.* La perspectiva organizacional (O) considera problemas y soluciones como parte de una progresión ordenada (con crisis menores pero temporales) de un estado organizacional a otro. Procedimientos operativos estándar, reglas y rutinas institucionales son las características principales de la perspectiva O, que con frecuencia se opone a la perspectiva T y solo mínimamente se preocupa por mejorar el desempeño organizacional. La decisión de arrojar la bomba atómica muestra cómo la perspectiva O difiere de la perspectiva T. Desde la perspectiva O, la decisión de no usar la bomba produjo temores políticos, porque los $2 billones de financiación para la bomba atómica se gastaron sin la aprobación del Congreso. El lanzamiento de la bomba mostró al Congreso que los fondos no se desperdiciaron. Se inauguró también la Guerra Fría con la Unión Soviética.
3. *Perspectiva personal.* La perspectiva personal (P) ve problemas y soluciones en términos de percepciones, necesidades y valores individuales. Énfasis en la intuición, el liderazgo y el interés propio son características de la perspectiva personal que operan como factores que gobiernan la estructuración de problemas. El ejemplo de la bomba atómica muestra cómo la perspectiva P suministra visiones no disponibles desde las perspectivas T u O. En 1945 el nuevo Presidente, Harry Truman, no pertenecía al establecimiento FDR, que se había desarrollado y afianzado durante los tres períodos de Roosevelt en el cargo. Truman carecía de la legitimidad e influencia necesarias para desafiar al establecimiento, incluidos los atrincherados intereses y políticas burocráticos, en los inicios de su presidencia. La decisión de no arrojar la bomba atómica sería percibida como un signo de debilidad por contemporáneos e historiadores futuros. Truman, que tenía un fuerte sentido de la historia, quería aparecer como un líder audaz y decidido.

El análisis de perspectivas múltiples es relevante para virtualmente cualquier problema existente en las áreas del análisis de política pública, planeación estratégica, análisis regional y urbano, y otros dominios. Linstone y colegas han desarrollado algunas de las siguientes pautas para emplear el análisis de perspectivas múltiples con grupos:

- *Mixtura interparadigmática.* Formar grupos sobre la base de una mixtura interparadigmática antes que interdisciplinaria. Por ejemplo, es preferible un equipo integrado por una persona de negocios, un abogado y un escritor que un equipo de un economista, un politólogo y un sicólogo. La mixtura interparadigmática es preferible porque maximiza oportunidades de hallar perspectivas T, O y P, mientras que las fronteras más rígidas de las disciplinas académicas pueden constreñir el pensamiento.
- *Igual distribución de perspectivas.* No es posible decidir cuánto énfasis poner en las perspectivas T, O y P al comienzo de un análisis de perspectivas múltiples. En cuanto el grupo se implica en su trabajo, el descubrimiento del balance apropiado entre las tres perspectivas permitirá asignaciones a tareas T, O y P. En el entretanto, es preferible una distribución igual.

77 Resultados de análisis basados en una perspectiva técnica (T) pueden producir respuestas eficientes. Sin embargo, como escribe un colega japonés, esto no significa que una perspectiva moral (M) no produzca conclusiones más justas, razonables o humanas.

- *Desigual replicabilidad.* La perspectiva T emplea de modo típico métodos (*e.g.*, diseño experimental) que son replicables. Las perspectivas O y P no son fáciles de replicar. Bastante semejante a un juicio con jurado o a una decisión ejecutiva no rutinaria, el proceso no es tan replicable como un experimento. Las perspectivas T, O y P son replicables en diferentes grados.
- *Comunicaciones apropiadas.* Adaptar el medio de comunicación al mensaje. Resúmenes, encuentros orales, escenarios y descripciones breves son apropiados en la comunicación con los que sostienen perspectivas O y P. Modelos computarizados, conjuntos de datos, listas de variables y rutinas analíticas son apropiados para los que acogen una perspectiva T.
- *Integración diferida.* Dejar la integración de perspectivas al cliente o al formulador de política, pero señalar nexos entre las perspectivas T, O y P y las variadas conclusiones que ellas producen.

El análisis de perspectivas múltiples se ha empleado extensamente en evaluación de tecnología y otras áreas de política pública. Los métodos del análisis de perspectivas múltiples, desarrollados sobre la base de trabajo temprano en análisis de política exterior y diseño de sistemas de información[78], son otro método de la estructuración de problemas.

Análisis de supuestos

El *análisis de supuestos* es un método que apunta a la síntesis creativa de supuestos en conflicto sobre situaciones problema[79]. El análisis de supuestos es relativamente comprehensivo, porque puede usarse con otros métodos y con grupos, individuos o ambos. El análisis de supuestos está explícitamente diseñado para situaciones problema donde analistas de política, formuladores de política y otras partes interesadas pueden no estar de acuerdo sobre cómo formular un problema. El principal criterio para valorar la adecuación de una determinada formulación de un problema es si los supuestos en conflicto sobre una situación problema se han llevado a la superficie, desafiado y sintetizado.

El análisis de supuestos está diseñado para superar cuatro principales limitaciones del análisis de política pública: 1) el análisis de política pública se apoya con frecuencia en el supuesto de un único tomador de decisiones con preferencias claramente ordenadas pero estáticas ejercidas en un solo punto del tiempo; 2) el análisis de política pública no considera en forma sistemática y explícita puntos de vista marcadamente diferentes sobre la naturaleza de los problemas y sus potenciales soluciones; 3) la mayor parte del análisis de política pública se lleva a cabo en organizaciones cuyo carácter "autosellado" hace difícil o imposible desafiar las formulaciones prevalecientes de los problemas; y 4) los criterios utilizados para valorar la adecuación de los problemas y sus soluciones tratan a menudo con características superficiales de las formulaciones de los problemas (*e.g.*, consistencia lógica) y no con supuestos básicos inherentes a la conceptualización de los problemas.

El análisis de supuestos reconoce explícitamente la importancia del conflicto y el compromiso entre los miembros de un grupo. Políticas de máxima oposición se generan mediante conflicto, un proceso dialéctico que ayuda a descubrir y desafiar los supuestos subyacentes que asume cada política. "El compromiso, por otra parte, también es necesario si los proponentes de cada política tienen que presentar el

78 El análisis de perspectivas múltiples se basa en y se extiende a trabajos previos en política exterior y diseño de sistemas, específicamente, Graham Allison, *Essence of Decision: Conceptual Models and the Cuban Missile Crisis* (Boston, MA: Little, Brown and Company, 1962), y C. West Churchman, *The Design of Inquiring Systems* (New York: Basic Books, 1971).

79 Ver Ian I. Mitroff y James R. Emshoff, "On Strategic Assumption-Making: A Dialectical Approach to Policy and Planning", *Academy of Management Review* 4, 1 (1979): 1–12; Richard O. Mason and Ian I. Mitroff, *Challenging Strategic Planning Assumptions: Theory, Cases, and Techniques* (New York: Wiley, 1981); and Ian I. Mitroff, Richard O. Mason, and Vincent P. Barabba, *The 1980 Census: Policymaking amid Turbulence* (Lexington, MA: D. C. Heath, 1983).

caso más sólido posible (no necesariamente el mejor) para sus respectivos puntos de vista"[80]. El análisis de supuestos implica el uso de cinco métodos secuencialmente ordenados (Figura 3.15).

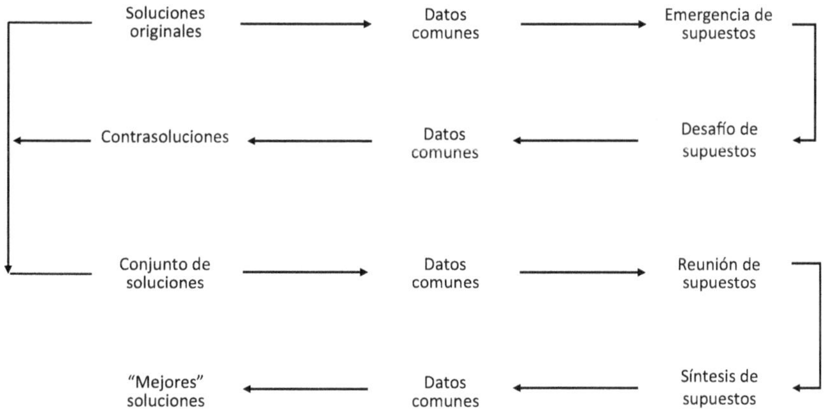

FIGURA 3.15 El proceso de análisis de supuestos
Fuente: Adaptado de Mitroff y Emshoff (1979).

1. *Identificación de partes interesadas.* En la primera fase, se identifican, clasifican y priorizan las partes interesadas. Identificación, clasificación y priorización de las partes interesadas se basan en una valoración del grado en el cual influyen y se ven influidas por el proceso de la política pública. Este procedimiento resulta en la identificación de actores interesados -por ejemplo, grupos disidentes de administradores o clientes- que usualmente se excluyen.
2. *Emergencia de supuestos.* En la segunda fase, los analistas trabajan hacia atrás, desde la solución recomendada para un problema hasta las fuentes selectivas de datos que apoyan la recomendación y los supuestos subyacentes que, cuando se combinan con los datos, permiten deducir la recomendación. Cada solución recomendada debe contener una lista de supuestos que explícita e implícitamente subyacen a la recomendación. Con el listado de todos los supuestos -por ejemplo, que la pobreza es una consecuencia de accidentes históricos, de la dominación de las élites, del desempleo, de la privación cultural y así sucesivamente- hay una especificación explícita del problema a la que se dirige cada recomendación.
3. *Desafío de supuestos.* En la tercera fase, los analistas comparan, contrastan y evalúan recomendaciones y sus supuestos tácitos. Esto se hace comparando sistemáticamente supuestos y contrasupuestos que difieren al máximo. Durante este proceso cada supuesto es desafiado por un contrasupuesto. Si un contrasupuesto es implausible, se elimina de las consideraciones ulteriores. Si es plausible, se examina para determinar si podría servir como base para una nueva conceptualización del problema y su solución.
4. *Reunión de supuestos.* Cuando se ha concluido la fase de desafío de supuestos, se reúnen las soluciones generadas en las fases previas. Aquí se priorizan los supuestos (en lugar de las recomendaciones) de acuerdo con su certidumbre e importancia relativas para las diferentes partes interesadas. Solamente se agrupan los supuestos más importantes y ciertos. El objetivo último es crear una lista aceptable de supuestos sobre los cuales estén de acuerdo tantos actores interesados como sea posible.

80 Mitroff y Emshoff, "On Strategic Assumption-Making", p. 5.

5. *Síntesis de supuestos.* La fase final es la creación de una solución compositiva o sintética para el problema. El conjunto compositivo de supuestos aceptables puede servir como base para la creación de una nueva conceptualización del problema. Cuando las cuestiones que rodean la conceptualización del problema y sus soluciones potenciales han alcanzado este punto, las actividades de las partes interesadas pueden volverse cooperativas y acumulativamente productivas.

Las cuatro fases del análisis de supuestos se ilustran en la Figura 3.15, que ayuda a visualizar importantes características del método. En primer lugar, el método empieza con las soluciones recomendadas para los problemas y no con los supuestos como tales. Esto se debe a que la mayoría de los actores interesados de la política pública son conscientes de las soluciones propuestas, pero raramente son conscientes de los supuestos implícitos. Al comenzar con las soluciones recomendadas, el método construye sobre lo que es más familiar para los actores interesados, pero luego se dirige a utilizar las soluciones familiares como punto de referencia para forzar una consideración explícita de los supuestos subyacentes. Una segunda característica importante de la técnica es que intenta centrarse, tanto como sea posible, en el *mismo* conjunto de datos o información relevante para la política pública. La razón de esto es que los conflictos que circundan la conceptualización de los problemas de política pública no son tanto asuntos de "hecho" como asuntos que involucran interpretaciones en conflicto de los mismos datos. Aunque datos, supuestos y soluciones recomendadas se interrelacionan, no es tanto la situación problema (los datos) la que gobierna la conceptualización de los problemas cuanto los supuestos que los analistas y otras partes interesadas llevan a la situación problema. Finalmente, el análisis de supuestos aborda en forma sistemática un problema importante del análisis de política pública, que es el de aplicar procedimientos sistemáticos para lidiar con el conflicto.

Los objetivos y procedimientos del análisis de supuestos están estrechamente relacionados con los modos de argumentación en la política pública presentados en los Capítulos 1 y 8[81]. Cada modo de argumentación en la política pública se basa en diferentes tipos de supuestos que se usan para producir conceptualizaciones alternativas de problemas. El análisis de supuestos es, por lo tanto, un importante vehículo para conducir debates razonados sobre la naturaleza de los problemas de política pública. El análisis de supuestos puede ser utilizado con grupos de actores interesados de política pública que participan realmente en la estructuración de problemas de política pública o por un analista individual que simula los supuestos de partes interesadas. El análisis de supuestos puede ayudar a reducir errores del tercer tipo (E_{III}).

Mapeo de argumentos

En el *mapeo de argumentos* la plausibilidad e importancia de los elementos de un argumento de política pública se presentan en forma gráfica. El primer paso es calificar diferentes elementos -conocimiento, justificaciones, soportes, objeciones y refutaciones- sobre escalas de plausibilidad e importancia. Considérese la justificación del argumento de abandonar el límite de velocidad de 55 mph (Ley Nacional de Velocidad Máxima de 1974). Este argumento particular se ha basado en la justificación de que los costos de oportunidad del tiempo que se pierde al conducir a velocidades más bajas dan como resultado velocidades más altas. A su turno, velocidades más altas y conducción más arriesgada acontecen entre conductores con ingresos más altos. Inversamente, podría argumentarse que hay menos accidentes entre los conductores más jóvenes, afirmación fundada en la justificación de que los conductores más jóvenes obtienen menos ingresos, tienen costos de oportunidad más bajos, toman menos riesgos y, por

81 Para una elaboración del análisis de supuestos con el uso del modelo estructural de argumentación presentado en los Capítulos 1 y 8, ver Mitroff, Mason y Barabba, *The 1980 Census, passim.*

lo tanto, tienen menos accidentes. Diferentes partes interesadas pueden calificar esta justificación sobre escalas de plausibilidad e importancia de nueve puntos (1 = baja, 9 = alta) y graficarla como se muestra en la Figura 3.16[82].

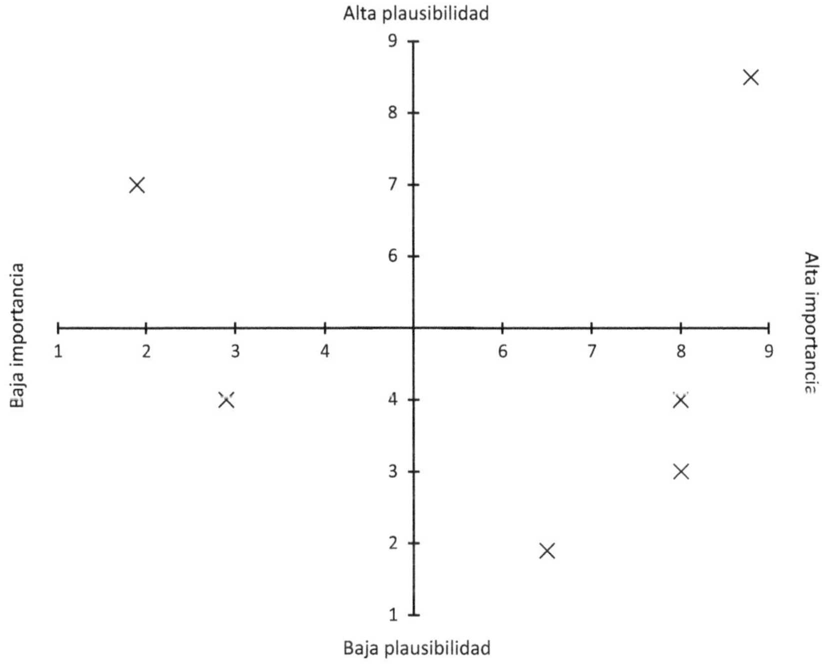

FIGURA 3.16 Plausibilidad e importancia de la justificación de los costos de oportunidad de conducir a velocidades más bajas

La Figura 3.16 presenta las calificaciones de plausibilidad e importancia de seis partes interesadas. La gráfica muestra que las partes interesadas se distribuyen en los cuatro cuadrantes, indicando amplio desacuerdo sobre la plausibilidad e importancia de la justificación, lo que sin duda generaría objeciones y refutaciones. Cuando los actores interesados son miembros de un grupo particular, los desacuerdos marcados en la mitad derecha de la gráfica (*i.e.*, alta importancia) se pueden discutir y quizá resolver. La situación típica, empero, es aquella donde el analista debe identificar una variedad de partes interesadas con base en entrevistas telefónicas, documentos y sitios *web* que contienen los argumentos y supuestos de las partes interesadas. Luego se hacen juicios sobre la plausibilidad e importancia que las partes interesadas atribuyen a una justificación, soporte, objeción o refutación. Por ejemplo, una revisión de documentos sobre el límite de velocidad de 55 mph indica que la parte interesada que estima la justificación como altamente plausible ($P = 9$) es un economista, mientras que la parte interesada que estima la justificación como de baja plausibilidad ($P = 2$) es un etnógrafo especializado en la cultura de conductores jóvenes, que apoya sus análisis en entrevistas etnográficas de conductores jóvenes, padres y personal policial[83].

82 El software de ordenador denominado *Rationale 2* proporciona la capacidad de ingresar, editar, guardar y evaluar complejos argumentos de política. El programa brinda códigos de color, sombreado y una escala de tres puntos para calificar cada elemento de un argumento. Ver www.austhink.com.

83 Ver Thomas H. Forrester, Robert F. McNown y Larry D. Singell, "A Cost-Benefit Analysis of the 55 mph Speed Limit", *Southern Economic Journal* 50 (1984), revisado por George M. Guess y Paul G. Farnham, *Cases in Public Policy Analysis* (New York: Longman, 1989), p. 199. Para un análisis etnográfico de conductores jóvenes y los significados que ellos

Sobre la base de los argumentos y la evidencia provistos por estas fuentes etnográficas y económicas, complementados con información sobre las razones dadas por las partes interesadas y con estadísticas sobre las tasas de accidentes por grupos de edad, concluiríamos que esta justificación particular tiene baja plausibilidad. Sin embargo, debido a que la justificación tiene alta importancia, resulta relevante para las conclusiones del argumento y debe conservarse para un examen adicional.

RESUMEN DEL CAPÍTULO

Este capítulo ha brindado una visión general de la naturaleza de los problemas de política pública, descrito el proceso de estructuración de estos problemas, examinado las relaciones entre modelos de política pública, y referido diferentes métodos de estructuración de problemas. El capítulo muestra que uno de los más importantes desafíos que enfrentan los analistas de política pública es reducir la probabilidad de un error Tipo III: definir el problema incorrecto.

PREGUNTAS DE REPASO

1. "Nuestro problema no es hacer lo correcto", afirmaba Lyndon Johnson durante sus años en la Casa Blanca. "Nuestro problema es saber qué es correcto". Considerando las características de los problemas de política pública discutidas en este capítulo, ¿en qué medida podemos saber cuál es la política pública "correcta"?
2. Un punto de vista comúnmente aceptado entre los analistas gubernamentales y universitarios es que el análisis de política pública puede ser objetivo, neutral e imparcial. Considerando las características de los problemas mal estructurados, ¿en qué medida es plausible este punto de vista?
3. Proporcione dos o tres ejemplos de su propia experiencia de formas en que cosmovisiones, ideologías o mitos populares configuran la formulación de problemas de política pública.
4. Hay varios tipos amplios de estructuras organizacionales en las que ocurre la formación de la política pública. Un tipo es la estructura "burocrática", cuyas características incluyen centralización, cadena jerárquica de mando, especialización de tareas e información completa. La forma burocrática de organización demanda consenso sobre resultados de política preferidos, así como certidumbre de que cursos alternativos de acción redundarán en ciertos resultados preferidos (J. D. Thompson, *Organizations in Action* (New York: McGraw-Hill, 1967), pp. 134–135). Si muchos de nuestros más importantes problemas de política pública son mal estructurados o "perversos", ¿cuán apropiada es la forma burocrática de organización para formular y resolver tales problemas?
5. Si muchos de nuestros más importantes problemas son relativamente mal estructurados o perversos, ¿hasta qué punto es posible responsabilizar política y moralmente a los formuladores de política por sus acciones? Ver M. M. Webber y H. W. J. Rittel, "Dilemmas in a General Theory of Planning", *Policy Sciences* 4, 2 (1973): 155–169.
6. Construya un escenario sobre el estado de una de las siguientes situaciones problema en el año 2050:
   - Disponibilidad de transporte público masivo
   - Control de armas y seguridad nacional
   - Terrorismo y seguridad pública
   - Calidad del sistema escolar público
   - Estado del sistema ecológico mundial

atribuyen a accidentes y muertes -que son diferentes de los que predice la teoría económica-, ver J. Peter Rothe, *Challenging the Old Order* (New Brunswick, NJ: Transaction Books, 1990).

7. Seleccione dos editoriales sobre un asunto actual de política pública de periódicos (*e.g.*, *The New York Times*, *The Washington Post*, *The Economist*, *Le Monde*), revistas de noticias (*e.g.*, *Newsweek*, *The New Republic*, *National Review*, *CATO Institute*), o sitios *web* (*e.g.*, www.aarp.org, www.cap.org). Después de leer los editoriales:
   a. Use los procedimientos del análisis de argumentos (Capítulo 1) para presentar conocimiento, justificaciones, objeciones y refutaciones sobre dos *argumentos en competencia* acerca del asunto contenido en los editoriales.
   b. Califique las justificaciones de cada argumento y grafíquelas de acuerdo con su plausibilidad e importancia (Figura 3.16).
   c. ¿Cuál es el argumento más persuasivo? ¿Por qué?

EJERCICIOS DE DEMOSTRACIÓN

1. Elija un área temática de política pública como control del delito, seguridad nacional, protección ambiental, desarrollo económico, o elija su propia área temática. Use los procedimientos para el análisis de partes interesadas presentados en la Exposición 3.1 para producir una lista de partes interesadas que afectan o se ven afectadas por problemas en el área temática que usted haya elegido. Después de generar la lista, elabore una distribución acumulativa de frecuencias. Ponga las partes interesadas en el eje horizontal, numerándolas 1 … *n*. Sobre el eje vertical, coloque el número de nuevas ideas (no duplicadas) generadas por cada parte interesada (las ideas pueden referirse a objetivos, alternativas, resultados, causas, etc.). Conecte el número de nuevas ideas de cada parte interesada con una línea.
   - ¿La línea se aplana?
   - Si es así, ¿después de cuántas partes interesadas?
   - ¿Qué conclusiones extrae usted acerca del (o de los) problema(s) de política pública en el área temática elegida?

   Compare su trabajo con el Caso 3.1 al final del capítulo.
2. Después de leer el Caso 3.1 escriba un ensayo en el que compare y contraste el proceso de análisis y estimación de límites en los tres casos. En su comparación, considere estas tres preguntas:

   - ¿Cuáles son las diferencias clave en la reunión de datos representadas por el proceso de entrevista grupal y de análisis de contenido?
   - ¿Por qué las gráficas de frecuencia acumulativa se aplanan en la forma en que lo hacen?
   - Evalúe la afirmación: "El análisis de límites es una forma confiable de estimar el 'universo de significados' en una determinada área temática de política pública".

BIBLIOGRAFÍA

Ackoff, Russell L. *The Art of Problem Solving: Accompanied by Ackoff's Fables*. New York: John Wiley, 1978.

Ackoff, Russell L. *Redesigning the Future*. New York: Wiley, 1974 [sobre su versión española ver n. 2 del presente capítulo].

Adams, James L. *Conceptual Blockbusting*. Stanford, CA: Stanford Alumni Association, 1974.

Batie, Sandra S. "Wicked Problems and Applied Economics". *American Journal of Agricultural Economics* 90, 5 (2008): 1176–1191.

Bobrow, Davis B. y John S. Dryzek. *Policy Analysis by Design*. Pittsburgh, PA. University of Pittsburgh Press, 1986.

Campbell, Donald T. "Pattern Matching as an Essential in Distal Knowing", pp. 81–106, en Kenneth R. Hammond (ed.), *The Psychology of Egon Brunswik*. New York: Holt, Rinehart, and Winston, 1966.

Churchman, C. West. *The Design of Inquiring Systems*, New York: Basic Books, 1971.

Dery, David. *Problem Definition in Policy Analysis*. Lawrence: University Press of Kansas, 1984.

Dror, Yehezkel. *Public Policy Making Reexamined*. Ed. revisada. New Brunswick, NJ: Transaction Books, 1983.

Dryzeck, John S. "Policy Analysis as a Hermeneutic Activity", *Policy Sciences* 14 (1982): 309–329.

Dunn, William N. "Methods of the Second Type: Coping with the Wilderness of Conventional Policy Analysis". *Policy Studies Review* 7, 4 (1988): 720–737.

Dunn, William N. "A Pragmatic Strategy for Discovering and Testing Threats to the Validity of Sociotechnical Experiments". *Simulation Modelling Practice and Theory* 10, 3 (2002): 169–194.

Dunn, William N. "Pragmatic Eliminative Induction: Proximal Range and Context Validation in Applied Social Experimentation". *Philosophica-Gent* (1977): 75–112.

Dunn, William N. "Using the Method of Context Validation to Mitigate Type III Errors in Environmental Policy Analysis", pp. 417–436, en *Knowledge, Power and Participation in Environmental Policy Analysis*. New Brunswick, NJ: Transaction, 2001.

Fischhoff, Baruch. "Clinical Policy Analysis", en William N. Dunn (ed.), *Policy Analysis: Perspectives, Concepts, and Methods*. Greenwich, CT: JAI Press, 1986.

Fischhoff, Baruch. "Cost-Benefit Analysis and the Art of Motorcycle Maintenance", *Policy Sciences* 8 (1977): 177–202.

George, Alexander. "Criteria for Evaluation of Foreign Policy Decision Making". *Global Perspectives* 2 (1984): 58–69.

Hammond, Kenneth R. "Introduction to Brunswikian Theory and Methods". *New Directions for Methodology of Social and Behavioral Science* 3 (1980): 1–12.

Hammond, Kenneth R. "Probabilistic Functionalism: Egon Brunswik's Integration of the History, Theory, and Method of Psychology", pp. 15–81, en K. R. Hammond (ed.), *The Psychology of Egon Brunswik* (New York: Holt, Rinehart, and Winston, 1966).

Hofstadter, Richard. *Gödel, Escher, Bach*. New York: Random House, 1979 [*Gödel, Escher, Bach: un eterno y grácil bucle* (Barcelona: Tusquets Editores, 2007)].

Hogwood, Brian W. y B. Guy Peters. *The Pathology of Public Policy*. Oxford: Clarendon Press, 1985.

Linder, Stephen H. y B. Guy Peters. "A Metatheoretic Analysis of Policy Design", en William N. Dunn y Rita Mae Kelly (eds.), *Advances in Policy Studies since 1950*. Vol. 10 de *Policy Studies Review Annual*. New Brunswick, NJ: Transaction Books, 1992.

Linstone, Harold A. *Multiple Perspectives for Decision Making*. New York: North-Holland, 1984.

Mason, Richard O. y Ian I. Mitroff. *Challenging Strategic Planning Assumptions*. New York: Wiley, 1981.

Mitroff, Ian I. y James R. Emshoff. "On Strategic Assumption-Making: A Dialectical Approach to Policy and Planning". *Academy of Management Review* 4, 1 (1979): 1–12.

Mitroff, Ian I., Richard O. Mason y Vincent P. Barabba. *The 1980 Census: Policymaking Amid Turbulence*. Lexington, MA: D. C. Heath, 1983.

O'Shaughnessy, John. *Inquiry and Decision*. New York: Harper & Row, 1973.

Rittel, Horst W. J. y Melvin M. Webber. "Dilemmas in a General Theory of Planning", *sPolicy Sciences* 4 (1973): 155–169.

Saaty, Thomas L. *The Analytic Hierarchy Process*. New York: McGraw-Hill, 1980.

Schon, Donald A. *The Reflective Practitioner*. New York: Basic Books, 1983.

Sieber, Sam. *Fatal Remedies*. New York: Plenum Press, 1981.

Warfield, John N. *Societal Systems: Planning, Policy, and Complexity*. New York: Wiley, 1976.

Watzlawick, Paul, John Weakland y Richard Fisch. *Change: Principles of Problem Formation and Problem Resolution*. New York: W. W. Norton, 1974.

EXPOSICIÓN 3.1 ANÁLISIS DE PARTES INTERESADAS EN LA POLÍTICA PÚBLICA

Visión general

Una parte interesada es una persona que habla por o que representa a un grupo que se ve afectado por un problema o que afecta un problema. Partes interesadas son, por ejemplo, el Presidente de la Cámara de Representantes de los EUA, el jefe de un comité legislativo, un director ejecutivo de un grupo promotor, u organizaciones de membrecía y promoción tales como la Asociación Americana de Personas Jubiladas, la Asociación Nacional del Rifle, *Human Rights Watch*, la Organización Nacional de Derechos de Bienestar Social, o las Panteras Grises. Los analistas de política pública también son partes interesadas, como lo son las organizaciones que los contratan como consultores o los nombran en organizaciones no gubernamentales o en el gobierno. Una persona que habla por o que representa a un grupo u organización que no se ven afectados por un problema o que no afectan un problema, no tiene interés en este problema particular. Por lo tanto, esa persona no es parte interesada de la política pública. Muchos reporteros de noticias o profesores universitarios no involucrados *no* son partes interesadas.

Orientaciones para identificar políticas de partes interesadas

- Los actores interesados se identifican mejor por el área temática de política pública. Un área temática de política pública es un conjunto de temas de política pública en un área temática; así, por ejemplo, hay temas de política en educación, vivienda, bienestar social, empleo, derechos personales y seguridad internacional. Hay más de cuarenta áreas de política en muchos países. En educación, por ejemplo, partes interesadas en los Estados Unidos incluyen los departamentos estatales y federal de educación, sindicatos de docentes, organizaciones de padres de familia y docentes, asociaciones bibliotecarias y grupos estudiantiles. En el área temática de la política de salud hay literalmente miles de organizaciones que realizan investigación, representan los intereses profesionales de sus miembros o abogan por posiciones de política pública favorecidas por sus miembros.
- Las partes interesadas deben identificarse por nombres y títulos específicos. Por ejemplo, en el área temática de salud, una serie de organizaciones tiene interés en la Ley de Protección al Paciente y Asistencia Asequible de 2010 (*Obamacare*). Estas comprenden la Asociación Médica Americana, la Sociedad Americana Contra el Cáncer, la Asociación Americana de Empleados Jubilados, la Asociación Americana de Hospitales, el Centro de Servicios de *Medicaid* y *Medicare* del Departamento de Salud y Servicios Humanos, Pharma, y una variedad de organizaciones que venden equipos y software a los gobiernos estatales y federal, a hospitales y médicos (Figura C3.1). De modo típico, cada una de estas partes interesadas tiene una posición distintiva sobre las políticas de salud.
- Un procedimiento de muestreo sociométrico (también denominado "bola de nieve") de partes interesadas como el que se describe más abajo es una forma efectiva de estimar la población de partes interesadas que afectan políticas y se ven afectadas por estas en un área temática particular.

Paso 1: Use *Google* o un libro de referencia como *The Encyclopedia of Associations* (*EA*), que registra unas treinta y cinco mil organizaciones de investigación, membrecía y promoción en los niveles nacional, subnacional e internacional en Estados Unidos y en el extranjero. Use la utilidad de búsqueda en *EA* para identificar y listar las veinte organizaciones más importantes de partes interesadas (por membrecía o presupuesto operativo) que hayan tomado una posición sobre una política en una de las diecisiete áreas temáticas cubiertas por la *Encyclopedia*. Estas áreas temáticas incluyen comercio, agricultura, ambiente, ciencia, tecnología e ingeniería, educación, bienestar social y salud.

Paso 2. Por cada parte interesada, obtenga un documento de política (*e.g.*, un informe o registro de testimonio en el Congreso) y relacione las políticas específicas que la organización apoya y desaprueba.

Paso 3: Liste las políticas de la primera parte interesada, la segunda parte interesada, la tercera, y así sucesivamente. *No* cuente las duplicadas.

Paso 4. Dibuje una gráfica que muestre en el eje vertical políticas únicas (no duplicadas) para cada una de las veinte partes interesadas. La gráfica debe aplanarse gradualmente, sin nuevas políticas mencionadas. Si la gráfica no se aplana antes de alcanzar la vigésima parte interesada, repita los pasos 1–4, agregando nuevas partes interesadas y políticas. Si se aplana antes de la vigésima parte interesada, detenga la recopilación de políticas.

Paso 5: (Opcional) Sume a la muestra diez partes interesadas gubernamentales que deban registrarse dadas sus posiciones formales. Repita los pasos 2 a 4, listando solamente las *nuevas* políticas de las partes interesadas gubernamentales. Tiene usted ahora una estimación de la "población" de políticas de las partes interesadas clave, junto con una descripción de las posiciones de las partes interesadas sobre las políticas. Esto es útil para estructurar el problema.

CASO 3.1 ESTRUCTURACIÓN DE PROBLEMAS DE RIESGO: SEGURIDAD EN MINAS Y EN CARRETERAS

Problemas relativamente mal estructurados (también llamados "perversos") deben estructurarse antes de que se puedan solucionar. El proceso de estructuración de un problema demanda la búsqueda, identificación y arreglo de los "elementos" que constituyen el problema. Un elemento del problema se refiere a uno o más de los elementos siguientes:

Partes interesadas. ¿Qué partes interesadas afectan una situación problema o se ven afectadas por ella[84], según lo perciben las partes interesadas?
Alternativas. ¿Qué cursos alternativos de acción pueden seguirse para resolver el problema percibido?
Acciones. ¿Qué acciones deben seguirse para adoptar las alternativas?
Resultados. ¿Cuáles son los resultados de las acciones que pueden asumirse para dar inicio a las alternativas?
Valores (utilidades). ¿Cuál es el valor de los resultados?

Muchos de los problemas de mayor significado práctico en el mundo de hoy son problemas mal estructurados o perversos. Uno o más de los elementos anteriores pueden omitirse de manera impropia en el proceso de estructuración del problema (este es el sesgo de la variable omitida). Incluso cuando virtualmente todos o la mayoría de los elementos del problema han sido correctamente identificados, las relaciones entre ellos pueden ser complejas o ambiguas. Entre otras cosas, esto hace difícil o imposible determinar la fuerza y la significación, así práctica como estadística, de las relaciones causales entre los elementos. Por ejemplo, el calentamiento global es usualmente visto como un problema mal estructurado o perverso, como lo son el hambre y la pobreza. En el caso del calentamiento global, muchos procesos causales que se cree que vinculan contaminación atmosférica, calentamiento global y cambio climático son complejos y oscuros. Un punto esencial es que la complejidad de estos procesos resulta no solamente de los procesos biológicos y de otros procesos naturales, sino también de las diferentes creencias, con frecuencia en conflicto, de las partes interesadas que están en desacuerdo sobre la formulación del problema y sus potenciales soluciones. En este contexto, las posibles combinaciones y permutaciones de partes interesadas, alternativas, acciones, resultados y valores parecen, por lo general, *inmanejables*.

En estas condiciones, y contrariamente a la creencia de Simon de que *no* son necesarios métodos nuevos y sin precedentes para estructurar problemas mal estructurados o perversos, parece que muchos métodos convencionales del análisis de decisiones, la microeconomía y el análisis político son de valor limitado hasta que un problema mal estructurado no haya sido "domesticado" por medio de los métodos de estructuración de problemas, cuyo papel es convertir problemas mal estructurados en problemas bien estructurados. Sin duda, los métodos convencionales son útiles en la solución de problemas relativamente bien estructurados (*e.g.*, determinísticos, donde la probabilidad no juega ningún papel), sobre los cuales tenemos la certeza, por ejemplo, de que involucran cantidades fijas en una hoja de cálculo que debemos sumar, multiplicar y dividir. Los métodos convencionales son útiles también en la solución de problemas

84 Una *situación problema*, siguiendo a los pragmatistas John Dewey y Charles Sanders Peirce, se convierte en un *problema* solo después de que ha sido estructurado (otro término más general es formulado). Las estructuras de un problema varían desde relativamente bien estructurado y moderadamente estructurado hasta mal estructurado. Un problema mal estructurado puede convertirse en un problema moderadamente estructurado o bien estructurado en el curso de un proceso de estructuración del problema que involucre búsqueda de información. Ver Herbert A. Simon, "The Structure of Ill Structured Problems", *Artificial Intelligence* 4, 3–4 (1973): 181–201. Simon (p. 183) advierte que "no hay una frontera cierta entre problemas bien estructurados y problemas mal estructurados, y no hay razón para pensar que se necesiten nuevos y hasta ahora desconocidos tipos de procesos de solución de problemas para permitir que sistemas de inteligencia artificial [o natural] resuelvan problemas que están mal estructurados". Recuérdese que una situación problema es un conjunto difuso de preocupaciones y de signos incipientes de estrés, que es similar a datos no procesados que deben ser interpretados antes de que puedan formarse y aplicarse conceptos. Sin embargo, Simon se equivoca al afirmar que no se requiere ningún proceso especial de solución de problemas simplemente porque los dos tipos de problemas no son mutuamente excluyentes. La variedad de contaminantes en las sociedades agrícolas y en las sociedades industriales reclama métodos analíticos e intervenciones prácticas diferentes, y con frecuencia es útil crear dicotomías artificiales para separar "problemas relativamente domesticados" de "problemas relativamente perversos".

moderadamente estructurados (probabilísticos) que implican estimación de incertidumbre, por ejemplo, estimación de la incertidumbre de resultados dentro de un intervalo de confianza.

Sin embargo, los problemas mal estructurados ocupan un orden diferente[85]. No se pueden hacer estimaciones de incertidumbre con problemas mal estructurados porque no conocemos los resultados a los que podríamos atribuir probabilidades. Aquí, el analista se parece mucho a un arquitecto al que se le ha encargado diseñar una casa *personalizada* para la que no hay un plan *estándar*[86]. La adopción de un plan convencional del tipo utilizado en la construcción de una casa que forma parte una urbanización residencial sería un fracaso.

Las políticas públicas son intentos deliberados de modificar sistemas sociales. El proceso de formular e implementar políticas acontece en sistemas sociales donde muchas contingencias están más allá del control de los formuladores de política. Estas contingencias incontrolables son por lo general responsables del éxito y fracaso de las políticas en el logro de sus objetivos. Las "contingencias" (eventos imprevistos) pueden verse como hipótesis rivales potenciales que pueden desafiar la afirmación de que una política "operó". En tales casos, es deseable probar, y donde sea posible eliminar, estas hipótesis rivales (contingencias) mediante un proceso de inducción *eliminativa*. La inducción eliminativa adopta la forma general: "Repetidas observaciones de la política *x* y el resultado *y* confirman que *x* es causalmente relevante para la ocurrencia de *y*. Sin embargo, observaciones adicionales de *x*, *z* y *y* confirman que la contingencia incontrolable *z*, y no la política *x*, es responsable, o primordialmente responsable, de la ocurrencia de *y*". En contraste, la inducción *enumerativa* adopta la forma general: "Repetidas observaciones confirman que la política *x* es causalmente relevante para la ocurrencia del resultado de política *y*". Como humanos, buscamos naturalmente eventos que confirmen lo que creemos. No nos agradan las sorpresas, aunque ocurren con frecuencia.

La inducción eliminativa nos permite identificar y explicar sorpresas que no se conforman con nuestras expectativas. Debido a que el número de contingencias es usualmente muy grande, el proceso de identificar y probar explicaciones rivales nunca es completo. Parece imposible identificar y probar un número ingente de hipótesis rivales potenciales. ¿Cómo se puede hacer esto?

Una respuesta es creatividad e imaginación. Mas la creatividad y la imaginación son muy difíciles de enseñar o aprender, porque las reglas que gobiernan las soluciones creativas o imaginativas son vagas. Otra respuesta es apelar a teorías bien establecidas. Sin embargo, las teorías en las ciencias sociales son cuestionadas y polémicas.

Otra respuesta es usar el *análisis de límites* para identificar contingencias y organizarlas, esto es, darles *estructura*. Se puede considerar que este arreglo estructurado de elementos involucra un gran número de hipótesis rivales. El análisis de límites busca hipótesis rivales en los debates de política pública que tienen lugar de modo natural entre las partes interesadas. El propósito del análisis de límites es obtener un conjunto relativamente completo de hipótesis rivales en un contexto de política pública dado. Aunque la estimación de límites se esfuerza por ser comprehensiva, no intenta la tarea desesperada de identificar y comprobar *todas* las hipótesis rivales plausibles, así como una muestra extraída de una población no se esfuerza por obtener *todos* los elementos muestreados -el Teorema Central del Límite nos dice cuándo tenemos un número suficiente de elementos, dependiendo del nivel de significación estadística y de certeza que deseemos alcanzar. Así, aunque la serie entera de hipótesis rivales nunca es completa, es posible *estimar* los límites del problema.

Evaluación del impacto del límite nacional de velocidad máxima

El autor realizó un análisis de límites utilizando documentos preparados por funcionarios de treinta y ocho estados responsables de informar sobre los efectos del límite de velocidad original de 55 mph, aprobado como ley por el Congreso en 1974. Los documentos también informaban sobre los efectos de los límites de velocidad 1984–1985 que elevaron el límite máximo de velocidad en cuarenta estados a un promedio de aproximadamente 65 mph.

Había agudos desacuerdos entre varias de las treinta y ocho partes interesadas. Por ejemplo, partes interesadas en algunos estados (Pennsylvania y New Jersey) estaban firmemente comprometidas con la creencia de que los límites de

85 En otro lugar he llamado la atención sobre la intersección de tipos de métodos y tipos de problemas, arguyendo que los problemas mal estructurados demandan para su solución "métodos del segundo tipo" no convencionales, por ejemplo, métodos heurísticos como la lluvia de ideas que permiten una búsqueda abierta de elementos del problema o lo que Simon generaliza como información. Cf. Dunn, "Methods of the Second Type".

86 La analogía de la arquitectura es de Herbert Simon en "The Structure of Ill Structured Problems".

velocidad estaban relacionados causalmente con la disminución de muertes y lesiones en las carreteras. Otras partes interesadas (*e.g.*, Illinois, Washington, Idaho) estaban firmemente comprometidas con la creencia de que los límites de velocidad no tenían efecto, o su efecto era despreciable, en muertes y lesiones.

De gran importancia para el método de estructuración de problemas de estimación de límites utilizado en este caso es que las treinta y ocho partes interesadas utilizaron setecientas dieciocho hipótesis rivales plausibles sobre la relación causal entre velocidad y muertes para afirmar o disputar sobre la efectividad del límite de velocidad en salvar vidas. De este total, ciento nueve hipótesis causales eran únicas, en el sentido de que no duplicaban hipótesis presentadas por ninguna otra parte interesada.

Cuando interpretamos la Figura C3.1 es importante entender que, desde el punto de vista de la teoría y el lenguaje de la comunicación, el contenido de información de una hipótesis es inversamente proporcional a la probabilidad de que la información se mencione. Las hipótesis que se mientan más frecuentemente -aquellas sobre las cuales hay más consenso- tienen *menor valor probatorio* que las hipótesis que se mencionan rara vez. Hipótesis altamente probables o predecibles brindan poca o ninguna información nueva.

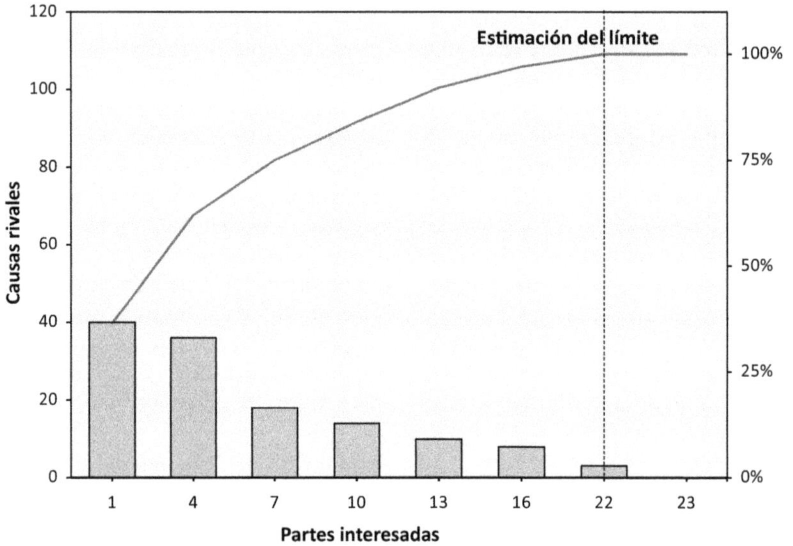

FIGURA C3.1 Carta de Pareto. Frecuencia acumulada de causas rivales

Las hipótesis rivales de la Figura C3.1 representan la frecuencia acumulada de hipótesis causales *únicas* (no duplicadas). Como muestra la figura, la curva de la frecuencia acumulativa de hipótesis únicas comienza a aplanarse con el actor veintidós. Aunque el número *total* de hipótesis rivales continúa aumentando sin límite *aparente*, el límite de hipótesis rivales *únicas* se alcanza con un pequeño número de observaciones. Esto indica que probablemente se ha obtenido una definición básicamente satisfactoria de los elementos del problema. Es importante advertir que de las ciento nueve hipótesis rivales únicas varias se relacionan con el estado de la economía -tasa de desempleo, valor del precio internacional del petróleo, nivel de la producción industrial-, y que estas se utilizan para explicar el ascenso y caída de las muertes de tránsito, en lugar del saber convencional de que las velocidades en carretera y los efectos mitigantes del límite de velocidad de 55 mph son decisivos. Un análisis de regresión basado en factores económicos más el límite de velocidad sugería que solo el quince por ciento de las muertes se debía al límite de velocidad.

Evaluación de la investigación sobre el riesgo de seguridad y salud en las minas

En 1997, una sección de la Oficina de Investigación de Seguridad y Salud en Minas de los Estados Unidos dio inicio a un proceso de planeación estratégica. El objetivo del proceso era alcanzar consenso, de ser posible, sobre la priorización de la investigación que afronta diferentes aspectos del riesgo asociados con la salud y seguridad de los mineros.

El establecimiento de prioridades en esta y otras organizaciones de investigación busca habitualmente construir consenso en condiciones donde investigadores, administradores de investigación y actores interesados externos emplean criterios en conflicto para evaluar los méritos relativos de sus propios proyectos de investigación y de otros. Aun cuando se disponga de datos confiables y válidos -por ejemplo, datos cuantitativos de estudios de grandes muestras de las probabilidades de diferentes tipos de lesiones y muertes en las minas- con frecuencia no es claro si mediciones "objetivas" del riesgo, por sí mismas, proporcionan una base suficiente para priorizar investigación.

La dificultad es que los factores extracientíficos así como los científicos afectan los juicios sobre los méritos relativos de la investigación sobre el riesgo. Por ejemplo, la enfermedad del "pulmón negro" y otras condiciones crónicas se han investigado intensamente. Pese a la importancia de la enfermedad pulmonar negra, investigación adicional no es una prioridad. Por consiguiente, los datos sobre la alta severidad esperada (probabilidad × severidad) no brindan ellos solos una base suficiente para priorizar problemas de investigación. Estos mismos accidentes de alto riesgo, sin embargo, podrían ser una prioridad de investigación si el propósito fuese trasladar hallazgos hacia la investigación en tecnologías para mejorar la seguridad y la salud en las minas. Debido a que los juicios sobre prioridades de investigación se basan en múltiples criterios, ocultos y con frecuencia en conflicto, es importante descubrir y evaluar estos criterios como parte del proceso de estructurar problemas. Este es un clásico problema mal estructurado donde el error fatal es definir el problema incorrecto.

El proceso de estructuración del problema tenía tres importantes objetivos. El primero de estos era develar fuentes ocultas de acuerdo y desacuerdo, reconociendo que el *desacuerdo* es una oportunidad para identificar enfoques alternativos con miras a establecer prioridades. En segundo lugar, el proceso se diseñó para generar desde las partes interesadas los *criterios* que usan para evaluar investigación sobre los riesgos que afectan la seguridad y la salud en las minas. En tercer lugar, el proceso empleó gráficos, matrices y otros medios visuales para *externalizar* los criterios subyacentes a los juicios individuales. El proceso de establecer prioridades permitió a cada miembro del equipo entender y discutir las variadas razones inherentes a las prioridades utilizadas para evaluar la investigación sobre el riesgo.

Se les solicitó a las partes interesadas que afirmaran los criterios que usan para distinguir entre veinticinco problemas de accidentes y de salud. Cada parte interesada se presentó con un formulario que listaba conjuntos prealeatorios de tres problemas. Se eligió al azar una parte interesada para que presentara los criterios al grupo. El primero expuso catorce criterios diferentes para evaluar la investigación sobre el riesgo, los cuales incluían dos criterios -severidad y potencial catastrófico de accidentes y enfermedades- que se basaban en datos de frecuencia relativa (probabilidad) de una gran muestra. El segundo miembro del equipo elegido aleatoriamente presentó diecisiete criterios adicionales (nuevos); el tercer miembro del equipo, once criterios; el cuarto, doce criterios, y así sucesivamente, hasta que no se pudo ofrecer ningún criterio adicional que no hubiese sido mencionado antes. En suma, se generaron ochenta y cuatro criterios, ninguno después del undécimo presentador. El límite aproximado del problema se visualizó con una carta de Pareto para mostrar la frecuencia acumulativa de constructos (Figura C3.2).

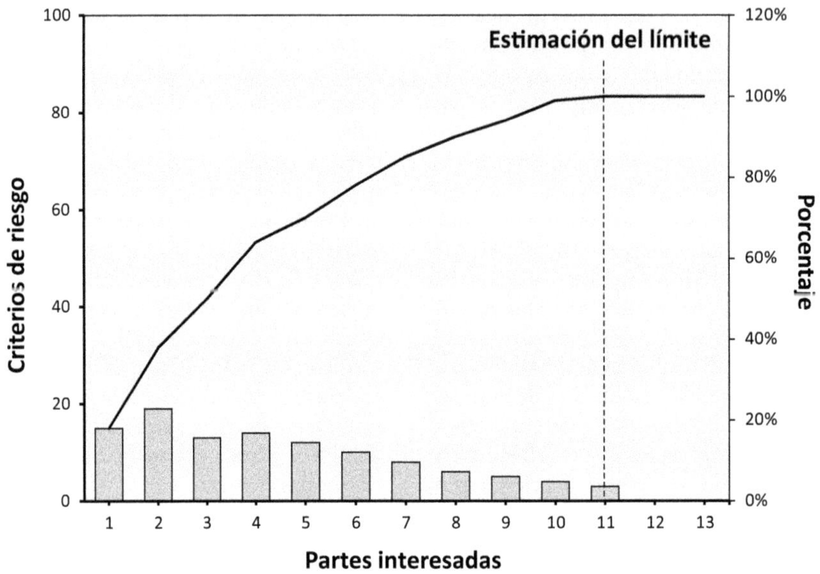

FIGURA C3.2 Carta de Pareto. Frecuencia acumulativa de criterios para evaluar investigación sobre el riesgo

El proceso de configuración interactiva de prioridades grupales no solo consideró el lado "objetivo" de la investigación sobre el riesgo, sino que también capturó dimensiones "subjetivas" que van por etiquetas tales como "riesgo percibido", "riesgo aceptable" y "riesgo actuable". Los límites del problema se estimaron mediante un proceso abierto de generación y discusión de dimensiones del problema que de otro modo permanecerían tácitas y ocultas. El método de análisis y estimación de límites ofrece una "regla de detención" que evita una búsqueda infinita de dimensiones de los problemas.

CASO 3.2 LLUVIA DE IDEAS A TRAVÉS DE LAS DISCIPLINAS: EL PROBLEMA DEL ELEVADOR

La historia siguiente se basa en un relato narrado por Russell Ackoff, maestro en la solución de problemas mal estructurados o lo que él denominaba "*messes*"[87]. La historia, un clásico de origen desconocido que ha estado en circulación durante muchos años, muestra por qué métodos como el análisis costo-beneficio, aunque apropiados para problemas bien estructurados y moderadamente estructurados, son inapropiados para problemas mal estructurados.

El administrador de un gran edificio de oficinas había estado recibiendo un creciente número de quejas sobre el servicio del ascensor, particularmente durante las horas de máximo tránsito. Cuando los inquilinos de las oficinas amenazaron con mudarse, el administrador decidió que debía encontrarse una solución.

El administrador llamó a un grupo de ingenieros consultores especializados en diseño y construcción de ascensores. Después de diagnosticar el problema, los ingenieros identificaron tres opciones: 1) sumar más ascensores; 2) reemplazar los ascensores existentes con unos más rápidos; o 3) agregar un sistema de control computarizado para que el servicio del ascensor pudiera enrutarse de manera óptima para un servicio más rápido.

En colaboración con un economista, los ingenieros realizaron un análisis costo beneficio de las tres opciones. Encontraron que invertir en nuevos ascensores reemplazando los ascensores actuales con modelos más rápidos, o instalar un sistema de control computarizado, producirían mejoramientos significativos del servicio. Sin embargo, hallaron que el costo de cualquiera de las tres alternativas no se justificaba dado el ingreso generado por el alquiler del edificio. Ninguna de las alternativas era aceptable.

El administrador convocó a una reunión urgente de su equipo y presentó el problema como parte de una sesión de *lluvia de ideas* semejante a la descrita anteriormente en este capítulo. Se hicieron muchas sugerencias y luego se descartaron. La discusión se tornó lenta y se estancó.

Durante un descanso un joven asistente del departamento de recursos humanos, que había estado en silencio hasta este punto, hizo una sugerencia que finalmente todos aceptaron. Unas pocas semanas después el administrador hizo una modesta inversión y el problema fue solucionado.

Se instalaron espejos de cuerpo entero en todas las paredes de los vestíbulos de los ascensores en cada piso.

El joven sicólogo de personal observó que los tiempos de espera eran realmente muy breves. Él identificó correctamente el problema: las quejas provenían del aburrimiento de esperar los ascensores. Con todo, el tiempo solo parecía largo. Les dio a las personas la oportunidad de observarse a sí mismas y a los demás en el espejo (particularmente a los del sexo opuesto) sin aparentar hacerlo así.

Los ingenieros consultores y el economista habían cometido un error Tipo III: definieron el problema equivocado. Debido a esto concluyeron falsamente que no había solución[88].

87 Russell Ackoff, *The Art of Problem Solving* (New York: Wiley-Interscience), 1978, "Fable 3.2 An Ups-and-Downs Story", pp. 53–54.

88 Otro ejemplo de error Tipo III es el aforismo popularizado por Aaron Wildavsky: "Sin solución, no hay problema". Ver el Prefacio de Wildavsky a *Speaking Truth to Power: The Art and Craft of Policy Analysis* (Boston, MA: Little Brown, 1979).

CAPÍTULO 4

PRONÓSTICO DE RESULTADOS ESPERADOS DE POLÍTICA PÚBLICA

OBJETIVOS DE APRENDIZAJE

Mediante el estudio de este capítulo, usted debe ser capaz de:

- Distinguir extrapolación, predicción y juicio experto
- Entender los efectos temporales, históricos e institucionales sobre la precisión del pronóstico
- Contrastar futuros potenciales, plausibles y normativos
- Valorar la precisión de los métodos de pronóstico extrapolativo, predictivo y crítico

- Usar software estadístico para hacer estimaciones de punto y de intervalo de resultados esperados de política pública
- Analizar casos que ilustran temas conceptuales y técnicos en el pronóstico de política pública

INTRODUCCIÓN

El pronóstico brinda una visión prospectiva de resultados de política pública, ampliando las competencias de comprensión, control y orientación de la sociedad. Los pronósticos, ya sea basados en juicio experto, en extrapolación de tendencias históricas o en modelos econométricos técnicamente sofisticados, son proclives a errores fundados en supuestos falsos o implausibles, en efectos no reconocidos de los sistemas de incentivos institucionales, y en la complejidad de las cuestiones de política pública en áreas que van desde la salud, el bienestar y la educación hasta la ciencia, la tecnología y el ambiente.

Empezamos este capítulo con una visión general de las formas, funciones y desempeño del pronóstico en el análisis de política pública, destacando una serie de criterios para valorar las fortalezas y limitaciones de diferentes métodos de pronóstico. Luego comparamos y contrastamos los métodos de pronóstico extrapolativo, teorético y crítico, y su papel en la producción de conocimiento sobre resultados esperados de política pública. Concluimos con una presentación de métodos que combinan los tres enfoques.

EL PRONÓSTICO EN EL ANÁLISIS DE POLÍTICA PÚBLICA

El *pronóstico* es un conjunto de procedimientos para crear conocimiento sobre estados futuros de la sociedad con base en conocimiento actual y previo. Los pronósticos adoptan tres formas principales: extrapolaciones, predicciones y juicios de expertos[1].

1. Una *extrapolación* es un pronóstico basado en la proyección de tendencias actuales e históricas hacia el futuro. A menudo las proyecciones plantean preguntas sobre la validez de conclusiones justificadas en conocimiento producido por extrapolación de tendencias pasadas hacia el futuro, por ejemplo, mediante análisis de series de tiempo. A veces las proyecciones se complementan con argumentos de autoridades, por ejemplo, la opinión de expertos.
2. Una *predicción* es un pronóstico fundado en explicaciones teoréticas de por qué tendencias del pasado deberían repetirse en el futuro. Por ejemplo, explicaciones basadas en la teoría de la utilidad en economía que predicen que el dinero llegará a ser más valioso en el futuro, pero a una tasa decreciente. Como sugiere este ejemplo, leyes teoréticas como la ley de la utilidad decreciente del dinero pueden explicar lo mismo que predecir los mecanismos generativos ("causas") y las consecuencias ("efectos") exigidos por las predicciones. Las predicciones también pueden complementarse con pronósticos basados en la autoridad de expertos o en la autoridad de métodos como la modelación econométrica.
3. Un *juicio experto* es un pronóstico fundado en la experiencia y autoridad profesionales de personas que se presume tienen capacidades especiales para prever estados futuros de la sociedad. Juicios informales se logran a través de un proceso de intuición, que tiende a ocurrir rápida y automáticamente, y sin esfuerzo, algunos dirían que sobre la base de conocimiento tácito[2].

1 Pronósticos se refiere a productos (pronósticos), procesos (pronóstico), o ambos.

2 Daniel Kahneman contrasta los procesos de pensamiento del Sistema I y del Sistema II en "A Perspective on Judgment and Choice: Mapping Bounded Rationality", *American Psychologist* 58, 9 (2003): 697. El término *conocimiento tácito* ("sabemos más de lo que podemos decir") se atribuye usualmente a Michael Polanyi. Ver "The Logic of Tacit Inference", *Philosophy* 41, 155 (1966): 1–18, y otros trabajos.

En contraste, los pronósticos apoyados en razonamiento explícito tienden a hacerse más lentamente, en una forma más neutral, y de acuerdo con las reglas aceptadas en una disciplina científica o profesión. El razonamiento (Sistema II), más que la intuición (Sistema I), tiende a gobernar la extrapolación y la predicción (Figura 4.1).

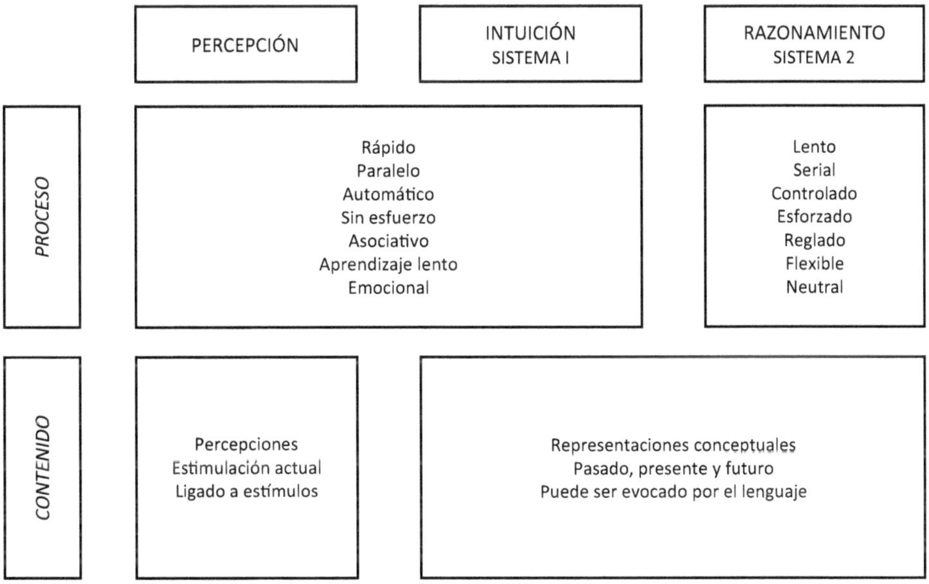

FIGURA 4.1 Procesos de intuición (Sistema I) y razonamiento (Sistema II)
Fuente: Kahneman (2003): 697

El valor del pronóstico

El pronóstico de política pública, ya sea basado en extrapolación, teoría o juicio experto, proporciona conocimiento sobre resultados esperados de política pública. Los objetivos del pronóstico son con frecuencia semejantes a los de la investigación científica, que busca a la vez entender, predecir y controlar el ambiente humano y material. Los esfuerzos por pronosticar estados societales futuros están "especialmente relacionados con el control -esto es, con la tentativa de planear y establecer una política pública de modo que pueda elegirse el mejor curso posible de acción entre las posibilidades que ofrece el futuro"[3].

El pronóstico puede contribuir a entender estados societales futuros, logrando de este modo cierta medida de orientación societal. Esto se realiza frecuentemente investigando los efectos de políticas del pasado y las condiciones en las cuales ellos emergen en políticas del futuro, objetivo que sugiere que el futuro está determinado por el pasado. Aunque hay cierto grado de verdad en esta sugestión, el pronóstico también puede habilitar a los formuladores de política para configurar activamente el futuro, a pesar de lo que pueda haber ocurrido en el pasado. El asunto aquí es identificar los valores que pueden y deben guiar la acción futura. Esto conduce a un segundo y más importante problema. Aun si pudieran identificarse los valores que orientan las acciones actuales, la cuestión es si estos valores se mantendrán en el futuro. Por lo tanto, las llamadas "predicciones orientadoras" pueden ser incompletas a menos que evalúen la conveniencia de estados societales futuros, acto que parecería requerir que basemos los

3 Irene Taviss, "Futurology and the Problem of Values", *International Social Science Journal* 21, 4 (1969): 574. Harold Lasswell, el fundador de las ciencias de la política pública, alcanza conclusiones semejantes en su discusión de la función de inteligencia en la elaboración de la política pública. Ver *Pre-view of the Policy Sciences* (New York: American Elsevier Publishing, 1971).

pronósticos en preferencias futuras más que en preferencias actuales. Paradójicamente, debemos predecir valores futuros *antes de que* podamos predecir de modo significativo estados futuros de la sociedad[4].

El interés por valores futuros puede complementar la investigación de la ciencia social tradicional que busca predicciones fundadas en tendencias del pasado. Si bien el pasado puede determinar provisionalmente el futuro, esto será cierto solo si la reflexión y el análisis atento no conducen a los formuladores de política y a los ciudadanos a cambiar sus valores y su conducta, o si factores y sorpresas impredecibles no intervienen para crear cambios sociales significativos, incluidos los que puedan considerarse como procesos irreversibles de caos y orden emergente[5].

Con todo, los tres tipos de pronóstico, individualmente y en combinación, son valiosos en reducir algo de la incertidumbre en los intentos de pronosticar resultados esperados de política pública, sea de políticas representativas del *statu quo* o de nuevas políticas. Armstrong, quien ha hecho algunos de los estudios de pronóstico basado en la evidencia más completos, sistemáticos y prácticamente útiles, ha revisado cientos de pronósticos realizados en los últimos veinticinco años[6]. Entre otros resultados, hay hallazgos como los que siguen:

- Los pronósticos predictivos que usan modelos causales son aproximadamente tres veces más precisos que los simples pronósticos extrapolativos. En algunos casos, los pronósticos predictivos lograron una reducción del error de más del setenta por ciento, en comparación con la poca reducción del error de los pronósticos extrapolativos.
- Los pronósticos basados en juicio experto que empleaban múltiples rondas (técnica Delphi) mejoraron su precisión en cerca del setenta por ciento de los casos, en comparación con los métodos que usan el juicio experto de una sola vez como parte de un proceso en buena medida no estructurado, que es el procedimiento estándar utilizado con paneles de expertos en áreas como la salud y la medicina, el ambiente y la economía.
- Los pronósticos predictivos fundados en modelos teoréticos no parecen ser más precisos que los pronósticos basados en juicio experto, aunque los pronósticos que se apoyan en modelos teoréticos más juicio experto superan a los pronósticos extrapolativos.

Limitaciones del pronóstico

Desde finales de los años 1980, ha habido numerosos eventos políticos, sociales y económicos inesperados y contraintuitivos:

- El abandono del socialismo en la Unión Soviética
- La caída del muro de Berlín
- El calentamiento global y el cambio climático
- La primavera árabe en Oriente Medio
- El ataque al *World Trade Center* y al Pentágono el 11 de septiembre de 2001
- La elección en 2016 de un presidente populista en los Estados Unidos con valores y conductas inconsistentes con las tradiciones democráticas
- Un enorme e inmanejable aumento de refugiados de Siria y Oriente Medio

4 Fred Charles Ikle, "Can Social Predictions Be Evaluated?", *Daedalus* 96 (1967): 747.

5 Ver Alasdair MacIntyre, "Ideology, Social Science, and Revolution", *Comparative Politics* 5, 3 (1973); e Ilya Prigogine e Isabelle Stengers, *Order Out of the Chaos* (New York: Bantam Books, 1984).

6 J. Scott Armstrong, "Findings from Evidence-Based Forecasting: Methods for Reducing Forecast Error", *International Journal of Forecasting* 22, 3 (2006): 583–598. Ver también J. Scott Armstrong, ed., *Principles of Forecasting: A Handbook for Reasearchers and Practitioners* (New York: Springer Science & Business Media, 2001), que es una síntesis crítica de los principios aplicados por los pronosticadores en el último cuarto de siglo.

Estos cambios llaman la atención sobre la importancia del pronóstico en condiciones complejas y altamente inciertas, que han hecho del "Cisne Negro" de Nassim Taleb una metáfora convincente de la impredecibilidad[7]. Tópicos de la impredecibilidad están, empero, relacionados con fortalezas y limitaciones bien documentadas de varios tipos de pronósticos[8].

1. *Precisión del pronóstico.* La precisión de pronósticos relativamente simples basados en extrapolación de tendencias de una sola variable, así como la de pronósticos relativamente complejos basados en modelos que incorporan muchas docenas de variables, ha sido limitada. En 2015, por ejemplo, la Casa Blanca de Obama subestimó el incremento del presupuesto de 2014 en $98 billones o el 20,2 por ciento. Un registro similar de inexactitud, definido como la variabilidad de las estimaciones de desempleo, inflación y crecimiento económico, caracteriza las estimaciones de las más grandes firmas de pronóstico econométrico como *Chase Econometrics*, *Wharton Econometric Forecasting Associates* y *Data Resources, Inc.* En Irlanda, país que experimenta un desempleo significativo, el error absoluto promedio (ignorando valores negativos y positivos) en el pronóstico del crecimiento del desempleo en el periodo 1986–2005 fue aproximadamente del cuatro por ciento, error bastante grande considerando los cientos de miles de trabajadores afectados[9].
2. *Rendimiento comparativo de los métodos de pronóstico.* La exactitud de las predicciones fundadas en modelos teoréticos complejos de la economía y del sistema de recursos energéticos ha sido más o menos comparable con la de pronósticos basados en extrapolación de tendencias y en juicio experto. Si una de las ventajas importantes de los modelos simples es la sensibilidad a eventos sorpresivos o contraintuitivos, los modelos simples tienen una ventaja comparativa sobre sus contrapartes altamente complejas, porque los usuarios de modelos muy complejos tienden a emplearlos de manera mecánica, prestando poca atención a resultados sorpresivos. Como advierte Ascher: si las implicaciones de un pronóstico son obvias cuando se reconocen sin la ayuda de un modelo complejo, el valor de usar tal modelo es cuestionable. Si las implicaciones son sorprendentes, la fuerza de un modelo complejo descansa presumiblemente en su capacidad para identificar supuestos e implicaciones del pronóstico[10]. Sin embargo, son precisamente estos supuestos e implicaciones -por ejemplo, la suposición de que un aumento predicho del consumo de gasolina no conducirá a cambios en los impuestos a la gasolina- los que se ignoran o descartan cuando son inconsistentes con los supuestos de los modelos.
3. *Contexto.* Los supuestos de los modelos y sus resultados son sensibles a los contextos institucionales, temporales e históricos. Las variaciones en los sistemas de incentivos institucionales son un aspecto clave de las diferencias en estos contextos, como lo muestran los contrastes entre agencias gubernamentales, empresas e institutos de investigación sin ánimo de lucro. La precisión del pronóstico tiende a ser mayor en las universidades y en los institutos de investigación sin ánimo de lucro que en las agencias gubernamentales y en las empresas. A su turno, el contexto temporal de un pronóstico, representado por el lapso de tiempo sobre el cual se

7 Nassim Taleb, *The Black Swan: The Impact of the Highly Improbable* (New York: Random House, 2007). El concepto de un Cisne Negro, conocido por algunos pensadores medievales como un "ave rara", aparece en los escritos epistemológicos de filósofos como Karl Popper. Si aceptamos la proposición de que todos los cisnes son blancos, la aparición de un solo cisne negro invalida la proposición.

8 Un trabajo clásico sobre el pronóstico es William Ascher, *Forecasting: An Appraisal for Policy Makers and Planners* (Baltimore and London: Johns Hopkins University Press, 1978). Ver también William Ascher, "The Forecasting Potential of Complex Models", *Policy Sciences* 13 (1981): 247–267; y Robert McNown, "On the Use of Econometric Models: A Guide for Policy Makers", *Policy Sciences* 19 (1986): 360–380.

9 Economic and Social Research Institute, *Medium-Term Revisions, 2008–2015* (Dublin: Mayo 2008).

10 Ascher, "The Forecasting Potential of Complex Models", p. 255.

hace el pronóstico (*e.g.*, un año *versus* cinco años), afecta la exactitud del pronóstico. Cuanto más largo el período, menos preciso el pronóstico. Finalmente, el contexto histórico de los pronósticos afecta la precisión. La complejidad e incertidumbre comparativamente mayores de los periodos históricos recientes disminuyen la exactitud del pronóstico, pauta evidente en el crecimiento de los errores de pronóstico en los últimos cincuenta años.

De este modo, los supuestos que los pronosticadores llevan al proceso afectan la precisión y el rendimiento comparativo de los pronósticos. Como observa Ascher, una de las dificultades de valorar el desempeño de los pronosticadores descansa en identificar los supuestos que adoptan. En muchos pronósticos, hay un problema de "arrastre de supuestos"[11], esto es, la tendencia entre pronosticadores de adherir a supuestos cuestionables o francamente implausibles a pesar de la evidencia en contrario. En el pronóstico energético, por ejemplo, la tendencia a adherir al supuesto de que los gobiernos de los países exportadores de petróleo (OPEP) permanecerán estables, pese a la evidencia en contrario, tiene efectos decisivos en la exactitud del pronóstico. Una importante implicación del "arrastre de supuestos" es que el proceso de estructuración de problemas discutido en el Capítulo 3 es un valioso aspecto del pronóstico. Desde luego, la corrección de errores mediante la disolución o no solución de problemas es tan importante en el pronóstico como lo es en cualquier otra fase del análisis de política pública (Figura 3.1).

Futuros societales

Los pronósticos de política pública, sean hechos en la forma de extrapolaciones, predicciones o juicios de expertos, se usan para estimar tres tipos de estados societales futuros: futuros posibles, futuros plausibles y futuros normativos[12]. *Futuros posibles* son estados societales futuros que pueden acontecer y se distinguen de estados societales que eventualmente ocurren. Un estado futuro nunca es cierto hasta que realmente acontece y hay muchos futuros posibles. *Futuros plausibles* (algunas veces llamados *futuros alternativos*) son estados futuros que, basados en evidencia o teoría, se cree que son probables si los formuladores de política no intervienen para redireccionar el curso de los eventos. En contraste, *futuros normativos* son futuros societales consistentes con valores futuros (Figura 4.2). La identificación de futuros normativos reduce el rango de futuros potenciales y plausibles vinculando los pronósticos al logro de valores como la eficiencia económica, la equidad social, la ilustración pública, la riqueza y el poder político[13].

11 Ver Ascher, *Forecasting*.

12 Ver David C. Miller, "Methods for Estimating Societal Futures", en *Methodology of Social Impact Assessment*, ed. de Kurt Finsterbusch y C. P. Wolf (Stroudsburg, PA: Dowden, Hutchinson & Ross, 1977), pp. 202–210.

13 Análisis clásicos de valores en política pública son Harold D. Lasswell y Abraham Kaplan, *Power and Society: A Framework for Political Inquiry* (New Brunswick, NJ: Transaction Publishers, 2013); Kurt Baier y Nicholas Rescher, eds., *Values and the Future. The Impact of Technological Change on American Values* (New York: The Free Press, 1969); y Deborah Stone, *Policy Paradox: The Art of Political Decision Making*, ed. rev. (New York: Norton, 2001).

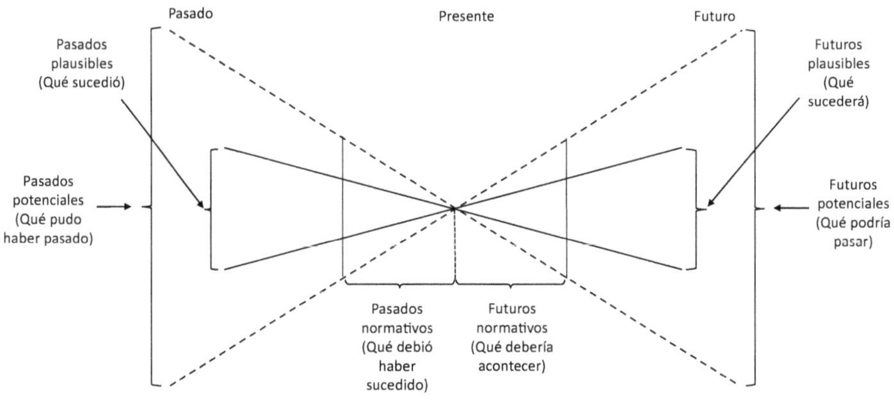

FIGURA 4.2 Tres tipos de futuros societales: potenciales, plausibles y normativos

La identificación de futuros normativos no solo demanda tratar con valores; también exige que identifiquemos alternativas u opciones de política pública que sean relevantes para su logro. Aunque estas cuestiones pueden parecer simples, son de hecho difíciles. ¿Qué valores debe usar el analista como punto focal de los pronósticos? ¿Cómo elige un analista entre alternativas de política pública para realizar tales valores? Si los analistas usan las políticas existentes para identificar valores y alternativas, corren el riesgo de simplemente pronosticar una versión futura del *statu quo*. Si, por otra parte, los analistas proponen nuevas alternativas de política pública, pueden ser acusados de sesgo.

ENFOQUES DE PRONÓSTICO

Una vez se han identificado metas, objetivos y alternativas, es posible seleccionar un enfoque de pronóstico. El analista debe 1) decidir qué pronosticar, esto es, determinar cuál debe ser el *fin* del pronóstico, 2) decidir cómo hacer el pronóstico, esto es, seleccionar la *base* del pronóstico; y 3) elegir los *métodos* que sean más apropiados para el fin y la base elegidos.

Fines y bases de los pronósticos

El *fin* de un pronóstico es el punto de referencia de una proyección, predicción o juicio experto. Los pronósticos tienen cuatro *fines* o *propósitos*[14]:

1. *Pronosticar las consecuencias de políticas existentes.* Los pronósticos pueden usarse para estimar cambios que probablemente ocurrirán si no se emprenden nuevas acciones. El *statu quo* (no hacer nada) es la política de no adelantar nuevas acciones. Son ejemplos las proyecciones de población de la Oficina del Censo de los Estados Unidos y las proyecciones de participación de la fuerza de trabajo femenina de la Oficina de Estadísticas Laborales de los Estados Unidos[15].

14 William D. Coplin, *Introduction to the Analysis of Public Policy Issues from a Problem-Solving Perspective* (New York: Learning Resources in International Studies, 1975), p. 21.
15 Por ejemplo, Howard N. Fullerton Jr. y Paul O. Flaim, "New Labor Force Projection to 1990", *Monthly Labor Review* (diciembre 1976).

2. *Pronosticar las consecuencias de nuevas políticas.* Los pronósticos pueden usarse para estimar cambios probables en la sociedad si se adoptan nuevas políticas. En este contexto, la demanda de energía en 1995 puede basarse en suposiciones sobre la adopción de nuevas políticas para regular la contaminación industrial[16].
3. *Pronosticar los contenidos de nuevas políticas.* Los pronósticos pueden utilizarse para estimar cambios en el contenido de nuevas políticas. Hace algunos años el Servicio de Investigación del Congreso pronosticó la adopción de vacaciones anuales pagadas de cuatro semanas sobre el supuesto de que el gobierno y los sindicatos seguirían el ejemplo de los países europeos, la mayoría de los cuales ha adoptado vacaciones anuales pagadas de cuatro o cinco semanas para los trabajadores[17].
4. *Pronosticar la conducta de partes interesadas de la política pública.* Los pronósticos pueden usarse para estimar el apoyo y la oposición probables a políticas recientemente propuestas. Por ejemplo, para estimar la probabilidad de que diferentes partes interesadas apoyarán una política en varios estadios del proceso de la política pública, desde su adopción hasta su implementación, se utilizan técnicas para valorar la factibilidad política[18].

La *base* de un pronóstico es el conjunto de supuestos o de datos empleado para estimar las consecuencias de políticas existentes o nuevas, el contenido de nuevas políticas o la conducta de actores interesados. Como hemos visto, hay tres bases principales de pronóstico: extrapolación de tendencias, teoría y juicio experto. Cada una de estas bases está asociada con una de las tres formas de pronóstico previamente discutidas.

La *extrapolación de tendencias* es la extensión hacia el futuro de tendencias observadas en el pasado. La extrapolación de tendencias asume que lo que ha ocurrido en el pasado ocurrirá en el futuro, siempre y cuando nuevas políticas o eventos imprevistos no intervengan para cambiar el curso de los eventos. La extrapolación de tendencias se basa en la *lógica inductiva*, esto es, en el proceso de razonamiento que conduce de observaciones particulares (*e.g.*, datos históricos de series de tiempo) a conclusiones o afirmaciones generales. En la extrapolación de tendencias, usualmente partimos de datos de series de tiempo, proyectamos tendencias del pasado hacia el futuro, y luego justificamos el pronóstico basados en suposiciones acerca de su regularidad y persistencia. La lógica de la extrapolación de tendencias se ilustra en la Figura 4.3.

16 Ver Barry Hughes, *U.S. Energy, Environment and Economic Problems: A Public Policy Simulation* (Chicago, IL: American Political Science Association, 1975).

17 Ver Everett M. Kassalow, *Some Labor Futures in the United States*, Congressional Research Service, Congressional Clearing House on the Future, Library of Congress (enero 31, 1978).

18 Ver Michael K. O'Leary y William D. Coplin, *Everyman's "Prince"* (North Scituate, MA: Duxbury Press, 1976).

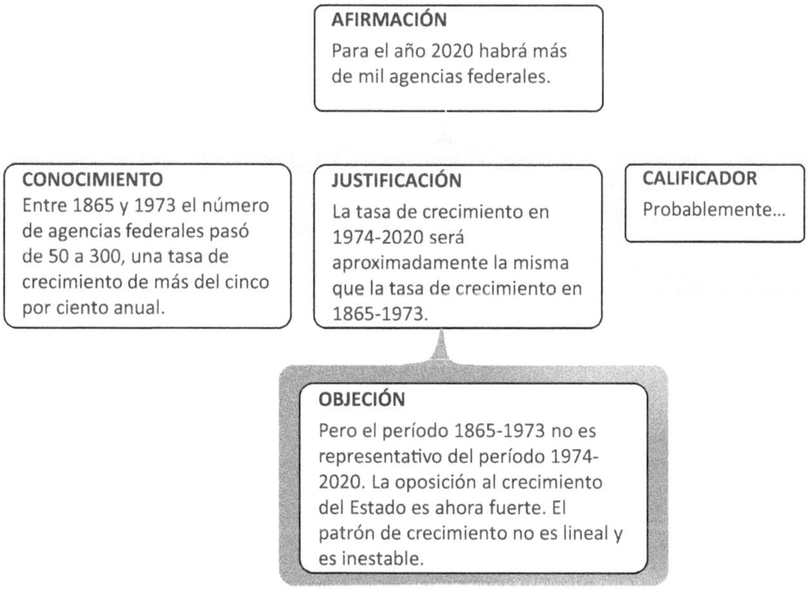

FIGURA 4.3 La lógica de la extrapolación de tendencias: razonamiento inductivo

Los *supuestos teoréticos* son leyes y proposiciones sistemáticamente estructuradas y empíricamente verificables que hacen predicciones acerca de la ocurrencia de un evento sobre la base de otro. Los supuestos teoréticos son causales en la forma y su papel es explicar y predecir. El uso de supuestos teoréticos se basa en la *lógica deductiva*, esto es, en el proceso de razonamiento que conduce de declaraciones, leyes o proposiciones generales a conjuntos de conocimientos y afirmaciones particulares. Por ejemplo, la proposición de que en la sociedad "posindustrial" el conocimiento predictivo de los analistas de política pública es un recurso crecientemente escaso que realza su poder, puede usarse para hacer la afirmación de que el aumento de analistas profesionales en el gobierno significa que tendrán más poder que los formuladores de política en los años venideros (Figura 4.4).

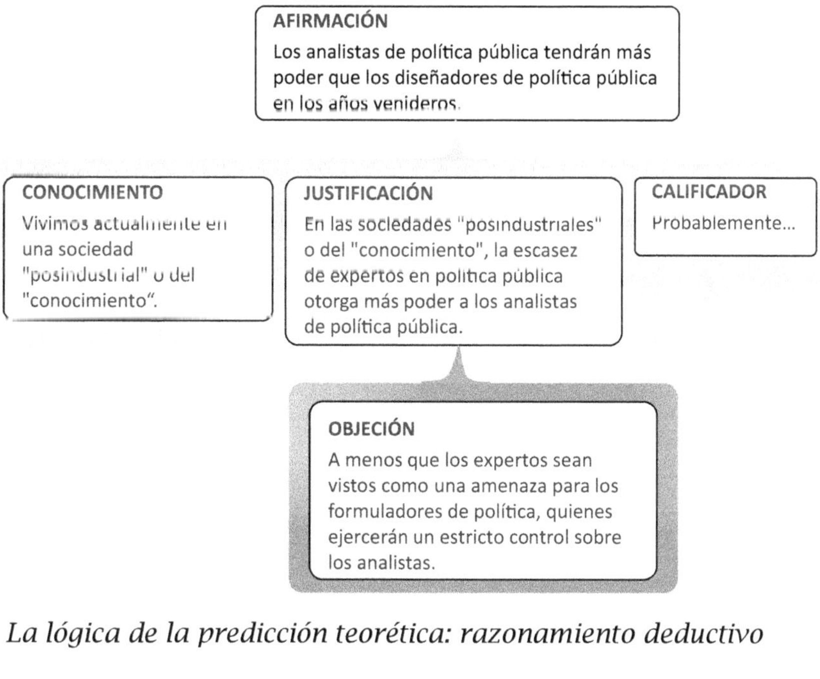

FIGURA 4.4 La lógica de la predicción teorética: razonamiento deductivo

El *juicio informado* se refiere a conocimiento basado en experiencia e intuición, antes que en razonamiento inductivo o deductivo. Estos juicios los expresan usualmente expertos o personas ilustradas y se utilizan cuando la teoría y/o los datos empíricos no están disponibles o son inadecuados. Los juicios informados se basan en la *lógica abductiva* (*retroductiva*)[19], esto es, en un proceso de razonamiento que empieza con afirmaciones sobre el futuro y luego retrocede hacia el conocimiento, los supuestos o la teoría que apoyan tales afirmaciones. Un buen ejemplo de juicio informado como base de pronósticos es el uso de científicos o de otras personas ilustradas para hacer conjeturas sobre cambios futuros en la tecnología. Mediante la lógica abductiva, los expertos pueden pronosticar un escenario de autopistas automatizadas con pilotos automáticos adaptables en los automóviles para el año 2050. Los expertos retroceden entonces hacia el conocimiento, los supuestos y la teoría requeridos para establecer la afirmación abductiva (Figura 4.5).

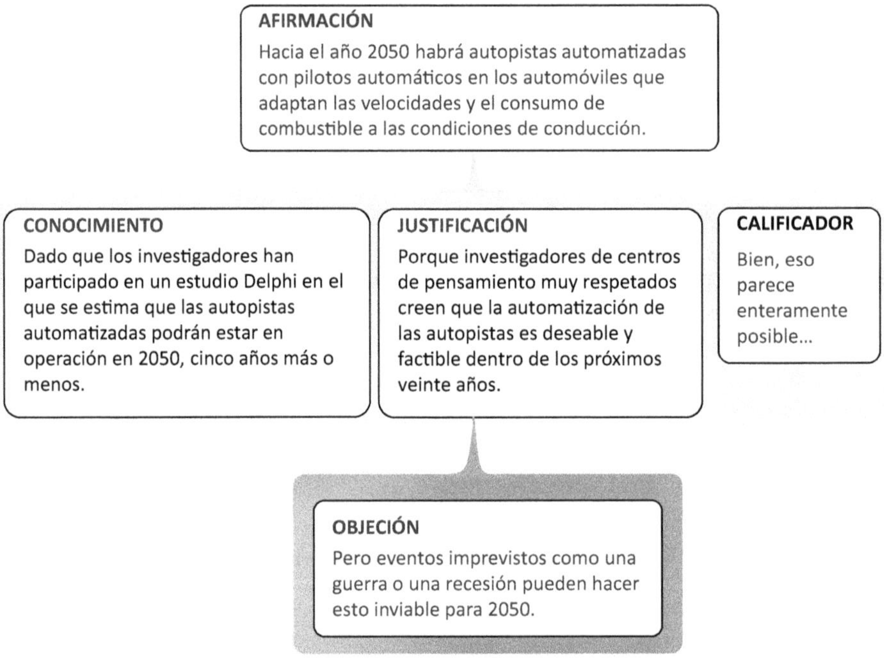

FIGURA 4.5 La lógica de futuros posibles: razonamiento abductivo

El razonamiento abductivo facilita la emergencia de futuros potenciales allende el presente. En contraste, los razonamientos inductivo y deductivo son más conservadores, porque el uso de conocimiento sobre eventos pasados o la aplicación de teorías científicas establecidas restringen la consideración de futuros potenciales (en cuanto se distinguen de futuros plausibles). La restrictiva influencia de eventos pasados y teorías científicas establecidas es evidente en el pronóstico del bien conocido astrónomo William H. Pickering (1858–1938), quien creía que la idea de máquinas voladoras que transportan grandes cantidades de pasajeros a través del Atlántico era enteramente visionaria, porque "aun si una máquina pudiera cruzar con uno o dos pasajeros el gasto sería prohibitivo"[20].

19 El término preferido es abducción, como lo usa Charles Sanders Peirce en "Abduction and Induction", *Philosophical Writings of Peirce* (New York: Dover, 1955).

20 Citado en Brownlee Haydon, *The Year 2000* (Santa Mónica, CA: RAND Corporation, 1967).

Elección de métodos y técnicas

La elección de un fin y una base para un pronóstico ayuda a orientar al analista hacia los métodos apropiados. Sin embargo, hay literalmente cientos de métodos de pronóstico entre los cuales elegir[21]. Una forma útil de simplificar la elección de estos métodos es agruparlos de acuerdo con las bases de los pronósticos previamente discutidas. La Tabla 4.1 bosqueja los tres enfoques de pronóstico, sus bases y métodos asociados. La tabla ofrece una visión de conjunto del resto del capítulo.

TABLA 4.1 Tres enfoques de pronóstico

Enfoque	**Base**	**Método**
Pronóstico extrapolativo	Extrapolación de tendencias	Análisis clásico de series de tiempo
		Estimación de tendencias lineales
		Ponderación exponencial
		Transformación de datos
		Metodología de catástrofes
Pronóstico teorético	Leyes y proposiciones teoréticas	Mapeo de teorías
		Modelación causal
		Análisis de regresión
		Estimación de punto y de intervalo
		Análisis de correlación
Pronóstico crítico	Juicio experto	Delphi clásico
		Delphi de política pública
		Análisis de impacto cruzado
		Pronóstico de factibilidad

PRONÓSTICO EXTRAPOLATIVO

Los métodos de pronóstico extrapolativo generan pronósticos de estados societales futuros basados en datos pasados, actuales e históricos. El pronóstico extrapolativo se apoya con frecuencia en *análisis de series de tiempo*, que implica el análisis de valores numéricos reunidos en múltiples puntos del tiempo y presentados secuencialmente. El análisis de series de tiempo proporciona medidas sumarias de la cantidad y tasa de cambio en años pasados y futuros. El pronóstico extrapolativo se usa para proyectar crecimiento económico, descenso de la población, consumo de energía, calidad de vida y cargas de trabajo en las organizaciones.

El pronóstico extrapolativo descansa en tres supuestos:

1. *Persistencia.* Tendencias observadas en el pasado persistirán en el futuro. Si el consumo de energía ha crecido a la misma tasa en el pasado, esta tendencia secular (o lineal) se incrementará en el futuro.
2. *Regularidad.* Si variaciones observadas en patrones no seculares han ocurrido en el pasado, ellas se repetirán en el futuro. Si ciclos de expansión y contracción económicas han ocurrido cada siete u ocho años en el pasado, ellos se repetirán en el futuro.

21 Una revisión y evaluación comprehensivas de métodos de pronóstico es J. Scott Armstrong, *Forecasting Principles: Evidence-Based Forecasting* en www.forecastingprinciples.com. Trabajos anteriores útiles incluyen a Daniel P. Harrison, *Social Forecasting Methodology* (New York: Russell Sage Foundation, 1976); Denis Johnston, "Forecasting Methods in the Social Sciences", *Technological Forecasting and Social Change* 2 (1970): 120–143; y Arnold Mitchell *et al.*, *Handbook of Forecasting Techniques* (Fort Belvoir, VA: U.S. Army Engineer Institute for Water Resources, diciembre 1975).

3. *Confiabilidad y validez.* La medición de tendencias seculares y de patrones no seculares es fiable (comparativamente precisa) y válida (exitosa en la medición de lo que pretende medir). Por ejemplo, las estadísticas criminales son medidas relativamente precisas de los delitos cuando están acompañadas por encuestas de victimización, lo cual sugiere que las estadísticas criminales subestiman los delitos en aproximadamente dos tercios.

Cuando se satisfacen estos tres supuestos, el pronóstico extrapolativo puede producir claros entendimientos de las dinámicas de cambio y una mayor comprensión de potenciales estados futuros de la sociedad. Cuando se desconoce alguno de estos supuestos, los métodos de pronóstico extrapolativo producen resultados inexactos y equívocos.

Análisis clásico de series de tiempo

El análisis clásico de series de tiempo puede usarse en pronósticos extrapolativos. El análisis clásico de series de tiempo divide las series de tiempo en cuatro componentes: tendencia secular, variación estacional, fluctuación cíclica y movimiento irregular. Una *tendencia secular* es un crecimiento o decrecimiento suaves a largo plazo en una serie de tiempo. La Figura 4.6 muestra una tendencia secular en el crecimiento de delitos por cada mil personas en Chicago en un periodo de treinta años. Por convención, la variable de la serie de tiempo se grafica en el eje *Y* (también llamado *ordenada*) y los años se grafican en el eje *X* (también llamado *abscisa*). Se ha utilizado una línea recta para resumir el crecimiento del total de arrestos por cada mil personas entre 1940 y 1970. En otros casos, por ejemplo, muertes, la tendencia de la línea recta muestra un descenso a largo plazo, mientras que, en otros casos, por ejemplo, el consumo de aceite de carbón, la línea muestra una *tendencia curvilínea*, esto es, una tendencia en la cual los valores numéricos en una serie de tiempo exhiben un patrón convexo o cóncavo.

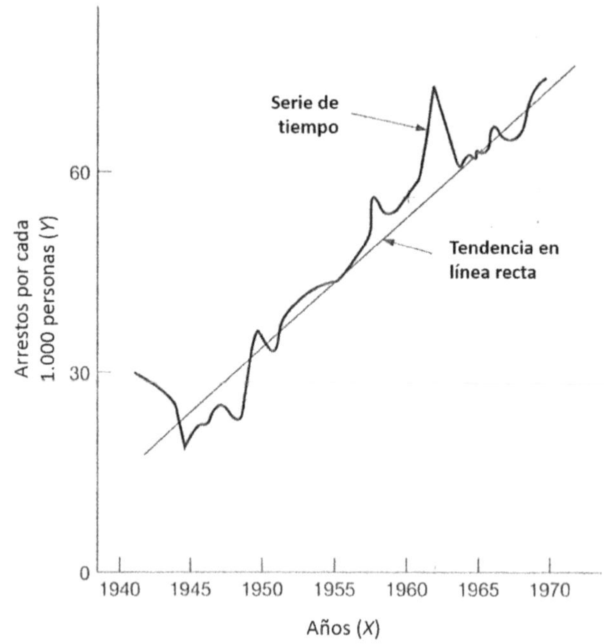

FIGURA 4.6 Ilustración de una tendencia secular: total de arrestos por cada 1.000 personas en Chicago, 1940-1970
Fuente: Adaptado de Gurr (1977): 647.

La *variación estacional*, como lo sugiere el término, es la variación en una serie de tiempo que se repite periódicamente dentro de un año o menos. Los mejores ejemplos de variaciones estacionales son los altibajos de producción y ventas que siguen a los cambios en las condiciones del tiempo y a los días festivos. Las cargas de trabajo en las agencias públicas de bienestar social, salud y servicios públicos también exhiben frecuentemente variaciones estacionales como resultado de las condiciones del tiempo y los días festivos. Por ejemplo, el consumo de combustibles de calefacción casera se incrementa en los meses de invierno y empieza a declinar en marzo de cada año.

Las *fluctuaciones cíclicas* también son periódicas, pero pueden extenderse impredeciblemente durante varios años. Los ciclos son con frecuencia difíciles de explicar porque cada nueva fluctuación cíclica puede ser una consecuencia de factores nuevos y desconocidos. El total de arrestos por mil personas en Chicago, presentado en un periodo de más de cien años, muestra al menos tres fluctuaciones cíclicas (Figura 4.7). Cada uno de estos ciclos es difícil de explicar, aunque la tercera fluctuación cíclica coincide con la época de la prohibición (1919–1933) y la emergencia del crimen organizado. Este ejemplo señala la importancia de seleccionar cuidadosamente un marco temporal, porque lo que parece ser una tendencia secular puede ser de hecho parte de algún patrón más extenso a largo plazo de fluctuaciones cíclicas. Obsérvese que el total de arrestos por cada mil personas fue más alto en las décadas de los 1870 y los 1890 que en la mayor parte de los años de 1955 a 1970.

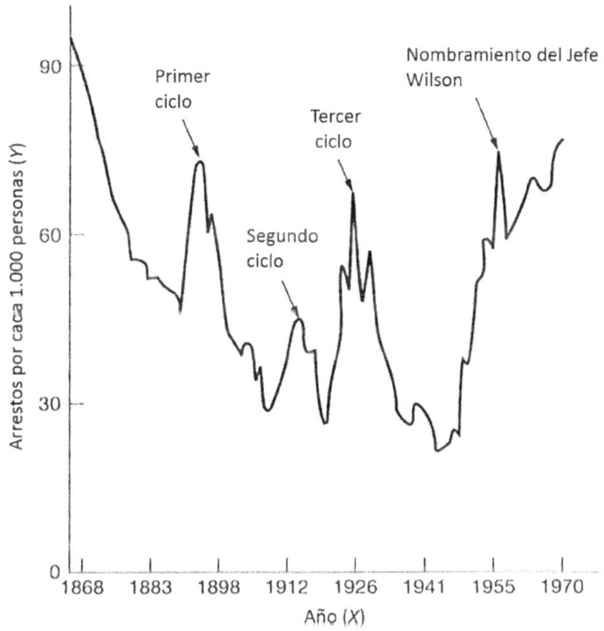

FIGURA 4.7 Ilustración de fluctuaciones cíclicas: total de arrestos por cada 1.000 personas en Chicago, 1868-1970
Fuente: Gurr (1977): 647.

La interpretación de fluctuaciones cíclicas debe a menudo dar cuenta de la presencia de *movimientos irregulares*, esto es, de variaciones impredecibles en una serie de tiempo que no parecen seguir un patrón regular. Los movimientos irregulares pueden ser el resultado de muchos factores (*e.g.*, cambios en el gobierno, huelgas, desastres naturales). Mientras no se dé razón de estos factores, se tratarán como error aleatorio, esto es, como fuentes desconocidas de variación que no pueden explicarse en términos de tendencias seculares, variaciones estacionales o fluctuaciones cíclicas. Por ejemplo, el movimiento irregular del total de arrestos que ocurrió en 1957 (ver Figura 4.6) podría considerarse como una variación impredecible en la serie de tiempo que no sigue un patrón regular. En un examen más de cerca, sin embargo, la fuerte alza temporal de arrestos se explica por los cambios en el mantenimiento de los registros que entraron en vigor cuando Orlando Wilson fue nombrado jefe de la policía[22]. Este ejemplo indica la importancia de entender el contexto histórico e institucional de los cambios en las series de tiempo.

Estimación de tendencia lineal

Una técnica estándar para extrapolar tendencias es la *estimación de tendencia lineal*, procedimiento que usa el método de análisis de regresión para obtener estimaciones estadísticamente confiables. La regresión lineal se basa en los supuestos de persistencia, regularidad y confiabilidad de la medición. Cuando la regresión lineal se usa para estimar tendencias, es esencial que los valores observados en una serie de tiempo no sean curvilineales, porque cualquier desviación significativa de la linealidad producirá un pronóstico no confiable. Sin embargo, la regresión lineal puede usarse para remover el componente de tendencia lineal de una serie que exhibe variaciones estacionales o fluctuaciones cíclicas.

El análisis de regresión tiene dos importantes propiedades:

1. *Las desviaciones se cancelan.* En una serie de tiempo, la suma de las diferencias entre los valores observados y los valores situados a lo largo de la tendencia de línea recta (llamada *línea de regresión*) siempre será igual a cero. Así, si el valor de la tendencia (Y_t) se sustrae de su correspondiente valor observado (Y) para todos los años en una serie de tiempo, el total de estas diferencias (denominadas *desviaciones*) será igual a cero. Cuando el valor observado para un año dado está *por debajo* de la línea de regresión, la desviación ($Y - Y_t$) es *negativa*. Cuando el valor observado está *por encima* de la línea de regresión, la desviación ($Y - Y_t$) es *positiva*. Estos valores negativos y positivos se cancelan, de modo que $\sum(Y - Y_t) = 0$.
2. *Las desviaciones al cuadrado son un mínimo.* Si elevamos al cuadrado cada desviación multiplicando cada valor de desviación por sí mismo y los sumamos todos, la suma de estas desviaciones al cuadrado siempre será un valor mínimo o el más pequeño. Esto significa que la regresión lineal minimiza las distancias entre la línea de regresión y todos los valores de Y observados en la serie. En otras palabras, el análisis de regresión es la forma más eficiente de dibujar una línea de tendencia a través de una serie de puntos de datos observados.

Estas dos propiedades del análisis de regresión se ilustran con datos hipotéticos en la Figura 4.8.

22 Ver Donald T. Campbell, "Reforms as Experiments", *American Psychologist* 24, 4 (1969): pp. 409–429.

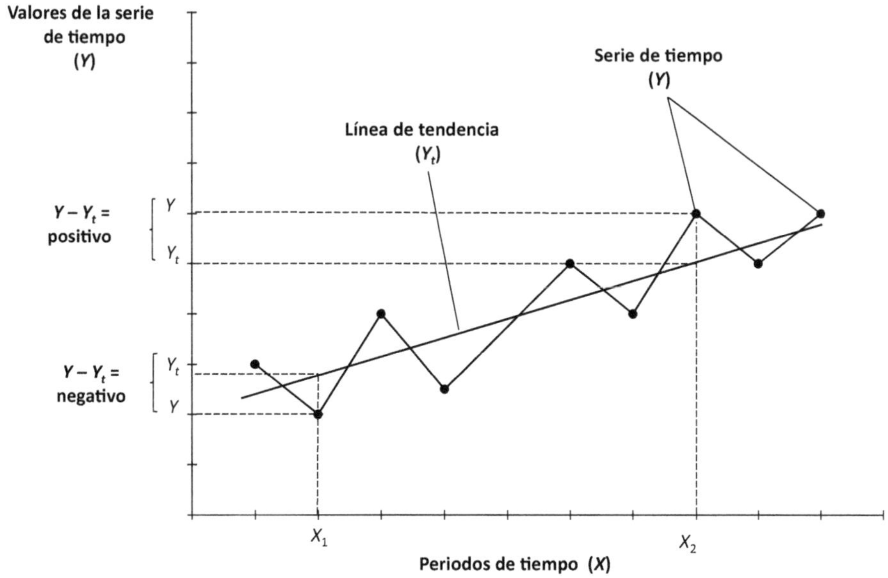

FIGURA 4.8 Dos propiedades de la regresión lineal
Nota: $\Sigma(Y - Y_t) = 0$; $\Sigma(Y - Y_t)^2$ = un valor mínimo (el más pequeño).

El cálculo de tendencia lineal con análisis de regresión se ilustra en la Tabla 4.2 con datos sobre consumo de energía. En la columna (3), los años de la serie de tiempo han sido codificados calculando la distancia numérica (x) de cada año a partir de 1973, que es la mitad de la serie. A la mitad de la serie se le da un valor codificado de cero y se trata en este caso como el origen de los valores de x a la derecha y a la izquierda de cero[23]. Los valores de x varían desde -3 hasta +3 y son desviaciones desde el origen. Obsérvense también los procedimientos de cómputo utilizados en las columnas (4) y (5) de la Tabla 4.2. El valor de xY se calcula multiplicando los valores del consumo de energía (Y) por cada valor de tiempo codificado (x), como se muestra en la columna (4). El valor de x^2, mostrado en la columna (5), se calcula multiplicando cada valor de x por sí mismo, esto es, elevando al cuadrado todos los valores x de la columna (3). Finalmente, la columna (6) contiene los valores de tendencia de la variable (Y_t) de la serie de tiempo. Estos valores de tendencia, que forman una línea recta, se calculan de acuerdo con la siguiente ecuación:

$$Y_t = a + b(x)$$

donde

Y_t = el valor de tendencia para un año dado
a = el valor de Y_t cuando $x = 0$
b = la pendiente de la línea de tendencia que representa el cambio en Y_t por cada unidad de tiempo
x = el valor del tiempo codificado para cualquier año, determinado por su distancia desde el origen

23 Con miras a la simplicidad, el origen de la serie se ha establecido en cero y se ha utilizado notación estadística intuitivamente entendible. Métodos y notación estadística estándares utilizados en el análisis de regresión se presentan en textos de econometría como Jeffrey M. Wooldridge, *Introductory Econometrics: A Modern Approach* (Boston, MA: Nelson Education, 2015) [*Introducción a la econometría: Un enfoque moderno* (México: Cengage Learning Editores, 2010)]; James H. Stock y Mark W. Watson, *Introduction to Econometrics* (Boston, MA: Addison Wesley, 2003) [*Introducción a la econometría* (Madrid: Pearson Educación S.A., 2012)]; y Peter Kennedy, *A Guide to Econometrics* (Cambridge, MA: MIT Press, 2003).

TABLA 4.2 Datos de una serie de tiempo sobre el consumo total de energía utilizados en una regresión lineal

Años	**Consumo de energía**	**Valor de tiempo codificado**	**Columnas (2) por (3)**	**Columna (3) elevada al cuadrado**	**Valor de tendencia para el consumo de energía**
(X)	**(Y)**	**(x)**	**(xY)**	**(x^2)**	**(Y_t)**
(1)	**(2)**	**(3)**	**(4)**	**(5)**	**(6)**
1970	66,9	-3	-200,7	9	68,35
1971	68,3	-2	-136,6	4	69,31
1972	71,6	-1	-71,6	1	70,27
1973	74,6	0	0	0	71,24
1974	72,7	1	72,7	1	72,20
1975	70,6	2	141,2	4	73,37
1976	74,0	3	222,0	9	74,13
$n = 7$	$\sum Y = 498{,}7$	$\sum x = 0$	$\sum xY = 27{,}0$	$\sum (x^2) = 28$	$\sum Y_t = 498{,}7$

$$Y_t = a + b(x)$$

$$a = \frac{\sum Y}{n} = \frac{498{,}7}{7} = 71{,}243$$

$$b = \frac{\sum(xY)}{\sum(x^2)} = \frac{27{,}0}{28{,}0} = 0{,}964$$

$$Y_t = 71{,}24 + 0{,}964\,(x)$$

Una vez se han calculado los valores de *a* y *b*, las estimaciones del consumo total de energía pueden hacerse para cualquier año en la serie de tiempo *observada* o para cualquier año *futuro* (no observado). Por ejemplo, la Tabla 4.2 muestra que el valor de tendencia del consumo de energía en 1972 es 70,27 cuatrillones de BTU*. Para proyectar el consumo total de energía para 1980, establecemos el valor de *x* en 7 (*i.e.*, siete periodos de tiempo desde 1973, el origen) y resolvemos la ecuación $Y_{t(1980)} = a + b(x)$. La fórmula para calcular el valor de *a* es

$$a = \frac{\sum Y}{n}$$

donde

$\sum Y$ = la suma de los valores observados en la serie
n = el número de años en la serie de tiempo observada

La fórmula para calcular el valor de *b* es

* BTU: Sigla de *British Thermical Units*: unidades térmicas británicas.

$$b = \frac{\sum(xY)}{\sum(x^2)}$$

donde

($\sum xY$) = la suma de los productos de los valores de tiempo codificados y los valores observados en la serie [ver columna (4) de la Tabla 4.2]
$\sum$ (x^2) = la suma de los valores de tiempo codificados elevados al cuadrado [ver columna (5) de la Tabla 4.2].

Los cálculos de la Tabla 4.2 no solo nos permiten estimar valores de tendencia del consumo de energía en la serie observada; también nos permiten proyectar el consumo total de energía para cualquier año dado en el futuro. Así, la estimación del consumo total de energía en 1980 [$Y_{t(1980)}$] es 77,99 cuatrillones de BTU.

En la ilustración de la aplicación de la regresión lineal, hemos usado una serie de tiempo con un número impar de años. Tratamos la mitad de la serie como el origen y lo codificamos como cero. Obviamente, hay muchas series de tiempo que contienen un número par de años; en este caso, se usa un procedimiento diferente para determinar cada valor de tiempo codificado (x), porque no hay un año medio. El procedimiento utilizado con series de tiempo pares es dividir las series en dos partes iguales y codificar los valores de tiempo en intervalos de dos (en lugar de intervalos de uno, como en las series impares). Cada año, en la Tabla 4.3, está exactamente a dos unidades de su vecino, y los valores de tiempo codificados más alto y más bajo son +7 y -7, y no +3 y -3. Téngase en cuenta que el tamaño del intervalo no necesita ser 2; podría ser cualquier número, con tal que cada año sea equidistante del siguiente en la serie. El incremento del tamaño del intervalo no afectará el cálculo de los resultados.

A pesar de su precisión en la extrapolación de tendencias seculares, la regresión lineal está limitada por varias condiciones. En primer lugar, la serie de tiempo debe ser *lineal*, esto es, exhibir aumento o disminución constantes de los valores a lo largo de la línea de tendencia. Si el patrón de las observaciones *no* es lineal (*i.e.*, la cantidad de cambio crece o decrece de un periodo de tiempo al siguiente), deben usarse otras técnicas. Algunas de estas técnicas requieren ajustar varios tipos de curvas a series de tiempo no lineales. En segundo lugar, deben ofrecerse argumentos plausibles para mostrar que los patrones históricos *persistirán* en el futuro, esto es, que observarán con mucho en los años siguientes la misma forma que en años anteriores. En tercer lugar, los patrones deben ser *regulares*, esto es, no mostrar discontinuidades agudas. A menos que todas estas condiciones se hallen presentes, la regresión lineal no debe usarse para extrapolar tendencias.

TABLA 4.3 Regresión lineal con una serie par

Años	Consumo de energía	Valor de tiempo codificado	Columnas (2) por (3)	Columna (3) elevada al cuadrado	Valor de tendencia para el consumo de energía
(X)	(Y)	(x)	(xY)	(x^2)	(Y_t)
(1)	(2)	(3)	(4)	(5)	(6)
1969	64,4	-7	-450,8	49	66,14
1970	66,9	-5	-334,5	25	67,36
1971	68,3	-3	-204,9	9	68,57
1972	71,6	-1	-71,6	1	69,78
1973	74,6	1	74,6	1	71,00
1974	72,7	3	218,1	9	72,21
1975	70,6	5	353,0	25	73,43
1976	74,0	7	518,0	49	74,64
$n = 8$	$\sum Y = 563{,}1$	$\sum x = 0$	$\sum xY = 101{,}9$	$\sum (x^2) = 168$	$\sum Y_t = 563{,}1$

$$Y_t = a + b(x)$$

$$a = \frac{\sum Y}{n} = \frac{563{,}1}{8} = 70{,}39$$

$$b = \frac{\sum(xY)}{\sum(x^2)} = \frac{101{,}9}{168} = 0{,}607$$

$$Y_t = 70{,}39 + 0{,}607\,(x)$$

$$Y_{t(1980)} = 70{,}39 + 0{,}607(15) = 79{,}495 \text{ cuatrillones de BTU}$$

La salida del *Statistical Package for the Social Sciences* (SPSS) (Paquete Estadístico para las Ciencias Sociales) para el análisis de regresión calculado a mano en la Tabla 4.2 se muestra en la Exposición 4.1. Como puede verse en la comparación de la Tabla 4.2 con la salida del SPSS, los resultados son idénticos. La salida del SPSS identifica la variable dependiente, que se llamó Consumo de energía; el número de observaciones en la muestra ($n = 7$); el coeficiente de correlación que expresa la fortaleza de la relación entre tiempo y consumo de energía (R: 0,729); y el coeficiente de correlación elevado al cuadrado (R cuadrado: 0,531), que expresa la proporción de varianza de la variable dependiente (Consumo de energía) explicada por la variable independiente (Código de tiempo).

EXPOSICIÓN 4.1 Salida del SPSS para la Tabla 4.2

Resumen del modelo[b]

Modelo	R	R cuadrado	R cuadrado ajustado	Error estándar de la estimación	Durbin Watson
1	,729[a]	,531	,437	2,14575994	1,447

a. Predictores: (Constante), Código de tiempo
b. Variable dependiente: Consumo de energía

ANOVA[b]

Modelo		Suma de cuadrados	gl	Media cuadrática	F	Significancia
1	Regresión	26,036	1	26,036	5,655	,063[a]
	Residuo	23,021	5	4,604		
	Total	49,057	6			

a. Predictores: (Constante), Código de tiempo
b. Variable dependiente: Consumo de energía

Coeficientes[a]

		Coeficientes no estandarizados		Coeficientes estandarizados		
Modelo		B	Error estándar	Beta	t	Sig.
1	(Constante)	71,243	,811		87,843	,000
	Código de tiempo	,964	,406	,729	2,378	,063

a. Variable dependiente: Consumo de energía

Estadísticas residuales[a]

	Mínimo	Máximo	Media	Desviación estándar	N
Valor predicho	68,349998	74,135712	71,242857	2,08309522	7
Residual	-2,571429	3,3571429	8,120E-15	1,95880187	7
Valor estándar predicho	-1,389	1,389	,000	1,000	7
Residuo estándar	-1,198	1,565	,000	,913	7

a. Variable dependiente: Consumo de energía

Para los fines actuales, la parte más importante de la salida del SPSS proporciona el coeficiente para la constante, *a*, que es 71,243 -este es el valor de *Y*, consumo de energía, cuando *X* es igual a cero. La línea cinco proporciona el coeficiente para la pendiente de la línea de regresión, *b*, que es 0,964 -este es la cantidad de cambio en *Y*, consumo de energía, por cada cambio de unidad en *X*. Esta parte de la salida nos permite escribir la ecuación de regresión y, utilizando los coeficientes de esta ecuación, pronosticar el valor del consumo de energía en cualquier año futuro. La ecuación de regresión para la Tabla 4.2 es

$$Y_t = 71{,}243 + 0{,}964\ (X)$$

La ecuación de regresión para la Tabla 4.3, que tiene ocho años en lugar de siete en la serie de tiempo, es

$$Y_t = 70{,}388 + 0{,}607\ (X)$$

Obsérvese cuánta diferencia hay en las pendientes después de añadir solamente un año a la serie.

Muchos datos de series de tiempo de interés para los analistas de política pública -por ejemplo, datos sobre delitos, contaminación, gasto público, urbanización- no son lineales. Se ha desarrollado una variedad de técnicas para ajustar curvas no lineales a patrones de cambio que no exhiben aumento o disminución constantes en los valores de una serie de tiempo observada. Aunque estas técnicas no se presentan en detalle, discutimos algunas propiedades y supuestos subyacentes. Los lectores que deseen investigar estas técnicas de pronóstico con mayor profundidad deben consultar textos avanzados sobre análisis de series de tiempo[24].

Series de tiempo no lineales

Las series de tiempo que no satisfacen las condiciones de linealidad, persistencia y regularidad se agrupan en cinco clases principales (Figura 4.9):

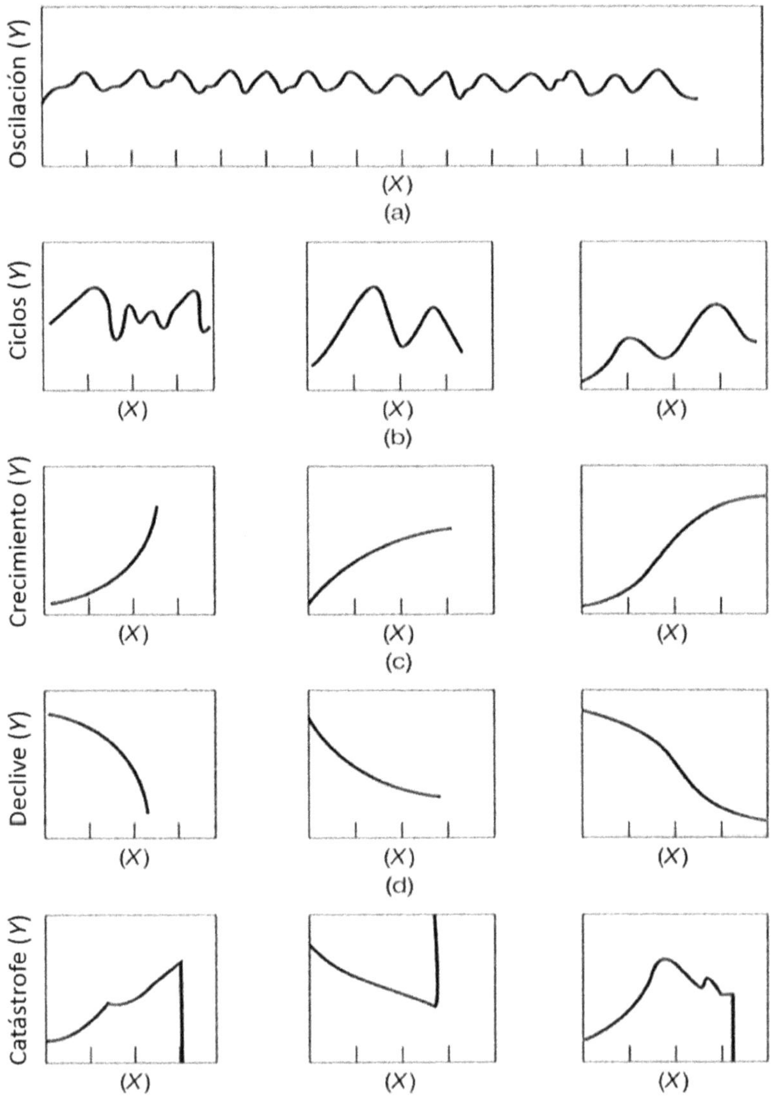

FIGURA 4.9 Cinco clases de series de tiempo no lineales

24 Ver G. E. P. Box y G. M. Jenkins, *Time Series Analysis: Forecasting and Control* (San Francisco, CA: Holden-Day, 1969); Spyros Makridakis, Steven C. Wheelwright y Rob J. Hyndman, *Forecasting Methods and Applications* (New York: John Wiley & Sons, 2008).

1. *Oscilaciones*. Aquí hay desviaciones de la linealidad, pero solamente *dentro* de años, trimestres, meses o días. Las oscilaciones pueden ser persistentes y regulares (*e.g.*, la mayoría de los arrestos por la policía ocurren entre las 11 pm y las 2 pm a lo largo del año), pero no muestran un aumento o disminución constantes dentro del periodo bajo examen (Figura 4.9[a]). Las oscilaciones *dentro* de años pueden ocurrir en conjunción con tendencias seculares de largo plazo *entre* años. Ejemplos son las variaciones estacionales en el desempleo, las variaciones mensuales en las cargas de trabajo en las agencias públicas y las variaciones diarias en los niveles de los contaminantes.
2. *Ciclos*. Los ciclos son fluctuaciones no lineales que ocurren entre años o periodos más largos de tiempo. Los ciclos pueden ser impredecibles o acontecer con persistencia y regularidad. Aunque el patrón general de un ciclo sea siempre no lineal, segmentos de un ciclo dado pueden ser lineales o curvilineales (Figura 4.9[b]). Son ejemplos los ciclos de negocios y los "ciclos de vida" de campos académicos, publicaciones científicas y civilizaciones.
3. *Curvas de crecimiento*. Desviaciones de la linealidad ocurren *entre* años, décadas o alguna otra unidad de tiempo. Las curvas de crecimiento evidencian *incrementos* acumulativos en la tasa de crecimiento en una serie de tiempo, *decrementos* acumulativos en esta tasa de crecimiento, o alguna *combinación* de los dos (Figura 4.9[c]). En el último caso, las curvas de crecimiento tienen la forma de una S y se denominan curvas *sigmoideas* o *logísticas*. Las curvas de crecimiento, desarrolladas en estudios de organismos biológicos, se han utilizado para pronosticar el crecimiento de la industria, las áreas urbanas, la población, la tecnología y la ciencia. Aunque las curvas de crecimiento no son lineales, son, no obstante, persistentes y regulares.
4. *Curvas de declive*. Aquí las desviaciones acontecen de nuevo *entre* años, décadas o periodos más largos. En efecto, las curvas de declive son la contraparte de las curvas de crecimiento. Las curvas de declive evidencian incrementos o decrementos acumulativos en la tasa de disminución en una serie de tiempo (Figura 4.9[d]). Las tasas de incremento y de decremento del declive pueden combinarse para formar curvas con diferentes configuraciones. Los patrones de declive se usan algunas veces como base de diversas perspectivas dinámicas o del ciclo de vida del ocaso de civilizaciones, sociedades y áreas urbanas. Las curvas de declive no son lineales sino regulares y persistentes.
5. *Catástrofes*. La principal característica de los datos de series de tiempo que son catastróficas es que ellas exhiben discontinuidades súbitas y agudas. El análisis del cambio catastrófico, campo de estudio fundado por el matemático francés René Thom, no solo implica cambios no lineales en el tiempo, sino también patrones de cambio discontinuos (Figura 4.9[e]). Son ejemplos virajes repentinos en las políticas gubernamentales durante la guerra (ataque o retirada), el colapso de las bolsas de valores en tiempos de crisis económicas y el cambio súbito en la densidad de un líquido a medida que hierve[25].

Las curvas de crecimiento y de declive ilustradas en las Figuras 4.9(c) y (d) no pueden describirse mediante una tendencia en línea recta. Los patrones de crecimiento y de declive no son cíclicos, y la tendencia se describe mejor como *crecimiento* o *declive exponenciales*, esto es, crecimiento o declive donde los valores de una cantidad aumentan o disminuyen a una tasa creciente o decreciente. El crecimiento de las organizaciones del gobierno federal entre 1789 y 1973 (Figura 4.10) es un ejemplo de crecimiento exponencial. Después de 1789, el número total de organizaciones empezó a aumentar lentamente, hasta más o menos 1860, cuando la tasa de crecimiento empezó a acelerarse. Claramente, esta tendencia de crecimiento es muy diferente de las tendencias seculares y variaciones cíclicas hasta ahora examinadas[26].

25 Ver C. A. Isnard y E. C. Zeeman, "Some Models from Catastrophe Theory in the Social Sciences", en *The Use of Models in the Social Sciences*, ed. de Lyndhurst Collins (Boulder, CO: Westview Press, 1976), pp. 44–100.
26 El trabajo sobresaliente sobre procesos de crecimiento en la ciencia y otras áreas es Derek J. de Solla Price, *Little Science, Big Science* (New York: Columbia University Press, 1963).

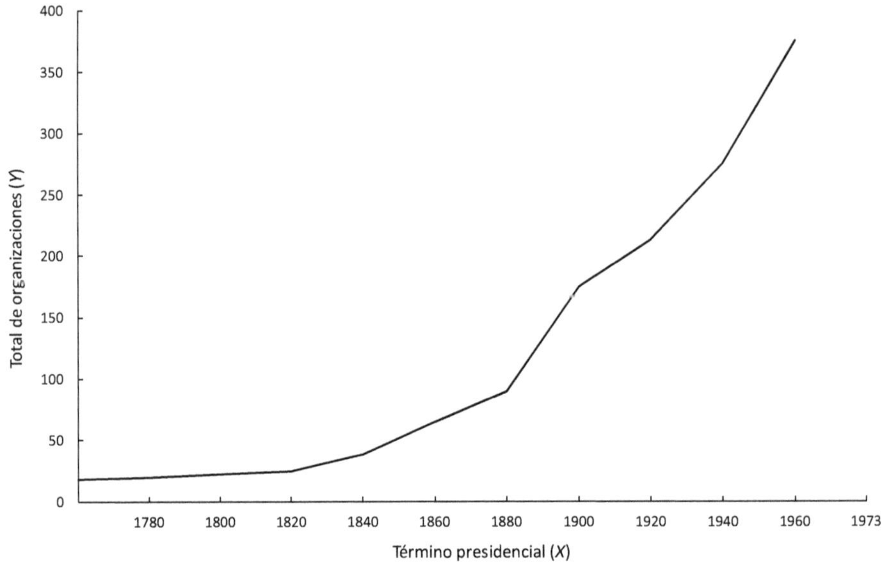

FIGURA 4.10 Crecimiento de las organizaciones del gobierno federal de Estados Unidos por término presidencial, 1789-1973
Fuente: Kaufman (1976): 62.

Las técnicas para ajustar curvas a procesos de crecimiento y declinación son más complejas que las utilizadas para estimar una tendencia secular. Aunque muchas de estas técnicas pueden adaptarse a los requerimientos de la regresión lineal, la variable (*Y*) de la serie de tiempo debe transformarse. Algunas de estas transformaciones implican raíces $\left(\sqrt[n]{Y}\right)$, mientras que otras demandan logaritmos (log *Y*) o exponentes (e^x). En cada caso, el propósito es expresar matemáticamente cambios en una serie de tiempo que aumentan incrementando o disminuyendo cantidades (o, a la inversa, disminuyen aumentando o mermando cantidades). Estas técnicas no se presentarán aquí, pero su lógica es suficientemente importante para el análisis de política pública, de modo que se justifica una investigación posterior.

Un ejemplo simple servirá mejor para aclarar las técnicas de ajuste de curvas. Recuérdese el modelo del interés compuesto. Este modelo afirma que

$$S_n = (1 + r)^n S_0$$

donde

S_n = cantidad a la que llegará una inversión dada en un determinado número de años (n)
S_0 = monto inicial de la inversión
$(1 + r)^n$ = un retorno constante sobre la inversión (1,0) más la tasa de interés (r) en un determinado número de años (n)

Imagine que el gerente de una pequeña municipalidad de diez mil personas está enfrentado a la siguiente situación. Con miras a cubrir gastos de bolsillo inmediatos para emergencias, se decidió en 1970 que debería reservarse una suma de $1.000 en una cuenta corriente especial. La cuenta corriente es inmediatamente accesible, pero no genera intereses. En 1971 y años siguientes, debido al aumento de la inflación, el gerente empezó a incrementar el importe de la cuenta especial en $100 por año. El incremento de los fondos, ilustrado en la Figura 4.11(a), es un buen ejemplo del tipo de tendencia lineal que hemos estado examinando. La serie de tiempo aumenta en cantidades constantes ($100 por año). En 1980 había $2.000 en la cuenta especial. En este caso, los valores (*Y*) de la serie de tiempo son idénticos a los valores de tendencia ($Y_t = Y$), porque todos los valores de *Y* están sobre la línea de tendencia.

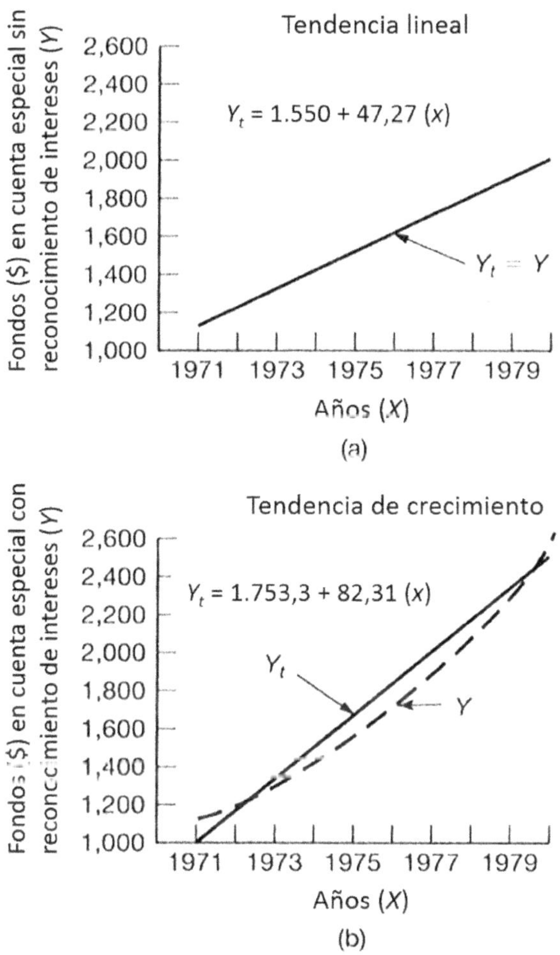

FIGURA 4.11 Tendencia lineal versus *tendencia de crecimiento*

Ahora considere lo que habría ocurrido si el gerente hubiese colocado los fondos en una cuenta con reconocimiento de intereses (asumiremos que no hay restricciones legales y que pueden hacerse retiros sin penalizaciones). Supongamos que la tasa anual de interés es del diez por ciento compuesto anualmente. Supongamos además que se dejaron en la cuenta los $1.000 originales por el periodo de diez años, esto es, que no se hicieron depósitos adicionales. El crecimiento de los fondos de la ciudad, ilustrado en la Figura 4.11(b), es un buen ejemplo del tipo de tendencia de crecimiento que hemos estado discutiendo. Los fondos de la ciudad aumentaron al aumentar las cantidades durante el periodo de diez años (pero a una tasa de interés constante compuesto anualmente), y los fondos totales disponibles al término de 1980 eran $2.594, comparados con los $2.000 de la cuenta sin reconocimiento de intereses (Figura 4.11[a]). En el primer caso (sin intereses), toma diez años doblar la cantidad original. Ninguna acumulación sobre los $1.000 iniciales proviene de intereses. En el segundo caso, toma un poco menos de siete años doblar la cantidad original y toda la acumulación adicional ($1.594) procede de intereses. Los valores usados para calcular la acumulación al término de 1980 son

$$S_n = (1 + r)^n S_0$$

$$= (1 + r)^{10} (\$1.000)$$

$$= (2{,}5937) (\$1.000)$$

$$S_{10} = \$2.594$$

Observe que la acumulación para cualquier año dado (*e.g.*, 1975 como el quinto año) puede calcularse simplemente sustituyendo los valores apropiados en la fórmula $S_5 = (1 + r)^5(\$1.000) = (1{,}6105)(\$1.000) = \$1.610{,}51$.

Considere ahora las limitaciones de la regresión lineal al estimar la tendencia de crecimiento no lineal como la que se ilustra en la Figura 4.11(b). La ecuación de regresión lineal de la Figura 4.11(b) [$Y_t = 1.753{,}30 + 82{,}3(x)$] producirá un pronóstico impreciso. Por ejemplo, un pronóstico para 1990 utilizando la ecuación de regresión lineal produce una estimación de tendencia de $4.140,29 [$Y_{t\,(1990)} = 1.753{,}30 + 82{,}31(29) = \$4.140{,}29$]. En contraste, la fórmula de interés compuesto, que representa exactamente el crecimiento no lineal de los fondos acumulados, produce una estimación para 1990 de $6.727,47 [$S_{20} = (1{,}1)^{20}(\$1.000) = \$6.727{,}47$]. La estimación de la regresión lineal es por lo tanto altamente imprecisa.

Por fortuna, la técnica de regresión lineal puede adaptarse para estimar tendencias de crecimiento. Sin embargo, para que la regresión efectúe esto es necesario transformar nuestra ecuación lineal original [$Y_t = a + b(x)$] en una ecuación no lineal. Aunque hay muchas formas de realizar esta operación, dos de los procedimientos más comunes son la ponderación exponencial y la transformación de datos.

Ponderación exponencial

En la *ponderación exponencial* el analista debe elevar uno de los términos de la ecuación de regresión a una *potencia*, por ejemplo, elevar al cuadrado el valor de (x), o sumar otro término, elevado también a una potencia, a la ecuación [*e.g.*, $c(x^2)$]. Cuanto más pronunciado sea el incremento (o decremento) en el patrón de crecimiento observado, mayor será la potencia necesaria para representarlo. Por ejemplo, si tenemos cantidades de cambio que aumentan lentamente, como las que ilustra la fórmula del interés compuesto (Figura 4.11[b]), podríamos sumar a la ecuación de regresión lineal original un tercer término [$c(x^2)$] que se ha elevado a una potencia elevando al cuadrado el valor de tiempo codificado (x). La ecuación (una *ecuación de segundo grado*) se lee entonces

$$Y_t = a + b(x) + c(x^2)$$

$$= 1753{,}30 + 82{,}31(x) + 1{,}8(x^2)$$

La única parte de la ecuación que no es lineal es el valor del tiempo elevado al cuadrado (x^2). Esto significa que cualquier valor de x calculado para los años dados aumentará en una potencia de dos (*e.g.*, los valores codificados de -5 y +9 serán 25 y 81, respectivamente). Cuanto mayor sea el valor original de x, mayor será la cantidad de cambio, porque los cuadrados de números más grandes producen productos desproporcionadamente más grandes que los cuadrados de números más pequeños. Mientras que el valor de tiempo codificado (x) de nueve es tres veces el valor de tres en la ecuación de regresión lineal, en la ecuación de segundo grado el mismo año es nueve veces el valor del año correspondiente:

$$9/3 = 3 \text{ y } 9^2/3^2 = 9$$

Ahora es más fácil visualizar lo que quiere decir que procesos de crecimiento exhiben incrementos crecientes en una serie de tiempo.

Transformación de datos

Un segundo procedimiento utilizado para adaptar técnicas de regresión lineal a procesos de crecimiento y declive es la *transformación de datos*. Visto que la ponderación exponencial implica la escritura de una nueva ecuación de regresión y explícitamente no lineal [*e.g.*, $Y_t = a + b(x) + c(x^2)$], la transformación de datos permite a los analistas trabajar con la ecuación lineal simple [$Y_t = a + b(x)$], pero solamente después de que los valores de la variable (Y) de la serie de tiempo se han transformado apropiadamente. Una manera de transformar la variable de la serie de tiempo es tomar su raíz cuadrada $\left(\sqrt{Y}\right)$. Otra forma de transformar datos es tomar el *logaritmo* natural de los valores de la variable de la serie de tiempo. El logaritmo común (de *base 10*) de un número es la potencia a la que debe elevarse 10 para producir ese número. Por ejemplo, 2 es el logaritmo de 100, porque 10 debe elevarse a la potencia 2 para producir 100 ($10 \times 10 = 10^2 = 100$). El logaritmo natural (de *base e*) de un número es la potencia a la que debe elevarse la base *e*, que es igual a 2,71828, para producir ese número. Por ejemplo, el logaritmo natural de 100 es 4,6052, porque 2,71828 elevado a la potencia 4,6052 es igual a 100. La abreviatura para logaritmos de base 10 es *log* y la abreviatura para logaritmos de base *e* es *ln*. Para los lectores sin experiencia con logaritmos y raíces es más fácil captar la naturaleza de estas transformaciones si estudiamos una serie temporal hipotética que exhibe un rápido crecimiento (Tabla 4.4). Podemos observar las consecuencias de tomar raíces y logaritmos de la variable de la serie de tiempo antes de resolver la ecuación de regresión lineal simple.

Nótese que todos los cálculos usados en la Tabla 4.4 son idénticos a los ya utilizados para estimar tendencias mediante el uso de regresión lineal. La única diferencia es que los valores de Y se han transformado, ya sea tomando sus raíces cuadradas o tomando sus logaritmos comunes (de *base 10*). Sin embargo, el procedimiento de regresión lineal es inapropiado para describir la tendencia de fuerte crecimiento que aumenta por múltiplos de 10 en cada periodo [columna (2), Tabla 4.4]. ¡La ecuación lineal [$Y_t = a + b(x)$] produce un pronóstico para 1981 de 85.186, cuando el valor real de la serie será 1.000.000! (estamos asumiendo, por supuesto, que la serie crecerá por un factor de 10 en 1981 y años siguientes). La ecuación lineal basada en la transformación de la raíz cuadrada $\left[\sqrt{Y_t} = a + b(x)\right]$ ayuda muy poco con esta explosiva serie de tiempo. La transformación resulta en una estimación para 1981 de 94.249, apenas una mejora.

Solo la ecuación lineal logarítmicamente transformada [$\log Y = a + b(x)$] nos brinda el valor exacto para 1981. En efecto, lo que hemos hecho es "enderezar" la tendencia de crecimiento tomando el logaritmo común de Y, permitiendo así el uso de la regresión lineal para extrapolar la tendencia. Esto *no* significa que la tendencia sea realmente lineal (obviamente, no lo es). Significa tan solo que podemos usar la regresión lineal para hacer un pronóstico preciso del valor de la tendencia *no lineal* en 1981 o en cualquier otro año. Sin embargo, para efectuar una estimación de tendencia para 1981, debemos convertir de nuevo el valor logarítmico (6,0) en el valor original de la variable Y. Esto se hace (en la Tabla 4.4) tomando el antilogaritmo de 6,0 (abreviadamente "*antilog* 6,0"), que es 1.000.000 (un antilogaritmo es el número correspondiente al logaritmo, *e.g.*, *antilog* 2 =100, *antilog* 3 = 1.000, *antilog* 4 = 10.000, y así sucesivamente). Adviértase que las raíces también deben reconvertirse elevando la estimación de tendencia a la potencia apropiada (ver Tabla 4.4).

TABLA 4.4 Raíz cuadrada y logaritmo de una serie de tiempo que exhibe rápido crecimiento

Año	Valor original de la variable de la serie de tiempo	Raíz cuadrada de la variable de la serie de tiempo	Logaritmo de la variable de la serie de tiempo	Valor de tiempo codificado	Valor de tiempo al cuadrado	Columnas (2) por (5)	Columnas (3) por (5)	Columnas (4) por (5)	Estimaciones de tendencia		
(*X*)	(*Y*)	$\left(\sqrt{Y}\right)_t$	(log *Y*)	(*x*)	(x^2)	(*xY*)	$\left(x\sqrt{Y}\right)_t$	(*x* log *Y*)	Y_t	$\sqrt{Y_t}$	log Y_t
(1)	(2)	(3)	(4)	(5)	(6)	(7)	(8)	(9)	(10)	(11)	(12)
1976	10	3,16	1,0	-2	4	-20	-6,32	-2	-19.718	-51,0	1,0
1977	100	10,00	2,0	-1	1	-100	-10,00	-2	1.271	20,6	2,0
1978	1.000	31,62	3,0	0	0	0	0	0	22.260	92,2	3,0
1979	10.000	100,00	4,0	1	1	10.000	100,00	4	43.249	163,8	4,0
1980	100.000	316,23	5,0	2	4	200.000	632,46	10	64.238	235,4	5,0
5	111.110	461,01	15,0	0	10	209.880	716,14	10,0	111.300	461,0	15,0

$$Y_t = a + b(x)$$

$$a = \frac{\Sigma Y}{n} = \frac{111.110}{5} = 22.222$$

$$b = \frac{\Sigma(xY)}{\Sigma(x^2)} = \frac{209.880}{10} = 20.988$$

$$Y_t = 22.222 + 20.988(X)$$

$$Y_{t(1981)} = 22.222 + 20.988(3)$$

$$= 85.186$$

$$\sqrt{Y_t} = a + b(x)$$

$$a = \frac{\Sigma\sqrt{Y}}{n} = \frac{461,0}{5} = 92,2$$

$$b = \frac{\Sigma\left(x\sqrt{Y}\right)}{\Sigma(x^2)} = \frac{716,14}{10} = 71,6$$

$$\sqrt{Y_t} = 92,2 + 71,6(x)$$

$$Y_{t(1981)} = [92,2 + 71,6(3)]^2$$

$$= 94.249$$

$$\log Y = a + b(x)$$

$$a = \frac{\Sigma \log Y}{n} = \frac{15}{5} = 3,0$$

$$b = \frac{\Sigma(x \log Y)}{\Sigma(x^2)} = \frac{10}{10} = 1,0$$

$$\log Y = 3,0 + 1,0(x)$$

$$Y_{t(1981)} = \text{antilog } 3,0 + 1,0(3)$$

$$= \text{antilog } 6,0$$

$$= 1.000.000$$

Ahora que entendemos algunos de los fundamentos de estimación de tendencias de crecimiento, retornemos a nuestro ejemplo del administrador del pequeño municipio y el problema del interés compuesto. Sabemos a partir del modelo de interés compuesto que \$1.000 invertidos a una tasa de interés del diez por ciento (compuesto anualmente) serán \$6.727,47 al término de 1990. Esto es

$$S_n = (1 + r)^n S_0$$

$$= (1 + 0{,}10)^{20} (\$1.000)$$

$$S_{20} = \$6.727{,}5$$

Si utilizamos la ecuación de regresión lineal para extrapolar a 1990, obtendremos \$4.140,29. Hay un error de \$2.587,18 (\$6.727,47 – \$4.140,29 = \$2.587,18). ¿Pero qué podemos hacer sobre este considerable error, dado que quisiéramos usar el modelo de regresión lineal para pronosticar la tendencia de crecimiento? La forma más fácil de tratar con este problema es hallar los logaritmos de base 10 de todos los valores de Y y usar estos valores en la ecuación de regresión lineal.

Esto se ha hecho en la Tabla 4.5, que muestra que la estimación de tendencia para 1990 basada en la transformación logarítmica debe ser log $Y_{t\,(1990)} = 3{,}828$. Cuando tomamos el antilogaritmo de este valor, encontramos que es aproximadamente igual a \$6.730, una estimación muy cercana a la producida por la fórmula del interés compuesto (nota: los pequeños errores se deben al redondeo). Por lo tanto, mediante una transformación logarítmica de la variable de la serie de tiempo, hemos aplicado la regresión lineal a un proceso no lineal. El mismo tipo de transformaciones logarítmicas se usa regularmente en el análisis de política pública para extrapolar otras tendencias no lineales, que incluyen ingreso nacional, población y gastos gubernamentales.

TABLA 4.5 Regresión lineal con transformación logarítmica de una serie de tiempo

Años	Variable de la serie de tiempo	Logaritmo de la variable de la serie de tiempo	Valor de tiempo codificado	Valor de tiempo codificado elevado al cuadrado	Columnas (3) por (4)	Estimación de tendencia
(*X*)	(*Y*)	(log *Y*)	(*x*)	(x^2)	(*x* log *Y*)	(log Y_t)
(1)	(2)	(3)	(4)	(5)	(6)	(7)
1971	1100	3,041	-9	81	-27,369	3,0413
1972	1210	3,083	-7	49	-21,581	3,0827
1973	1331	3,124	-5	25	-15,620	3,1241
1974	1464	3,165	-3	9	-9,495	3,1655
1975	1611	3,207	-1	1	-3,207	3,2069
1976	1772	3,248	1	1	3,248	3,2483
1977	1949	3,290	3	9	9,870	3,2897
1978	2144	3,331	5	25	16,655	3,3311
1979	2358	3,373	7	49	23,611	3,3725
1980	2594	3,414	9	81	30,726	3,4139
10	17533	32,276	0	330	6,838	32,2760

$$log\, Y_t = a + b(x)$$

$$a=\frac{\Sigma \log Y}{n}=\frac{32,276}{10}=3,2276$$

$$b=\frac{\Sigma(x\log Y)}{\Sigma(x^2)}=\frac{6,838}{330}=0,0207$$

$$log\, Y_t = 3,2276 + 0,0207(x)$$

$$log\, Y_{t\,(1990)} = 3,2276 + 0,0207(29) = 3,828$$

$$Y_{t\,(1990)} = antilog\, 3,828 = \$6.730$$

Metodología de catástrofes

Sin importar cuán exitosamente usemos la regresión lineal para pronosticar crecimiento y declive, hay una condición que debe estar presente: los procesos que buscamos entender y extrapolar deben ser relativamente suaves y continuos. Sin embargo, como hemos visto (Figura 4.9[e]), muchas series temporales son discontinuas. Es aquí donde la metodología de catástrofes, un campo dentro de la rama especial de las matemáticas llamada topología, proporciona útiles esclarecimientos. La *metodología de catástrofes*, que implica el estudio sistemático y la representación matemática de procesos discontinuos, está específicamente diseñada para pronosticar tendencias cuando cambios pequeños en una variable (*e.g.*, tiempo) producen cambios grandes en otra variable. El punto en que un cambio pequeño en una variable resulta en un viraje dramático en otra variable se llama *catástrofe*, término que se refiere a un teorema matemático que clasifica procesos discontinuos en cinco grandes tipos, antes que a cualquier sensación de fatalidad o desastre inminentes. De acuerdo con su fundador, René Thom, es una metodología para estudiar tipos elementales de discontinuidad en la naturaleza y la sociedad[27].

27 Ver Isnard y Zeeman, "Some Models from Catastrophe Theory in the Social Sciences". La obra principal de René Thom es *Structural Stability and Morphogenesis*, trad. de D. Fowler (New York: W. A. Benjamin, Inc., 1975) [*Estabilidad*

La metodología de catástrofes es demasiado compleja para examinarla aquí. Debemos, no obstante, ser conscientes de algunos de sus principales supuestos y aplicaciones.

1. *Procesos discontinuos.* Muchos de los más importantes procesos físicos, biológicos y sociales no son solamente curvilineales; también son abruptos y discontinuos. Un ejemplo de procesos discontinuos en la esfera social son los virajes súbitos en las actitudes públicas que a veces siguen a los cambios moderados que evolucionan gradualmente en la opinión pública.
2. *Sistemas como totalidades.* Los sistemas sociales como totalidades exhiben a menudo cambios que no son la simple suma de sus partes. Cambios repentinos pueden ocurrir en la estructura de un sistema social como un todo, aunque las partes del sistema pueden haber cambiado gradual y apaciblemente. Por ejemplo, la opinión pública puede divergir de repente sobre importantes temas de política pública, dando lugar a un debate y confrontación intensos, mientras que al mismo tiempo las opiniones de los ciudadanos individuales evolucionan de modo paulatino. En forma similar, las políticas públicas pueden variar abruptamente, aunque la dirección de la opinión pública haya cambiado paso a paso.
3. *Dilación incremental.* En la tentativa de mantener o construir apoyo público, los formuladores de política pública tienden a elegir políticas que involucran cambios incrementales de rutinas y prácticas existentes. La elección incremental implica "la comparación continua sucesiva de la política adoptada con todas las alternativas cercanas"[28]. La dilación es consecuencia de muchos factores: información incompleta, prevalencia de formas intuitivas (sentido común ordinario) de análisis, lealtades y compromisos políticos, inercia institucional y precedente histórico.
4. *Cambio de política catastrófico.* El diseño de política incremental dilata el cambio catastrófico hasta el último momento posible, en parte porque cambios que acontecen serenamente en la opinión de grupos contendientes no parecen demandar cambios abruptos de dirección. En un punto dado en el tiempo, los formuladores de política se ven obligados a efectuar virajes repentinos y discontinuos en la política pública con miras a conservar el apoyo popular.

Hasta el momento, la principal aplicación de la metodología de catástrofes en el análisis de política pública ha tenido lugar en el área de la opinión pública[29]. Un viraje repentino y discontinuo en la política energética alemana, por ejemplo, se ha explicado usando la metodología de catástrofes para mostrar cómo cambios graduales en la opinión pública, junto con dilación incremental, produjeron la decisión de terminar repentinamente los planes para la construcción de una planta de energía nuclear en Kaiserstuhl, área agrícola aledaña al río Rin en el estado de Baden-Württemberg[30]. Después de las audiencias públicas, se inició la construcción de la planta, solo para que fuese seguida por plantones y por la retirada forzosa de los manifestantes del sitio. A lo largo de este periodo, la opinión pública cambió gradualmente a favor de la población agrícola de la región y su oposición a la planta. Tras numerosos cambios incrementales de la política y el considerable costo para el gobierno, el proyecto se abandonó de manera súbita[31].

estructural y morfogénesis (Barcelona: Gedisa, 1997)]. El trabajo sobre la teoría del caos, que ofrece explicaciones del cambio discontinuo, está relacionado con la metodología de catástrofes. Ver Prigogine y Stengers, *Order Out of Chaos*.

28 Isnard y Zeeman, "Some Models from Catastrophe Theory", p. 52. La dilación incremental normalmente se etiqueta como "Regla de la dilación" (cambiar la política buscando que aumente el apoyo localmente). Otras reglas son la "Regla de Maxwell" (cambiar la política hacia donde el apoyo sea máximo) y la "Regla del votante" (cambiar la política hacia donde la *base*, en lugar del máximo, sea el mayor apoyo).

29 Ver Isnard y Zeeman, "Some Models from Catastrophe Theory", pp. 45–60.

30 Ver Rob Coppock, "Decision-Making When Public Opinion Matters", *Policy Sciences*, 8 (1977): 135–146.

31 Para un caso similar, ver Charles O. Jones, *Clean Air* (Pittsburgh, PA: University of Pittsburgh Press, 1975), quien emplea el concepto de "incremento especulativo". Curiosamente, Jones desafía el valor explicativo del "incrementalismo

La metodología de catástrofes brinda conceptos y técnicas para entender procesos discontinuos de política pública. Sin embargo, es un conjunto de conceptos y métodos, antes que una teoría. Como tal, descansa en el supuesto de que procesos discontinuos observados en el pasado se repetirán en el futuro. Aunque la metodología de catástrofes intenta proporcionar buenas razones teóricas sobre la ocurrencia de eventos futuros (que contrastan con la simple creencia de que patrones observados en el pasado se repetirán en el futuro), es mejor verla como una forma de pronóstico extrapolativo. Es más una forma de pensar sobre futuros de política pública discontinua que de hacer predicciones derivadas de la teoría, por ejemplo, de la teoría del caos.

PRONÓSTICO TEORÉTICO

Los métodos de pronóstico teorético ayudan a los analistas a hacer *predicciones* de estados societales futuros sobre la base de proposiciones teoréticas y datos actuales e históricos. En contraste con el pronóstico extrapolativo, que emplea supuestos sobre la recurrencia histórica para hacer pronósticos, el pronóstico teorético se fundamenta en supuestos sobre causas y efectos contenidos en varias teorías. Mientras que la lógica del pronóstico extrapolativo es esencialmente inductiva, la lógica del pronóstico teorético es esencialmente deductiva.

La lógica deductiva es una forma de razonamiento en la que se usan ciertas declaraciones generales (axiomas, leyes, proposiciones) para justificar la verdad o falsedad de otras declaraciones más específicas, comprendidas las predicciones. El razonamiento deductivo se utiliza más frecuentemente en conexión con argumentos desde la causa que buscan establecer que si un evento (*X*) ocurre, otro evento (*Y*) seguirá. Aunque la característica distintiva del pronóstico teorético es que las predicciones se deducen de la teoría, debe subrayarse que deducción e inducción se interrelacionan. La capacidad persuasiva de un argumento deductivo aumenta de manera considerable si las predicciones teoréticamente deducidas se observan de modo recurrente mediante investigación empírica. En forma similar, una generalización empírica aislada ("El enemigo eligió retirarse cuando fue amenazado") es mucho más persuasiva si se apoya en uno o más supuestos contenidos en una teoría ("Cuanto más altos sean los costos de una alternativa, menos probable es que sea elegida")[32].

En esta sección consideramos varios procedimientos que ayudan a los analistas a hacer pronósticos teoréticos: mapeo de teoría, modelación causal, análisis de regresión, estimación de punto y de intervalo, y análisis de correlación. Algunos de estos procedimientos (*e.g.*, mapeo de teoría) se ocupan de las formas de identificar y sistematizar supuestos teoréticos, mientras que otros (*e.g.*, regresión) brindan mejores estimaciones de estados societales futuros predichos desde la teoría. Sin embargo, antes de comenzar es esencial reconocer que ninguna de estas técnicas hace realmente predicciones: solo la teoría hace predicciones.

Mapeo de teoría

El *mapeo de teoría* es una técnica que ayuda a los analistas a identificar y ordenar supuestos clave dentro de una teoría o argumento causal[33]. El mapeo de teoría puede colaborar en el descubrimiento de cuatro tipos de argumentos causales: convergentes, divergentes, seriales y cíclicos. *Argumentos convergentes* son

inconexo" (ver Capítulo 2), mientras que Isnard y Zeeman lo ven como un importante factor que contribuye al cambio catastrófico.

32 La discusión clásica de las relaciones entre teoría y datos empíricos en las ciencias sociales es Robert K. Merton, *Social Theory and Social Structure*, ed. revisada y aumentada (New York: The Free Press, 1968), pp. 139–174 [*Teoría y estructura sociales* (México: FCE, 2013)].

33 Adaptado de John O'Shaughnessy, *Inquiry and Decision* (New York: Harper & Row, 1973), pp. 58–61; y M. C. Beardsley, *Thinking Straight* (Englewood Cliffs, NJ: Prentice Hall, 1950).

aquellos en los que se usan dos o más supuestos sobre causación para apoyar una conclusión o afirmación. *Argumentos divergentes* son aquellos en los que un solo supuesto apoya más de una conclusión o afirmación. En contraste, *argumentos seriales* son aquellos en los que una conclusión o una afirmación se usan como supuesto para respaldar una serie de conclusiones o afirmaciones adicionales. Finalmente, *argumentos cíclicos* son argumentos seriales en los que la última conclusión o afirmación de una serie se conecta con la primera afirmación o conclusión de esa serie. Las consecuencias de un argumento cíclico pueden autorreforzarse positiva o negativamente. Estos cuatro tipos de argumentos causales se ilustran en la Figura 4.12.

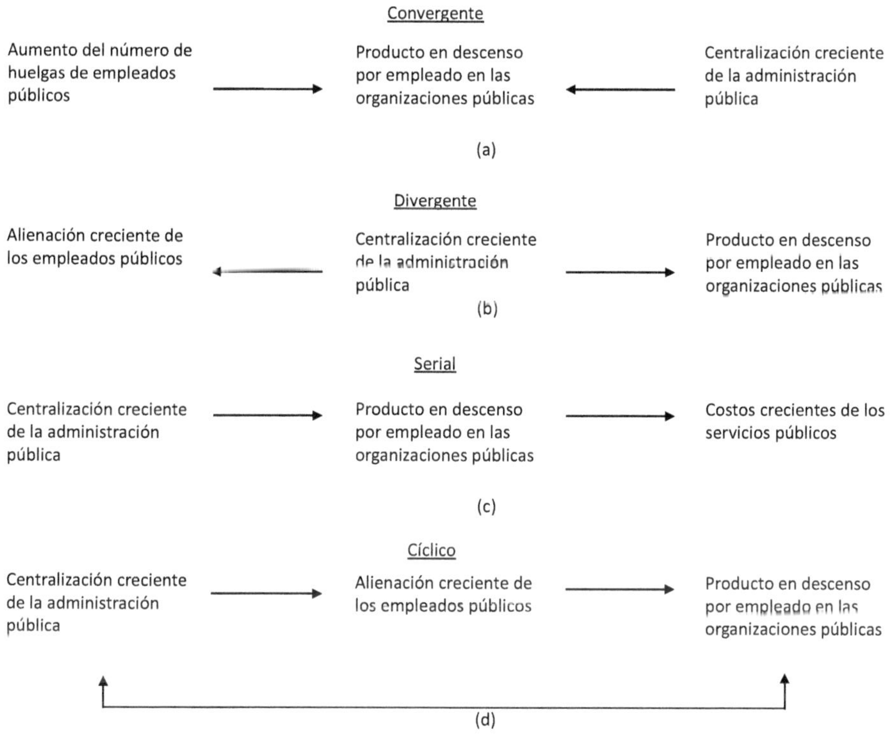

FIGURA 4.12 Cuatro tipos de argumentos causales

Una teoría puede contener una mixtura de argumentos convergentes, divergentes, seriales y cíclicos. Pueden usarse varios procedimientos para revelar la estructura general de un argumento o teoría: (1) separar y numerar cada supuesto, que puede ser un axioma, ley o proposición; (2) escribir en cursiva las palabras que indican afirmaciones (*por lo tanto*, *de este modo*, *por consiguiente*) o supuestos utilizados para justificar afirmaciones (*puesto que*, *porque*, *ya que*); (3) cuando se han omitido palabras específicas (*por lo tanto* y así sucesivamente), pero están claramente implicadas, suministrar los indicadores lógicos apropiados entre paréntesis angulares; y (4) organizar supuestos y afirmaciones numerados en un diagrama de flechas que ilustre la estructura del argumento o teoría causales.

Apliquemos estos procedimientos a una importante teoría sobre la formulación de políticas públicas. Esta teoría, denominada "elección pública", se interesa por las condiciones institucionales subyacentes a la administración gubernamental eficiente (e ineficiente)[34]. Los teóricos de la elección pública han

34 Ver Vincent Ostrom, *The Intellectual Crisis in American Public Administration*, ed. rev. (Tuscaloosa, AL: The University of Alabama Press, 1974) [existe tercera edición de 2008].

intentado mostrar sobre fundamentos teoréticos cómo varios arreglos institucionales, particularmente las formas democráticas de administración, redundarán en mayor eficiencia y responsabilidad (*accountability*) pública. La teoría de la elección pública también es controversial, porque sugiere que los pretendidos problemas del gobierno americano (ineficiencia, inequidad, falta de respuesta) son en parte consecuencia de las enseñanzas de la administración pública, disciplina que por más de cincuenta años ha hecho énfasis en la centralización, la jerarquía y la consolidación de poderes administrativos.

En un esfuerzo por explicar la ineficiencia de las instituciones gubernamentales, un teórico de la elección pública, Vincent Ostrom, ofrece el siguiente argumento, que se ha mapeado suministrando indicadores lógicos entre paréntesis angulares:

> Gordon Tullock, en *The Politics of Bureaucracy* (*La política de la burocracia*) (1965), analiza las consecuencias que se siguen cuando [SE ASUME QUE] individuos racionales e interesados en sí mismos persiguen estrategias de maximización en las burocracias públicas muy grandes. El "hombre económico" de Tullock es [POR LO TANTO] un ambicioso empleado público que busca avanzar en sus oportunidades de carrera mediante promociones dentro de una burocracia. *Puesto que* el avance en la carrera depende de recomendaciones favorables de sus superiores, un servidor público orientado por la carrera actuará para complacer a sus superiores. [POR LO TANTO] La información favorable se enviará; la información desfavorable se ocultará. [YA QUE] La distorsión de la información disminuirá el control y creará expectativas que divergen de los eventos generados por las acciones. Las burocracias a gran escala se harán *así* proclives al error y engorrosas en adaptarse a condiciones rápidamente cambiantes. [PUESTO QUE] Los esfuerzos por corregir el mal funcionamiento de la burocracia reforzando el control simplemente magnificarán los errores. [POR CONSIGUIENTE] Como resultado puede esperarse una disminución en el retorno a escala. [PORQUE] Cuanto más grande sea la organización, menor será el porcentaje de actividades relacionadas con sus productos y mayor será la proporción de sus esfuerzos dedicados a la gestión[35].

En el pasaje citado, usamos los procedimientos (2) y (3) del mapeo de teoría. Además, hemos puesto en cursiva las palabras que indican supuestos subyacentes a las afirmaciones y ofrecido entre paréntesis angulares operadores lógicos faltantes. Obsérvese que el argumento empieza con un supuesto sobre la naturaleza humana ("hombre económico"), suposición tan fundamental que se denomina *axioma*. Los axiomas se consideran verdaderos y evidentes por sí mismos; esto es, se cree que no requieren prueba. Nótese también que es difícil captar la estructura general de este complejo argumento con la simple lectura del pasaje.

La estructura del argumento puede describirse más plenamente cuando completamos los pasos (1) y (4). Usando el procedimiento (1), separamos y numeramos cada afirmación y su supuesto justificante, cambiando algunas palabras para mejorar la claridad del argumento original.

[PUESTO QUE]	1. Los empleados públicos que laboran en grandes burocracias públicas son individuos racionales y egoístas que persiguen estrategias maximizadoras ("hombre económico").
[Y]	2. El deseo de avance en la carrera es consecuencia del propio interés racional.
[POR LO TANTO]	3. Los empleados públicos aspiran a avanzar en sus oportunidades de carrera.
[PUESTO QUE]	4. El avance en las oportunidades de carrera es consecuencia de recomendaciones favorables de los superiores.
[Y]	5. Recomendaciones favorables de los superiores son consecuencia de recibir información favorable de los subordinados.
[POR LO TANTO]	6. Los subordinados que aspiran a avanzar en sus carreras suministrarán información favorable y suprimirán información desfavorable.

35 *Ibíd.*, p. 60.

[PUESTO QUE]	7. La represión de información desfavorable crea errores en la dirección, reduciendo su flexibilidad en adaptarse a condiciones rápidamente cambiantes.
[Y]	8. El ocultamiento de información desfavorable disminuye el control gerencial.
[POR ENDE]	9. Los directores compensan su pérdida de control intentando fortalecer el control. Los intentos compensatorios de fortalecer el control alientan aún más el ocultamiento de información desfavorable (6) y la magnificación de los errores de gestión (7). La pérdida adicional de control (8) produce intentos de reforzar el control.
[Y]	10. El fortalecimiento compensatorio del control es consecuencia del tamaño de las burocracias públicas.
[PUESTO QUE]	11. El ajuste compensatorio del control exige gasto de una mayor proporción de esfuerzo en actividades de gestión y una más pequeña proporción de actividades orientadas a resultados.
[POR LO TANTO]	12. Cuanto más grande sea la burocracia pública, menor será la proporción de esfuerzo orientado a actividades de resultado en relación con el tamaño, esto es, menor será el retorno a escala.

Separando y numerando cada afirmación y supuesto justificante, hemos empezado a exponer la estructura lógica del argumento. Adviértase que hay diferentes tipos de argumentos causales en esta teoría de la ineficiencia gubernamental. La primera parte de la citación contiene un argumento serial que enfatiza la influencia de la motivación del empleado en el error de información y el control gerencial. La segunda parte de la citación alberga otro argumento serial, pero subraya la importancia del tamaño de las burocracias públicas. Adicionalmente, hay un argumento cíclico (magnificación del error) y varios argumentos divergentes y convergentes.

La estructura del argumento general no puede exponerse satisfactoriamente hasta que completemos el procedimiento (4) y dibujemos un diagrama de flechas que represente la estructura causal del argumento (Figura 4.13). Obsérvese, en primer lugar, que hay dos argumentos seriales: (1, 2, 3) y (5, 4, 3). El segundo de estos (5, 4, 3) puede sostenerse por sí mismo y no requiere el primero (1, 2, 3), que descansa exclusivamente en deducciones del axioma del "hombre económico". En segundo lugar, hay un argumento divergente (5, 4, 6) que indica que el mismo factor (5) tiene múltiples consecuencias. Hay también tres argumentos convergentes (4, 2, 3), (3, 5, 6) y (8, 10, 9), que sugieren en cada caso que hay dos factores que explican la ocurrencia del mismo evento.

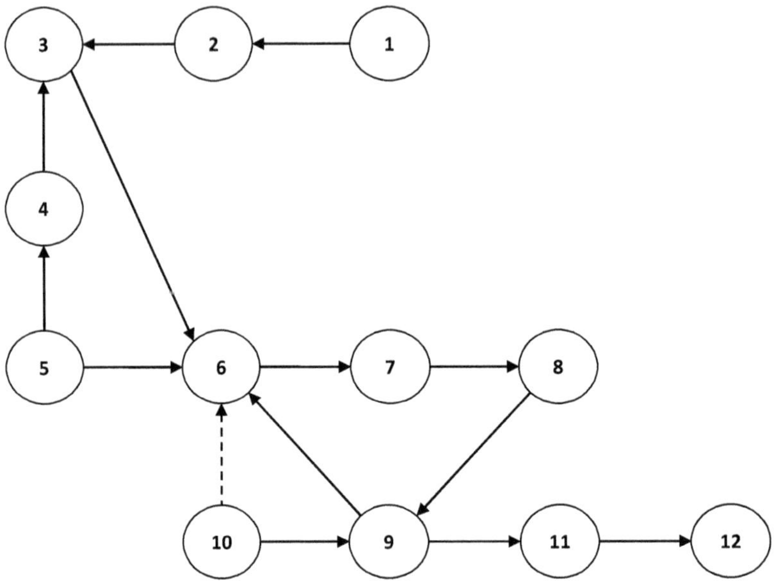

1. Interés egoísta racional / Hombre económico
2. Deseo de avance en la carrera
3. Oportunidades de avance en la carrera
4. Obtener recomendaciones favorables de los superiores
5. Obtener información favorable de los subordinados
6. Suprimir información desfavorable
7. Cometer errores de gestión
8. Perder control administrativo
9. Compensar reforzando el control
10. Tamaño de las burocracias públicas
11. Gastos en administración
12. Retornos a escala

FIGURA 4.13 Diagrama de flechas que ilustra la estructura causal de un argumento

El diagrama de flechas también expone dos características centrales de este argumento teorético. Hace explícita una importante relación potencial, denotada por la línea punteada entre (10) y (6), que sugiere que el tamaño de las burocracias públicas puede afectar de modo independiente la tendencia a enviar o suprimir información. Al mismo tiempo, el diagrama de flechas ayuda a identificar un argumento cíclico (6, 7, 8, 9) que es crucial para esta teoría. Esta parte de la teoría argumenta, en efecto, que podemos esperar un incremento acumulativo en la cantidad de error de gestión como resultado de la relación que se autorrefuerza entre supresión de información (6), error de gestión (7), pérdida de control administrativo (8), reforzamiento compensatorio del control (9), estímulo adicional de supresión de información (6), y así sucesivamente. El argumento cíclico, también conocido como *circuito de retroalimentación positiva* (positiva porque los valores de las variables en el ciclo continúan creciendo), sugiere que cualquier pronóstico basado en la teoría de la elección pública predecirá un patrón curvilineal de crecimiento en el error de gestión y de ineficiencia gubernamental.

Si no hubiésemos usado procedimientos del mapeo de teoría, tal vez no habríamos descubierto los argumentos convergentes, divergentes, seriales y cíclicos inscritos en la estructura de la teoría. Supuestos causales particulares -por ejemplo, la suposición de que el tamaño de las burocracias públicas puede combinarse con el estrechamiento compensatorio del control para ocultar información desfavorable- no se afirmaban claramente en el pasaje original. En virtud de que el mapeo de teoría hace explícita la estructura de afirmaciones y supuestos, ofrece oportunidades para usar métodos de modelación teorética.

Modelación teorética

La *modelación teorética* se refiere a un amplio rango de métodos para construir representaciones simplificadas (modelos) de teorías. La modelación es parte esencial del pronóstico teorético, porque los analistas raras veces hacen pronósticos teoréticos directamente desde la teoría. Si bien los analistas empiezan con teorías, ellos desarrollan modelos de estas teorías antes de pronosticar eventos futuros. El proceso de probar una teoría implica construir y poner a prueba modelos de teorías, no las teorías mismas.

En el capítulo anterior, comparamos y contrastamos modelos en términos de sus fines (descriptivos, normativos), formas de expresión (verbales, simbólicos, procedimentales), y funciones metodológicas (sustitutos, perspectivas). La mayoría de los modelos de pronóstico teorético son primordialmente descriptivos, porque ellos buscan predecir antes que optimizar algún resultado valorado. En su mayor parte, estos modelos también se expresan simbólicamente, esto es, en la forma de símbolos y ecuaciones matemáticos. Nótese que ya hemos utilizado varios modelos simbólicos en conexión con el pronóstico extrapolativo, por ejemplo, la ecuación o modelo de regresión [$Y_t = a + b(x)$]. Aunque no se trata de un modelo causal (porque no se ofrecen argumentos causales explícitos), se expresa sin embargo simbólicamente.

En el análisis de política pública, una serie de modelos simbólicos estándar sirven a la factura de pronósticos teoréticos: modelos causales, modelos de programación lineal, modelos insumo-producto, modelos econométricos, modelos microeconómicos y modelos de dinámica de sistemas[36]. En cuanto está más allá del alcance de este libro detallar cada uno de estos modelos, confinamos nuestra atención a los modelos causales.

Modelación causal

Los *modelos causales* son representaciones simplificadas de teorías que intentan explicar y predecir resultados de políticas públicas. El supuesto básico de los modelos causales es que la correlación entre dos o más variables -por ejemplo, una correlación que muestra que incrementos en el ingreso per cápita están asociados con incrementos en gastos de bienestar- es un reflejo de potencias generativas subyacentes (causas) y sus consecuencias (efectos). La relación entre causa y efecto se expresa mediante leyes y proposiciones contenidas en una teoría y luego se modela. Volviendo al ejemplo de la teoría de la elección pública, la afirmación "La proporción del esfuerzo total invertido en actividades de gestión está determinada por el tamaño de las organizaciones públicas" es una proposición teorética. Un modelo de esa proposición podría ser $Y = a + b(X)$, donde Y es la razón entre personal directivo y no directivo, a y b son constantes, y X es el número total de empleados en organizaciones públicas de diferentes tamaños.

La fuerza de los modelos causales está en que obliga a los analistas a hacer explícitos los supuestos causales. La limitación de los modelos causales descansa en la tendencia de los analistas a confundir correlaciones reveladas mediante análisis estadístico con causalidad[37]. Las inferencias causales proceden

36 Para una discusión de estos y otros modelos estándar, ver Martin Greenberger y otros, *Models in the Policy Process* (New York: Russell Sage Foundation, 1976), Capítulo 4; y Saul I. Gass y Roger I. Sisson, eds., *A Guide to Models in Governmental Planning and Operations* (Washington, DC: U.S. Environmental Protection Agency, 1974). Mientras que estos modelos se tratan aquí como descriptivos y simbólicos (usando la definición de estos términos proporcionada en el Capítulo 3), algunos (*e.g.*, programación lineal) se tratan como normativos. En forma semejante, otros (*e.g.*, dinámica de sistemas) se consideran de modo típico como modelos procedimentales (o de simulación). Las distinciones entre los tipos de modelos son relativas, no absolutas.

37 Un tratado sistemático reciente sobre este tema es Judea Pearl, Madelyn Glymour y Nicholas P. Jewell, *Causal Inference in Statistics: A Primer* (John Wiley & Sons, 2016). Entre otras cosas, ellos muestran que el lenguaje y la notación de la estadística no brindan forma de expresar causalidad. Por esta razón, desarrollan un nuevo lenguaje causal complementario.

siempre desde *afuera* del modelo, esto es, desde leyes, proposiciones o supuestos contenidos en alguna teoría. En palabras de Sewall Wright, uno de los pioneros tempranos en este tipo de modelación, los procedimientos de modelación causal "no están orientados a ejecutar la tarea imposible de deducir relaciones causales de los valores de los coeficientes de correlación"[38].

La modelación causal se ha usado para identificar determinantes económicos, sociales y políticos de políticas en áreas temáticas como el transporte, la salud, la educación y el bienestar[39]. Una de las afirmaciones importantes de la investigación basada en la modelación causal es que diferencias en las estructuras políticas (*e.g.*, sistemas de partido único *versus* sistemas multipartidistas) no afectan directamente los productos (*outputs*) de política pública, como los gastos en educación y bienestar. Al contrario, diferencias en los niveles de desarrollo socioeconómico (ingreso, industrialización, urbanización) determinan diferencias en las estructuras políticas, que a su vez afectan los gastos en educación y bienestar. Esta conclusión es controversial porque parece contradecir la suposición comúnmente compartida de que el contenido de la política pública está determinado por las estructuras y procesos políticos, que incluyen elecciones, mecanismos representativos y competencia partidista.

Uno de los principales procedimientos estadísticos utilizados en la modelación causal es el *análisis de trayectoria*, enfoque especializado de regresión que emplea múltiples variables independientes[*]. El análisis de trayectoria identifica aquellas variables independientes (*e.g.*, ingreso) que singularmente y en combinación con otras variables (*e.g.*, participación política) determinan cambios en una variable dependiente (*e.g.*, gasto en bienestar). Una variable independiente es la presunta causa de una variable dependiente que, se supone, es su efecto. Las estimaciones de causa y efecto se denominan *coeficientes de trayectoria*, que expresan relaciones causales unidireccionales entre variables independientes y dependientes.

Una forma estándar de representar relaciones causales es el diagrama de trayectoria. Un diagrama de trayectoria se parece mucho al diagrama de flechas usado para mapear la teoría de la elección pública, excepto que un diagrama de trayectoria contiene estimaciones de la fuerza de los efectos de las variables independientes en las variables dependientes. En la Figura 4.14 se ha utilizado un diagrama de trayectoria para modelar parte de la teoría de la elección pública. La ventaja del análisis de trayectoria y de la modelación causal es que permiten pronósticos basados en supuestos teoréticos explícitos sobre presuntas causas (el número de empleados en organizaciones públicas individuales) y presuntos efectos (la razón entre personal directivo y no directivo y costos en dólares de impuestos por unidad de servicio público). La limitación de estos procedimientos, como ya se anotó, es que no están diseñados para acometer la tarea imposible de inferir causación de estimaciones de relaciones entre variables. Pese a que la ausencia de relación es suficiente para inferir que la causación *no* está presente, solamente la teoría permite inferencias causales y, por tanto, predicciones[40].

38 Sewall Wright, "The Method of Path Coefficients", *Annals of Mathematical Statistics* 5 (1934): 193, citado en Fred N. Kerlinger y Elazar J. Pedhazur, *Multiple Regression in Behavioral Research* (New York: Holt, Rinehart and Winston, 1973), p. 305.

39 Para una revisión, ver Thomas R. Dye y Virginia H. Gray, "Symposium on Determinants of Public Policy: Cities, States, and Nations", *Policy Studies Journal* 7, 4 (1979): 279–301.

* *N. del t.*: Presentación clásica del análisis de trayectoria es Otis Dudley Duncan, "Path Analysis: Sociological Examples", *American Journal of Sociology*, 72, 1 (1966): 1–16. Otra exposición es José A. Cobas, "Introducción a la técnica del path análisis", *Revista Mexicana de Sociología*, 40 (1978): 333–345.

40 La excepción a esta declaración es la *causalidad descriptiva* establecida por medio de experimentación, la cual demanda que una intervención, la causa presunta, preceda temporalmente a un resultado, el efecto presunto. Otros medios de establecer causalidad son la eliminación de causas rivales mediante aleatorización y el uso de un grupo de control, que permiten afirmaciones contrafactuales. La fuente autorizada sobre esta cuestión es Shadish, Cook y Campbell, *Experimental and Quasi-Experimental Designs for Generalized Causal Inference*.

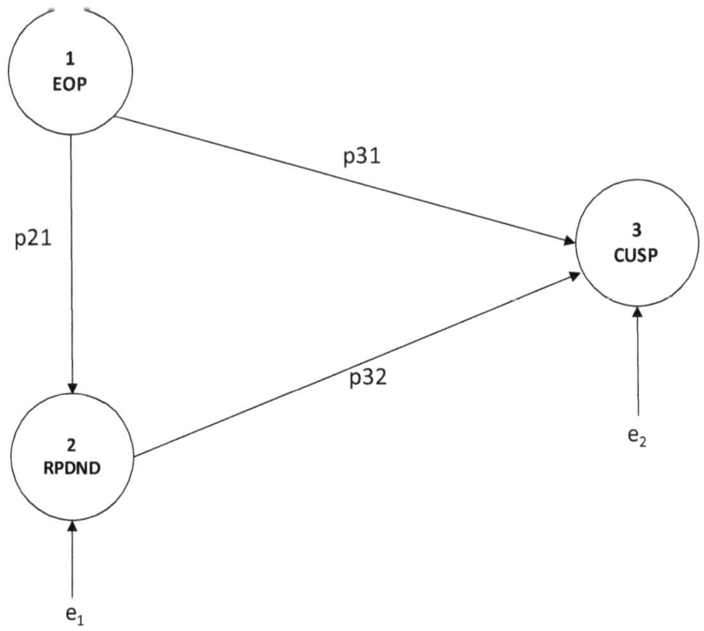

FIGURA 4.14 Diagrama de trayectoria que ilustra un modelo de la teoría de la elección pública

Nota: El símbolo *p* designa una trayectoria causal y los subíndices especifican la dirección de la causación: p_{31} significa que la variable 3 es causada por la variable 1. Las variables que no tienen causa antecedente se llaman variables exógenas (*i.e.*, su causa es externa al sistema). El símbolo *e* (algunas veces designado como *u*) es un término de error, definido como la varianza no explicada (residual) en una variable endógena que queda después de tener en cuenta los efectos de la variable endógena que la precede en el diagrama de trayectoria. Los términos de error no deben estar correlacionados entre sí ni con otras variables.

Análisis de regresión

Una técnica útil para estimar relaciones entre variables en los modelos de pronóstico teorético es el análisis de regresión. El *análisis de regresión*, que ya se consideró en forma ligeramente modificada en nuestra discusión de la estimación de tendencias, es un procedimiento estadístico general que produce estimaciones del patrón y de la magnitud de una relación entre una variable dependiente y una o más variables independientes. Cuando el análisis de regresión se realiza con una variable independiente, se denomina *regresión simple*; si hay dos o más variables independientes, se apellida *regresión múltiple*. Si bien muchos problemas de pronóstico teorético exigen regresión múltiple, nos limitamos a la regresión simple en el resto de esta sección[41].

El análisis de regresión es particularmente útil en la modelación teorética. Proporciona medidas sumarias del patrón de una relación entre una variable independiente y una variable dependiente. Estas medidas sumarias incluyen una línea de regresión, que nos permite estimar valores de la variable

41 Para un tratamiento clásico, concienzudo y legible, de la regresión múltiple y técnicas relacionadas, ver Kerlinger y Pedhazur, *Multiple Regression in Behavioral Research*. Textos recientes incluyen a J. H. Stock y M. W. Watson, *Introduction to Econometrics* [sobre su versión española, ver nota 23 del presente capítulo].

dependiente conociendo simplemente valores de la variable independiente, y una medida general de las distancias verticales entre los valores observados y la línea de regresión. Una medida sumaria de estas distancias, como veremos, nos permite calcular la cantidad de error contenida en un pronóstico. Dado que el análisis de regresión se basa en el principio de *mínimos cuadrados*, tiene una ventaja especial, ya indicada, con respecto a la estimación de tendencia lineal. Ofrece el mejor "ajuste" entre datos y línea de regresión asegurando que las distancias al cuadrado entre valores observados y valores estimados representan un valor mínimo o el más pequeño[42].

Una segunda ventaja del análisis de regresión es que compele al analista a decidir cuál de dos (o más) variables es la causa de la otra, esto es, a especificar la variable independiente (causa) y la variable dependiente (efecto). Para tomar decisiones sobre causa y efecto, sin embargo, los analistas deben tener alguna teoría sobre por qué una variable debe considerarse causa de la otra. Aunque el análisis de regresión se adapta particularmente bien a problemas de predecir efectos a partir de causas, lo mejor que el análisis de regresión puede hacer (y hace esto bien) es proporcionar estimaciones de relaciones predichas por una teoría. Son, empero, la teoría y su representación simplificada (el modelo teorético), y no el análisis de regresión, los que hacen la predicción. El análisis de regresión puede solamente brindar estimaciones de relaciones entre variables que, por virtud de alguna teoría, se han afirmado en la forma de predicciones[43]. Por esta razón, los analistas deben emplear procedimientos de mapeo de teoría antes de usar el análisis de regresión.

Para ilustrar la aplicación del análisis de regresión a problemas de pronóstico teorético, supongamos que diseñadores municipales de política desean determinar los costos del mantenimiento futuro de patrullas policiales bajo dos políticas alternativas. Una política implica patrullajes policiales regulares con fines de control del tráfico y del delito. En 1980, los costos totales de mantenimiento de diez patrullas eran de $18.250 o $1.825 por vehículo. El millaje total era de 535.000 millas, esto es, 53.500 millas por vehículo. Una nueva política que ahora se está considerando es la que involucraría patrullajes policiales de "alto impacto" como una forma de crear mayor visibilidad de la policía, responder más rápidamente a las llamadas de asistencia ciudadana y, en últimas, disuadir el delito acreciendo la probabilidad de que los posibles delincuentes sean detenidos[44].

Los formuladores locales de política están interesados en cualquier medio que reduzca el delito. Sin embargo, hay brechas crecientes entre rentas y gastos, y varios grupos de ciudadanos han presionado por una reducción de los empleados municipales. Los formuladores de política necesitan alguna forma de pronosticar, sobre la base de sus propios registros de millaje y mantenimiento, cuánto costará que varios de los diez vehículos sean conducidos 15.000 millas adicionales por año.

Este problema de pronóstico se puede tratar de modo efectivo usando análisis de regresión. La relación entre causa y efecto es razonablemente clara, y el determinante primordial de los costos de mantenimiento es el uso del vehículo medido por millas conducidas[45]. Un analista municipal de política podría por lo tanto graficar los valores de las variables independiente (X) y dependiente (Y) sobre

42 Si este punto no es claro, usted debe retornar a la sección sobre el pronóstico extrapolativo y revisar la Figura 4.8.

43 Recuérdese la distinción entre modelos sustitutos y de perspectiva del Capítulo 3 y el ejemplo de la tasa anual de precipitación y la profundidad del reservorio. Este y otros ejemplos muestran vívidamente que el análisis de regresión, aparte su superioridad en la elaboración de estimaciones, no puede responder preguntas sobre qué variable predice otra.

44 En los años 1970, con el patrocinio de la Administración de Asistencia para la Aplicación de la Ley, se usó el patrullaje de alto impacto, con variado éxito, en una serie de grandes municipalidades. Ver Elinor Chelimsky, "The Need for Better Data to Support Crime Control Policy", *Evaluation Quarterly* 1, 3 (1977): 439–474.

45 La cuestión de la causación nunca es segura, como lo ilustra este ejemplo. En ciertas condiciones, los costos de mantenimiento pueden afectar las millas conducidas: por ejemplo, si los administradores o los agentes de policía, conscientes de los costos, limitan el uso del vehículo en respuesta al conocimiento de los altos costos. En forma semejante, el millaje anual para ciertos vehículos puede significar áreas de patrullaje más extensas que, a su vez, pueden estar situadas donde las condiciones de las vías son mejores (o peores) para los vehículos.

un *diagrama de dispersión* (*gráfico de dispersión*), que mostrará el patrón de la relación (lineal-no lineal), la dirección de la relación (positiva-negativa) y la fuerza de la relación (fuerte-moderada-débil) entre el millaje anual por vehículo y los costos de mantenimiento por vehículo (Figura 4.15). Supongamos que el patrón, la dirección y la fortaleza de la relación son, respectivamente, lineal, positiva y fuerte, como se muestra en la Figura 4.15(a).

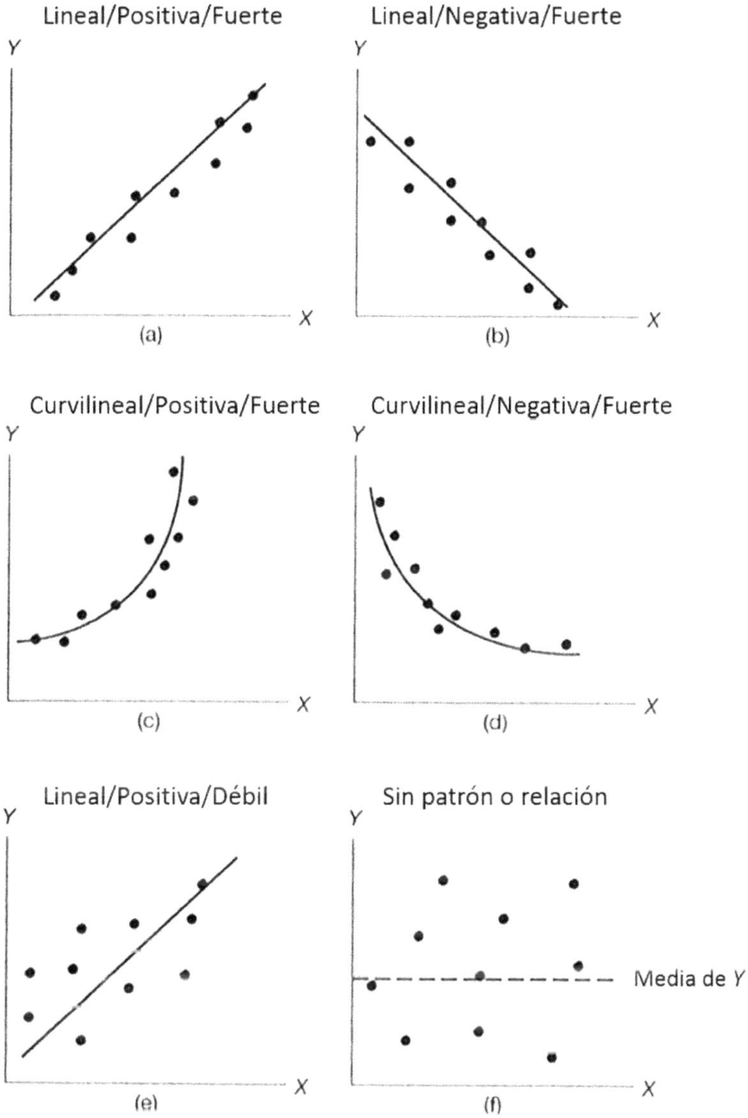

FIGURA 4.15 Gráficos de dispersión que ilustran diferentes patrones y relaciones entre hipotéticos costos anuales de mantenimiento y millaje anual por vehículo

El análisis de regresión lineal asume que las variables se relacionan en un patrón lineal. Aunque el análisis de regresión lineal también puede usarse con relaciones lineales negativas (Figura 4.15[b]), producirá serios errores si se aplica a patrones curvilineales como los que se ilustran en las Figuras 4.15(c) y (d). En tales casos, como vimos previamente en la discusión del ajuste de curvas, debemos o bien usar el análisis de regresión no lineal o bien transformar los valores de las variables (*e.g.*, tomando sus logaritmos) antes de aplicar técnicas de regresión lineal convencionales. El análisis de regresión producirá estimaciones menos confiables cuando los datos son ampliamente dispersos, como en la Figura 4.15(e). Si los datos no indican patrón o relación (Figura 4.15(f)), la mejor estimación de cambios en *Y* debidos a *X* es el promedio (media) de los valores de *Y*.

Recuérdese de nuestra discusión de estimación de tendencias que la línea recta que describe la relación entre las variables *X* y *Y* se llama *línea de regresión*. La ecuación usada para ajustar la línea de regresión a los datos observados en el diagrama de dispersión es idéntica a la que se utilizó para estimar la tendencia lineal, con varias diferencias menores. El símbolo Y_t (la *t* subíndice se refiere a un valor de tendencia) se reemplaza con Y_c (la *c* subíndice se refiere a un valor calculado o estimado). Estos subíndices diferentes nos recuerdan que aquí la regresión se aplica a dos variables sustantivas, mientras que en la estimación de tendencia lineal una de las variables es el tiempo. La fórmula para la ecuación de regresión es

$$Y_c = a + b(X)$$

donde

a = el valor de Y_c cuando $X = 0$, llamado el *intercepto* de *Y* porque muestra dónde la línea de regresión calculada intercepta el eje *Y*.
b = el valor de cambios en *Y*, debido a un cambio de una unidad en *X*, denominado la *pendiente* de la línea de regresión porque indica la inclinación de la línea recta.
X = un valor dado de la variable independiente.

Una segunda diferencia menor entre las ecuaciones de regresión y tendencia es el cálculo de los valores de *a* y *b*. En el análisis de regresión no trabajamos con los valores originales de *Y* y los valores de tiempo codificado de *X* sino con *desviaciones medias*. Una desviación media es simplemente la diferencia entre un valor dado de *X* o *Y* y el promedio (media) de todos los valores de *X* o *Y*. Las fórmulas necesarias para calcular la media y las desviaciones medias de *X* y *Y* son:

$$\text{media de } Y = \overline{Y} = \frac{\Sigma Y}{n}$$

$$\text{desviación media de } Y = y = Y - \overline{Y}$$

Los valores de *a* y *b* en la ecuación de regresión se calculan con las siguientes fórmulas:

$$b = \frac{\Sigma(xy)}{\Sigma(x^2)}$$

$$a = \overline{Y} - b(\overline{X})$$

En el problema de pronóstico que enfrenta el analista municipal de política, todos los datos necesarios para resolver la ecuación de regresión se hallan en la Tabla 4.6. La columna (1) lista los diez vehículos de la flota municipal. El millaje anual (*X*) y los costos de mantenimiento (*Y*) se expresan en miles de millas y miles de dólares [columnas (2) y (3)]. Al final de las columnas (2) y (3) hemos calculado las sumas de $X(\Sigma X)$ y $Y(\Sigma Y)$ y sus respectivas medias $\left(\overline{X} = \Sigma\frac{X}{n} = 53{,}6 \text{ y } \overline{Y} = \Sigma\frac{Y}{n} = 1{,}83\right)$. Las desviaciones

TABLA 4.6 Hoja de trabajo para estimar costos futuros de mantenimiento a partir del millaje anual por vehículo

Número del vehículo	Millaje por vehículo (miles de millas)	Costos de mantenimiento por vehículo (miles de dólares)	Desviacion media de X $(X-\overline{X})$	Desviación media de Y $(Y-\overline{Y})$	Producto de las desviaciones	Desviación media de X al cuadrado	Desviación media de Y al cuadrado	Valores estimados de
	(X)	(Y)	(x)	(y)	(xy)	(x^2)	(y^2)	(Y_c)
(1)	(2)	(3)	(4)	(5)	(6)	(7)	(8)	(9)
1	24	0,45	-29,6	-1,38	40,848	876,16	1,9044	0,878
2	23	1,25	-30,6	-0,58	17,748	936,36	0,3364	0,846
4	40	1,15	-13,6	-0,68	9,248	184,96	0,4624	1,290
5	48	1,95	-5,6	0,12	-0,672	31,36	0,0144	1,646
6	65	1,85	11,4	0,02	0,228	129,96	0,0004	2,190
7	65	2,35	11,4	0,52	5,928	129,96	0,2704	2,190
8	60	2,65	6,4	0,82	5,248	40,96	0,6724	2,030
9	90	2,55	36,4	0,72	26,208	1324,96	0,5184	2,990
10	91	3,25	37,4	1,42	53,108	1398,76	2,0164	3,022
$n = 10$	$\sum X = 536$ $\overline{X} = 53,6$	$\sum Y = 18,3$ $\overline{Y} = 1,83$	0,0	0,0	$\sum(xy) = 181,02$	$\sum(x^2) = 5610,4$	$\sum(y^2) = 7,156$	$\sum Y_c = 18,152$

$$b = \frac{\sum(xy)}{\sum(x^2)} = \frac{181,02}{5610,4} = 0,032$$

$$a = \overline{Y} - b(\overline{X}) = 1,83 - 0,032(53,6) = 0,11(\text{redondeado})$$

$$Y_c = a + b(X) = 0,11 + 0,032\ (X)$$

$$Y_{150} = 0,11 + 0,032(150) = 4,91 = \$4.910$$

de cada valor *X* y *Y* de sus respectivas medias están en las columnas (4) y (5). Estas desviaciones medias $\left(x = X - \overline{X}\right)$ y $\left(y = Y - \overline{Y}\right)$ muestran las distancias de cada valor de *X* y *Y* de sus propias medias. Obsérvese que los valores de las desviaciones medias suman cero [al final de las columnas (4) y (5)], porque los valores por encima de la media cancelan los que están por debajo de la media.

Las desviaciones medias (*x* y *y*) exhiben la dispersión de cada valor alrededor de las medias de *X* y *Y*. Sin embargo, ellas no pueden usarse como medida sumaria de esta dispersión porque suman cero. Por esta razón, las desviaciones medias se elevan al cuadrado [columnas (7) y (8)], eliminando así los signos negativos. Luego se suman. Estas sumas, denominadas *sumas de cuadrados* (forma abreviada de "sumas de los cuadrados de las desviaciones medias"), proporcionan un resumen general de la dispersión de los valores de *X* y *Y* alrededor de sus medias. Finalmente, en la columna (6) hemos multiplicado las desviaciones medias (*x* y *y*), obteniendo los *productos cruzados de desviación* (*xy*). Estos productos cruzados son expresión del patrón y de la fuerza de la relación entre *X* y *Y*, que tiene en cuenta la dispersión de los valores de *X* y *Y*.

Para estimar los costos futuros de mantenimiento en el programa de patrullaje policial de alto impacto, debemos resolver primero la ecuación de regresión

$$Y_t = a + b(X)$$

sustituyendo los cálculos de la hoja de trabajo en las fórmulas para *a* y *b*. Por lo tanto,

$$b = \frac{\Sigma(xy)}{\Sigma(x^2)} = \frac{181{,}02}{5610{,}4} = 0{,}032$$

$$a = \overline{Y} - b\left(\overline{X}\right) = 1{,}83 - 0{,}032(53{,}6) = 0{,}11$$

$$Y_c = 0{,}11 + 0{,}032(X)$$

Esta ecuación de regresión significa que la línea de regresión intercepta el eje *Y* en 0,11 miles de dólares (*i.e*, \$110) y que los costos de mantenimiento se incrementan en 0,032 miles de dólares (*i.e.*, \$32) por cada 1.000 millas conducidas. Sobre la base de esta información y con el conocimiento de las millas anuales por vehículo, pueden hacerse estimaciones precisas de los costos de mantenimiento. Los valores calculados (Y_c) para cada valor original de *X* [columna (9)] pueden llevarse a un gráfico para crear la línea de regresión. Finalmente, nuestro pronóstico indica que la ciudad incurrirá en gastos adicionales por \$4.910 por adoptar el patrullaje de alto impacto, porque 150.000 millas adicionales resultarán en $Y_{150} = 0{,}11 + 0{,}032(150) = 4{,}91$ miles de dólares.

Estimación de punto y de intervalo

El análisis de regresión nos permite ajustar una línea de regresión a los datos en tal forma que las distancias al cuadrado entre los puntos de los datos y la línea de regresión sean un valor mínimo o el más pequeño (Figura 4.8). Esto significa que el análisis de regresión no solamente usa información sobre variaciones en los costos y el millaje; nos permite, además, hacer una buena estimación de la tendencia central en una relación y comparar esta estimación con los valores observados (los puntos) en un diagrama de dispersión. Debido a que las distancias entre la línea de regresión y los puntos de los datos individuales se minimizan, la estimación de regresión contiene menos error que otros tipos de estimaciones, por ejemplo, las que se calculan sobre la base de costos promedio por milla conducida. El análisis de regresión también nos permite calcular el error probable en nuestra estimación. Esto puede hacerse de varias formas (Tabla 4.7). Una forma es simplemente sustraer cada valor de Y_c [columna (3)] de su correspondiente valor observado [columna (2)]. Esto nos dice cuánta distancia hay entre cada pareja de valores estimados y observados. El error de una estimación de regresión, expresado por la distancia entre los valores de Y y Y_c, aumenta en proporción directa a la cantidad de dispersión. Cuanto mayor sea la dispersión, mayor será el error y menos precisa la estimación.

TABLA 4.7 Cálculo del error estándar de los costos estimados de mantenimiento

Número de vehículo	Costos observados de mantenimiento	Costos estimados de mantenimiento	Costos observados menos costos estimados	Costos observados menos costos estimados elevados al cuadrado
	(Y)	(Y_c)	$(Y - Y_c)$	$(Y - Y_c)^2$
(1)	(2)	(3)	(4)	(5)
1	0,45	0,878	-0,428	0,183
2	1,25	0,846	0,404	0,163
3	0,85	1,070	-0,220	0,048
4	1,15	1,290	-0,140	0,020
5	1,95	1,646	0,304	0,092
6	1,85	2,190	-0,340	0,116
7	2,35	2,190	0,160	0,026
8	2,65	2,030	0,620	0,384
9	2,55	2,990	-0,440	0,194
10	3,25	3,022	0,228	0,052
$n = 10$	$\sum Y = 18,3$	$\sum Yc = 18,152$	$\sum(Y - Yc) = 0,15$	1,278

$$Sy \cdot x = \sqrt{\frac{\Sigma(Y - Y_{c)}^2}{n}} = \sqrt{\frac{1,278}{10}} = 0,35749$$

$$Y_i = Y_c \pm Z(S_{y \cdot x})$$

$$Y_{i(150)} = 4,91 \pm 2(0,35749) = 4,91 \pm 0,71498$$

$$= 4,19502 \ a \ 5,62498$$

$$= \$4.195,02 \ a \ \$5.624,98$$

Otra manera de calcular el error es sumar y promediar estas distancias. En virtud de que una de las propiedades de la regresión lineal es que estas distancias son iguales a cero cuando se suman [*i.e.*, $\sum(Y - Y_t) = 0$], debemos elevarlas al cuadrado antes de dividirlas por el número de casos para hallar el promedio. La columna (5) de la Tabla 4.7 muestra que la suma del error elevado al cuadrado (también llamado *varianza de una estimación*) es 1,278. Esta expresión del error, si bien útil para ciertos cálculos que se describirán en breve, es difícil de interpretar. Afortunadamente, la raíz cuadrada de este valor es una buena aproximación al error que ocurrirá unos dos tercios de las veces en una estimación de regresión[46]. La raíz cuadrada del promedio del error elevado al cuadrado, denominada *error estándar de estimación*, se calcula con la siguiente fórmula[47]:

$$Sy \cdot x = \sqrt{\frac{\Sigma(Y - Y_{c)}^{2}}{n}}$$

$(Y - Y_c)^2$ = la diferencia al cuadrado entre los valores observados y los valores estimados de la variable dependiente

n = el número de casos

En el ejemplo previo, el error estándar de estimación es

$$Sy \cdot x = \sqrt{\frac{\Sigma(Y - Y_{c)}^{2}}{n}} = \sqrt{\frac{1,278}{10}}$$

$$= \sqrt{0,1278} = 0,35749 \text{ miles}$$

$$= \$357,49 \text{ en costos de mantenimiento anual}$$

Esto significa que es probable que cualquier valor real de los costos de mantenimiento se halle \$357,49 por encima o por debajo de cualquier valor estimado aproximadamente dos tercios de las veces. La cifra de \$357,49 es un error estándar (1 x \$357,49), dos errores estándar son \$714,98 (2 x \$357,49), y tres errores estándar son \$1.072,47 (3 x \$357,49). El error estándar nos brinda una *interpretación de la probabilidad* de estos valores, porque una unidad de error estándar ocurrirá aproximadamente dos tercios (realmente el 68,3%) de las veces, dos unidades de error estándar ocurrirán aproximadamente el 95% (realmente el 95,4%) de las veces, y tres unidades de error estándar ocurrirán aproximadamente el 99% (realmente el 99,7%) de las veces.

El error estándar de estimación nos permite hacer estimaciones que incorporan error. Antes que hacer simples *estimaciones de punto* -esto es, estimaciones que producen un valor singular de Y_c-, podemos hacer *estimaciones de intervalo* de Y_c expresadas en términos de una o más unidades estándar de

46 Para los lectores que recuerdan la curva normal (en forma de campana), el error estándar es la desviación estándar del promedio del error elevado al cuadrado. Un error estándar es una unidad de desviación estándar a la izquierda o a la derecha de la media de una distribución normal y, por lo tanto, incluye el 68,3% de todos los valores medios de la distribución. En el ejemplo dado, hemos asumido con fines de ilustración que los datos se distribuyen normalmente, como en la curva en forma de campana.

47 Adviértase que dividimos por n, porque los diez vehículos constituyen la población entera de vehículos bajo análisis. Si estuviéramos trabajando con una muestra, la dividiríamos por $n - 1$. Esto proporciona una estimación no sesgada de la varianza en la muestra de la población. La mayoría de los programas de computación usa $n - 1$, aunque podamos estar trabajando con una población y no con una muestra.

error. Si queremos tener una confianza del 95% de que nuestra estimación sea precisa (usualmente considerado este como el estándar mínimo de precisión), tendremos que expresar nuestra estimación en términos de dos intervalos por encima y por debajo de la estimación de punto original. Podemos usar la fórmula siguiente para determinar cuánto error podríamos esperar en nuestra estimación de punto de $4.910 [$Y_{150}$ = 0,11 + 0,032(150) = 4,91 miles de dólares] el 95% de las veces. Así:

$$\begin{aligned} Y_i &= Y_c + Z\,(S_{y \cdot x}) \\ &= 4{,}91 \pm 2\,(0{,}35749) \\ &= 4{,}91 \pm 0{,}71498 = 4{,}19502 \text{ a } 5{,}62498 \\ &= \$4.195{,}02 \text{ a } \$5.624{,}98 \end{aligned}$$

donde

Y_c = la estimación de punto de Y
Z = una unidad de error estándar, que toma el valor de 2 (95% de confianza) en este caso
$S_{y \cdot x}$ = el valor (0,35749) de una unidad de error estándar
Y_i = una estimación de intervalo de Y (±0,71498)

Análisis de correlación

El análisis de regresión tiene una característica adicional de importancia para el pronóstico teórico: nos permite usar el *análisis de correlación* para interpretar relaciones. Recuérdese que diferentes diagramas de dispersión no solo exhiben el patrón de una relación, sino también su dirección y fuerza (Figura 4.15). Sin embargo, es deseable contar con medidas de la dirección y fuerza de estas relaciones, no solo con las imágenes visuales contenidas en los diagramas de dispersión. Dos medidas que producen tal información pueden calcularse en la hoja de trabajo ya preparada para estimar los costos de mantenimiento futuros (Tabla 4.7). La primera de estas medidas es el *coeficiente de determinación* (r^2), que es una medida sumaria o índice de la cantidad de varianza en la variable dependiente explicada por la variable independiente. La segunda es el *coeficiente de correlación* (r), que es la raíz cuadrada del coeficiente de determinación. El coeficiente de correlación, que varía entre -1,0 y +1,0, nos dice si la dirección de la relación es positiva o negativa y cuán fuerte es. Si r es 0, no hay relación, mientras que un valor de ±1,0 (*i.e.*, positivo o negativo) indica una relación máxima (a veces denominada correlación "perfecta").

El coeficiente de determinación (r^2), a diferencia del coeficiente de correlación (r), toma solamente signo positivo y varía entre 0,0 y 1,0. Las fórmulas para ambos coeficientes se aplican aquí a nuestros datos sobre costos de mantenimiento y millaje (ver Tabla 4.7):

$$r^2 = \frac{b(\Sigma xy)}{\Sigma(y^2)} = \frac{0{,}032(181{,}02)}{7{,}156} = 0{,}809 ó 0{,}81$$

$$y = \sqrt{r^2} = \sqrt{0{,}81} = 0{,}90$$

El análisis realizado a mano en las Tablas 4.6 y 4.7 se ha hecho con SPSS (Exposición 4.2). El SPSS produce idénticos resultados, pero con mayor eficiencia y precisión. Cuando inspeccionamos la salida del SPSS, vemos que el coeficiente de correlación (r), designado en la salida como R (y no como r), es 0,903.

El coeficiente de determinación (r^2), designado como R cuadrado, es 0,816. Todos los coeficientes están de acuerdo con nuestros cálculos manuales. La salida también proporciona el valor del intercepto (Constante = 0,10), que concuerda con el resultado de la Tabla 4.7, como lo hace la pendiente de la línea de regresión (B = 0,032) para la variable millas anuales por vehículo. Finalmente, la tabla ANOVA (*analysis of variance* [análisis de varianza]) proporciona un desglose de esa parte de la suma total de cuadrados debida a los efectos de regresar la variable dependiente sobre la variable independiente (sumas de regresión de cuadrados = 5,841). La salida también ofrece esa parte de la suma de cuadrados debida a error (sumas residuales de cuadrados = 1,315). Si dividimos la suma de regresión de cuadrados por la regresión más la suma residual de cuadrados, obtenemos el coeficiente de determinación (R). Así,

$$\frac{5,841}{5,841+1,315}=0,816=0,82$$

EXPOSICIÓN 4.2 Salida del SPSS para la Tabla 4.7

Variables entradas/eliminadas[a]

Modelo	Variables entradas	Variables eliminadas	Método
1	Millas anuales por vehículo (miles de millas)[a]		Introducir

[a] Variable dependiente: Costos anuales de mantenimiento por vehículo (miles de dólares)
[b] Todas las variables solicitadas introducidas

Resumen del modelo

Modelo	R	R cuadrado	R cuadrado ajustado	Error estándar de la estimación
1	,903[a]	,816	,793	,4054897308

[a] Predictores: (Constante), Millaje anual por vehículo (miles de millas)

ANOVA[a]

Modelo		Suma de cuadrados	gl	Media cuadrática	F	Sig.
1	Regresión	5,841	1	5,841	35,522	,000[b]
	Residuo	1,315	8	,164		
	Total	7,156	9			

[a] Variable dependiente: Costos anuales de mantenimiento por vehículo (miles de dólares)
[b] Predictores: (Constante), Millaje anual por vehículo (miles de millas)

Coeficientes[a]

		Coeficientes no estandarizados		Coeficientes estandarizados		
Modelo		B	Error estándar	Beta	t	Sig.
1	(Constante)	,101	,317		,317	,759
	Millaje por vehículo (miles de millas)	,032	,005	,903	5,960	,000

[a] Variable dependiente: Costos anuales de mantenimiento por vehículo (miles de dólares)

Estos coeficientes nos dicen que el 82% de la varianza en los costos anuales de mantenimiento se explica por el millaje anual (r^2 = 0,82) y que la dirección y fuerza de la relación entre estas dos variables es positiva y fuerte (r = 0,90). El análisis de regresión, cuando se complementa con la estimación de intervalo y los coeficientes de determinación y correlación, proporciona más información de relevancia directa para la política pública que otras formas de estimación. Por ejemplo, las simples estimaciones de costos promedio por milla, aparte su relativa imprecisión, no brindan medidas sumarias de la dirección y fuerza de las relaciones. Tampoco incorporan errores de pronóstico en forma sistemática. En este y otros muchos casos, el análisis de regresión puede ayudar a los formuladores de política a tratar con las incertidumbres que acompañan los esfuerzos por predecir el futuro.

PRONÓSTICO CRÍTICO

En el pronóstico extrapolativo y teorético, los datos empíricos y/o las teorías desempeñan un papel central. Por contraste, el pronóstico crítico (*judgmental forecasting*) intenta provocar y sintetizar juicios informados de expertos y otros "conocedores". La lógica del pronóstico crítico es en parte abductiva, porque los analistas empiezan con una afirmación sobre un estado valorado de cosas (*e.g.*, un futuro normativo como la paz mundial) y operan hacia atrás, hacia los datos o supuestos necesarios para apoyar la afirmación. Con todo, en la práctica, los razonamientos inductivo, deductivo y abductivo no se excluyen entre sí. Por esta razón, el pronóstico crítico se complementa a menudo con procedimientos de pronóstico extrapolativo y teorético[48].

En esta sección revisaremos tres métodos de pronóstico crítico basados en la experticia: la técnica Delphi, el análisis de impacto cruzado y el pronóstico de factibilidad. Estos y otros métodos, que han sido usados ampliamente en el gobierno, la industria y la medicina, se adaptan particularmente bien a los tipos de problemas descritos en el Capítulo 3 como intrincados (*messy*), mal estructurados o perversos. Debido a que una de las características de los problemas mal estructurados es que las alternativas de política pública y sus consecuencias se desconocen, se deduce que no hay teorías y/o datos empíricos relevantes para hacer pronósticos. En estas condiciones, las técnicas de pronóstico crítico son útiles y aun necesarias.

La técnica Delphi

La *técnica Delphi* es un método de pronóstico crítico que desarrolla creencias informadas sobre el futuro. La técnica Delphi -llamada así por el santuario de Apolo en Delfos, donde los oráculos griegos buscaban pronosticar el futuro- fue desarrollada en 1948 por investigadores de la Corporación RAND. Desde entonces se ha utilizado en miles de proyectos de pronóstico en los sectores público, privado y sin fines de lucro. Originalmente, la técnica Delphi se aplicó a problemas de estrategia militar, pero su aplicación viró de manera gradual a la realización de pronósticos en otros contextos: educación, tecnología, mercadeo, transporte, medios de comunicación, medicina, procesamiento de información, investigación y desarrollo, exploración espacial, vivienda, presupuestación y calidad de vida[49]. Si bien la técnica hizo énfasis inicialmente en el uso de expertos para verificar pronósticos basados en datos

48 Ascher muestra que los modelos econométricos a gran escala también dependen del juicio. Ver Ascher, *Forecasting*; Ascher, "The Forecasting Potential of Complex Models"; y McNown, "On the Use of Econometric Models".

49 La técnica Delphi y otras técnicas de pronóstico crítico son revisadas por Harold Sackman, *Delphi Critique* (Lexington, MA: D.C. Heath and Company, 1975); Juri Pill, "The Delphi Method: Substance, Contexts, a Critique and an Annotated Bibliography", *Socio-Economic Planning Sciences* 5 (1971): 57–71; Harold A. Linstone, ed., "Forecasting: A New Agenda", en *Technological Forecasting and Social Change: An International Journal* 36, 1–2 (1989), pp. 1–234; y Nicholas Rescher, *Predicting the Future: An Introduction to the Theory of Forecasting* (Albany: State University of New York Press, 1998).

empíricos, la Delphi empezó a aplicarse a problemas de pronosticar valores en los años 1960[50]. La técnica se ha usado en Estados Unidos, Canadá, Reino Unido, Japón y Rusia.

Las primeras aplicaciones de la Delphi estuvieron motivadas por la preocupación por la inefectividad de comités, paneles de expertos y otros procesos grupales para emitir juicios bien fundados. La técnica se diseñó para evitar varias fuentes de comunicación distorsionada en los grupos: dominio del grupo por una o varias personas, presiones para ajustarse a la opinión del grupo de pares, diferencias de personalidad y conflictos interpersonales, y la dificultad de oponerse públicamente a personas en posiciones de autoridad. Para evitar estos problemas, las tempranas aplicaciones de la Delphi se basaron en cinco principios básicos:

1. *Anonimidad estadística del grupo.* Expertos o conocedores responden como individuos y su anonimidad se preserva por la membrecía a un grupo estadístico.
2. *Iteración.* Los juicios individuales se agregan y comunican a los expertos participantes en una serie de rondas, permitiendo así el aprendizaje social y la modificación de juicios previos.
3. *Retroalimentación controlada.* La comunicación de juicios agregados acontece en la forma de medidas sumarias de respuestas a preguntas, por ejemplo, distribuciones de frecuencia de respuestas.
4. *Respuesta estadística de grupo.* Las sinopsis de respuestas individuales se presentan en la forma de medidas de tendencia central (usualmente la mediana) y de dispersión (el rango semiintercuartil), y de distribuciones de frecuencia (histogramas y polígonos de frecuencia); y
5. *Consenso de expertos.* El propósito central es crear condiciones en las que sea probable que surja consenso entre expertos como producto final.

Estos principios representan una caracterización de la *Delphi convencional*, que dominó el campo hasta finales de los años 1960. Debe contrastarse con la *Delphi de política pública*, una respuesta a las limitaciones de la Delphi convencional y una tentativa de crear nuevos procedimientos que se acompasaran con las complejidades de los problemas de política pública. En palabras de uno de sus principales arquitectos,

> La Delphi, como originalmente se introdujo y practicó, tendió a tratar acerca de asuntos técnicos y a buscar consensos entre grupos homogéneos de expertos. La Delphi de política pública, por su parte, pretende generar las opiniones opuestas más fuertes posibles sobre la solución potencial de un importante tema de política pública … tema de política pública para el que no hay expertos, solo defensores y árbitros informados[51].

La Delphi de política pública se basa en dos de los mismos principios de la Delphi convencional (iteración y retroalimentación controlada), pero también introduce varios nuevos:

1. *Anonimidad selectiva.* Los participantes en una Delphi de política permanecen anónimos solamente durante la primera o segunda rondas. Después de que han emergido los argumentos contendientes sobre políticas, se les solicita a los participantes debatir públicamente sus opiniones.

50 Ver, por ejemplo, Nicholas Rescher, *Delphi and Values* (Santa Mónica, CA: RAND Corporation, 1969).
51 Murray Turoff, "The Design of a Policy Delphi", *Technological Forecasting and Social Change* 2, 2 (1970): 149–171. Ver también Harold A. Linstone y Murray Turoff, eds., *The Delphi Method: Techniques and Applications* (New York: Addison-Wesley, 1975).

2. *Defensa múltiple informada.* El proceso de seleccionar participantes se basa en criterios de compromiso y conocimiento, antes que en la "experticia" *per se*. Al constituir un grupo Delphi, los investigadores intentan seleccionar un grupo representativo de defensores informados.
3. *Respuesta estadística polarizada.* Al compendiar juicios individuales, se usan medidas que acentúan a propósito el desacuerdo y el conflicto. Aunque también pueden utilizarse medidas convencionales (mediana y rango semiintercuartil), la Delphi de política complementa estas con diversas medidas de variación y diferencia entre individuos.
4. *Conflicto estructurado.* Partiendo del supuesto de que el conflicto es una característica normal de los asuntos de política pública, se hace todo lo posible por usar el desacuerdo para explorar en forma creativa alternativas y sus consecuencias. Adicionalmente, se hacen esfuerzos por llevar a la superficie y hacer explícitos los supuestos y argumentos que subyacen a las posiciones en contienda. Los resultados de una Delphi de política están sin embargo completamente abiertos, lo cual significa que el consenso así como una continuación del conflicto podrían ser resultados del proceso.
5. *Conferencia por computador.* Cuando es posible, se utilizan terminales de computadores para estructurar un proceso continuo de interacción anónima entre individuos físicamente separados. La conferencia por ordenador puede eliminar la necesidad de una serie de rondas Delphi.

Una Delphi de política pública puede conducirse de varias formas, dependiendo del contexto y la habilidad de las personas que usen la técnica. Debido a que la Delphi de política es una importante empresa de investigación, implica una serie de tareas técnicas que incluyen muestreo, diseño de cuestionarios, fiabilidad y validez, y análisis e interpretación de datos. Aunque estos asuntos están más allá del alcance de este capítulo[52], es importante obtener un entendimiento general del proceso de conducir una Delphi de política, que puede visualizarse como una serie de pasos interrelacionados[53]:

Paso 1: *Especificación de temas.* El pronosticador debe decidir qué temas específicos deben considerarse. Por ejemplo, si el área de interés es la política nacional sobre el abuso de las drogas, uno de los temas podría ser "El uso personal de la marihuana debería legalizarse". Un problema importante de este paso es decidir qué proporción de temas deben generar los participantes y qué proporción debe generar el pronosticador. Si el pronosticador está bien informado sobre el área temática, puede desarrollarse una lista de temas antes de la primera ronda de la Delphi. Estos temas pueden incluirse en el primer cuestionario, aunque los encuestados deben tener la libertad de agregar o restar temas.

Paso 2: *Selección de defensores.* Deben seleccionarse partes interesadas claves. Para seleccionar un grupo de partes interesadas que representen las posiciones en conflicto, es deseable usar procedimientos de muestreo explícitos como el muestreo "bola de nieve". El pronosticador empieza por identificar a un defensor o promotor, usualmente alguien que es conocido por ser influyente en el área temática, y se le pide a esa persona que nombre dos personas que estén de acuerdo y en desacuerdo con su propia posición. A estas dos personas se les solicita lo mismo, lo cual resulta en dos personas más en acuerdo o desacuerdo,

52 Hay pocos atajos para desarrollar cuestionarios metodológicamente sólidos para uso en Delphis de política pública. Sobre la construcción de cuestionarios, la mejor introducción breve es Earl R. Babbie, *Survey Research Methods* (Belmont, CA: Wadsworth, 1973). Sobre fiabilidad y validez, ver Fred N. Kerlinger y Howard B. Lee, *Foundations of Behavioral Research*, 4a. ed. (New York: Cengage Learning, 2000), pp. 599–686. Un útil manual de propósito general sobre estas cuestiones es Delbert C. Miller y Neil J. Salkind, *Handbook of Research Design and Social Measurement*, 6a. ed. (Newbury Park, CA: Sage Publications, 2002).

53 Ver Turoff, "The Design of a Policy Delphi", pp. 88–94.

y así sucesivamente (de aquí el término *muestra bola de nieve*). Las posiciones sobre el tema de las partes interesadas deben ser tan diferentes como sea posible en términos de su influencia relativa, autoridad formal y afiliación grupal. El tamaño de la muestra podría variar de diez a treinta personas, aunque esto depende de la naturaleza del tema. Cuanto más complejo sea el tema, y por tanto más heterogéneos los participantes, más grande debe ser la muestra para que sea representativa de las posiciones de las partes interesadas.

Paso 3: *Diseño de cuestionario*. Debido a que la Delphi de política tiene lugar en una serie de dos o más rondas, los pronosticadores deben decidir qué ítems irán en los cuestionarios que se usarán en la primera ronda y las siguientes. Sin embargo, el cuestionario de la segunda ronda solo puede desarrollarse después de que los resultados de la primera ronda son analizados; el cuestionario de la tercera ronda debe esperar los resultados de la segunda ronda; y así sucesivamente. Por esta razón, solo el cuestionario de la primera ronda puede bosquejarse por anticipado. Los cuestionarios de la primera ronda pueden ser relativamente inestructurados, con ítems de final abierto, o relativamente estructurados, siempre que el pronosticador tenga una buena idea de los principales temas.

Los cuestionarios de la primera ronda pueden incluir varios tipos de preguntas: (1) *Ítems de pronóstico*, que inquieren por estimaciones subjetivas de la probabilidad de ocurrencia de eventos particulares; (2) *Ítems temáticos*, que demandan a los encuestados que clasifiquen temas en términos de su importancia; (3) *Ítems de metas*, que solicitan juicios sobre la deseabilidad de perseguir ciertas metas; y (4) *Ítems de factibilidad*, que interrogan a los encuestados por juicios sobre la factibilidad de las opciones de alcanzar metas.

Varios tipos de escalas están disponibles para medir las respuestas a los diferentes tipos de ítems. Por ejemplo, una escala de probabilidad es apropiada para ítems de pronóstico, una escala de importancia para ítems temáticos, escalas de deseabilidad para ítems de metas, y alguna combinación de estas escalas para ítems de opciones. Diferentes tipos de ítems y escalas se presentan en el cuestionario de muestra de una Delphi en la Tabla 4.8.

TABLA 4.8 Tipos de ítems y escalas utilizados en un cuestionario Delphi de política pública

Tipo de ítem	Ítem	Escala de probabilidad				
Pronóstico	De acuerdo con una encuesta de 2015 sobre consumo de marihuana, alrededor del 35% de los estudiantes de grado 12 consumieron marihuana en los últimos 12 meses, en comparación con un poco más del 20% en 1991. ¿Cuál es la probabilidad de que el consumo de marihuana entre los estudiantes de grado 12 supere el 40% en 2025? (Por favor marque).	0,0 0,1 0,2 0,3 0,4 0,5 0,6 0,7 0,8 0,9 1,0				
Tema	El consumo personal de marihuana *debe* legalizarse.	Fuertemente de acuerdo 1 [ ]	De acuerdo 2 [ ]	En desacuerdo 3 [ ]	Fuertemente en desacuerdo 4 [ ]	No opina 0 [ ]
Meta	Una meta de política nacional podría ser aumentar la conciencia pública de la diferencia entre el uso responsable de las drogas y el abuso de las drogas. ¿Cuán *deseable* es este objetivo?	Muy deseable 1 [ ]	Deseable 2 [ ]	Indeseable 3 [ ]	Muy indeseable 4 [ ]	No opina 0 [ ]
Opciones	Se ha sugerido que la legalización de la marihuana en el nivel nacional contribuirá a la reducción de potenciales usuarios en la población general. ¿Cuán *factible* es esta opción de política?	Definitivamente factible 1 [ ]	Posiblemente factible 2 [ ]	Posiblemente inviable 3 [ ]	Definitivamente inviable 4 [ ]	No opina 0 [ ]

Fuente: Ítems adaptados de Jillson (2002): 119–154. Datos de Johnston *et al.* (2016).

Las escalas de la Tabla 4.8 no permiten respuestas neutrales. Esto está diseñado para agudizar el desacuerdo y evitar respuestas de conjunto (responder por el medio), que son propósitos importantes de la Delphi de política. Adicionalmente, es importante probar previamente el cuestionario calculando la fiabilidad de la consistencia interna de las escalas individuales y del conjunto de escalas como un todo. Con este fin, programas de software para el *alpha de Cronbach*, medida de fiabilidad de la consistencia interna, están disponibles en SPSS, Stata y R. La fiabilidad así como la validez pueden valorarse usando una matriz multirrasgo y multimétodo[54].

Paso 4: *Análisis de resultados de la primera ronda.* Cuando retornan los cuestionarios después de la primera ronda, los pronosticadores intentan determinar las posiciones iniciales sobre pronósticos, temas, metas y opciones. De modo típico, algunos ítems que se consideran deseables o importantes también se consideran inviables, y viceversa. Debido a que habrá valoraciones en conflicto entre los varios expertos, es importante usar medidas sumarias que no solo expresen la tendencia central de las respuestas, sino también su dispersión y polarización. Estas medidas sumarias no solamente eliminan ítems que son importantes, indeseables, inviables y/o inciertos de manera uniforme, sino que también sirven en el cuestionario de segunda ronda como medio para comunicar a los participantes los resultados de la primera ronda.

El cálculo y la presentación posterior de estas medidas sumarias de tendencia central, dispersión y polarización se ilustran mejor gráficamente. Supóngase, con fines de ilustración, que diez promotores en la primera ronda de una hipotética Delphi de política pública proporcionaron diferentes valoraciones de la deseabilidad y factibilidad de dos metas del control de drogas: reducir la oferta de drogas ilícitas e incrementar la conciencia pública de la diferencia entre los usos responsable e irresponsable de las drogas. Imaginemos que las respuestas fueron las que se presentan en la Tabla 4.9.

54 Críticos tempranos de los cuestionarios Delphi llamaron correctamente la atención sobre el examen de la confiabilidad y validez, por ejemplo, Harold Sackman, *Delphi Critique: Expert Opinion, Forecasting, and Group Process* (Lexington: Lexington Books and D. C. Heath, 1975). Kerlinger y Lee proporcionan una presentación sistemática pero económica de la prueba de fiabilidad y validez: Fred N. Kerlinger and Howard B. Lee, *Foundations of Behavioral Research*, 4a. edición (Cengage Learning, 2000). Adicionalmente, no hay sustituto para el uso de fuentes sobre el diseño competente de cuestionarios. Una de las mejores es Don A. Dillman, Jolene D. Smyth y Leah Melani Christian, *Internet, Phone, Mail, and Mixed-Mode Surveys: The Tailored Design Method* (New York: Wiley & Sons, 2014).

TABLA 4.9 Respuestas hipotéticas en la primera ronda de una Delphi de política pública: deseabilidad y factibilidad de objetivos de control de drogas

	Meta 1 (Reducir la oferta)		Meta 2 (Conciencia pública)	
Encuestado	**Deseabilidad**	**Factibilidad**	**Deseabilidad**	**Factibilidad**
1	1	4	1	1
2	4	1	2	2
3	3	3	2	1
4	4	2	1	2
5	1	4	2	1
6	2	3	2	1
7	1	4	1	1
8	4	2	1	2
9	4	1	2	2
10	1	4	1	2
	$\Sigma = 25$	$\Sigma = 28$	$\Sigma = 15$	$\Sigma = 15$
	Md = 2,5	Md = 3,0	Md = 1,5	Md = 1,5
	Me = 2,5	Me = 2,8	Me = 1,5	Me = 1,5
	Rango = 3,0	Rango = 3,0	Rango = 1,0	Rango = 1,0

Nota: La mediana (Md) en un conjunto de puntajes es el valor del puntaje que cae en la mitad cuando los puntajes están dispuestos en orden de magnitud. Si el número de puntajes es par, la mediana es el valor del puntaje que está a medio camino entre los dos puntajes medios. La mediana se usa normalmente en lugar de la media (Me) cuando no sabemos si los intervalos entre medidas (*e.g.*, los intervalos entre 1 y 2 y 3 y 4) son equidistantes

Obsérvese que algunos encuestados (defensores 2, 8 y 9) creen que la meta de reducir la oferta de drogas ilícitas es asaz indeseable, pero posible o definitivamente viable, mientras que otros (defensores 1, 5, 7 y 10) creen que esta meta es bastante deseable, pero definitivamente impracticable. Cuando comparamos estas inconsistencias entre deseabilidad y factibilidad con las respuestas bajo la meta dos (conciencia pública), encontramos mucha menos inconsistencia en el último conjunto de puntuaciones. Todo esto sugiere que las respuestas a la meta uno, aunque mucho más bajas en deseabilidad y factibilidad promedio, también reflejan tipos de importantes conflictos que el diseño de la Delphi de política puede suscitar. Nos gustaría reportar estos conflictos como parte del instrumento de segunda ronda, solicitando a los encuestados que proporcionen las razones y la evidencia que los condujeron a posiciones tan diferentes. Otra forma de sacar a relucir tales desacuerdos es construir y reportar una *medida de polarización* promedio, que puede definirse como la diferencia absoluta entre puntajes para todas las combinaciones de encuestados que responden una pregunta particular[55].

Paso 5: *Desarrollo de cuestionarios posteriores*. Deben desarrollarse cuestionarios para la segunda, tercera, cuarta o quinta rondas (la mayoría de las Delphi de política implican dos o tres rondas). Como se indicó anteriormente, los resultados de rondas previas se usan como

55 *Ibíd.*, p. 92; y Jerry B. Schneider, "The Policy Delphi: A Regional Planning Application", *Technological Forecasting and Social Change* 3, 4 (1972). El número total de combinaciones (C) se calcula con la formula $C = k(k-1)/2$, donde k es el número de respuestas a un ítem particular. La diferencia promedio se obtiene mediante el cálculo de la distancia numérica entre todas las combinaciones, sumándolas y dividiéndolas por el número de encuestados. Esto exige que ignoremos los signos (más o menos). Otro procedimiento es retener los signos, elevar al cuadrado cada diferencia (eliminando los signos menos), sumar y promediar.

base para las siguientes. Uno de los más importantes aspectos de la Delphi de política acontece en estas rondas, porque es aquí donde los defensores tienen la oportunidad de observar los resultados de las rondas inmediatamente precedentes y ofrecer razones explícitas de sus respectivos juicios. Nótese que las últimas rondas no simplemente incluyen información sobre tendencia central, dispersión y polarización; también incluyen un resumen de los argumentos ofrecidos por los juicios en conflicto más importantes. De este modo, la Delphi de política promueve un debate razonado y maximiza la probabilidad de que juicios divergentes no se pierdan en el proceso. En el momento en que se completa la última ronda de cuestionarios, todos han tenido la oportunidad de afirmar sus posiciones iniciales sobre pronósticos, temas, metas y opciones; de examinar y evaluar las razones por las que sus posiciones difieren de las de otros; y de reevaluar y cambiar sus posiciones.

Paso 6: *Organización de la reunión de grupo.* Una de las últimas tareas es reunir a los defensores para una discusión cara a cara de las razones que subyacen a sus varias posiciones. Este encuentro cara a cara, debido a que ocurre después de que todos los defensores han tenido la chance de reflexionar sobre sus posiciones y las de otros, puede crear una atmósfera de confianza informada que no sería posible en un escenario típico de comité. Las discusiones cara a cara también crean condiciones en las cuales los defensores pueden argumentar en forma apasionada sus posiciones y recibir una retroalimentación inmediata.

Paso 7: *Preparación del informe final.* No hay garantía de que los encuestados alcanzarán consenso, pero sí muchas razones para esperar que ideas creativas sobre temas, metas, opciones y sus consecuencias serán el producto más importante de una Delphi de política. El informe de resultados finales incluirá por lo tanto una revisión de los varios temas y opciones disponibles, teniendo el cuidado de que se presenten plenamente todas las posiciones en conflicto y argumentos subyacentes. Este informe puede entonces remitirse a los formuladores de política, que pueden usar los resultados de la Delphi de política como una fuente de información para tomar decisiones.

Análisis de impacto cruzado

La técnica Delphi se halla relacionada de manera estrecha con otra técnica de pronóstico crítico ampliamente utilizada denominada análisis de impacto cruzado. Desarrollada por los mismos investigadores de la Corporación RAND responsables de las primeras aplicaciones de la Delphi convencional[56], el *análisis de impacto cruzado* es una técnica que suscita juicios informados sobre la probabilidad de ocurrencia de eventos futuros sobre la base de la ocurrencia o no ocurrencia de eventos relacionados. El propósito del análisis de impacto cruzado es identificar eventos que facilitarán o inhibirán la ocurrencia de otros eventos relacionados. El análisis de impacto cruzado se diseñó expresamente como complemento de la Delphi convencional. En palabras de dos de sus más tempranos desarrolladores,

> Una desventaja de la [Delphi] y de muchos otros métodos de pronóstico … es que las relaciones potenciales entre los eventos pronosticados pueden ignorarse y los pronósticos bien podrían contener ítems que se refuerzan o excluyen mutuamente. [El análisis de impacto cruzado] es un intento por desarrollar un método por el que las probabilidades de un ítem en un conjunto pronosticado pueden ajustarse en virtud de juicios relativos a las interacciones potenciales de los ítems pronosticados[57].

El instrumento analítico básico en el análisis de impacto cruzado es la *matriz de impacto cruzado*, una tabla simétrica que lista eventos potencialmente relacionados a lo largo de encabezamientos de filas y

56 Estos investigadores incluyen a Olaf Helmer, T. J. Gordon y H. Hayward. A Helmer se le acredita la acuñación del término *impacto cruzado*. Ver T. J. Gordon y H. Hayward, "Initial Experiments with the Cross-Impact Matrix Method for Forecasting", *Futures* 1, 2 (1968): 101–116.

57 *Ibíd.*, p. 101.

columnas (Tabla 4.10). El tipo de problema de pronóstico para el que es particularmente apropiado el análisis de impacto cruzado es el que involucra una serie de eventos interdependientes. La Tabla 4.10, por ejemplo, expresa las interdependencias entre eventos que siguen a la producción masiva de automóviles. Obsérvese la línea de efectos positivos directos (representados por signos +) inmediatamente encima de las celdas en blanco de la diagonal principal. Estos efectos son impactos de primer, segundo, tercer, cuarto, quinto y sexto orden de la producción en masa de automóviles. Nótense asimismo los efectos de retroalimentación positivos de ($E_2 - E_1$), ($E_3 - E_1$), ($E_7 - E_4$) y ($E_7 - E_5$). Estos efectos de retroalimentación positivos sugieren que la facilidad de viajar y la condescendencia de las grandes tiendas suburbanas afectan la producción masiva de automóviles, por ejemplo, incrementando la demanda. En forma semejante, varias formas de desviación social pueden intensificar niveles existentes de alienación de los vecinos y crear aun mayor dependencia sociosicológica de los miembros de la familia.

TABLA 4.10 Matriz de impacto cruzado que ilustra consecuencias del uso masivo de automóviles

	Eventos (E)						
Eventos (E)	E^1	E^2	E^3	E^4	E^5	E^6	E^7
E_1		+	0	0	0	0	0
E_2	⊕		+	0	0	0	0
E_3	⊕	0		+	0	0	0
E_4	0	0	0		+	0	0
E_5	0	0	0	0		+	0
E_6	0	0	0	0	0		+
E_7	0	0	0	⊕	⊕	0	

E_1 = producción en masa de automóviles
E_2 = facilidad de viajar
E_3 = condescendencia de grandes tiendas suburbanas
E_4 = alienación de vecinos
E_5 = alta dependencia sociosicológica de los miembros inmediatos de la familia
E_6 = incapacidad de los miembros de la familia para satisfacer demandas sociosicológicas mutuas
E_7 = desviación social en la forma de divorcio, alcoholismo, delincuencia juvenil

Nota: un signo más (+) indica efectos directos en una vía; un cero (0) indica ningún efecto; un signo más inscrito en un círculo indica efectos de retroalimentación positiva.
Fuente: Adaptado de Coates (1971).

Esta ilustración simplifica en exceso, a propósito, los nexos entre eventos. En otras muchas situaciones, la conexión de un evento con otro no es positivo sin ambigüedad, ni los eventos se suceden tan claramente en el tiempo. Sin embargo, muchos eventos pueden estar ligados negativamente. Por esta razón, el análisis de impacto cruzado tiene en cuenta tres aspectos de cualquier nexo:

1. *Modo (dirección) de enlace.* Esto indica si un evento afecta la ocurrencia de otro evento y, si es así, si la dirección de este efecto es positiva o negativa. Efectos positivos acontecen en lo que se denomina *modo de mejora*, mientras que los negativos caen en la categoría llamada *modo de inhibición*. Un buen ejemplo de conexiones en el modo de mejora es el aumento de los precios de la gasolina que estimula la investigación y el desarrollo de combustibles sintéticos. La carrera armamentista y sus efectos sobre la disponibilidad de fondos para la renovación urbana son un ejemplo de nexos en el modo de inhibición. El *modo sin conexión* se refiere a eventos no conectados.

2. *Fortaleza del enlace.* Esto indica cuán fuertemente están ligados los eventos, sea en el modo de mejora o en el modo de inhibición. Algunos eventos están fuertemente ligados, significando que la ocurrencia de un evento cambia de manera sustancial la probabilidad de la ocurrencia de otro, mientras que otros eventos se hallan débilmente conectados. En general, cuanto más débil sea la conexión, más se acerca al modo no conectado.
3. *Tiempo de enlace transcurrido.* Esto indica la cantidad de tiempo (semanas, años, décadas) en la ocurrencia de eventos conectados. Aunque los eventos pueden estar fuertemente ligados, sea en los modos de mejora o de inhibición, el impacto de un evento sobre otro puede demandar un considerable periodo de tiempo. Por ejemplo, el nexo entre la producción masiva de automóviles y la desviación social exigió varias décadas.

El análisis de impacto cruzado trabaja según el principio de probabilidad condicional. La probabilidad condicional afirma que la probabilidad de ocurrencia de un evento es dependiente de la ocurrencia de algún otro evento, esto es, los dos eventos no son independientes. Las probabilidades condicionales pueden denotarse con $P(E_1|E_2)$, que se lee "La probabilidad del primer evento (E_1), dado el segundo evento (E_2)". Por ejemplo, la probabilidad (P) de ser elegido presidente (E_1) después de que un candidato ha recibido la nominación del partido (E_2) puede ser 0,5; esto es, hay una posibilidad cincuenta-cincuenta de ganar las elecciones [$P(E_1|E_2) = 0{,}50$]. Sin embargo, la probabilidad (P) de ser elegido (E_1) sin la nominación (E_2) es baja, porque la nominación del partido es casi un prerrequisito para la presidencia [$P(E_1|E_2) = 0{,}20$].

La misma lógica se extiende al análisis de impacto cruzado. La construcción de una matriz de impacto cruzado empieza con la pregunta: "¿Cuál es la probabilidad de que un cierto evento (E) ocurrirá antes de algún punto específico en el tiempo?". Por ejemplo, un pronóstico extrapolativo que usa análisis de series de tiempo puede proporcionar una estimación de intervalo que afirma que hay una probabilidad del noventa por ciento (0,9) de que el consumo total de energía superará los cien cuatrillones de BTU en 1995. La siguiente pregunta es: "¿Cuál es la probabilidad de que este evento (E_2) ocurrirá, dado que con certeza otro evento (E_1) lo precederá?". Por ejemplo, si factores actualmente impredecibles (nuevos acuerdos, agitación política, accidentes) resultan en una duplicación de los precios del petróleo (E_1) en 1995, la probabilidad del consumo de energía en el nivel de cien cuatrillones de BTU puede reducirse a 0,5. En este caso, nótese que datos "objetivos" utilizados para hacer el pronóstico extrapolativo original se combinan con un juicio "subjetivo" sobre la probabilidad condicional del evento originalmente proyectado, dada la ocurrencia previa del primero.

La construcción de una matriz de impacto cruzado para cualquier problema razonablemente complejo implica varios miles de cálculos y requiere computador. Muchas aplicaciones del análisis de impacto cruzado en áreas de las políticas de ciencia y tecnología, ambiental, de transporte y energética han involucrado más de mil iteraciones separadas (llamadas "juegos" o "jugadas") para determinar la consistencia de la matriz de impacto cruzado, esto es, para asegurarse de que se ha tenido en cuenta cada secuencia de probabilidades condicionales antes de calcular una probabilidad final para cada evento. A pesar de la complejidad técnica del análisis de impacto cruzado, la lógica básica de la técnica puede captarse fácilmente mediante la consideración de un simple ejemplo.

Supóngase que un panel de expertos reunido para una Delphi convencional proporciona estimaciones de la probabilidad de ocurrencia de cuatro eventos ($E_1 \ldots E_4$) para años futuros. Supóngase además que estos cuatro eventos son el aumento del precio de la gasolina a $5 por galón ($E_1$), la "gentrificación" de barrios centrales de la ciudad por antiguos pobladores suburbanos (E_2), la duplicación de los delitos per cápita reportados (E_3) y la producción masiva de autos de corta distancia alimentados por batería (E_4). Las probabilidades atribuidas a estos cuatro eventos son, respectivamente, $P_1 = 0{,}5$, $P_2 = 0{,}5$, $P_3 = 0{,}6$, y $P_4 = 0{,}2$. Dadas estas estimaciones subjetivas, el problema de pronóstico es este: dado que uno de estos eventos ocurre (*i.e.*, P = 1,0, o 100%), ¿cómo cambiarán las probabilidades de los otros eventos?[58]

La Tabla 4.11 ilustra la primera ronda (jugada) en la construcción de una matriz de impacto cruzado. Obsérvese que el supuesto de que la gasolina costará $5 por galón produce probabilidades subjetivas revisadas para la "gentrificación" (un aumento de 0,5 a 0,7), los delitos reportados per cápita (un aumento de 0,6 a 0,8) y la manufactura en masa de autos eléctricos (un incremento de 0,2 a 0,5). Estos cambios reflejan los *nexos de mejora* discutidos anteriormente. En contraste, otros nexos son *inhibitorios*. Por ejemplo, la gentrificación de sectores centrales de las ciudades hace menos probable que la gasolina aumente a $5 por galón (nótese el descenso de 0,5 a 0,4), sobre la suposición de que las compañías petroleras serán más competitivas en sus precios cuando los antiguos pobladores suburbanos conduzcan menos. Finalmente, hay también *enlaces inconexos*. El aumento del crimen y el de los autos eléctricos producidos en masa no ejercen influencia sobre la probabilidad de que los precios de la gasolina lleguen a $5 por galón o sobre el proceso de gentrificación (adviértase que las probabilidades originales permanecen constantes en 0,5).

TABLA 4.11 Ilustración hipotética de la primera ronda (jugada) en una matriz de impacto cruzado

	Entonces la probabilidad modificada de ocurrencia de estos eventos es			
Si este evento ocurre (P = 1,0)	E_1	E_2	E_3	E_4
E_1 Gasolina a $5 por galón		0,7	0,8	0,5
E_2 Gentrificación	0,4		0,7	0,4
E_3 Duplicación de delitos	0,5	0,4		0,1
E_4 Autos eléctricos	0,4	0,5	0,7	
Eventos	*Probabilidades originales (P)*			
E_1	P_1 = 0,5			
E_2	P_2 = 0,5			
E_3	P_3 = 0,6			
E_4	P_4 = 0,2			

La ventaja de la matriz de impacto cruzado es que habilita al analista para discernir interdependencias que de otro modo pueden pasar desapercibidas. El análisis de impacto cruzado permite asimismo la revisión continua de probabilidades previas sobre la base de supuestos o evidencia nuevos. Si se llega a disponer de nuevos datos empíricos para algunos eventos (*e.g.*, tasas de delitos), la matriz puede recalcularse. Alternativamente, pueden introducirse diferentes suposiciones -como consecuencia quizá de una Delphi de política que produce estimaciones y argumentos en conflicto- para determinar cuán sensibles son ciertos eventos a cambios en otros eventos. Por último, la información de una matriz de impacto cruzado puede resumirse fácilmente en cualquier punto del proceso.

Las matrices de impacto cruzado pueden usarse para descubrir y analizar esas complejas interdependencias que hemos descrito como problemas mal estructurados. La técnica también es consistente con una variedad de enfoques relacionados con el pronóstico experto, incluidos la evaluación de tecnología, la evaluación de impacto social y el pronóstico tecnológico[59]. Como ya se observó, el análisis de

58 Alternativamente, podemos formular la misma pregunta sobre la *no ocurrencia* de un evento. Por lo tanto, con frecuencia es necesario construir dos matrices: una para ocurrencias y otra para no ocurrencias.

59 Sobre estos enfoques relacionados, ver François Hetman, *Society and the Assessment of Technology* (Paris: Organization for Economic Co-operation and Development, 1973); Finsterbusch y Wolf, eds., *Methodology of Social Impact Assessment*; y

impacto cruzado no es solo consistente con la Delphi convencional, sino que realmente representa su adaptación y extensión natural. Por ejemplo, aunque el análisis de impacto cruzado puede ser realizado por analistas singulares, la precisión de los juicios subjetivos puede incrementarse con el uso de paneles Delphi.

El análisis de impacto cruzado, como las otras técnicas de pronóstico discutidas en este capítulo, tiene sus limitaciones. En primer lugar, el analista nunca puede estar seguro de que todos los eventos potencialmente interdependientes han sido incorporados en el análisis, lo cual llama de nuevo la atención sobre la importancia de la estructuración de problemas (Capítulo 3). Hay otras técnicas que sirven a la identificación de estos eventos, las cuales incluyen variaciones del mapeo de teorías (ver Tabla 4.8) y la construcción y presentación gráfica de redes de eventos causalmente relacionados denominadas *árboles de relevancia* (ver Capítulo 3, Figura 3.14). En segundo lugar, la construcción y el "juego" de una matriz de impacto cruzado pueden ser costosos y demandar tiempo, aun con la asistencia de programas de computación y de ordenadores de alto rendimiento. En tercer lugar, hay dificultades técnicas asociadas con los cálculos de la matriz (*e.g.*, las no ocurrencias no siempre son analizadas), aunque muchos de estos problemas han sido en gran medida resueltos[60].

Pronóstico de factibilidad

El último procedimiento de pronóstico crítico que consideramos en este capítulo es uno que está expresamente diseñado para predecir la conducta futura de partes interesadas en la política pública. El procedimiento, más simplemente descrito como *pronóstico de factibilidad*, ayuda a la producción de pronósticos sobre el impacto probable de los interesados en apoyar u oponerse a la adopción y/o implementación de diferentes políticas[61]. El pronóstico de factibilidad está particularmente bien adaptado a los problemas que demandan estimaciones de consecuencias probables de intentar implementar alternativas de política pública en condiciones de conflicto político y desigual distribución del poder y de otros recursos.

El pronóstico de factibilidad puede usarse para hacer juicios sobre la conducta de los interesados en cualquier fase del proceso de elaboración de la política pública, comprendidas la adopción y la implementación de políticas. Lo que hace este método tan útil es que responde a un problema clave que hemos encontrado ya al revisar otras técnicas de pronóstico experto: de modo típico, no hay teoría relevante o datos empíricos disponibles que nos permitan hacer predicciones o proyecciones sobre la conducta de las partes interesadas en la política pública. Aunque los científicos sociales han propuesto varias teorías de la conducta en la elaboración de la política pública, potencialmente disponibles como fuente de predicciones, la mayor parte de estas teorías son insuficientemente concretas para aplicar en contextos específicos[62].

La técnica de evaluación de factibilidad es una forma de responder a una serie de preocupaciones sobre la ausencia de atención a los problemas de viabilidad política y de implementación de las políticas en el análisis de política pública. Si bien los problemas de implementación de las políticas juegan un papel importante en la mayoría de los problemas de política pública, buena parte del análisis contemporáneo de política pública presta poca atención a esta cuestión. Lo que se necesita es una forma sistemática de pronosticar "las capacidades, intereses e incentivos de las organizaciones para implementar

H. A. Linstone, J. F. Coates, T. J. Gordon, M. Adelson, I. Mitroff, D. N. Michael y M. Turoff, *Forecasting. A New Agenda* (Amsterdam: North-Holland, 1989).

60 Ver James F. Dalby, "Practical Refinements to Cross-Impact Matrix Technique", en Marvin J. Cetron y Bado Bartocha, eds., *Industrial Applications of Technological Forecasting* (New York: Wiley-Interscience, 1971), pp. 265–273.

61 La discusión que sigue deriva de Michael K. O'Leary y William D. Coplin, "Teaching Political Strategy Skills with 'The Prince'", *Policy Analysis* 2, 1 (1976): 145–160. Ver también O'Leary y Coplin, *Everyman's "Prince"*.

62 Estas teorías tratan de élites, grupos, coaliciones y agregados de individuos y líderes. Ver, por ejemplo, Raymond A. Bauer y Kenneth J. Gergen, eds., *The Study of Policy Formation* (New York: Free Press, 1968), y Daniel A. Mazmanian y Paul A. Sabatier, *Implementation and Public Policy* (Lanham, MD: University Press of America, 1989).

cada alternativa"[63]. En términos prácticos, esto significa que la conducta de las partes interesadas relevantes debe pronosticarse junto con las consecuencias de las políticas mismas. Solo de esta forma puede el analista asegurarse de que los factores organizacionales y políticos, que pueden ser críticos en la adopción e implementación de una política, se tengan en cuenta adecuadamente.

El pronóstico de factibilidad, al igual que otros métodos de pronóstico crítico, se basa en juicios subjetivos informados. El método puede ser utilizado por analistas singulares o por un grupo, tanto como en un ejercicio Delphi. El pronóstico de factibilidad se centra en varios aspectos de la conducta política y organizacional:

1. *Posición sobre el tema.* El analista estima la probabilidad de que varios interesados apoyarán, se opondrán o serán indiferentes a cada una de las dos o más alternativas de política. Las posiciones se codifican como de apoyo (+1), oposición (-1) o indiferencia (0). Se efectúa entonces una estimación subjetiva de la probabilidad de que cada interesado adoptará una posición codificada. Esta estimación (que varía de 0 a 1,0) indica la relevancia o importancia del tema para cada interesado.
2. *Recursos disponibles.* El analista proporciona una estimación subjetiva de los recursos disponibles para cada uno de los actores interesados en la búsqueda de su respectiva posición. Recursos disponibles comprenden prestigio, legitimidad, presupuesto, personal, y acceso a la información y a las comunicaciones. A causa de que las partes interesadas casi siempre tienen posiciones sobre otros temas para los cuales parte de sus recursos es necesaria, los recursos disponibles pueden expresarse como una fracción o proporción de los recursos totales que posee la parte interesada. La escala de disponibilidad de recursos, expresada como una fracción, varía de 0 a 1,0. Nótese que puede haber una alta probabilidad de que una parte interesada dada apoyará una política (*e.g.*, 0,9), pero esa misma parte interesada puede tener poca capacidad para afectar la adopción o implementación de la política. Este es, típicamente, el resultado de un exceso de compromiso de recursos (prestigio, presupuesto, personal) para otros temas.
3. *Rango relativo de recursos.* El analista determina el rango relativo de cada parte interesada con respecto a sus recursos. El rango relativo de recursos, una medida del "poder" o "influencia" de las partes interesadas, proporciona información sobre la magnitud de los recursos políticos y organizacionales de que dispone cada parte interesada. Sin embargo, una parte interesada que compromete una alta fracción (por decir, 0,8) de los recursos con que cuenta para respaldar una política puede ser incapaz de afectar significativamente la adopción o implementación de una política debido a que no dispone de los recursos adecuados.

Dado que un propósito del pronóstico de factibilidad es prever la conducta en condiciones de competición política y conflicto, es esencial identificar una muestra de partes interesadas tan representativa y poderosa como sea posible. El analista puede identificar partes interesadas representativas de varias organizaciones y niveles organizacionales con diferentes circunscripciones y con distintos niveles de recursos y papeles en el proceso de elaboración de la política pública.

Una ilustración de la técnica de evaluación de factibilidad aparece en la Tabla 4.12. En este ejemplo, un analista de política en un gran municipio ha terminado un estudio que muestra que los impuestos a la propiedad local deben elevarse el uno por ciento para cubrir los gastos del próximo año. Alternativamente, los gastos de los servicios municipales deben reducirse en una cantidad comparable, acción que resultará en el despido de muchos empleados. En virtud de que la mayoría de los empleados

63 Graham T. Allison, "Implementation Analysis: 'The Missing Chapter' in Conventional Analysis: A Teaching Exercise", en Richard Zeckhauser, ed., *Benefit-Cost and Policy Analysis: 1974* (Chicago, IL: Aldine Publishing Company, 1975), p. 379.

públicos está sindicalizada y existe una amenaza de huelga desde hace más de dos años, el alcalde vacila en presionar por el recorte de servicios. Al mismo tiempo, grupos de contribuyentes locales se oponen fuertemente al aumento de impuestos, aun si ello significa la pérdida de algunos servicios. En estas condiciones, el alcalde ha solicitado un pronóstico de factibilidad de las alternativas de política.

TABLA 4.12 Evaluación de la factibilidad de dos alternativas de política fiscal

(a) Alternativa 1 (Aumento de impuestos)

Parte interesada (1)	*Posición codificada (2)*	*Probabilidad (3)*	*Fracción de recursos disponible (4)*	*Rango de recursos (5)*	*Puntaje de factibilidad (6)*
Alcalde	+1	0,2	0,2	0,4	0,016
Concejo	-1	0,6	0,7	0,8	-0,336
Asociación de contribuyentes	-1	0,9	0,8	1,0	-0,720
Sindicato de empleados	+1	0,9	0,6	0,6	0,324
Medios de comunicación	+1	0,1	0,5	0,2	0,010
					$\Sigma F = -0,706$

Índice de factibilidad total (*FT*) $= \frac{\Sigma F}{n} = \frac{-0,706}{5} = -0,14$

Factibilidad total ajustada (FT_{AJU}) = FT (5/2) = -0,14(2,5) = -0,35

(b) Alternativa 2 (Recorte presupuestal)

Parte interesada (1)	*Posición codificada (2)*	*Probabilidad (3)*	*Fracción de recursos disponible (4)*	*Rango de recursos (5)*	*Puntaje de factibilidad (6)*
Alcalde	+1	0,8	0,2	0,4	0,192
Concejo	+1	0,4	0,5	0,8	0,160
Asociación de contribuyentes	+1	0,9	0,7	1,0	0,630
Sindicato de empleados	-1	0,9	0,8	0,6	-0,432
Medios de comunicación	-1	0,1	0,5	0,2	-0,010
					$\Sigma F = 0,54$

Índice de factibilidad total (*FT*) $= \frac{\Sigma F}{n} = \frac{0,54}{5} = 0,11$

Factibilidad total ajustada (FT_{AJU}) = FT (5/3) = 0,11(5/3) = 0,11(1,66) = 0,183

La Tabla 4.12 muestra que el aumento de impuestos no es viable. El signo negativo de los índices (simple y ajustado) al final de la tabla indica que hay más oposición que respaldo al aumento de impuestos. En contraste, el índice de factibilidad total (ajustado) para el recorte presupuestal es positivo y está en el rango débil. El índice de factibilidad total varía de -1,0 a +1,0, lo cual significa que la factibilidad de diferentes alternativas de política es directamente comparable. Obsérvese, sin embargo, que hay un índice de factibilidad total ajustado. El ajuste es necesario porque el valor máximo que el índice puede tomar depende del número de posiciones positivas (o negativas) adoptadas.

En la Tabla 4.12(a), por ejemplo, el valor negativo máximo del índice depende del número de posiciones negativas en relación con las positivas. Imagínese que los dos puntajes negativos de factibilidad fuesen "perfectos" (*i.e.*, -1,0) y que todas las demás partes interesadas fueran indiferentes, asignándoles puntajes de factibilidad de 0,0. En este caso, el valor máximo de la suma de los puntajes individuales de factibilidad sería -2,0. Si lo dividimos luego por el número total de partes interesadas (*n* = 5), producimos un valor de índice de -0,4, aunque exista una oposición máxima a la alternativa. Por esta razón, debemos calcular un valor máximo de FT, que en este caso es FT_{MAX} = 2/5 = 0,40. Para hallar el valor ajustado del índice (FT_{AJU}), dividimos simplemente el valor original de FT por su valor máximo, esto es, $FT/FT_{MAX} = FT_{AJU}$ = -0,40/0,40 = -1,0. El mismo procedimiento se utilizó para encontrar los valores máximo y positivo ajustado de FT en la Tabla 4.12(b).

El pronóstico de factibilidad nos obliga a hacer explícitos los juicios subjetivos, en lugar de tratar los problemas políticos y organizacionales en forma relajada o arbitraria. La evaluación de factibilidad también habilita a los analistas para considerar sistemáticamente la sensibilidad de las posiciones sobre los temas y los recursos disponibles para cambios en las alternativas de política pública. En el ejemplo previo, un pequeño aumento de impuestos, combinado con medidas de austeridad y un plan para incrementar la productividad de los empleados municipales, podría evocar un nivel completamente diferente de factibilidad.

El pronóstico de factibilidad, así como la Delphi convencional y el análisis de impacto cruzado, no ofrecen camino sistemático para llevar a la superficie las razones y la evidencia que subyacen a los juicios subjetivos. Quizá la mejor forma de resolver esta dificultad sea adoptar procedimientos de la Delphi de política o usar el análisis de supuestos (Capítulo 3). Una segunda limitación es que se asume que las posiciones de las partes interesadas son independientes y que ellas acontecen en el mismo punto del tiempo. Estos supuestos no son realistas, porque ignoran los procesos de formación de coaliciones a través del tiempo y el hecho de que la posición de una de las partes interesadas está frecuentemente determinada por cambios en la posición de otra. Para capturar las interdependencias de las posiciones sobre los temas y su variación en el tiempo, podríamos emplear alguna adaptación del análisis de impacto cruzado. Finalmente, el pronóstico de factibilidad, así como las otras técnicas de pronóstico crítico, son más útiles en condiciones en las cuales la complejidad de un problema no puede captarse fácilmente utilizando teorías o datos empíricos. Por esta razón, cualquier intento de subrayar sus limitaciones debe también considerar su potencial como fuente de esclarecimiento creativo.

Para concluir este capítulo, es importante subrayar que mejoramientos en el pronóstico probablemente resultarán de la combinación creativa de enfoques y técnicas diferentes, esto es, del *pronóstico multimétodo*. El pronóstico multimétodo combina diversas formas de razonamiento lógico (inductivo, deductivo, abductivo) y múltiples bases (extrapolación, teoría, juicio crítico). El pronóstico multimétodo reconoce que ni la precisión ni la creatividad son un fin en sí mismo. Lo que parece ser creativo o perspicaz puede carecer de plausibilidad y tornarse en pura especulación o charlatanería, mientras que proyecciones o predicciones altamente precisas pueden simplemente responder la pregunta equivocada. La justificación última de un pronóstico es si proporciona creencias plausiblemente ciertas sobre el futuro.

PRONÓSTICO BASADO EN LA EVIDENCIA

A lo largo de este libro, subrayamos la importancia de alcanzar altos estándares de análisis de política pública basado en la evidencia. En este contexto, es importante considerar el pronóstico basado en la evidencia como un aspecto que debe satisfacer estos estándares, considerando la naturaleza integral del pronóstico en el análisis de política pública actual. J. Scott Armstrong y sus colegas se han comprometido en un importante esfuerzo exitoso de compilar, sobre la base de la experiencia de pronosticadores del mundo real, principios del pronóstico basado en la evidencia[64]. Estos principios se han organizado en varias áreas importantes: formulación de problemas, búsqueda de información, elección de métodos, evaluación de pronósticos, y uso de pronósticos por diseñadores de política y planificadores.

Aunque Armstrong relaciona más de ciento cincuenta criterios para desarrollar pronósticos basados en la evidencia, consideramos aquí solamente los más directamente relevantes para nuestros fines (Tabla 4.13). Los criterios apoyados en la evidencia se declaran en este lugar como recomendaciones para la realización de pronósticos extrapolativos, teoréticos y críticos.

TABLA 4.13 Recomendaciones para el pronóstico basado en la evidencia

RECOMENDACIÓN	PROPÓSITO
Describir decisiones que puedan verse afectadas por el pronóstico.	Maximizar la relevancia del pronóstico para los formuladores de política.
Descomponer el problema en subproblemas.	Asegurarse de que el problema se ha estructurado adecuadamente.
Usar teoría para identificar variables explicativas.	Maximizar la probabilidad de identificar un mecanismo causal plausible.
Evaluar la fiabilidad y validez de cuestionarios y escalas.	Evitar la posibilidad de error artificialmente producido por hallazgos nulos.
Usar métodos de pronóstico estructurados en lugar de métodos desestructurados.	Minimizar fuentes desconocidas de sesgo sistemático.
Probar los instrumentos antes de la realización de la encuesta.	Descubrir errores antes de usar los instrumentos.
Obtener pronósticos a partir de una muestra heterogénea de expertos.	Maximizar la disponibilidad de múltiples perspectivas.
Estimar intervalos de confianza.	Expresar probabilísticamente estimaciones de punto.
Proporcionar explicación clara de los métodos de pronóstico.	Asegurarse de que los expertos son competentes para responder.

RESUMEN DEL CAPÍTULO

Este capítulo ha proporcionado una visión general del proceso de pronóstico, destacando la naturaleza, tipos y usos del pronóstico en el análisis de política pública. Tras comparar enfoques basados en los razonamientos inductivo, deductivo y abductivo, se describieron métodos y técnicas específicos. Estos comprenden métodos y técnicas de pronóstico extrapolativo, teorético y crítico. La justificación última de un pronóstico es si produce creencias plausiblemente ciertas sobre el futuro, no si se basa en un método particular, cuantitativo o cualitativo. Con las palabras de un consumado analista de política pública y antiguo secretario asistente del Departamento de Defensa, “es mejor tener aproximadamente la razón que estar exactamente equivocado”[65].

64 J. Scott Armstrong, “Findings from Evidence-Based Forecasting: Methods for Reducing Forecast Error”, *International Journal of Forecasting* 22, 3 (2006): 583–598; y J. S. Armstrong, ed., *Principles of Forecasting: A Handbook for Researchers and Practitioners* (New York: Springer Science & Business Media, 2001). Ver también el sitio web de Armstrong, www.forescastingprinciples.com.

65 Alain C. Enthoven, “Ten Practical Principles for Policy and Program Analysis”, en Zeckhauser, ed., *Benefit-Cost and Policy Analysis: 1974*, p. 459.

PREGUNTAS DE REPASO

1. ¿Cuáles son las tres formas de pronóstico y cómo se relacionan con las bases de los pronósticos?
2. Además de promover una mayor comprensión del futuro, ¿qué otros propósitos se alcanzan con el pronóstico?
3. ¿En qué medida el pronóstico econométrico es más preciso que los métodos de pronóstico extrapolativo y de pronóstico basado en el juicio experto?
4. ¿Cómo afectan los contextos institucional, temporal e histórico de los pronósticos su precisión?
5. Distinga entre futuros potenciales, plausibles y normativos.
6. Contraste los razonamientos inductivo, deductivo y abductivo (retroductivo).
7. Liste y describa técnicas utilizadas en los tres principales tipos de pronósticos. Proporcione ejemplos.
8. Sean lineales o no lineales, la mayoría de los pronósticos se basan en supuestos de persistencia y regularidad. ¿En qué medida estos supuestos son plausibles?
9. Muchos pronósticos emplean el análisis de regresión lineal, también conocido como modelo clásico de regresión lineal. ¿Cuáles son los principales supuestos del modelo clásico de regresión lineal cuando se usa para hacer pronósticos?
10. ¿Qué acciones correctivas pueden adoptarse cuando se violan los supuestos del modelo clásico de regresión lineal?
11. ¿Es mejor tener aproximadamente la razón que estar exactamente equivocado? ¿Cómo afecta su respuesta la elección de un método de pronóstico?
12. Importantes ejemplos de pronóstico multimétodo pueden encontrarse en el trabajo desarrollado por el *Good Judgment Project* (*Proyecto Buen Juicio*). Describa el método de realizar mercados de predicción y cómo se compara este método con pronósticos basados en juicio experto (https://www.iarpa.gov/index.php/newsroom/iarpa-in-the-news/2015/439-the-good-judgment-project).
13. Existe un consenso emergente de que las pruebas de significación estadística obstaculizan la interpretación de los resultados de los pronósticos, así como otros métodos, por ejemplo, el análisis de los resultados de políticas como efectos de programas. ¿Por qué? (T. Ziliak y D. McCloskey, *The Cult of Statistical Significance: How the Standard Error Costs Us Jobs, Justice, and Lives*. University of Michigan Press, 2008).

EJERCICIOS DE DEMOSTRACIÓN

1. Después de leer el Caso 4.1, responda estas preguntas:
   - Explique por qué r, r^2 y los valores p son idénticos en la Figura C4.1.1(a) hasta (d).
   - Describa los patrones en cada gráfico de dispersión desde (a) hasta (d).
   - Explique la importancia de inspeccionar una representación visual de un análisis de regresión.
2. Después de ver los datos de ingresos en el Caso 4.2, utilice el SPSS o un programa estadístico similar (Excel, Stata o R) para realizar un pronóstico en el cual estime el valor de los ingresos de la *Metropolitan Atlanta Rapid Transit Authority* (MARTA) (*Autoridad Metropolitana de Tránsito Rápido de Atlanta*) en el año 2004. Asuma que está realizando el análisis en enero de 2000 como consultor de MARTA. El cliente lo ha contratado a usted porque MARTA necesita una estimación precisa de sus ingresos futuros. La estimación se utilizará para tomar decisiones

sobre aumentos de tarifas que se han convertido en punto focal de debates sobre justicia ambiental, esto es, sobre la justicia de la carga de pagar por el transporte entre minorías y pobres. Aunque usted no lo sabía en el momento, el Concejo de la ciudad de Atlanta se opuso a un aumento de tarifas en 2000 y 2001, en medio de una agitación política considerable. Los gastos de MARTA en 2001 eran $307 millones, mientras que los ingresos eran aproximadamente $304 millones, déficit que obligaba a las autoridades responsables de MARTA a aumentar las tarifas. Grupos de ciudadanos alegaban que el incremento de tarifas violaba principios de justicia ambiental.

Realice los siguientes análisis, basado en los procedimientos de pronóstico extrapolativo cubiertos en el capítulo:

- Ingrese los datos de la Tabla C4.2.1 (Ingresos de MARTA, 1973–2010) en el editor de datos del SPSS (u otro). Observe que el valor de los INGRESOS está en miles de dólares.
- Genere un gráfico de secuencia (serie de tiempo) de la variable INGRESOS. ¿Satisface la serie los supuestos del modelo de regresión lineal?
- Realice una transformación logarítmica y genere un nuevo gráfico de secuencia. ¿Qué diferencia se obtiene como resultado de la transformación logarítmica?
- Usando los datos de ingresos de 1973 a 2000, realice un análisis de regresión de la serie de tiempo para pronosticar el valor de los ingresos en 2004, 2008 y 2014. Esto demandará tres análisis de regresión. Calcule un intervalo de confianza del 95% para la media. ¿Cuáles son las estimaciones de punto para los tres años?
- ¿Cómo se comparan los pronósticos de corto, mediano y largo plazo con los valores reales de los ingresos para los tres años? ¿Caen las estimaciones de punto dentro de los intervalos de confianza del 95%?
- Interprete las estimaciones de punto y de intervalo que ofrece la salida. ¿Cuán precisa es su estimación para los tres años? ¿Necesita MARTA elevar las tarifas? ¿Qué tan seguro está usted?
- Escriba un memo de política de dos páginas a MARTA en el que explique y justifique su pronóstico para los tres años. Incluya una recomendación de política sobre las opciones de aumentar las tarifas y relacione su recomendación con el tema de la justicia ambiental.

3. Después de leer el Caso 4.3, explique cómo los pasos de un pronóstico Delphi presentados en este capítulo se relacionan con la "sabiduría de la multitud", representada por los gráficos de líneas de la Figura C4.3.1.

BIBLIOGRAFÍA

Allen, T. Harrell. *New Methods in Social Science Research: Policy Sciences and Futures Research.* New York: Frederick A. Praeger, 1978.

Anscombe, F. J. "Graphs in Statistical Analysis". *American Statistician* 27 (Febrero 1973): 17–21.

Armstrong, J. Scott. "Findings from Evidence-Based Forecasting: Methods for Reducing Forecast Error". *International Journal of Forecasting* 22, 3 (2006): 583–598.

Armstrong, J. Scott. *Illusions in Regression Analysis* (2011). Disponible en SSRN: https://ssrn.com/abstract=1969740.

Armstrong, J. Scott. *Long-Range Forecasting*, 2a. ed. (Agosto 11, 2010). Disponible en SSRN: https://ssrn.com/abstract=666990.

Armstrong, J. Scott, ed. *Principles of Forecasting. A Handbook for Researchers and Practitioners.* New York: Springer Science & Business Media, 2001.

Armstrong, J. Scott. "Significance Tests Harm Progress in Forecasting". *International Journal of Forecasting* 23, 2 (2007): 321–327.

Ascher, William. *Forecasting: An Appraisal for Policy Makers and Planners.* Baltimore, MD: Johns Hopkins University Press, 1978.

Ascher, William. "The Forecasting Potential of Complex Models", *Policy Sciences* 13 (1981): 247–267.

Box, G. E. P. y G. M. Jenkins. *Time Series Analysis: Forecasting and Control.* San Francisco, CA: Holden-Day, 1969.

Campbell, Mary P. "What I've Learned from the Good Judgment Project". *Forecasting and Futurism* 11 (Julio 2015): 18–22.
Coates, Joseph. "Technology Assessment": The Benefits, the Costs, the Consequences. *Futurist* 5, 6 (Diciembre 1971): 219–225.
Finsterbusch, Kurt y C. P. Wolf, eds. *Methodology of Social Impact Assessment*. Stroudsburg, PA: Dowden, Hutchinson & Ross, 1977.
Gass, Saul I. y Roger L. Sisson, eds. *A Guide to Models in Governmental Planning and Operations*. Washington, DC: U.S. Environmental Protection Agency, 1974.
Guess, George M. y Paul G. Farnham, *Cases in Public Policy Analysis*. New York: Longman, 1989, Cap. 3, "Forecasting Policy Options", pp. 49–67.
Gurr, Ted R. "The Comparative Analysis of Public Order". En *The Politics of Crime and Conflict*. Editado por Ted R. Gurr, Peter N. Grabosky y Richard C. Hula. Beverly Hills, CA: Sage Publications, 1977.
Harrison, Daniel P. *Social Forecasting Methodology*. New York: Russell Sage Foundation, 1976.
Helmer, Olaf y Nicholas Rescher, "On the Epistemology of the Inexact Sciences". *Management Science* 6, 1 (1959): 25–52.
Horowitz, Michael. "Good Judgment in Forecasting International Affairs (and an Invitation for Season 3)". *The Washington Post* (noviembre 26, 2013). https://www.washingtonpost.com/news/monkey-cage/wp/2013/11/26/good-judgment-in-forecasting-international-affairs-and-an-invitation-for-season-3/.
Intelligence Advanced Research Projects Activity (IARPA). *The Good Judgment Project*. https://www.iarpa.gov/index.php/newsroom/iarpa-in-the-news/2015/439-the-good-judgment-project
Jillson, Irene A. "The National Drug Abuse Policy Delphi: Progress Report and Findings to Date". En *The Delphi Method: Techniques and Applications*. Editado por Harold A. Linstone y Murray Turoff. New York: Addison-Wesley, 2002.
Johnston, Lloyd D., P. M. O'Malley, R. A. Miech, J. G. Bachman y J. E. Schulenberg, eds., *Monitoring the Future National Survey Results on Drug Use, 1975–2010*. Volumen II, College Students & Adults Ages 19–50. Ann Arbor: University of Michigan, Institute for Social Research, 2016.
Kahneman, Daniel. "A Perspective on Judgement and Choice: Mapping Bounded Rationality". *American Psychologist* 58, 9 (2003): 697.
Kaufman, Herbert. *Are Government Organizations Immortal?* Washington, DC: Brookings Institution, 1976.
Linstone, Harold A. y Murray Turoff, eds. *The Delphi Method: Techniques and Applications*. Reading, MA: Addison-Wesley, 1975.
Marino, Y. P. *Technological Forecasting for Decision Making*. Cambridge, MA: American Elsevier Company, 1972.
McNown, Robert. "On the Use of Econometric Models: A Guide for Policy Makers". *Policy Sciences* 19 (1986): 360–380.
O'Leary, Michael K. y William D. Coplin. *Everyman's "Prince"*. North Scituate, MA: Duxbury Press, 1976.
Rescher, Nicholas. *Predicting the Future: An Introduction to the Theory of Forecasting*. Albany, NY: SUNY Press, 1998.
Schroeder, Larry D. y Roy Bahl. "The Role of Multi-Year Forecasting in the Annual Budgeting Process for Local Governments". *Public Budgeting and Finance* 4, 1 (1984): 3–14.
Tetlock, Philip. *Expert Political Judgment: How Good Is It? How Can We Know?* Princeton, NJ: Princeton University Press, 2005.
Thomopoulos, Nick T. *Applied Forecasting Methods*. Englewood Cliffs, NJ: Prentice Hall, 1980.
Toulmin, Llewellyn M. y Glendal E. Wright, "Expenditure Forecasting". En *Handbook on Public Budgeting and Financial Management*. Editado por Jack Rabin y Thomas D. Lynch. New York: Marcel Dekker, 1983, pp. 209–287.
Tufte, Edward R. *The Visual Display of Quantitative Information*. Cheshire, CT: The Graphics Press, 1983.
Ungar, L., B. Mellors, V. Satopää, J. Barón, P. Tetlock, J. Ramos y S. Swift. *The Good Judgment Project: A Large Scale Test*. AAAI Technical Report FS-12-06. Philadelphia, PA: University of Pennsylvania, 2012.
U.S. General Accounting Office. *Prospective Evaluation Methods: The Prospective Evaluation Synthesis*. Washington, DC: U.S. General Accounting Office, Program Evaluation and Methodology Division, Julio 1989.

CASO 4.1 REPRESENTACIONES VISUALES EN EL ANÁLISIS DE REGRESIÓN: EL CUARTETO DE ANSCOMBE

Los cuatro gráficos de dispersión de la Figura C4.1.1 exhiben diferentes patrones según sus respectivas observaciones. Cada conjunto de observaciones de *X* y *Y* produce coeficientes de correlación (r), coeficientes de determinación (r^2) y valores p idénticos.

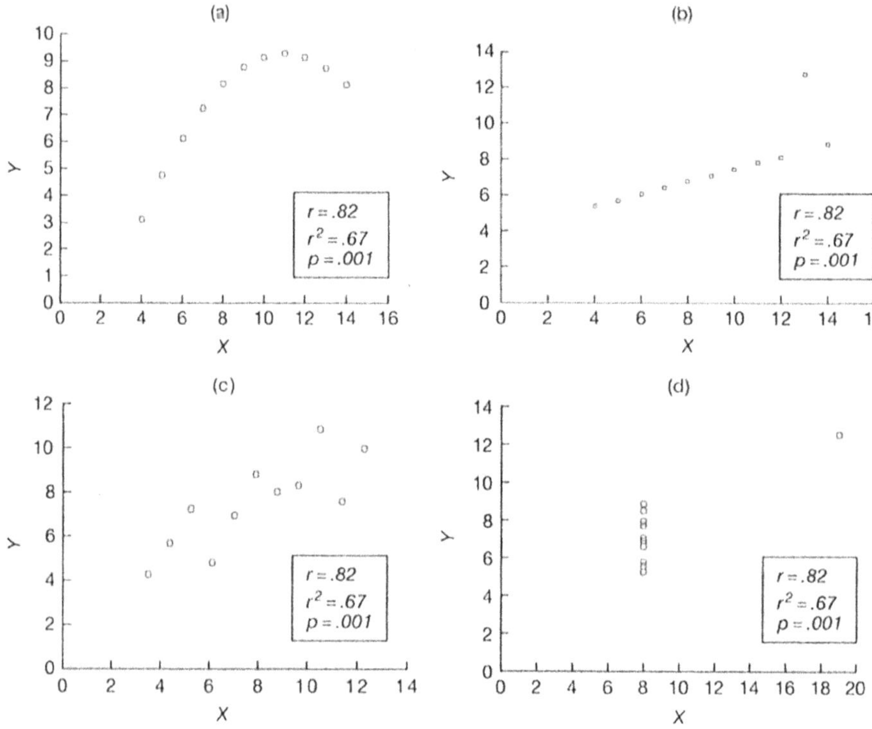

FIGURA C4.1.1 El cuarteto de Anscombe

CASO 4.2 PRONÓSTICO DE INGRESOS Y JUSTICIA AMBIENTAL

Las que siguen son estadísticas de ingresos de MARTA a partir del impuesto a las ventas y tarifas de usuario desde 1973 hasta 2010.

TABLA C4.2.1 Ingresos de MARTA, 1973–2010

Año	Ingresos ($)
1973	43.820
1974	50.501
1975	50.946
1976	52.819
1977	57.933
1978	66.120
1979	75.472
1980	88.342
1981	99.836
1982	104.685
1983	112.008
1984	123.407
1985	134.902
1986	147.149
1987	148.582
1988	158.549
1989	162.543
1990	165.722
1991	168.085
1992	167.016
1993	181.345
1994	198.490
1995	222.475
1996	229.510
1997	236.545
1998	243.579
1999	277.309
2000	299.103
2001	303.562
2002	284.427
2003	271.006
2004	283.381
2005	307.227
2006	334.486
2007	350.526
2008	349.668
2009	312.704
2010	307.525

Fuentes: Guess y Farnham (1989), p. 196; y 2010 Comprehensive Annual Financial Report, Metropolitan Atlanta Regional Planning Authority, 2010. Los ingresos para 1996 y 1997 son interpolaciones lineales.

CASO 4.3 PRONÓSTICO MULTIMÉTODO: ARMAS QUÍMICAS EN SIRIA

En 2005, la publicación del libro de James Surowiecki, *The Wisdom of Crowds* (New York: Anchor Books, 2005), puso al revés a las comunidades de pronóstico de negocios y de inteligencia. Surowiecki narraba la historia de Sir Francis Galton, científico británico e inventor del análisis de regresión, que en una feria en 1906 observó a unos ochocientos aldeanos participar en una competencia de juzgar peso. Los ganadores recibirían un premio por adivinar correctamente el peso de un buey sacrificado.

Galton el elitista, escéptico acerca de la sabiduría de la muchedumbre, se sorprendió al encontrar que la multitud adivinó el peso de un buey sacrificado a una libra de su peso real de 1.198 libras. Cada miembro de la multitud adivinaba como individuo, con poca o ninguna discusión con los vecinos. Al igual que los modernos pronosticadores Delphi, parecían ser esencialmente anónimos, sin verse afectados por las opiniones de los miembros dominantes de la multitud.

El *Good Judgment Project*, patrocinado por la *Intelligence Advanced Research Projects Activity* (IARPA) (https://www.iarpa.gov.co) (*Actividad de Proyectos de Investigación Avanzada de Inteligencia*) del Director de Inteligencia Nacional de los Estados Unidos, se basa en ideas de la sabiduría de las multitudes. Es también una extensión del seminal trabajo de Philip E. Tetlock, *Expert Political Judgment: How Good Is It? How Can We Know?* (Princeton, NJ: Princeton University Press, 2005), el primer análisis sistemático y crítico de predicciones sociales, políticas y económicas de pronosticadores expertos.

A principios de 2013, se diseñó una de las iniciativas de investigación del *Good Judgment Project* para comparar la precisión de tres métodos de pronóstico: los juicios ponderados de pronosticadores no expertos; los juicios de los mejores pronosticadores complementados con entrenamiento en las mejores prácticas de pronóstico; y los juicios de los miembros de mercados de predicción[66]. Si bien los mejores pronosticadores podían ser considerados como expertos, eran de hecho aficionados altamente motivados más que "expertos" en el sentido convencional.

Durante un periodo de once meses, los pronósticos del grupo promedio ponderado y los de los mejores pronosticadores convergieron, como lo muestra la Figura C4.3.1, con los del grupo del mercado de predicción, menos precisos. La tarea de los tres grupos era asignar una probabilidad entre 0,0 y 1,0 sobre la posibilidad de que la *Organization for the Prevention of Chemical Weapons* (OPCW) (*Organización para la Prohibición de Armas Químicas*) inspeccionara, reuniera y destruyera armas químicas en Siria el 1º. de diciembre de 2013. Este era un asunto de política pública profundamente importante y complejo, porque inducía al presidente Obama a trabajar con el presidente Putin para emprender una acción que muchos consideraban brillante: la destrucción de las armas químicas protegería a los ciudadanos sirios y a otros ciudadanos, evitando en Siria el tipo de conflicto a gran escala planeado bajo la "línea roja" de Obama, aprobada por el Congreso.

66 La idea de un mercado de predicción (denominado por un tiempo mercado de análisis de políticas) se acredita a los economistas austríacos Friedrich Hayek y Ludwig von Mises. Ver F. Hayek, "The Use of Knowledge in Society", *American Economic Review* 35, 4 (1945): 519–530. Un mercado de predicción es un mercado de negocios en bolsa creado para investigar el resultado de eventos. Los precios de estos eventos, estimados por muchas personas (la "multitud"), sirven como *proxy* de la probabilidad de ocurrencia del evento. Al igual que en la Delphi, los pronosticadores hacen juicios esencialmente anónimos como empresarios individuales en un mercado.

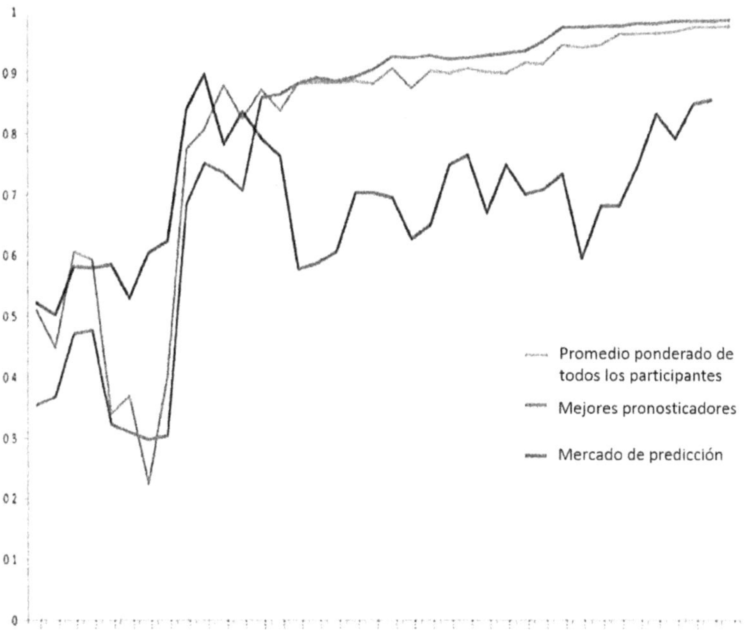

FIGURA C4.3.1 Pronóstico multimétodo de armas químicas en Siria
Fuente: Horowitz (2013).

La Figura C4.3.1 muestra que el juicio ponderado de los no expertos era tan preciso como el de los mejores expertos y más preciso que el mercado de predicción para armas químicas. El *Good Judgment Project* demostró la capacidad de "generar pronósticos cada vez más precisos que han excedido incluso algunas de las estimaciones más optimistas ... Dado que la cuestión se resolvió como un 'sí', cuanto más cercanas estaban las predicciones de cada método de pronóstico a uno, tanto mejor lo hacían. Como lo muestra el gráfico, después de alguna incertidumbre inicial sobre si se harían las inspecciones, nuestros pronosticadores convergieron de modo general en la respuesta correcta mucho antes del resultado"[67]. Consistente con estos resultados, la literatura sugiere que técnicas estructuradas como la Delphi proporcionan pronósticos más precisos que las tradicionales reuniones no estructuradas[68].

67 Durante 2014 y 2015, los medios noticiosos informaron sobre el uso del gas de cloro, que se utilizó en Anbar (Irak) y Siria. No está en la lista de armas prohibidas, principalmente porque tiene muchos usos civiles. El gas de cloro probó ser inefectivo como arma en la Primera Guerra y se reemplazó con los gases fosfano y mostaza.

68 A. Graefe y J. S. Armstrong, "Comparing Face-To-Face Meetings, Nominal Groups, Delphi and Prediction Markets on an Estimation Task", *International Journal of Forecasting*, 27, 1: 183–195.

CAPÍTULO 5

PRESCRIPCIÓN DE POLÍTICAS PÚBLICAS PREFERIDAS

OBJETIVOS DE APRENDIZAJE

Mediante el estudio de este capítulo, usted debe ser capaz de:

- Describir los criterios empleados para hacer elecciones entre dos o más alternativas de política pública
- Contrastar los criterios de Pareto, Kaldor-Hicks y Rawls
- Comparar y contrastar la racionalidad comprehensiva y el incrementalismo inconexo como modelos de elección
- Describir las razones que subyacen a diferentes tipos de racionalidad

- Identificar los pasos en la realización de un análisis beneficio-costo
- Discutir las principales fuentes de incertidumbre en la factura de prescripciones
- Describir amenazas a la plausibilidad de prescripciones de política pública
- Usar un estudio de caso para desarrollar una crítica de un análisis preliminar de beneficio-costo

INTRODUCCIÓN

La metodología de la prescripción produce el conocimiento necesario para responder la siguiente pregunta: ¿qué debe hacerse? Aunque la metodología del pronóstico descrita en el capítulo anterior es indispensable para producir conocimiento sobre resultados esperados de política pública, no brinda medios para elegir entre dos o más resultados esperados. Por consiguiente, si bien el pronóstico responde preguntas sobre resultados de políticas esperados, no responde preguntas acerca de qué política elegir. Este es el trabajo de la prescripción.

Este capítulo empieza con una visión general de la prescripción, centrándose en la elección de políticas como una tarea fundamental del análisis de política pública. En la elección de políticas es esencial la consideración de razones para tomar decisiones *racionales*, especialmente decisiones basadas en el razonamiento económico normativo, que incluye el análisis de los costos de oportunidad en los que se incurre cuando se elige una alternativa de política pública y no otra. Transitamos luego a los enfoques de prescripción, los más importantes de los cuales son el análisis costo-beneficio y el análisis costo-efectividad. Asociada con estos enfoques hay una serie de técnicas que sirven para hacer elecciones entre alternativas de política, cuyos resultados esperados son conocidos.

LA PRESCRIPCIÓN EN EL ANÁLISIS DE POLÍTICA PÚBLICA

La metodología de la prescripción transforma conocimiento sobre resultados esperados de política pública en conocimiento sobre políticas públicas preferidas. Prescribir una política demanda conocimiento previo acerca de los resultados esperados de elegir entre políticas alternativas. Sin embargo, la metodología de la prescripción también exige que dispongamos de conocimiento sobre cuáles resultados son más valiosos que otros. Por esta razón, la prescripción es normativa de modo inherente y se halla estrechamente relacionada con asuntos éticos y morales[1].

Prescripción y defensa de la política pública

¿Debería Estados Unidos incrementar su compromiso económico con los países menos desarrollados elevando los niveles de ayuda extranjera y asistencia técnica? ¿Debería el Congreso aprobar una legislación que reduzca en forma estricta la contaminación de la atmósfera y de los cursos de agua por la industria y por los conductores de vehículos utilizados para trabajo o recreación? ¿Deberían los gobiernos estatales proporcionar combustible de bajo costo para la calefacción del hogar a quienes no pueden pagarlo? ¿Debería el concejo de la ciudad elevar los impuestos locales para construir un centro comunitario de recreación o mantener un presupuesto equilibrado? ¿Debería el gobierno federal proporcionar un ingreso mínimo anual a todos los ciudadanos o invertir en una cura para el cáncer?

1 Daniel M. Hausman y Michael S. McPherson, *Economic Analysis, Moral Philosophy and Public Policy*, 2a. ed. (Cambridge: Cambridge University Press, 2006); Dunn, "Values, Ethics, and Standards in Policy Analysis", en *Encyclopedia of Policy Studies*, ed. de Stuart S. Nagel (New York: Marcel Dekker, 1983), pp. 831–866; y Stone, *Policy Paradox*, Part I: Goals, pp. 35–130.

Estos temas de política exigen prescripciones que respondan la pregunta: ¿qué debe hacerse? Respuestas a esta pregunta demandan un enfoque normativo y no uno meramente empírico, porque la pregunta atañe a la acción correcta. Las cuestiones relativas a la acción correcta involucran afirmaciones promotoras[2], que poseen varias características:

1. *Actuables*. Las afirmaciones promotoras se centran en alternativas actuables que pueden adoptarse para resolver un problema de política pública. Aunque las afirmaciones promotoras demandan conocimiento previo sobre lo que acontecerá y lo que es valioso, ellas van más allá de las cuestiones de "hecho" y de "valor" porque incluyen argumentos acerca de lo que debe hacerse.
2. *Prospectivas*. Las afirmaciones promotoras son prospectivas, porque ocurren antes de que se emprendan acciones (*ex ante*), mientras que el monitoreo y la evaluación son retrospectivos, porque se aplican después de que las acciones se adelantan (*ex post*). En contraste, el pronóstico y la prescripción se aplican prospectivamente (*ex ante*).
3. *Cargadas de valor*. Las afirmaciones promotoras dependen tanto de "hechos" como de "valores". Sostener que debe adoptarse una alternativa particular de política pública exige no solamente que la acción que se prescribe tenga las consecuencias predichas: también exige que estas sean valoradas[3].
4. *Éticamente complejas*. Los valores inherentes a las afirmaciones promotoras son éticamente complejos. Un valor dado (*e.g.*, salud) puede ser intrínseco así como extrínseco. *Valores intrínsecos* son los que se valoran como fines en sí mismos; *valores extrínsecos* son los que se valoran porque conducen a un fin valorado. Por ejemplo, la salud puede considerarse como un fin en sí mismo y como un medio para el logro de otros valores, como la riqueza, la ilustración, la seguridad, la libertad y la eficiencia económica.

La defensa múltiple, que comparte frontera común con la defensa racional, exige la comparación sistemática y evaluación crítica de múltiples soluciones potenciales; no es una forma de defender una posición singular a cualquier costo. Sin duda, los analistas pueden arribar a una prescripción singular, pero solamente después de evaluar críticamente los pros y contras de diversas prescripciones. La defensa múltiple es un enfoque tanto para la estructuración de problemas como para la solución de problemas[4]. Es menos probable que la defensa múltiple conduzca a la *trampa de la defensa excesiva* (Recuadro 5.1), trampa que produce soluciones defectuosas porque los analistas han definido el problema equivocado y la solución equivocada.

Un modelo simple de elección

Cuando los analistas enfrentan una elección entre dos o más alternativas se requieren afirmaciones promotoras. En algunas situaciones, la elección es entre un nuevo curso de acción y el *statu quo*. En otras situaciones, puede haber muchas alternativas.

En sus términos más simples, la elección es un proceso de razonamiento que implica tres procesos interrelacionados: (1) la definición de un problema que demanda acción; (2) la comparación de las consecuencias de dos o más alternativas que puedan resolver el problema; y (3) la prescripción de la alternativa

2 Aquí estamos hablando de defensa racional, no de defensa de la política pública. La defensa de una política pública implica una elección predeterminada de una alternativa políticamente favorecida, sin tener en cuenta la evidencia, mientras que la defensa racional implica el uso de la razón y la evidencia para elegir alternativas que el analista o su cliente pueden favorecer o no.

3 Las prescripciones implican la combinación de premisas de valor y factuales.

4 Ian I. Mitroff, Richard O. Mason y Vincent P. Barabba, *The 1980 Census: Policymaking amid Turbulence* (Lexington, MA: D. C. Heath, 1983), ven la defensa de dos o más políticas (defensa múltiple) como una metodología de estructuración de problemas así como de solución de problemas, como lo hace Alexander George, *Presidential Decision Making in Foreign Policy: The Effective Use of Information and Advice* (Boulder, CO: Westview Press, 1980).

que conducirá al resultado privilegiado. La elección puede describirse como un proceso de razonamiento donde la primera alternativa, (A_1), produce un resultado, (R_1), y la segunda alternativa, (A_2), produce otro resultado, (R_2). Si el valor de R_1 es mayor que R_2 ($R_1 > R_2$), A_1 se prescribe como la alternativa preferida.

RECUADRO 5.1 LA TRAMPA DE LA DEFENSA EXCESIVA

En *Presidential Decision Making and Foreign Policy: The Effective Use of Information and Advice* [*Decisiones presidenciales y política exterior: el uso efectivo de la información y la asesoría*] (1980), Alexander George relaciona las deficiencias y debilidades del asesor de política pública que él describe como la *trampa de la defensa excesiva**. La trampa de la defensa excesiva ocurre cuando:

- El cliente y el analista concuerdan muy fácilmente sobre la naturaleza del problema y las respuestas a él.
- Los desacuerdos entre los defensores de una política incorporados en un análisis no cubren todo el espectro de alternativas de política.
- El analista ignora a los defensores de alternativas de política impopulares.
- El analista no comunica prescripciones que demandan que el cliente se enfrente a una dificultad o decisión impopular.
- El analista depende de una sola fuente de información.
- El cliente depende de un solo analista.
- Los supuestos de una política son evaluados solamente por los defensores de esa política - entre estos el analista o el cliente atrapados.
- El cliente descarta los resultados del análisis simplemente porque son percibidos como negativos o contraintuitivos.
- El cliente o el analista aceptan acríticamente los hallazgos de consenso sin examinar la base del consenso y cómo se alcanzó.

Fuente: George (1980): 23–24.
* He reemplazado el término *asesor* con *analista*.

Este simple proceso de razonamiento contiene dos elementos esenciales de elección: premisas factuales y premisas de valor. La primera premisa de decisión afirma que A_1 resultará en R_1, mientras que la segunda premisa de decisión afirma que A_2 resultará en R_2. Estas son *premisas factuales*, esto es, creencias que en principio se puede mostrar que son empíricamente verdaderas o falsas. La tercera premisa, sin embargo, es una *premisa de valor*, esto es, la creencia de que sobre alguna escala de valor el resultado R_1 es más efectivo, eficiente o justo que el resultado R_2. Las premisas de valor no pueden probarse como correctas o incorrectas apelando a premisas factuales, porque la corrección o incorrección de las cuestiones de valor se determinan sobre la base de principios éticos y morales.

El modelo simple tiene la ventaja de señalar que premisas factuales y de valor están presentes en todas las situaciones de elección. La desventaja de este modelo es que oscurece la complejidad de la elección. Considérense, por ejemplo, las condiciones que deben estar presentes para que este modelo de elección sea válido[5].

1. *Un singular tomador de decisiones.* La elección debe estar confinada a una sola persona. Si las elecciones son realizadas por más de una persona, probablemente habrá premisas factuales y de valor en conflicto.
2. *Certeza.* Los resultados de la elección deben ser conocidos con certeza. Sin embargo, los resultados rara vez se conocen con certeza. Por ejemplo, aparte la elección de una alternativa preferida, hay muchos factores incontrolables que aumentan o inhiben la ocurrencia de un resultado.

5 Richard Zeckhauser y Elmer Schaefer, "Public Policy and Normative Economic Theory", en *The Study of Policy Formation*, ed. de Raymond A. Bauer y Kenneth J. Gergen (New York: Free Press, 1968), p. 28.

3. *Inmediatez de las consecuencias*. Los resultados de un curso de acción deben acontecer inmediatamente. En la mayoría de las situaciones de elección, empero, los resultados se retrasan. Debido a que los resultados no ocurren de inmediato, los valores que originalmente estimularon la acción cambian en el tiempo.

Imagine ahora que nuestro modelo simple de elección acarrea el tema de si se provee de un salario mínimo a trabajadores no calificados. Asúmase que los trabajadores no calificados están actualmente cubiertos por el salario mínimo actual (2016) de $7,25 por hora. Sobre la base de un análisis, concluiremos que si mantenemos el *statu quo* ($7,25 por hora) el resultado será un ingreso medio anual de tiempo parcial de $4.000 para trabajadores no calificados. Podríamos también pronosticar que un salario mínimo de $10 por hora resultará en un ingreso medio anual de tiempo parcial de $7.000. Si asumimos que el ingreso más alto es mejor que el ingreso más bajo, no tendremos dificultad en elegir como sigue:

$$A_1 \rightarrow R_1\ (\$4.000)$$
$$A_2 \rightarrow R_2\ (\$7.000)$$
$$R_2 > R_1$$
$$\therefore A_2$$

Este caso fracasa en satisfacer las tres condiciones necesarias del modelo simple de elección. En primer lugar, hay múltiples tomadores de decisiones, no solo uno. Muchas partes interesadas -legisladores, votantes, administradores, empleados, trabajadores- afectan y se ven afectadas por el tema del salario mínimo. Cada parte interesada lleva diferentes premisas factuales y de valor a la situación de elección, y habrá desacuerdos sobre qué debe hacerse y por qué. Los legisladores pueden querer mantener el ingreso de los trabajadores no calificados; grupos de ciudadanos pueden querer reducir la carga impositiva que acompañará a la legislación sobre el salario mínimo, mientras los sindicatos pueden querer aumentar el ingreso de los trabajadores no calificados. En segundo lugar, las consecuencias de la legislación sobre el salario mínimo son inciertas. Muchos factores además de la legislación -la disponibilidad de estudiantes universitarios como fuente alternativa de trabajo no calificado, el ingreso promedio de los trabajadores locales, el nivel de desempleo- pueden determinar si los empleadores despedirán o no a algunos trabajadores como precio por la elevación del salario mínimo. Finalmente, las consecuencias de la legislación ocurrirán con el tiempo, lo cual significa que los valores pueden cambiar. Si hay una profunda recesión económica como la de 2008–2011, grupos que inicialmente apoyaban un salario mínimo de $7,25 por hora pueden concluir que el aumento del salario incrementará el desempleo. En suma, el modelo simple de elección proporciona una imagen distorsionada de los hechos y valores implicados en la fijación de un salario mínimo para trabajadores no calificados, imagen que falla en reconocer que, de hecho, el salario mínimo probablemente tiene poco o ningún efecto en el desempleo[6].

Un modelo complejo de elección

Supóngase que hacemos un esfuerzo más completo por reunir información sobre los efectos del salario mínimo. Adicionalmente a las alternativas originales (salarios mínimos y *statu quo*), se identifica una tercera alternativa. La tercera alternativa, entrenamiento en el trabajo, se basa en la suposición de que

6 Un metaanálisis de 1995 de estudios de los efectos del salario mínimo sobre el empleo, después de tener en cuenta los sesgos de muestreo y de publicación de la investigación anterior, concluye que el salario mínimo probablemente tiene poco efecto negativo y sí más bien un efecto positivo sobre el empleo. David Card y Alan B. Krueger, "Time-Series Minimum-Wage Studies: A Meta-Analysis", *The American Economic Review* 85, 2 (1995): 238–243. Experimentos naturales recientes tienden a apoyar el temprano metaanálisis de Card y Krueger. Ver Harriet Dueled y Xiangfei Liu, "Estimating More Precise Treatment Effects in Natural and Actual Experiments", IZA Discussion Papers, No. 10055 (Berlin: Institute for Labor (IZA), 2016).

el problema no es los salarios bajos, *per se*, sino la ausencia de habilidades necesarias para calificar a los trabajadores para ocupaciones mejor remuneradas. Después de agregar esta tercera alternativa, podríamos pronosticar que el salario mínimo corriente (A_1 o \$7,25 por hora) producirá un ingreso anual promedio de \$18.802 para unos doce mil trabajadores no calificados; la segunda alternativa (A_2 o un salario mínimo de \$10) producirá un ingreso anual promedio de \$24.958 para seis mil trabajadores no calificados, con los seis mil trabajadores restantes engrosando las filas de desempleados; la tercera alternativa (A_3 o entrenamiento en el trabajo) producirá un ingreso anual promedio de \$18.808 para unos diez mil trabajadores recién empleados.

Cada alternativa tendrá diferentes consecuencias. Por ejemplo, los legisladores deben estar atentos a sus perspectivas de reelección. Un salario mínimo de \$7,25 resultará en la pérdida de escaños en los distritos donde las organizaciones de derechos laborales y de bienestar son poderosas. Los costos del programa serán transferidos a los propietarios de pequeños negocios, que tienen poca influencia en la legislatura. Finalmente, nuevos programas de entrenamiento en el trabajo resultarán en una pérdida de escaños en distritos con fuerte oposición a cualquier nuevo aumento de impuestos. En cualquier caso, los beneficios del entrenamiento no son inmediatos y no se percibirán durante varios años. La capacidad real de ingreso de los aprendices aumentará gradualmente, alcanzando un nivel de \$22.500 para doce mil trabajadores en 2016. Los ingresos reales de los trabajadores que reciben el salario mínimo de \$10 disminuirán como resultado de los impuestos sobre la renta. Por último, las tres alternativas tienen costos que serán asumidos de modo desigual por las varias partes interesadas. La primera alternativa no implica nuevos costos, pero la segunda requerirá que los propietarios de pequeños negocios paguen los costos adicionales. La tercera alternativa distribuirá los costos entre los contribuyentes que pagarán el programa.

El modelo simple de elección se ha hecho rápidamente complejo. Ahora hay múltiples partes interesadas, incertidumbre sobre los resultados y tiempo. El problema con el modelo complejo de elección es que no podemos arribar a una prescripción satisfactoria que combine los valores de todas las partes interesadas en varios puntos del tiempo.

Una situación como esta, donde es imposible ordenar las alternativas consistentemente, es *intransitiva*. La elección intransitiva involucra típicamente diversos objetivos en conflicto y debe contrastarse con situaciones que implican elecciones transitivas. Una elección *transitiva* es aquella donde las alternativas se pueden ordenar en forma consistente: si A_1 es preferible a A_2 en el conjunto de elección (A_1, A_2), y A_2 es preferible a A_3 en el conjunto de elección (A_2, A_3), entonces A_1 es preferible a A_3 en el conjunto (A_1, A_3). Las elecciones transitivas pueden construirse asignando valores a cada alternativa, de modo que si A_1 se prefiere a A_2 y a A_3, se le asigna un valor más alto. Se afirma que la persona que hace una elección maximiza su utilidad cuando selecciona la alternativa que produce el mayor valor. Las situaciones de elección transitiva e intransitiva se ilustran en la Tabla 5.1.

TABLA 5.1 Preferencias transitivas e intransitivas

	(a) Resultado transitivo		
Alternativa	*Ingresos 2013*	*Ingresos 2015*	*Elecciones 2016*
A_1	Primera	Primera	Primera
A_2	Segunda	Segunda	Segunda
A_3	Tercera	Tercera	Tercera
	(b) Resultado intransitivo		
Alternativa	*Ingresos 2013*	*Ingresos 2015*	*Elecciones 2016*
A_1	Primera	Segunda	Tercera
A_2	Segunda	Tercera	Primera
A_3	Tercera	Primera	Segunda

Formas de racionalidad

Una elección racional se define con frecuencia como una elección que maximiza la utilidad individual. Un problema con esta opinión, formulada por los teóricos de la elección racional[7], es que no está fundada en una teoría empíricamente verificable. Una teoría verificable contiene hipótesis que pueden compararse con observaciones. La teoría de la elección racional tiende a suprimir la elección del proceso asumiendo simplemente que las personas maximizan su utilidad de acuerdo con el modelo. El espacio para la elección, la deliberación o el error es poco o no existe. Como tal, es un modelo irrealista para analizar la elección de políticas públicas.

Otra teoría es la de la elección razonada. Las personas escogen alternativas porque tienen razones para elegirlas. Antes que asumir que las personas hacen elecciones que maximizan su utilidad, es más útil pensar en elecciones que maximizan su utilidad por diferentes razones. Las elecciones razonadas se pueden dividir en cinco tipos: económicas, técnicas, sociales, legales y sustantivas. Esto refleja el hecho de que hay diferentes valores, normas y reglas institucionales asociados con modos identificables de razonar. En este contexto, cualquier situación de elección puede producir un curso prescrito de acción que se prefiere sobre todos los demás porque conducirá a los resultados deseados. Sin embargo, la mayoría de las situaciones de elección implican diversas partes interesadas, incertidumbre y consecuencias que cambian con el tiempo. De hecho, el conflicto y el desacuerdo son características esenciales de la mayor parte de las elecciones de política pública. Las clasificaciones de atributos entran en conflicto porque se encuentran en el centro de las elecciones que deben efectuar los encargados de formular políticas, principalmente porque estas elecciones afectan a muchos individuos. La política A podría ser mejor para un grupo, pero la política B podría ser mejor para otro. Si el tiempo es relevante, la política B será mejor en diez o veinte años, pero la política A podría ser superior como una mejor cobertura contra el desastre[8].

Quizá una de las mejores descripciones de la situación actual sea el *escándalo de la racionalidad*. Lamentablemente, puede parecer que el proceso de elaborar prescripciones no es y no puede ser "racional". Aunque esta conclusión podría ser tentadora, nuestra incapacidad para satisfacer las condiciones del modelo simple de elección no significa que el proceso de prescripción no sea y no pueda ser racional, si por *racionalidad* denotamos un proceso reflexivo de razonamiento. Contrariamente a la teoría de la racionalidad de una sola perspectiva, la mayoría de las elecciones tienen múltiples atributos de racionalidad -son multirracionales, y esto es lo que las hace difíciles y prácticamente relevantes. Esto indica que procesos simultáneos de razonamiento subyacen a las elecciones de política pública[9].

7 Jeffrey Friedman, ed. *The Rational Choice Controversy: Economic Models of Politics Reconsidered* (New Haven, CT: Yale University Press, 1996).

8 Friedman, p. 30.

9 Ver Stephen Toulmin, *Return to Reason* (Cambridge: MA: Harvard University Press, 2009) [*Regreso a la razón* (Barcelona: Península, 2003)]; Paul Diesing, *Reason and Society* (Urbana: University of Illinois Press, 1962); Max Weber, *The Theory of Social and Economic Organization* (New York: Simon and Schuster, 1915/2009). *N. del t.*: Esta versión de la obra principal de Weber citada por el autor corresponde solo a su primera parte. Tal obra es conocida más generalmente, a partir del original alemán: *Wirtschaft und Gesellschaft. Grundriss der verstehenden Soziologie* (Tübingen: J. C. B. Mohr [Paul Siebeck], 1956), con el título breve de *Economía y sociedad*. Versión íntegra en inglés: *Economy and Society. An Outline of Interpretive Sociology* (Berkeley y Los Ángeles: University of California Press, 1978); versión íntegra en español: *Economía y sociedad. Esbozo de sociología comprensiva* (México: FCE, 1977). Las formulaciones de Weber sobre tipos de racionalidad y procesos de racionalización en la historia son de alcance universal. Para dos referencias sobre el tema ver Stephen Kalberg, "Max Weber's Types of Rationality: Cornerstones for the Analysis of Rationalization Processes in History", *American Journal of Sociology*, 85, 5 (1980): 1145–1179, y el comprehensivo capítulo, titulado "La teoría de la racionalización de Max Weber", presentado por Jürgen Habermas en su *Teoría de la acción comunicativa I* (Madrid: Taurus, 1987).

1. *Racionalidad técnica.* La racionalidad técnica se refiere a elecciones razonadas fundadas en una comparación de alternativas según su *eficacia.* La elección entre las tecnologías de energía solar y nuclear, basada en una comparación del número de BTU* de energía que producen, es un ejemplo de racionalidad técnica.
2. *Racionalidad económica.* La racionalidad económica se refiere a elecciones razonadas basadas en una comparación de alternativas según su *eficiencia.* Elecciones entre alternativas de sistemas de salud en términos de la diferencia entre sus beneficios totales menos los costos totales (beneficios netos), o el criterio del mejoramiento de la eficiencia neta, ejemplifican la racionalidad económica.
3. *Racionalidad legal.* La racionalidad legal se refiere a elecciones razonadas que implican una comparación de alternativas según su *conformidad con leyes y estatutos existentes.* Elecciones que involucran la adjudicación de contratos públicos según si las compañías cumplen las leyes contra la discriminación racial y sexual son un ejemplo de racionalidad legal.
4. *Racionalidad social.* La racionalidad social es la característica de elecciones razonadas fundamentadas en una comparación de alternativas de acuerdo con su mantenimiento de instituciones sociales valoradas, esto es, con el grado en que sostienen o promueven la *institucionalización.* Opciones que implican la ampliación de derechos a la participación democrática en las elecciones son un ejemplo de racionalidad social, porque se promueve como valor una institución democrática.
5. *Racionalidad sustantiva.* La racionalidad sustantiva es la característica de elecciones razonadas que suponen la comparación de *múltiples formas de racionalidad* -técnica, económica, legal, social- con miras a efectuar la elección más apropiada bajo ciertas circunstancias. Muchos temas de la política gubernamental de información implican preguntas sobre la utilidad de las nuevas tecnologías de computación, sus costos y beneficios para la sociedad, sus implicaciones legales para los derechos a la privacidad y su consistencia con las instituciones democráticas. Los debates sobre estos temas pueden caracterizarse en términos de racionalidad sustantiva, que casi siempre implica compromisos.

CRITERIOS PARA LA PRESCRIPCIÓN DE POLÍTICAS PÚBLICAS

Los varios tipos de racionalidad están asociados con criterios específicos de decisión para hacer prescripciones. Por *criterios de decisión* entendemos reglas, principios o estándares explícitos usados para justificar elecciones de políticas. Los criterios de decisión son de seis tipos principales: eficacia, eficiencia, adecuación, equidad, capacidad de respuesta y pertinencia[10].

La *eficacia* se refiere al logro de un resultado valorado. La *eficacia*, propiedad de la racionalidad técnica, se mide en términos de unidades de productos o servicios o de su valor monetario. Si los generadores nucleares producen más energía, definida en términos de BTU, que los paneles solares, entonces los generadores nucleares son más eficaces. En este contexto, una política de salud eficaz es aquella que proporciona a las personas más años de vida ajustados por calidad.

La *eficiencia* se refiere a la cantidad de esfuerzo requerida para producir un nivel dado de eficacia. La eficiencia, propiedad de la racionalidad económica, se calcula como los costos de producir una unidad de producto o servicio, por ejemplo, dólares por galón de agua para irrigación o dólares por

* Como se indicó en el capítulo anterior, BTU es sigla de *British Thermical Units*: unidades térmicas británicas.

10 Sobre criterios de decisión, ver Theodore H. Poister, *Public Program Analysis: Applied Research Methodology* (Baltimore, MD: University Park Press, 1978), pp. 9–15.

examen médico. La eficiencia también puede calcularse como los beneficios monetarios totales por galón de agua para irrigación menos los costos monetarios totales por galón de agua para irrigación. Otra forma de determinar la eficiencia es comparar los *costos de oportunidad* de una política con su rival. Se dice que la política que alcance mayores beneficios netos es eficiente.

La *adecuación* se refiere a una política que logra un umbral definido de eficacia o eficiencia. El criterio de adecuación especifica expectativas sobre la fuerza de la relación entre una política y un nivel fijo de eficacia o eficiencia. Los cuatro tipos de problemas expuestos en la Tabla 5.2 ilustran el criterio de adecuación y su relación con la eficacia y la eficiencia.

TABLA 5.2 Criterios de adecuación: cuatro tipos de problemas

	Costos	
Eficacia	*Iguales*	*Variables*
Variable	Tipo I Costos iguales-Eficacia variable	Tipo III Costos variables-Eficacia variable
Igual	Tipo IV Costos iguales-Igual eficacia	Tipo II Costos variables-Igual eficacia

1. *Problemas Tipo I.* Los problemas de este tipo involucran costos fijos y eficacia variable. Cuando los gastos presupuestales máximos permitidos especifican costos fijos, el objetivo es maximizar la eficacia dentro de los límites de los recursos disponibles; por ejemplo, dado un presupuesto fijo de un millón de dólares para cada uno de dos programas, la política de salud que resulte en la mayor mejora de más años de vida ajustados por calidad en una comunidad. El procedimiento para resolver problemas Tipo I se denomina *análisis de igual costo*, porque los costos de alternativas que varían en eficacia son iguales. Aquí la política más adecuada es la que maximiza el logro de resultados mientras se mantiene dentro de los costos fijos.
2. *Problemas Tipo II.* Los problemas de este tipo implican costos variables y eficacia fija. Cuando el nivel de los resultados es fijo, el objetivo es minimizar los costos. Por ejemplo, si los medios de transporte público deben servir al menos a cien mil personas, el problema es identificar las alternativas -bus, tren, metro- que alcanzarán este nivel fijo de eficacia al menor costo. El procedimiento para resolver problemas Tipo II se denomina *análisis de igual eficacia*, porque alternativas que son igualmente eficaces varían en los costos. Aquí una política adecuada es la que minimiza costos mientras logra un nivel fijo de eficacia.
3. *Problemas Tipo III.* Los problemas de este tipo implican costos y eficacia variables. Por ejemplo, la elección de un presupuesto óptimo para maximizar la consecución de resultados es un problema Tipo III. El procedimiento para resolver problemas Tipo III se denomina *análisis de costo y eficacia variables*, porque costos y eficacia pueden tomar cualquier valor. Aquí la política más adecuada es la que maximiza la razón entre eficacia y costos.
4. *Problemas Tipo IV.* Los problemas de este tipo involucran costos y eficacia iguales. Los problemas Tipo IV son especialmente difíciles de resolver, porque el análisis no solo está limitado por la restricción de que los costos no superen cierto nivel, sino también por la restricción de que hay un nivel predeterminado de eficacia. Por ejemplo, si los medios de transporte público deben servir un mínimo de cien mil personas anualmente -así los costos se hayan fijado en un nivel poco realista-, entonces cualquier alternativa de política debe satisfacer ambas restricciones o ser rechazada. Muchos contratos públicos son problemas Tipo IV.

Las diferentes definiciones de adecuación contenidas en estos cuatro tipos de problemas señalan la complejidad de las relaciones entre costos y eficacia. Por ejemplo, dos programas diseñados para proporcionar servicios municipales -por ejemplo, recreación, disposición de residuos, y protección policial y contra incendios- pueden diferir en términos de eficacia y costos (Figura 5.1). El Programa I alcanza un nivel general más alto de eficacia que el Programa II, pero el Programa II es menos costoso con niveles más bajos de eficacia. ¿Debe el analista prescribir el programa que maximiza la eficacia (Programa I) o el programa que minimiza costos al mismo nivel de eficacia (Programa II)?

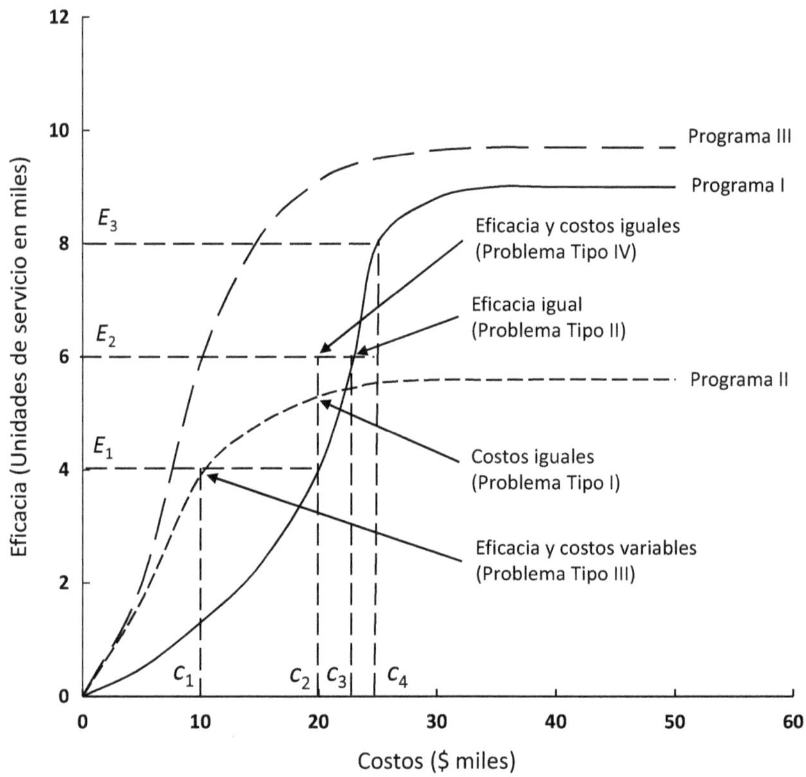

FIGURA 5.1 Comparaciones de costo-efectividad con el uso de cuatro criterios de adecuación
Fuente: Adaptado de Quade (1975): 93.

Para responder esta pregunta, debemos observar la relación entre costos y eficacia, en lugar de ver los costos y la eficacia separadamente. Sin embargo, aquí es donde empiezan las complicaciones (1) Si estamos tratando con un problema Tipo I (costos fijos y eficacia variable) y los costos se fijan en \$20.000 (C_2), el Programa II es más adecuado porque alcanza el nivel más alto de eficacia mientras permanece dentro de la restricción del costo establecido. (2) Si estamos enfrentados con un problema Tipo II (eficacia igual y costo variable) y la eficacia se fija en 6.000 unidades de servicio (E_2), el Programa I es más adecuado. (3) Si, por otro lado, estamos considerando un problema Tipo III (eficacia y costo variables), donde costos y eficacia varían libremente, el Programa II es más adecuado, porque la razón entre eficacia y costos (razón costo-efectividad) es la mayor en la intersección de E_1 y C_1. Aquí el Programa II produce 4.000 unidades de servicio a \$10.000, esto es, una razón entre 4.000 y 10.000 o 0,4. En contraste, el Programa I tiene una razón costo-efectividad de 0,32 (8.000 unidades de servicio divididas por \$25.000 = 8.000/25.000 = 0,32)[11]. Finalmente, (4) si estamos tratando un problema Tipo IV (costo y eficacia iguales), donde la eficacia y los costos son fijos en E_2 y C_2, ningún programa es adecuado. Este dilema, que no permite una solución adecuada, se conoce como *especificación excesiva de criterio.*

La lección de esta ilustración es que no es posible elegir entre alternativas sobre la base de *o* los costos *o* la eficacia. Es la relación específica entre costos y eficacia la que importa. Si bien es posible convertir medidas de eficacia en beneficios monetarios, que nos permiten calcular beneficios de ingresos netos sustrayendo costos monetarios de beneficios monetarios, es difícil establecer en forma convincente equivalentes en dólares para muchos de los más importantes resultados de política pública. ¿Cuál es el equivalente en dólares de una vida salvada mediante programas de seguridad vial? ¿Cuál es el valor en dólares de la paz y la seguridad internacionales promovidas por las actividades educativas, científicas y culturales de las Naciones Unidas? ¿Cuál es el valor en dólares de la belleza natural preservada mediante legislación de protección ambiental? Si bien tales preguntas se examinarán cuando discutamos el análisis costo-beneficio, es importante reconocer que la medición de la eficacia en términos de dólares puede ser compleja y difícil[12].

Algunas veces es posible identificar una alternativa que satisface simultáneamente todos los criterios de adecuación. Por ejemplo, la curva superior discontinua de la Figura 5.1 (Programa III) representa un tercer programa que satisface adecuadamente los criterios de costo y eficacia iguales, y tiene también la razón más alta entre eficacia y costos. Como esta situación es inusual, es casi siempre necesario especificar el nivel de eficacia y de costos que se considera adecuado. Sin embargo, este es un asunto de juicio sobre qué constituye un nivel adecuado de eficacia, dados los costos.

Las cuestiones de adecuación no pueden resolverse adoptando arbitrariamente un solo criterio. Por ejemplo, los beneficios de ingresos netos (dólares de eficacia menos costos en dólares) *no* son un criterio apropiado cuando los costos son fijos y un solo programa con la razón beneficio-costo más alta se puede repetir muchas veces dentro de los límites totales del costo establecido. Esto se ilustra en la Tabla 5.3, donde el Programa I puede repetirse diez veces hasta un límite de costo fijo de \$40.000, con beneficios netos totales de \$360.000 (\$36.000 × 10). El Programa I, que puede repetirse diez veces, tiene la razón beneficio-costo más alta. Pero si el Programa I no puede repetirse -esto es, si solo debe elegirse uno de los tres programas- debe seleccionarse el Programa III. El Programa III produce los más altos beneficios netos, aunque tiene la razón beneficio-costo más baja.

TABLA 5.3 Comparación de razones beneficio-costo y de beneficios netos como criterios de adecuación (en miles de dólares)

Programa	Beneficios	Costos	Razón beneficio-costo	Beneficios netos
I	40	4	10	36
II	64	8	8	56
III	100	40	2,5	60

Fuente: Adaptado de Zeckhauser y Schaefer (1968): 73.

11 Una forma simple de representar gráficamente razones de costo-efectividad es dibujar una línea recta desde el origen del gráfico (*i.e.*, donde los ejes *x* y *y* se intersecan) hasta la rodilla de la curva de costo-efectividad (*i.e.*, el punto donde la línea recta dibujada desde el origen toca la curvatura pero no la atraviesa). Cuanto más se mueva la línea hacia la izquierda, hacia la escala vertical de eficacia, mayor será la razón entre eficacia y costos.

12 Ver, por ejemplo, Richard Zeckhauser, "Procedures for Valuing Lives", *Public Policy* (otoño 1975): 419–464, y Baruch Fischhoff, "Cost-Benefit Analysis and the Art of Motorcycle Maintenance", *Policy Sciences* 8 (1977): 177–202.

Volviendo a los cinco tipos de racionalidad discutidos previamente, el criterio de *equidad* está relacionado de manera estrecha con la racionalidad legal y social. En su forma más básica, la *equidad* se refiere a la distribución de resultados y esfuerzos entre diferentes grupos de la sociedad. Una política equitativa es aquella donde los resultados (*e.g.*, unidades de servicio) o los esfuerzos (*e.g.*, inversión) están justa o equitativamente distribuidos. Otros tipos de distribución implican ingreso o riqueza. En Estados Unidos, la participación porcentual del ingreso familiar del 20 por ciento superior de los hogares [en el ingreso nacional] aumentó del 43 al 51 por ciento entre 1966 y 2012, mientras que la participación del resto de hogares cayó aproximadamente del 57 al 49 por ciento en el mismo periodo[13]. La desigualdad del ingreso familiar, medida por el coeficiente de Gini, aumentó un 20 por ciento, de 0,40 a 0,48, en el mismo periodo. En 2010, el coeficiente de Gini (después de impuestos y transferencias de ingresos) para Estados Unidos era el más alto entre diez países occidentales. Estas medidas muestran que, aparte la eficiencia, Estados Unidos tiene la distribución de ingreso más desigual del mundo occidental[14]. Esto es consistente con las comparaciones de Thomas Piketty de la igualdad de ingreso en Europa y Estados Unidos entre 1910 y 2010 (Figura 5.2)[15].

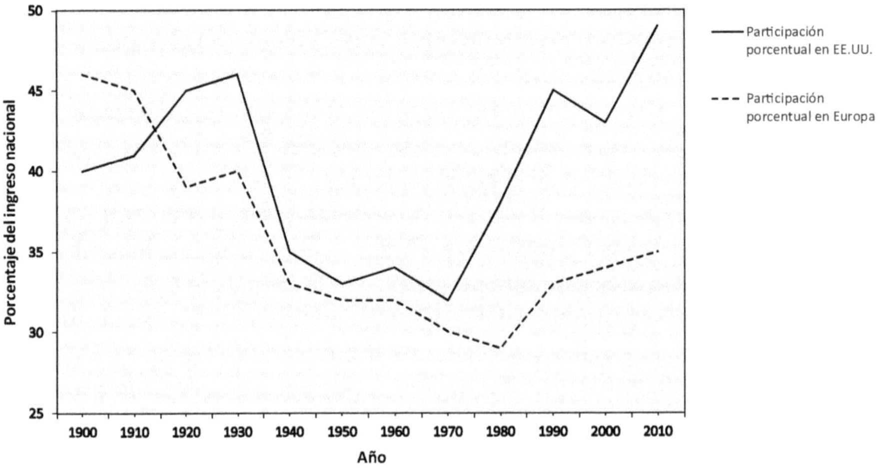

FIGURA 5.2 Desigualdad de ingreso: participación porcentual del 10 por ciento superior de los hogares estadounidenses y europeos en el ingreso nacional, 1900-2010
Fuente: Piketty (2014), apéndices técnicos.

Las políticas diseñadas para redistribuir el ingreso, las oportunidades educativas o los servicios públicos se prescriben sobre la base del criterio de equidad. Un programa dado podría ser eficaz, eficiente, adecuado -por ejemplo, la razón beneficio-costo y los beneficios netos pueden ser superiores sobre todos los otros programas-, pero podría rechazarse basados en que producirá una distribución inequitativa de costos y beneficios. Esto puede suceder bajo varias condiciones: los más necesitados no reciben servicios en proporción a su número, los que menos pueden pagar soportan una parte desproporcionada de los costos, o los que reciben la mayor parte de los beneficios no pagan los costos.

El criterio de equidad está estrechamente relacionado con concepciones competitivas de justicia o igualdad (*fairness*) y con temas éticos que tienen que ver con la base adecuada para distribuir recursos

13 Russell Sage Foundation, *Chartbook of Social Inequality*, New York: Sage Foundation, 2013.
14 Thomas Piketty, *Capital in the 21st Century* (Cambridge, MA: Harvard University Press, 2014) [*El capital en el siglo 21* (México: FCE, 2015)].
15 Los datos de Piketty se hallan en el apéndice técnico disponible en http://piketty.pse.ens.fr/capital21c.

en la sociedad. Tales problemas de "justicia distributiva", que han sido ampliamente discutidos desde los tiempos de Aristóteles y Kautilia, pueden acontecer cuando se prescribe un curso de acción que afecta a dos o más personas en la sociedad. Al definir explícitamente objetivos para la sociedad como un todo, el analista puede realmente estar buscando una forma de medir *bienestar social*, esto es, la satisfacción agregada experimentada por los miembros de una comunidad.

Sin embargo, individuos y grupos tienen valores diferentes. Lo que satisface a una persona o grupo con frecuencia no satisface a otra. En estas circunstancias, el analista debe responder una pregunta fundamental: ¿cómo puede una política maximizar el bienestar de la sociedad y no el bienestar de individuos o grupos particulares? La respuesta a esta pregunta puede obtenerse de varias formas distintas:

1. *Maximizar el bienestar individual.* Aquí intentamos maximizar el bienestar de todos los individuos simultáneamente. Esto exige que se construya una sola clasificación de preferencia transitiva sobre la base de todos los valores individuales. El *teorema de la imposibilidad de Arrow* demuestra, como hemos visto, que esto es imposible aun en los casos donde hay dos personas y tres alternativas.
2. *Proteger el bienestar mínimo.* Aquí el analista puede intentar aumentar el bienestar de algunas personas sin dejar de proteger las posiciones de las personas que están en peor situación. Este enfoque se basa en el *criterio de Pareto*, que establece que un estado social es mejor que otro si al menos una persona mejora y nadie empeora. El *óptimo de Pareto* es un estado social en el que no es posible mejorar a alguien sin empeorar también a otra persona. El criterio de Pareto es muy raramente aplicable, porque la mayoría de las decisiones de política pública implican provisión de servicios a personas que están en mejor situación imponiendo impuestos a los que están en peor situación.
3. *Maximizar el bienestar neto.* Aquí procuramos acrecer el bienestar neto (beneficios totales menos costos totales), pero asumimos que las ganancias podrían usarse para compensar a los perdedores. Este enfoque se basa en el *criterio de Kaldor-Hicks*: un estado social es mejor que otro si hay una ganancia neta en eficiencia (beneficios totales menos costos totales) y si los que ganan pueden compensar a los perdedores. Para todos los fines prácticos, este criterio, que no exige que los perdedores sean verdaderamente compensados, elude el tema de la equidad. El criterio de Kaldor-Hicks es uno de los fundamentos de políticas que intentan proporcionar una red de seguridad social.
4. *Maximizar el bienestar redistributivo.* Aquí intentamos maximizar los beneficios redistributivos para grupos seleccionados en la sociedad, por ejemplo, los racialmente oprimidos, los pobres o los enfermos. El filósofo John Rawls ha propuesto un criterio redistributivo: un estado social es mejor que otro si resulta en una ganancia de bienestar para los miembros de la sociedad que están en peor situación[16].

La formulación de Rawls intenta brindar un fundamento ético para el concepto de justicia. Lo hace solicitando que nos imaginemos en un estado "original", donde hay un "velo de ignorancia" sobre la distribución futura de posiciones, estatus y recursos en una sociedad civil del futuro. En este estado "original" se asume que los individuos eligen un orden social basado en el criterio redistributivo, porque es del interés individual de todos establecer una sociedad en la que no estarán peor.

Con la postulación de esta condición "original", será posible alcanzar consenso sobre un orden social justo. Esta condición "original" debe contrastarse con las condiciones de las sociedades del

16 John Rawls, *A Theory of Justice* (Cambridge, MA: Harvard University Press, 1971) [*Teoría de la justicia* (México: FCE, 1995)].

presente, donde los intereses creados imposibilitan llegar a un consenso sobre el significado de la justicia. La debilidad de la formulación de Rawls es su simplificación excesiva o evitación del conflicto. El criterio redistributivo es apropiado para problemas bien definidos y no para los tipos de problemas que se encuentran de modo típico en política pública. Si bien esto no significa que no pueda utilizarse el criterio redistributivo para hacer elecciones, significa sí que aún no hemos alcanzado una base singular para definir el bienestar social.

Por lo tanto, ninguno de estos criterios de equidad es plenamente satisfactorio. La razón es que visiones conflictivas sobre la racionalidad de la sociedad y las instituciones sociales (racionalidad social) o sobre la adecuación de las normas legales que garantizan los derechos de propiedad (racionalidad legal) no pueden resolverse simplemente apelando a criterios económicos formales (*e.g.*, los criterios de Pareto o Kaldor-Hicks) o a principios filosóficos formales (*e.g.*, el criterio redistributivo de Rawls). Las cuestiones de equidad, igualdad (*fairness*) y justicia son políticas, esto es, implican distribución y legitimación del poder en la sociedad. Si bien la teoría económica y la filosofía moral pueden mejorar nuestra capacidad para valorar críticamente conceptos de equidad que compiten entre sí, ellos no pueden sustituir el proceso político.

La *capacidad de respuesta* (*responsiveness*) se refiere al grado en que una política satisface las necesidades, preferencias o intereses de grupos particulares. El criterio de capacidad de respuesta es importante porque un analista puede satisfacer todos los otros criterios -eficacia, eficiencia, adecuación, equidad-, pero puede fracasar en responder a las necesidades reales de un grupo que, según se supone, se beneficiará de una política. Un programa de recreación podría resultar en una distribución equitativa de actividades atléticas, pero ser insensible a las necesidades de grupos particulares (*e.g.*, las personas de edad). En efecto, el criterio de capacidad de respuesta plantea una pregunta práctica: ¿los criterios de eficacia, eficiencia, adecuación y equidad reflejan realmente las necesidades, preferencias y valores percibidos de grupos particulares?

El último criterio es el de *pertinencia*. Este criterio está íntimamente relacionado con la racionalidad sustantiva, porque las preguntas sobre la pertinencia de una política no están interesadas en un criterio individual, sino en dos o más criterios tomados juntos. La pertinencia se refiere al valor (*value*) o al mérito (*worth*) de los resultados de un programa y a la sostenibilidad de los supuestos subyacentes a sus objetivos. Mientras que todos los demás criterios dan por sentados los objetivos -por ejemplo, el valor de la eficiencia o de la equidad-, el criterio de pertinencia pregunta si estos objetivos son adecuados para la sociedad. Para responder esta pregunta, deben examinarse todos los criterios a la vez -esto es, debe haber una indagación sobre varias formas de racionalidad- y tener en cuenta la aplicación de criterios de orden superior (metacriterios) que puedan justificar los de eficacia, eficiencia, adecuación, equidad y capacidad de respuesta[17].

El criterio de pertinencia es necesariamente abierto, materia de examen antes que de comprobación, porque por definición pretende ir más allá de cualquier conjunto de criterios existentes. Por esta razón, no hay ni puede haber una definición estándar de pertinencia. Sin embargo, podemos considerar varios ejemplos:

1. *Equidad y eficiencia*. ¿Es la equidad, como bienestar redistributivo (Rawls), un criterio apropiado cuando programas diseñados para redistribuir el ingreso a los pobres son tan ineficientes que solo una pequeña porción de los beneficios redistributivos realmente les llega? Cuando tales programas se ven como un "cubo agujereado" usado para llevar beneficios a los pobres, podemos cuestionar si la equidad es un criterio apropiado[18].

17 Sobre metacriterios, como generalidad, consistencia y claridad, ver Duncan MacRae Jr., *The Social Function of Social Science* (New Haven, CT: Yale University Press, 1976).

18 Ver Arthur M. Okun, *Equality and Efficiency* (Washington, DC: Brookings Institution, 1975).

2. *Equidad y derecho.* ¿Es la equidad, como bienestar mínimo, un criterio apropiado cuando quienes reciben beneficios adicionales no los han obtenido por medios socialmente legítimos? Los analistas pueden cuestionar la pertinencia del criterio de Pareto cuando los que ganan (aunque ninguno pierde) lo han hecho a través de la corrupción, el fraude, la discriminación y la herencia inmerecida[19].
3. *Eficiencia, equidad y valores humanísticos.* ¿Son la eficiencia y la equidad criterios apropiados cuando los medios requeridos para alcanzar una sociedad eficiente o justa entran en conflicto con procesos democráticos? Los analistas pueden desafiar la pertinencia de la eficiencia o la equidad cuando los esfuerzos por racionalizar la toma de decisiones subvierten las condiciones exigidas por la emancipación, la individuación o la autorrealización[20]. La eficiencia, la equidad y el humanismo no son necesariamente equivalentes. La alienación, como Marx y otros pensadores sociales lo han reconocido, no se elimina automáticamente creando una abundante sociedad de iguales.
4. *Equidad y discurso ético razonado.* ¿Es apropiada la concepción de equidad como bienestar redistributivo (Rawls) cuando subvierte las oportunidades para el discurso ético razonado? Esta noción de equidad, como bienestar redistributivo, puede desafiarse sobre la base de que presupone una concepción individualista de la naturaleza humana donde las declaraciones éticas no derivan ya de argumentos razonados, sino que son "la composición contractual de valores arbitrarios (aun siendo comprensibles) sostenidos individualmente y configurados biológica o socialmente. La estructura del argumento rawlsiano se corresponde así estrechamente con la de la racionalidad instrumental; los fines son exógenos y el oficio exclusivo del pensamiento en el mundo es asegurar su realización máxima. [Las premisas de Rawls] reducen todo pensamiento a operaciones combinadas de razón formal y prudencia instrumental al servicio del deseo"[21].

ENFOQUES DE PRESCRIPCIÓN

Una serie de cuestiones interrelacionadas deben considerarse en la factura de prescripciones de política pública. ¿Qué necesidades, valores y oportunidades están en discusión, y qué alternativas están disponibles para su satisfacción? ¿Qué metas y objetivos deben alcanzarse y cómo deben medirse? ¿Cuánto costará alcanzar los objetivos y qué clase de restricciones -presupuestales, legales, administrativas, políticas- pueden impedir su consecución? ¿Hay efectos laterales, desbordamientos y otras consecuencias previstas e imprevistas que deban contarse como costos o beneficios? ¿Cómo cambiará el valor de costos y beneficios a través del tiempo? ¿Cuán cierto es que los resultados pronosticados ocurrirán? ¿Qué debe hacerse?

19 Ver, por ejemplo, Peter Brown, "Ethics and Policy Research", *Policy Analysis* 2 (1976): 325–340.
20 Ver, por ejemplo, Jürgen Habermas, *Toward a Rational Society: Student Protest, Science, and Politics* (Boston, MA: Beacon Press, 1970) y *Legitimation Crisis* (Boston, MA: Beacon Press, 1975) [*Problemas de legitimación en el capitalismo tardío* (Buenos Aires: Amorrortu editores, 1975)].
21 Ver Laurence H. Tribe, "Ways Not to Think about Plastic Trees", en Laurence H. Tribe *et al.*, *When Values Conflict* (Cambridge, MA: Ballinger, 1976), p. 77.

Elección pública versus elección privada

Las respuestas a estas preguntas son con frecuencia tan relevantes para la formulación de políticas en el sector privado como en el público. Sin embargo, hay varias diferencias importantes entre estos sectores[22]:

1. *Naturaleza de los procesos de política pública.* La formulación de políticas en el sector público implica negociación, compromiso y conflicto entre grupos de ciudadanos, cuerpos legislativos, departamentos ejecutivos, comisiones regulatorias, empresas y otras partes interesadas. No hay un solo productor o consumidor de bienes y servicios cuyas ganancias deban maximizarse. La presencia de partes interesadas con valores que compiten hace que los problemas de elección sean más complejos en el sector público que en el privado.
2. *Naturaleza colectiva de las metas de política pública.* Las metas de política en el sector público son colectivas, lo cual significa que ellas, según se supone, reflejan intereses de la sociedad o alguna concepción amplia de "interés público". La especificación de estas metas colectivas, como hemos visto, implica a menudo varios criterios contendientes, desde la eficacia, la eficiencia y la adecuación hasta la equidad, la capacidad de respuesta y la pertinencia.
3. *Naturaleza de los bienes públicos.* Los bienes públicos y privados pueden dividirse en tres grupos: bienes específicos, bienes colectivos y bienes cuasicolectivos. Los *bienes específicos* son excluyentes, porque la persona que los posee tiene el derecho legal a excluir a otros de sus beneficios. La asignación de bienes específicos (por ejemplo, automóviles, mercancías, vivienda privada) se hace sobre la base de precios de mercado, que están determinados por la oferta y la demanda. Los *bienes colectivos* no son excluyentes, porque pueden ser consumidos por cualquiera. No se puede excluir a nadie del consumo del aire, del agua o de las vías que el gobierno proporciona. Por lo general, no es posible asignar bienes colectivos sobre la base de precios de mercado, porque las relaciones entre oferta y demanda no operan de la misma forma en el sector público. Los bienes *cuasicolectivos* son bienes específicos cuya producción tiene significativos efectos de desborde para la sociedad. Aunque el sector privado puede proporcionar educación, su desbordamiento en áreas como el empleo y la defensa nacional se considera tan importante que los gobiernos la producen en grandes cantidades a un costo accesible para todos.

Las organizaciones en los sectores público y privado producen cada uno de estos tres tipos de bienes. Sin embargo, el sector público está principalmente comprometido con la provisión de bienes colectivos y cuasicolectivos como la educación, el bienestar social, la seguridad pública, el transporte, la protección ambiental y la conservación de energía. En contraste, el sector privado está primordialmente interesado en la producción de bienes específicos como productos alimenticios, electrodomésticos, maquinaria y vivienda. Las diferencias en la producción de bienes entre los sectores público y privado se ilustran en la Figura 5.3.

22 H. H. Hinrichs y G. M. Taylor, *Systematic Analysis: A Primer on Benefit-Cost Analysis and Program Evaluation* (Pacific Palisades, CA: Goodyear Publishing, 1972); pp. 4–5; Dennis C. Mueller, "Public Choice: An Introduction", en *Readings in Public Choice and Constitutional Political Economy* (New York: Springer, 2008), pp. 31–46.

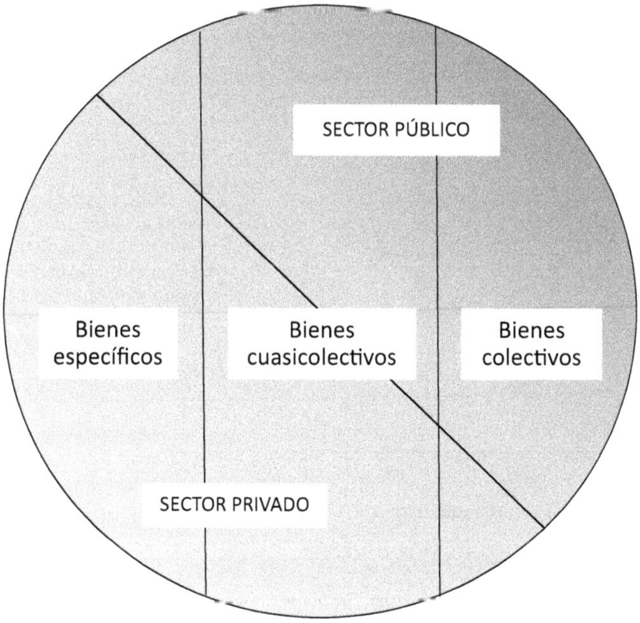

FIGURA 5.3 Tres tipos de bienes en los sectores público y privado
Fuente: Hinrichs y Taylor (1972): 5.

Debido a que la naturaleza de estos tres tipos de bienes difiere, así lo hacen también los criterios para estimar su valor. El criterio principal de una empresa privada al producir bienes específicos para el mercado es obtener ganancias, esto es, maximizar la diferencia entre los ingresos obtenidos por la venta de un producto y los costos totales exigidos para su producción. Cuando una empresa privada se enfrenta a una elección entre dos o más productos que difieren en los ingresos que se obtendrán y los costos requeridos para su producción, la empresa elegirá el producto que maximice las ganancias, definidas como el ingreso total menos los costos totales. Si la empresa decide invertir en un producto que produce menores ganancias, el costo de oportunidad de la decisión puede calcularse. El *costo de oportunidad* equivale a los beneficios perdidos al invertir recursos en un producto o servicio cuando pudo haberse elegido otra alternativa más beneficiosa.

Oferta y demanda

Los costos de oportunidad en el sector privado pueden calcularse usando los precios de mercado como medida de costos y beneficios. Los precios de mercado de bienes específicos están determinados por la oferta y la demanda. Si nos fijamos en las varias combinaciones de precio y cantidad de un bien específico, observamos que los consumidores demandarán mayores cantidades (*Q*) de un producto cuando el precio (*P*) de ese producto decrece y los productores suministrarán mayores cantidades (*Q*) de un producto cuando el precio (*P*) de ese producto aumenta (Figura 5.4). Finalmente, la combinación de precio y cantidad que produce un singular nivel de demanda del consumidor y de oferta del productor -esto es, el punto donde oferta y demanda se intersecan (P_e Q_e en la Figura 5.4)- indica el precio y la cantidad de bienes específicos que se venderán en el mercado. Las representaciones gráficas de las varias combinaciones de precio y cantidad donde consumidores y productores están dispuestos a comprar y vender un producto se denominan *curvas de demanda* y *curvas de oferta*. El punto donde las curvas de demanda y oferta se intersecan se denomina *combinación de equilibrio precio cantidad*.

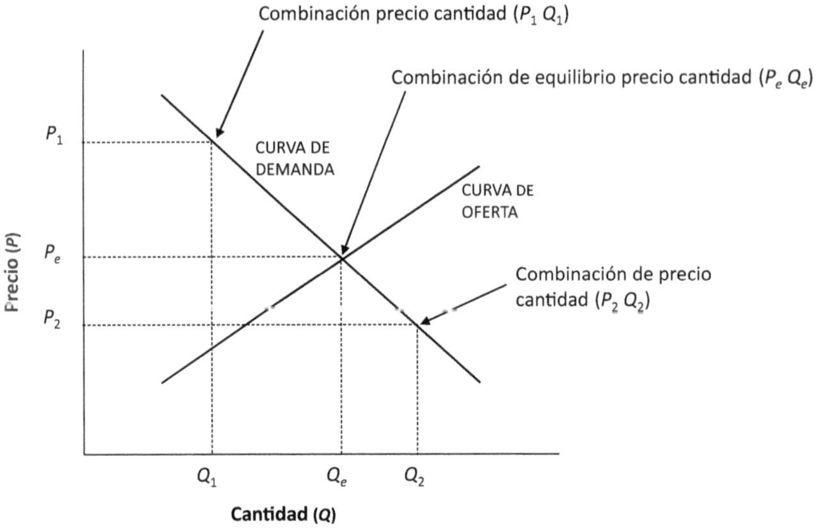

FIGURA 5.4 Curvas de oferta y demanda y la combinación de equilibrio precio cantidad

La combinación de equilibrio precio cantidad representa ese punto donde consumidores y productores, si son enteramente libres de elegir lo que comprarán y venderán, producirán y consumirán cantidades iguales de un bien a un precio dado. Si conocemos la combinación de equilibrio precio cantidad de un bien específico (*e.g.*, cepillos de dientes eléctricos), podemos determinar la ganancia de una inversión dada sustrayendo los costos totales requeridos para producir un bien específico de los ingresos totales obtenidos por vender el producto al precio de equilibrio (P_e) y la cantidad de equilibrio (Q_e). Conociendo las ganancias que se pueden obtener de inversiones alternativas, es posible estimar los costos de oportunidad de invertir recursos para producir un producto cuando podría hacerse otra inversión más rentable. Por ejemplo, si una empresa que produce cepillos de dientes eléctricos (un bien específico) y obtiene una ganancia anual de $1,2 millones encuentra que pudo haber obtenido una ganancia de $1,5 millones produciendo taladros eléctricos al mismo costo (incluyendo los costos de mano de obra adicional, tecnología y comercialización), el costo de oportunidad de la inversión en la producción de cepillos eléctricos es de $300.000.

La lógica de la maximización de la ganancia en el sector privado puede extenderse a la política pública. Podemos observar las agencias públicas como si fuesen empresas privadas intentando maximizar ganancias sobre inversiones. En lugar de utilizar las ganancias (ingresos totales menos costos totales) como criterio, se usan los beneficios netos (beneficios totales menos costos totales). Podemos también aplicar el concepto de costos de oportunidad viendo los programas públicos como inversiones en la producción de bienes que podrían ser realizadas por empresas privadas. Por ejemplo, si el gobierno invierte $50 millones en la construcción de una represa que producirá $8 millones en beneficios netos para agricultores y otros beneficiarios, estos recursos de inversión deben obtenerse de ciudadanos privados que pudieron haber invertido los $50 millones en otro lugar. Si la inversión privada hubiese producido $9,5 millones en beneficios netos (ganancias) para los ciudadanos privados, el costo de oportunidad de construir la represa habría sido de $1,5 millones (beneficios privados netos de $9,5 millones menos beneficios públicos netos de $8 millones).

Elección pública

La lógica de la maximización de la ganancia en el sector privado empieza a romperse cuando consideramos las diferencias entre las elecciones pública y privada, comprendidos los contrastes entre bienes específicos, cuasicolectivos y colectivos. Mientras que la lógica de la maximización de la ganancia podría aplicarse a ciertas clases de bienes públicos (*e.g.*, la producción de energía hidroeléctrica), hay razones por las que los conceptos de ganancia y de costos de oportunidad son difíciles de aplicar a los problemas de elección pública:

1. *Múltiples partes interesadas legítimas.* La formulación de políticas públicas implica múltiples partes interesadas cuyas pretensiones sobre las inversiones públicas están garantizadas por la ley. Aunque también hay partes interesadas en la formulación de políticas privadas, solamente propietarios y accionistas pueden en forma legítima tener pretensiones. En el sector público, con sus muchas partes interesadas legítimas, es difícil saber qué beneficios deben maximizarse y quién debe asumir los costos de las inversiones públicas, generalmente a través de impuestos.
2. *Bienes colectivos y cuasicolectivos.* Visto que la mayoría de los bienes públicos son colectivos (*e.g.*, aire limpio) o cuasicolectivos (*e.g.*, educación), es difícil o imposible venderlos en el mercado, donde las transacciones tienen lugar sobre la base de la capacidad para pagar el precio de mercado. Sin embargo, con frecuencia no se dispone de precios de mercado como medida de beneficios netos o de costos de oportunidad. Incluso donde los precios se basan en encuestas de lo que los ciudadanos están dispuestos a pagar, algunas personas regularmente indican que no están dispuestas a pagar por un bien público, pero luego usan el bien a un precio más bajo del que en realidad están dispuestas a pagar. Esto se conoce como el *problema del polizón*. El problema del polizón también aplica a las empresas que no pagan impuestos, pero usan vías, albañales y puentes pagados por los contribuyentes.
3. *Comparabilidad limitada de las medidas de ingreso.* Aun cuando los beneficios netos de las inversiones públicas y privadas pueden expresarse en una unidad común de medida (*e.g.*, dólares), las inversiones privadas con beneficios netos superiores no siempre son preferibles a las inversiones públicas con beneficios netos más bajos (o incluso cero o negativos). Por ejemplo, una inversión privada en un nuevo edificio de oficinas que produzca $1 millón en beneficios netos probablemente no se preferirá a una inversión pública en una cura para el cáncer que produzca beneficios netos cero o negativos. Aun donde las comparaciones se confinan a las inversiones públicas, el uso de medidas de ingreso para prescribir políticas implica que la meta de aumentar el ingreso agregado es más importante que la buena salud o una mejor educación, si estas no se pueden producir a un costo igual o más bajo. Estas otras metas colectivas o cuasicolectivas se ven equivocadamente como ilegítimas simplemente porque no logran aumentar los ingresos futuros[23].
4. *Responsabilidad social por los costos y beneficios sociales.* Las empresas privadas son responsables de sus propios *costos privados* y *beneficios privados*, pero no de los sociales, excepto cuando la ley lo prescribe (*e.g.*, legislación anticontaminación). En contraste, los costos y beneficios de programas públicos se socializan, no se privatizan, convirtiéndose así en *costos sociales* y *beneficios sociales* que van más allá de la necesidad de satisfacer a propietarios y accionistas privados. Los costos y beneficios sociales (*e.g.*, los costos de dañar el ambiente con la construcción de autopistas o los beneficios de disfrutar de la belleza de los parques nacionales) son difíciles de cuantificar y a menudo no tienen un precio de mercado consensuado. Tales costos y beneficios sociales se denominan *intangibles* que no se pueden medir satisfactoriamente.

Los contrastes entre las elecciones pública y privada no significan que la lógica de la maximización de la ganancia sea enteramente inaplicable a los problemas públicos. Los contrastes significan, empero, que

23 Alice Rivlin, *Systematic Thinking for Social Action* (Washington, DC: Brookings Institution, 1971), p. 56.

hay límites en la lógica de la maximización de la ganancia cuando se aplica a problemas públicos. Estos límites así como sus fortalezas son evidentes cuando consideramos dos de los más importantes enfoques de prescripción: el análisis costo-beneficio y el análisis costo-efectividad.

Análisis costo-beneficio

El *análisis costo-beneficio* permite comparaciones de políticas cuantificando sus costos monetarios totales y beneficios monetarios totales. Cuando el análisis costo-beneficio se usa para prescribir políticas preferidas, se aplica prospectivamente (*ex ante*). El análisis costo-beneficio también se usa para evaluar políticas después de que se han implementado (*ex post*). El moderno análisis costo-beneficio se basa en la *economía del bienestar*, que intenta maximizar el bienestar social o la satisfacción agregada experimentada por los miembros de una comunidad[24]. El campo de la *economía del bienestar* se interesa por las formas en que las inversiones públicas contribuyen a la maximización del ingreso neto como medida de la satisfacción agregada (bienestar) de la sociedad.

El análisis costo-beneficio (de aquí en adelante abreviado como ACB) ha sido aplicado a muchos tipos de políticas y programas públicos. La idea de un esquema de contabilidad económica que incorporase costos y beneficios parece haberse originado con Albert Gallatin, Secretario del Tesoro de los Estados Unidos, quien participó activamente en la explotación de recursos naturales en el oeste de los Estados Unidos; Jules Dupuit, un ingeniero francés; y el economista Alfred Marshall, quien formuló la mayor parte de los conceptos formales que son el fundamento del análisis costo-beneficio y de la teoría moderna de la utilidad. Sin embargo, el desarrollo práctico del ACB fue consecuencia de la Ley Federal de Navegación de 1936, que ordenó al Cuerpo de Ingenieros del Ejército de los Estados Unidos que llevara a cabo proyectos de mejoramiento de canales solamente cuando los beneficios totales superaran los costos. Las primeras aplicaciones del análisis costo-beneficio tuvieron lugar en el área de la construcción de represas hidroeléctricas y la provisión de recursos hídricos, entre ellas los esfuerzos por analizar costos y beneficios de la energía hidroeléctrica, del control de inundaciones, de la irrigación y de la recreación. Otras aplicaciones más recientes comprenden transporte, salud, capacitación de mano de obra y renovación urbana.

Cuando se usa para hacer prescripciones en el sector público, el ACB tiene varias características:

1. El análisis costo-beneficio busca medir *todos* los costos y beneficios para la sociedad que pueden resultar de una política o programa públicos, especialmente los intangibles que no se pueden medir fácilmente en términos de costos y beneficios monetarios.
2. El ACB tradicional es el epítome de la *racionalidad económica*, porque el criterio más frecuentemente empleado es la eficiencia económica global, que se refiere a la razón entre beneficios y costos. Se dice que una política es eficiente si sus *beneficios netos* (*i.e.*, los beneficios totales menos los costos totales) son mayores que cero ($B > C$ y $B/C > 0$) y más altos que los que habrían resultado de una inversión alternativa pública o privada.
3. El ACB tradicional usa el *mercado privado* como punto de referencia para prescribir políticas. Los costos de oportunidad de una inversión pública se calculan sobre la base de qué beneficios netos podrían haberse obtenido invirtiendo en el sector privado.
4. El ACB contemporáneo, algunas veces denominado *análisis costo-beneficio social*, puede usarse para medir los beneficios redistributivos. En cuanto el análisis costo-beneficio social se refiere a criterios de equidad, es consistente con la *racionalidad social*.

24 Edward M. Gramlich, *Benefit-Cost Analysis of Public Programs*, 2da. ed. (Englewood Cliffs, NJ: Prentice Hall, 1990), proporciona tratamientos comprehensivos; Anthony E. Boardman, David H. Greenberg, Aidan R. Vining y David L. Weimer, *Cost-Benefit Analysis: Concepts and Practice*, 4a. ed. (Upper Saddle River, NJ: Prentice Hall, 2011); y Mark A. Moore, Anthony E. Boardman, Aidan R. Vining, David L. Weimer y David H. Greenberg, "'Just Give Me a Number!' Practical Values for the Social Discount Rate", *Journal of Policy Analysis and Management* 23, 4 (2004): 789–812.

Fortalezas del ACB. El análisis costo-beneficio tiene varias fortalezas. En primer lugar, costos y beneficios, *ambos*, se miden en dólares, euros o alguna otra moneda establecida como unidad de valor común. Esto permite a los analistas sustraer costos de beneficios, tarea que no es posible en el análisis costo-efectividad. En segundo lugar, el ACB nos permite ir más allá de los confines de una sola política o programa y vincular los beneficios a la ampliación de los ingresos del sistema económico de la sociedad como un todo. Esto es posible porque los resultados de políticas y programas individuales se pueden expresar en términos monetarios.

Finalmente, el ACB permite a los analistas comparar políticas en áreas ampliamente diferentes (por ejemplo, salud, transporte, educación, atención de la niñez), porque los beneficios netos de eficiencia (beneficios menos costos) se expresan en términos de una unidad monetaria común. Esto no es posible cuando la eficacia se mide en términos de unidades de servicio, porque el número de personas tratadas por los médicos, por ejemplo, no se puede comparar directamente con el número de millas recorridas en las carreteras.

Limitaciones del ACB. El análisis costo-beneficio, tanto en su forma tradicional como en sus formas contemporáneas, también tiene varias limitaciones. En primer lugar, un énfasis exclusivo en la eficiencia económica significa que los criterios de equidad carecen de sentido o son inaplicables. En la práctica, el criterio de Kaldor-Hicks simplemente ignora los problemas de los beneficios redistributivos, mientras que el criterio de Pareto raramente resuelve el conflicto entre eficiencia y equidad. En segundo lugar, el valor monetario es una medida inadecuada de la capacidad de respuesta, porque el valor del ingreso varía de persona a persona. Por ejemplo, $100 adicionales de ingreso son mucho más significativos para el jefe de un hogar pobre que para un millonario. Este problema de las *comparaciones interpersonales limitadas* significa que el ingreso es una medida inapropiada de satisfacción individual y bienestar social. En tercer lugar, cuando no hay precios de mercado disponibles para bienes importantes (*e.g.*, aire limpio o vidas salvadas en las carreteras), los analistas se ven forzados con frecuencia a estimar *precios sombra*, esto es, a efectuar estimaciones subjetivas del precio que los ciudadanos estarían dispuestos a pagar por bienes y servicios. Estos juicios subjetivos pueden ser simplemente arbitrarios.

El análisis costo-beneficio, aun cuando tiene en cuenta los problemas de redistribución y equidad social, está estrechamente ligado al ingreso como medida de satisfacción. Por esta razón, es difícil discutir la pertinencia de *cualquier* objetivo que no se pueda expresar en términos monetarios. Esta concentración exclusiva en el ingreso neto o en los beneficios redistributivos inhibe los debates razonados sobre las bases éticas o morales de políticas alternativas. El ACB está por lo tanto limitado en su capacidad para considerar relaciones entre formas alternativas de la razón -técnica, económica, social, legal- como parte de un esfuerzo general por establecer la racionalidad sustantiva de las políticas públicas. Por consiguiente, el ACB puede ofrecernos "el precio de todo y el valor de nada"[25].

Tipos de costos y beneficios

Al usar el ACB, es esencial considerar *todos* los costos y *todos* los beneficios que pueden resultar de una política o programa. Si bien un inventario tan completo de costos y beneficios es difícil de lograr en la práctica, mitiga los errores que acontecen cuando algunos costos y beneficios se omiten del análisis. Una forma de protegerse contra tales errores es clasificar costos y beneficios de modo que ninguno se pierda: interiores ("internos") *versus* exteriores ("externos"), directamente medibles ("tangibles") *versus* indirectamente medibles ("intangibles"), primarios ("directos") *versus* secundarios ("indirectos"), y de eficiencia neta ("reales") *versus* distributivos ("pecuniarios"). Estos tipos de costos y beneficios, y las materias en que se basan, se ilustran en la Figura 5.5.

25 Esta cita se atribuye a Oscar Wilde, el clásico escritor, novelista y crítico social irlandés. Un economista anónimo replicó: "Pero, Sr. Wilde, los precios son valores".

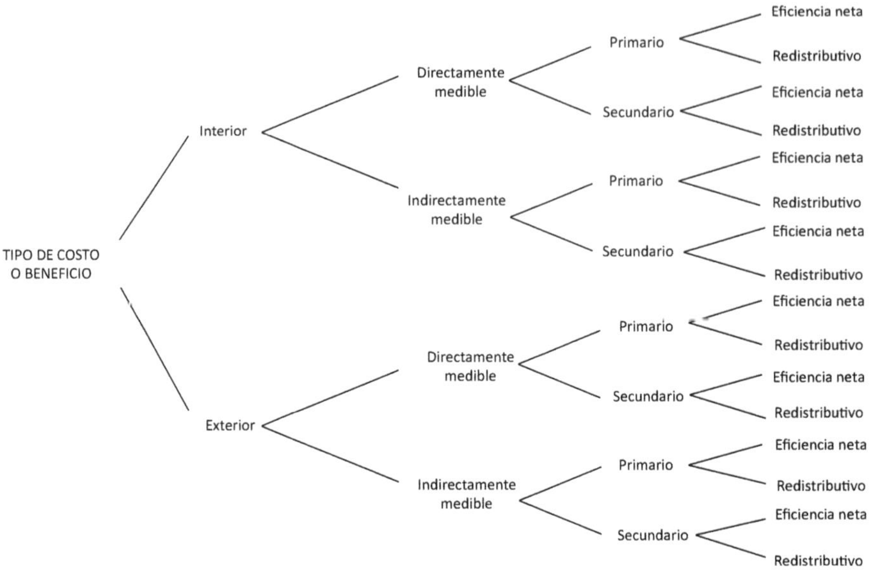

FIGURA 5.5 Clasificación de costos y beneficios según cuatro tipos de problemas

Costos y beneficios interiores y exteriores. Aquí la pregunta es si un costo o beneficio dados son internos o externos a una determinada jurisdicción. Costos y beneficios interiores se denominan *internalidades*, mientras que los exteriores o externos se apellidan *externalidades*. Lo que es un costo o beneficio interior (internalidad) en un caso, será uno exterior (externalidad) en otro. La diferencia depende de cómo se tracen las fronteras de la jurisdicción, por ejemplo, un gobierno local. Si la frontera es la sociedad como un todo, no puede haber externalidades. Si, empero, la frontera es un grupo objetivo o jurisdicción particulares, habrá así internalidades como externalidades. Las externalidades son desbordamientos positivos o negativos más allá de las fronteras de la jurisdicción o del grupo objetivo. Por ejemplo, la construcción de apartamentos de gran altura en un área central de una ciudad como parte de un programa de renovación urbana tiene ciertos costos y beneficios dentro de la jurisdicción urbana, especialmente gastos de construcción e ingresos derivados de alquileres. El mismo programa de renovación urbana tiene además costos externos para las jurisdicciones suburbanas que deben proporcionar servicios adicionales de bomberos y de policía en áreas donde desarraigados o delincuentes han vuelto a establecerse porque ya no pueden darse el lujo de vivir en dicha área central de la ciudad.

Costos y beneficios directamente medibles *versus* costos y beneficios indirectamente medibles. La cuestión aquí es si el costo o el beneficio son "tangibles" o "intangibles". *Tangibles* son los costos y beneficios directamente medibles en términos de precios de mercado conocidos de bienes y servicios, en tanto que los *intangibles* son costos y beneficios indirectamente medibles en términos de estimaciones de tales precios de mercado. Cuando tratamos con intangibles, como el precio del aire limpio, el analista puede intentar estimar precios sombra elaborando un juicio subjetivo sobre el valor en dólares de costos y beneficios. En el ejemplo de la renovación urbana, el analista puede intentar estimar los costos de oportunidad que varios grupos estarían dispuestos a pagar por la destrucción del sentido de comunidad resultante de la renovación urbana.

Costos y beneficios primarios y secundarios. Aquí el problema es si el costo o el beneficio son resultado "directo" o "indirecto" de una política. *Costos o beneficios primarios* son los que están relacionados con los objetivos del programa más altamente valorados, mientras que *costos o beneficios secundarios* son los que están relacionados con objetivos menos valorados. Por ejemplo, un programa de renovación urbana puede tener como su más importante objetivo la provisión de vivienda de bajo costo para pobres, caso en el cual los costos y beneficios primarios incluirían los gastos de construcción y el ingreso de alquileres. Los costos y beneficios secundarios involucrarían costos intangibles, como la destrucción del sentido de comunidad, o beneficios tangibles, como la reducción de los costos de los servicios de policía y de bomberos en virtud de una mejor iluminación de las calles y de construcciones resistentes al fuego.

Beneficios de eficiencia neta *versus* beneficios redistributivos. Aquí la cuestión es si costos y beneficios combinados generan un aumento en el ingreso agregado o resultan meramente en variaciones de ingresos o de otros recursos entre diferentes grupos. *Beneficios de eficiencia neta* son los que representan un incremento "real" en el ingreso neto (beneficios totales menos costos totales), mientras que *beneficios redistributivos* son los que resultan en un cambio "pecuniario" en los ingresos de un grupo a expensas de otro, pero sin aumentar los beneficios de eficiencia neta. Tales cambios se denominan *beneficios reales* y *beneficios pecuniarios*, respectivamente. Por ejemplo, un proyecto de renovación urbana puede producir $1 millón en beneficios de eficiencia neta. Si la renovación urbana resulta además en ventas crecientes en pequeñas tiendas de comestibles en el área inmediata -y en ventas a la baja en tiendas que están más distantes de los nuevos apartamentos de gran altura-, los beneficios y los costos de los ingresos obtenidos y perdidos son "pecuniarios". Ellos se cancelan entre sí sin producir ningún cambio en los beneficios de eficiencia neta.

Denominar a un tipo de beneficio "real" y al otro meramente "pecuniario" puede introducir un sesgo considerable: ¿un aumento en el ingreso disponible de los pobres es menos "real" que una mejora en los beneficios netos de una comunidad? Por esta razón, puede ser mejor eliminar por completo las categorías de "real" y "pecuniario", siempre que no *sumemos* ningún aumento en los beneficios redistributivos a los beneficios de eficiencia neta sin *sustraer* también los costos de redistribución a aquellos cuyos ingresos u otros beneficios se redujeron. Este error, denominado *cuenta doble*, puede producir estimaciones inválidas de los beneficios de eficiencia neta.

Las respuestas a estas cuatro cuestiones pueden resultar en muchas combinaciones de costos y beneficios. Un costo o un beneficio interiores dados pueden ser directamente medibles (tangibles) o indirectamente medibles (intangibles). A su vez, un costo o un beneficio intangibles pueden ser primarios o secundarios, dependiendo de su importancia relativa. Un objetivo primario o uno secundario pueden definirse en términos de eficiencia neta o de redistribución. Por lo general, o la eficiencia neta o la redistribución deben ser un objetivo primario, porque no siempre es posible aumentar los beneficios de eficiencia neta *y* los redistributivos al mismo tiempo. En otras palabras, estos dos tipos de beneficios pueden hallarse en conflicto. Representan una situación que exige *compromisos*, esto es, esfuerzos conscientes por determinar cuánto de un objetivo debe sacrificarse para alcanzar otro. Sin embargo, esta relación entre beneficios reales y pecuniarios no es una ley inmutable. No solo algunas empresas e industrias son capaces de acrecer ambos al mismo tiempo, sino que la historia de esta cuestión, documentada en textos clásicos como *The Great Transformation*[26], sugiere que los mercados en algunas sociedades se han basado en el valor de la redistribución, donde el valor de lo que hoy denominamos beneficios de eficiencia "real" es condición necesaria pero secundaria de redistribución.

Tareas en el análisis costo-beneficio

Al realizar un análisis costo-beneficio (ACB), la mayor parte de las siguientes tareas (Tabla 5.5) son importantes para hacer que las prescripciones sean plausibles al máximo. Una de las tareas importantes es convertir las metas, o propósitos generales, en objetivos específicos (Tabla 5.4).

26 Karl Polanyi, *The Great Transformation: The Political and Economic Origins of Our Time* (Boston, MA: Beacon Press, 1944/2001), pp. 54–58 [*La gran transformación. Los orígenes políticos y económicos de nuestro tiempo* (México: FCE, 2017)]. Este libro es considerado por muchos como uno de los libros más originales e importantes del siglo veinte.

TABLA 5.4 Contrastes entre metas y objetivos

Característica	Metas	Objetivos
Fines	1. Ampliamente afirmados (mejorar la calidad de la atención en salud...)	1. Concretos (aumentar el número de médicos en un diez por ciento...)
Definiciones	2. Formales (la calidad de la atención en salud se refiere a la accesibilidad a los servicios médicos...)	2. Operacionales (la calidad de la atención en salud se refiere al número de médicos por cada 100.000 personas...)
Tiempo	3. No especificado (en el futuro...)	3. Especificado (en el periodo 2005–2015...)
Medición	4. No cuantitativa (adecuado aseguramiento en salud...)	4. Frecuentemente cuantitativa (el número de personas cubiertas por cada 1.000 personas...)
Grupos objetivo	5. Ampliamente definidos (personas que necesitan atención...)	5. Específicamente definidos (familias con ingresos anuales inferiores a $19.000...)

Estructuración del problema. La búsqueda de formulaciones alternativas del problema y la definición de las fronteras del metaproblema (Capítulo 3) son tareas esenciales en el ACB. La estructuración del problema no acontece una vez, sino que ocurre una y otra vez a lo largo del análisis. La estructuración del problema produce información sobre metas, objetivos, alternativas, criterios, grupos objetivo, costos y beneficios potencialmente relevantes.

TABLA 5.5 Diez tareas para realizar un análisis costo-beneficio

Tarea	Descripción
Estructuración del problema	Formulación del metaproblema con la definición de fronteras de metas, objetivos, alternativas, criterios, grupos objetivo, costos y beneficios
Especificación de objetivos	Conversión de propósitos o fines generales (metas) en fines temporalmente específicos y medibles (objetivos)
Especificación de alternativas	Selección de las alternativas de política más promisorias de un amplio conjunto de soluciones potenciales definidas en la fase de estructuración del problema
Búsqueda, análisis e interpretación de información	Ubicación, análisis e interpretación de la información necesaria para pronosticar los resultados de alternativas de políticas especificadas
Identificación de grupos objetivo y beneficiarios	Listado de todos los grupos (partes interesadas) que son objetivo de la acción (*e.g.*, regulación) o inacción (*statu quo*), o que se beneficiarán de la acción o inacción
Estimación de costos y beneficios	Estimación en unidades de valor monetario de los beneficios y costos específicos de cada alternativa en todas las clases (internos y externos, medibles directa e indirectamente, primarios y secundarios, de eficiencia y redistributivos)
Descuento de costos y beneficios	Conversión de costos y beneficios monetarios a su valor presente sobre la base de un factor de descuento especificado
Estimación de riesgo e incertidumbre	Uso del análisis de sensibilidad y *a fortiori* para estimar probabilidades de qué beneficios y costos ocurrirán en el futuro
Elección del criterio de decisión	Elección del criterio para escoger entre alternativas: mejora de Pareto, mejora de eficiencia neta, mejora distributiva, tasa interna de retorno
Prescripción	Selección de la alternativa que sea más plausible, considerando hipótesis éticas y causales rivales

Especificación de objetivos. Los analistas usualmente empiezan con fines o metas generales, por ejemplo, controlar la adicción a la cocaína. Las metas deben convertirse en objetivos temporalmente especificados y medibles (ver Tabla 5.5). La meta de controlar la adicción a la cocaína puede transformarse en una serie de objetivos específicos, por ejemplo, reducir el cincuenta por ciento de la oferta de cocaína en cinco años. Por lo general los objetivos implican alternativas de política. La reducción de la oferta supone una política de interdicción de drogas, mientras que otro objetivo -por ejemplo, reducir el cincuenta por ciento de la demanda de cocaína- no solo entraña una política de interdicción de drogas para elevar el precio de la cocaína y bajar la demanda, sino que también sugiere la rehabilitación de las drogas como una forma de disminuir el número de adictos y a su vez bajar la demanda. En este y otros casos, la relación entre objetivos y alternativas de política descansa en supuestos causales que pueden resultar cuestionables o simplemente equivocados.

Identificación de soluciones alternativas. Una vez se han especificado los objetivos, los supuestos sobre las causas de un problema y sus posibles soluciones se transforman casi inevitablemente en políticas alternativas para alcanzar estos objetivos. La forma en que se ha estructurado un problema -por ejemplo, el problema de la cocaína puede formularse como un problema de demanda que reclama la interdicción del flujo de drogas desde Suramérica- gobierna las políticas percibidas como apropiadas y efectivas. Si la búsqueda del problema ha sido demasiado restrictiva, inadvertidamente o por razones ideológicas, el metaproblema de política excluirá alternativas relevantes.

Búsqueda, análisis e interpretación de información. La tarea aquí es localizar, analizar e interpretar información relevante para pronosticar resultados de alternativas de política. En este punto, los objetos principales de un pronóstico son los costos y beneficios de alternativas de política ya identificadas en la etapa previa del análisis. Aquí la información puede obtenerse de datos disponibles sobre costos y beneficios de programas similares existentes. Por ejemplo, antes del establecimiento de la Administración para el Control de las Drogas, se usaban datos presupuestales publicados sobre los costos de actividades del control de drogas del Servicio de Aduanas de los EUA para estimar algunos de los costos de las nuevas políticas de interdicción de drogas. Los beneficios de la interdicción en la forma de oferta y demanda a la baja se basaban en supuestos económicos y administrativos que finalmente resultaron ser cuestionables[27].

Identificación de grupos objetivo y beneficiarios. En este lugar la tarea es realizar un análisis de partes interesadas que registre todos los grupos que tienen interés en el tema de política porque se verán afectados, negativa o positivamente, por la adopción e implementación de una política. *Grupos objetivo* son sujetos de nuevas regulaciones o restricciones que generalmente implican pérdida de libertad o de recursos -por ejemplo, nuevos esquemas de impuestos que incrementan la carga tributaria sobre la clase media. En contraste, *beneficiarios* son grupos que ganarán con la adopción e implementación de prescripciones; por ejemplo, los transportadores comerciales que reciben mayores ingresos netos como consecuencia de la decisión de unos cuarenta estados de pasar del límite de velocidad de 55 mph al de 65 mph a finales de los años ochenta.

Cálculo de costos y beneficios. Esta tarea, quizá la más difícil en el ACB, demanda el cálculo en términos monetarios de todos los beneficios y costos que probablemente experimentarán grupos objetivo y beneficiarios. Como hemos visto (Figura 5.5), hay diversos tipos de beneficios y costos: internos y externos, directa e indirectamente mensurables, primarios y secundarios, de eficiencia neta y redistributivos. En muchas áreas de la política pública, es difícil estimar costos o beneficios. Por ejemplo, los beneficios monetarios de una muerte evitada por las leyes que establecen el uso obligatorio del cinturón de seguridad y las inspecciones estatales obligatorias de vehículos, o por programas de detección del

27 Ver George M. Guess y Paul G. Farnham, *Cases in Public Policy Analysis* (New York: Longman, 1989), Capítulo 5, "Coping with Cocaine", pp. 7–48; y Constance Holden, "Street-Wise Crack Research", *Science* 246 (diciembre 15, 1989): 1376–1381. Las administraciones Bush y Obama hicieron el esfuerzo de *no resolver* este problema (Capítulo 2).

cáncer de seno, son materia de amplio desacuerdo, especialmente cuando los costos de estas políticas de prevención de muertes se multiplican por el valor de una vida humana. La validez, fiabilidad y propiedad de tales medidas son a menudo objeto de controversia.

Descuento de costos y beneficios. Si se proyecta un cierto nivel de costos y beneficios para un periodo futuro de tiempo, las estimaciones deben ajustarse por el decreciente valor real del dinero debido a la inflación y a los cambios futuros en las tasas de interés. El valor real de costos y beneficios se basa usualmente en el procedimiento de descuento, que proyecta costos y beneficios futuros en términos de su valor presente. El *valor presente* de una cantidad futura de dinero es la cantidad que, si el dinero se invirtiera hoy, crecerá hasta llegar a ser esa cantidad futura cuando se tenga en cuenta el interés que ganará. Por ejemplo, el valor presente de $10.000 dentro de cinco años es la suma de $10.000 dividida por 1,0 más la tasa de interés, digamos el 4%, que podría ganarse sobre una suma de dinero durante un periodo de cinco años ($\$10.000 / 1,04^5 = \$8.219,27$). Algunas veces, el valor de una vida humana perdida en accidentes de tráfico se expresa como una tasa salarial por hora para una persona multiplicada por la expectativa de vida de setenta y seis años. Si la vida humana que se valora es la de una persona de veinte años que gana un salario mínimo -y si el factor de descuento utilizado es el cuatro por ciento-, el valor presente de la vida de esa persona puede ascender a no más que unos pocos miles de dólares. Esto plantea cuestiones éticas sobre la comparabilidad de valores atribuidos a las vidas de jóvenes y adultos, pobres y ricos, pobladores rurales y urbanos.

Estimación de riesgo e incertidumbre. La tarea aquí es emplear el análisis de sensibilidad, término genérico que se refiere a procedimientos que prueban la sensibilidad de conclusiones a supuestos alternativos sobre la probabilidad de ocurrencia de diferentes costos y beneficios, o a diferentes factores de descuento. Es difícil desarrollar estimaciones confiables porque los pronósticos del mismo resultado futuro con frecuencia pueden tener distintos niveles de precisión que proceden de diferencias en los contextos institucionales, temporales e históricos.

Elección de un criterio de decisión. Aquí la tarea es especificar un criterio o regla de decisión para elegir entre dos o más alternativas con diferentes combinaciones de costos y beneficios. Estos criterios, como vimos en la primera parte de este capítulo, son de seis tipos: eficiencia, eficacia, adecuación, equidad, capacidad de respuesta y pertinencia. Entre los criterios de eficiencia están el mejoramiento de la eficiencia neta (el valor presente neto después de descontar costos y beneficios a su valor presente debe ser superior a cero) y la tasa interna de retorno (la tasa de retorno sobre una inversión pública debe ser mayor que la que podría obtenerse a la tasa real de interés pagada). Los criterios de eficacia incluyen la efectividad marginal de distintos niveles de inversión pública en producir el mayor volumen de algún bien o servicio valorado (*e.g.*, acceso a tratamiento médico por dólar invertido en organizaciones de atención en salud *versus* proveedores tradicionales de atención en salud). Los criterios distributivos y redistributivos, respectivamente, comprenden la mejora de Pareto (al menos una persona o grupo ganan mientras que ninguno pierde) o la mejora rawlsiana (personas o grupos que estaban peor llegan a estar mejor). La elección de un criterio de decisión tiene importantes implicaciones éticas, porque los criterios de decisión se fundamentan en diferentes concepciones de la obligación moral.

Prescripción. La tarea final en el análisis costo-beneficio es hacer una prescripción eligiendo entre dos o más alternativas de política. La elección de alternativas rara vez es inequívoca, lo cual reclama un análisis crítico de la plausibilidad de las prescripciones, tomando en cuenta hipótesis causales y éticas rivales que pueden debilitar o invalidar una prescripción. Por ejemplo, una prescripción basada en la mejora de Pareto puede debilitarse estableciendo que los ricos se beneficiarán a costa de las clases media y baja. Considerada desde el punto de vista de la distribución del ingreso, esta ha sido la historia de Estados Unidos y Europa durante los últimos ochenta años[28].

28 Ver Figura 5.2.

Análisis costo-efectividad

El *análisis costo-efectividad* (ACE) es un enfoque para la prescripción que permite a los analistas elegir entre dos o más políticas cuantificando sus costos y efectos totales. En contraste con el ACB, que intenta medir todos los costos y beneficios en una unidad común de valor, el ACE emplea dos unidades diferentes de valor. Los costos se miden en unidades monetarias, mientras que la eficacia se mide típicamente en unidades de bienes, servicios o algún otro efecto valorado. Ante la ausencia de una unidad común de valor, el ACE no permite medidas de eficacia o beneficio netos, porque es ilógico realizar una resta sin una unidad común de medida. Es posible, sin embargo, producir razones de costo-efectividad, por ejemplo, razones de costos por unidades de servicio de salud prestadas: por ejemplo, $1.200.050 de costos totales por 500 exámenes radiológicos. Aquí calculamos $1.200.050 / 500 = $2.400,1 por examen.

Estas razones son diferentes de las razones costo-beneficio. Mientras que las razones costo-efectividad nos indican cuántos dólares se gastan por unidad producida, las razones beneficio-costo nos dicen cuántas veces más beneficios que costos se produjeron en una instancia dada. Las razones beneficio-costo deben ser mayores que uno si es que hay algún beneficio neto. Por ejemplo, si los beneficios son $4 millones y los costos totales son $6 millones, entonces la razón beneficio-costo es de 4 a 6, o sea 0,67, y los beneficios netos son menos $2 millones. Si los beneficios netos son cero ($4 millones menos $4 millones igual a cero), entonces la razón beneficio-costo es siempre uno (4/4 = 1). Por definición, entonces, una razón beneficio-costo debe ser superior a uno para que haya algún beneficio neto. Esto no es cierto para las razones efectividad-costo, que tienen un significado diferente de un caso a otro.

El ACE, al igual que su contraparte costo-beneficio, puede aplicarse prospectivamente (*ex ante*) así como retrospectivamente (*ex post*). En contraste con el análisis costo-beneficio, el análisis costo-efectividad surgió del trabajo realizado por el Departamento de Defensa en los primeros años 1950, y no del trabajo de Gallatin, Dupuis y el Cuerpo de Ingenieros del Ejército de los EUA. Gran parte del desarrollo del ACE posterior a la Segunda Guerra fue realizado por la Corporación RAND en proyectos diseñados para estimar los costos de estrategias militares y de sistemas de armas alternativos. En el mismo periodo, el ACE se aplicó a problemas de presupuestación de programas en el Departamento de Defensa y, a comienzos de los años 1960, se extendió a otras agencias federales[29].

El ACE es particularmente apropiado para problemas que implican la forma más eficiente de usar recursos para alcanzar objetivos que no pueden expresarse en términos monetarios. El análisis costo-efectividad ha sido utilizado para prescribir políticas y programas alternativos en justicia penal, capacitación de mano de obra, transporte, salud, defensa y otras áreas.

El análisis costo-efectividad, cuando se usa para hacer prescripciones en el sector público, posee varias características que lo distinguen:

1. Debido a que evita los problemas de medir beneficios en términos monetarios, el ACE se aplica a veces más fácilmente que el análisis costo-beneficio.
2. El ACE es el epítome de la *racionalidad técnica*, porque intenta determinar la utilidad de alternativas de política pública, pero sin relacionar sus consecuencias con la eficiencia económica global o el bienestar social agregado.

29 Para documentación sobre los primeros años, ver David Novick, *Efficiency and Economy in Government through New Budgeting and Accounting Procedures* (Santa Mónica, CA: RAND Corporation, 1954); Roland J. McKean, *Efficiency in Government through Systems Analysis* (New York: Wiley, 1958); Charles J. Hitch y Roland J. McKean, *The Economics of Defense in the Nuclear Age* (New York: Athenaeum, 1965); y T. A. Goldman, ed., *Cost-Effectiveness Analysis* (New York: Frederick A. Praeger, 1967).

3. El ACE, porque descansa mínimamente en los precios de mercado, depende menos de la lógica de la maximización de la ganancia del sector privado. Cuando se usa el análisis costo-efectividad, por ejemplo, algunas veces es difícil determinar si los beneficios exceden los costos o si inversiones alternativas en el sector privado habrían sido más rentables.
4. El ACE se adapta bien al análisis de externalidades e intangibles, porque a menudo es difícil expresar estos tipos de efectos en dólares como unidad de medida común.
5. El ACE se orienta generalmente hacia los problemas de costos fijos (Tipo I) o de eficacia igual (Tipo II), mientras que el análisis costo-beneficio lo hace típicamente hacia los problemas de costos y eficacia variables (Tipo III).

Las fortalezas del ACE son su facilidad de aplicación comparativa, su capacidad para considerar bienes colectivos y cuasicolectivos, cuyos valores no se pueden estimar sobre la base de precios de mercado, y su pertinencia para analizar externalidades e intangibles.

La principal limitación del ACE es que las prescripciones se relacionan menos fácilmente con las cuestiones del bienestar social agregado. A diferencia del ACB, los esfuerzos por medir costos y eficacia se confinan a programas, jurisdicciones o grupos objetivo dados, y no pueden utilizarse para calcular los beneficios netos de ingreso como medida de la satisfacción agregada experimentada por los miembros de una comunidad.

El ACE también intenta considerar todos los costos y beneficios de políticas y programas, con la excepción de que los beneficios no se miden en términos monetarios. Muchos de los mismos tipos de costos y beneficios que se han discutido previamente son importantes en el ACE: costos y beneficios internos y externos, costos y beneficios directamente medibles *versus* indirectamente medibles, y costos y beneficios primarios *versus* secundarios. Si bien no es posible calcular la mejora de eficiencia neta, los efectos redistributivos sí se pueden analizar.

Las tareas al realizar un ACE son similares a las que demanda el ACB (Tabla 5.5), con dos excepciones. Solo los costos se descuentan a su valor presente y los criterios de adecuación difieren de los que normalmente se usan en el ACB. En el ACE, se emplean con frecuencia cuatro criterios de adecuación:

1. *Criterio del menor costo.* Después de establecer un nivel fijo de eficacia, se comparan los costos de programas de eficacia aproximadamente igual. Se prescriben los programas que satisfacen el nivel fijo de eficacia al menor costo.
2. *Criterio de la máxima efectividad.* Después de establecer un nivel superior de costos permitidos (usualmente una restricción presupuestal), se comparan los programas de costos iguales. Se prescribe el programa que satisface el nivel de costo fijo con la máxima eficacia.
3. *Eficacia marginal.* Si las unidades de algún servicio o bien y sus costos pueden expresarse en dos escalas continuas, puede calcularse la eficacia marginal de dos o más alternativas. Por ejemplo, los costos de proveer servicios de seguridad por la policía municipal y por empresas de seguridad privada pueden expresarse en dos escalas continuas: una escala graduada de los costos asociados a cada hora de patrullaje y el número de delitos contra la propiedad denunciados, impedidos, investigados y aclarados. Se puede establecer una función continua de costo-efectividad para cada tipo de proveedor de servicios. El proveedor con la mayor razón efectividad-costo en cualquier punto de la función, más allá de un nivel mínimo de eficacia, tiene la mayor eficacia marginal, esto es, la mayor eficacia alcanzada con el último dólar gastado (ver el punto $E_1 - C_1$ en la Figura 5.1).
4. *Costo-efectividad.* El costo-efectividad de dos o más alternativas es el costo por unidad de bienes o servicios. Por ejemplo, los límites de velocidad de 55 mph y 65 mph en los Estados Unidos implican diferentes costos por muerte evitada, y el último clasifica un poco más bajo en costo-efectividad. Si los límites de velocidad de 55 mph y de 65 mph tienen costos

aproximadamente iguales (el denominador), pero este último sortea un poco menos de muertes (el numerador), entonces el costo promedio por muerte evitada será mayor para el límite de velocidad de 65 mph.

MÉTODOS DE PRESCRIPCIÓN

Se dispone de una serie de métodos para hacer prescripciones cuando se usan el ACB y el ACE (Tabla 5.6). Estos métodos se entienden más fácilmente si se ven como instrumentos para llevar a cabo las tareas del ACB descritas en la Tabla 5.5. El análisis costo-beneficio y el análisis costo-efectividad, como hemos visto, difieren en ciertos respectos importantes. Estas diferencias, empero, se relacionan principalmente con la elección de criterios de decisión -por ejemplo, la mejora de la eficiencia neta no puede estimarse con el ACE porque los beneficios no se expresan en términos monetarios. Con pocas excepciones (*e.g.*, el cálculo del valor presente de beneficios futuros), los métodos del ACB son también apropiados para el ACE.

TABLA 5.6 Métodos de prescripción

Tarea	**Método / Técnica**
Estructuración de problemas [(1)]	Análisis de fronteras
	Análisis de clasificación
	Análisis de jerarquía
	Análisis de perspectivas múltiples
	Análisis de argumentación
	Mapeo de argumentos
Especificación de objetivos	Mapeo de objetivos
	Clarificación de valores
	Crítica de valores
Búsqueda, análisis e interpretación de información	Análisis de fronteras [(2)]
Identificación de grupos objetivo y beneficiarios	Análisis de fronteras
Estimación de costos y beneficios	Estructuración de elementos de costo
	Estimación de costos
	Fijación de precios sombra
Descuento de costos y beneficios	Descuento
Estimación de riesgo e incertidumbre	Valoración de factibilidad [(3)]
	Mapeo de restricciones
	Análisis de sensibilidad
	Análisis *a fortiori*
Elección de criterios de decisión	Clarificación de valores
	Crítica de valores
Prescripción	Análisis de plausibilidad

Notas:

(1) Ver Capítulo 3 para estos métodos.
(2) Ver Capítulo 3.
(3) Ver Capítulo 4.

Mapeo de objetivos

Una dificultad frecuentemente experimentada en la factura de prescripciones de política es saber qué objetivos alcanzar. El *mapeo de objetivos* es una técnica utilizada para organizar metas y objetivos y sus relaciones con alternativas de política. Metas, objetivos y alternativas, identificados por una o más metodologías de estructuración de problemas (Capítulo 3), pueden representarse en la forma de un *árbol de objetivos*, que es una representación gráfica de la estructura general de objetivos y sus relaciones[30]. Los objetivos, cuando se mapean en la forma de un diagrama de árbol, con frecuencia forman una jerarquía en la cual ciertos objetivos, necesarios para el logro de otros objetivos, se ordenan verticalmente. En la Figura 5.6 se ilustra un árbol de objetivos para el desarrollo de una política nacional energética.

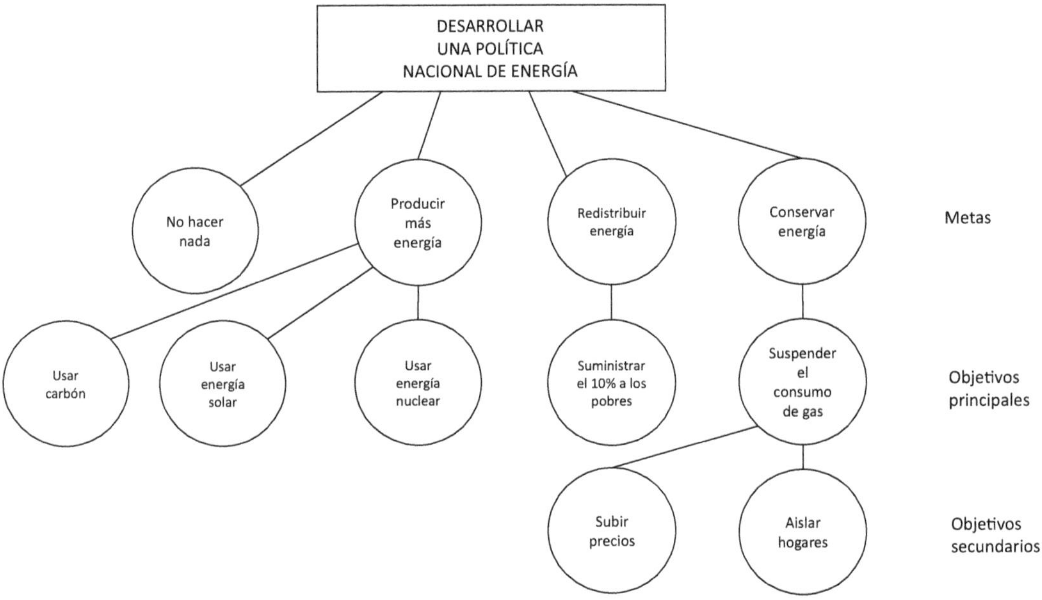

FIGURA 5.6 Árbol de objetivos para una política nacional de energía

Al construir un árbol de objetivos, pueden generarse objetivos existentes o nuevos. Si es necesario generar nuevos objetivos, hay varias técnicas de estructuración de problemas disponibles para este fin, que incluyen el análisis de jerarquía, el análisis de clasificación, la lluvia de ideas y el análisis de argumentación (ver Capítulo 3). Una vez se ha obtenido un conjunto de objetivos, es posible ordenarlos jerárquicamente en un árbol como el de la Figura 5.6. Los árboles de objetivos son más generales en la cima y progresivamente más detallados en cuanto se desciende en la jerarquía. En forma general, la parte superior de un árbol de objetivos contiene propósitos amplios, mientras que los niveles inferiores representan metas, objetivos principales y objetivos secundarios. Obsérvese que cuando leemos hacia abajo, respondemos la pregunta: "¿*Cómo* debemos alcanzar este objetivo?". Cuando leemos hacia arriba, respondemos la pregunta: "¿*Por qué* debemos alcanzar este objetivo?". El mapeo de objetivos es útil no solo con el fin de mapear las complejidades de la implementación de políticas (*i.e.*, las preguntas "cómo"), sino también para clarificar los fines de la acción (*i.e.*, las preguntas "por qué"). La mayoría de los objetivos pueden considerarse como fines y medios.

30 Ver T. Harrell Allen, *New Methodologies in Social Science Research: Policy Sciences and Futures Research* (New York: Frederick A. Praeger, 1978), pp. 95–106.

Clarificación de valores

La *clarificación de valores* es un procedimiento para identificar y clasificar los valores que subyacen a la selección de objetivos de política pública. La necesidad de clarificar valores en la factura de prescripciones de política pública es asaz evidente cuando consideramos los criterios que compiten en la prescripción (eficacia, eficiencia, adecuación, capacidad de respuesta, equidad, pertinencia) y las múltiples formas de racionalidad con las que se asocian estos criterios. La clarificación de valores ayuda a responder preguntas como las siguientes: ¿Qué valores subyacen a la elección de objetivos de política? ¿De quién son estos valores? ¿De los analistas de política, de los formuladores de política, de grupos sociales particulares o de la sociedad en su conjunto? ¿Qué circunstancias explican que ciertos grupos estén comprometidos con estos valores y objetivos, mientras que otros se oponen? Finalmente, ¿qué razones se ofrecen para justificar valores, premisas y objetivos particulares?

Hay varios pasos en la clarificación de valores:

1. Identifique los objetivos de una política o programa. Los objetivos pueden estar simplemente listados o dispuestos en la forma de un árbol de objetivos (Figura 5.6).
2. Identifique las partes interesadas que afectan o se ven afectadas por el logro o no logro de los objetivos. Asegúrese de incluir a analistas y asesores de política pública en la lista de partes interesadas.
3. Relacione las premisas de valor que subyacen al compromiso de cada parte interesada con los objetivos. Por ejemplo, los ambientalistas pueden valorar la conservación de la energía porque preserva las cualidades estéticas del ambiente natural, mientras que los propietarios de viviendas suburbanas pueden valorar la conservación de la energía porque proporciona una existencia material más segura.
4. Clasifique los valores entre aquellos que son simplemente expresiones de gusto o deseo personal (*expresiones de valor*), aquellos que son declaraciones sobre las creencias de grupos particulares (*declaraciones de valor*), y aquellos que son juicios sobre la bondad o maldad universales de las acciones o condiciones implicadas por el valor (*juicios de valor*). Por ejemplo, usted como analista de política pública puede expresar un deseo personal por un mayor consumo de energía, grupos ambientalistas pueden afirmar valores que motivan su creencia en la conservación de la energía, y los productores de petróleo pueden ofrecer juicios de valor sobre el aumento de la producción de energía basados en creencias en derechos universales para usar la propiedad privada.
5. Clasifique además las premisas de valor entre aquellas que proporcionan una *base para explicar* objetivos (*e.g.*, los ambientalistas buscan conservar la energía porque esto es consistente con su creencia en la inviolabilidad de la naturaleza) y aquellas que proporcionan una *razón para justificar* objetivos (*e.g.*, la conservación de la energía es un objetivo apropiado porque naturaleza y humanidad son por igual titulares de derechos de autoprotección).

La ventaja de la clarificación de valores es que nos permite ir más allá del análisis de objetivos como si ellos fuesen meramente expresiones de deseo o gusto personal. La clarificación de valores también nos lleva un paso más allá de la explicación de las circunstancias que explican objetivos. Si bien las *bases* de los valores son importantes -por ejemplo, es importante saber que los pobres favorecen una mayor equidad social-, las disputas éticas y morales no pueden resolverse sin examinar las *razones* para justificar objetivos.

Crítica de valores

La *crítica de valores* es un conjunto de procedimientos para examinar la capacidad persuasiva de argumentos en conflicto ofrecidos en el curso de un debate sobre objetivos de política pública. Mientras la clarificación de valores nos permite clasificar valores de acuerdo con su forma de expresión, los contextos estándar en que los valores tienen cabida, y sus funciones explicativa y justificativa, la crítica de valores nos permite examinar el papel de los valores en el discurso de política pública. La clarificación de valores se centra en los objetivos y valores subyacentes de las partes interesadas individuales. En contraste, la crítica de valores se enfoca en los conflictos entre los objetivos y los valores inherentes de diferentes partes interesadas. La clarificación de valores tiene una cualidad descriptiva estática, mientras que la crítica de valores mira hacia los cambios en los valores que pueden resultar del discurso de política pública razonado.

Los procedimientos para la crítica de valores son una extensión del modo ético de argumentación en la política pública discutido en el Capítulo 8. Al conducir una crítica de valores, es necesario:

1. Identificar una o más declaraciones que expongan una prescripción para la acción.
2. Listar todas las partes interesadas que afectarán y se verán afectadas por la implementación de la prescripción.
3. Describir el argumento de cada parte interesada a favor y en contra de la prescripción.
4. Identificar cada elemento del debate: conocimiento (*C*), afirmación (*A*), calificador (*Ca*), justificación (*J*), soporte (*S*) y refutación (*Rf*).
5. Evaluar la *capacidad de persuasión ética* de cada argumento y determinar si conserva, modifica o rechaza la prescripción.

Para ilustrar el proceso de crítica de valores, imagine un analista de política pública que ha concluido un análisis costo-beneficio de un programa de aislamiento de viviendas. La prescripción o afirmación (*A*) es que el gobierno debe adoptar el programa de aislamiento de viviendas. El conocimiento (*C*) indica que los beneficios netos del programa son $50 millones y que la razón beneficio-costo es 5:1. Como el programa resultará en un considerable ahorro de energía, está ciertamente casi justificado (*Ca*). Pero después de que se han analizado los argumentos de cada parte interesada, la prescripción parece menos persuasiva (Figura 5.7). La justificación (*J*) original utilizada para apuntalar la prescripción es que el bienestar social aumentó, justificación que a su vez podría apoyarse (*S*) en el criterio de Pareto o de Kaldor-Hicks. La refutación (*Rf*) es que el programa no beneficiará a pobres ni a personas de edad. Esta refutación se basa en el criterio de Rawls de que las personas que están en peor situación deberían ganar.

Esta instancia del discurso crítico de valores es simultáneamente económica y ética, porque implica cuestiones de eficiencia y justicia al mismo tiempo. Un resultado del debate podría ser modificar la prescripción para que el gobierno proporcione aislamiento a viviendas de bajo costo sobre la base de un costo diferenciado. Los que no pueden permitírselo podrían no pagar nada, mientras que los de más altos ingresos pagarían más, en pasos graduales. Sin embargo, esto haría que el programa fuese menos atractivo para aquellos que, al consumir la mayor cantidad de combustible para calefacción, pagarían una mayor parte de los costos. Si los costos se mantuvieran iguales entre estos grupos en toda la escala (con la excepción de los pobres y las personas de edad, que no pagarían nada), los beneficios netos totales bien podrían ser negativos. Aunque la crítica de valores no puede responder finalmente la pregunta de cuánta eficiencia debe sacrificarse para alcanzar un determinado aumento de equidad social, hace posible el discurso ético razonado sobre tales cuestiones, en lugar de esperar que el análisis costo-beneficio responda preguntas para las que no es apropiado. La economía no es ética incluso si el precio es un valor[31].

31 Esto es cierto porque los precios son solo un tipo de valor.

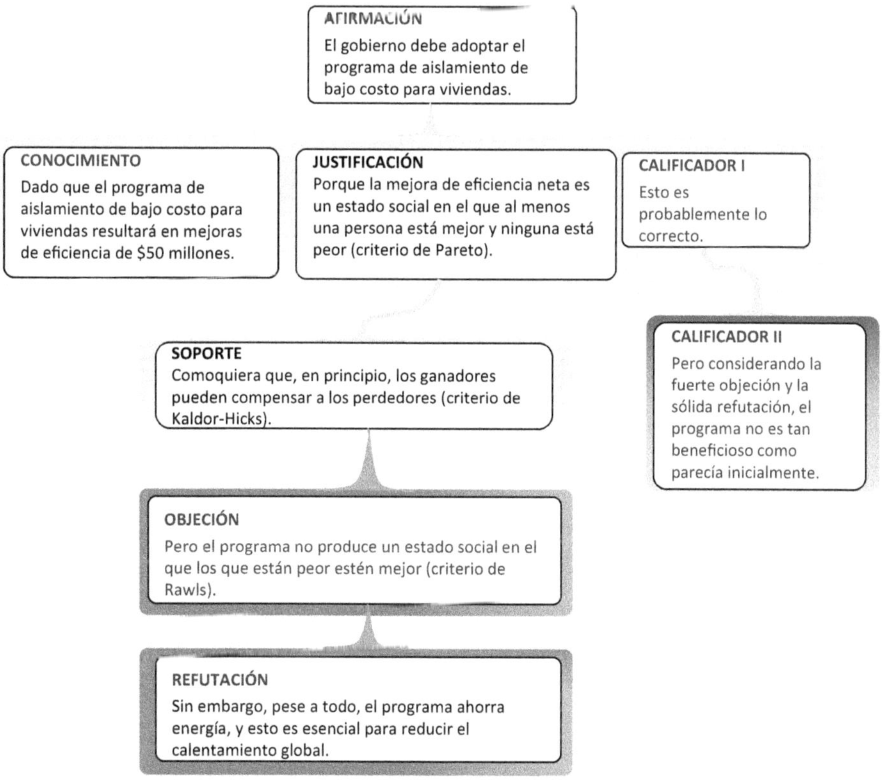

FIGURA 5.7 Discurso crítico de valores

Estructuración de elementos de costo

Costos de oportunidad, como hemos visto, son los beneficios que podrían obtenerse de invertir en una política si no invirtiéramos en otra política. En otras palabras, los costos son beneficios declinados o perdidos, en particular beneficios netos (beneficios menos costos).

La *estructuración de elementos de costo* es un procedimiento para clasificar y describir los costos que se asumirán por adoptar y operar un programa[32]. El producto de la estructuración de elementos de costo es una lista de actividades, equipo y suministros que demandan el gasto de fondos. La lista debe ser exhaustiva, con categorías que sean mutuamente excluyentes. Si la lista es exhaustiva, no se pasarán por alto costos importantes. Si la lista contiene categorías de costos mutuamente excluyentes, se evitará la *cuenta doble*.

Una estructura de elementos de costo contiene dos divisiones principales: costos *primarios* (directos) y costos *secundarios* (indirectos). Los costos primarios se subdividen en varias categorías: *costos fijos únicos*, *costos de inversión* y *costos recurrentes* (*operación y mantenimiento*)[33]. Una típica estructura de elementos de costo se ilustra en la Tabla 5.7.

32 Ver H. G. Massey, David Novick y R. E. Peterson, *Cost Measurement: Tools and Methodology for Cost-Effectiveness Analysis* (Santa Mónica, CA: RAND Corporation, 1972).

33 Poister, *Public Program Analysis*, pp. 386–387; y H. P. Hatry, R. E. Winnie y D. M. Fisk, *Practical Program Evaluation for State and Local Governments* (Washington, DC: Urban Institute, 1973).

TABLA 5.7 Estructura de elementos de costo

I. Costos primarios (directos)
  1. Costos fijos únicos
     Investigación
     Planeación
     Desarrollo, verificación y evaluación
  2. Costos de inversión
     Terreno
     Edificio e instalaciones
     Equipo y vehículos
     Capacitación inicial
  3. Costos recurrentes (operación y mantenimiento)
     Sueldos, salarios y beneficios complementarios
     Mantenimiento de terrenos, vehículos y equipo
     Capacitación recurrente
     Pagos directos a clientes
     Pagos por servicios de apoyo extendido
     Materiales, suministros y servicios misceláneos

II. Costos secundarios (indirectos)
  1. Costos para otras agencias y terceros
  2. Degradación ambiental
  3. Trastorno de instituciones sociales
  4. Otros

Estimación de costos

La *estimación de costos* es un procedimiento que proporciona información sobre el valor en dólares de ítems en una estructura de elementos de costo. Mientras que la estructura de elementos de costo indica qué elementos deben medirse, la estimación de costos los mide realmente. Una *relación de estimación de costos* es una medida explícita de la relación entre cantidad de actividades, materiales o personal y sus costos. El tipo más simple de una relación de estimación de costos es el costo por unidad; por ejemplo, el costo por metro cuadrado de tierra, por metro cuadrado de instalaciones o por trabajador. Relaciones de estimación de costos más complejas implican el uso de análisis de regresión y de estimación de intervalo (Capítulo 4). Puede usarse un análisis de regresión para proporcionar una estimación de intervalo de los costos de mantenimiento de un vehículo, utilizando millas conducidas como variable independiente.

Las relaciones de estimación de costos son centrales en el proceso de hacer prescripciones, porque las medidas de las relaciones entre cantidad de actividades, materiales y personal y sus costos son esenciales para la comparación de alternativas. Las relaciones de estimación de costos se utilizan para construir modelos de costo que representan algunos o todos los costos que se requerirán para iniciar y sostener un programa. Un modelo simplificado de costos se ilustra en la Figura 5.8.

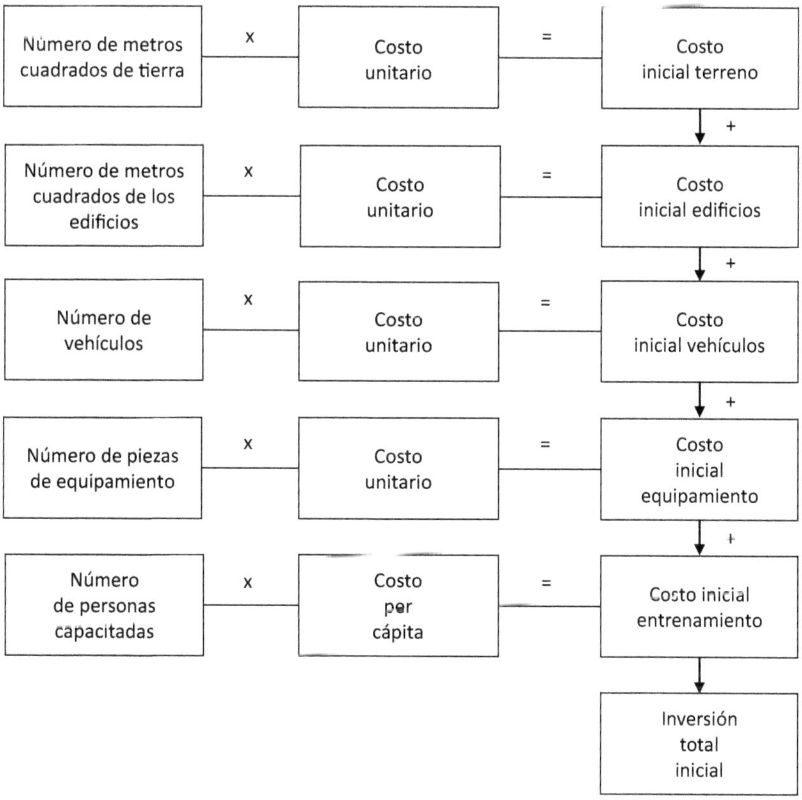

FIGURA 5.8 Modelo simplificado de costos parciales para la inversión inicial total

Fijación de precios sombra

La *fijación de precios sombra* es un procedimiento para elaborar juicios sobre el valor monetario de beneficios y costos cuando los precios de mercado no están disponibles o están distorsionados. Los precios de mercado se distorsionan por varias razones, las cuales incluyen competencia desleal, prácticas monopolísticas y oligopolísticas, y apoyos gubernamentales a los precios. En tales casos, se pueden hacer ajustes hacia arriba (o hacia abajo) en el precio real de mercado de un bien o servicio. En otros casos, simplemente no se dispone de precios de mercado. Este es con frecuencia el caso de ciertos bienes colectivos (*e.g.*, aire limpio o sentido de comunidad) que discutimos anteriormente como *intangibles*. Hay varias formas de estimar el precio de intangibles[34].

1. *Precios comparables.* Para estimar el precio de intangibles pueden usarse precios de ítems comparables o similares. Por ejemplo, para estimar los beneficios económicos del tiempo de viaje ahorrado en un nuevo sistema masivo de tránsito rápido, podríamos usar las tasas salariales del área como medida del valor monetario del tiempo ahorrado con el uso del nuevo medio de transporte.
2. *Elección del consumidor.* Aquí el analista estima el valor de intangibles, como el tiempo de viaje, observando la conducta del consumidor en situaciones donde los individuos se ven obligados a elegir entre un intangible dado y dinero. Por ejemplo, pueden hacerse estimaciones del valor del tiempo observando las elecciones entre modos de viaje de bajo costo y exceso de

34 Poister, *Public Program Analysis*, pp. 417–419.

tiempo *versus* los de alto costo y tiempo reducido. Esto puede ayudar a determinar cuántos consumidores están dispuestos a pagar por tiempo de viaje reducido, asumiendo que los consumidores tienen información completa sobre tiempo y costos, y que ambas alternativas son iguales en todos los respectos excepto en tiempo y costo.

3. *Demanda derivada.* Aquí, el valor de intangibles para los que no hay precios de mercado (*e.g.*, satisfacción con parques y áreas de recreación públicos que no cobran tarifas) puede estimarse sobre la base de los costos indirectos pagados por los visitantes. Puede derivarse una curva de demanda (*i.e.*, una curva que representa las varias combinaciones precio cantidad en las que los consumidores usarán un servicio) de los costos pagados por los consumidores al viajar al parque. Estos costos indirectos se consideran como precios reales pagados por el uso de parques y áreas recreativas. Este procedimiento asume que el solo propósito del viaje es usar el parque o área recreativa.
4. *Análisis de encuestas.* Aquí encuestamos a los ciudadanos mediante entrevistas o cuestionarios por correo o electrónicos. Los encuestados indican qué nivel de costos estarán dispuestos a asumir por un servicio dado (*e.g.*, transporte en bus). Una debilidad de este procedimiento es el llamado *problema del polizón*, esto es, una situación donde los consumidores afirmarán falsamente que están dispuestos a pagar por un servicio con la esperanza de beneficiarse del servicio mientras otros pagan por él.
5. *Costo de compensación.* Aquí el analista estima el valor de intangibles -particularmente los que ocurren en la forma de externalidades negativas como la contaminación- determinando los precios que demandan las acciones para corregirlos. Por ejemplo, los costos del daño ambiental pueden estimarse basando los valores en dólares en los precios de programas para la descontaminación del agua, la reducción del ruido o la reforestación. En forma similar, los beneficios del programa de lucha contra la contaminación podrían estimarse sobre la base de los costos médicos que se evitarán porque la gente contrae menos cáncer de pulmón, enfisema y otras enfermedades crónicas.

Mapeo de restricciones

El *mapeo de restricciones* es un procedimiento para identificar y clasificar obstáculos que se interponen en el camino para alcanzar objetivos de política. Generalmente, estas restricciones se dividen en seis categorías:

1. *Restricciones físicas.* El logro de objetivos puede estar limitado por el estado de desarrollo de la tecnología. Por ejemplo, la reducción de la contaminación mediante el uso de energía solar está restringida por el nivel de desarrollo de la tecnología solar.
2. *Restricciones legales.* El derecho público, los derechos de propiedad y las regulaciones gubernamentales pueden limitar los intentos de alcanzar objetivos. Por ejemplo, programas sociales diseñados para redistribuir recursos a los pobres están limitados por los requerimientos de informes.
3. *Restricciones organizacionales.* La estructura y los procesos organizacionales disponibles para implementar políticas pueden limitar los esfuerzos por alcanzar objetivos. Por ejemplo, excesiva centralización, deficiente gestión y baja moral restringen la eficacia de programas y políticas[35].
4. *Restricciones políticas.* La oposición política impone limitaciones a la aceptación inicial y a la implementación de políticas. Tal oposición se refleja en la inercia y tendencia de las

35 Para un tratamiento general de estas restricciones organizacionales, ver Vincent Ostrom, *The Intellectual Crisis in American Public Administration* (Tuscaloosa, AL: University of Alabama Press, 1974).

organizaciones a evitar problemas poniendo en práctica la toma de decisiones incrementales. Por ejemplo, pasaron años para que la protección del consumidor, la protección ambiental y la conservación de la energía se hicieran presentes en la agenda de las legislaturas[36].

5. *Restricciones distributivas.* Los programas públicos diseñados para proporcionar servicios sociales deben a menudo asegurar que beneficios y costos se distribuyan equitativamente entre diferentes grupos. Los programas que alcanzan mayores beneficios de eficiencia neta producen con frecuencia menor equidad social, y viceversa.
6. *Restricciones presupuestales.* Los presupuestos gubernamentales son limitados y demandan que los gastos se consideren a la luz de recursos escasos. Los presupuestos fijos crean problemas Tipo I, que obligan a la consideración de alternativas que maximicen la eficacia solo dentro de los límites de los recursos disponibles.

Una forma efectiva de identificar y clasificar restricciones es construir un *árbol de restricciones*, que es una representación gráfica de los obstáculos que se interponen en la vía para alcanzar objetivos. Un árbol de restricciones implica la superposición de restricciones en un árbol de objetivos (Figura 5.6). Un árbol de restricciones simplificado para una política energética nacional se ilustra en la Figura 5.9.

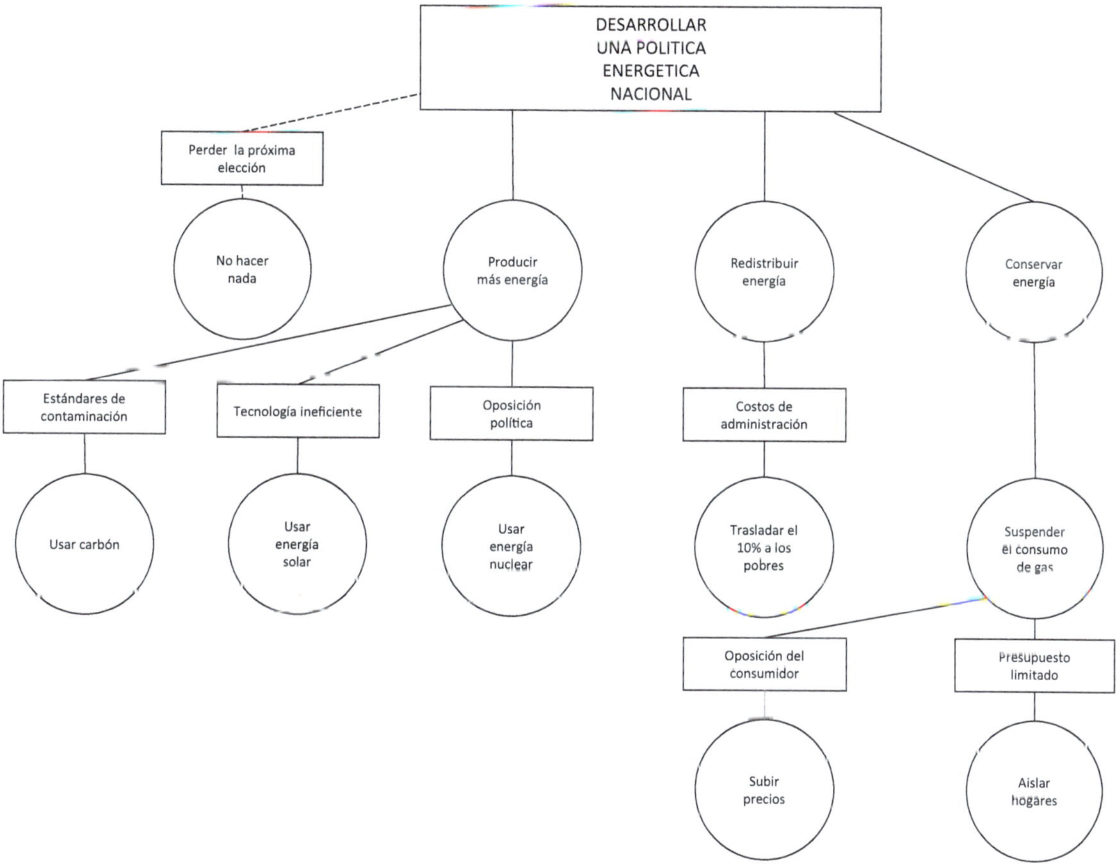

FIGURA 5.9 Mapa de restricciones para una política energética nacional

36 Ver, por ejemplo, Roger W. Cobb y Charles D. Elder, *Participation in American Politics: The Dynamics of Agenda-Building* (Baltimore, MD: Johns Hopkins University Press, 1983), y Paul A. Sabatier y Christopher M. Weible, "The Advocacy Coalition Framework: Innovations and Clarifications", en P. A. Sabatier (ed.), *Theories of the Policy Process*, 2a. ed. (Boulder, CO: Westview Press, 1999), pp. 189–217 [sobre versión española del libro, ver n. 19 del Capítulo 1].

Internalización de costos

La *internalización de costos* incorpora costos externos (externalidades) a la estructura de elementos de costos internos. Tanto costos como beneficios se pueden internalizar incorporando los desbordamientos positivos y negativos de políticas y programas públicos. Cuando los costos se internalizan plenamente, no hay externalidades porque, por definición, todos los costos son internos. Esto significa que una variedad de importantes costos externos -por ejemplo, los costos de la contaminación, la degradación ambiental o la dislocación social- se integran explícitamente en la estructura de elementos de costo.

En general, hay cuatro clases de desbordamientos o externalidades[37]:

1. *Desbordamientos de producción a producción.* Los productos de un programa que sirven a un grupo objetivo o jurisdicción pueden afectar (positiva o negativamente) los productos de otro. Por ejemplo, programas exitosos de tratamiento del alcoholismo y las drogas pueden resultar en disminución de actividades de aplicación de la ley en la comunidad circundante.
2. *Desbordamientos de producción a consumo.* Los productos de un programa particular pueden afectar la calidad y cantidad de bienes consumidos por miembros de otro grupo objetivo o jurisdicción. Por ejemplo, proyectos viales financiados con fondos públicos pueden desplazar a residentes de sus hogares o cambiar la demanda de bienes y servicios en áreas vecinas.
3. *Desbordamientos de consumo a consumo.* Las actividades de consumo de programas públicos en un área pueden afectar el consumo dentro de grupos objetivo o jurisdicciones adyacentes. Por ejemplo, la construcción de un gran complejo de oficinas gubernamentales puede imposibilitar a ciudadanos locales hallar parqueaderos adecuados.
4. *Desbordamientos de consumo a producción.* Las actividades de consumo en un área pueden afectar las actividades de producción en áreas adyacentes. Por ejemplo, la construcción de un proyecto público de vivienda puede mejorar el mercado de los negocios locales.

La importancia de la internalización de costos es evidente en la Tabla 5.8, que muestra costos totales, externos e internos de tres programas diseñados para proporcionar atención a maternas. Si los tres programas son igualmente eficaces, un analista en el nivel estatal que no ha internalizado la participación de los costos federales prescribirá el Programa I, porque este satisface el criterio del menor costo. Si se internalizan los costos federales, se prescribirá el Programa III, porque los costos totales son menores. Este ejemplo llama la atención sobre la naturaleza relativa de los costos internos y externos, porque lo que es una externalidad para una parte no lo es para otra.

TABLA 5.8 Costos internos, externos y totales de atención a maternas

	Programa					
Tipo de costo	**Proyecto Atención a maternas e infantes I**		**Centro comunitario de salud II**		**Médico privado III**	
Costo para el estado (interno)	$31	10%	$96	48,2%	$85	48,6%
Costo para el gobierno federal (externo)	282	90	103	51,8	90	51,4
Costo total	$313	100%	$199	100%	$175	100%

Fuente: Adaptado de Burt (1974): 35.

37 Hinrichs y Taylor, *Systematic Analysis*, pp. 18–19.

Descuento

El *descuento*, como vimos en la lista de pasos en el análisis costo-beneficio (Tabla 5.5), es una forma de estimar el valor presente de costos y beneficios que se realizarán en el futuro. El descuento es una forma de tener en cuenta los efectos del tiempo. El tiempo es importante porque costos y beneficios futuros tienen menos valor que los actuales. Un dólar gastado hoy es más valioso que un dólar gastado dentro de uno o dos años, porque un dólar de hoy se puede invertir para que genere $1,04 dentro de un año (a un interés del 4%). Aparte los ingresos por intereses, muchas personas prefieren consumir hoy en lugar de mañana, dado que el futuro es incierto y el consumo actual produce satisfacción inmediata.

Políticas y programas generan diferentes niveles de costos y beneficios a través del tiempo. Estos flujos de costos y beneficios, denominados *corrientes de costos* (*y beneficios*), se distribuyen desigualmente en el tiempo. Por esta razón, cada corriente de costos y beneficios se debe descontar a su valor presente. Por ejemplo, dos programas de salud con igual eficacia e idénticos costos totales durante un periodo de cinco años parecerían ser igualmente efectivos. Sin embargo, en uno de estos programas (Programa I) los costos se concentran marcadamente en el primer año, mientras que en el otro (Programa II) se concentran en el último año. Si asumimos que el dólar está perdiendo valor a una tasa del diez por ciento por año, entonces el Programa II logra el mismo nivel de eficacia a menor costo. Si no tomamos en cuenta el tiempo y el cambiante valor del dinero, no hay base para distinguir los dos programas (Figura 5.10).

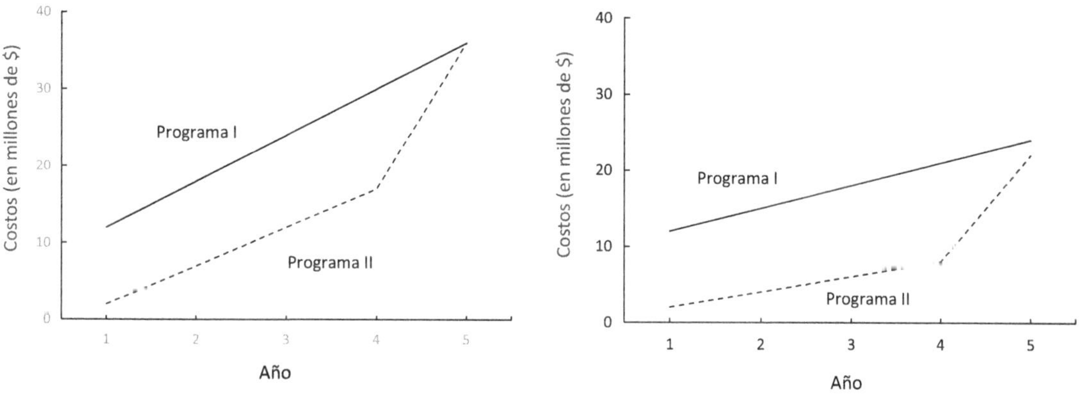

(a) Sin descuento (b) Con descuento

FIGURA 5.10 Comparación de costos descontados y no descontados acumulados para dos programas de igual eficacia

El valor presente de un beneficio o costo futuros se halla utilizando el *factor de descuento*, que expresa la cantidad en que debe disminuirse el valor de beneficios y costos futuros para reflejar el hecho de que los dólares actuales tienen más valor que los futuros. Una vez conocemos el factor de descuento, simplemente multiplicamos este factor por el valor conocido en dólares de un beneficio o costo futuros. Dada una cierta *tasa de descuento* (algunas veces llamada *tasa social de descuento*), esto es, la tasa en que debe reducirse el valor de beneficios y costos futuros, puede calcularse el *factor de descuento* conociendo el número de años sobre el cual deben descontarse beneficios y costos futuros. La fórmula del factor de descuento es la recíproca del interés compuesto:

$$FD = \frac{1}{(1+r)^n}$$

donde *r* es la tasa de descuento y *n* el número de años sobre el cual se descuentan beneficios o costos[38]. Por ejemplo, para calcular el factor de descuento (FD) para una tasa de descuento del diez por ciento a cinco años, hacemos el siguiente cálculo:

$$FD = \frac{1}{(1+r)^n}$$

$$= \frac{1}{(1+0{,}10)^5} = \frac{1}{(1{,}1)^5}$$

$$= \frac{1}{(1{,}61)}$$

Si queremos descontar el valor de $100 en los costos habidos en el quinto año, simplemente multiplicamos este costo por el factor de descuento, esto es, $100 × 0,621 = $62,1. En otras palabras, el valor presente de $100 de los costos correspondientes al quinto año a una tasa de descuento del diez por ciento es $62,1. El *valor presente* es el valor actual en dólares de costos o beneficios futuros que se han multiplicado por el factor de descuento apropiado. La fórmula para el valor presente de una corriente de costos o beneficios es

$$VP = \sum (VF \cdot FD)$$

donde VF designa el valor futuro de costos o beneficios, FD es el factor de descuento, y el símbolo $\sum$ (sigma) nos dice que sumemos todos los productos de costos o beneficios multiplicados por el factor de descuento para todos los años en la corriente de costo (o beneficio)[39].

38 El factor de descuento asume que los valores futuros en dólares en una corriente de costos (o beneficios) son desiguales (por ejemplo, los altos costos al comienzo de un periodo decrecen con el tiempo). Si los valores futuros en dólares en una corriente de costos (o beneficios) son idénticos de año a año (*e.g.*, $1 millón en costos cada año durante cinco años), es costumbre usar un atajo, denominado *factor de anualidad* (anualidad significa anual o regularmente durante cierto número de años). La fórmula para el factor de anualidad es

$$FA = 1 - \left(\frac{1}{1+r}\right) n / r$$

Dicho más concisamente, FA = 1 – FD / *r*.

39 Otra fórmula de valor presente, valor que produce idénticos resultados, es $VP = VF\,(1 + r)^n$, donde VF es el de los costos o beneficios futuros, *r* es la tasa de descuento, y *n* es el número de años sobre el cual se descuentan costos o beneficios.

TABLA 5.9 Cálculo del valor presente de una corriente de costos a una tasa de descuento del diez por ciento durante cinco años (en millones de dólares)

Año	Valor futuro (VF)	Tasa de descuento (r)	Número de años (n)	Factor de descuento (FD) [1 / 1 + r)^n]	Valor presente (VP) [VF*FD]
2010	$100	0,10	1	0,909	$90,90
2011	50	0,10	2	0,826	41,30
2012	10	0,10	3	0,751	7,51
2013	10	0,10	4	0,683	6,83
2014	10	0,10	5	0,621	6,21
	$180,0				$152,75

El cálculo del valor presente de una corriente de costo se ilustra en la Tabla 5.9. Obsérvese que el valor futuro de todos los costos no descontados es $180 millones, mientras que el valor presente de la corriente de costo descontado es $152,75 millones. Asúmase que el valor presente de la corriente de *beneficio* es $175 millones. Si estamos usando el criterio del beneficio neto para hacer una elección (*i.e.*, los beneficios netos deben ser mayores que cero), los costos no descontados resultarían en un rechazo del programa ($175 - $180 = -$5). En contraste, cuando descontamos la corriente de costo, nuestra prescripción sería positiva, porque los beneficios netos son $22,25 millones ($175 - $152,75 = $22,25).

Una vez hemos identificado la tasa apropiada de descuento, es asunto simple calcular el factor de descuento y el valor presente de una corriente de costo (o de beneficio). El problema es que la elección de una tasa de descuento depende de juicios que reflejan los valores de analistas, formuladores de política y otras partes interesadas. Por ejemplo, cuanto mayor sea la tasa a la que descontemos beneficios futuros, más difícil será obtener beneficios netos y razones beneficio-costo que justifiquen programas públicos. Si las tasas de descuento son uniformemente altas, esto minimiza el papel de las inversiones públicas y maximiza el de las privadas. Si, por otra parte, las tasas de descuento son uniformemente bajas, esto fomenta un mayor papel del Estado. Por esta razón, es importante reconocer las bases que compiten para seleccionar una tasa de descuento:

1. *Tasa privada de descuento.* Aquí la selección de una tasa de descuento se basa en la tasa promedio de interés que se cobra por prestar dinero en el sector privado. El argumento para usar tasas privadas es que las inversiones públicas se hacen con el dinero de impuestos de ciudadanos que pudieron haber invertido en el sector privado. La tasa privada de descuento mide por lo tanto los beneficios que se habrían obtenido si los fondos se hubiesen dejado en el sector privado. Estos son los costos de oportunidad de la inversión pública (*versus* privada). Los argumentos contra las tasas privadas son que las tasas privadas difieren ampliamente (del tres al veinte por ciento) debido a distorsiones del mercado; las tasas privadas no reflejan los costos sociales externos de la inversión privada (por ejemplo, la contaminación); y las tasas privadas reflejan estrechas preferencias individuales y de grupo y no las de la sociedad como un todo.
2. *Tasa social de descuento.* Aquí la selección de una tasa de descuento se basa en juicios sobre la preferencia de tiempo social de la sociedad en su conjunto. La *preferencia de tiempo social* se refiere al valor colectivo que la sociedad otorga a beneficios o costos realizados en algún periodo de tiempo futuro. Este valor colectivo no es simplemente la suma de preferencias individuales, porque refleja un sentido colectivo de lo que es valioso para la comunidad en general. La *tasa social de descuento*, esto es, la tasa a la que deben descontarse beneficios y costos colectivos futuros, es generalmente más baja que la privada. Los argumentos a favor de la tasa social de descuento son que la tasa social compensa la estrechez y cortedad de vista de las

preferencias individuales; tiene en cuenta los costos sociales externos de la inversión privada (por ejemplo, el agotamiento de los recursos naturales finitos); y refleja preocupación por la seguridad, salud y bienestar de las generaciones futuras. El argumento contra la tasa social de descuento es que es económicamente ineficiente o "irracional" porque debe ser *más alta* que la tasa privada. Teniendo en cuenta una serie de consideraciones, Moore y colegas proponen una tasa social de descuento (TSD) entre el tres y el cuatro por ciento[40]. En el periodo que siguió a la recesión de 2008, la tasa apropiada estuvo más cerca del tres. Cuanto más baja sea la TSD, más alto será el valor presente de costos y beneficios futuros, y mayor la propensión a invertir en el sector público.

3. *Tasas gubernamentales de descuento.* Aquí se selecciona una tasa de descuento sobre la base de los costos actuales de los préstamos del gobierno. El problema es que la tasa a la que los gobiernos federal, estatal y local prestan dinero varía considerablemente. Mientras que la Oficina de Administración y Presupuesto ha abogado por diversas tasas de descuento para programas gubernamentales, una tasa estándar, por ejemplo, del seis por ciento no refleja el costo de oportunidad de las inversiones cuando se dispone de tasas de interés más bajas dentro de un estado, región o comunidad.

La elección de una tasa de descuento está estrechamente conectada con visiones que compiten sobre el papel propio del Estado en la sociedad y con las diferentes formas de racionalidad discutidas anteriormente. En estas circunstancias, los analistas deben evaluar la sensibilidad de beneficios netos o de razones beneficio-costo a tasas alternativas de descuento.

Otra opción, que evita los problemas de elegir una tasa de descuento, es la *tasa interna de retorno* sobre la inversión, que permite una elección entre políticas cuando la tasa de beneficios no descontados, restituidos por cada dólar descontado de los costos, excede la tasa real a la que se pueden tomar prestados fondos de inversión. Aquí, como en otros lugares, es esencial examinar los supuestos subyacentes y las implicaciones éticas de la elección.

Análisis de sensibilidad

El *análisis de sensibilidad* es un procedimiento para examinar medidas de costos y beneficios bajo diferentes supuestos. En la comparación de dos o más alternativas, existe usualmente incertidumbre sobre los resultados esperados de una política, aunque se haya calculado una única medida general de costos y beneficios (*e.g.*, beneficios netos). En tales circunstancias, que a menudo se caracterizan como una elección determinista (que se distingue de la probabilística), podemos introducir supuestos alternativos sobre costos futuros -por ejemplo, supuestos sobre la probabilidad de costos altos, medios y bajos- y calcular beneficios netos bajo cada uno de estos supuestos. El punto es ver qué tan "sensibles" son los resultados a diferentes supuestos.

40 Moore, Boardman, Vining, Weimer y Greenberg, "'Just Give Me a Number!' Practical Values for the Social Discount Rate", pp. 789–812.

Por ejemplo, al comparar dos programas de capacitación de personal, podemos examinar la sensibilidad de los costos de transporte a los cambios potenciales en el precio de la gasolina. Podemos aquí introducir los supuestos de que el precio de la gasolina aumentará el 10 por ciento, el 20 por ciento y el 30 por ciento durante la vida del programa. Como el Programa I está situado en un área semirrural, los aprendices deben conducir a más larga distancia para arribar al sitio de entrenamiento que los aprendices del Programa II, que está localizado en la ciudad. En ausencia de un análisis de sensibilidad, un marcado aumento de los precios de la gasolina podría resultar en prescribir incorrectamente el más costoso de los dos programas. En la Tabla 5.10 se ofrece un ejemplo de esta clase de análisis de sensibilidad. Otro tipo de análisis de sensibilidad, ya discutido en el Capítulo 4, implica el uso del análisis de regresión para efectuar estimaciones de intervalo de los valores de costos o beneficios -en efecto, escenarios del "mejor" caso y el "peor" caso.

TABLA 5.10 Análisis de sensibilidad de los precios de la gasolina en los costos de dos programas de entrenamiento

	Incremento del precio		
Programa	*10%*	*20%*	*30%*
I. Semirrural			
Costos totales	$4.400	$4.800	$5.200
Aprendices	5.000	5.000	5.000
Costos por aprendiz	$0,88	$0,96	$1,04
II. Urbano			
Costos totales	$4.500	$4.800	$5.100
Aprendices	5.000	5.000	5.000
Costos por aprendiz	$0,90	$0,96	$1,02

Análisis de plausibilidad

El *análisis de plausibilidad* permite poner a prueba una política prescrita contra políticas rivales. El análisis de plausibilidad -donde plausibilidad se entiende como probabilidad subjetiva informada fundada en experiencia previa- puede usarse en el análisis de afirmaciones rivales. Hay varios tipos de afirmaciones rivales, cada uno de los cuales es una amenaza a la plausibilidad de elecciones basadas en el ACB. Estas amenazas -que son análogas a hipótesis rivales o "amenazas a la validez" de afirmaciones acerca de los efectos de políticas sobre resultados específicos- se ilustran en la Figura 5.11.

- *Invalidez*. Una prescripción de política se basa en un supuesto no válido acerca de la relación causal entre una política y sus resultados. Por ejemplo, los debates sobre la eficacia del límite de velocidad de 55 mph (Ley Nacional de Velocidad Máxima de 1974) se han enfocado en el grado en que la imposición de una velocidad máxima en todas las carreteras interurbanas es responsable del descenso observado en las muertes de tránsito. La afirmación de que la nueva velocidad máxima (55 mph) fue responsable de la disminución de 9.800 muertes entre 1973 y 1975 ha sido desafiada sobre la base de que la disminución se debió a un rango o desviación estándar nuevo y menor de las velocidades, a las mejoras en la seguridad de automóviles y

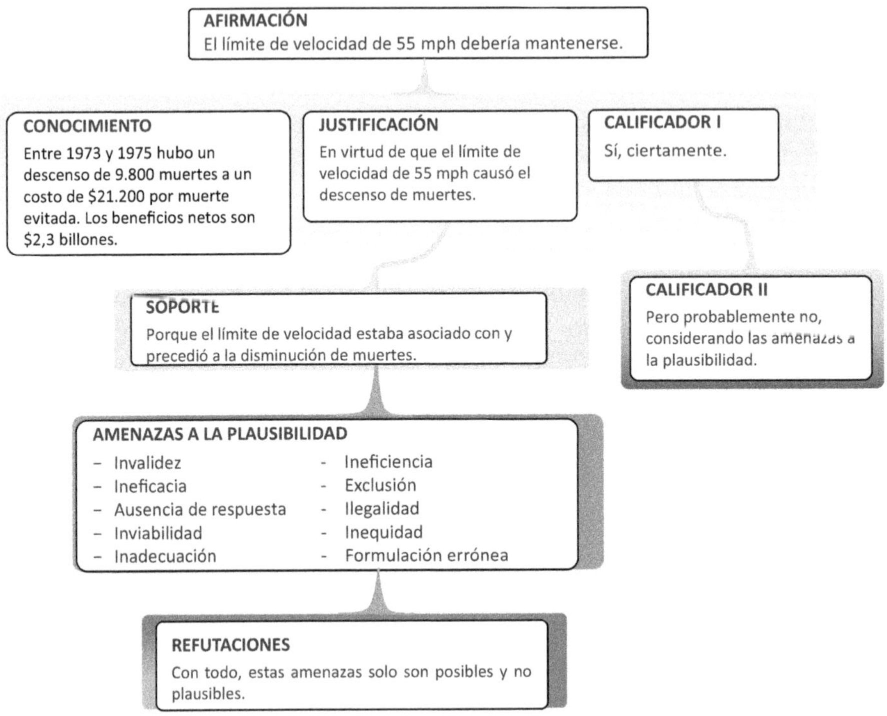

FIGURA 5.11 Amenazas a la plausibilidad de afirmaciones sobre los beneficios del límite de velocidad de 55 mph

carreteras, a la interacción de la velocidad máxima con la densidad de la población, y a los efectos de la recesión, el desempleo y la baja en los precios de la gasolina sobre las millas conducidas y, por tanto, sobre las tasas de mortalidad[41].

- *Ineficiencia.* Las estimaciones de los beneficios de eficiencia neta del límite de velocidad de 55 mph varían marcadamente, dependiendo del valor atribuido a las vidas humanas y a los costos del tiempo perdido por conducir a 55 mph y no a 65 mph. Una estimación de los beneficios de eficiencia neta es $2,3 billones, mientras que otra es menos $3,4 billones[42].
- *Ineficacia.* Las estimaciones de costo-efectividad del límite de velocidad de 55 mph también varían notablemente. Los costos por muerte evitada varían aproximadamente de $1.300 a

41 Ver Duncan MacRae Jr. y James Wilde, *Policy Analysis for Public Decisions* (North Scituate, MA: Duxbury Press, 1979), pp. 133–152; Edward R. Tufte, *Data Analysis for Politics and Policy* (Englewood Cliffs, NJ: Prentice Hall, 1974), pp. 5–18; Charles T. Clotfelter y John C. Hahn, "Assessing the National 55 mph Speed Limit", *Policy Sciences* 9 (1978): 281–294; y Charles A. Lave y Lester B. Lave, "Barriers to Increasing Highway Safety", en *Challenging the Old Order: Toward New Directions in Traffic Safety Theory*, ed. de J. Peter Rothe (New Brunswick, NJ: Transaction Books, 1990), pp. 77–94. El autor ha comprobado los efectos del desempleo y de los precios de la gasolina en el millaje y las tasas de mortalidad, los cuales explican más del noventa por ciento de la varianza en las tasas de mortalidad por millaje.

42 Ver Grover Starling, *Strategies for Policy Making* (Chicago, IL: Dorsey Press, 1988), pp. 407–410, y Guess y Farnham, *Cases in Public Policy Analysis*, pp. 177–203.

$21.000, dependiendo de los supuestos sobre lo que debe incluirse como medida del valor de una vida humana[43].

- *Exclusión.* La exclusión de costos y beneficios legítimos producirá beneficios de eficiencia neta inverosímilmente altos o bajos. Por ejemplo, pueden excluirse los costos del tiempo perdido por conducir a 55 mph o los beneficios en la forma del valor monetario de vidas humanas, produciendo beneficios de eficiencia neta increíblemente bajos.
- *Ausencia de respuesta.* Los costos del tiempo y de otros recursos se basan a menudo en la suposición de que las personas estarían dispuestas a pagar la tasa salarial promedio por participar en una actividad que ahorre tiempo. Generalmente, la tasa salarial promedio no ofrece respuesta sobre el precio que las personas están realmente dispuestas a pagar. Por ejemplo, aproximadamente la mitad de los conductores están comprometidos en actividades recreativas, no en actividades comerciales o de negocios. La tasa salarial promedio, que aumenta de modo notable los costos estimados del límite de velocidad de 55 mph, no responde por lo tanto a los costos de conducir a 55 mph, según la percepción de los conductores.
- *Ilegalidad.* En algunos casos, puede desafiarse la legalidad de una política. No es apropiado contabilizar como costos (o beneficios) ingresos obtenidos ilegalmente o mediante fraude o discriminación ilegal. En casos que involucran el valor comparable de trabajos desempeñados por hombres, mujeres y minorías, la ilegalidad es un factor principal. En el caso del límite de velocidad de 55 mph, no lo es.
- *Inviabilidad.* Las prescripciones de política pueden controvertirse sobre la base de que no son viables debido a restricciones políticas, presupuestales y administrativas. La implementación del límite de velocidad de 55 mph varía entre los estados en virtud de sus diferentes capacidades para implementar o hacer cumplir las leyes de velocidad. La capacidad de implementación es generalmente mayor en los estados del este con alta densidad de población.
- *Inequidad.* Las prescripciones pueden desafiarse sobre fundamentos éticos que involucran concepciones alternativas de equidad social y justicia. El grupo que paga un costo desproporcionadamente alto en términos de vidas perdidas es el de los conductores jóvenes. La mediana de edad de las muertes por accidentes de tránsito es de poco más de treinta años, lo cual significa que la mitad de tales muertes están por debajo de esa edad. La concepción rawlsiana de la justicia como igualdad (*fairness*) -esto es, los que están peor deben beneficiarse- puede ser utilizada para enfrentar políticas orientadas a reducir accidentes fatales mediante leyes de velocidad antes que mediante programas educativos y de capacitación a conductores que tengan como grupo objetivo a conductores jóvenes[44].
- *Inadecuación.* Las prescripciones basadas en estimación del valor de las vidas humanas algunas veces emplean los ingresos de por vida descontados como medida de valor. Los esfuerzos por establecer el costo (descontado o no descontado) de una vida humana pueden cuestionarse sobre el fundamento de que es inapropiado calcular un precio para vidas humanas, pues no se trata de mercancías en un mercado abierto[45].
- *Formulación errónea.* Un reto permanente para las prescripciones basadas en análisis costo-beneficio es que el problema haya sido mal formulado. En el caso del límite de velocidad de 55 mph, el ahorro de combustible durante la crisis petrolera de 1970–1973 fue el problema

43 Starling, *Strategies for Policy Making*, pp. 409–411; ver también nota al pie 41.
44 Sobre esta cuestión, ver especialmente Peter Rothe (ed.), *Challenging the Old Order: Toward New Directions in Traffic Safety Theory* (New Brunswick, NJ: Transaction Books, 1990).
45 Ver la discusión en Guess y Farnham, *Cases in Public Policy Analysis*.

original para el que se prescribió la solución de la Ley Nacional de Velocidad Máxima. La definición del problema viró a evitar muertes después de que pasó la crisis petrolera. La formulación actual del problema (evitar muertes de tráfico) puede llevarse a discusión sobre la base de que el problema debió ser formulado en términos de ahorrar petróleo (un recurso no renovable), mitigar la emisión de contaminantes y evitar muertes aumentando los impuestos a la gasolina para reducir la conducción. En dólares ajustados por la inflación, el costo de un galón de gasolina en 2015 ($2,36) era realmente más bajo que en 1931 y durante la gran depresión ($2,65), y que en 2009 y durante la gran recesión ($2,54). Considerando que el ingreso per cápita ajustado por la inflación casi se ha triplicado entre 1960 y 2015, un aumento de los impuestos a la gasolina puede ser una solución.

Estas amenazas a la plausibilidad no aplican solamente para el ACB. Debido a que todas las prescripciones de política se basan en premisas causales así como en premisas de valor, estas amenazas a la plausibilidad son relevantes para casi cualquier política que pretenda lograr el cambio por medio de regulación, asignación o reasignación de recursos escasos[46].

La metodología de la prescripción implica muchas incertidumbres. Una de estas tiene que ver con el papel de los valores y de la ética en el análisis de política pública. El fin de una prescripción de política no es simplemente pronosticar o predecir algún resultado futuro o monitorear sus efectos pasados o presentes, sino abogar por un curso de acción cuyas consecuencias probables son *valiosas* porque son correctas en sí mismas o porque promueven la justicia, la igualdad, la eficiencia, la democracia, la libertad, la seguridad u otro fin. Sin embargo, hay dificultades prácticamente significativas al usar la teoría económica y las herramientas del análisis económico para justificar afirmaciones sobre lo que es valioso para los miembros de una comunidad. Por esta razón, las incertidumbres sobre los valores son temas adecuados para la argumentación y el debate éticos razonados.

Una fuente de incertidumbre estrechamente relacionada procede del conocimiento incompleto de los efectos de las políticas. Aun si hubiese consenso sobre importantes valores sociales, económicos y políticos, todavía no podemos saber cuáles políticas operan mejor en diferentes condiciones. Algo de esta incertidumbre es el resultado de información incompleta sobre el rango de costos y beneficios que deben considerarse en un análisis sistemático. Otra fuente importante de incertidumbre procede de mediciones de confiabilidad y validez variables, y de juicios falibles sobre precios sombra y tasas de descuento.

RESUMEN DEL CAPÍTULO

Las prescripciones de política pública responden la pregunta: ¿Qué debe hacerse? Por esta razón, las prescripciones de política demandan un enfoque normativo y no uno meramente descriptivo. Toda prescripción de política pública implica afirmaciones sobre la acción correcta, antes que afirmaciones de carácter simplemente factual.

Este capítulo ha proporcionado una visión general de la metodología de la prescripción en el análisis de política pública, ha comparado y contrastado dos enfoques principales para la prescripción, y ha descrito métodos usados para llevar a efecto estos enfoques. Los dos principales enfoques para la prescripción en el análisis de política pública son el análisis costo-beneficio y el análisis costo-efectividad. Si bien ambos enfoques buscan medir costos y beneficios para la sociedad, solo el análisis costo-beneficio mide beneficios y costos en una unidad común de valor monetario.

Costos y beneficios son de varios tipos: internos *versus* externos, tangibles *versus* intangibles, primarios *versus* secundarios, y reales *versus*

46 Ver Dunn, “Policies as Arguments”; y Frank Fischer, *Politics, Values, and Public Policy: The Problem of Methodology* (Boulder, CO: Westview Press, 1980).

pecuniarios. Hay varias tareas en el análisis costo-beneficio: estructuración de problemas; especificación de objetivos; identificación de alternativas; reunión, análisis e interpretación de información; especificación de grupos objetivo y beneficiarios; identificación de tipos de costos y beneficios; descuento de costos y beneficios; y especificación de criterios para elegir entre políticas. El criterio más frecuentemente empleado en el tradicional análisis costo-beneficio es la mejora de la eficiencia neta. El análisis costo-beneficio contemporáneo complementa este criterio con el de beneficios redistributivos netos.

PREGUNTAS DE REPASO

1. El finado Milton Friedman, premio Nobel de Economía de la Universidad de Chicago, abogaba por una economía *positiva* (antes que *normativa*) enfocada en el estudio de las premisas factuales inherentes a las elecciones de política pública:

   "Las diferencias en torno a la política económica entre ciudadanos desinteresados derivan predominantemente de predicciones diferentes acerca de las consecuencias económicas de la acción -diferencias que en principio pueden eliminarse con el progreso de la economía positiva- antes que de discrepancias fundamentales sobre valores básicos, discrepancias respecto de las cuales los hombres solo pueden disputar".
   (Friedman [1953], p. 5)

   Escriba un breve ensayo sobre las fortalezas y debilidades de la posición de Friedman. En su respuesta haga referencia a los contrastes entre análisis descriptivo y normativo (Capítulo 1). [Nota: Si usted desea leer más adelante (Capítulo 7), valore la posición de Friedman en términos de los contrastes entre ética descriptiva, ética normativa y metaética].
2. "Si los individuos pueden ordenar sus preferencias en forma transitiva, debería ser posible usar la regla de la mayoría para obtener una clasificación de preferencia colectiva que sea transitiva". Discutir.
3. ¿Es posible la elección racional? Escriba un ensayo sobre esta pregunta. En su respuesta distinga diferentes tipos de racionalidad.
4. ¿Cómo están relacionados los diferentes tipos de racionalidad con los diferentes criterios de prescripción?
5. Indique cómo mediría usted la *eficacia* de los esfuerzos por alcanzar las siguientes metas:
   - Cerrar la brecha entre rentas y gastos municipales
   - Desalentar la comisión de delitos graves en las áreas urbanas
   - Ampliar la seguridad nacional del país
   - Ganar la guerra contra el terror(ismo)
   - Mejorar la calidad de vida de los ciudadanos
   - Reducir el desempleo nacional
   - Aumentar el ingreso de las familias pobres
6. Regrese a la pregunta 5. Indique cómo mediría usted la *eficiencia* de los esfuerzos por alcanzar estas metas.
7. Muchos economistas argumentan que igualdad y eficiencia son objetivos que compiten. Por esta razón, la relación entre igualdad y eficiencia se ve como un *compromiso*, donde las ganancias en igualdad se sacrifican por ganancias en eficiencia, y viceversa [ver Arthur M. Okun, *Equality and Efficiency: The Big Trade-Off* (Washington, DC: Brookings Institution, 1975)]. Otros economistas [ver Jaroslav Vanek, *The Participatory Economy* (Ithaca, NY: Cornell University Press, 1970)] y politólogos [ver Carole Pateman, *Participation and Democratic Theory* (Cambridge, MA: Cambridge University Press, 1970)] argumentan que el "intercambio" entre igualdad y eficiencia es una consecuencia de las formas limitadas de participación democrática en la política y

el trabajo. La igualdad y la eficiencia, sostienen, no tienen que "intercambiarse" cuando la economía y la política son plenamente democráticas. ¿Por qué esto sería cierto? ¿Qué sugiere esto sobre la pertinencia de conceptos económicos como "costos de oportunidad" y "beneficios de eficiencia neta"?

8. Retorne a la Figura 5.1 y considere los siguientes criterios para la prescripción:
   a. Maximice eficacia al menor costo [*Nota*: Tenga cuidado: esta es una pregunta difícil].
   b. Maximice eficacia a un costo fijo de $10.000.
   c. Minimice costos a un nivel fijo de eficacia de 4.000 unidades de servicio.
   d. Alcance un nivel fijo de eficacia de 6.000 unidades de servicio a un costo fijo de $20.000.
   e. Asumiendo que cada unidad de servicio tiene un precio de mercado de $10, maximice beneficios netos.
   f. Asumiendo de nuevo que cada unidad de servicio tiene un precio de mercado de $10, maximice la razón entre beneficios y costos.

   Indique cuál de los dos principales programas (Programa I y Programa II) debe seleccionarse según cada uno de estos criterios, y describa las condiciones bajo las cuales cada criterio puede ser una medida adecuada del logro de objetivos.
9. La estimación del riesgo y la incertidumbre es un aspecto esencial de la prescripción. Si bien parece obvio que la mejor forma de obtener estimaciones válidas sobre la incertidumbre es usar los expertos más altamente calificados, hay evidencia de que "las personas que más saben sobre varios temas no son de modo invariable las mejores en expresar la probabilidad de que están en lo correcto" [Baruch Fischhoff, "Cost-Benefit Analysis and the Art of Motorcycle Maintenance", *Policy Sciences* 8 (1977): p. 184]. Discuta.
10. Utilice los procedimientos de clarificación de valores y de crítica de valores para analizar las premisas de valor que subyacen a la siguiente afirmación: "La producción creciente de energía es esencial para el crecimiento continuo de la economía. Por lo tanto, el gobierno debería realizar masivas inversiones en investigación y desarrollo sobre nuevas tecnologías energéticas". Considere la primera oración como conocimiento (*C*) y la segunda como afirmación (*A*).
11. Calcule el factor de descuento (FD) a diez años para una tasa de descuento del tres, cuatro y diez por ciento.
12. Calcule el valor presente (VP) de las siguientes corrientes de costos y beneficios (en millones de dólares) para dos programas de salud. Use una tasa de descuento del cuatro por ciento. ¿Cuál programa tiene los más altos beneficios presentes de eficiencia neta? ¿Por qué?

	Año					
Programa	***2000***	***2005***	***2010***	***2015***	***2020***	***Total***
I Costos	$60	$10	$10	$10	$10	$100
Beneficios	10	20	30	40	50	150
II Costos	20	20	20	20	20	100
Beneficios	10	20	30	40	50	150

EJERCICIOS DE DEMOSTRACIÓN

1. Después de leer el Caso 5.1, compare, contraste y evalúe el cuadro de mando y la hoja de cálculo como formas de análisis. ¿Cuáles son sus fortalezas y debilidades? Sea específico.

2. Después de leer el Caso 5.2 (Costos de oportunidad de salvar vidas. El límite de velocidad de 55 mph), revise la hoja de cálculo (Tabla C5.1) después de responder estas preguntas.
   - ¿Qué supuestos gobiernan las estimaciones del valor del tiempo perdido conduciendo? ¿Algunos de estos supuestos son más sostenibles que otros? ¿Por qué?
   - ¿Cuál es la mejor forma de estimar el valor del tiempo? Justifique su respuesta.
   - ¿Cuál es la mejor forma de estimar el costo de un galón de gasolina? Justifique su respuesta.
   - Las estimaciones de velocidades de conducción y de millas por galón se basan en estadísticas oficiales de la Agencia de Protección Ambiental y el Departamento de Energía o en estudios de ingeniería de la eficiencia de los motores de gasolina. ¿Cuál es la fuente más confiable? ¿Por qué? ¿Cuáles son las consecuencias de usar una fuente en lugar de otra?
   - ¿Cuál es el valor de una vida salvada? ¿Cómo calcula usted ese valor? ¿Por qué?
   - ¿Cuál política es preferible, el límite de 55 mph o el límite de 65 mph? Justifique su respuesta.
3. El Caso 5.2 muestra algunos de los peligros de realizar un análisis costo-beneficio sin considerar los cambios en resultados mensurables a lo largo del tiempo. Contraste el uso del tiempo en el Caso 5.2 con el uso del tiempo al descontar costos y beneficios futuros. ¿Podría usted estimar el valor presente de las corrientes de costos y beneficios para el periodo 1974–2015? ¿Qué obstáculos tendría usted que superar?

BIBLIOGRAFÍA

Boardman, Anthony E., David H. Greenberg, Aidan R. Vining y David L. Weimer. *Cost-Benefit Analysis: Concepts and Practice*, 4a. ed. Upper Saddle River, NJ: Pearson-Prentice Hall, 2011.

Burt, M. R. *Policy Analysis: Introduction and Applications to Health Programs*. Washington, DC: Information Resources Press, 1974.

Clotfelter, Charles T. y John C. Hahn, "Assessing the National 55 m.p.h. Speed Limit". *Policy Sciences* (1978): 281–294.

Fischhoff, Baruch. "Cost-Benefit Analysis and the Art of Motorcycle Manteinance". *Policy Sciences* 8 (1977).

Friedman, Milton. *Essays in Positive Economics*. Chicago, IL: University of Chicago Press, 1953 [sobre su versión española, ver n. 5 del Capítulo 1].

George, Alexander. *Presidential Decision Making in Foreign Policy: The Effective Use of Information and Advice*. Boulder, CO: Westview Press, 1980.

Gramlich, Edward M. *Benefit-Cost Analysis of Public Programs*, 2a. ed. Englewood Cliffs, NJ: Prentice Hall, 1990.

Haveman, Robert H. y Julius Margolis, eds. *Public Expenditure and Policy Analysis*, 3a. ed. Boston: Houghton Mifflin, 1988.

Hinrichs, H. H. y G. M. Taylor. *Systematic Analysis: A Primer on Benefit-Cost and Program Evaluation*. Pacific Palisades, CA: Goodyear Publishing, 1972.

Lave, Charles A. "The Costs of Going 55". *Car and Driver*. Mayo 1978, p. 12.

Miller, Roger Le Roy, Daniel K. Benjamin y Douglas C. North. *The Economics of Public Issues*, 16a. ed. New York: Addison-Wesley, 2010.

Mishan, Edward J. *Cost-Benefit Analysis*. New York: Praeger, 1976.

Moore, Mark A., Anthony E. Boardman, Aidan R. Vining, David L. Weimer y David H. Greenberg. "'Just Give Me a Number!' Practical Values for the Social Discount Rate". *Journal of Policy Analysis and Management* 23, 4 (2004): 789–812.

Piketty, Thomas. *Capital in the 21st Century*. Cambridge, MA: Harvard University Press, 2014 [sobre su versión española, ver n. 14 del presente capítulo].

Quade, E. S. *Analysis for Public Decisions*. New York: American Elsevier, 1975.

Zeckhauser, Richard y Elmer Schaefer. "Public Policy and Normative Economic Theory", en *The Study of Policy Formation*, ed. de R. A. Bauer y K. J. Gergen. New York: The Free Press, 1968.

CASO 5.1 EL CUADRO DE MANDO Y LA HOJA DE CÁLCULO. EVALUACIÓN DE BENEFICIOS Y COSTOS DE POLÍTICAS ENERGÉTICAS

En 1972 y 1973, los Estados Unidos y otros países dependientes del petróleo en Europa experimentaron la primera de varias crisis petroleras precipitadas por un aumento dramático del precio del crudo establecido por la Organización de Países Exportadores de Petróleo (OPEP). Una respuesta de los líderes estadounidenses y europeos fue adoptar los límites de velocidad máxima de 55 mph y 90 kph, respectivamente. En Estados Unidos, se diseñó la Ley Nacional de Velocidad Máxima del 1º. de enero de 1974 para reducir el consumo de gasolina requiriendo que todos los vehículos en las carreteras interestatales viajaran a una velocidad máxima de 55 mph, velocidad que en ese entonces maximizaba la eficiencia del combustible para la mayoría de los vehículos.

TABLA C5.1 Cuadro de mando y hoja de cálculo

(a) Cuadro de mando

RESULTADOS (*OUTCOMES*)	**65 mph (Caso base)***	**55 mph**
Muertes	54.052	**45.196**
Millas conducidas (billones)	1.313	**1.281**
Horas conducidas (billones)	**20,2**	21,9
Galones de combustible consumidos (billones)	46,8	**43,3**
Eficiencia del combustible (mpg)	14,9	**16,1**
Citaciones de tráfico (millones)	**5.711**	7.425
Daños a la propiedad (millones de casos)	25,8	**23,1**

* El caso base es la política contra la cual se compara la nueva política.

(b) Hoja de cálculo

OBJETIVOS	**65 mph**	**55 mph**	**Diferencia**	**Valor**	**$ billones**
I Muertes (miles)	54,1	45,2	8,856	$240.000,00	$2,13
II Horas conducidas (billones)	20,2	21,9	-1,7	5,05	-8,59
III Galones de combustible consumidos (billones)	46,8	43,4	3,5	0,53	1,86
IV Citaciones de tráfico (miles)	5.711	7.425	-1.714	3,94	-0,0068
V Casos de daños a la propiedad (miles)	25.800	23.100	2.700	363,00	0,98
Beneficios (I + III + V)					4,97
Costos (II + IV)					-8,59
Beneficios netos (B – C)					$ -3,63

Poco después de la implementación del límite de velocidad de 55 mph se descubrió que la nueva política no solo redujo el consumo de combustible, sino que al parecer causó un dramático descenso de muertes y heridos de tránsito. Mucho después de que terminó la crisis petrolera de la OPEP, el límite de velocidad se mantuvo, aunque ya no era necesario responder a la crisis energética que demandó su aprobación en 1973. En realidad, el límite de velocidad de 55 mph, creado en respuesta a la crisis energética de 1972–1975, estuvo vigente por más de veinte años hasta que fue oficialmente derogado en noviembre de 1995[47].

47 El 2 de abril de 1987 el Congreso expidió la Ley de Transporte de Superficie y Asistencia de Reubicación Uniforme, permitiendo a cuarenta estados experimentar con límites de velocidades superiores a 65 mph.

Acalorados debates precedieron a su derogación. El senador John C. Danforth de Missouri, influyente defensor de la política, arguía que la derogatoria ahorraría un minuto por día por conductor, pero resultaría en seiscientas a mil muertes adicionales. *The Washington Post* y *The New York Times* se unieron a la oposición, informando que, si bien los ahorros de tiempo eran triviales, las muertes seguramente aumentarían. Posteriormente, el Secretario de Transporte, Federico Peña, anunció que la administración Clinton se oponía firmemente a abandonar el límite de velocidad.

Este fue el momento oportuno para una evaluación de los beneficios y costos del Límite Nacional de Velocidad Máxima. El cuadro de mando es una útil herramienta para monitorear y pronosticar impactos en condiciones donde el análisis beneficio-costo no es factible o deseable. En el cuadro de mando, las alternativas de política se ordenan en columnas en la parte superior de la matriz y los impactos de política se enumeran en cada fila. Las hojas de cálculo, en contraste, muestran beneficios y costos de los resultados de política.

La Tabla C5.1(b) presenta una hoja de cálculo utilizada para evaluar los efectos del límite de velocidad de 55 mph a finales de 1974, un año después de que la política fue implementada. Para mostrar las diferencias entre la hoja de cálculo y el cuadro de mando, la Tabla C5.1(a) también presenta la misma información que un cuadro de mando.

Nótese que las celdas del cuadro de mando (C5.1(a)) resaltadas muestran que el límite de velocidad de 55 mph es más ventajoso que el límite de velocidad de 65 mph (cinco de siete filas están resaltadas). Sin embargo, la hoja de cálculo (b) narra una historia diferente. Usando un marco de costo-beneficio, la hoja de cálculo muestra que el límite de velocidad de 55 mph tiene beneficios netos *negativos*. El límite de velocidad de 65 mph es más eficiente.

CASO 5.2 COSTOS DE OPORTUNIDAD DE SALVAR VIDAS. EL LÍMITE DE VELOCIDAD DE 55 MPH[48]

Llevar a cabo un análisis beneficio-costo es más que un ejercicio técnico efectuado con una hoja de cálculo. Es también un asunto de identificar, y si es necesario desafiar, los supuestos en que se basa el análisis beneficio-costo. Esto puede verse cuando examinamos el caso del Límite Nacional de Velocidad Máxima de 1974.

La Tabla C5.2 describe los pasos en la realización de un análisis beneficio-costo del límite de velocidad de 55 mph y una crítica de los supuestos subyacentes al análisis. El caso muestra, entre otras cosas, que el paso final al realizar un análisis beneficio-costo -esto es, el cálculo de las razones beneficio-costo y de los beneficios de eficiencia neta- es bastante sensible a estos supuestos. Este tipo de análisis crítico es un prerrequisito en la preparación de datos para la hoja de cálculo presentada en el Caso 5.1.

48 Adaptado de Grover Starling, *Strategies for Policy Making* (Chicago, IL: Dorsey, 1988), pp. 407–410, y William N. Dunn, "A Pragmatic Strategy for Discovering and Testing Threats to the Validity of Sociotechnical Experiments", en *Simulation Modelling. Practice and Theory* 10, 3 (2002): 169–194.

TABLA C5.2 Análisis de costos y beneficios del límite de velocidad de 55 mph

Pasos	Crítica
Costos estimados	
1. El principal costo de la Ley Nacional de Velocidad Máxima (LNVM) era el tiempo adicional que se gastaba en conducir como resultado de velocidades más bajas. Para calcular el número de horas empleadas en conducir en 1973, el año anterior al límite de velocidad de 55 mph, divida el número total de millas recorridas por los vehículos (1.313 billones) por la velocidad promedio en carretera (65 mph) y luego multiplique por la tasa de ocupación promedio de aproximadamente 1,5 por vehículo. Posteriormente, halle el número de horas empleadas en conducir en 1974, año en que se implementó la LNVM, dividiendo el total de millas recorridas por los vehículos (1.281 billones) por la velocidad promedio en carretera en 1974 (58 mph). Debido a que la LNVM causó que algunas personas cancelaran viajes y que otras buscasen modos alternativos de transporte, los cálculos del tiempo basados en el millaje de 1974 están subestimados. Por lo tanto, debemos usar cálculos del tiempo basados en el millaje de 1973.	
Usando la fórmula que sigue, donde MV es millas vehículos, V es la velocidad promedio, T es la tasa de ocupación promedio, y H el número de horas perdidas a más baja velocidad: $H = \left(\frac{MV_{1973}}{V_{1974}} - \frac{MV_{1973}}{V_{1973}} \right) \times T$	*¿Por qué usamos el millaje de 1973 sin ningún ajuste? La tasa promedio de crecimiento de viajes antes de 1973 era del cuatro por ciento. Por lo tanto, la fórmula debe ser:* $H = \left(\frac{1,04MV_{1973}}{V_{1974}} - \frac{MV_{1973}}{V_{1973}} \right) \times T$
El número de horas perdidas en conducir en 1974 se estima en **3,6 billones** de horas.	*Usando la fórmula anterior, el número estimado de horas perdidas debería ser* ***5,02 billones****, no 3,6 billones.*
2. Para estimar el valor de este tiempo, empiece con el salario promedio para todos los miembros de la fuerza laboral en 1974: $5,05. El valor de un viaje de una hora no es $5,05 por hora porque muy pocas personas pagarían esta suma por evitar una hora de viaje. Estimamos que la gente pagaría hasta el treinta y tres por ciento de su salario promedio por hora para evitar una hora de viaje. El valor del tiempo gastado en viajar es por tanto 0,33 × $5,05 = $1,67 por hora.	*¿Por qué tomamos un porcentaje de la cifra $5,05 basados en lo que pagarían los viajeros por evitar una hora de viaje? Deberíamos evitar reducir el valor del tiempo de las personas por dos razones. En primer lugar, el valor del costo del tiempo para la sociedad es igual a lo que la sociedad pagaría por el uso productivo de ese tiempo. El valor del tiempo no es lo que un viajero pagaría por evitar viajar porque el desplazamiento tiene otros beneficios, como la soledad para pensar o las ventajas de la vida suburbana. En segundo lugar, el valor del tiempo gastado en conducir para un camionero es varias veces la tasa salarial industrial. El descuento subestimaría enormemente el valor de los conductores comerciales.*

(*Continúa*)

TABLA C5.2

Pasos	Crítica
3. La aplicación de la cifra de costo ($1,67) a la cifra de tiempo perdido (3,6 billones de horas) da como resultado un costo de viajes estimado de **$6,01 billones**.	*Aplicando el valor de una hora de tiempo ($5,05) a las horas perdidas que se calcularon anteriormente (5,02 billones) resulta un valor estimado de costo de viajes de **$25,35 billones**.*
4. La LNVM también comporta algunos costos de ejecución. Los costos totales de ejecución de señales, publicidad y patrullaje son aproximadamente **$810.000**.	*Estudios indican que los costos totales de ejecución deberían ser más o menos **$12 millones**, no $810.000.*
a. Se colocaron nuevas señales. Los costos estimados en veinticinco estados para el cambio de letreros sobre el límite de velocidad totalizaban $707.000; para cincuenta estados, esto resulta en una estimación de $1,23 millones. Repartidos durante los tres años de vida útil de las señales de tráfico, obtenemos un estimado de $410.000.	*De acuerdo.*
b. El gobierno federal se compromete en una campaña publicitaria alentando el cumplimiento de la ley. El presupuesto para publicidad de la Administración Federal de Carreteras para 1974 era de $2 millones. Más o menos el diez por ciento de este, $200.000, se gastó en estimular el cumplimiento de la LNVM. Asuma que se donó una cantidad adicional de tiempo de publicidad de servicio público, para un total de $400.000.	*En desacuerdo. La Administración Federal de Carreteras hace otra publicidad; no todos los $200.000 deben contarse como parte de la LNVM. La estimación de la publicidad del servicio público también parece baja.*
c. Los costos de cumplimiento son difíciles de estimar. El costo de los patrullajes en carretera no puede usarse porque estas personas patrullaban en las carreteras antes de la LNVM. Asuma que los estados no contrataban personal adicional únicamente para hacer cumplir la LNVM. Por consiguiente, asumimos que hacer cumplir la LNVM no acarreará ningún costo adicional por encima de la aplicación de los límites de velocidad anteriores.	*En 1973, unas 5.711.617 citaciones de tránsito aumentaron en 1.713.636 a más de 7,4 millones. Cada citación de tránsito involucra un costo de oportunidad para la sociedad. Si un agente de la ley no estuviese imponiendo multas de tránsito, podría estar atendiendo otros delitos. Admitiendo que un agente de la ley emplea quince minutos en producir una multa por exceso de velocidad, el costo total de la aplicación de la ley es 1,7 millones de citaciones* x *0,25 horas = **425.000 horas**. El costo promedio de situar un agente de la ley en las calles es $6,75 por hora, de modo que el costo es 425.000* x *6,75 = **$2,87 billones**. Incluso esta cifra está subestimada porque no cuenta el tiempo perdido en la espera de sorprender infractores. Aproximadamente el diez por ciento de todos los infractores demandará una audiencia judicial. Estimando un promedio de treinta minutos por audiencia y un costo para el tribunal por hora de $45, el resultado es un costo adicional para la sociedad de **$3,85 millones** para 171.000 casos (171.000* x *$45,0/2). Dada la sobrecarga de los despachos judiciales, este costo de oportunidad puede ser aún más alto.*

(*Continúa*)

TABLA C5.2

Pasos	**Crítica**
Beneficios estimados	
1. El beneficio más evidente de la LNVM es el aumento de gasolina ahorrada. La economía promedio de la gasolina transita de 14,9 mpg a 65 millas por hora a 16,1 mpg a 58 millas por hora. Para estimar el número de galones de gasolina ahorrada por viajar a velocidades más bajas, use la siguiente fórmula: $G = \frac{MV_{1973}}{MPG_{1973}} = \frac{MV_{1973}}{MPG_{1974}}$ $= \frac{1313\,bill.\ mi}{14{,}9\,mpg} = \frac{1313\,bill.\ mi.}{16{,}1\,mpg}$	*¿Por qué estimar la gasolina ahorrada comparando las cifras de millas por galón 1973 y 1974 con las millas recorridas por los vehículos? Las cifras federales de millas promedio por hora son estimaciones basadas en varios supuestos. Dado el conflicto entre las estimaciones de la industria, las estimaciones de la Agencia de Protección Ambiental y las estimaciones del Departamento de Energía, cualquier estimación de millas por hora debe considerarse no confiable. El número de millas recorridas por los vehículos también se basa en galones de combustible vendidos multiplicados por las millas promedio por hora. Por lo tanto, esta cifra también está sujeta a error. Los estudios de eficiencia de los motores a gasolina muestran que el efecto de reducir la velocidad promedio en las carreteras interestatales de flujo libre ahorraría el 2,57% de la gasolina normal utilizada. En 1979, los conductores americanos consumieron 106,3 billones de galones de gasolina. Ahorrar el 2,57% sería un total de* ***2,73 billones de galones*** *(106,3 billones de galones* x *0,0257 = 2,73).*
En 1974, el precio promedio de la gasolina era de 52,8 centavos por galón. Sin embargo, este precio de mercado no refleja el costo social de la gasolina, debido a los controles gubernamentales del precio del petróleo doméstico. El costo marginal (o de reemplazo) del petróleo crudo es el precio del petróleo extranjero. Por consiguiente, el precio de la gasolina debe reflejar el costo más alto del petróleo extranjero. Use el precio de mercado de la gasolina en ausencia de controles del precio, que es aproximadamente de 71,8 centavos por galón. Esta cifra produce una estimación de **$2,51 billones** (71,8 centavos x 3,5 billones de gasolina) en beneficios por gasolina ahorrada.	*¿Por qué no usar el precio de mercado? No hay forma de determinar si un galón marginal de gasolina será importado o si proviene de reservas domésticas. Además, los costos y beneficios de la LNMV no deben ser distorsionados simplemente porque el gobierno de los Estados Unidos no tiene una política energética orientada al mercado. En 1974, el costo de la gasolina era de 52,8 centavos por galón y, por tanto, un galón de gasolina ahorrado costaba 52,8 centavos (2,73 billones de galones* x *$0,52 =* ***$1,45 billones****).*
2. Un beneficio importante de segundo orden de la LNVM fue la disminución de 9.038 muertes de tránsito, de 55.087 en 1973 a 46.049 en 1974. Parte de la disminución es atribuible a la reducción de las velocidades de tránsito. Estudios del Consejo Nacional de Seguridad estiman que hasta el 59 por ciento del descenso de muertes era el resultado del límite de velocidad. Aplicando esta proporción a la disminución de muertes se obtiene una estimación de 5.332 (9.038 x 0,59) vidas salvadas. El consenso de varios estudios es que una muerte de tránsito cuesta $240.000 en dólares de 1974. Usando esta cifra, el valor de vidas salvadas en 1974 se estima en **$1.279,7 billones** (5.332 x $240.000).	*De acuerdo*

(*Continúa*)

TABLA C5.2

Pasos	Crítica
3. La LNVM también redundó en una reducción de lesiones no fatales. Use la cifra del 59 por ciento determinada en los estudios de accidentes fatales. Entre 1973 y 1974, las lesiones de tránsito no fatales decrecieron en 182.626. La aplicación de los porcentajes estimados resulta en 107.749 lesiones evitadas. Generalmente, se identifican tres niveles de lesiones: 1) discapacidad total permanente, 2) discapacidad parcial permanente y desfiguración permanente, y 3) lesión no permanente. En 1971, la proporción de lesiones de tránsito en cada categoría era 0,2 por ciento, 6,5 por ciento y 93,3 por ciento, respectivamente. La Administración Nacional de Seguridad del Tráfico en Carreteras estimaba que en 1971 el costo promedio de cada tipo de lesión era de $260.300, $67.100 y $2.465, respectivamente. La lesión promedio cuesta, por tanto, $8.745 en dólares de 1974. La aplicación de esta cifra a nuestra estimación de lesiones resulta en **$942,3 millones** ($8.745 x 107.749) como beneficio de la reducción de lesiones.	*De acuerdo*
4. El beneficio final de la reducción en daños a la propiedad cayó de $25,8 millones a $23,1 millones. Aproximadamente el 50 por ciento de esta reducción fue el resultado de velocidades más bajas. La LNVM ahorró 1,3 millones de casos de daño a la propiedad con un costo promedio de $363. Por consiguiente, el beneficio total de daños materiales prevenidos es **$472 millones** (1,3 millones x $363).	*De acuerdo*
Conclusión	
Una estimación de costos y beneficios de la LNVM es la siguiente (todas las cifras en billones):	Una estimación rival de costos y beneficios de la LNVM es la que sigue (todas las cifras en billones):
Costos Tiempo gastado viajando $6,01 Aplicación de la ley $0,000810 $6,01	*Costos* Tiempo gastado viajando $9,8 Aplicación de la ley $0,012 $9,81
Beneficios Gasolina ahorrada $2,51 Vidas salvadas $1,28 Lesiones prevenidas $0,000942 Daños materiales evitados $0,000472 $3,79	*Beneficios* Gasolina ahorrada $1,45 Vidas salvadas $1,28 Lesiones prevenidas $0,000942 Daños materiales evitados $0,000472 $2,73
Beneficios netos: $3,79 - $6,01 = -$2,22 billones Razón beneficios costos: 0,63	Beneficios netos: $2,73 - $9,81 = -$7,08 billones Razón beneficios costos: 0,28

Fuente: Los pasos y datos fueron sugeridos por Clotfelter y Hahn (1978): 281–294. Los comentarios críticos se basan en Lave (1978): 12.

CAPÍTULO 6

MONITOREO DE RESULTADOS OBSERVADOS DE POLÍTICA PÚBLICA

OBJETIVOS DE APRENDIZAJE

Mediante el estudio de este capítulo, usted debe ser capaz de:

- Distinguir el monitoreo de otros métodos analíticos de política pública
- Describir las principales funciones del monitoreo
- Distinguir insumos, actividades, productos, resultados e impactos de política pública
- Comparar y contrastar contabilidad de sistemas sociales, auditoría social, experimentación de política pública, síntesis de investigación y práctica profesional, revisión sistemática y metaanálisis
- Definir e ilustrar amenazas a la validez de experimentos, cuasiexperimentos y experimentos naturales
- Desarrollar análisis de series de tiempo interrumpidas y de series de control para explicar resultados de política pública

INTRODUCCIÓN

Las consecuencias de las políticas públicas nunca se conocen plenamente de antemano. Por esta razón, el procedimiento analítico de política pública del monitoreo es esencial en el análisis de política pública. Desde luego, gran parte del trabajo de análisis de política pública se lleva a cabo después de que las políticas se han prescrito y adoptado[1]. Aunque la prescripción proporciona conocimiento valioso sobre lo que debe hacerse para solucionar un problema, solamente monitoreando los resultados de una política se puede determinar si la política se ha implementado con éxito[2]. El monitoreo ayuda a responder una pregunta práctica profundamente importante: ¿funciona la política pública?[3]

EL MONITOREO EN EL ANÁLISIS DE POLÍTICA PÚBLICA

El *monitoreo* permite la producción de conocimiento sobre causas y consecuencias de las políticas públicas. En virtud de que investiga las relaciones entre operaciones de política y resultados observados, el monitoreo es la fuente primaria de conocimiento sobre el éxito de los esfuerzos en la implementación de políticas públicas. El monitoreo va más allá de las prescripciones normativas del análisis económico estableciendo premisas factuales sobre las políticas públicas. El monitoreo se ocupa principalmente de formular premisas factuales, mientras que la evaluación (Capítulo 7) se ocupa de establecer premisas de valor. Si bien las premisas factuales y de valor se hallan en flujo continuo, y "hechos" y "valores" son interdependientes, solamente el monitoreo produce declaraciones factuales durante y después de que las políticas se han adoptado e implementado (*ex post*).

El monitoreo desempeña varias funciones en el análisis de política pública: conformidad, auditoría, contabilidad, y descripción y explicación.

- *Conformidad.* El monitoreo ayuda a determinar si las acciones de los administradores de programas se hallan conformes con las normas, valores y estándares establecidos por órganos legislativos, agencias regulatorias y asociaciones profesionales. Por ejemplo, el Programa Permanente de Monitoreo del Aire de la Agencia de Protección Ambiental produce conocimiento sobre los niveles de contaminación para determinar si las industrias están cumpliendo con los estándares federales de calidad del aire.
- *Auditoría.* El monitoreo contribuye a descubrir si recursos y servicios destinados a grupos objetivo y beneficiarios realmente les llegan; por ejemplo, receptores de servicios sociales o municipios que califican para subvenciones federales y estatales. Mediante el monitoreo de la distribución de los ingresos federales, podemos determinar el grado en que los fondos están llegando a los gobiernos locales[4].
- *Contabilidad.* El monitoreo produce conocimiento útil para contabilizar los cambios sociales y económicos que siguen a la implementación de políticas a lo largo del tiempo. Por ejemplo, cambios en el bienestar pueden monitorearse con indicadores sociales como educación promedio, porcentaje de la población por debajo de la línea de pobreza y vacaciones anuales pagadas

1 Graham T. Allison, *Essence of Decision: Explaining the Cuban Missile Crisis* (Boston, MA: Little Brown, 1971).

2 Fuentes únicas de estudios de políticas basadas en la evidencia que "funcionan" son la Colaboración Campbell (www.campbellcollaboration.org) y la Colaboración Cochrane en medicina y política de salud (www.cochranecollaboration.org).

3 Un marco práctico útil para el análisis de la implementación es R. Kent Weaver, "But Will It Work? Implementation Analysis to Improve Government Performance", *Issues in Governance Studies* 32 (febrero de 2010), pp. 1–17.

4 Richard P. Nathan y otros, *Monitoring Revenue Sharing* (Washington, DC: Brookings Institution, 1975).

promedio[5]. El Banco Mundial, la Unión Europea, la Organización para la Unidad Africana*, las Naciones Unidas, los Estados Unidos y otros cuerpos nacionales e internacionales emplean indicadores sociales para monitorear cambios en la calidad de vida[6].

- *Descripción y explicación.* El monitoreo también genera conocimiento que ayuda a explicar por qué resultados de políticas y programas públicos derivan en resultados particulares. La Colaboración Campbell, que se ha extendido por más de cuarenta países, es un archivo de experimentos de campo en educación, trabajo, justicia penal, vivienda, trabajo social y otras áreas. La Colaboración Campbell y la organización paralela en medicina y salud pública, la Colaboración Cochrane, tienen como objetivo la política pública basada en la evidencia y la medicina basada en la evidencia[7].

Fuentes de información

Para monitorear políticas requerimos información que sea relevante, confiable y válida. Si deseamos saber sobre las consecuencias de programas diseñados para brindar oportunidades educativas a niños no privilegiados, necesitamos información que no solo documente los obstáculos para alcanzar oportunidades educativas en general, sino también información que contenga respuestas sobre factores específicos que los formuladores de política puedan manipular para inducir mayores oportunidades. La información del primer tipo se denomina apropiadamente *macronegativa*, mientras que la del segundo tipo se describe mejor como *micropositiva.* La información adquirida mediante el monitoreo debe ser además fiable, lo cual significa que las observaciones deben ser razonablemente precisas, fidedignas e internamente consistentes. Por ejemplo, hemos sabido durante muchos años que la información sobre el delito no es confiable en un factor de aproximadamente 2,5 a 1, esto es, hay entre dos y tres veces más delitos realmente cometidos que los reportados a la policía[8]. Finalmente, también deseamos saber si la información sobre resultados de política está midiendo en realidad lo que pensamos que es, esto es, si las mediciones son válidas. Si estamos interesados en delitos violentos, por ejemplo, la información sobre delitos en general (que incluye robo de autos y delitos de cuello blanco) no será una medida válida de los tipos de resultados de política en los que estamos interesados[9]. Otros destacados sistemas de monitoreo son los *Worldwide Governance Indicators* (WGI) (*Indicadores mundiales de gobernanza*). La validez de los WGI, definida en términos de validez convergente y discriminante, se ha investigado con resultados que sugieren que este sistema de monitoreo tiene validez limitada[10].

5 Ver, por ejemplo, Angus Deaton, "Income, Health, and Well-Being Around the World: Evidence from the Gallup World Poll", *The Journal of Economic Perspectives* 22, 2 (2008): 53–72; y Tom Rath y Jim Harter, *Wellbeing: The Five Essential Elements* (New York: Simon and Schuster, 2010).

* *N. del t.*: Esta organización fue reemplazada en 2002 por la Unión Africana.

6 Ver World Bank, *World Development Indicators*, en http://data.worldbank.org/indicator; Anthony Barnes Atkinson, *Social Indicators: The EU and Social Inclusion* (New York: Oxford University Press, 2003); Duncan MacRae Jr., *Policy Indicators: Links between Social Science and Public Debate* (Chapell Hill: The University of North Carolina Press, 1985); Office of Management and the Budget, *Social Indicators, 1973* (Washington, DC: U.S. Government Printing Office, 1974).

7 La fuente preeminente sobre estas cuestiones es William R. Shadish, Thomas D. Cook y Donald T. Campbell, *Experimental and Quasi Experimental Designs for Generalized Causal Inference* (Belmont, CA: Wadsworth, Cengage Learning, 2002). Ver también William N. Dunn, ed. y contribuyente, *The Experimenting Society: Essays in Honor of Donald T. Campbell* (New Brunswick, NJ: Transaction, 1998). Fuentes pioneras en esta tradición son Alice Rivlin, *Systematic Thinking for Social Action* (Washington, DC: Brookings Institution, 1971); y George W. Fairweather y Louis G. Tornatzky, *Experimental Methods for Social Policy Research* (Oxford y New York: Pergamon Press, 1977).

8 Las estimaciones originales se hallan en R. H. Beattie, "Criminal Statistics in the United States", *Journal of Criminal Law, Criminology, and Police Science* 51 (mayo 1960) 49–51.

9 Ver Wesley G. Skogan, "The Validity of Official Crime Statistics; An Empirical Investigation", *Social Science Quarterly* 55 (junio 1974): 25–38.

10 Melissa A. Thomas, "What Do the Worldwide Governance Indicators Measure?", *The European Journal of Development Research* 22, 1 (2010): 31–54.

La información sobre resultados de política se reúne regularmente en varios puntos del tiempo a un considerable costo para los gobiernos federal, estatales y locales, institutos privados de investigación y universidades. Parte de esta información es general -por ejemplo, la información sobre las características sociales, económicas y demográficas de la población en su conjunto- y parte es más específica porque trata de regiones, estados, municipios y otras subpoblaciones dentro de la sociedad. La Oficina del Censo de los EUA, la Oficina de Estadísticas Laborales de los EUA, oficinas y centros de información anexos a agencias y a institutos federales, varios centros de investigación sin ánimo de lucro, y agencias de la Unión Europea y de las Naciones Unidas publican información sobre resultados de política[11].

Además de estas fuentes, agencias federales, estatales y municipales producen informes sobre programas y proyectos especiales en educación, salud, bienestar, trabajo, empleo, crimen, energía, contaminación, asuntos internacionales y otras áreas. Centros de investigación, institutos y universidades también mantienen archivos de datos que contienen una amplia variedad de datos políticos, sociales y económicos, y hay una gran cantidad de libros, monografías, artículos e informes escritos por investigadores aplicados de todo el país. Mucha de esta información puede obtenerse a través de sistemas de información en línea, incluidos *JSTOR* para publicaciones académicas y *PolicyFile*, un recurso único sobre investigación de política pública en los EUA. *PolicyFile* contiene información actualizada y pertinente de más de trescientos cincuenta centros de pensamiento de política pública, organizaciones no gubernamentales, institutos de investigación, centros universitarios, grupos de apoyo y otras entidades. Hay cubiertos más de setenta y cinco temas de política pública, desde política exterior hasta política doméstica[12]. *Google Scholar* también cubre estudios académicos de políticas y programas revisados por pares así como estudios producidos por agencias gubernamentales en los niveles nacional e internacional y por organizaciones no gubernamentales de variada índole.

Cuando los datos y otro tipo de información no están disponibles en las fuentes existentes, el monitoreo puede llevarse a efecto mediante alguna combinación de cuestionarios, entrevistas, observaciones de campo y uso de registros oficiales[13]. Debido a que la mayoría de los analistas no realizan investigación original -dado que la financiación y el tiempo requeridos para tal investigación son escasos- algunas de las fuentes principales para muchos análisis son los archivos de datos existentes e informes publicados y no publicados. Cuando hay financiación disponible para el monitoreo, lo que aquí se llama monitoreo hace parte del área amplia de la evaluación de programas[14].

Causas y efectos relevantes para la política pública

En el monitoreo de resultados de política pública hay varias clases de efectos relevantes para la política pública. *Resultados de política pública* (*policy outcomes*) son bienes, servicios y recursos realmente recibidos por grupos objetivo y beneficiarios como efecto de una política o programa. Sin embargo, los gastos de bienestar per cápita y las unidades de alimentos empacados producidas por *Meals on Wheels*

11 Para guías de referencias de datos, archivos, indicadores sociales, escalas e índices, ver Delbert C. Miller y Neil J. Salkind, *Handbook of Research Design and Social Measurement*, 6a. ed. (Beverly Hills, CA: Sage Publications, 2002).

12 El LRU para *PolicyFile* es www.policyfile.com.

13 Una guía completa y sistemática sobre encuestas por correo, teléfono y electrónicas es Don A. Dillman, Jolene D. Smyth y Leah Melani Christian, *Internet, Mail, and Mix-Mode Surveys: The Tailored Design Method* (Hoboken, NJ: John Wiley, 2009).

14 Libros y manuales representativos sobre evaluación de programas son Peter H. Rossi, Mark W. Lipsey y Howard E. Freeman, *Evaluation: A Systematic Approach* (Thousand Oaks, CA: Sage Publications, 2003); Carol H. Weiss, *Evaluation: Methods for Studying Programs and Policies*, 2a. ed. (Upper Saddle River, NJ: Prentice Hall, 1998); Michael Quinn Patton, *Essentials of Utilization-Focused Evaluation* (Sage Publications, 2011); y P. J. Gertler, S. Martínez, P. Premand, L. B. Rawlings y C. M. Vermeersch, *Impact Evaluation in Practice* (Washington, D.C.: World Bank Publications, 2011). Como ya se indicó, la fuente preeminente sobre evaluación de programas y sobre la ciencia social aplicada en general, es Shadish, Cook y Campbell, *Experimental and Quasi-Experimental Designs for Generalized Causal Inference* (2002).

son ejemplos de *productos de política pública* (*policy outputs*) y no de *resultados de política*. En contraste con los resultados de política, los *impactos de política pública* (*policy impacts*) son cambios a largo plazo en el conocimiento, las actitudes o las conductas que derivan de *resultados* de política. Por ejemplo, mientras que las unidades de alimentos empacados consumidas por personas de edad son un apropiado indicador de resultado, la salud y el bienestar a largo plazo de las personas mayores que han consumido el alimento provisto por *Meals on Wheels* son un *impacto de política* mensurable. En forma similar, el número de camas hospitalarias por cada mil personas es un *producto de política*, que es consecuencia de numerosos *insumos* humanos y materiales y de *actividades*. Sin embargo, para monitorear resultados e impactos de política tenemos que determinar cuántos beneficiarios de admisión al hospital experimentaron mejoras en el estado de salud a corto y largo plazo.

Para explicar variaciones en productos, resultados e impactos de política, es necesario rastrearlas hasta insumos y actividades de política previos. La relación entre insumos, actividades, productos, resultados e impactos puede visualizarse como un complejo mecanismo causal (Figura 6.1)[15]. *Insumos de política pública* (*policy inputs*) son los recursos humanos y materiales -tiempo, dinero, personal, suministros, tecnología- usados para generar actividades, productos, resultados e impactos. Un buen ejemplo de insumos de política es el presupuesto de un programa, que es un conjunto sistemático de cuentas que asigna los recursos necesarios para llevar a cabo las actividades del programa. *Actividades de política pública* son, a su turno, las funciones de planeación, administración, investigación y desarrollo, presupuestación, recursos humanos y capacitación realizadas para generar productos, resultados e impactos. Todo el mecanismo causal se ilustra en la Figura 6.1. Aunque la figura muestra una relación lineal, en la práctica hay retroalimentación, bucles de retroalimentación y cortocircuitos.

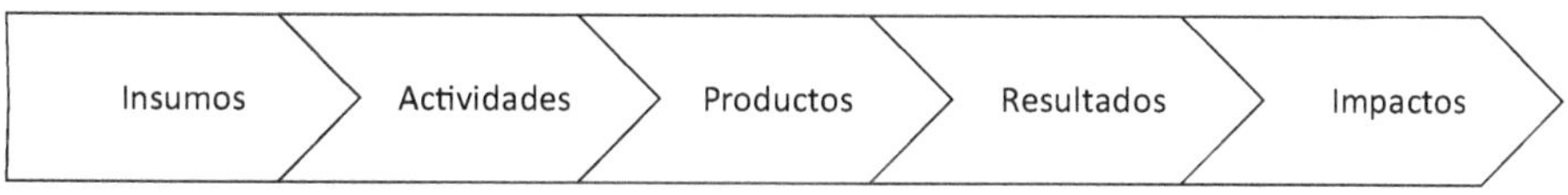

FIGURA 6.1 Mecanismo causal: insumos, actividades, productos, resultados e impactos

Al monitorear elementos del mecanismo causal, es importante distinguir entre grupos objetivo y beneficiarios. *Grupos objetivo* son individuos, organizaciones, comunidades, regiones, estados o provincias sobre los cuales se diseñan políticas y programas para que tengan un efecto. Sin embargo, *beneficiarios* son grupos para los que los efectos son beneficiosos o valiosos[16]. Por ejemplo, las empresas industriales y manufactureras son objetivos de los programas federales administrados por la Administración de Seguridad y Salud Ocupacional, pero los trabajadores son los beneficiarios.

Políticas y programas se pueden caracterizar en términos de actividades y actitudes organizacionales y políticas que configuran la transformación de insumos de política pública en resultados e impactos

15 El mecanismo causal presentado en la Figura 6.1 se basa en la causalidad descriptiva, no en la explicativa, como sucede en la mayoría de los experimentos de campo. Una comprehensiva discusión de los mecanismos causales la ofrece John Gerring, "Causal Mechanisms: Yes, But …", *Comparative Political Studies* 43, 1 (2010): 1499–1526.

16 La distinción entre grupos objetivo y beneficiarios expresa un contraste similar al de Lowi, quien distinguía entre políticas distributivas, regulativas y redistributivas. Theodore J. Lowi, "American Business, Public Policy, Case Studies, and Political Theory", *World Politics* 16 (julio 1964): 689–690 ["Políticas públicas, estudios de caso y teoría política", en Luis Aguilar Villanueva (ed.), *La hechura de las políticas* (México: Miguel Ángel Porrúa, 2007), pp. 89–117]; y Charles O. Jones, *An Introduction to the Study of Public Policy*, 2a. ed. (North Scituate, MA: Duxbury Press, 1977), pp. 223–225. Varios escritores mezclan grupos objetivo y beneficiarios al no distinguir los tipos de efectos de las políticas. Por ejemplo, Anne Schneider y Helen Ingram, "Social Construction of Target Populations: Implications for Politics and Policy", *American Political Science Review* 8, 2 (1993): 334–347.

de política pública*. Por ejemplo, conflictos entre el personal de la organización y la administración, la insatisfacción con las condiciones de trabajo o procedimientos inflexibles en la toma de decisiones pueden explicar por qué programas que tienen los mismos insumos de recursos producen niveles más bajos de productos. El punto importante es distinguir entre insumos, actividades y productos, por una parte, y resultados e impactos, por otra. No hacerlo es como medir "el número de veces que un pájaro bate sus alas sin hacer el esfuerzo por determinar qué tan lejos ha volado"[17]. En la Tabla 6.1 se ilustran insumos, actividades, productos, resultados e impactos en áreas como la justicia penal, el gobierno municipal y el bienestar social.

TABLA 6.1 Insumos, actividades, productos, resultados e impactos en tres áreas temáticas

Área temática	*Insumos*	*Actividades*	*Productos*	*Resultados / Impactos*
JUSTICIA PENAL	Gastos en salarios, computadores, mantenimiento	Arrestos Capacitación policial Patrullajes	Delincuentes arrestados por cada 100.000 delitos conocidos	Delincuentes condenados por cada 100.000 delitos conocidos
SERVICIOS MUNICIPALES	Gastos en trabajadores y equipo de saneamiento	Entrenamiento y promoción de trabajadores	Total de residencias atendidas	Toneladas de basura recolectada Calles limpias
BIENESTAR SOCIAL	Número de trabajadores sociales	Reuniones con beneficiarios de asistencia social	Casos de asistencia social por trabajador social	Estándar de vida de adultos que viven con niños dependientes Autosuficiencia

Definiciones e indicadores

Nuestro éxito en obtener, analizar e interpretar datos sobre resultados de política depende de nuestra capacidad para construir medidas confiables y válidas. Una forma de construir medidas es empezar especificando los constructos y variables que nos interesa monitorear. Un *constructo* es un concepto que se define con fines de investigación social y de política pública. Los constructos se definen constitutivamente, especificando las propiedades formales que los distinguen de otros conceptos. Por ejemplo, retornando al mecanismo causal descrito en la Figura 6.1, un constructo relacionado con insumos de política es "presupuesto", que se puede definir constitutivamente como un *conjunto de ingresos y gastos propuestos o formalmente apropiados y desarrollados para apoyar actividades de un programa o una política*. Esta definición constitutiva, a veces denominada definición léxica o de "diccionario", precede a la definición operacional que estipula las propiedades clave de un constructo.

Una *definición operacional*, que se desprende de la definición constitutiva, describe las operaciones requeridas para observar y medir el constructo constitutivamente definido. Una *definición operacional* de "presupuesto" es un conjunto de ingresos y gastos propuestos o formalmente apropiados *que se*

* *N. del t.*: "Actividades y actitudes organizacionales y políticas que configuran la transformación de insumos de política pública en resultados e impactos de política pública": tal es la definición de *procesos de política pública* (*policy processes*) que el autor proporciona en la cuarta edición del presente libro. Este término aparecerá varias veces más adelante en este capítulo y en el siguiente.

17 Edward A. Suchman, *Evaluative Research: Principles and Practice in Public Service and Social Action Programs* (New York: Russell Sage Foundation, 1969), p. 61.

observan y miden con un instrumento de codificación que registra la magnitud de los ingresos y gastos apropiados cada año fiscal. Una *variable*, derivada de constructos operacionalmente definidos, es cualquier característica de una persona, evento, acción u objeto que toma diferentes valores numéricos dentro de un rango. Una *constante* es una característica que no varía. Ejemplos de variables de resultado e impacto de política incluyen oportunidades educativas, seguridad pública y calidad del aire. Debido a que con frecuencia carecemos de definiciones fiables y válidas de estas y otras variables, se ha desarrollado una serie de técnicas apropiadas para evaluar la confiabilidad y validez de escalas, índices, pruebas, cuestionarios y esquemas de entrevistas[18].

Hay definiciones operacionales alternativas de la misma variable. Esto crea problemas de interpretación. Por ejemplo, puede ser difícil saber si uno, varios o todos los indicadores siguientes son medidas adecuadas del impacto de políticas de control del delito: arrestos por agente de policía, arrestos por delito conocido, la razón entre arrestos falsos y totales, número de delitos aclarados, número de condenas, número de ciudadanos que denuncian ser víctimas de delincuentes, sentimientos de seguridad personal de los ciudadanos. En virtud de que la relación entre variables e indicadores es compleja, a menudo es deseable usar múltiples indicadores de la misma variable de resultado[19]. A veces es posible construir un *índice*, esto es, una combinación de varios indicadores que juntos proporcionan una mejor medida de resultados e impactos que uno o dos indicadores. Entre los muchos tipos de índices usados en el análisis de política pública están los índices de costo de vida, contaminación, gravedad del delito, consumo de energía, estado de la atención en salud, centralización administrativa, bienestar social y económico, y calidad de la vida laboral[20].

ENFOQUES DE MONITOREO

El monitoreo se puede descomponer en varios enfoques identificables: contabilidad de sistemas sociales, auditoría social, experimentación de política pública, síntesis de investigación y práctica profesional, y metaanálisis. Estos enfoques pueden contrastarse en términos de dos propiedades principales (Tabla 6.2):

TABLA 6.2 Contrastes entre cinco enfoques de monitoreo

Enfoque	Tipos de control	Tipo de información requerida
Contabilidad de sistemas sociales	Estadístico y gráfico	Información disponible
Experimentación social	Manipulación directa de variables independientes Estadístico y gráfico	Información nueva
Auditoría social	Estadístico y gráfico	Información nueva
Síntesis de investigación y práctica profesional	Estadístico y gráfico	Información disponible
Metaanálisis	Estadístico y gráfico	Información disponible

18 Richard A. Zeller y Edward G. Carmines, *Measurement in the Social Sciences: The Link between Theory and Data* (New York: Cambridge University Press Archive, 1980); Kerlinger y Lee, *Foundations of Behavioral Research*, 4a. ed., pp. 621–688.

19 El caso general para indicadores múltiples puede encontrarse en Eugene Webb y otros, *Unobtrusive Measures: Nonreactive Research in the Behavioral Sciences* (Chicago, IL: Rand McNally, 1966). Para aplicaciones en justicia penal y otras áreas, ver Roger B. Parks, "Complementary Measures of Police Performance", en *Public Policy Evaluation*, ed. de Kenneth M. Dolbeare (Beverly Hills, CA: Sage Publications, 1975), pp. 185–218.

20 Sobre los varios tipos de índices, ver referencias en Miller y Salkind, *Handbook of Research Design and Social Measurement*, Part IV; James L. Price, *Handbook of Organizational Measurement* (Lexington, MA: D. C. Heath and Company, 1972);

1. *Tipos de controles.* Los enfoques de monitoreo difieren en términos del control que ejercen sobre insumos, actividades y productos de políticas y programas. Solo uno de estos enfoques (experimentación de política pública) involucra controles directos prospectivos. Los otros cuatro enfoques ejercen control estadísticamente, midiendo en forma retrospectiva cuánto de la variación en resultados e impactos se puede explicar por variaciones en insumos, actividades y productos, así como por factores externos a la política o programa. No hay un solo tipo de experimentación social, sino varios: el ensayo controlado aleatorio o experimento aleatorio, el cuasiexperimento, el experimento de discontinuidad en la regresión y el experimento natural[21].
2. *Tipos de información requerida.* Los enfoques de monitoreo difieren según sus respectivos requerimientos de información. Algunos enfoques (experimentación de política y auditoría social) demandan la reunión de información nueva. La contabilidad de sistemas sociales puede requerir información nueva o no, mientras que la síntesis de investigación y práctica profesional y el metaanálisis descansan exclusivamente en información disponible.

Estos cinco enfoques también tienen otros rasgos comunes. En primer lugar, cada uno de ellos tiene que ver con el monitoreo de *resultados e impactos relevantes para la política pública.* Adicionalmente, la auditoría social busca información sobre si los recursos/insumos llegan a los beneficiarios previstos. Cada enfoque trata con variables relevantes para los formuladores de política pública porque son indicadores de insumos, actividades, productos, resultados e impactos de política pública. Los formuladores de política pueden manipular algunas variables relevantes para la política (*e.g.*, insumos de recursos o nuevos procesos para la prestación de servicios), mientras que otras no pueden serlo. Estas variables no manipulables incluyen precondiciones, que están presentes antes de emprender las acciones (*e.g.*, la edad promedio o los valores culturales de un grupo objetivo), así como eventos imprevistos que acontecen en el curso de la implementación de la política (*e.g.*, rotación súbita de personal, huelgas o desastres naturales).

Un segundo rasgo común de estos enfoques es que están *centrados en metas.* Esto significa que los resultados de política pública se monitorean porque se cree que ellos aumentan la satisfacción de alguna necesidad, valor u oportunidad -esto es, los resultados se ven como formas de resolver un problema de política pública. Al mismo tiempo, algunos resultados de política se monitorean porque ellos pueden inhibir la satisfacción de alguna necesidad, valor u oportunidad. Nótese además que las variables no manipulables, es decir, las precondiciones de política pública y los eventos imprevistos, también se centran en metas en la medida en que se sabe que afectan los resultados de política.

Un tercer rasgo común de estos enfoques es que están *orientados al cambio.* Cada enfoque procura monitorear el cambio, analizando cambios en los resultados a lo largo del tiempo, comparando tales

Dale G. Lake y otros, *Measuring Human Behavior* (New York: Columbia University Teachers College Press, 1973); Paul N. Cheremisinoff, ed., *Industrial Pollution Control: Measurement and Instrumentation* (Westport, CT: Techonomic Press, 1976); Leo G. Reader y otros, *Handbook of Scales and Indices of Health Behavior* (Pacific Palisades, CA: Goodyear Publishing, 1976); Lou E. Davis y Albert B. Cherns, *The Quality of Working Life*, vol. I (New York: Free Press, 1975); y Albert D. Biderman y Thomas F. Drury, eds., *Measuring Work Quality for Social Reporting* (New York: Wiley, 1976). Datos apropiados para construir escalas e índices se hallan en www.data.gov.

21 Organizaciones que incluyen al Banco Mundial y al Instituto de Ciencias de la Educación del Departamento de Educación de los EUA ejecutan y reportan muchos ensayos controlados aleatorios. Otros recursos incluyen al Consorcio para la Política Pública Basada en la Evidencia, la Colaboración Campbell y la Colaboración Cochcrane. Todas estas fuentes tienen páginas web y LRU. Tres libros proporcionan excelente cobertura multidisciplinaria de todos los tipos de experimentos sociales: Shadish, Cook y Campbell, *Experimental Designs for Generalized Causal Inference*; P. J. Gertler, S. Martínez, P. Premand, L. B. Rawlings y C. M. Vermeersch, *Impact Evaluation in Practice* (Washington, D.C.: World Bank Publications, 2011); y Joshua Angrist y Jörn-Steffen Pischke, *Mostly Harmless Econometrics: An Empiricist's Companion* (Princeton: Princeton University Press, 2009).

cambios a través de dos o más programas, proyectos o localidades, o usando alguna combinación de los dos. Si bien algunos enfoques (contabilidad de sistemas sociales) se orientan hacia cambios de nivel macro en sociedades, estados, regiones y comunidades, otros enfoques (auditoría social y experimentación social) se orientan ante todo hacia cambios de nivel micro en programas y proyectos.

Finalmente, cada enfoque está interesado en *medidas tanto objetivas como subjetivas* de acciones y resultados de política pública. Por ejemplo, todos los enfoques proporcionan medidas de resultados objetivos tales como unidades de atención en salud recibidas, lo mismo que medidas de resultados subjetivos como la satisfacción con los servicios médicos y de salud. Indicadores objetivos se basan a menudo en datos disponibles (*e.g.*, materiales censales), mientras que los subjetivos se basan en nuevos datos adquiridos mediante encuestas o entrevistas muestrales. En algunos casos, medidas objetivas y subjetivas se apoyan en información disponible y nueva. Por ejemplo, estudios anteriores se pueden repetir (replicar) para obtener información nueva que puede entonces compararse con información antigua en un esfuerzo por monitorear la dirección y la velocidad del cambio social[22].

La Figura 6.2 representa un marco general de referencia para el monitoreo en el análisis de política pública.

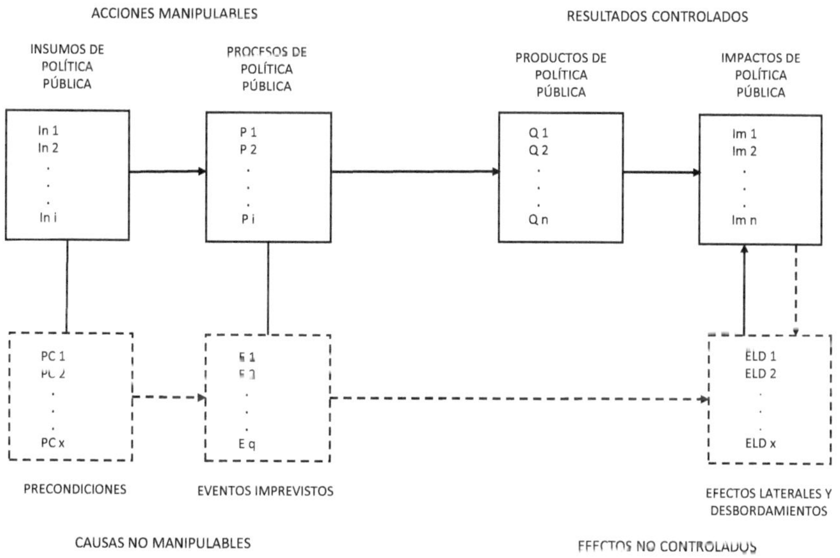

FIGURA 6.2 Marco general de referencia para el monitoreo en el análisis de política pública

Nota: Las líneas continuas indican efectos sobre acciones manipulables y resultados controlados. Las líneas discontinuas indican eventos imprevistos, efectos laterales y desbordamientos. Efectos laterales y desbordamientos son impactos secundarios no controlables que pueden ampliar o inhibir la satisfacción de necesidades, valores y oportunidades.

Contabilidad de sistemas sociales

Con este marco general en mente, podemos proceder a contrastar los enfoques de monitoreo. La *contabilidad de sistemas sociales* es un enfoque y un conjunto de métodos que permiten a los analistas

22 Esta combinación de vieja y nueva información se denomina *replicación de estudios de línea de base*. Ver Otis Dudley Duncan, *Toward Social Reporting: Next Steps* (New York: Russell Sage Foundation, 1969).

monitorear cambios en las condiciones objetivas y subjetivas a lo largo del tiempo[23]. El término *contabilidad de sistemas sociales* proviene de un reporte publicado por la Comisión Nacional de Tecnología, Automatización y Progreso Económico, organismo establecido en 1964 para examinar las consecuencias sociales del desarrollo tecnológico y el crecimiento económico. El informe de la comisión recomendaba al gobierno federal que estableciera un "sistema de cuentas sociales" que sirviera como contraparte de las cuentas económicas nacionales[24]. Varios años antes, un proyecto adelantado por la Academia Americana de Artes y Ciencias para la Administración Nacional de Aeronáutica y del Espacio exploró los impactos de segundo orden del programa espacial. Un resultado de este proyecto fue el desarrollo de métodos de monitoreo de tendencias sociales y políticas, así como económicas, y en 1966 se publicó un libro importante con el título de *Social Indicators* (*Indicadores sociales*)[25]. Si bien estos esfuerzos por desarrollar una contabilidad de sistemas sociales acontecían en los años 1960, ellos representaban realmente una continuación del trabajo iniciado en 1933 bajo los auspicios del Comité de Investigación del Presidente sobre Tendencias Sociales. Con la orientación del sociólogo William F. Ogburn, el Comité produjo un informe en dos volúmenes, *Recent Social Trends* (*Tendencias sociales recientes*), antes de que su trabajo fuese abandonado durante la depresión[26].

El trabajo sobre la contabilidad de sistemas sociales continuó durante los años 1960 y 1970. Científicos sociales interesados en indicadores objetivos y subjetivos del cambio social produjeron algunos de los principales productos de este periodo[27]. Otras importantes iniciativas provinieron de agencias federales, incluidos el Departamento de Salud, Educación y Bienestar, la Oficina de Administración y Presupuesto, y el Departamento de Trabajo[28]. Del mismo modo, organizaciones internacionales como las Naciones Unidas y la Organización para la Cooperación y el Desarrollo Económico han emprendido trabajos sobre indicadores sociales, al igual que los gobiernos de Francia, Reino Unido, Alemania, Canadá, Noruega, Suecia y Japón[29].

El principal elemento analítico de la contabilidad de sistemas sociales es el *indicador social*. Si bien hay varias definiciones de este término, el más útil es el que define los indicadores sociales como "estadísticas que miden las condiciones sociales y sus cambios a lo largo del tiempo para varios segmentos de una población. Por condiciones sociales entendemos los contextos externos (sociales y físicos)

23 La siguiente descripción se basa en Kenneth C. Land y Seymour Spilerman, eds., *Social Indicator Models* (New York: Russell Sage Foundation, 1974); y Land, "Theories, Models, and Indicators of Social Change", pp. 7–20.

24 National Commission on Technology, Automation, and Economic Progress, *Technology and the American Economy* (Washington, DC: U.S. Government Printing Office, 1966). Una influencia capital en las recomendaciones de la Comisión la ejerció el sociólogo Daniel Bell, cuya principal obra (*The Coming of Post-Industrial Society: A Venture in Social Forecasting*) se mencionó en el Caso 2.1.

25 Raymond A. Bauer, ed., *Social Indicators* (Cambridge, MA: MIT Press, 1966). El capítulo 3, de Bertram M. Gross, se titula "The State of Nation: Social Systems Accounting".

26 President's Research Committee on Social Trends, *Recent Social Trends* (New York: McGraw-Hill, 1933). La obra principal de Ogburn era *Social Change with respect to Culture and Original Nature* (New York: B. W. Huebsch, 1922)

27 Dos volúmenes complementarios se dedicaron, respectivamente, a las dimensiones objetivas y subjetivas del cambio social. Ver Eleanor B. Sheldon y Wilbert E. Moore, eds., *Indicators of Social Change: Concepts and Measurement* (New York: Russell Sage Foundation, 1968); y Angus Campbell y Philip E. Converse, eds., *The Human Meaning of Social Change* (New York: Russell Sage Foundation, 1972). Para una revisión reciente, ver "America in the Seventies: Some Social Indicators", *Annals of the American Academy of Political and Social Science* 435 (enero 1978).

28 Publicaciones relevantes son U.S. Department of Health, Education, and Welfare, *Toward a Social Report* (Washington, DC: U.S. Government Printing Office, 1969); Executive Office of the President, Office of Management and Budget, *Social Indicators, 1973* (Washington, DC: U.S. Government Printing Office, 1974); y U.S. Department of Labor, *State Economic and Social Indicators* (Washington, DC: U.S. Government Printing Office, 1973). En 1974 la Fundación Nacional para la Ciencia financió un Centro para la Coordinación de Investigación sobre Indicadores Sociales, administrado por el Consejo de Investigación en Ciencias Sociales. El Centro publica *Social Indicators Newsletter*.

29 Para una comprehensiva bibliografía anotada, ver Leslie D. Wilcox y otros, *Social Indicators and Societal Monitoring: An Annotated Bibliography* (New York: American Elsevier Publishing, 1974). La principal revista internacional es *Social Indicators Research: An International and Interdisciplinary Journal for Quality of Life Measurement*, publicada desde 1974.

e internos (subjetivos y perceptivos) de la existencia humana en una sociedad determinada"[30]. Los indicadores sociales, como se ha sugerido, son objetivos y subjetivos, porque ayudan a monitorear condiciones objetivas como la urbanización, al igual que condiciones subjetivas como la eficacia política, la alienación y la satisfacción con los servicios municipales. Los indicadores sociales se usan para monitorear el cambio en los niveles nacional, estatal y municipal[31]. Los indicadores sociales también están disponibles para monitorear aspectos especiales del cambio social tales como la contaminación, la atención en salud y la calidad de la vida laboral[32].

La lista de indicadores sociales representativos presentados en la Tabla 6.3 se extrajo de varias fuentes principales y se organizó por áreas. Nótese que varios indicadores están diseñados para monitorear estados sociales objetivos, por ejemplo, el número de personas en hospitales de salud mental estatales. Otros indicadores dependen de respuestas subjetivas, por ejemplo, personas temerosas de caminar solas en la noche. En segundo lugar, la mayoría de los indicadores se expresan en unidades de tiempo y se clasifican en forma cruzada por diversos segmentos de la población: por ejemplo, personas temerosas de caminar solas en la noche se ordenan en una serie de tiempo y se clasifican en forma discriminada por raza, edad, educación e ingreso. En tercer lugar, algunos indicadores se expresan en términos de experiencia presente y pasada, mientras que otros se afirman como metas. Por ejemplo, en los años 1970, las vacaciones anuales pagadas promedio en el sector manufacturero se expresaban como el valor en 1967 de dos semanas y como una meta en 1976–1979 de cuatro semanas. Finalmente, muchos indicadores se relacionan con resultados e impactos de políticas públicas. Por ejemplo, la tasa de participación de las mujeres entre 35 y 64 años en la fuerza laboral puede tomarse como un indicador de impactos de políticas de acción afirmativa de igualdad de oportunidades en el empleo, mientras que los índices de contaminación del aire pueden usarse para monitorear el impacto de programas implementados por la Agencia de Protección Ambiental. En suma, la mayoría de los indicadores sociales son relevantes para la política pública, están centrados en metas y orientados al cambio, se clasifican en forma cruzada, y expresan condiciones sociales objetivas y subjetivas.

Al usar indicadores sociales con fines de monitoreo, es necesario con frecuencia hacer suposiciones sobre por qué un indicador social ha cambiado a lo largo del tiempo. Por ejemplo, si el delito denunciado se utiliza para monitorear el producto de políticas de control del delito, las estadísticas oficiales de la *Federal Bureau of Investigation* (Oficina Federal de Investigación), los *Uniform Crime Reports* (*Informes estándar de delitos*), indican que los delitos denunciados por cada 100.000 habitantes menguaron el 0,3% entre 1975 y 1976, pero aumentaron el 76,2% entre 1967 y 1976. Para atribuir la diminución o el incremento a las políticas de justicia penal, es necesario suponer que los cambios en el delito son consecuencia de las acciones de política emprendidas por las autoridades policiales federales, estatales y locales. Este supuesto es cuestionable, aun cuando dispongamos de datos precisos sobre recursos de insumos (gastos en personal y equipo), una vez tengamos en cuenta la población más joven que siguió al "baby boom" de la posguerra. En muchos casos, sin embargo, estamos obligados a tratar la relación entre insumos y productos como una "caja negra" o *camera obscura*, esto es, como un área oscura desconocida que simboliza que no sabemos del mecanismo causal que transforma insumos y actividades en productos y resultados.

30 Land, "Theories, Models, and Indicators of Social Change", p. 15.

31 Sobre indicadores sociales en el nivel comunitario, ver Terry N. Clark, "Community Social Indicators: From Analytical Models to Policy Applications", *Urban Affairs Quaterly* 9, 1 (septiembre 1973): 3–36. Sobre indicadores sociales urbanos, ver M. J. Flax, *A Study in Comparative Urban Indicators: Conditions in 18 Large Metropolitan Areas* (Washington, DC: Urban Institute, 1972).

32 Una fuente comprehensiva sobre indicadores de política pública es Duncan MacRae Jr., *Policy Indicators* (Chapell Hill: University of North Carolina Press, 1985).

TABLA 6.3 Algunos indicadores sociales representativos

Área	Indicador
Salud y enfermedad	Personas en hospitales de salud mental estatales (1)
Seguridad pública	Personas temerosas de caminar solas en la noche (3)
Educación	Graduados de secundaria de 25 años y más (1)
Empleo	Tasa de participación de las mujeres en la fuerza laboral (4)
Ingreso	Porcentaje de la población por debajo de la línea de pobreza (1)
Vivienda	Hogares que viven en unidades subestándar (2)
Ocio y recreación	Vacaciones anuales pagadas promedio en el sector manufacturero (1)
Población	Población actual y proyectada (2)
Gobierno y políticas	Calidad de la administración pública (3)
Valores y actitudes sociales	Satisfacción con la vida en general y alienación (5)
Movilidad social	Cambio a partir de la ocupación del padre (1)
Ambiente físico	Índice de contaminación del aire (5)
Ciencia y tecnología	Descubrimientos científicos (7)
Bienestar	Social, en salud y bienestar general (3)
Gobernanza	Indicadores mundiales de gobernanza (WGI, en inglés) (8)

Fuentes:
(1) U. S. Department of Health, Education, and Welfare (1970).
(2) Office of Management and Budget.
(3) Andrews and Withey (2012).
(4) U. S. Department of Labor (1973).
(5) Campbell, Converse, and Rodgers (1976).
(6) Duncan (1969).
(7) National Science Board (Bianual).
(8) The World Bank, Worldwide Governance Indicators, http://info.worldbank.org/governance/wgi/index.aspx#home

El uso de indicadores sociales tiene varias ventajas. En primer lugar, los esfuerzos por desarrollar indicadores apropiados para monitorear resultados de política pueden alertarnos sobre áreas donde la información es insuficiente. Por ejemplo, si bien hay mucha información sobre servicios municipales, gran parte de esta información trata de productos, esto es, del número y tipos de servicios provistos per cápita. Información sobre resultados e impactos de las políticas de servicio municipal en los ciudadanos -por ejemplo, impactos medidos en términos de satisfacción con el transporte, el saneamiento y las instalaciones recreativas- es inadecuada en la mayoría de los casos[33]. En segundo lugar, cuando los indicadores sociales proporcionan información confiable sobre los impactos de política en grupos objetivo y beneficiarios, se hace posible modificar políticas y programas. Los indicadores sociales brindan igualmente información que ayuda a definir y estructurar problemas de política pública y a modificar alternativas existentes. Podemos encontrar, por ejemplo, que el número de graduados de la secundaria de veinticinco años y más ha aumentado, pero que la movilidad social de la población educada no ha cambiado. En este caso, podemos desear reestructurar el problema de la desigualdad social en una forma que haga menos énfasis en las oportunidades educativas como vehículo de movilidad social[34].

Los indicadores sociales también tienen varias limitaciones. La elección de ciertos indicadores (*e.g.*, el porcentaje de hogares por debajo de la línea de pobreza) refleja valores sociales particulares en lugar de otros y puede transmitir sesgos políticos de los analistas[35]. Dado que los problemas de política pública

33 Esto es evidente en publicaciones como Urban Institute, *Measuring Effectiveness of Basic Municipal Services* (Washington, DC: Urban Institute, 1974).

34 Ver Christopher Jencks y otros, *Inequality: A Reassessment of the Effect of Family and Schooling in America* (New York: Basic Books, 1972).

35 Thomas R. Dye, *Understanding Public Policy*, 3a. ed. (Englewood Cliffs, NJ: Prentice Hall, 1978), pp. 324–325 [decimoquinta edición: 2017].

son dinámicos, artificiales y subjetivos, es dudoso que cualquier indicador social pueda estar totalmente libre de los valores de quienes desarrollan y aplican el indicador con fines de monitoreo. En segundo lugar, los indicadores sociales pueden no ser directamente útiles para los formuladores de política enfrentados a elecciones prácticas. Un estudio sobre formuladores de política federales, por ejemplo, encuentra que los indicadores sociales no se consideran de gran valor instrumental[36]. Por consiguiente, si bien los indicadores sociales pueden ayudar a conceptualizar, definir y estructurar problemas, a menudo son tan generales que no pueden usarse para hallar soluciones específicas a problemas.

La mayoría de los indicadores sociales se basan en archivos de datos disponibles sobre condiciones sociales objetivas. Aunque es más fácil usar archivos de datos disponibles sobre condiciones objetivas que reunir información nueva sobre percepciones subjetivas de estas condiciones, puede ser tan importante monitorear condiciones subjetivas como monitorear las objetivas. Por ejemplo, los delitos denunciados por cada cien mil habitantes pueden disminuir, pero el sentimiento de inseguridad personal de los ciudadanos puede ser el mismo o incluso aumentar, dependiendo con frecuencia de si los políticos crean información falsa inspiradora de miedo, como lo hizo la campaña de Trump en las elecciones de 2016 en los Estados Unidos. En forma semejante, el número de familias pobres puede decrecer sin ningún cambio apreciable en las percepciones de la calidad de vida.

Finalmente, los indicadores sociales proporcionan poca información sobre las varias formas en que los insumos de política se transforman en resultados de política. Las afirmaciones sobre variaciones en resultados e impactos de política se basan en datos correlacionales y no en conocimiento de procesos causales por virtud de los cuales insumos se transforman en resultados e impactos. Se miden los insumos de política, se miden los resultados de política, y se relacionan unos y otros estableciendo su grado de asociación. Concurrentemente, se hacen esfuerzos por determinar si precondiciones y eventos imprevistos -esto es, factores ajenos a los insumos originales de política- mejoran o inhiben la producción de algún resultado. Con todo, el proceso de explicar estos efectos no relacionados con la política pública acontece después de que se han producido los resultados de política y se basa en el uso de controles estadísticos, esto es, de técnicas que permiten a los analistas observar los efectos de insumos sobre productos y resultados bajo varias condiciones estadísticas. Por ejemplo, los efectos de los gastos educativos sobre el logro escolar se analizarán separadamente para familias pobres y de clase media.

Experimentación de política pública

Una consecuencia de usar indicadores sociales es que puede ser necesario un gran número de éxitos y fracasos para determinar qué funciona y por qué. Tal enfoque ha sido asociado con la innovación aleatoria y contrastado con la experimentación sistemática[37]. La *innovación aleatoria* es el proceso de ejecutar un gran número de políticas y programas alternativos cuyos insumos no se estandarizan ni se manipulan sistemáticamente. A causa de que no hay un control directo sobre insumos, actividades y productos, los resultados e impactos de las políticas no pueden remitirse fácilmente a fuentes conocidas. En contraste, la *experimentación de política pública* es el proceso de manipular sistemáticamente políticas y programas en una forma que permite respuestas corregibles a preguntas sobre las fuentes de cambio en los resultados de política pública. La experimentación de política pública, de la que hay muchas variedades -por ejemplo, ensayos controlados aleatorios en laboratorio y escenarios de campo, cuasiexperimentación, análisis de discontinuidad en la regresión, estudios de panel-, se promueve como una manera de hallar soluciones a problemas sociales maximizando deliberadamente las diferencias

36 Nathan Caplan y otros, *The Use of Social Science Information by Policy-Makers at the Federal Level* (Ann Arbor: Institute for Social Research, Center for Research on the Utilization of Scientific Knowledge, University of Michigan, 1975).

37 Rivlin, *Systematic Thinking for Social Action*, y Rivlin, "How Can Experiments Be More Useful?", *American Economic Review* 64 (1974): 346–354.

de políticas y programas, y valorando sus consecuencias antes de efectuar inversiones a gran escala en programas no probados[38].

La experimentación de política pública se basa en procedimientos usados en entornos prácticos que involucran agricultura, educación y salud[39]. De modo contrario a la sabiduría convencional, la validez y relevancia práctica de la experimentación de política pública no se origina en los métodos del experimento clásico de laboratorio o en los elegantes experimentos de campo realizados a comienzos del siglo veinte para desarrollar nuevos algoritmos estadísticos en agronomía. Esta equivocada visión se basa en no reconocer que muchos experimentos sociales no son meras extensiones del experimento de campo aleatorizado, metodología desarrollada con muy diferentes propósitos por Jerzy Neyman (1894–1981), estadístico matemático, y Sir Ronald Fisher (1890–1962), fitogenetista y estadístico matemático. Por ejemplo, Donald T. Campbell fundamentó mucho de su trabajo inicial en experimentos de campo en educación, entre los que figura *How to Experiment in Education* (*Cómo experimentar en educación*) de W. A. McCall, quien presentaba puntos de vista sobre aleatorización y diseño de investigación que anticiparon el trabajo de Neyman, Fisher y Gossett (seudónimo "*Student*"). Los intereses de estos últimos descansan primordialmente en distribuciones de probabilidad y pruebas de significancia estadística, y no tanto en el mejoramiento de escuelas, gobiernos y economías. El trabajo de McCall se valoró por sus contribuciones prácticas al conocimiento de la práctica educativa.

El ideal normativo de la experimentación social ha sido el llamado *experimento verdadero* -esto es, un experimento en el que se aplica una intervención activa de política a grupos de tratamiento y de control aleatoriamente seleccionados con el objetivo de establecer la relevancia causal de la intervención (*e.g.*, un nuevo método de enseñanza). El experimento verdadero es un ideal normativo por virtud de su especificación de lo que se creía que eran los procedimientos metodológicamente óptimos para probar la validez de inferencias causales, inferencias que relacionan uno o más tratamientos, las presuntas causas, con uno o más resultados del tratamiento, los presuntos efectos.

El ideal operacional del experimento de política pública es, sin embargo, el *cuasiexperimento*, es decir, un experimento realizado fuera del laboratorio en un escenario de campo donde la asignación al azar de políticas a personas, grupos o contextos aleatoriamente seleccionados es impráctica, ilegal o no ética. Aunque los cuasiexperimentos pueden involucrar selección aleatoria de grupos de tratamiento y de control (pero no asignación aleatoria de un tratamiento a estos grupos), ellos están diseñados en y para escenarios de campo complejos donde múltiples contingencias están más allá del control de los experimentadores[40]. En resumen, el experimento social como forma de monitoreo tiene varias características importantes:

- *Control directo sobre los tratamientos experimentales (intervenciones de política pública).* Los analistas que usan la experimentación social controlan directamente los tratamientos experimentales (intervenciones de política pública) e intentan maximizar las diferencias entre ellos para

38 Ver, por ejemplo, Fairweather y Tornatzky, *Experimental Methods for Social Policy Research.*

39 Donald T. Campbell y Julian C. Stanley, *Experimental and Quasi-Experimental Designs for Research* (Ravenio Books, 1963/2015) [*Diseños experimentales y cuasiexperimentales en la investigación social* (Buenos Aires: Amorrortu editores, 1973)] rechazan explícitamente los tipos de diseños experimentales técnicamente complejos llevados a cabo por el agrónomo Ronald Fisher, optando en su lugar por experimentos y cuasiexperimentos de campo en educación que no siempre se basaban en asignación aleatoria. Ver también Campbell, "Reforms as Experiments", en *Handbook of Evaluation Research*, vol. 1, ed. de Elmer J. Struening y Marcia Guttentag (Beverly Hills, CA: Sage Publications, 1965), pp. 71–100. Para un punto de vista contrario que incorpora métodos cualitativos y discurso político en el marco cuasiexperimental de Campbell, ver William N. Dunn, "Reforms as Arguments", *Science Communication* 3, 3 (1982): 293–326.

40 A veces los cuasiexperimentos se denominan "experimentos naturales". Sin embargo, un experimento natural es aquel donde los efectos de un "experimento" no son deliberados, por ejemplo, un terremoto que hace que las calificaciones de la prueba de rendimiento bajen en las escuelas afectadas.

producir efectos que difieran tanto como sea posible. Un objetivo es el establecimiento de una plausible afirmación *contrafactual*, esto es, la afirmación de que el grupo experimental (objeto de la intervención de política) no habría experimentado ningún cambio en ausencia de la intervención, porque ningún cambio ocurrió en el grupo de control.

- *Asignación aleatoria.* Posibles fuentes de variación en los resultados de política, distintas de las que produce el tratamiento experimental, se eliminan mediante la selección aleatoria de las personas que participan en el experimento de política, la división aleatoria de ellas en grupos experimentales y de control, y la asignación aleatoria del tratamiento (la intervención de política) a uno de estos grupos. La asignación aleatoria minimiza los sesgos en la selección de las personas de los grupos experimentales y de control, que pueden responder de modo diferente al tratamiento experimental. Por ejemplo, los niños de familias de clase media pueden responder a un programa de educación especial en forma más positiva que los niños de familias pobres. Esto significaría que factores ajenos al programa son responsables de productos tales como puntajes más altos en lectura. Estos sesgos de selección se reducen o eliminan mediante aleatorización.

Los experimentos y cuasiexperimentos de política han sido defendidos como formas de monitorear resultados de política pública desde el *New Deal* de los años 1930[41]. Después de la Segunda Guerra, se han realizado experimentos sociales en muchas áreas de política pública: salud pública, educación compensatoria, bienestar, justicia penal, abuso de las drogas y del alcohol, control de la población, nutrición, seguridad en las carreteras y vivienda[42]. Uno de los experimentos sociales más conocidos es el *New Jersey-Pennsylvania Graduated Work Incentives Experiment* (*Experimento de incentivos laborales para graduados de Nueva Jersey-Pensilvania*), financiado por la Oficina de Oportunidades Económicas para responder preguntas sobre la reforma del sistema de bienestar social en los años 1960. Se seleccionó una muestra aleatoria de hombres sanos entre quince y cincuenta y ocho años de edad de familias de bajos ingresos de tres ciudades de Nueva Jersey (Trenton, Paterson-Passaic y Jersey City) y una de Pensilvania (Scranton). En cada ciudad, algunas familias recibieron varios niveles de ingresos garantizados y exenciones fiscales, mientras que otras no recibieron nada. En total, unas 1.350 familias participaron en el experimento.

Los críticos de la reforma de bienestar esperaban que los ingresos complementarios y las exenciones fiscales (llamadas *impuesto negativo sobre la renta*) inducirían a las personas de las familias de bajos ingresos a trabajar menos. El experimento no confirmó esta expectativa, e indicó que los grupos experimentales (sostenimiento de ingresos) y de control (no sostenimiento de ingresos) no diferían significativamente en su conducta ante el empleo, según se reflejaba en los cambios de los ingresos antes y después del experimento. De hecho, los ingresos de los grupos de sostenimiento de ingresos mostraron un aumento ligeramente mayor que los de los grupos de control.

La experimentación social tiene el potencial de mostrar precisamente si ciertas acciones de política (*e.g.*, sostenimiento de ingresos) generan ciertos resultados (*e.g.*, ingresos). La capacidad de experimentos y cuasiexperimentos de producir inferencias causales válidas sobre los efectos de las acciones de política pública en resultados e impactos se denomina *validez interna*. Cuanto mayor sea la validez interna, más confianza tendremos en que resultados e impactos de política serán consecuencia de una política. Las amenazas a la validez son condiciones especiales de personas, políticas o contextos, o

41 A. Stephen, "Prospects and Possibilities: The New Deal and New Social Research", *Social Forces* 13 (1935): 515–521. Ver Robert S. Weiss y Martin Rein, "The Evaluation of Broad-Aim Programs: A Cautionary Case and a Moral", en *Readings in Evaluation Research*, ed. de Francis G. Caro (New York: Russell Sage Foundation, 1971), pp. 37–42.

42 Ver Carl A. Bennett y Arthur A. Lumsdaine, eds., *Evaluation and Experiment* (New York: Academic Press, 1975), y Fairweather y Tornatzky, *Experimental Methods for Social Policy Research*.

características metodológicas del experimento mismo, que comprometen o disminuyen la validez de las declaraciones sobre resultados de política. De hecho, los experimentos sociales bien diseñados son una forma de reducir las amenazas a la validez interna de declaraciones sobre resultados de política[43]. Entre las amenazas más importantes a la validez interna están las siguientes:

1. *Historia.* Una cantidad de eventos imprevistos pueden ocurrir entre el momento en que se implementa una política y el punto en el cual se miden los resultados. Por ejemplo, disturbios públicos, huelgas o cambios súbitos en la opinión pública pueden representar explicaciones rivales plausibles de variaciones observadas en los resultados de política.
2. *Maduración.* Cambios dentro de los miembros de los grupos, sean estos individuos, familias o unidades sociales más amplias, pueden ejercer un efecto independiente en los resultados de política. Por ejemplo, con el paso del tiempo, las actitudes individuales pueden cambiar, el aprendizaje puede ocurrir, o las unidades geográficas pueden crecer o disminuir. Tal maduración puede explicar resultados de política.
3. *Inestabilidad.* Las fluctuaciones en una serie de tiempo pueden producir variaciones inestables en los resultados que son consecuencia de un error aleatorio o de los procedimientos para obtener información y no un efecto de las acciones de política. Dado que la mayoría de las series de tiempo son inestables, las inferencias causales sobre los efectos de las acciones en los resultados son con frecuencia problemáticas.
4. *Prueba.* El mero hecho de realizar un experimento y medir resultados puede sensibilizar a las personas de los grupos experimentales y de control a los objetivos y expectativas del experimento. Cuando esto ocurre, los resultados de política pueden ser un efecto del significado atribuido a las acciones de política por los participantes y no de las acciones mismas (*e.g.*, garantías de ingresos)[44].
5. *Instrumentación.* Cambios en el sistema de medir un resultado, antes que las variaciones en el resultado mismo, pueden ser la razón del éxito (o fracaso) de una política.
6. *Mortalidad.* Algunos miembros de los grupos experimentales o de control pueden abandonar el experimento antes de que finalice. Esto hace más difícil establecer inferencias causales. Por ejemplo, en el experimento de Nueva Jersey-Pensilvania algunas familias renunciaron antes de que el experimento concluyera.
7. *Selección.* En muchas situaciones el muestreo aleatorio no es posible, demandando así un diseño cuasiexperimental que no elimina enteramente los sesgos en la selección de los encuestados. Por ejemplo, si un grupo de niños en un programa cuasiexperimental diseñado para mejorar las habilidades de lectura proviene primordialmente de familias de clase alta donde la lectura regular es más frecuente, la diferencia entre los puntajes de lectura antes y después del programa será menos pronunciada que con niños de familias de clase baja. Esto puede

43 Para una discusión más completa de las amenazas a la validez interna y a otros tipos de validez, ver Campbell y Stanley, *Experimental and Quasi-Experimental Designs for Research*, pp. 5–6 [sobre su versión española, ver n. 39 del presente capítulo]; y Shadish, Cook y Campbell, *Experimental and Quasi-Experimental Designs for Generalized Causal Inference*.

44 Los efectos de la interpretación y la prueba son conocidos a veces como el "efecto Hawthorne", llamado así tras una serie de experimentos realizados en la planta Hawthorne de la Western Electric Company en Chicago, Illinois, en 1927–1931. El producto de los trabajadores aumentó después de que se modificaron las condiciones de trabajo y otros factores (insumos). Posteriormente, el producto siguió aumentando aun después de que las condiciones de trabajo (pausas de descanso, iluminación, etc.) se llevaron de nuevo a su estado original, en gran medida porque el experimento mismo brindó oportunidades de participación a los trabajadores. Ver Paul Blumberg, *Industrial Democracy: The Sociology of Participation* (London: Constable, 1968).

hacer que el programa parezca menos eficaz de lo que realmente es y, en algunos casos, puede incluso hacer que el experimento parezca perjudicial[45].

8. *Artefactos de regresión.* Cuando las personas de los grupos experimentales y de control se seleccionan sobre la base de características extremas (*e.g.*, niños pobres seleccionados para un programa experimental de lectura pueden ser de alto rendimiento), pueden ocurrir cambios artificiales en los puntajes de lectura como resultado de lo que se conoce como *regresión a la media*. La regresión a la media es el fenómeno estadístico donde los valores extremos de alguna característica de una población regresan o "vuelven" automáticamente al promedio de la población en su conjunto. Por ejemplo, la altura de los niños de padres muy altos o muy bajos tiende a regresar hacia la media aritmética de todos los padres. Los niños de padres muy altos y muy bajos tienden a ser, respectivamente, más bajos y más altos que sus padres y madres.

La validez interna de los experimentos y cuasiexperimentos sociales puede acrecerse mediante la investigación cuidadosamente diseñada. Generalmente, tal investigación involucra selección aleatoria, medidas repetidas de las variables de resultado a lo largo del tiempo, y medición de las medidas de resultado previas al programa para algunos de los grupos experimentales y de control, pero no para otros. El último procedimiento elimina la posibilidad de probar efectos para algunos grupos, cuyas medidas de resultado después del programa pueden compararse con las de grupos equivalentes, los resultados de los cuales se han medido antes y después de recibir los insumos[46].

La experimentación de política es más débil en el área de la *validez externa*, que se refiere a la posibilidad de generalizar inferencias causales allende el escenario particular en que se realizó el experimento. Amenazas importantes a la validez externa de declaraciones sobre resultados de política son similares a las que amenazan la validez interna, entre ellas la interpretación, la prueba y la selección. Adicionalmente, hay otras amenazas importantes para la posibilidad de generalizar declaraciones. La más importante de estas es la artificialidad. Las condiciones bajo las que se lleva a cabo un experimento pueden ser atípicas o no representativas de condiciones en otros lugares. Por ejemplo, las condiciones en Nueva Jersey y Pensilvania son diferentes de las que se presentan en San Francisco, Seattle y Anchorage, haciendo problemáticas las generalizaciones.

A menudo la experimentación social no tiene éxito en el monitoreo de procesos de política pública, incluidas las pautas de interacción entre personal y clientes y sus cambiantes actitudes y valores. Muchas de las políticas y programas más importantes son tan complejos que la experimentación social resulta en una simplificación excesiva de los procesos de política pública. Por ejemplo, la experimentación social no se adapta bien a los programas de objetivos amplios que involucran altos niveles de conflicto entre las partes interesadas o contextos donde los mismos insumos de personal, recursos y equipo son percibidos de manera completamente diferente por los distintos grupos[47]. Por estas y otras razones, se han usado varios métodos cualitativos para obtener juicios subjetivos de las partes interesadas con miras a descubrir aspectos de los procesos de política que de otro modo se pasarían por alto. Estos métodos -que

45 Ver Donald T. Campbell y A. E. Erlebacher, "How Regression Artifacts in Quasi-experimental Evaluations Can Mistakenly Make Compensatory Education Look Harmful", en *Compensatory Education: A National Debate*, vol. III, ed. de J. Hellmuth (New York: Brunner-Mazel, 1970), pp. 185–225.

46 El diseño descrito aquí es el "diseño de cuatro grupos de Solomon". La descripción completa de diseños alternativos de investigación y de su papel en reducir las amenazas a la validez interna es Fred N. Kerlinger, *Foundations of Behavioral Research*, 2a. ed., (New York: Holt, Rinehart and Winston, 1973), pp. 300–377.

47 Ver Robert S. Weiss y Martin Rein, "The Evaluation of Broad-Aim Programs: A Cautionary Case and a Moral", en *Readings in Evaluation Research*, ed. de Caro, pp. 287–296; y Ward Edwards, Marcia Guttentag y Kurt Snapper, "A Decision-Theoretic Approach to Evaluation Research", en *Handbook of Evaluation Research*, vol. I, ed. de Struening and Guttentag; pp. 139–182.

van desde la observación participativa y el uso de registros o diarios hasta sesiones grupales que se asemejan a la Delphi de política pública- son formas de complementar o reemplazar la experimentación social[48].

Auditoría social

Una de las limitaciones de la contabilidad de sistemas sociales y de la experimentación social -a saber, que ambos enfoques olvidan o simplifican en exceso los procesos de política pública- se supera en parte en la auditoría social. La *auditoría social* monitorea explícitamente las relaciones entre insumos, actividades, productos, resultados e impactos en un esfuerzo por rastrear los insumos de política pública "desde el punto en que se desembolsan hasta el punto en que son experimentados por el destinatario final previsto de esos recursos"[49]. La auditoría social, que analistas de la corporación RAND y del Instituto Nacional de Educación han utilizado en áreas de la política educativa y de jóvenes, ayuda a determinar si los resultados de política son consecuencia de inadecuados insumos de política o efecto de procesos que desvían recursos o servicios de los grupos objetivo y de los beneficiarios.

Las diferencias esenciales entre la auditoría social y otros enfoques de monitoreo se observan más fácilmente si comparamos la auditoría social con la contabilidad de sistemas sociales y la experimentación social. Se han usado variaciones de los dos últimos enfoques para monitorear políticas educativas en dos importantes estudios: *Equality of Educational Opportunity* (*Igualdad de oportunidades en educación*) y la evaluación de la *Westinghouse Learning Corporation* del programa *Head Start*[50]. En el primer caso, una variación de la contabilidad de sistemas sociales, se monitoreó la eficacia de varios niveles de recursos escolares midiendo la relación entre insumos de recursos (docentes, libros de texto, instalaciones escolares) y resultados, medidos estos en términos de los niveles de logro de los estudiantes. En el estudio de *Head Start*, que tuvo varias características de experimento social, se examinaron las relaciones entre lectura especial y actividades para el desarrollo de habilidades (insumos) y habilidades cognitivas y afectivas (productos) de los niños expuestos al programa en varias ciudades. La característica esencial de estos dos enfoques consiste en que

> se miden los insumos de política, se miden los resultados de política, y se relacionan unos y otros (con el uso, por supuesto, de controles experimentales o estadísticos para neutralizar el efecto de variables situacionales). Cualquier estructura institucional que intervenga se considera en realidad como una caja negra en la que ingresan recursos de insumos y de la que egresan resultados deseados y efectos laterales. En la primera investigación que mencionamos (*Equality of Educational Opportunity*), la escuela era la caja negra. Los insumos para ella eran los salarios de los docentes, la razón alumnos-docente, la edad de los libros de texto, el tamaño de la biblioteca y otras varias medidas tradicionales de recursos escolares. Los productos estudiados eran el logro de los estudiantes en habilidades verbales y matemáticas. En el segundo estudio, los insumos de recursos fueron los recursos adicionales proporcionados por *Head Start*, y los productos las medidas cognitivas y afectivas de los niños[51].

En el monitoreo de procesos de política, la auditoría social proporciona información importante sobre qué sucede dentro de la "caja negra". Los procesos monitoreados en una auditoría social son de dos

48 Ver M. G. Trend, "On the Reconciliation of Qualitative and Quantitative Analysis: A Case Study", *Human Organization* 37, 4 (1978): 345–354; y M. Q. Patton, *Alternative Evaluation Research Paradigm* (Grand Forks: University of North Dakota Study Group on Evaluation, 1976).

49 James S. Coleman, *Policy Research in the Social Sciences* (Morristown, NJ: General Learning Press, 1972), p. 18. Ver también Michael Q. Patton, *Utilization-Focused Evaluation* (Beverly Hills, CA: Sage Publications, 1978).

50 Ver James S. Coleman y otros, *Equality of Educational Opportunity* (Washington, DC: U.S. Government Printing Office, 1966); y Victor Cicarelli y otros, *The Impact of Head Start: An Evaluation of the Effects of Head Start on Children's Cognitive and Affective Development* (Washington, DC: U.S. Government Printing Office, 1969).

51 Coleman, *Policy Research in the Social Sciences*, p. 18.

tipos principales: desviación y transformación de recursos[52]. En la *desviación de recursos*, los insumos originales se desvían de los grupos objetivo y beneficiarios previstos como resultado del tránsito de los recursos por el sistema administrativo. Por ejemplo, los gastos totales en dos programas de capacitación de mano de obra pueden ser iguales, pero un programa puede gastar un mayor porcentaje de fondos en salarios y otros costos de personal, resultando así en menos trabajadores entrenados por dólar y en el desvío de servicios de los beneficiarios. Mucho más importante es el proceso de *transformación de recursos*. Aquí los recursos y su recepción real por los grupos objetivo pueden ser idénticos, pero el *significado* de estos recursos para el personal del programa y los grupos objetivo puede ser completamente diferente. Si el significado de los recursos es de hecho diferente, entonces los recursos pueden haber sido transformados en tal forma que mejoran (o retrasan) su impacto en los beneficiarios. Por esta razón, los métodos cuantitativos pueden ser complementados con *métodos cualitativos* diseñados para brindar información sobre las interpretaciones subjetivas de las acciones de política por las partes interesadas que afectan y se ven afectadas por la implementación de las políticas[53].

Un buen ejemplo del uso complementario de métodos cualitativos para monitorear procesos de política es el que proporciona un experimento de vivienda realizado en 1972 por el Departamento de Vivienda y Desarrollo Urbano de los EUA. Este particular experimento se diseñó para determinar si los pagos directos en efectivo para vivienda ayudarían a las familias de bajos ingresos a obtener vivienda adecuada en el mercado abierto[54].

En este caso, las medidas cuantitativas de insumos y productos no solo obligaron a algunos analistas a tratar los procesos de política como una "caja negra", sino que también les impidió ver que ciertos factores -por ejemplo, la asistencia espontánea de asesores de vivienda- explicaban los impactos del programa. El uso complementario de métodos cualitativos arrojó resultados sorprendentemente diferentes de los que podrían haberse producido centrándose de modo exclusivo en medidas cuantitativas de insumos y productos. Este caso muestra además que enfoques alternativos del monitoreo son potencialmente complementarios. La experimentación social y la medición cuantitativa se combinaron en forma exitosa con la auditoría social y la descripción cualitativa de los procesos de política.

Síntesis de investigación y práctica profesional

La auditoría social y la experimentación social requieren la reunión de información nueva. La contabilidad de sistemas sociales, si bien se apoya principalmente en información disponible, también demanda datos nuevos en la medida en que la información sobre condiciones sociales subjetivas esté desactualizada o no esté disponible. En contraste con cada uno de estos enfoques, la *síntesis de investigación y práctica profesional* es un método de monitoreo que implica compilación, comparación y valoración sistemáticas de resultados de esfuerzos previos por implementar políticas y programas. Se ha utilizado para sintetizar información en varias áreas temáticas de política pública que abarcan desde bienestar social, agricultura y educación hasta servicios municipales y política científica y tecnológica[55].

52 La descripción que sigue de la auditoría social difiere de la de Coleman, que se limita a la "pérdida de recursos". La descripción de Coleman no incluye la transformación de recursos y se basa en la restrictiva suposición de que la auditoría social es apropiada solamente para políticas que implican distribución de recursos.

53 Exposiciones representativas de metodología cualitativa son Barney G. Glaser y Anselm L. Strauss, *The Discovery of Grounded Theory: Strategies for Qualitative Research* (Chicago, IL: Aldine Publishing, 1967); y Norman K. Denzin, *The Research Act* (Chicago, IL: Aldine Publishing, 1970).

54 Ver Trend, "On the Reconciliation of Qualitative and Quantitative Analyses: A Case Study".

55 Ver, por ejemplo, Jack Rothman, *Planning and Organizing for Social Change: Action Principles from Social Science Research* (New York: Columbia University Press, 1974); Gerald Zaltman, Robert Duncan y James Holbeck, *Innovations and Organizations* (New York: Wiley-Interscience, 1973); Everett Rogers y F. Floyd Shoemaker, *The Communication of Innovations* (New York: Free Press, 1971); Robert K. Yin y Douglas Yates, *Street-Level Governments: Assessing Decentralization and Urban Services* (Santa Mónica, CA: RAND Corporation, octubre de 1974); U.S. General Accounting Office,

Asimismo, se ha empleado para evaluar la calidad de la investigación de política pública realizada sobre resultados de política pública[56].

Hay dos fuentes primarias de información disponible relevante para la síntesis de investigación y práctica profesional: estudios de caso de formulación e implementación de políticas, e informes de investigación que examinan las relaciones entre intervenciones y resultados de política pública. Cuando la síntesis de investigación y práctica profesional se aplica a estudios de caso, puede basarse en el *método de encuesta de casos*, conjunto de procedimientos usados para identificar y analizar factores que dan cuenta de variaciones en la adopción e implementación de políticas[57]. El método de encuesta de casos exige que el analista desarrolle primero un *esquema de codificación de casos*, conjunto de categorías que capturan aspectos clave de insumos, actividades, productos, resultados e impactos de política. En una de tales encuestas de caso, los analistas buscaron determinar la influencia de la participación política y de otras variables de proceso en la prestación de servicios municipales, una variable de resultado[58]. Otras encuestas de caso, enfocándose en agencias públicas y corporaciones privadas, han intentado determinar qué factores explican los esfuerzos exitosos y no exitosos por implementar y utilizar una variedad de innovaciones de gestión[59]. En la Tabla 6.4 se ilustran indicadores representativos y categorías de codificación de un esquema simplificado de codificación de casos.

TABLA 6.4 Ejemplo de esquema de codificación de casos: indicadores representativos y categorías de codificación

Tipo de indicador	Indicador	Categorías de codificación
Insumo	Adecuación de recursos presupuestales	[] Totalmente adecuados [] Mayormente adecuados [] Totalmente inadecuados
Actividad	Desempeño del personal del programa en la capacitación	[] Alto desempeño en la prueba [] Desempeño medio en la prueba [] Bajo desempeño en la prueba
Producto	Número de clientes entrenados por el personal	[] 20–25 [] 15–19 [] 10–14 [] Ninguno
Resultado	Clientes empleados en los cuatro meses de capacitación laboral	[] 9–12 [] 5–8 [] 1–4

Cuando la síntesis de investigación y práctica profesional se aplica a informes de investigación disponibles, se basa en la *encuesta de investigación*, síntesis de investigación o síntesis de evaluación,

Designing Evaluations (Washington, DC: U.S. GAO, julio de 1984); y Richard J. Light y David B. Pillemer, *Summing Up: The Science of Reviewing Research* (Cambridge, MA: Harvard University Press, 1984).

56 Ver, por ejemplo, Ilene N. Bernstein y Howard E. Freeman, *Academic and Entrepreneurial Research: The Consequences of Diversity in Federal Evaluation Programs* (New York: Russell Sage Foundation, 1975).

57 Ver Robert K. Yin y Kenneth Heald, "Using the Case Survey Method to Analyze Policy Studies", *Administrative Science Quarterly* 20, 3 (1975): 371–381; William A. Lucas, *The Case Survey Method: Aggregating Case Experience* (Santa Mónica, CA: RAND Corporation, octubre de 1974); y Robert K. Yin, *Case Study Research: Design and Methods*, 5a. ed. (Beverly Hills, CA: Sage Publications, 2014).

58 Yin y Yates, *Street Level Governments*.

59 William N. Dunn y Frederic W. Swierczek, "Planned Organizational Change: Toward Grounded Theory", *Journal of Applied Behavioral Science* 13, 2 (1977): 135–158. Un término más reciente para procedimientos similares es la "revisión realista de investigación", desarrollada por R. Pawson, T. Greenhalgh y K. Walshe, "Realist Review. A New Method of Systematic Review Designed for Complex Policy Interventions", *Journal of Health Services Research & Policy* 10, Suplemento 1 (2005): 21–34.

conjunto de procedimientos usados para comparar y valorar resultados de investigación pasada sobre resultados de política pública[60]. Algunas de las más importantes aplicaciones del método de encuesta de investigación han producido esclarecimientos sobre factores asociados a la difusión y comunicación de innovaciones, al éxito de esfuerzos planeados de cambio organizacional y al logro de resultados e impactos buscados de políticas[61]. El método de encuesta de investigación ofrece varias clases de información: generalizaciones empíricas sobre fuentes de variación en resultados de política, evaluaciones sumarias de la confianza que los investigadores tienen en estas generalizaciones, y alternativas de política o pautas de acción implicadas en estas generalizaciones.

El método de encuesta de investigación, así como el método de encuesta de casos, exige la construcción de un libro de códigos para extraer información de los informes de investigación. El típico formato de informe de investigación incluye varios ítems que ayudan a resumir la investigación y evaluar su calidad. Estos ítems incluyen variables medidas, el tipo de diseño de investigación y métodos usados, el área temática en la que se llevó a cabo la investigación, y una valoración general de la fiabilidad y validez de los hallazgos de la investigación. En la Tabla 6.5 se presenta una muestra de un formato de encuesta de investigación.

TABLA 6.5 Método de encuesta de investigación: generalizaciones empíricas, pautas de acción y niveles de confianza en las generalizaciones

Generalización (1)	**Pautas de acción** (2)	**Confianza en la generalización** (3)
1. Las asignaciones presupuestales actuales son marginalmente diferentes de las asignaciones presupuestales del año pasado.	Para implementar nuevas políticas y programas, los analistas deben reducir las expectativas donde se han hecho asignaciones presupuestales marginales.	3
2. Los resultados positivos de política están asociados al nivel de riqueza del municipio, estado o región donde las políticas se implementaron.	Para determinar la probable eficacia de nuevas políticas y programas, los analistas deben focalizarse en las áreas ricas, urbanas e industriales. El aumento de ingresos fiscales puede entonces asignarse a áreas pobres.	4
3. Los productos de políticas industriales en municipios con administradores profesionales de la ciudad (gobiernos con reforma) son mayores que en municipios sin administradores profesionales (gobiernos sin reforma).	Los analistas deben ajustar las recomendaciones de acuerdo con la presencia o ausencia de un gobierno con reforma.	2

Notas:
(1) Las generalizaciones empíricas se basan en informes de investigación disponibles, incluyendo libros, artículos e informes gubernamentales.
(2) Las pautas de acción se derivan de las generalizaciones empíricas. La misma generalización implica con frecuencia múltiples orientaciones de acción.
(3) Los números usados para expresar el grado de confianza en una generalización se basan a veces en el número de estudios confiables y válidos que apoyan la generalización, según lo determina el codificador.
Fuente: Adaptado de Rothman (1974): 254–265.

60 Ver Rothman, *Planning and Organizing for Social Change*; U.S. General Accounting Office, *Designing Evaluations*; y Light y Pillemer, *Summing Up*.
61 Rogers and Shoemaker, *The Communication of Innovations*; Gerald Zaltman, *Toward a Theory of Planned Social Change: A Theory-in-Use Approach*, preparado para el Segundo Encuentro de la Red de Consultores sobre Transferencia de Conocimiento, Denver, Colorado, diciembre 11–13 de 1977; y Rothman, *Planning and Organizing for Social Change*, Cap. 9, pp. 195–278.

Hay varias ventajas importantes de la síntesis de investigación y práctica profesional como enfoque de monitoreo. En primer lugar, los métodos de encuesta de casos y de encuesta de investigación son formas comparativamente eficientes de compilar y valorar un gran número de informes de casos y de investigación sobre implementación de políticas[62]. Si el foco se halla en informes de casos o de investigación, la síntesis de investigación y práctica profesional permite a los analistas examinar sistemática y críticamente diferentes generalizaciones empíricas y sus implicaciones. En segundo lugar, el método de encuesta de casos es uno entre varios modos de descubrir diferentes dimensiones de los procesos de política pública que afectan los resultados de política pública. Las generalizaciones sobre procesos de política pública pueden usarse para apoyar conclusiones de que políticas y programas llevados a cabo bajo circunstancias similares tienen resultados similares. Finalmente, el método de encuesta de casos es una buena forma de examinar condiciones sociales tanto objetivas como subjetivas. El método de encuesta de casos es una forma relativamente no costosa y efectiva de obtener información sobre percepciones subjetivas de los procesos de política pública[63].

Las principales limitaciones de la síntesis de investigación y práctica profesional se relacionan con la fiabilidad y validez del método. Los informes de casos y de investigación no solo varían en calidad y profundidad de cobertura, sino que a menudo se autoconfirman. Por ejemplo, muchos informes de casos y de investigación no contienen discusión explícita de las limitaciones y debilidades del estudio o reporte, y frecuentemente emplean un solo punto de vista. En forma similar, casos disponibles reportan con reiteración solo esfuerzos "exitosos" por implementar políticas y programas[64].

A pesar de estas limitaciones, la síntesis de investigación y práctica profesional es una forma sistemática de acumular conocimiento sobre acciones y resultados de política. En virtud de que descansa exclusivamente en información disponible, es menos costosa que la auditoría social, la experimentación social y la contabilidad de sistemas sociales. Al mismo tiempo, estos otros enfoques de monitoreo tienen sus propias ventajas y limitaciones distintivas. Las fortalezas de un enfoque son con frecuencia la debilidad de otro. Por esta razón, las generalizaciones más persuasivas sobre resultados de política son las que tienen múltiples focos (insumos, actividades, productos, resultados e impactos), emplean diferentes tipos de controles (experimental y estadístico), y se basan en una combinación de métodos mixtos[65].

Revisiones sistemáticas y metaanálisis

La *revisión sistemática* es una metodología de evaluación que compendia la mejor evidencia disponible sobre una cuestión específica usando procedimientos estandarizados para identificar, valorar y sintetizar hallazgos de investigación relevantes para la política pública. Las revisiones sistemáticas investigan la eficacia de programas y políticas mediante un proceso que está diseñado para ser preciso, metodológicamente adecuado, integral e imparcial[66].

La revisión sistemática (RS) y el metaanálisis (MA) se han convertido en herramientas indispensables para monitorear resultados e impactos de políticas públicas. Por ejemplo, una RS ayuda a identificar estudios de resultados de programas y políticas en áreas que cubren desde la justicia penal hasta

62 Sobre materiales de casos, ver el *Electronic Hallway*, un repositorio de muchos cientos de casos en administración y política públicas. Este repositorio de casos, situado y gestionado en la *Evans School* de la Universidad de Washington, es el producto de un consorcio de escuelas de política pública.

63 Ver Zaltman, *Toward a Theory of Planned Social Change*; y Dunn y Swierczek, "Planned Organizational Change: Toward Grounded Theory".

64 Ver, por ejemplo, U.S. Agency for International Development, Development Experience Clearinghouse (DEC), que archiva decenas de miles de estudios de caso e informes (https://dec.usaid.gov/).

65 Ver, por ejemplo, John W. Creswell y Vicki L. Plano Clark, *Designing and Conducting Mixed Methods Research*, 2a. ed. (Thousand Oaks, CA: Sage Publications, 2011).

66 Campbell Collaboration Systematic Reviews: Policies and Guidelines (2015): 6. www.campbellcollaboration.org.

la educación, la seguridad y el contraterrorismo. En adición, la RS ayuda a evaluar la calidad metodológica de los estudios usados para documentar estos resultados. Estas dos cuestiones -los resultados de programas y la calidad de la evidencia utilizada para hacer declaraciones sobre estos resultados- son dos caras de la misma moneda. La moneda es la evidencia de "lo que funciona"[67].

La RS y el MA (literalmente el "análisis del análisis") han llegado a ser piezas centrales del análisis de política pública y de la evaluación de programas basados en la evidencia. Se han ejecutado decenas de miles de RS y de MA en áreas tales como educación, justicia juvenil, salud, medicina, seguridad nacional y desarrollo internacional. La intención de estas revisiones y metaanálisis es informar y así influir en los procesos de diseño e implementación de políticas y guiar la investigación futura que pueda mejorar estos procesos. Los dos también proporcionan información esencial para estructurar problemas de política pública (Capítulo 1). Aunque la RS y el MA son formas de síntesis de investigación, la principal diferencia entre una RS y un MA es que el último se basa enteramente en estudios cuantitativos, mientras que el primero puede implicar estudios tanto cuantitativos como cualitativos[68].

Para iniciar un nuevo análisis de una política pública significativa se requieren con frecuencia sustanciales recursos financieros, humanos y materiales. Usando un ejemplo de la Academia Nacional de Ciencias, que solicitó un estudio sobre el efecto de consumir carne en el cáncer de hígado, los costos se habrían aproximado al millón de dólares. Entonces surgió una pregunta: si se hiciera el estudio, sumando un estudio más a los cien ya realizados, ¿aprenderíamos más realizando el nuevo estudio o invirtiendo en una RS o en un MA para aprender tanto como sea posible de los estudios ya disponibles? ¿Por qué deberíamos hacer el análisis de política ciento uno sin saber qué concluyeron los cien primeros?[69]

Los métodos de las RS y de los metaanálisis son especializados, y hay software disponible para almacenar estudios de investigación y analizar y reportar resultados[70]. Los principales pasos en la realización de una RS o un metaanálisis son esencialmente los mismos y varios libros y manuales los presentan[71]. Generalmente, hay al menos siete pasos en la realización de una RS o un MA (Figura 6.3).

67 La expresión "que funciona" se ha convertido en una palabra código para la evaluación de programas y la política pública basadas en la evidencia. El número de libros nuevos con esa expresión en sus títulos se cuenta por cientos. El Instituto de Ciencias de la Educación del Departamento de Educación de los EUA sostiene un *What Works Clearinghouse* (*Centro de información sobre lo que funciona*) en educación, que incluye políticas y programas educativos, en https://ies.ed.gov/.

68 La combinación de análisis cualitativo y cuantitativo, a veces denominada imprecisamente "métodos mixtos", es una oportunidad que Ray Pawson considera en su trabajo *Evidence-Based Policy: A Realist Perspective* (Thousand Oaks, CA: Sage Publications, 2006).

69 Richard J. Light y David B. Pillemer discuten este caso en *Summing Up: The Science of Reviewing Research* (Cambridge, MA: Harvard University Press, 1984), pp. 6–8.

70 Hay software disponible en la Colaboración Cochrane (también conocida como C1) y la Colaboración Campbell (conocida como C2). Un paquete de software, llamado *Review Manager* (*RevMan*), está disponible en Cochrane: www.cochracollaboration.org.

71 Por ejemplo, Harris M. Cooper, *Research Synthesis and Meta-Analysis: A Step-by-Step Approach*, 5a. ed. (Thousand Oaks, CA: Sage Publications, 2017). Light y Pillemer, *Summing Up*, presentan una secuencia similar de pasos.

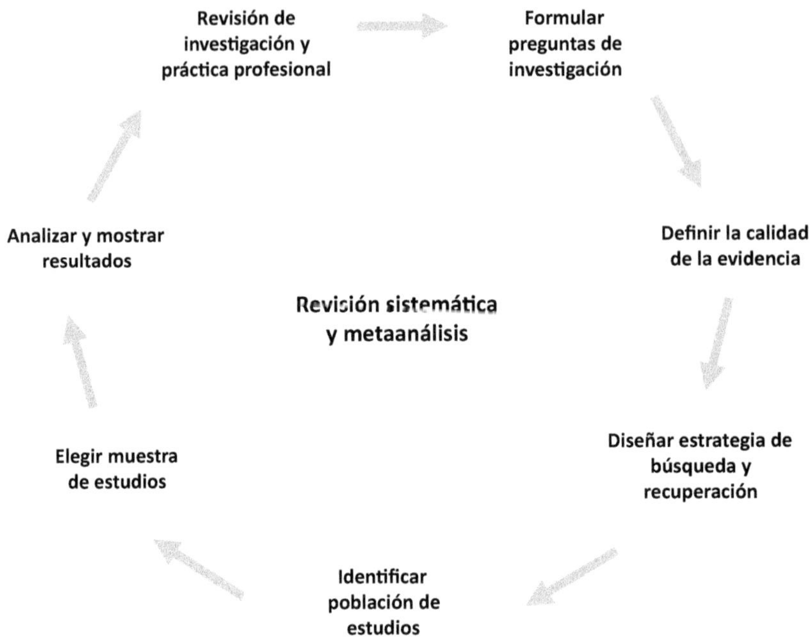

FIGURA 6.3 Pasos en la realización de una revisión sistemática o un metaanálisis

1. *Defina la pregunta preliminar de investigación.* La pregunta de investigación debe ser lo suficientemente específica como para producir estudios útiles. Por ejemplo: ¿los sistemas de reembolso médico combinado* generan costos más bajos para la misma enfermedad? Evite preguntas demasiado generales como la siguiente: "¿cómo afectan los costos los sistemas de reembolso médico?".
2. *Defina la calidad de la evidencia.* Los sistemas de recuperación de información contemporáneos contienen información de todos los niveles de fiabilidad y validez. La calidad de la evidencia que se aceptará en una RS puede "clasificarse", por ejemplo, definiéndola según si se trata de diseños experimentales, cuasiexperimentales o de experimentos naturales, o de investigaciones transversales o de correlación, o de estudios de caso.
3. *Diseñe una estrategia de búsqueda y recuperación.* Decida sobre las palabras clave que se usarán para la búsqueda y la recuperación. Dependiendo del sistema de recuperación de información, a menudo es posible diseñar una estrategia que incorpore en una cadena de búsqueda palabras clave en varios niveles de análisis y de diferentes tipos. Pueden incluirse datos de publicación y de autores (si se conocen). *Google Scholar* y otros motores de búsqueda tienen una utilidad desplegable que ayuda a diseñar estrategias de búsqueda y recuperación.
4. *Identifique la población de estudios.* Aquí se identificarán todos los estudios que se adecúan a los requerimientos de (2) y (3). Con frecuencia esto significará una población de estudios con cientos de miles de estudios. Por ejemplo, una búsqueda de reembolso de pago combinado y reducción de costos, innovación incluida en la Ley de Atención Asequible y Protección al Paciente ("*Obamacare*"), produjo 539 citas de estudios publicados después de 2000. Estos

* *N. del t.*: Se refiere el autor al sistema de reembolso a los prestadores de atención médica denominado *pago combinado*, descrito como un término medio entre el reembolso de tarifa por servicio y la capitación. Tal sistema fue propuesto en el debate sobre la reforma del sistema de salud en Estados Unidos como una estrategia para reducir los costos de la atención médica, especialmente durante la administración Obama (2009–2016).

estudios incluían investigación que se dio a conocer en revistas revisadas por pares y estudios que fueron producidos por agencias gubernamentales y organizaciones no gubernamentales pero no publicados. La inclusión de estudios no publicados contrarrestaba el "sesgo de publicación" (el sesgo que acontece cuando solamente se incluyen estudios revisados por pares con hallazgos "positivos")[72].

5. *Elección de una muestra relevante de estudios.* El número de estudios que es necesario leer y codificar se relaciona con el presupuesto requerido para pagar codificadores. Si el número de estudios se cuenta en decenas de miles, que era el caso de una importante RS de la eficacia de la investigación antiterrorista[73], el muestreo puede ser necesario. Una estrategia de muestreo es la estrategia intencional de solo incluir artículos frecuentemente citados, lo que crea el sesgo de publicación. Otra es muestrear aleatoriamente estudios de cada página de los estudios listados.
6. *Análisis y representación visual de estudios.* Los principales análisis implican cálculo de tamaños del efecto (*e.g.*, el efecto medido de los pagos combinados en los costos) y de intervalos de confianza, y gráficos de embudo que pueden presentarse visualmente. Los análisis involucran no solo tamaños del efecto sino también efectos de la "categoría" o calidad del diseño de investigación[74].
7. *Revisión de investigadores y profesionales.* El propósito de realizar RS y metaanálisis con fines de monitoreo es sintetizar y evaluar varios estudios relevantes de una política determinada. Donde sea posible, investigadores y profesionales pueden modificar la teoría inicialmente utilizada para explicar la operación del programa, lo cual modificará el proceso de pronóstico de resultados de política esperados y posiblemente conducirá a nuevas alternativas de política. Por ejemplo, una amplia revisión sistemática de estudios del efecto de la educación cívica en las votaciones y en otras formas de participación política concluyó que los programas de educación cívica, cuando se limitaban a actividades en escuelas o aulas de capacitación, operaban pobremente. En virtud de que algunos programas exitosos hacían uso de participación real o simulada en cuerpos políticos externos (*e.g.*, comités parlamentarios), se usaron nuevas prescripciones fundadas en programas de aprendizaje en servicio como base para las recomendaciones.

MÉTODOS DE MONITOREO

Hay métodos comunes y especializados disponibles para analizar y visualizar datos obtenidos con los enfoques de monitoreo presentados en la última sección: contabilidad de sistemas sociales, auditoría social, experimentación social, síntesis de investigación y práctica profesional, y revisiones sistemáticas y metaanálisis. En la Tabla 6.6 se asocian métodos con estos enfoques.

72 Ver pp. 35–37 y 164–165 en Light y Pillemer, *Summing Up*, una discusión más detallada del sesgo de publicación.
73 Cynthia Lum y Leslie W. Kennedy, *Evidence-Based Counterterrorism Policy* (New York: Springer, 2012).
74 Uno de los primeros esfuerzos por monitorear los efectos de programas públicos con un índice de "calidad" fue Ilene Nagel Bernstein y Howard E. Freeman, *Academic and Entrepreneurial Research: Consequences of Diversity in Federal Evaluation Studies* (Russell Sage Foundation, 1975).

TABLA 6.6 Métodos apropiados para cinco enfoques de monitoreo

Enfoque	Representaciones gráficas	Representaciones tabulares	Números índice	Tamaños del efecto	Análisis de series de tiempo	Análisis de discontinuidad en la regresión
Contabilidad de sistemas sociales	x	x	x	o	x	o
Auditoría social	x	x	x	o	x	o
Experimentación social	x	x	x	x	x	x
Síntesis de investigación y práctica profesional	x	x	o	x	o	o
Revisión sistemática y metaanálisis	x	x	x	x	o	o

Nota: x = método apropiado para el enfoque; o = método no apropiado para el enfoque.

Representaciones gráficas

La información sobre resultados de política observados puede presentarse en la forma de *representaciones gráficas*, que son representaciones visuales de los valores de una o más variables de producto, resultado e impacto. Una representación gráfica puede usarse para representar una sola variable en uno o más puntos del tiempo o para resumir la relación entre dos variables. En cada caso, un gráfico presenta un conjunto de puntos de datos, cada uno de los cuales puede definirse mediante las coordenadas de dos escalas numéricas. La escala horizontal de un gráfico se denomina *abscisa* y la escala vertical se denomina *ordenada*. Cuando se usa un gráfico para representar una relación causal, el eje horizontal se reserva para la presunta variable independiente (*X*) y se llama eje *X*, mientras que el eje vertical se usa para representar la presunta variable dependiente (*Y*) y se llama eje *Y*. En razón de que uno de los principales propósitos del monitoreo es describir cómo las políticas afectan los resultados de política, usualmente colocamos las variables de insumo, actividad o producto sobre el eje *X* y las variables de resultado e impacto sobre el eje *Y*.

Una de las clases más simples y útiles de gráficos es el *gráfico de series de tiempo*, que representa una variable de resultado sobre el eje vertical y el tiempo sobre el eje horizontal. Si deseamos monitorear los efectos de las actividades policiales de control del tráfico sobre las muertes por vehículos automotores entre 1970 y 1977, podríamos usar gráficos de series de tiempo como los que se presentan en la Figura 6.4(a) y (b). Observe que el gráfico (a) tiene una escala vertical delimitada en unidades de 1.000 muertes por vehículos automotores y un origen de 44.000 (el origen es el punto donde los ejes horizontal y vertical se intersecan). En contraste, el gráfico (b) está delimitado en unidades de 5.000 muertes y tiene un origen de cero. Aunque ambos gráficos exhiben los mismos datos -que muestran una disminución de muertes después de la implementación del límite de velocidad de 55 mph en 1974-, el descenso de muertes es más dramático en el gráfico (a) que en el gráfico (b). Este ejemplo muestra cómo el estiramiento o la compresión de los valores sobre el eje vertical pueden distorsionar la magnitud percibida de los datos. Debido a que no hay regla clara por seguir en la selección del tamaño de intervalos, es esencial examinar el significado subyacente a los cambios representados en los gráficos. Otra opción es usar el "factor de mentira" de Edward Tufte, que se basa en la relación entre medidas espaciales y numéricas en un gráfico u otro dispositivo visual[75].

75 Edward R. Tufte, *The Visual Display of Quantitative Information* (Cheshire, CT: Graphics Press, 1983). El factor de mentira se define como el tamaño del efecto mostrado en un gráfico dividido por el tamaño del efecto en los datos.

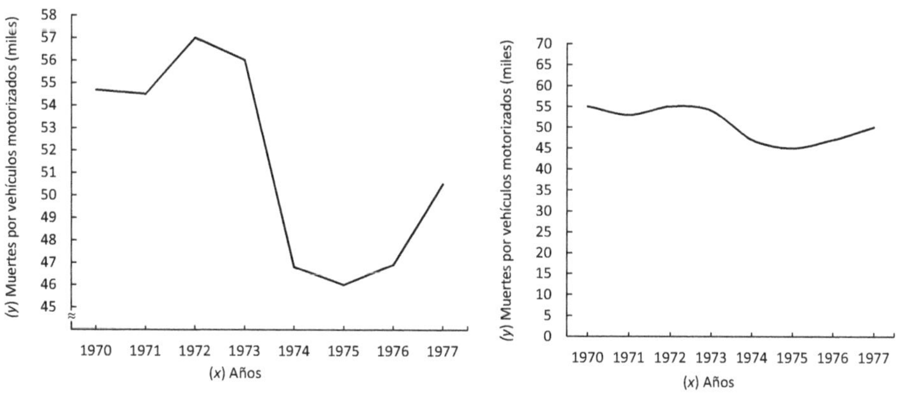

(a) Eje estirado (b) Eje comprimido

FIGURA 6.4 Dos representaciones gráficas de muertes por vehículos motorizados

Los gráficos también pueden usarse para representar relaciones entre dos o más variables en un punto del tiempo. Los gráficos de este tipo, denominados *diagramas de dispersión*, se discutieron en el Capítulo 4. Podemos usar un diagrama de dispersión para determinar si una variable cambia en la misma dirección que otra, esto es, si dos variables están correlacionadas. Si una de las variables precede a la otra en el tiempo (*e.g.*, un nuevo programa antecede a los cambios en la población objetivo), o si hay una persuasiva teoría que explica las variables correlacionadas (*e.g.*, la teoría económica postula que un ingreso más alto resulta en una mayor propensión a ahorrar), entonces podemos estar justificados para afirmar que hay una *relación causal* entre las variables. De otro modo, las variables están simplemente *correlacionadas* -esto es, los valores de las dos variables covarían o "van unos con otros"- y no puede asumirse que una variable sea la causa de la otra.

Un problema común al usar gráficos es la *interpretación espuria*, una situación donde dos variables que parecen estar correlacionadas están realmente correlacionadas con otra variable. Un buen ejemplo de interpretación espuria es el del analista que observa a partir del examen de datos sobre actividades municipales de lucha contra incendios que el número de carros de bomberos presentes en la escena de un incendio (variable de insumo) está positivamente correlacionado con la cantidad de daño causado por el fuego (variable de producto). Esta correlación observada podría usarse para afirmar que el número de carros de bomberos desplegados no reduce el daño causado por el fuego, porque sin importar cuántos carros de bomberos se hallen presentes, la cantidad de daño causado por el fuego continúa creciendo al mismo ritmo. Esta interpretación es espuria (falsa) porque no se toma en cuenta una tercera variable -el tamaño de los incendios. Una vez incluimos esta variable en nuestro análisis, encontramos que el tamaño de los incendios está correlacionado así con el número de máquinas de bomberos apostadas como con el daño causado por el fuego. La correlación original desaparece cuando incluimos esta tercera variable en nuestro análisis, y nuestra interpretación es plausible y no espuria (Figura 6.5). La interpretación espuria es un serio problema porque nunca estaremos completamente seguros de que hemos identificado todas las variables relevantes que pueden estar afectando la relación original de dos variables.

Un gráfico que muestra una razón de 1/1 = 0,0 indica que no hay distorsión, mientras que una razón de más de ± 0,05 significa sustancial distorsión. Factores de mentira de ± 10,0 a ± 50,0 y más no son inusuales.

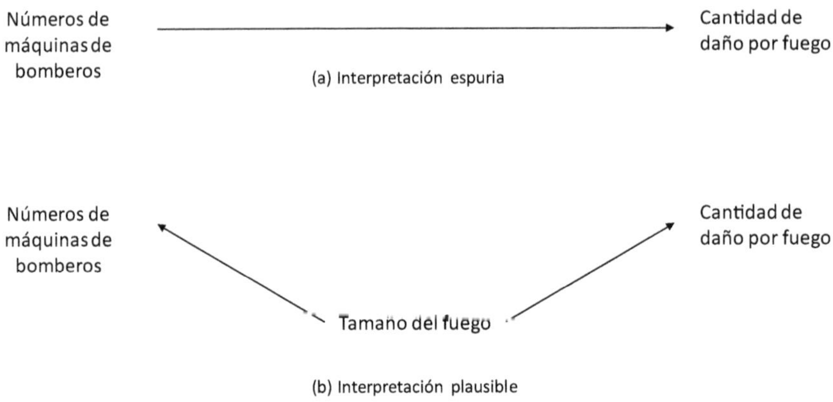

FIGURA 6.5 Interpretaciones espuria y plausible de datos
Fuente: Adaptado de Smith (1975): 325–326.

Otro medio de representar datos de resultados de política es el *gráfico de barras*, una representación gráfica que presenta datos en la forma de barras paralelas separadas ordenadas a lo largo del eje horizontal (o vertical). El gráfico de barras presentado en la Figura 6.6 se utilizó para representar datos de insumos de política (costos totales del personal municipal per cápita) como parte de un análisis de la crisis fiscal de ciudades estadounidenses. Nótese que las ciudades con población creciente tienen los costos de personal per cápita más bajos, en tanto que las ciudades que están perdiendo población tienen costos más altos. El gráfico de barras también muestra la posición algo especial de la ciudad de Nueva York en 1973.

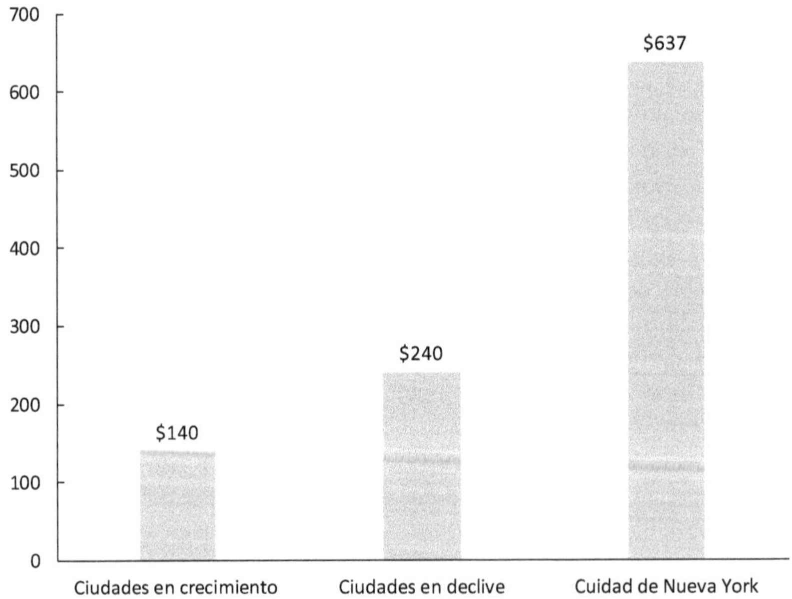

FIGURA 6.6 Gráfico de barras que muestra costos per cápita del personal municipal en ciudades con poblaciones en crecimiento y en declive, y para la ciudad de Nueva York
Fuente: Muller (1975).

La información sobre resultados de política muchas veces está disponible en la forma de *distribuciones de frecuencias agrupadas*, en las que se presentan gráficamente los números de personas o grupos objetivo en categorías particulares (*e.g.*, edad o ingreso). Por ejemplo, si deseamos monitorear el número de personas por debajo de la línea de pobreza en varios grupos de edad, podríamos empezar con los datos de la Tabla 6.7. Estos datos pueden luego convertirse en dos clases de representaciones gráficas: histogramas y polígonos de frecuencias.

TABLA 6.7 Distribución de frecuencias agrupadas: número de personas por debajo del umbral de pobreza por grupo de edad en 1977

Grupos de edad	Número de personas por debajo del umbral de pobreza
Menos de 14	7.856.000
14 a 21	4.346.000
22 a 44	5.780.000
45 a 54	1.672.000
55 a 59	944.000
60 a 64	946.000
65 y más	3.177.000
Total	24.721.000

Nota: El umbral de pobreza se fundamenta en un índice que toma en cuenta los requerimientos de consumo basados en sexo, edad y residencia en áreas rurales o no rurales. Los umbrales de pobreza se actualizan para reflejar cambios en el índice de precios al consumidor. En 1977 el umbral de pobreza para todas las personas, independientemente de la edad y lugar de residencia, era de $3.067 anuales.
Fuente: U.S. Department of Health and Human Services (2017).

Un *histograma* es un tipo de gráfico de barras que organiza información sobre una distribución de frecuencias agrupadas de una variable de resultado en un punto del tiempo. En un histograma, la anchura de las barras a lo largo del eje horizontal es igual y no hay espacio entre las barras. La altura de las barras en un histograma muestra la frecuencia de ocurrencia en cada grupo (llamada *intervalo de clase*). El histograma ilustrado en la Figura 6.7(a) muestra los números de personas por debajo del umbral de pobreza en varias categorías de edad en 1977. El histograma puede convertirse en un polígono de frecuencias (Figura 6.7[b]) conectando los puntos medios de cada intervalo de clase con líneas. La diferencia entre un histograma y un polígono de frecuencias es que el último usa líneas para representar la distribución de frecuencias.

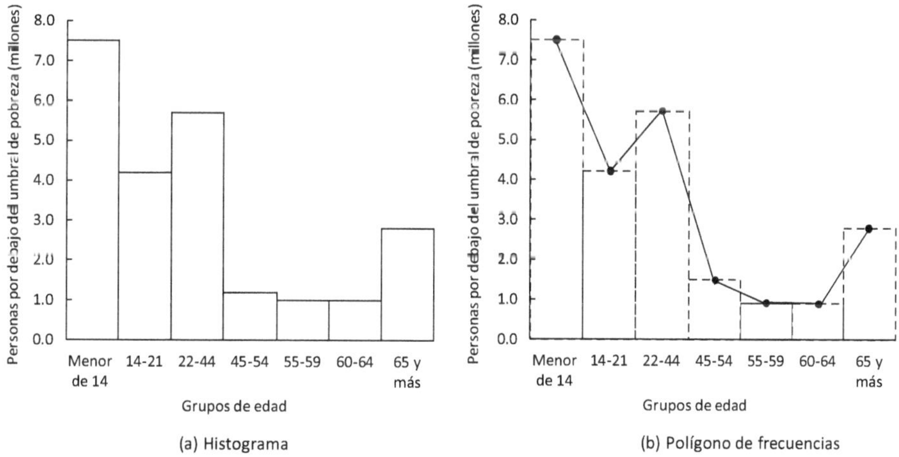

FIGURA 6.7 Histograma y polígono de frecuencias: número de personas por debajo del umbral de pobreza por grupo de edad en 1977
Fuente: U.S. Department of Health and Human Services (2017).

Otra forma de representar información sobre resultados de política es el *polígono de frecuencias acumulativas*, gráfico que muestra las frecuencias acumulativas de una distribución a lo largo del eje vertical. Moviéndonos de izquierda a derecha a lo largo del eje horizontal, se representa la frecuencia de personas (o familias, ciudades, estados) del primer grupo sobre el eje vertical; luego se representa la frecuencia de personas de los grupos segundo y tercero; y así sucesivamente hasta que alcanzamos el final de la escala horizontal, que es la suma de todas las frecuencias. En el monitoreo de los efectos de políticas diseñadas para mitigar la pobreza, un tipo de polígono de frecuencias acumulativas útil y ampliamente usado es la *curva de Lorenz*, que puede emplearse para representar la distribución del ingreso, de la población, o la segregación residencial en una población dada[76].

Una curva de Lorenz nos permite comparar la porción del ingreso total percibido por cada grupo de porcentaje sucesivo de la población. Estos grupos de porcentaje son o *quintiles* o *deciles*, grupos que comprenden una quinta o una décima parte de la población. La Figura 6.8 muestra la distribución del ingreso personal familiar en Estados Unidos en 1975 y 1989. A medida que la curva de Lorenz se acerca a la diagonal (que representa la igualdad perfecta), los ingresos familiares se distribuyen más equitativamente. La curva muestra que la distribución del ingreso personal familiar era más equitativa en 1975 que en 1989. A partir de 1989 la distribución del ingreso personal familiar en los Estados Unidos se ha hecho cada vez menos equitativa.

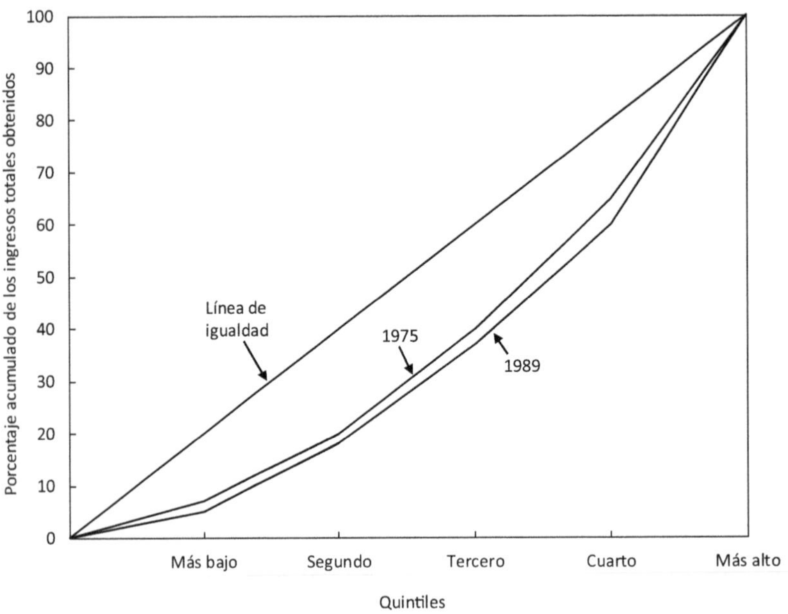

FIGURA 6.8 Curva de Lorenz que muestra la distribución del ingreso personal familiar en Estados Unidos en 1975 y 1989
Fuente: U.S. Department of Health and Human Services (2017).

76 La exposición original de la curva de Lorenz puede encontrarse en M. O. Lorenz, "Methods of Measuring the Concentration of Wealth", *Quarterly Publications of the American Statistical Association* 9, 70 (1905): 209–219.

El índice de Gini

La curva de Lorenz ilustrada en la Figura 6.8 representa la distribución del ingreso entre familias en dos puntos del tiempo. La curva de Lorenz puede usarse asimismo para representar la distribución de ciertos tipos de actividades (*e.g.*, el delito o la segregación racial) entre unidades espacialmente organizadas como las ciudades[77]. Las curvas de Lorenz también pueden expresarse en la forma de la *razón de concentración de Gini* (a veces denominada simplemente índice de Gini), que mide la proporción del área total bajo la diagonal que se halla en el área entre la diagonal y la curva de Lorenz. La fórmula para calcular esta proporción es

$$IG = \frac{(\sum X_i Y_{i+1}) - (\sum X_{i+1} Y_i)}{\sum X_i Y_{i+1}}$$

donde

X_i = la distribución porcentual acumulada del número de áreas (*e.g.*, ciudades)
Y_i = la distribución porcentual acumulada de la población o de alguna actividad (*e.g.*, delitos)

Para ilustrar el cálculo del índice de Gini, consideremos un ejemplo de la política de justicia criminal. Supóngase que deseamos representar la concentración de crímenes violentos en ciudades de varios tamaños en 1976. Usaríamos los siguientes procedimientos, ilustrados en la Tabla 6.8.

1. Coloque el número de ciudades y el total de crímenes violentos denunciados para cada tamaño de clase de ciudades en las columnas (1) y (2).
2. Calcule la distribución proporcional de ciudades de la columna (1) y coloque los resultados en la columna (3). Por ejemplo, 59 ÷ 7.361 = 0,008.
3. Calcule la distribución proporcional de crímenes violentos de la columna (2) y coloque los resultados en la columna (4). Por ejemplo, 1.095 ÷ 2.892 = 0,379.
4. Acumule las proporciones de la columna (3) hacia abajo y coloque los resultados en la columna (5). Por ejemplo, 0 + 0,008 = 0,008; 0,008 + 0,015 = 0,023; y así sucesivamente.
5. Acumule las proporciones de la columna (4) hacia abajo y coloque los resultados en la columna (6). Por ejemplo, 0 + 0,379 = 0,379; 0,379 + 0,198 = 0,577; y así sucesivamente.
6. Multiplique la primera línea de la columna (6) por la segunda línea de la columna (5), la segunda línea por la tercera línea, y así sucesivamente. Por ejemplo, 0,379 × 0,023 = 0,0087; 0,577 × 0,059 = 0,0340; y así sucesivamente. Coloque los resultados en la columna (7).
7. Multiplique la primera línea de la columna (5) por la segunda línea de la columna (6), y así sucesivamente. Por ejemplo, 0,008 × 0,577 = 0,0046; 0,023 × 0,721 = 0,0166, y así sucesivamente. Coloque los resultados en la columna (8).
8. Sume la columna (7) y registre el total (*i.e.*, 1,3477). Sume la columna (8) y registre el total (*i.e.*, 0,5322).
9. Sustraiga el total de la columna (8) del total de la columna (7) y luego divida por el total de la columna (7). Esto es, 1,3477 – 0,5322 ÷ 1,3477 = 0,8155 ÷ 1,3477 = 0,605 = 0,61. Este resultado es el índice de Gini.

77 Para otros índices de desigualdad, ver Jack P. Gibbs, ed., *Urban Research Methods* (Princeton, NJ: Van Nostrand, 1961).

TABLA 6.8 Cálculo de la razón de concentración de Gini para delitos violentos conocidos por la policía por cada 100.000 personas en 1976

			Proporción		Proporción acumulativa			
Tamaño de ciudad	**Número de ciudades (1)**	**Crímenes violentos (2)**	**Ciudades (3)**	**Crímenes (4)**	**Ciudades (Y_i) (5)**	**Crímenes (X_i) (6)**	**X_iY_{i+1} (7)**	**$X_{i+1}Y_i$ (8)**
250.000 y más	59	1.095	0,008	0,379	0,008	0,379	0,0087	0,0046
100.000–249.999	110	573	0,015	0,198	0,023	0,577	0,0340	0,0166
50.000–99.999	265	416	0,036	0,144	0,059	0,721	0,1016	0,0494
25.000–49.999	604	338	0,082	0,117	0,141	0,838	0,2774	0,1306
10.000–24.999	1.398	254	0,190	0,088	0,331	0,926	0,9260	0,3310
Menos de 10.000	4.925	216	0,669	0,074	1,000	1,000		
Totales	7.361	2.892	1,000	1,000			$\Sigma = 1,3477$	$\Sigma = 0,5322$

$$\text{Razón de concentración de Gini (IG)} = \frac{(\sum X_iY_{i+1}) - (\sum X_{i+1}Y_i)}{\sum X_iY_{i+1}}$$

$$= \frac{1,3477 - 0,5322}{1,3477} = \frac{0,8155}{1,3477}$$

$$= 0,605 = 0,61 \text{ (redondeado)}$$

Fuente: Federal Bureau of Investigation (1976).

El índice de Gini muestra la proporción del área bajo la diagonal que se halla entre la diagonal y la curva de Lorenz. Puede usarse para representar la concentración de riqueza, ingreso, población, grupos étnicos, residentes urbanos, delitos y otras condiciones sociales. La ventaja del índice de Gini es que es una medida precisa de concentración que suministra mucha más información que la representación gráfica proporcionada por la curva de Lorenz. Además, el índice de Gini varía de cero (ninguna concentración en absoluto) a uno (máxima concentración). En el ejemplo de la concentración de crímenes violentos, se advierte que aproximadamente el dos por ciento de las ciudades más grandes (100.000 y más) tiene casi el cincuenta y ocho por ciento de los crímenes violentos. Si estos estuviesen más o menos igualmente distribuidos entre las ciudades de todos los tamaños de clase, el índice de Gini sería aproximadamente cero. De hecho, sin embargo, los crímenes violentos están muy concentrados en las grandes ciudades. El valor del índice de Gini de 0,61 muestra que el sesenta y uno por ciento del área total está entre la diagonal y la curva de Lorenz. Esta es una concentración sustancial con importantes implicaciones para la política de justicia criminal en Estados Unidos.

Representaciones tabulares

Otra forma útil de representar resultados de política es construir representaciones tabulares. Una *representación tabular* es una matriz rectangular usada para resumir características clave de una o más variables. La forma más simple de representación tabular es la tabla unidimensional, que presenta información sobre resultados de política en términos de una sola dimensión de interés, por ejemplo, edad, ingreso, región o tiempo. En el monitoreo de los cambios en la demanda de energía en Estados Unidos durante el período 1950–1970, un analista podría emplear una representación tabular unidimensional.

La información también se puede ordenar en tablas de dos dimensiones, por ejemplo, cambios en las tasas de pobreza por edad y raza a lo largo del tiempo. Un analista preocupado por el impacto de la reforma de bienestar puede querer monitorear cambios en el porcentaje de personas por debajo de la línea de pobreza en Estados Unidos en 1968, 1990 y 2006. La Tabla 6.9 ofrece información que muestra que la tasa de pobreza entre los niños aumentó desde 1968, mientras que la tasa entre adultos decreció pronunciadamente. La tasa general de pobreza es virtualmente la misma en 2006 que en 1968, aunque la tasa general cayó al 11,5% en 2016.

TABLA 6.9 Tasas de pobreza en 1968, 1990 y 2006 por edad y raza en EUA

	Tasas de pobreza (%)		
	1968	**1990**	**2006**
Todos	12,8	13,5	12,3
Niños	15,4	20,6	17,4
De 18 a 64 años	9,0	10,7	10,8
Adultos mayores	25,0	12,1	9,4
Todos los menores de 65 años	11,5	13,7	12,7
Blancos	7,5	8,7	8,4
De color	32,8	31,6	24,2
Hispanos	23,8	28,3	20,7

Fuente: Meyer y Wallace (2009): 9.

Otro tipo de tabla multidimensional implica el análisis de dos o más grupos por niveles de alguna variable de resultado, que podría ser empleo, servicios recibidos o ingresos. Por ejemplo, los experimentos sociales se basan en comparaciones de grupos que han recibido un tipo particular de tratamiento (grupo experimental) y grupos que no lo han recibido (grupo de control). La Tabla 6.10 se usó para valorar si los grupos que participaban en un programa de tratamiento del alcoholismo financiado con fondos públicos diferían en el número de arrestos después del tratamiento (Tabla 6.10). Los resultados indican que la política prescrita por el tribunal de remisiones obligadas de corto plazo a clínicas de alcoholismo o a Alcohólicos Anónimos para tratamiento (grupos experimentales) parece ser menos eficaz que ningún tratamiento.

TABLA 6.10 Número de nuevos arrestos por conducir ebrio en grupos de tratamiento y control

	Grupos de tratamiento			
Nuevos arrestos	*Clínica de alcoholismo*	*Alcohólicos anónimos*	*Sin tratamiento*	*Total*
Ninguno	26 (32,0)	27 (31,0)	32 (44,0)	85
Uno o más	56 (68,0)	59 (69,0)	41 (56,0)	156
Total	82 (100,0)	86 (100,0)	73 (100,0)	241

Fuente: Adaptado de Gilbert, Light y Mosteller (1975): 94.

Números índice

Los números índice son otra forma útil de monitorear cambios en variables de resultado a lo largo del tiempo. Los *números índice* son medidas de cuánto cambia el valor de un indicador o conjunto de indicadores a lo largo del tiempo respecto de un periodo base. Los periodos base se definen arbitrariamente con un valor de 100, que sirve como estándar para comparar cambios subsiguientes en los indicadores de interés. En el análisis de política pública se usan muchos números índice. Estos incluyen números índice utilizados para monitorear cambios en precios al consumidor, producción industrial, gravedad del delito, contaminación, atención en salud, calidad de vida, y en otros importantes resultados de política pública.

Los números índice pueden enfocarse en precios, cantidades o valores. Por ejemplo, los cambios en el precio de los artículos de consumo se resumen en la forma del Índice de Precios al Consumidor (IPC), mientras que los cambios en el valor de los bienes producidos por las empresas industriales se compendian en el Índice de Producción Industrial. Los números índice pueden ser simples o compuestos. Los *números índice simples* son los que tienen solo un indicador (*e.g.*, número de delitos por cada 100.000 personas), mientras que los *números índice compuestos* incluyen varios indicadores diferentes. Un buen ejemplo de números índice compuestos son dos índices de precios al consumidor usados para medir los costos de unos cuatrocientos bienes y servicios. Un índice abarca a todos los consumidores urbanos, mientras que el otro incluye asalariados urbanos y trabajadores de oficina[78].

Los números índice pueden ser *implícitamente ponderados* o *explícitamente ponderados*. En el primer caso, los indicadores se combinan sin procedimiento explícito para establecer su valor. Por ejemplo, un índice de contaminación del aire puede simplemente agregar varias clases de contaminantes (monóxido de carbón, oxidantes, óxidos de azufre) sin tener en cuenta los diferentes costos en el deterioro de la salud resultantes de algunos de esos contaminantes (*e.g.*, monóxido de carbón). Un

78 En enero de 1978 se revisó el Índice de Precios al Consumidor. Desde entonces se han producido dos índices. El nuevo índice comprende a todos los consumidores urbanos, independientemente de si están empleados, y cubre el ochenta por ciento de la población no institucional. El índice antiguo incluye asalariados urbanos y trabajadores de oficina, y cubre aproximadamente el cincuenta por ciento de personas del nuevo índice.

índice explícitamente ponderado tiene en cuenta tales factores estableciendo el valor relativo de cada indicador.

Hay dos procedimientos generales para construir números índice: agregación y promedio. Los índices agregados se construyen sumando los valores de los indicadores (*e.g.*, precios al consumidor) para periodos dados. Los procedimientos de promedio (o el llamado *método de promedio de relativos*) requieren el cálculo de cambios promedio en el valor de un indicador en el tiempo, mientras que los procedimientos agregativos no. Un índice agregado de precios útil y simple es el *índice de poder adquisitivo*, que mide el valor real de los ingresos en periodos sucesivos. Para monitorear el impacto de los acuerdos salariales sobre el ingreso real de los empleados como parte de las actividades de negociación colectiva del sector público, puede usarse un índice de poder adquisitivo. Un índice de poder adquisitivo se construye utilizando valores del IPC. Esto se hace localizando el año (*e.g.*, 2010) para el que deseamos determinar el poder adquisitivo de los salarios y convirtiendo este valor en un *precio relativo*, esto es, en un valor que expresa el precio de bienes y servicios en ese año respecto de un año base (2001). Si luego dividimos uno por este precio relativo (esto se llama el *recíproco*), obtendremos el poder adquisitivo de los salarios en dólares de 2001.

En la Tabla 6.11, los valores del índice de poder adquisitivo para determinados años indican cuánto vale un dólar en términos reales, en relación con el IPC del año base de 2001. Por ejemplo, en 2005 cada dólar de salario compra alrededor de 90,6 centavos de bienes y servicios comparado con el poder de compra de un dólar de 2001. El índice de poder adquisitivo puede convertirse directamente en salarios reales tomando los salarios nominales para los años determinados y multiplicándolos por el índice de poder adquisitivo. Esto se hace en la Tabla 6.12, que muestra el valor real de los ingresos semanales en los años 2001–2010. Los ingresos semanales reales disminuyeron de $596 a $594 en el periodo 2001–2008, y aumentaron a más de $610 en 2009 y a más de $606 en 2010.

TABLA 6.11 Uso del Índice de Precios al Consumidor (1982-1984 = 100) para calcular el índice de poder adquisitivo

Año	Índice de Precios al Consumidor (1)	Precio relativo (2)	Recíproco (3)	Índice de poder adquisitivo (4)
2001	177,1	177,1 ÷ 177,1 = 1,0	1,0 ÷ 1,0	× 100 = 100,0
2002	179,9	179,9 ÷ 177,1 = 1,016	1,0 ÷ 1,016	× 100 = 98,4
2003	184,0	184,0 ÷ 177,1 = 1,039	1,0 ÷ 1,039	× 100 = 96,2
2004	188,9	188,9 ÷ 177,1 = 1,067	1,0 ÷ 1,067	× 100 = 93,8
2005	195,3	195,3 ÷ 177,1 = 1,103	1,0 ÷ 1,103	× 100 = 90,6
2006	201,6	201,6 ÷ 177,1 = 1,138	1,0 ÷ 1,138	× 100 = 87,9
2007	207,3	207,3 ÷ 177,1 = 1,171	1,0 ÷ 1,171	× 100 = 85,4
2008	215,3	215,3 ÷ 177,1 = 1,216	1,0 ÷ 1,216	× 100 = 82,3
2009	214,5	214,5 ÷ 177,1 = 1,211	1,0 ÷ 1,211	× 100 = 82,6
2010	218,1	218,1 ÷ 177,1 = 1,232	1,0 ÷ 1,232	× 100 = 81,2

Fuente: U.S. Department of Labor, Bureau of Labor Statistics.

TABLA 6.12 Salarios semanales reales en EUA, 2001-2010

Año	Ingresos nominales (1)	Índice de poder adquisitivo (2)	Recíproco (3)	Salarios reales (4)
2001	\$596	1,0	1,0 × \$596 =	\$596
2002	608	98,4	0,984 × 608 =	598,27
2003	620	96,2	0,962 × 620 =	596,44
2004	638	93,8	0,938 × 638 =	598,44
2005	651	90,6	0,906 × 651 =	589,81
2006	671	87,9	0,879 × 671 =	589,80
2007	695	85,4	0,854 × 695 =	593,53
2008	722	82,3	0,823 × 722 =	594,21
2009	739	82,6	0,826 × 739 =	610,41
2010	747	81,2	0,812 × 747 =	606,56

Fuente: U.S. Department of Labor, Bureau of Labor Statistics.

Otro índice agregado útil es el Índice de Concentración de Contaminantes desarrollado por la Agencia de Protección Ambiental. La concentración de varias clases de contaminantes, medidos en partes por millón (ppm) o microgramos por metro cúbico de aire ($\mu g/m^3$), se perfora en una cinta de grabación cada cinco minutos en varios lugares del país. Los contaminantes se clasifican en dos principales categorías: gases y partículas en suspensión. En la Tabla 6.13 se presentan las concentraciones máximas de contaminantes reportadas en Chicago, San Francisco y Filadelfia para dos tiempos promedio (cinco minutos y un año) en 1964. Un tiempo promedio de un año es la cantidad total de contaminantes reportados en todos los intervalos de cinco minutos durante el periodo de un año dividida por el número total de intervalos de cinco minutos en el año. Un tiempo promedio de cinco minutos es simplemente la concentración máxima de contaminantes registrada en cualquier periodo de cinco minutos. Es posible desarrollar un índice agregado de cantidad ponderado implícitamente para monitorear la concentración de contaminantes a lo largo del tiempo. La fórmula para este índice es

$$\mathrm{IQ}_n \frac{\sum q_n}{q_0} \cdot 100$$

donde

IQ_n = el índice de cantidad para contaminantes gaseosos en un periodo de tiempo dado n
q_n = la cantidad de contaminantes gaseosos en el periodo n de una serie de tiempo
q_0 = la cantidad de contaminantes gaseosos en el periodo base cero de una serie de tiempo

Sobre la base de esta fórmula, podemos calcular números índice para monitorear cambios en niveles de contaminantes (medidos en millones de toneladas) entre 1970 y 1975. Empezaríamos por seleccionar 1970 como el periodo base (q_0) y calcular valores del índice de cantidad para 1973, 1974 y 1975. Estos valores se presentan en la Tabla 6.14, la cual muestra que las emisiones totales de contaminantes han disminuido desde 1970.

TABLA 6.13 Concentración máxima de contaminantes reportada en Chicago, Filadelfia y San Francisco para tiempos promedio de cinco minutos y un año

	Tipo de contaminante									
	Gases (1)						Partículas en suspensión (2)			
Ciudad y tiempo promedio	**Monóxido de carbón**	**Hidrocarburos**	**Óxido nítrico**	**Dióxido de nitrógeno**	**Óxidos de nitrógeno**	**Oxidantes**	**Dióxido de azufre**	**Plomo**	**Orgánicas (benceno soluble)**	**Sulfatos**
Chicago										
5 minutos	64,0	20,0	0,97	0,79	1,12	0,17	1,62	NA	NA	NA
1 año	12,0	3,0	0,10	0,05	0,15	0,02	0,18	0,6	15,1	16,6
Filadelfia										
5 minutos	43,0	17,0	1,35	0,37	1,50	0,25	1,00	NA	NA	NA
1 año	7,0	2,0	0,04	0,04	0,08	0,02	0,09	0,8	12,2	19,8
San Francisco										
5 minutos	47,0	16,0	0,68	0,38	0,91	0,29	0,26	NA	NA	NA
1 año	7,0	3,0	0,09	0,05	0,14	0,02	0,02	NA	9,2	6,2

Notas:

(1) Contaminantes gaseosos medidos en partes por millón (ppm) de aire en 1964.

(2) Partículas en suspensión medicas en microgramos por metro cúbico ($\mu g/m^3$) de aire en 1964.

Fuente: Singpurwalla (1975): 69–71.

TABLA 6.14 Índice agregado de cantidad ponderado implícitamente para medir cambios en contaminantes en Estados Unidos, 1970-1975

	Cantidad			
Contaminante	**1970**	**1973**	**1974**	**1975**
Monóxido de carbón	113,7	111,5	104,2	96,2
Óxidos de azufre	32,3	32,5	31,7	32,9
Hidrocarburos	33,9	34,0	32,5	30,9
Partículas	26,8	21,9	20,3	18,0
Óxidos de nitrógeno	22,7	25,7	25,0	24,2
	229,4	225,6	213,7	202,2
Índice de cantidad (1970 = 100)	100,0	98,34	93,16	88,14

$$IQ_n = \frac{\Sigma q_n}{q_0} 100$$

$$IQ_{1970} = \frac{\Sigma 113,7 + 32,3 + 33,9 + 26,8 + 22,7}{\Sigma 113,7 + 32,3 + 33,9 + 26,8 + 22,7} \times 100$$

$$= \frac{229,4}{229,4} \times 100 = 100,0$$

$$IQ_{1973} = \frac{\Sigma 111,5 + 32,5 + 34,0 + 21,9 + 25,7}{\Sigma 113,5 + 32,3 + 33,9 + 26,8 + 22,7} \times 100$$

$$= \frac{225,6}{229,4} \times 100 = 98,34$$

Nota: En millones de toneladas de contaminantes (gases y partículas).
Fuente: U.S. Environmental Protection Agency.

La debilidad de este índice agregado de cantidad ponderado implícitamente de contaminación es que no toma en cuenta las diferencias en las concentraciones de contaminantes o su daño relativo para la salud. En contraste, el índice desarrollado por la Agencia de Protección Ambiental proporciona pesos explícitos, porque calcula la concentración máxima de contaminantes en periodos dados (tiempos promedio) y relaciona estas concentraciones con riesgos conocidos para la salud. Por ejemplo, mientras que la cantidad total de contaminantes ha disminuido desde 1970, algunas ciudades han registrado muy altos niveles de contaminación en periodos particulares. Los datos sobre estos periodos no se reflejan en el índice de cantidad ponderado implícitamente ilustrado en la Tabla 6.14. Más importante aún, la concentración de diferentes tipos de contaminantes por periodo de tiempo crea distintos tipos de riesgo para la salud. Un índice de cantidad ponderado explícitamente tiene en cuenta la concentración de contaminantes por periodo de tiempo (tiempos promedio) y los riesgos potenciales para la salud. Si bien no construiremos un índice agregado de cantidad ponderado explícitamente sobre la base de tiempos promedio reportados por la Agencia de Protección Ambiental, es importante considerar las relaciones entre la duración de la exposición a los contaminantes y el daño a la salud y al ambiente (Tabla 6.15).

TABLA 6.15 Duración de la exposición a contaminantes y daño consiguiente en la salud y el ambiente

		Contaminante			
Duración de la exposición	*Consecuencia*	*Monóxido de carbón*	*Oxidantes*	*Partículas*	*Óxidos de azufre*
1 segundo	Sensación				
	Olor	-	+	-	+
	Gusto	-	-	-	+
	Irritación de ojos	-	+	-	-
1 hora	Desempeño atlético deteriorado	-	+	-	-
	Visibilidad reducida	-	+	+	+
8 horas	Juicio deteriorado	+	-	-	-
	Estrés para pacientes cardíacos	+	-	-	-
1 día	Salud deteriorada	+	-	+	+
4 días	Salud deteriorada	+	-	+	+
1 año	Vegetación dañada	-	-	+	+
	Corrosión	-	-	+	+

Nota: Un menos (-) indica ausencia de consecuencias dañinas. Un más (+) indica consecuencia dañina.
Fuente: Singpurwalla (1975): 66.

Hay varios índices ampliamente utilizados para monitorear cambios en resultados de política pública. Estos incluyen los dos IPC ya aludidos previamente (uno para todos los consumidores urbanos y el otro para asalariados urbanos y trabajadores de oficina); el Índice de Precios del Productor -antes de 1978 denominado el Índice de Precios al por Mayor- que se usa para medir cambios en los precios de todas las mercancías producidas en la economía; y el Índice de Producción Industrial -publicado mensualmente por el Sistema de la Reserva Federal- que se emplea para medir cambios en la producción de fábricas, minas y empresas de servicios públicos. El periodo base para todos estos índices es 1967. Además de estos índices, están los que pueden construirse para medir la gravedad del delito, la calidad de vida, la calidad de la atención en salud y la calidad del ambiente.

Los números índice tienen varias limitaciones. En primer lugar, los procedimientos de ponderación explícita carecen con frecuencia de precisión. Por ejemplo, las estimaciones del daño causado por diferentes tipos de contaminantes se apoyan en parte en el juicio y es difícil asignar costos en dólares a los problemas de salud resultantes. En segundo lugar, es difícil obtener datos muestrales para índices que sean igualmente significativos para todos los grupos de la sociedad. El IPC, por ejemplo, se basa en una muestra de más de cuatrocientos bienes de consumo y servicios adquiridos por residentes urbanos. La muestra se selecciona mensualmente de cincuenta y seis áreas urbanas, y los datos así obtenidos se usan para construir un índice nacional compuesto. Mientras que el desarrollo del IPC en dos partes de 1978 hace más significativos los números índice para personas retiradas, de edad y desempleadas, así como para los trabajadores asalariados y de oficina, el IPC no refleja las diferencias de precio en muchas áreas urbanas y rurales. Finalmente, los números índice no siempre reflejan cambios cualitativos en el significado o importancia de los ítems del índice a lo largo del tiempo. Por ejemplo, a medida que aprendemos más sobre los efectos de varias clases de contaminantes (*e.g.*, partículas de plomo o de asbesto), su importancia cambia. La simple cantidad de contaminantes puede no reflejar el cambiante valor (o disvalor) social atribuido a ellos en diferentes periodos de tiempo.

Los números índice pueden usarse para monitorear una amplia variedad de cambios. Sin embargo, estas técnicas no brindan forma sistemática de relacionar cambios en resultados de política pública con iniciativas de política previas. Consideraremos ahora cuatro métodos que permiten a los analistas hacer juicios sistemáticos sobre los efectos de las políticas en los resultados de política pública: medición del tamaño del efecto, análisis de series de tiempo interrumpidas, análisis de series de control y análisis de regresión discontinua[79]. Estos procedimientos se usan en conexión con representaciones gráficas y se basan en las técnicas de correlación y regresión discutidas en el capítulo sobre el pronóstico (Capítulo 4). Aunque dos de estos procedimientos (análisis de series de tiempo interrumpidas y análisis de series de control) son igualmente aplicables a la contabilidad de sistemas sociales, la auditoría social y la experimentación social, tres de ellos (el cálculo de tamaños del efecto, el análisis de series de tiempo interrumpidas y el análisis de discontinuidad en la regresión) son exclusivamente aplicables a experimentos y cuasiexperimentos aleatorios.

Tamaños del efecto

Una de las metas de realizar una revisión sistemática (RS) o un metaanálisis (MA) es determinar el grado en que programas y políticas han alcanzado resultados e impactos deseados. Hay un virtual consenso en las comunidades del análisis de política pública y de la evaluación de programas de que la evidencia requerida para determinar "lo que funciona" es de naturaleza causal. Por lo general, las intervenciones de política llevadas a cabo en la forma de experimentos tienen varios requerimientos: se manipula activamente una presunta causa para producir un resultado posterior, hay correlación entre política y resultado, y se usa la aleatorización para asignar algunas unidades (personas, grupos o entidades más grandes) a un grupo de intervención y otras a un grupo de control. La asignación aleatoria se emplea para descartar explicaciones alternativas; por ejemplo, la explicación de que el nivel educativo era responsable de las tasas de graduación puede descartarse seleccionando aleatoriamente grupos de intervención y de control de modo que tengan aproximadamente la misma media y varianza para la variable años de educación. Si se ejecuta con éxito, la asignación aleatoria puede justificar la declaración contrafactual de que el grupo de intervención (experimental) se habría comportado prácticamente igual que el grupo de control si el experimento no se hubiese realizado en absoluto. El grupo de control es necesario porque el grupo experimental no puede ser "tratado" y "no tratado" al mismo tiempo. Otra forma de experimento, el cuasiexperimento, es virtualmente idéntico al experimento aleatorio salvo que la asignación aleatoria para el grupo de intervención y el grupo de control no es posible por razones logísticas, legales o éticas.

Hasta ahora la noción de "causa" se ha presentado conceptualmente, sin ningún intento por mostrar cómo se pueden medir causa y efecto[80]. En este contexto, se utilizan a menudo cuatro medidas del tamaño del efecto: la razón de probabilidades (*R-P*) (*odds-ratio*)[*], la representación del tamaño del efecto binario (*RTEB*), la razón de riesgo (*R-R*) y la diferencia de medias estandarizada, también denominada la *d* de Cohen[81].

79 La siguiente discusión se apoya en dos artículos clásicos: Campbell, "Reforms as Experiments", y Donald T. Campbell y H. Laurence Ross, "The Connecticut Crackdown on Speeding: Time-Series Data in Quasi-Experimental Analysis", *Law and Society Review* (1968): 33–53.

80 La causalidad y la inferencia causal son más complejas de lo que se sugiere aquí. Tratamientos más avanzados de la causalidad son Cook y Campbell, *Quasi-Experimentation: Design and Analysis Issues for Field Settings* (Boston: Houghton Mifflin, 1979), Cap. 1; Guido W. Imbens y Donald B. Rubin, *Causal Inference in Statistics, Social and Biomedical Sciences* (Cambridge: Cambridge University Press, 2015); y Judea Pearl, Madelyn Glymour y Nicholas P. Jewell, *Causal Inference in Statistics: A Primer* (New York: John Wiley & Sons, 2016). Pearl y otros subrayan que si bien el lenguaje de la estadística es fácilmente accesible, debe reemplazarse por otro lenguaje con miras a hacer inferencias causales.

* *N. del t.*: Vertemos la expresión *odds-ratio* por razón de probabilidades. *Odds* es un término utilizado en apuestas que significa cuánto más probable es que se produzca un resultado que otro.

81 Hay otras medidas del tamaño del efecto menos frecuentemente utilizadas como la *r* de Pearson, la *V* de Cramer y *Phi*. Generalmente, los valores *p* y otras pruebas de significación estadística no se usan como medidas del efecto porque están sesgadas por el tamaño de la muestra.

Volviendo a la Tabla 6.10, una de las preguntas que queremos responder es si las posibilidades de uno o más nuevos arrestos son menores cuando una persona está en la clínica de alcoholismo que cuando no recibe ningún tratamiento. La Tabla 6.16 responde estas preguntas calculando una razón de probabilidades (*R-P*). La fórmula para la razón de probabilidades es *R-P* = *ad* ÷ *bc*, donde *a*, *b*, *c* y *d* se definen como se muestra en la Tabla 6.16.

TABLA 6.16 Cálculo de una razón de probabilidades (usando datos de la Tabla 6.10)

	Política	Sin política
Éxito	a	b
Fracaso	c	d
	a × d / *b* × *c*	

Para la clínica de alcoholismo, *R-P* = *a* × *d* ÷ *b* × *c* = 26 × 59 ÷ 27 × 56 = 1.534 ÷ 1.512 = 1,014. Estas probabilidades son casi iguales, indicando que virtualmente no hay diferencia al buscar tratamiento entre una clínica de alcoholismo y Alcohólicos Anónimos. En cambio, si comparamos las probabilidades de éxito con Alcohólicos Anónimos *versus* ningún tratamiento (ver Tabla 6.10), encontramos: *R-P* = *a* × *d* ÷ *b* × *c* = 27 × 41 ÷ 32 × 59 = 1.107 ÷ 1.888 = 0,586. Aunque las probabilidades de éxito con la clínica de alcoholismo *versus* Alcohólicos Anónimos son casi iguales (1,014), las probabilidades de éxito con Alcohólicos Anónimos *versus* ningún tratamiento son solo 0,586, considerablemente menores que 1. En la interpretación de estas razones de probabilidades, empero, deberíamos ser conscientes de un posible sesgo de selección, si algunos de los que no beben alcohol están sobrerrepresentados en uno de los grupos. Un análisis mejorado incluiría grupos de bebedores aleatoriamente seleccionados antes y después de la intervención.

Utilizando la Tabla 6.17 como ejemplo, podemos calcular otra medida del tamaño del efecto, la representación del tamaño del efecto binario (*RTEB*): (*a* ÷ *a* + *c*) – (*b* ÷ *b* + *d*) = (26 ÷ 82) – (27 ÷ 86) = 0,317 – 0,314 = 0,003. La *RTEB* de 0,003 indica que la clínica de alcoholismo tiene un efecto positivo pero despreciable sobre los nuevos arrestos. La razón de riesgo (*R-R*) es semejante a la *RTEB*, excepto que el denominador no es los totales de las columnas (*a* + *c* o *b* + *d*), sino las celdas tercera y cuarta: *R-R* = (*a* ÷ *c*) – (*b* ÷ *d*). La *R-R* expresa cuán riesgoso es adoptar una política comparada con otra. En este caso, el riesgo es virtualmente el mismo (0,464 – 0,457 = 0,007).

TABLA 6.17 Cálculo de la representación del tamaño del efecto binario (RTEB) y de la razón de riesgo (R-R)

Resultado / Política	Clínica de alcoholismo	Ningún tratamiento
Éxito / Ningún nuevo arresto	26 (0,317)	27 (0,314)
Fracaso / Uno o más nuevos arrestos	56 (0,683)	59 (0,686)
	82 (100,0)	86 (100,0)

Quizá la medida del tamaño del efecto más ampliamente utilizada es la *d* de Cohen (*d* = TE), definida como sigue (TE = tamaño del efecto y G_1 y G_2 son dos grupos):

$$TE = \frac{\overline{X}_{G1} - \overline{X}_{G2}}{S_{agrupada}} \quad S_{agrupada} = \sqrt{\frac{S_1^2(n_1 - 1) + S_2^2(n_2 - 1)}{n_1 + n_2 - 2}}$$

Con fines de ilustración, usaremos de nuevo el ejemplo de la clínica de alcoholismo *versus* ningún tratamiento. Sin embargo, en este hipotético ejemplo asumiremos que hay una medida continua de éxito (*e.g.*, calificación del consejero sobre la preparación para operar un vehículo de motor) que varía entre 0,0 y 100,0, y que hay una diferencia de 3,0. En la Tabla 6.18, la segunda fila se llama "éxito promedio" y entre los paréntesis están las varianzas (s^2) necesarias para calcular la desviación estándar agrupada (ver la fórmula anterior).

TABLA 6.18 Cálculo de la diferencia de la media estandarizada (d de Cohen)

Resultado / Política	Clínica de alcoholismo	Ningún tratamiento
Éxito promedio	52,1 (221)	49,1 (225)
N	82	86

$$TE = \frac{\overline{X}_{G1} - \overline{X}_{G2}}{S_{agrupada}}$$

$$= \frac{52,1 - 49,1}{14,9} = 0,201$$

El valor de la *d* de Cohen (0,201), debido a que es estandarizado, puede usarse para comparar efectos en la misma unidad de medida. Generalmente se interpreta como:

0,20 = efecto débil
0,50 = efecto moderado
0,80 = efecto fuerte

En esta instancia, la *d* de Cohen proporciona un efecto débil (0,201), pero es mucho más grande que la *R-P* (1,014) o la RETB (0,003), ambos prescindibles[82]. Debe advertirse que Cohen y otros previenen contra una interpretación inflexible de los coeficientes. Por ejemplo, un coeficiente muy bajo de $d = 0,11$ puede no ser realmente un efecto "débil" en casos donde no podría esperarse que insumos inadecuados de política (fondos de inversión) diesen lugar a un efecto moderado o fuerte.

82 Una discusión completa de otras medidas de tamaño del efecto y sus fortalezas y debilidades es Mark W. Lipsey y David B. Wilson, *Practical Meta-analysis* (Thousand Oaks, CA: Sage Publications, 2001). David B. Wilson ha desarrollado una calculadora práctica del tamaño del efecto basada en Excel. Está disponible en el sitio web de la Colaboración Campbell: www.campbellcollaboration.org. Esta calculadora del tamaño del efecto basada en la web está diseñada para calcular los tamaños del efecto para metaanálisis y revisiones sistemáticas y para convertir un tipo de tamaño del efecto (*e.g.*, *R-P*) en otro (*e.g.*, *d*).

Análisis de series de tiempo interrumpidas

El *análisis de series de tiempo interrumpidas* es un conjunto de procedimientos para representar en forma gráfica y estadística los efectos de intervenciones de política pública en resultados de política pública. El análisis de series interrumpidas es apropiado para los problemas donde una agencia inicia alguna acción que se lleva a efecto en toda una jurisdicción o con todo un grupo objetivo; por ejemplo, en un estado particular o entre todas las familias por debajo del umbral de pobreza. Debido a que las acciones de política se limitan a personas en la jurisdicción o grupo objetivo, no hay oportunidad de comparar resultados de política a través de diferentes jurisdicciones o entre diferentes categorías del grupo objetivo. En esta situación, la única base de comparación es el registro de resultados de años previos.

La graficación de series de tiempo interrumpidas es un poderoso instrumento para valorar visualmente los efectos de una intervención de política en la medida de algún resultado de política (*e.g.*, tasas de muerte en carreteras, personas que reciben asistencia médica, aprendices de trabajo empleados, tasas de mortalidad hospitalaria). Como muestra la Figura 6.9, algunas intervenciones de política tienen efectos genuinos en los resultados de política, mientras que otras no. Las intervenciones (a) y (b) indican que la intervención de política se relaciona plausiblemente con el incremento de algún resultado valorado, porque hay un salto prácticamente significativo en el valor del resultado de política medido después de la intervención. La intervención (b), sin embargo, muestra que el resultado valorado no fue durable -empezó a "desdibujarse" después del quinto periodo de tiempo.

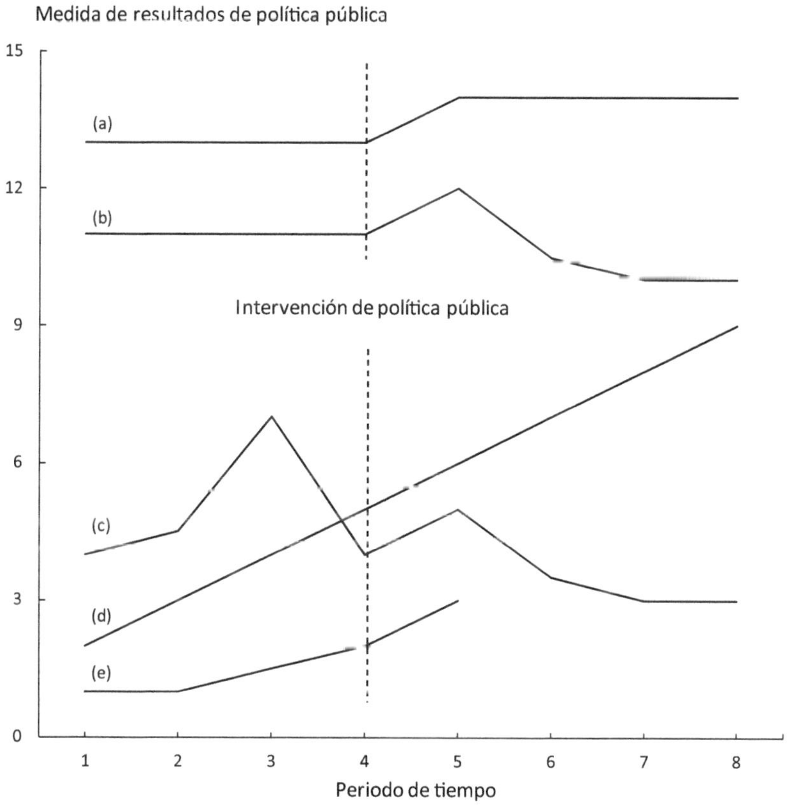

FIGURA 6.9 Series de tiempo interrumpidas que muestran efectos y no efectos
Fuente: Campbell y Stanley (1963): 38.

La intervención (c) también carece de permanencia, pero estuvo además precedida por un pico extremo en el resultado de política medido antes de la intervención. Esto sugiere que probablemente hubo "regresión" hacia el valor promedio de la serie de tiempo después de la intervención -esto es, el incremento entre los periodos cuarto y quinto probablemente habría ocurrido de cualquier modo. La intervención (d) muestra que la intervención no tuvo efecto porque no hay diferencia en la tasa de cambio del valor de la variable de resultado medida. Finalmente, la intervención (e) exhibe un ligero aumento en el resultado de política medido, que, sin embargo, estuvo precedido por un incremento ya en progreso. Este débil efecto no es suficiente para concluir que la intervención fue responsable del aumento entre los periodos cuarto y quinto. Si hubiese datos disponibles sobre el periodo siguiente, el incremento posterior a la intervención podría demostrar que carece de durabilidad o podría aumentar a una tasa creciente. Aquí simplemente no es posible saber.

El análisis de series de tiempo interrumpidas es uno de los varios métodos de experimentación de política pública que se denominan "cuasiexperimentales". *Cuasiexperimental* se refiere a experimentos que tienen varias pero no todas las características de un experimento auténtico: selección aleatoria de sujetos, asignación aleatoria de sujetos a los grupos experimental y de control, asignación aleatoria de un "tratamiento" (una política) a los grupos experimental y de control, y medición de resultados antes y después del tratamiento experimental (la política). La única característica que el análisis de series de tiempo interrumpidas no tiene es la selección aleatoria de participantes o sujetos. Las otras tres características están presentes en muchos cuasiexperimentos diseñados para examinar políticas y programas con vistas a determinar si hacen diferencia en producir algún resultado de interés.

La mejor forma de visualizar análisis de series de tiempo interrumpidas es considerar un ejemplo concreto[83]. En 1956, después del registro de un alto número de muertes de tránsito en 1955, el gobernador de Connecticut (Abraham Ribicoff) implementó una severa represión contra infractores de las leyes de velocidad del estado. A finales de 1956, hubo 284 muertes en accidentes de tránsito, comparadas con 324 muertes del año anterior. El gobernador Ribicoff interpretó los resultados del estricto control del exceso de velocidad en la siguiente forma: "Con la salvación de cuarenta vidas en 1956, una reducción del 12,3% de la cifra de muertos por vehículos automotores de 1955, podemos decir que el programa es definitivamente valioso". Los resultados observables de la represión del exceso de velocidad se representan gráficamente en la Figura 6.10. Los valores en la escala vertical se han magnificado deliberadamente para exagerar la magnitud de los efectos.

83 Ver Campbell, "Reforms as Experiments", pp. 75–81; y Donald T. Campbell y H. Lawrence Ross, "The Connecticut Crackdown on Speeding: Time-Series Data in Quasi-experimental Analysis", *Law and Society Review* 3, 1 (1968): 33–53.

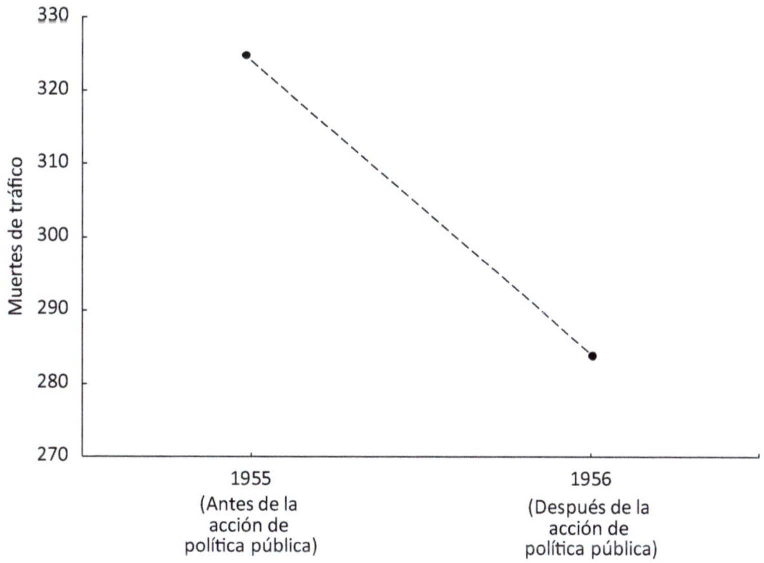

FIGURA 6.10 Muertes de tráfico en Connecticut antes y después del control estricto del exceso de velocidad en 1956
Fuente: Campbell (1969).

Si deseamos monitorear los resultados del estricto control del exceso de velocidad de Connecticut usando el análisis de series de tiempo interrumpidas, seguiremos los siguientes pasos:

1. Comprima los valores a lo largo del eje vertical de modo que el aparente efecto observado no sea tan dramático. Utilizaremos aquí intervalos de veinticinco muertes en lugar de diez.
2. Obtenga valores de muertes por accidentes de tránsito en varios años antes y después de la implementación de la política y represéntelos en el gráfico. Esto crea una amplia serie de tiempo desde 1951 hasta 1959.
3. Dibuje una línea vertical que interrumpa la serie de tiempo al comienzo del año en que se implementó la política, esto es, en 1956 (por ende, una "serie de tiempo interrumpida"). Observe que los intervalos usados para representar años en una serie de tiempo denotan la mitad de cada año (julio 1º.), de modo que cualquier punto intermedio entre dos intervalos es el valor de la serie de tiempo el 1º. de enero.

Los resultados de los procedimientos anteriores se presentan en la Figura 6.11, que se llama gráfico de una serie de tiempo interrumpida. Observe que este gráfico crea una imagen visual de resultados de política enteramente diferente de la que se presentó en la Figura 6.10.

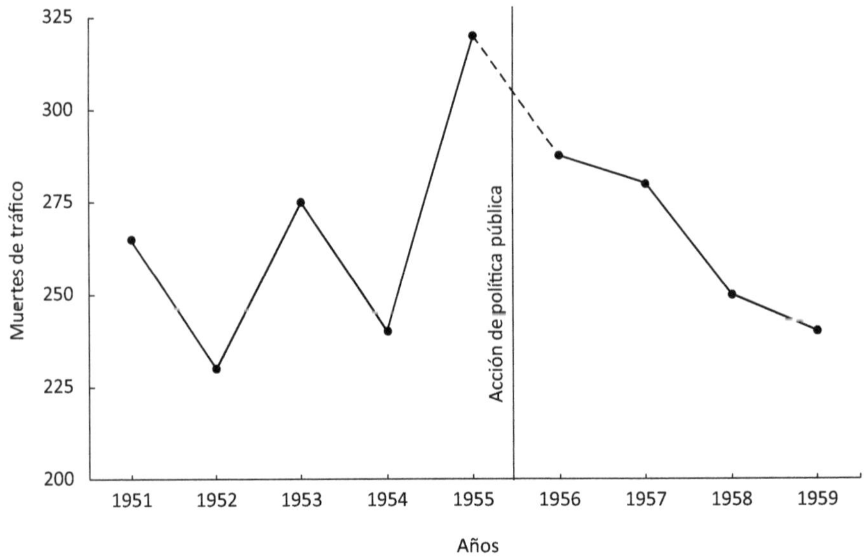

FIGURA 6.11 Gráfico de una serie de tiempo extendida
Fuente: D. T. Campbell, "Reforms as Experiments", *American Psychologist*, 24, 4 (1969).

Una de las ventajas del análisis de series de tiempo interrumpidas es que permite una consideración sistemática de varias amenazas a la validez de inferencias causales sobre resultados de política pública. La importancia de estas amenazas a la validez (también denominadas hipótesis rivales) puede verse cuando comparamos los resultados de política (muertes de tránsito) representados en el gráfico de la serie de tiempo interrumpida y la inferencia causal del gobernador Ribicoff de que el estricto control del exceso de velocidad produjo en definitiva una reducción de muertes por accidentes de tránsito. Examinemos ahora varias amenazas a la validez de esta declaración considerando los datos expuestos en la Figura 6.11.

1. *Maduración.* Cambios en los miembros de los grupos (en este caso, conductores) pueden ejercer efectos en los resultados de política anexos a los de las acciones de política. Por ejemplo, las tasas de muertes en Connecticut pueden haber estado disminuyendo durante varios años como resultado del creciente aprendizaje social entre los conductores que han estado expuestos a programas de educación de conductores o a campañas de seguridad pública. El simple gráfico prepolítica-pospolítica (Figura 6.10) no nos permite examinar esos posibles efectos independientes. El gráfico de la serie de tiempo interrumpida (Figura 6.11) nos habilita para descartar la maduración como una explicación rival plausible, porque la serie de tiempo no muestra un descenso a largo plazo de muertes de tránsito antes y después de la intervención.
2. *Inestabilidad.* Todas las series de tiempo son inestables en algún grado. El gráfico de la serie de tiempo interrumpida permite representar esta inestabilidad, que es bastante pronunciada. El descenso entre 1955 y 1956 es solo un poco mayor que los descensos de 1951–1952 y 1953–1954, sugiriendo que el resultado de política puede ser consecuencia de la inestabilidad y no de la política. Por otra parte, no hay aumento de muertes de tránsito después de 1956. Aunque esto presta valor persuasivo a la declaración del gobernador, este argumento no habría sido posible sin el gráfico de la serie de tiempo interrumpida de la Figura 6.11.
3. *Artefactos de regresión.* En el monitoreo de resultados de política, a menudo es difícil separar los efectos de las acciones de política de los efectos ejercidos por las personas o grupos

seleccionados para un programa. Si las muertes de tránsito de 1955 representan un extremo -como podría ser el caso si solo tuviésemos la Figura 6.11 para seguir adelante-, entonces el descenso de muertes por accidentes de tránsito en 1956 puede simplemente reflejar la tendencia de las puntuaciones extremas de regresar a la media o la tendencia general de una serie de tiempo. Las muertes de 1955 son de hecho las más extremas de la serie. Debido a esto, parte del decrecimiento de 1955 a 1956 puede atribuirse a artefactos de regresión, en concierto con la inestabilidad de la serie de tiempo. Los artefactos de regresión son una amenaza particularmente significativa para la validez de declaraciones sobre resultados de política por una importante razón: los formuladores de política tienden a emprender acciones cuando los problemas son más agudos o extremos.

El *análisis de series de control* implica la adición de uno o más grupos de control a diseños de series de tiempo interrumpidas con miras a determinar si características de diferentes grupos ejercen un efecto independiente en los resultados de política. La lógica del análisis de series de control es la misma que la del análisis de series de tiempo interrumpidas. La única diferencia es que un grupo o grupos que no fueron expuestos a las acciones de política se suman al gráfico. La Figura 6.12 muestra los datos originales de Connecticut junto con los datos sobre muertes en accidentes de tránsito de estados de control.

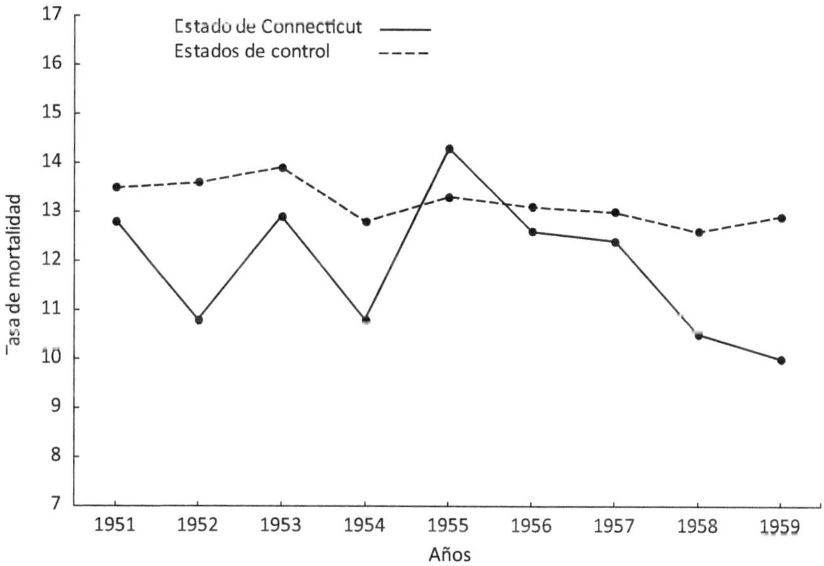

FIGURA 6.12 Gráfico de una serie de control
Fuente: D. T. Campbell, "Reforms as Experiments", *American Psychologist*, 24, 4 (1969).

El análisis de las series de control ayuda además a hacer el escrutinio de la validez de declaraciones acerca de los efectos de las acciones de política en los resultados de política pública. Por ejemplo, declaraciones rivales basadas en la historia (cambios súbitos en las condiciones del tiempo) y la maduración (hábitos de seguridad aprendidos por los conductores) parecerían estar respaldadas en parte por los datos de la serie de control. Por eso Connecticut y los estados de control muestran un patrón general similar de aumentos y decrementos sucesivos en las muertes por accidentes de tránsito entre 1952 y 1955. Sin embargo, también es evidente que las muertes en Connecticut disminuyeron mucho más rápidamente que en los estados de control después de 1955. El gráfico de la serie de control no solo nos permite valorar más críticamente la declaración del gobernador sobre el éxito de su política, sino que en este caso nos facilita descartar interpretaciones rivales plausibles. Esto tiene el efecto de brindar fundamentos mucho más firmes para las afirmaciones de política pública.

El uso de análisis de series de tiempo interrumpidas y de series de control, junto con las varias amenazas a la validez interna y externa, puede verse como un argumento de política pública. Los datos originales sobre el descenso de muertes por accidentes de tránsito entre 1955 y 1956 representan el conocimiento (*C*), mientras que la afirmación de política (*A*) es "el programa es definitivamente valioso". El calificador (*Ca*) expresa certidumbre máxima, como lo indica el término "definitivamente", y la justificación (*J*) ***implícita*** necesaria para trasladar el conocimiento a la afirmación es que la acción de política causó la reducción de muertes de tránsito. Lo que es importante en el presente caso es la serie de refutaciones (*R*) que pueden anticiparse sobre la base de las varias amenazas a la validez interna y externa: historia, maduración, inestabilidad, comprobación, instrumentación, mortalidad, selección, artefactos de regresión. Estas amenazas a la validez de las afirmaciones se han puesto en la forma de un argumento de política en la Figura 6.13.

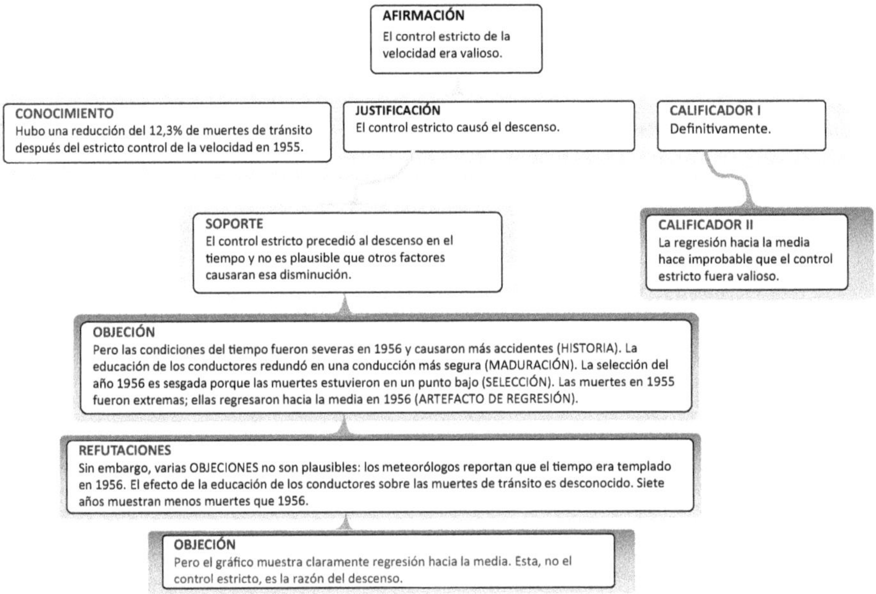

FIGURA 6.13 Amenazas a la validez como objeciones al argumento de que el control estricto de la velocidad era valioso

El procedimiento final por discutir en este capítulo es una extensión de los procedimientos de regresión y correlación. Debido a que la regresión lineal y la correlación ya se han descrito con algún detalle, no repetiremos la discusión de estas técnicas aquí, excepto observar que son aplicables a los problemas de monitoreo así como a los de pronóstico. El análisis de regresión puede usarse para explicar resultados del pasado en lugar de predecir los futuros, y los resultados del análisis a veces se denominan "posdicciones" para enfatizar que estamos prediciendo (en sentido estadístico) eventos pretéritos[84]. Incluso donde el análisis de regresión se utiliza para predecir eventos futuros, los analistas se basan necesariamente en información adquirida monitoreando resultados de política del pasado.

84 El sentido estadístico de la predicción no es equivalente a una interpretación causal. Ver J. Pearl, M. Glymour y N. P. Jewell, *Causal Inference in Statistics: A Primer* (New York: John Wiley & Sons, 2016).

Imagine que hemos obtenido información sobre inversiones en dólares en cinco programas de capacitación laboral, junto con información sobre el empleo subsiguiente de los aprendices que han concluido estos programas. El problema puede afirmarse en la siguiente forma: ¿cuánto afecta el nivel de inversión en los programas de capacitación el empleo posterior de los aprendices? En la Tabla 6.19 se proporciona la hoja de trabajo necesaria para calcular la ecuación de regresión [$Y_c = a + b(x)$], el coeficiente de determinación (r^2), el coeficiente de correlación simple (r), el error estándar de estimación ($S_{y.x}$) y la estimación de intervalo (Y_i). Los resultados del SPSS, relacionados en la Exposición 6.1, deben explicarse por sí mismos. Si no es así, debe regresar al Capítulo 4 y revisar la sección sobre correlación y regresión.

TABLA 6.19 Hoja de trabajo para regresión y correlación: inversión en programas de capacitación y empleo posterior de los aprendices

Programa	**Porcentaje de capacitados empleados (*Y*)**	**Inversión del programa (millones de dólares) (*X*)**	***Y* - $\bar{Y}$ (*y*)**	***X* - $\bar{X}$ (*x*)**	***xy***	**y^2**	**x^2**	***Yc***	***Y* - *Yc***	**$(Y\text{-}Yc)^2$**
A	10	2	-20	-2	40	400	4	12	-2	4
B	30	3	0	-1	0	0	1	21	9	81
C	20	4	-10	0	0	100	0	30	-10	100
D	50	6	20	2	40	400	4	48	2	4
E	40	5	10	1	10	100	1	39	1	1
	150	20	0	0	90	1000	10	150	0	190
	$\bar{Y} = 30$	$\bar{X} = 4$								

$$b = \frac{\Sigma(xy)}{\Sigma(x)^2} = \frac{90}{10} = 9$$

$$Sy.x = \sqrt{\frac{\Sigma(Y - Yc)^2}{n-2}} = \sqrt{\frac{190}{3}} = 7{,}96$$

$$a = \bar{Y} - b\,(\bar{X}) = 30 - 9\,(4) = -6$$

$$Yc = a + b\,(X) = -6 + 9\,(X) = 48 \pm 15{,}6 = 63{,}6 \text{ a } 32{,}4$$

$$Y_{i(6)}\,(95\%) = Y_{c(6)} \pm 2Z\,(S_{y.x}) = 48 \pm 1{,}96\,(7{,}96)$$

$$r^2 = \frac{b(\Sigma xy)}{\Sigma y^2} = \frac{9(90)}{1000} = 0{,}81$$

$$r = \sqrt{r^2} = 0{,}90$$

EXPOSICIÓN 6.1 Salida del SPSS para la Tabla 6.19

Resumen del modelo

Modelo	**R**	**R cuadrado**	**R cuadrado ajustado**	**Error estándar de la estimación**
1	,900[a]	,810	,747	7,95822426

a. Predictores: (Constante), Inversión Programa

ANOVA[b]

Modelo		Suma de cuadrados	gl	Media cuadrática	F	Significancia
1	Regresión	810,000	1	810,000	12,789	,037[a]
	Residuo	190,000	3	63,333		
	Total	1000,100	4			

a. Predictores: (Constante), Inversión Programa
b. Variable dependiente: Porcentaje capacitados empleados

Coeficientes[a]

		Coeficientes no estandarizados		Coeficientes estandarizados		
Modelo		B	Error estándar	Beta	t	Sig.
1	(Constante)	-6,000	10,677		-,562	,613
	Inversión Programa	9,000	2,517	,900	3,576	,037

a. Variable dependiente: Porcentaje capacitados empleados

Análisis de discontinuidad en la regresión

Habiendo revisado los procedimientos computacionales para el análisis de correlación y regresión, estamos ahora en la posición de considerar el análisis de discontinuidad en la regresión. El *análisis de discontinuidad en la regresión* es un conjunto de procedimientos gráficos y estadísticos usados para calcular y comparar estimaciones de los resultados de acciones de política llevadas a cabo entre dos o más grupos, uno de los cuales se expone a algún tratamiento de política mientras que el otro no. El análisis de discontinuidad en la regresión es el único procedimiento discutido hasta ahora que es apropiado solamente para la experimentación social. De hecho, el análisis de discontinuidad en la regresión está diseñado para un tipo particularmente importante de experimento social, a saber, un experimento donde algún insumo de recursos es tan escaso que solo una parte de alguna población objetivo puede recibir los recursos necesarios. Tales experimentos implican "mejoras sociales que son escasas y, por lo tanto, no se les puede dar a todas las personas"[85]. Al mismo tiempo, la aleatorización puede ser políticamente inviable y moralmente injustificable, porque algunos de los que más necesitan (o son más capaces) se eliminarán mediante la selección aleatoria. Por ejemplo, no se pueden asignar aleatoriamente recursos limitados para capacitación laboral entre una muestra de personas no calificadas, porque la capacitación laboral está destinada a los más necesitados. En forma semejante, no se puede distribuir

85 Campbell, "Reforms as Experiments", pp. 86–87.

aleatoriamente un limitado número de becas entre una muestra de solicitantes de diferentes capacidades, porque se cree que el estudiante más meritorio (y no el necesitado) es quien merece fondos para becas. Aunque la aleatorización ayudaría a determinar los efectos de la capacitación de la mano de obra o de las becas sobre la conducta posterior de miembros típicos o representativos de la población objetivo, la aleatorización desconoce con frecuencia los principios de necesidad o mérito y así es política y moralmente inaceptable.

La ventaja del análisis del análisis de discontinuidad en la regresión es que permite monitorear los efectos de proveer recursos escasos a los miembros más necesitados o que más lo merecen de una población objetivo que es más grande de la que un determinado programa puede satisfacer. Imagine una situación donde se seleccionará un gran número de personas merecedoras (*e.g.*, las que obtienen altos puntajes en un examen de ingreso a una escuela de derecho) para que reciban algunos recursos escasos (*e.g.*, una beca para la escuela de derecho). Uno de los objetivos de la política de admisión es seleccionar a las personas que tendrán éxito en la vida más tarde, definido "éxito" en términos de ingresos futuros. Solamente los solicitantes más meritorios son premiados con una beca, satisfaciendo así el principio del mérito. Pero los estudiantes más merecedores probablemente serían exitosos en su vida posterior aun si no recibieran beca alguna. En estas circunstancias, es difícil determinar si el éxito posterior en la vida es consecuencia de recibir una beca o de otros factores, incluidos los antecedentes familiares de los aspirantes o su posición social. ¿Las becas afectan el éxito posterior en la vida?

Una forma de responder esta pregunta es realizar un experimento (llamado experimento de "desempate") donde recursos escasos se asignan aleatoriamente a un pequeño número de personas idénticas o "empatadas" en sus capacidades o nivel de necesidad. La manera más fácil de visualizar un experimento de desempate es imaginar cinco individuos, todos los cuales han alcanzado un puntaje de cien en un examen. El problema aquí es dar premios a dos de los estudiantes más meritorios. Debido a que todos los estudiantes son igualmente merecedores, es preciso utilizar algún procedimiento para superar el desempate. Tal procedimiento es la aleatorización.

La misma lógica se extiende a la experimentación social mediante el análisis de discontinuidad en la regresión. En un experimento de desempate, tenemos una estrecha franja de mérito o necesidad (*e.g.*, determinada por los puntajes del examen de ingreso o por los ingresos familiares) sobre algún punto que marca el límite entre los que califican por algún recurso y los que no. Con fines de ilustración, imagine que esta estrecha franja de capacidades tiene entre el 90 y el 95 por ciento de aciertos en un examen de ingreso a la escuela de derecho. A las personas con puntajes del 89 por ciento o menos no se les dará beca, y a las personas con puntajes de 96 por ciento y más sí se les dará. Pero las personas que caen en el intervalo 90–95 (*i.e.*, la estrecha franja de capacidades) se distribuirán aleatoriamente en dos grupos. Un grupo recibirá beca y el otro no. Advierta que este procedimiento puede justificarse solo bajo condiciones donde hay más personas merecedoras o necesitadas buscando un recurso valorado de las que pueden ser atendidas dentro de las limitaciones existentes de recursos.

Sin este "equipamiento de desempate", estaríamos obligados a elegir solamente a los estudiantes más sobresalientes. En estas condiciones, esperaríamos encontrar que los puntajes del examen de ingreso se correlacionen fuerte y positivamente con el éxito posterior en la vida, como lo muestra la línea punteada de la Figura 6.14. Pero seleccionando al azar personas de la estrecha franja de capacidades (*i.e.*, el intervalo 90–95), admitiendo algunas y rechazando otras (el número exacto depende de cuántos estudiantes puedan atenderse en cualquier año dado), podemos descubrir si las becas tienen un efecto sobre el logro posterior allende los antecedentes familiares y la posición social. Si los puntajes del examen de ingreso tienen este efecto de aumento, ellos se representarán en la forma de una línea sólida discontinua que separa a los que recibieron becas de los que no (Figura 6.14).

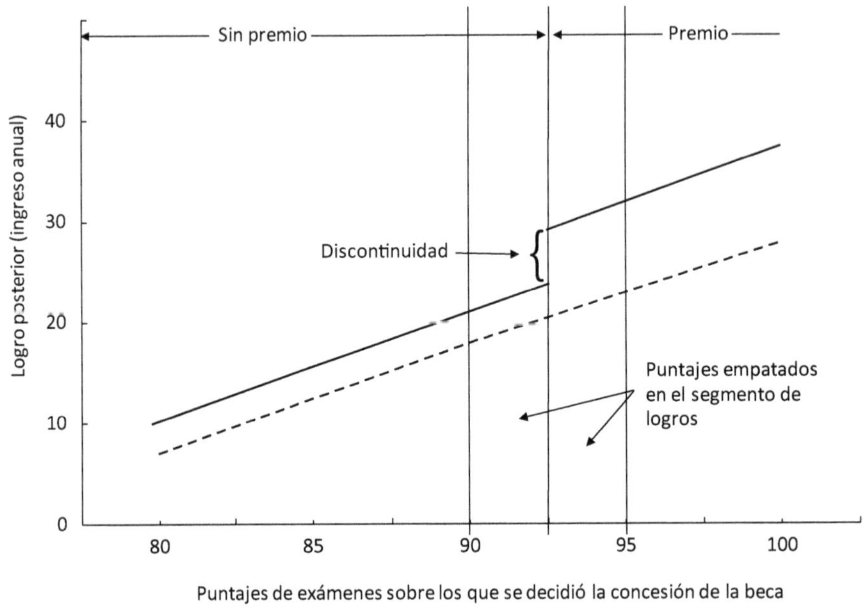

FIGURA 6.14 Experimento de desempate
Fuente: D. T. Campbell, "Reforms as experiments", *American Psychologist*, 24, 4 (1969).

El análisis de discontinuidad en la regresión se basa en los principios de correlación y regresión. La principal diferencia es que el análisis de discontinuidad en la regresión requiere que calculemos una ecuación de regresión [$Y_c = a + b(x)$] para cada uno de los dos grupos, uno de los cuales recibe algún recurso valorado mientras que el otro no. El error estándar de estimación ($S_{y.x}$), el coeficiente de determinación (r^2) y el coeficiente de correlación simple (r) también pueden calcularse para cada grupo. Observe que los errores estándar de las estimaciones de regresión para los grupos experimental y de control pueden convertirse en estimaciones de intervalo que establecen la significación de cualquier discontinuidad, por ejemplo, la que representa la línea sólida de la Figura 6.14.

Utilicemos ahora otro ejemplo hipotético para ilustrar la aplicación del análisis de discontinuidad en la regresión. Imagine que deseamos monitorear los efectos de las políticas de cumplimiento de la Agencia de Protección Ambiental (APA) en la reducción de los niveles de contaminación del aire en varias ciudades. Debido a que su realización es costosa, no es posible poner en marcha programas en cada ciudad donde la contaminación sea un problema significativo. Una muestra aleatoria de ciudades no es políticamente viable porque se eliminarían por casualidad áreas con la mayor necesidad de esfuerzos de cumplimiento. Al mismo tiempo, queremos determinar si las actividades de cumplimiento, en comparación con su total inejecución, reducen la contaminación.

Asuma que se han seleccionado veinte ciudades con niveles de contaminación de moderados a altos para el experimento de cumplimiento. Estas ciudades se clasificaron según datos sobre contaminantes proporcionados por la APA. En la Tabla 6.20 se ilustra la distribución de estas ciudades de acuerdo con un índice de gravedad de la contaminación (100 = el más alto).

TABLA 6.20 Distribución de ciudades por puntajes en un índice hipotético de gravedad de la contaminación

Gravedad de la contaminación		Número de ciudades
97		1
95		1
92		1
90		1
89		1
87		1
86		1
85		2
84		1
83	Grupo de "desempate"	1
82		1
81		1
80		1
79		1
78		1
76		1
74		1
71		1
67		1
		Total 20

Fuente: Datos ficticios

Para fines del experimento de cumplimiento, se han identificado seis ciudades en el intervalo 81–85 como grupo de "desempate". Tres de estas ciudades se han seleccionado al azar para recibir el programa de cumplimiento, mientras que las tres restantes ciudades no reciben programa. Dado que estas ciudades fueron elegidas solamente sobre la base de la casualidad, es improbable que se presenten cargos de favoritismo contra los formuladores de política, aunque los puntajes de gravedad de la contaminación de dos de las ciudades de control están ligeramente por encima de los de las ciudades experimentales. Imagine que la APA monitoreó los niveles de contaminación del aire en todas las veinte ciudades (diez en el grupo experimental y diez en el de control) un año antes y un año después de la terminación del experimento de cumplimiento. Los resultados hipotéticos, expuestos en la Tabla 6.21, proporcionan todos los datos necesarios para calcular ecuaciones de regresión, errores estándar de estimación, coeficientes de determinación y coeficientes de correlación simple. Advierta que estos cálculos se efectuaron por separado para los grupos experimental y de control. La salida del SPSS se presenta en la Exposición 6.2.

TABLA 6.21 Resultados del análisis de discontinuidad en la regresión para hipotéticas ciudades experimentales y de control

Ciudades experimentales

Ciudad	*Nivel de contaminación precumplimiento (X)*	*Nivel de contaminación poscumplimiento (Y)*	*x*	*y*	x^2	y^2	*xy*	Y_c	$(Y-Y_c)^2$
1	97	93	8,4	8,3	70,56	68,89	69,72	92,56	0,19
2	95	91	6,4	6,3	40,96	39,69	40,32	90,69	0,10
3	92	87	3,4	2,3	11,56	5,29	7,82	87,88	0,77
4	90	87	1,4	2,3	1,96	5,29	3,22	86,01	0,98
5	89	84	0,4	-0,7	0,16	0,49	-0,28	85,07	1,15
6	87	82	-1,6	-2,7	2,56	7,29	4,32	83,20	1,44
7	86	83	-2,6	-1,7	6,76	2,89	4,42	82,27	0,53
8	85	82	-3,6	-2,7	12,96	7,29	9,72	81,33	0,45
9	84	80	-4,6	-4,7	21,16	22,09	21,62	80,39	0,15
10	81	78	-7,6	-6,7	57,76	44,89	50,92	77,59	0,17
	$\bar{X}$ = 88,6	$\bar{Y}$ = 84,7	0	0	226,40	204,10	211,80	847,00	5,74

$$b=\frac{\Sigma(xy)}{\Sigma(x^2)}=\frac{211,80}{226,40}=0,936 \qquad a=\bar{Y}-b(\bar{X})=84,7-0,936(88,6)=1,8$$

$$Y_c = a + b(X) = 1,8 + 0,936(X)$$

$$S_{y.x}=\sqrt{\frac{(Y-Yc)^2}{n-2}}=\sqrt{\frac{5,74}{8}}=0,86$$

$$r^2\ \frac{b(\Sigma xy)}{\Sigma(y^2)}=\frac{936(211,80)}{204,10}=0,97$$

$$r=\sqrt{r^2}=0,98$$

Ciudades de control

Ciudad	*Nivel de contaminación precumplimiento (X)*	*Nivel de contaminación poscumplimiento (Y)*	*x*	*y*	x^2	y^2	*xy*	Y_c	$(Y-Y_c)^2$
11	85	88	7,5	11,3	56,25	127,69	84,75	87,2	4,84
12	83	84	5,5	7,3	30,25	53,29	40,15	84,4	1,96
13	82	86	4,5	9,3	20,25	86,49	41,85	83,0	1,00
14	80	78	2,5	1,3	6,25	1,69	3,25	80,2	0,04
15	79	75	1,5	-1,7	2,25	2,89	-2,55	78,8	0,04
16	78	77	0,5	0,3	0,25	0,09	0,15	77,4	0,36

(*Continúa*)

TABLA 6.21

Ciudades de control									
17	76	75	-1,5	-1,7	2,25	2,89	2,55	74,6	1,96
18	74	73	-3,5	-3,7	12,25	13,69	12,95	71,8	4,84
19	71	71	-6,5	-5,7	42,25	32,49	37,05	67,6	11,56
20	67	60	-10,5	-16,7	110,25	278,89	175,35	62,0	25,00
	$\bar{X}$ = 77,5	$\bar{Y}$ = 76,7	0	0	282,50	600,10	395,50	767,0	51,60

$$b=\frac{\Sigma(xy)}{\Sigma(x^2)}=\frac{395,5}{282,5}=1,4 \qquad a=\bar{Y}-b(\bar{X})=76,7-1,4(77,5)=-31,8$$

$$Y_c = a + b(X) = -31,8 + 1,4(X)$$

$$S_{y.x}=\sqrt{\frac{(Y-Yc)^2}{n-2}}=\sqrt{\frac{51,60}{8}}=2,41$$

$$r^2=\frac{b(\Sigma xy)}{\Sigma(y^2)}=\frac{1,4(395,5)}{600,10}=0,923$$

$$r=\sqrt{r^2}=0,961$$

EXPOSICIÓN 6.2 Salida del SPSS para las Tablas 6.20 y 6.21

Resumen del modelo

Modelo	**R**	**R cuadrado**	**R cuadrado ajustado**	**Error estándar de la estimación**
1	,985[a]	,971	,967	,86302379

[a] Predictores: (Constante), Precumplimiento

ANOVA[b]

Modelo		Suma de cuadrados	gl	Media cuadrática	F	Significancia
1	Regresión	198,142	1	198,142	260,030	,000[a]
	Residuo	5,958	8	,745		
	Total	204,100	9			

a. Predictores: (Constante), Precumplimiento
b. Variable dependiente: Poscumplimiento

(*Continúa*)

EXPOSICIÓN 6.2

Coeficientes[a]

Modelo		Coeficientes no estandarizados B	Error estándar	Coeficientes estandarizados Beta	t	Sig.
1	(Constante)	1,814	5,089		,356	,731
	Precumplimiento	,936	,057	,985	16,310	,000

a. Variable dependiente: Poscumplimiento

Resumen del modelo

Modelo	R	R cuadrado	R cuadrado ajustado	Error estándar de la estimación
1	,961[a]	,923	,913	2,40831892

a. Predictores: (Constante), Precumplimiento

ANOVA[b]

Modelo		Suma de cuadrados	gl	Media cuadrática	F	Significancia
1	Regresión	553,700	1	553,700	95,466	,000[a]
	Residuo	46,400	8	5,800		
	Total	600,100	9			

a. Predictores: (Constante), Precumplimiento
b. Variable dependiente: Poscumplimiento

Coeficientes[a]

Modelo		Coeficientes no estandarizados B	Error estándar	Coeficientes estandarizados Beta	t	Sig.
1	(Constante)	-31,800	11,131		-2,857	,021
	Precumplimiento	1,400	,143	,961	9,771	,000

a. Variable dependiente: Poscumplimiento

Y_i (*ciudad control 11*) = $Y_{c(85)}$ ± 1,96 (2,27)
= 87,2 ± 4,45
= 82,8 *a* 91,7

Los resultados del análisis de discontinuidad en la regresión ayudan a responder varias preguntas sobre los resultados del experimento de cumplimiento. En primer lugar, observe las medias pre- y poscumplimiento para las ciudades experimentales y de control. Los niveles de contaminación para ambos grupos son más bajos en el periodo poscumplimiento, aunque el grupo de control no hizo parte del programa de cumplimiento. Sin embargo, la diferencia entre las medias pre- y poscumplimiento es más amplia para las ciudades experimentales (88,6 – 84,7 = 3,9) que para las ciudades de control (77,5 – 76,7 = 0,8), sugiriendo que el programa de cumplimiento contribuyó a la disminución de la contaminación. En segundo lugar, las ciudades experimentales tienen un coeficiente de determinación ($r^2 = 0{,}971$) y un coeficiente de correlación simple ($r = 0{,}986$) más fuertes que los de las ciudades de control ($r^2 = 0{,}923$, $r = 0{,}961$). El error estándar de estimación para las ciudades experimentales ($S_{y.x} = 0{,}86$) es también más bajo que para las ciudades de control ($S_{y.x} = 2{,}41$). Por lo tanto, hay menos error en la relación estimada entre cumplimiento y niveles de contaminación para las ciudades experimentales.

Finalmente, hay una discontinuidad parcial entre las líneas de regresión para los dos grupos. Si calculamos estimaciones de intervalo para las dos ciudades de "desempate" con idénticos puntajes precumplimiento de 85, obtenemos los siguientes resultados:

$$Y_i \text{ (ciudad experimental 8)} = Y_{c(85)} \pm 1{,}96\ (0{,}76)$$
$$= 81{,}33 \pm 1{,}49$$
$$= 79{,}8 \text{ a } 82{,}8$$

$$\mathrm{Y}_i \text{ (ciudad de control 11)} = Y_{c(85)} \pm 1{,}96\ (2{,}27)$$
$$= 87{,}2 \pm 4{,}45$$
$$= 82{,}8 \text{ a } 91{,}7$$

Estas estimaciones de intervalo significan que el nivel de contaminación más alto que es probable que acontezca el 95% del tiempo en la ciudad experimental ocho es 82,8, mientras que el más bajo que es probable que ocurra el 95% del tiempo en la ciudad de control once es también 82,8. En otras palabras, cuando tomamos los niveles más alto y más bajo que es probable que ocurran el 95% del tiempo, la ciudad experimental es igual a la ciudad de control. Al mismo tiempo, las estimaciones de punto están más cerca para la ciudad experimental diez (77,59) y la ciudad de control catorce (80,2), indicando que la discontinuidad no es tan grande para algunas ciudades.

Observe que este tipo de comparación no habría sido posible sin el análisis de discontinuidad en la regresión. Mediante la asignación aleatoria de puntajes "empatados" a grupos experimentales y de control, estamos en capacidad de determinar los efectos del programa de cumplimiento en ciudades que son idénticas o muy similares en sus niveles de contaminación precumplimiento. Los resultados del análisis de discontinuidad en la regresión se visualizan más fácilmente si los presentamos en forma gráfica. En la Figura 6.15, es evidente una discontinuidad parcial entre los dos grupos.

El análisis de discontinuidad en la regresión es una técnica útil y potente para monitorear resultados de experimentos sociales que involucran la distribución de algún recurso escaso. Si bien nuestro ejemplo hipotético ilustra algo del cálculo requerido para aplicar la técnica, también elude algunas de sus complejidades. La aplicación de la técnica normalmente demanda un número mucho mayor de casos que el usado aquí. Por ejemplo, hasta doscientos casos podrían haberse requerido para efectuar el tipo de análisis descrito. La necesidad de una muestra relativamente grande de casos es una de las varias condiciones que deben satisfacerse a fin de obtener resultados válidos. Estas condiciones, que incluyen variables que se distribuyen normalmente, se discuten en textos estadísticos disponibles[86].

86 James H. Stock y Mark W. Watson, *Introduction to Econometrics* (Boston, MA: Addison Wesley, 2003).

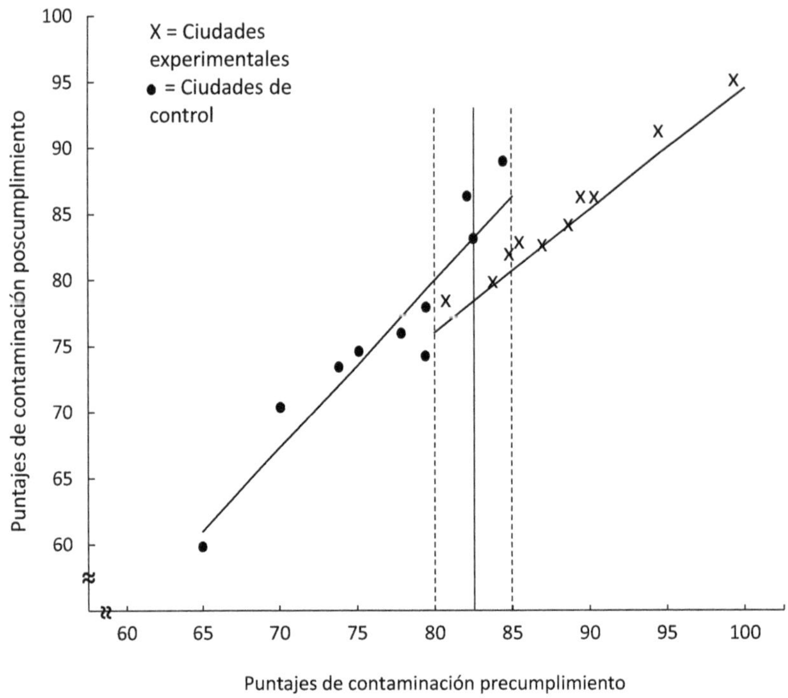

FIGURA 6.15 Resultados del análisis de discontinuidad en la regresión

RESUMEN DEL CAPÍTULO

Este capítulo ha proporcionado una visión general de la naturaleza y funciones del monitoreo en el análisis de política pública, descrito el mecanismo causal que liga insumos, actividades, productos, resultados e impactos, y contrastado cinco enfoques de monitoreo. En virtud de que un problema central del monitoreo es determinar si las políticas logran sus resultados e impactos deseados, consideramos amenazas a la validez interna y externa de las afirmaciones causales. Concluimos con la aplicación de métodos para el monitoreo de resultados observados, que varían desde la contabilidad de sistemas sociales y la auditoría social hasta la experimentación de política pública, las revisiones sistemáticas y el metaanálisis. Esto debería permitirle a usted ejecutar análisis de series de tiempo interrumpidas y de series de control para monitorear resultados de los límites nacionales de velocidad máxima que se diseñaron para ahorrar combustible y salvar vidas.

PREGUNTAS DE REPASO

1. ¿Cómo se relaciona el monitoreo con el pronóstico?
2. ¿Cuál es la relación entre problemas mal estructurados y enfoques del monitoreo?
3. Construya definiciones constitutivas y operacionales para cualquiera de las doce variables siguientes:

Gastos del programa	Igualdad de oportunidades educativas
Rotación de personal	Seguridad nacional
Servicios de salud	Incentivos laborales
Calidad de vida	Contaminación
Satisfacción con los servicios municipales	Consumo de energía
Distribución del ingreso	Relación con los clientes

4. Se relacionan a continuación varios problemas de política. Para cinco de estos problemas, proporcione un indicador o índice que sirva para determinar si estos problemas están siendo resueltos por la acción del gobierno.

Alienación laboral	Deserción escolar
Crimen	Pobreza
Crisis energética	Crisis fiscal
Inflación	Inmigración ilegal

5. La tabla siguiente reporta el número de delitos conocidos por la policía por cada 100.000 personas. Los delitos conocidos se discriminan en dos categorías -total de delitos contra personas y total de delitos contra la propiedad- durante el periodo 1965–1989. Construya dos gráficos de curvas que muestren las tendencias en las tasas de delitos durante el periodo. Rotule los dos gráficos apropiadamente. ¿Qué sugieren estos gráficos sobre los resultados de política?

TABLA 6.22 Delitos cometidos en Estados Unidos: delitos conocidos por la policía por cada 100.000 personas, 1985-2009

	1985	1990	1995	2000	2005	2009
Violentos	556	730	685	507	469	430
Propiedad	4.651	5.079	4.591	3.618	3.432	3.036

Fuente: Federal Bureau of Investigation.

6. El alcalde Rudy Giuliani a menudo reclama crédito por la reducción de delitos violentos durante el periodo en que fue alcalde de Nueva York (1994–2001). Después de examinar su gráfico de delitos violentos en Estados Unidos, construya un gráfico de una serie de tiempo interrumpida para la ciudad de Nueva York que muestre el inicio y el término del periodo de Giuliani en el cargo. ¿En qué medida la caída de asesinatos en la ciudad de Nueva York es igual a la caída de delitos violentos en todo el país (pregunta 5)? ¿Por qué? ¿Giuliani merece el crédito?

TABLA 6.23 Asesinatos en la ciudad de Nueva York, 1985-2009

1985	1987	1989	1991	1993	1995	1997	1999	2001	2003	2005	2007
1.384	1.672	1.905	2.154	1.946	1.177	770	671	649	597	539	494

7. En la siguiente tabla están los datos sobre la distribución porcentual del ingreso familiar por quintiles en 1975 y 1989. Use estos datos para construir dos curvas de Lorenz que describan los cambios en la distribución del ingreso entre 1975 y 1989. Rotule las dos curvas y los dos ejes.

TABLA 6.24 Distribución porcentual del ingreso familiar personal en Estados Unidos por quintiles, 1975, 1989, 2006, 2015

Quintiles	1975	1989	2006	2015
Más alto	41,0	46,7	52,1	51,1
Segundo	24,0	24,0	20,3	23,2
Tercero	17,6	15,9	14,3	14,3
Cuarto	12,0	9,6	9,5	8,2
Más bajo	5,4	3,8	4,7	3,1
Total	100,0	100,0	100,0	100,0

Fuente: U.S. Bureau of the Census, *Current Population Reports*, Series P-60.

8. Calcule la razón de concentración de Gini para los datos de 1975 y 2015 en la pregunta de repaso 7. ¿Qué sugieren las curvas de Lorenz y los coeficientes de Gini sobre la pobreza como problema de política? Si la pobreza y otros problemas son "artificiales" y "subjetivos", ¿cuán válida es la información presentada por las curvas de Lorenz? ¿Por qué?
9. Tema de política pública: ¿deberían incrementarse los beneficios mensuales promedio pagados a las madres en el programa de Ayuda a las Familias con Hijos Dependientes?

Año	Beneficio mensual promedio	Índice de precios al consumidor (1982–1984 = 100)
1970	$183,13	38,8
1975	$219,44	53,8
1980	$280,03	82,4
1985	$342,15	107,6
1988	$374,07	118,3

Prepare un memorando de política que responda esta pregunta.

Antes de escribir el memo:

a. Prepare un índice del poder adquisitivo para todos los años de la serie, usando 1970 como año base.

b. Convierta los beneficios mensuales promedio en beneficios reales para estos años.

c. Repita los mismos procedimientos, usando 1980 como año base.

10. Imagine que usted está examinando los efectos de diez premios de becas en el desempeño posterior de jóvenes desfavorecidos en la universidad. Hay menos premios que solicitantes y los premios deben basarse en el mérito. Por consiguiente, no es posible suministrar becas a todos los estudiantes en desventaja, ni es políticamente factible seleccionar estudiantes al azar porque esto entra en conflicto con el principio del mérito. Usted decide asignar las diez becas de acuerdo con las siguientes reglas: ningún estudiante recibirá premio sin tener al menos ochenta y seis puntos en el examen; se entregarán automáticamente cinco premios a los estudiantes ubicados en el intervalo 92–100; y los restantes cinco premios se entregarán a una muestra aleatoria de estudiantes ubicados en el intervalo 86–91.

Un año después, usted obtiene información sobre los promedios de calificaciones de los diez estudiantes premiados y de los otros diez estudiantes desfavorecidos que no recibieron premio. Usted dispone de los puntajes del examen de ingreso a la universidad de los veinte estudiantes. ¿El otorgamiento de becas a los estudiantes desfavorecidos mejora su logro posterior en la universidad?

Grupo premiado		**Grupo no premiado**	
Puntajes de examen	*Calificación promedio*	*Puntajes de examen*	*Calificación promedio*
99	3,5	88	3,2
97	3,9	89	3,2
94	3,4	90	3,3
92	3,0	86	3,0
92	3,3	91	3,5
86	3,1	85	3,1
90	3,3	81	3,0
89	3,2	79	2,8
88	3,2	84	3,0
91	3,4	80	2,6

a. Construya un gráfico de discontinuidad en la regresión que presente los puntajes de examen y las calificaciones promedio para los grupos premiado y no premiado. Use X y O para presentar los puntos de datos de los grupos experimental (X) y de control (O).
b. Construya una hoja de trabajo y calcule para cada grupo los valores de *a* y *b* en la ecuación $Y_c = a + b\ (X)$.
c. Para cada grupo escriba la ecuación de regresión que describa la relación entre mérito (puntajes de examen) y logro posterior (calificaciones promedio)
d. Calcule el error estándar de estimación en el intervalo de estimación del 95% (*i.e.*, dos errores estándar) para cada grupo.
e. Calcule r^2 y r.
f. Interprete la información contenida en (a) hasta (e) y responda la pregunta: el suministro de becas a los estudiantes desfavorecidos mejora el logro posterior en la universidad? Justifique su respuesta.

11. Sustraiga 0,5 de la calificación promedio de cada estudiante en el grupo de no premiados (de control).
a. ¿Cambia el intercepto *Y* para el grupo de control? ¿Por qué?
b. ¿Cambia la pendiente de la línea de regresión para el grupo de control? ¿Por qué?
c. ¿Cambia el error estándar de estimación para el grupo de control? ¿Por qué?
d. ¿Cambian r^2 y r para el grupo de control? ¿Por qué?
e. ¿Qué muestran sus respuestas sobre la pertinencia del análisis de correlación y regresión para problemas donde los puntajes antes y después del examen están altamente correlacionados?
f. ¿Cuáles son, entonces, las ventajas especiales del análisis de discontinuidad en la regresión?

12. Usando al menos cuatro amenazas a la validez, construya refutaciones para el siguiente argumento: (*S*) Cuanto mayor es el costo de una alternativa, menor es la probabilidad de que la alternativa se siga. (*J*) El acatamiento del límite de velocidad máxima de 55 mph aumenta los costos de exceder el límite de velocidad. (*C*) La tasa de mortalidad por millaje cayó de 4,3 a 3,6 muertes por cada cien millones de millas después de la implementación del límite de velocidad de 55 mph. (*A*) El límite de velocidad de 55 mph (Ley Nacional de Velocidad Máxima de 1973) ha sido definitivamente exitoso en salvar vidas. Estudie la Figura 6.13 antes de empezar.

EJERCICIO DE DEMOSTRACIÓN

Como sabemos, la ecuación de regresión lineal simple (bivariada) se escribe como se muestra en la Ecuación 6.1.

$$Y = a + b(X)$$

o

$$y = b_0 + b_1 x \tag{6.1}$$

Cuando usamos esta ecuación para estimar el valor de una variable en una *serie de tiempo*, la ecuación se escribe como se muestra en la Ecuación 6.2.

$$Y_t = b_0 + b_1 x_t \tag{6.2}$$

Otro tipo de ecuación de regresión de series de tiempo es uno donde hay dos o más variables independientes (predictores), $x_{1t}, \ldots x_{kt}$, que se presume son las causas de una variable dependiente (respuesta), y_t, que se presume es el efecto (se usa aquí la expresión "se presume" porque el análisis de regresión nada tiene que ver con causalidad, *per se*). La ecuación se escribe como se muestra en la Ecuación 6.3.

$$Y_t = b_0 + b_1 x_{1t} + b_2 x_{2t} + b_k x_{kt} \tag{6.3}$$

Cuando empleamos el análisis de regresión de series de tiempo, es importante recordar los siguientes puntos, que se discutirán en clase:

1. Con frecuencia queremos estimar los efectos de una intervención de política sobre un resultado de política. Hacemos esto creando una llamada "variable *dummy* (categórica)", que toma los valores de 0 antes de la intervención de política y de 1 después de la intervención de política. Por ejemplo, una variable *dummy* puede simbolizarse como x_{2t}, cuando la variable *dummy* es la segunda variable predictora. La primera variable es el tiempo, x_{1t}, medida en años. La ecuación de regresión de la intervención de política se escribiría como se muestra en la Ecuación 6.4.

   $$Y_t \text{ (resultado de política)} = b_0 + b_1 x_{1t} \text{ (tiempo)} + b_2 x_{2t} \text{ (intervención de política)} \qquad (6.4)$$

2. En regresión lineal, debemos satisfacer los supuestos de linealidad y homocedasticidad. En el análisis de series de tiempo debe satisfacerse un supuesto adicional: las observaciones de y en las series de tiempo deben ser independientes (no correlacionarse). Esto se denomina el *supuesto de no autocorrelación*. Observe que, así como hay *pruebas de linealidad* (*e.g.*, graficando los valores de y contra las puntuaciones normales en un gráfico de probabilidad normal), hay *pruebas de autocorrelación*. Una de estas es la prueba de Durbin-Watson. Podemos aplicar esta prueba con SPSS y otros paquetes estadísticos.
3. Si el coeficiente de autocorrelación, r, es estadísticamente significativo en un nivel especificado de α (usualmente p = 0,05), rechazamos la hipótesis nula de que las observaciones adyacentes en una serie de tiempo no están correlacionadas -y de este modo aceptamos la hipótesis alternativa de que las observaciones adyacentes *están* autocorrelacionadas. Cuando hay una autocorrelación estadísticamente significativa, con frecuencia podemos eliminar la mayor parte de sus efectos regresando los valores de y_t sobre sus valores rezagados, y_{t-1}. Este es un rezago de un periodo de tiempo (*e.g.*, un año). Los valores rezagados (uno o más periodos de tiempo) de una variable pueden calcularse fácilmente con SPSS y otros paquetes estadísticos.

La ecuación de regresión con una variable dependiente rezagada (en este caso, un año) se escribe como en la Ecuación 6.5.

$$Y_t = b_0 + b_1 y_{t-1} \qquad (6.5)$$

Las ecuaciones 6.4 y 6.5 pueden combinarse para expresar los efectos de una variable rezagada de resultado de política (y_{t-1}), el tiempo (x_{t1}), y una intervención de política (x_{t2}) en una variable de resultado de política (y_t). La Ecuación 6.6 es la ecuación combinada.

$$Y_t = b_0 + b_1 y_{t-1} \text{(periodo de rezago 1)} + b_2 x_{2t} \text{ (tiempo)} + b_3 x_{3t} \text{ (intervención de política)} \qquad (6.6)$$

En este ejercicio de demostración, utilizaremos un archivo de datos del Sistema de Reportes de Accidentes Fatales de la Administración Nacional de Seguridad Vial para ejecutar las tareas descritas aquí:

1. Estime el efecto del tiempo sobre las muertes antes (1966–1973) y después (1974–2000) de la adopción del límite de velocidad de 55 mph. Ejecute dos regresiones separadas. Interprete las dos estimaciones de regresión. En esta parte del ejercicio no use datos después de 2000.
2. Estime el efecto del empleo sobre las muertes. Sobre la base de la serie 1966–1990, pronostique muertes en accidentes de tránsito para 2009. El valor real de las muertes en 2009 es 33.808. Interprete la copia impresa del computador y compare el pronóstico con las muertes reales de 2009.
3. Estime el efecto del tiempo (años) y de la intervención de política (límite de velocidad de 55 mph) sobre las muertes, usando una variable *dummy*. Evalúe si el efecto de la intervención de política es estadísticamente significativo e interprete la salida del computador.
4. Reestime la ecuación de la tarea anterior. Esta vez, controle el efecto de la autocorrelación agregando Y_{t-1} (el valor rezagado de la variable dependiente) como un tercer predictor. Interprete la salida y compárela con la obtenida en el paso 3.
5. Estime el efecto de la intervención de política sobre las muertes, después de incluir

millas recorridas y empleo como variables predictoras adicionales. En esta regresión no incluya el tiempo como variable predictora. Interprete su salida del ordenador.

6. Use los datos de muertes de tránsito en Europa por cada cien mil personas para crear gráficos de una serie de tiempo interrumpida y una serie de control (a) para Estados Unidos (EUA), (b) para los países europeos que adoptaron los límites de velocidad de 48 y 54 mph (80 y 90 kph) (EXPEUR), y (c) para los países europeos que no adoptaron un límite de velocidad (CONEUR). Interprete los gráficos e indique cómo su análisis responde la pregunta: ¿el límite de velocidad causó disminución de muertes?

BIBLIOGRAFÍA

Andrews, Frank M. y Stephen B. Withey. *Social Indicators of Well-Being: Americans' Perceptions of Life Quality*. New York: Springer Science & Business Media, 2012.

Campbell, Angus, Philip Converse y Willard Rodgers. *The Quality of American Life*. New York: Russell Sage Foundation, 1976.

Campbell, Donald T. *Methodology and Epistemology for Social Science: Selected Papers*, ed. de E. Samuel Overman. Chicago, IL: University of Chicago Press, 1989.

Campbell, Donald T. "Reforms as Experiments". *American Psychologist*, 24, 4 (1969): 409–429.

Campbell, Donald T. y Julian C. Stanley. *Experimental and Quasi-Experimental Designs for Research*. Chicago, IL: Rand McNally, 1963 [sobre su versión española, ver n. 39 del presente capítulo].

Cook, Thomas D. y Charles S. Reichardt, eds. *Qualitative and Quantitative Methods in Evaluation Research*. Beverly Hills, CA: Sage Publications, 1979.

Cooper, Harris, Larry V. Hedges y Jeffrey C. Valentine, eds. *The Handbook of Research Synthesis and Meta-Analysis*. New York: Russell Sage Foundation, 2009.

Duncan, Otis Dudley. *Toward Social Reporting: The Next Steps*. New York: Russell Sage Foundation, 1969.

Federal Bureau of Investigation. *Uniform Crime Reports for the United States*. Washington, DC, 1976.

Gilbert, John P., Richard J. Light y Fredrick Mosteller. "Assessing Social Innovations: An Empirical Base for Policy", en *Evaluation and Experiment: Some Critical Issues in Assessing Social Programs*, ed. de Carl A. Bennett y Arthur A. Lumsdaine. New York: Academic Press, 1975.

Imbens, Guido W. y Donald B. Rubin. *Causal Inference in Statistics, Social, and Biomedical Sciences*. Cambridge: Cambridge University Press, 2015.

Light, Richard J. y David B. Pillemer. *Summing Up: The Science of Reviewing Research*. Cambridge, MA: Harvard University Press, 1984.

MacRae, Duncan, Jr. *Policy Indicators: Links between Social Science and Public Debate*. Chapel Hill: University of North Carolina Press, 1985.

Meyer, Daniel R. y Geoffrey L. Wallace. "Poverty Levels and Trends in Comparative Perspective". *Focus* 26, 2 (2009).

Miles, Matthew B. y A. Michael Huberman. *Qualitative Data Analysis: A Sourcebook of New Methods*. Beverly Hills, CA: Sage Publications, 1984.

Muller, Thomas. *Growing and Declining Urban Areas: A Fiscal Comparison*. Washington, DC: Urban Institute, 1975.

National Science Board. *Science and Engineering Indicators*. Biennial. Washington, DC: National Science Foundation.

Office of Management and Budget, *Social Indicators, 1973*. Washington, DC: U.S. Government Printing Office, 1974.

Rossi, Peter H., Mark W. Lipsey y Howard E. Freeman. *Evaluation: A Systematic Approach*. Thousand Oaks, CA: Sage Publications, 2003.

Rothman, Jack. *Planning and Organizing for Social Change: Action Principles from Social Science Research*. New York: Columbia University Press, 1974.

Shadish, William, Thomas D. Cook y Donald T. Campbell. *Experimental and Quasi-Experimental Designs for Generalized Causal Inference*. Belmont, CA: Wadsworth, Cengage Learning, 2002.

Singpurwalla, N. D. "Models in Air Pollution," en *A Guide to Models in Governmental Planning and Operations*, ed. de Saul I. Gass y Roger L. Sisson. Washington, DC: U.S. Environmental Protection Agency, 1975.

Smith, H. W. *Strategies of Social Research: The Methodological Imagination*. Englewood Cliffs, NJ: Prentice Hall, 1975.

Trochim, William M. K. *Research Design for Program Evaluation: The Regression-Discontinuity Approach*. Beverly Hills, CA: Sage Publications, 1984.

U.S. Department of Health, Education, and Welfare. *Toward a Social Report*. Ann Arbor: University of Michigan Press, 1970.

U.S. Department of Health and Human Services. *Poverty Guidelines*. Washington, DC, 2017. https:/aspe.hhs.gov/poverty-guidelines.

U.S. Department of Labor. *State Economic and Social Indicators*. Washington, DC: U.S. Government Printing Office, 1973.

U.S. Environmental Protection Agency. *Air Quality Index Report*. Washington, DC. www.epa.gov/outdoor-air-quality-data/air-quality-index-report.

The World Bank. Worldwide Governance Indicators, http://info.worldbank.org/governance/wgi/index.aspx#home.

CASO 6.1 MONITOREO DE RESULTADOS DE POLÍTICA PÚBLICA: LA ECONOMÍA POLÍTICA DE LAS MUERTES EN ACCIDENTES DE TRÁNSITO EN EUROPA Y ESTADOS UNIDOS

El límite de velocidad de 55 mph se adoptó en 1974 como un medio para reducir el consumo de gasolina durante el embargo petrolero de la OPEP de 1973–1974. Inesperadamente, la política se siguió a causa de una aguda disminución de las muertes en accidentes de tránsito. Entre el 1º. de enero de 1974 y el 31 de diciembre de 1975 hubo un descenso de 9.100 muertes, una caída del 16,8%. A pesar de la oposición permanente de los estados rurales del oeste y de los transportadores, hubo un amplio apoyo político para la política. Y, claramente, el problema no es insignificante o trivial. Las muertes en accidentes de tránsito representan la primera causa de muerte entre las personas de treinta y cinco años de edad y más jóvenes. El promedio anual de muertes en carreteras desde 1974 es equivalente a un avión 767 completamente cargado que se estrella sin sobrevivientes cada tercer día de la semana.

El 2 de abril de 1987, el Congreso expidió la Ley de Asistencia de Transporte Terrestre y Reubicación Uniforme de 1987, ignorando el veto del Presidente Reagan. Las disposiciones de la ley permitían a los estados individuales experimentar con límites de velocidad de hasta 65 mph en las autopistas interestatales rurales. En julio de 1988, cuarenta estados habían elevado el límite de velocidad a 60 o 65 mph en el ochenta y nueve por ciento de las carreteras interestatales rurales. El Senador John C. Danforth, un influyente defensor del límite de velocidad de 55 mph, argumentaba contra la nueva política. El límite de velocidad de 65 mph, decía Danforth, ahorraría un promedio de un minuto por día por conductor, pero resultaría en un incremento anual de seiscientas a mil muertes. *The Washington Post* se unió a los opositores. "La ecuación está en minutos *versus* vidas. Ni siquiera está cerca ... Cien millas a 55 mph demandan aproximadamente diecisiete minutos más que a 65 mph. Ese es el precio de aquellas vidas. Debería ser el voto más fácil que tome la Cámara este año". Ocho años después, en un comunicado de prensa de noviembre de 1995, el Secretario de Transporte de los Estados Unidos, Federico Peña, reafirmó la oposición de la administración Clinton a límites más altos de velocidad (ver Capítulo 1, Caso 1.2). La Ley Nacional de Velocidad Máxima se abandonó oficialmente el mismo año.

EXPOSICIÓN C6.1 Muertes de tránsito y otras variables en Estados Unidos, 1966–2015

	AÑO	AÑOS_	MUE	BIMI	IPI	TDES	EMP	POB
1	1966	1	50894	926	35,7000	3,2	72895	195578
2	1967	2	50724	964	36,4000	3,1	74372	197457
3	1968	3	52725	1016	39,4635	2,9	75920	199399
4	1969	4	53543	1062	40,1779	2,8	77902	201385
5	1970	5	52627	1110	38,7009	4,4	78627	203984
6	1971	6	52542	1179	40,6885	5,3	79120	206827
7	1972	7	54589	1260	45,4161	5,0	81702	209284
8	1973	8	54052	1313	47,6644	4,2	84409	211357
9	1974	9	45196	1281	43,6268	4,9	85936	213342
10	1975	10	44525	1328	44,0037	7,9	84783	215465
11	1976	11	45523	1402	47,5003	7,1	87485	217561
12	1977	12	47878	1467	50,3455	6,3	90546	219758
13	1978	13	50331	1545	53,8859	5,3	94373	222093
14	1979	14	51093	1529	53,7087	5,1	96945	224569
15	1980	15	51091	1527	53,2684	6,9	97722	227255
16	1981	16	49301	1553	51,7685	7,4	98878	229637
17	1982	17	43945	1595	48,6945	9,9	98047	231996
18	1983	18	42589	1653	54,0090	9,9	99347	234284
19	1984	19	44257	1720	56,7436	7,4	103413	236477
20	1985	20	43825	1774	57,5636	7,0	105613	237924
21	1986	21	46087	1835	58,3863	6,9	107860	240133
22	1987	22	46390	1921	62,6829	6,2	110634	242289
23	1988	23	47087	2026	64,4210	5,5	113153	244499
24	1989	24	45582	2096	64,4375	5,2	115453	246819
25	1990	25	44599	2144	63,7612	5,6	116660	249403
26	1991	26	41508	2172	64,2613	7,0	115657	252138
27	1992	27	39250	2247	66,8587	7,8	116395	255039
28	1993	28	40150	2297	69,0884	7,2	118149	257800
29	1994	29	40716	2360	73,8818	6,1	121999	260350
30	1995	30	41817	2423	75,8317	5,6	124766	262755
31	1996	31	41907	2469	80,3307	5,4	125311	265284
32	1997	32	42013	2560	86,9454	4,9	129558	267744
33	1998	33	41471	2619	90,1893	4,5	131463	270299
34	1999	34	41611	2691	94,9777	4,2	133488	279000
35	2000	35	41945	2750	96,0165	4,0	135208	282200
36	2001	36	42196	2797	91,2654	4,7	136933	285000
37	2002	37	43005	2856	93,8334	5,8	136485	287600
38	2003	38	42884	2890	95,5638	6,0	137736	290100
39	2004	39	42836	2965	98,9703	5,5	139252	292800
40	2005	40	43510	2989	101,4873	5,1	141730	295500
41	2006	41	42708	3014	103,6229	4,6	144427	298400
42	2007	42	41059	3003	105,7256	4,6	146047	301200
43	2008	43	37423	2977	93,7183	5,8	145362	304100
44	2009	44	33808	2957	90,8895	9,3	139877	306800
45	2010	45	31000	2967	96,4959	9,5	139064	310233
46	2011	46	32479	2950	98,6739	9,2	139869	313232
47	2012	47	33561	2969	101,0382	8,3	142469	316266
48	2013	48	35200	2988	102,9513	8,0	143929	319330
49	2014	49	32675	3026	106,5182	6,6	146305	322423
50	2015	50	35092	3148	104,0452	5,6	148834	325540

Nota: AÑO = año; AÑOS_ = año numerado en la serie; MUE = muertes; BIMI = billones de millas recorridas; IPI = índice de producción industrial; TDES: tasa de desempleo; EMP = empleo; POB = población. La primera columna es el número de caso en el archivo SPSS.

EXPOSICIÓN C6.2 Accidentes fatales de tránsito por cada 100.000 personas, 1970-1976

Año	EUA	EXPEUR	CONEUR	RU	FIN	FR	DIN
1970	25,8	21,9	24,3	14,3	24,8	23,5	25
1971	25,4	22,8	24,7	14,8	25,9	25,4	25
1972	26,1	22,8	25,0	14,6	25,2	27,4	24
1973	25,6	22,1	23,5	14,7	23,8	25,6	24
1974	21,2	17,4	21,3	13,0	18,0	22,5	16
1975	20,1	17,6	20,2	11,9	19,0	24,0	17
1976	20,9	18,3	18,8	12,0	20,0	26,0	17

Nota: EUA = Estados Unidos; EXPEUR = estados "experimentales" europeos que adoptaron el límite de velocidad de 90 kph (54 mph) en 1972; CONEUR = estados "de control" europeos; RU = Reino Unido; FIN = Finlandia; FR = Francia; DIN = Dinamarca. La tasa de muertes se expresa en muertes por cada 100.000 personas.

Muchos analistas que han evaluado los efectos de la intervención, junto con funcionarios elegidos de los diez estados nororientales que mantuvieron el límite de velocidad de 55 mph hasta su derogación, afirman que la ley de 1974 fue responsable de la disminución de las muertes en accidentes de tránsito. Sin embargo, la evidencia sugiere que no han considerado hipótesis rivales, que -si las hubiesen identificado y probado- habrían dado lugar a una explicación diferente de las muertes de tránsito y, consecuentemente, a una recomendación de política distinta.

Aquí están los datos sobre muertes de tránsito en EUA y otras variables para el periodo 1966–2015. Adicionalmente, se ofrecen datos sobre muertes por cada cien mil personas en EUA y países europeos en una lista aparte para los años 1970–1976. Use los datos para el ejercicio de demostración.

CAPÍTULO 7

EVALUACIÓN DEL DESEMPEÑO DE LA POLÍTICA PÚBLICA

OBJETIVOS DE APRENDIZAJE

Mediante el estudio de este capítulo, usted debe ser capaz de:

- Comparar y contrastar los métodos analíticos de política pública del monitoreo y la evaluación
- Listar las características que distinguen la evaluación de otros métodos
- Definir e ilustrar criterios para evaluar el desempeño de la política pública
- Contrastar evaluación, valoración y metaevaluación
- Distinguir valores, ética y metaética
- Analizar temas éticos y económicos relacionados con las políticas de "salario digno"

INTRODUCCIÓN

El objetivo primordial del monitoreo es hacer afirmaciones designativas apropiadas sobre las consecuencias de las políticas públicas. El monitoreo discurre sobre hechos, mientras que la evaluación lo hace sobre hechos *y* valores. El monitoreo responde la pregunta: ¿Produjo la política el resultado previsto? La evaluación responde una pregunta relacionada pero distinta: ¿Cuál es el valor del resultado?

En este capítulo consideramos el método analítico de política pública de la evaluación, revisando primero las varias formas en que la ética y los valores son importantes para la política pública. Luego se introducen marcos de referencia para pensar sobre los valores, la ética y la metaética (metaética es el estudio filosófico del razonamiento ético). Pasamos después a examinar la naturaleza, objetivos y funciones de la evaluación en el análisis de política pública, mostrando cómo la evaluación, en cuanto forma de consideración ética, ayuda a producir conocimiento sobre el desempeño de la política pública[1]. En contraste, el monitoreo, como tipo de consideración causal, ayuda a producir conocimiento sobre el efecto de la política pública en sus resultados[2]. Finalmente, comparamos y contrastamos tres enfoques de evaluación, y examinamos métodos y técnicas empleados en conjunción con estos enfoques.

ÉTICA Y VALORES EN EL ANÁLISIS DE POLÍTICA PÚBLICA

Algunos analistas creen que la evaluación de la política pública debería concentrarse en la explicación y predicción, tratando la ética y los valores como una ocurrencia tardía. Los desacuerdos en política pública disminuirían o desaparecerían, sostienen los "predictivistas", si los analistas pudieran predecir con mayor certeza. No tiene sentido gastar tanto tiempo en las diferencias sobre los valores básicos, porque están en disputa y son difíciles de resolver[3].

Esta visión del análisis de política pública, que se asocia con una filosofía de la ciencia llamada positivismo lógico, establece una nítida separación entre hechos y valores. La adquisición de hechos se ve como positiva, porque los hechos afirman lo que *es*, en cuanto se distinguen de las especulaciones sobre lo que *debe ser*. El positivismo lógico[4] fue desarrollado en Europa en los años 1920 por un grupo de físicos y filósofos de la ciencia denominado el Círculo de Viena. Los positivistas originales del Círculo de Viena, y después sus seguidores en las ciencias sociales, creían que las cuestiones éticas y morales no son materias propias de la ciencia. Como se consideraba que la observación, la explicación y la predicción eran los únicos objetivos legítimos de la ciencia, los juicios éticos y de valor se estimaban como acientíficos, extracientíficos o anticientíficos. Ciencia y valores deben mantenerse estrictamente aparte. En las ciencias sociales, los analistas deben confinar su trabajo a explicar y predecir resultados de política pública, limitándose a la observación y análisis de lo que es en lugar de lo que debe ser.

Pensando en los valores

Los filósofos abandonaron el positivismo a mediados de los años 1950. Ya no se considera un modelo defendible de ciencia. El consenso hoy es que la ciencia, que está sujeta a muchas influencias sociales, culturales, económicas, políticas y sicológicas, no funciona como afirmaban los positivistas. En este contexto, los analistas necesitan observar críticamente la relación (no la separación) entre hechos y

1 Duncan MacRae Jr., *The Social Function of Social Science* (New Haven, CT: Yale University Press, 1976), observa correctamente que el análisis de política pública puede ser considerado como una forma de ética aplicada.

2 Uno de los objetivos importantes de Shadish, Cook y Campbell, *Experimental and Quasi-Experimental Designs for Generalized Causal Inference*, es desarrollar y justificar una teoría generalizada de la inferencia causal.

3 Esta es una paráfrasis de Milton Friedman, *Essays in Positive Economics*, p. 5 [sobre su versión española, véase la n. 5 del Capítulo 1]. Friedman está hablando de la "economía positiva".

4 El positivismo lógico es también llamado *empirismo lógico* y, algunas veces, *empirismo científico*.

valores. Por esta razón, es importante entender qué significamos cuando usamos los términos "valores" y "ética".

El término valores puede definirse de manera comprehensiva, de modo que incluya cualesquiera deseos, necesidades, intereses o preferencias[5]. Aquí, los valores representan "objetos" a lo largo de un amplio espectro de conductas que implican elección; por ejemplo, "Él prefiere las armas a la mantequilla" o "Ella desea más las armas que la mantequilla". En esta perspectiva, que se refiere a los *valores como objetos* (*e.g.*, la preferencia por la eficiencia), los valores son cualquier cosa de interés para los que hacen evaluaciones. Dada esta amplia concepción, puede verse que los analistas de política pública encaran una extensa colección de valores. Es en este sentido general que las elecciones de política pública implican "asignación autoritativa de valores"[6].

Una segunda concepción más específica de los valores se refiere a los *valores como criterios*. Aquí el interés no es solamente por los valores como objetos, sino también por los criterios utilizados para elegir valores. Este segundo significado de los valores incorpora reglas o criterios de decisión empleados para elegir entre dos o más valores. Mientras que una definición amplia de los valores conduce a afirmaciones como "La mayoría de los ciudadanos desean programas que sean más eficientes", una definición más concreta especifica el criterio o la regla: "La mayoría de los ciudadanos desea programas de acuerdo con la siguiente regla: seleccione el programa que sea más eficiente porque produce el mayor beneficio neto (*i.e.*, beneficios menos costos)".

Estos dos usos del término valor se relacionan con los diferentes contextos -personal, estándar e ideal- en que entendemos los valores[7]. En el contexto personal, los valores se *expresan* en la forma de preferencias, deseos y necesidades. Una expresión de valor es "Yo prefiero las escuelas públicas a las privadas". En contraste, el contexto estándar involucra *declaraciones* sobre un individuo o grupo que sostiene ciertos valores; por ejemplo, "El autobús escolar para la integración racial es una buena política a los ojos de los ciudadanos de clase media". Finalmente, el contexto ideal implica *juicios de valor* que no son reductibles a expresiones de valor o a declaraciones de valor.

Los juicios de valor son excepcionales porque justifican valores como la eficiencia expresado mediante la regla: seleccione la política que maximice los beneficios netos. El papel de los juicios de valor es, en consecuencia, justificar tales reglas de decisión, colocándolas en su contexto propio como instancias de argumentación ética (ver Capítulo 8). Por ejemplo: "La política A es preferible a la política B, porque produce el mayor beneficio neto, acreciendo así la satisfacción agregada de los miembros de la comunidad -esto es, el mayor bien para el mayor número". Este juicio de valor va más allá de la descripción de preferencias personales y de los valores de un grupo particular; por ejemplo, los teóricos de la elección racional pueden afirmar acríticamente que "maximizar los beneficios netos" es un imperativo moral evidente por sí mismo, cuando de hecho es una regla que demanda justificación ética. Aunque podemos describir valores, podemos y debemos suministrar razones para su justificación: este es el papel especial de los juicios de valor[8].

Además de las diferencias en los contextos de los valores, hay otras importantes distinciones.

- *Valor* versus *valores*. En virtud de que las personas expresan valores que podemos describir y explicar, no se sigue que tales expresiones de valor se refieran a cosas que son de valor. El valor de algo no se puede establecer sobre la base de la observación solamente, porque siempre es

5 Stephen C. Pepper, *The Sources of Value* (Berkeley: University of California Press, 1958).
6 Esta definición, bien conocida por los politólogos, es de David Easton en *The Political System* (Chicago, IL: Alfred Knopf, 1953).
7 Abraham Kaplan, *The Conduct of Inquiry* (San Francisco, CA: Chandler, 1964), pp. 387–397.
8 *Ibid.*, pp. 387–389.

posible preguntar: "¿Estos valores son buenos?". Considérese la ingeniosa observación de Oscar Wilde: "Un economista es un hombre que conoce el precio de todo y el valor de nada".

- *Valores* versus *necesidades*. Aunque los valores pueden ser una fuente de necesidades, como cuando el valor de la salud justifica los intentos de satisfacer necesidades insatisfechas de estándares nutricionales mínimos, los valores no son lo mismo que necesidades. Una deficiencia percibida que da lugar a una necesidad (*e.g.*, nutrición como necesidad material) puede ser relativamente independiente de valores como la seguridad, el orden, la justicia y la igualdad. Las complejas relaciones entre necesidades y valores crean cuestiones conceptuales y metodológicas para los analistas que efectúan "evaluaciones de necesidades", porque las necesidades no son lo mismo que valores.
- *Valores* versus *normas*. Mientras que las normas son reglas de conducta aplicables en contextos específicos, los valores son estándares de logro aplicables en muchos o todos los contextos. Valores como el poder, el respeto, la rectitud, el afecto, el bienestar, la riqueza y la ilustración[9] pueden resultar cada uno en el establecimiento de conjuntos separados de normas orientadas a regular las relaciones entre el analista y el político, el analista y el analista, el analista y el periodista, el analista y el cliente, o el analista y el público en general. Y a la inversa, la norma de responsabilidad pública puede implicar poder, respeto, bienestar y otros valores. Aunque los valores ofrecen razones para justificar normas, cuanto más general es la norma, más difícil es distinguirla de un valor. Los códigos de conducta para regular la conducta de planificadores, analistas de política pública y administradores públicos contienen normas que son tan generales que resultan virtualmente indistinguibles de los valores[10].
- *Valoración* versus *evaluación*. Otra importante distinción es entre valoración (*valuation*) y evaluación (*evaluation*)[11]. La evaluación como proceso social general involucra muchas formas de evaluación (*appraisal*), que deben distinguirse de la valoración, proceso especial que implica esfuerzos por establecer las razones por las que se hacen evaluaciones (*appraisals*). Mientras que la evaluación demanda que se evalúen dos o más alternativas -por ejemplo, de acuerdo con el criterio de mejora de la eficiencia-, la valoración exige que el criterio mismo se justifique, por ejemplo, en términos de la filosofía utilitaria del mayor bien para el mayor número, o en términos del principio deontológico de que las promesas deben cumplirse, aparte las consecuencias de hacerlo. Las disputas sobre los objetivos y la naturaleza de la evaluación de políticas y programas públicos giran con frecuencia alrededor de la distinción entre valoración y evaluación[12].
- *Valoración* versus *prescripción*. Los juicios de valor, que son productos de la valoración, no deben confundirse con apelaciones emocionales no racionales, exhortaciones ideológicas o formas doctrinarias de defensa de la política pública. Esta confusión se relaciona con la noción de que el análisis de política pública debe ser valorativamente neutral[13], pues mientras se crea erróneamente que la valoración es subjetiva y no racional, la neutralidad valorativa se erige como la única protección contra análisis que se consideran no científicos y arbitrarios. Muchos analistas no reconocen que los juicios de valor no son "mandatos, prescripciones u otras formas de decirle a la gente que haga cosas … decirle a la gente lo que debe hacer no es decirle o

9 Ver Lasswell y Kaplan, *Power and Society*.

10 Para ilustraciones, ver Elizabeth Howe y Jerome Kaufman, "Ethics and Professional Practice in Planning and Related Policy Professions", *Policy Studies Journal* 9, 4 (1981): 585–594.

11 Ver John Dewey, "Theory of Valuation", *International Encyclopedia of Unified Science* 11, 4 (1939).

12 Ver, por ejemplo, Ernest House, *Evaluating with Validity* (Beverly Hills, CA: Sage Publications, 1980), y Deborah Stone, "Conclusion: Political Reason", en *Policy Paradox: The Art of Political Decision Making* (New York: W. W. Norton, 2002), pp. 384–415.

13 Stokey y Zeckhauser, *A Primer for Policy Analysis*, pp. 4–5.

exhortarla a que las hagan … es pretender darle soluciones adecuadas a sus problemas prácticos”[14].

Ética y metaética

El término *ética* se refiere al estudio reflexivo de la elección moral, mientras que *metaética* se refiere al estudio reflexivo de la ética. El término ética se aplica con frecuencia a la conducta habitual o acostumbrada, como en la “ética de los formuladores de política pública”. Este uso cotidiano deriva etimológicamente del griego *éthos* y del latín *mores*, que se refieren a hábitos o costumbres. Aunque este uso cotidiano es el que ha guiado primordialmente el desarrollo de códigos éticos para administradores públicos, planificadores y analistas de política pública[15], estos esfuerzos de establecimiento de estándares profesionales se basan en juicios éticos y morales implícitos. “Incluso cuando se habla de ‘moralidad consuetudinaria’, la referencia del término no es meramente a las costumbres como tales -en el sentido de secuencias de conducta regulares y repetidas-, sino también a la opinión, al menos sostenida de manera implícita por los participantes, de que lo que hacen regularmente es de algún modo correcto; no es simplemente lo que se hace, sino también lo que debe hacerse”[16]. Como puede verse, el término ética tiene dos significados diferentes pero relacionados. La ética descriptiva, que implica el análisis de descripciones de la moralidad consuetudinaria, debe contrastarse con la ética normativa. La ética normativa se interesa en el análisis, evaluación y desarrollo de declaraciones normativas que proporcionan orientación a los que intentan resolver problemas prácticos.

La ética normativa se interesa en la evaluación de los criterios que justifican declaraciones normativas. Las preguntas centrales de la ética normativa son de la forma: ¿qué criterios justifican las afirmaciones normativas sobre la corrección, bondad o justicia de las acciones públicas? En contraste, la metaética considera la naturaleza y el significado de las afirmaciones normativas en general. Los problemas de la metaética son de la forma: ¿qué criterios (metaéticos) respaldan la elección de los criterios (éticos normativos) empleados para justificar afirmaciones sobre la corrección, bondad o justicia de las políticas públicas? En este y otros casos, el término “meta” significa algo que es “sobre” o “de” otra cosa. “Metapolítica”, por ejemplo, es elaborar una política sobre políticas[17], y “metaevaluación” es la evaluación de evaluaciones, porque desarrolla y aplica criterios para evaluar evaluaciones de programas y de políticas[18].

Ha existido una preocupación creciente por el papel de la ética normativa y de la metaética en el análisis de política pública. En la literatura general del análisis de política pública puede advertirse un énfasis en la evaluación reflexiva sobre los criterios empleados para justificar afirmaciones normativas[19]. Además, ha habido tentativas especializadas por examinar cuestiones metaéticas que son ontológicas (¿existe el conocimiento ético?), epistemológicas (¿qué criterios gobiernan la verdad o falsedad de las afirmaciones éticas?) y prácticas (¿cuál es la relación entre la ética y la acción moral?). Michalos, por ejemplo, argumenta que las suposiciones ampliamente aceptadas pero erróneas sobre la existencia de

14 Kurt Baier, “What is Value? An Analysis of the Concept”, en *Values and the Future*, ed. de Kurt Baier y Nicholas Rescher (New York: Free Press, 1969), p. 53.

15 Por ejemplo, Herman Mertins, *Professional Standards and Ethics: A Workbook for Public Administrators* (Washington, DC: American Society for Public Administration, 1979).

16 Louis A. Gewirth, *Reason and Morality* (Chicago, IL: University of Chicago Press, 1978), p. 67.

17 Yehezkel Dror, *Public Policymaking Reexamined* (New York: Elsevier, 1968).

18 Thomas D. Cook y Charles Gruder, “Metaevaluation Research”, *Evaluation Quarterly* 2 (1978): 5–51. MacRae ha desarrollado una importante aplicación original de la metaética a la ética normativa del análisis de política pública. MacRae Jr., *The Social Function of Social Science*.

19 Por ejemplo, MacRae, *The Social Function of Social Science*; Frank Fischer, *Evaluating Public Policy* (Chicago, IL: Nelson-Hall, 1995).

dos reinos de experiencia mutuamente excluyentes ("hechos" y "valores") conducen a los analistas a la falsa conclusión de que las afirmaciones éticas son "científicamente incorregibles"[20]. Abrevando en la teoría crítica y en la obra de Jürgen Habermas y de otros miembros de la Escuela de Frankfurt, Dallmayr argumenta que "la evaluación de política pública demanda un 'discurso práctico' críticamente reflexivo, abierto no solo a expertos o analistas de política sino al público en general ... la recuperación de un juicio 'práctico' no instrumental presupone una evaluación no solamente de políticas concretas sino también del estatus de la 'política pública' misma"[21].

Las distinciones entre ética descriptiva, ética normativa y metaética son particularmente aplicables a cuestiones de equidad y justicia social. Las cuestiones de justicia distributiva -esto es, los desacuerdos sobre la regla apropiada para distribuir el ingreso- se tratan a menudo describiendo las consecuencias de adoptar uno o más de los siguientes criterios neoutilitarios de decisión:

- *Mejoramiento de la eficiencia neta.* Maximice beneficios totales menos costos totales.
- *Mejoramiento de Pareto.* Maximice beneficios totales menos costos totales hasta el punto en que no sea posible mejorar a una persona sin empeorar a otra.
- *Mejoramiento de Kaldor-Hicks.* También denominado *mejoramiento virtual de Pareto,* maximice beneficios totales menos costos totales, siempre que los ganadores puedan en principio compensar a los perdedores.

En el nivel de la ética descriptiva, la satisfacción de estos criterios puede abordarse comparando una medida de desigualdad como el índice de Gini (ver Capítulo 6), que mide diferencias en la distribución del ingreso familiar. En contraste, en el nivel de la ética normativa, la justificabilidad de estos criterios puede tratarse con teorías normativas de la justicia, por ejemplo, con la teoría de la justicia como imparcialidad (*justice as fairness*) de John Rawls[22]. En una sociedad precivil, en la que las discrepancias de poder, riqueza y privilegio son aún desconocidas -una sociedad que, según se supone, se halla bajo el "velo de ignorancia" de Rawls-, los ciudadanos aceptarían un criterio de decisión diferente de los que se usan en cualquier sociedad actual. El criterio de decisión rawlsiano es maximizar el bienestar de los miembros de la sociedad que están peor. La justificabilidad de este criterio puede desafiarse en un nivel básico, metaético. En este contexto, la teoría rawlsiana se ha encarado sobre fundamentos metaéticos para decir que presupone una concepción individualista de la naturaleza humana donde los compromisos normativos no son ya productos del discurso social razonado. En su lugar, los compromisos normativos son

> la composición contractual de valores arbitrarios (si bien comprensibles) sostenidos individualmente y configurados biológica o socialmente ... La estructura del argumento rawlsiano se corresponde de este modo estrechamente con la de la racionalidad instrumental; los fines son exógenos y el oficio exclusivo del pensamiento en el mundo es asegurar su máxima realización ... [Los argumentos de Rawls] reducen todo el pensamiento a operaciones combinadas de razón formal y prudencia instrumental al servicio del deseo[23].

20 Alex C. Michalos, "Facts, Values, and Rational Decision Making", *Policy Studies Journal* 9, 4 (1981): 544–551.

21 Fred R. Dallmayr, "Critical Theory and Public Policy", *Policy Studies Journal* 9, 4 (1981): 523. Daneke elabora un caso general para la introducción de la metaética en los currículos de las escuelas de administración y política públicas. Gregory Daneke, "Beyond Ethical Reductionism in Public Policy Education", en *Ethics, Values, and the Practice of Policy Analysis*, ed. de William N. Dunn (Lexington, MA: D.C. Heath, 1982).

22 Rawls, *A Theory of Justice* [sobre su versión española, véase la n. 16 del Capítulo 5].

23 Laurence H. Tribe, "Ways Not to Think about Plastic Trees", en *When Values Conflict*, ed. de L. H. Tribe, C. S. Schelling y J. Voss (Cambridge, MA: Ballinger, 1976), p. 77.

Estándares de conducta

Los estándares de conducta o normas de la "moralidad consuetudinaria" que orientan la conducta de los analistas son variables. En parte, esta variabilidad puede atribuirse a los diversos enfoques en la enseñanza de la ética y de valores en las escuelas de política y administración públicas[24]. Los analistas de política pública y los planificadores gubernamentales están divididos en bandos metodológicos y éticos[25]. Los esfuerzos por reducir esta variabilidad han derivado en varias fuentes de estándares: valores y normas sociales, que incluyen equidad, honestidad e imparcialidad, y que pueden guiar las acciones de los analistas de política así como las de los ciudadanos en general; valores y normas científicos, que comprenden objetividad, neutralidad y autocrítica institucionalizada; códigos profesionales de conducta, que contienen obligaciones, deberes y prescripciones formalmente establecidos; y procedimientos legales y administrativos, que implican mecanismos para asegurar el consentimiento informado al buscar la aprobación formal de juntas de revisión institucionales.

La comunicación de valores y normas sociales es central para las actividades de investigación y enseñanza de los académicos individuales, mientras que la comunicación de normas científicas y profesionales ha acontecido en gran parte mediante los esfuerzos de desarrollo curricular de la Asociación Nacional de Escuelas de Asuntos Públicos y Administración Pública, y gracias a las tradicionales actividades de conferencias y publicaciones de la Organización de Estudios de Política Pública, la Asociación de Política y Administración Públicas, y la Sociedad Americana de Administración Pública. Al considerar la necesidad de un código de conducta profesional, pero sin llegar a la codificación formal de estándares, la Sociedad Americana de Administración Pública ha publicado y difundido un documento titulado *Professional Standards and Ethics: A Workbook for Public Administrators* (*Ética y normas profesionales: un manual para administradores públicos*). En contraste, los procedimientos legales y administrativos para regular la realización de investigación que implica a sujetos humanos y la integridad en la investigación generalmente son productos de iniciativas gubernamentales antes que de asociaciones profesionales o universidades.

ÉTICA DESCRIPTIVA, ÉTICA NORMATIVA Y METAÉTICA

Las teorías sobre la ética y los valores se pueden clasificar convenientemente de acuerdo con sus funciones: descripción, clasificación y medición de la ética y de los valores (teorías descriptivas); desarrollo y aplicación de criterios para evaluar comportamientos éticos (teorías normativas); y desarrollo y aplicación de criterios adicionales para evaluar teorías éticas normativas (teorías metaéticas). Esta clasificación tiene importantes subdivisiones -por ejemplo, teorías normativas teleológicas *versus* teorías normativas deontológicas, o teorías metáeticas cognitivistas *versus* teorías metaéticas no cognitivistas.

Tipologías descriptivas de valores

El trabajo de Milton Rokeach[26] representa una síntesis importante de teorías descriptivas de los valores desarrolladas desde los años 1930. El alcance y la profundidad de su interés son evidentes en la afirmación de que

24 Joel L. Fleishman y Bruce J. Payne, *Ethical Dilemmas and the Education of Policymakers* (Hastings-on-Hudson, NY: Hastings Center, 1980).

25 Elizabeth Howe y Jerome Kaufman, "The Ethics of Contemporary American Planners", *Journal of the American Planning Association* 45 (1979): 243–255, y "Ethics and Professional Practice in Planning and Related Planning Professions", *Policy Studies Journal* 9, 4 (1981): 585–594.

26 Milton Rokeach, *The Nature of Human Values* (New York: Free Press, 1973).

> el concepto de valor, más que cualquier otro, es el concepto central en todas las ciencias sociales. Es la principal variable dependiente en el estudio de la cultura, la sociedad y la personalidad, y la principal variable independiente en el estudio de las actitudes y las conductas sociales. Es difícil para mí concebir cualquier problema en que los científicos sociales puedan estar interesados que no implique de manera profunda valores humanos[27].

Una de las contribuciones de Rokeach es el desarrollo de una tipología básica para desarrollar y probar teorías descriptivas de valores. La tipología básica tiene dos importantes dimensiones: valores terminales e instrumentales. Los valores terminales, que son personales y sociales, son creencias sobre estados finales deseables de existencia. Los valores instrumentales son creencias sobre modos deseables de conducta (Tabla 7.1).

TABLA 7.1 Tipología básica de valores: valores terminales e instrumentales

Valor terminal	Valor instrumental
Una vida confortable	Ambicioso
Una vida excitante	Tolerante
Un sentido de realización	Capaz
Un mundo en paz	Alegre
Un mundo de belleza	Limpio
Igualdad	Valiente
Seguridad familiar	Indulgente
Libertad	Servicial
Felicidad	Honesto
Armonía interior	Imaginativo
Amor maduro	Independiente
Seguridad nacional	Intelectual
Placer	Lógico
Salvación	Amoroso
Autorrespeto	Obediente
Reconocimiento social	Cortés
Amistad verdadera	Responsable
Sabiduría	Autocontrolado

Fuente: Rokeach (1973): Tabla 2.1, p. 28. Se han omitido los coeficientes de confiabilidad y los calificadores entre paréntesis.

Howe y Kaufman han empleado una tipología similar en su estudio de la ética de los planificadores profesionales[28]. Distinguiendo entre ética "orientada a fines" y ética "orientada a medios", a propósito de la importancia de un gran número de valores reportados en la literatura existente, Howe y Kaufman bosquejan dos clases de principios éticos a partir del *Code of Professional Responsability and Rules of Procedure of the American Institute of Planners* (*Código de responsabilidad profesional y reglas de procedimiento del Instituto Americano de Planificadores*) de 1962. Entre los principales hallazgos del estudio están que las normas éticas profesionales y personales son con frecuencia inconsistentes y que un compromiso con ciertos fines (*e.g.*, equidad social) afecta los juicios éticos sobre el uso de medios particulares (*e.g.*, filtrar información a grupos de bajos ingresos). Aunque este estudio es esencialmente exploratorio,

27 *Ibíd.*, p. ix.
28 Howe y Kaufman, "The Ethics of Contemporary American Planners".

considera importantes principios que compiten: fines buenos justifican la selección de medios[29] *versus* los medios deberían justificarse en sus propios términos[30].

Tipologías evolutivas de valores

Tipologías básicas pueden servir como base para examinar teorías de cambio y desarrollo de valores individuales y colectivos. Por ejemplo, Rokeach prueba una teoría de inconsistencia cognitiva con datos organizados según la tipología de valores terminales e instrumentales[31]. También identifica una variedad de patrones evolutivos fundados en diferencias de edad, concluyendo que los valores cambian no solo durante la adolescencia sino también a lo largo de la vida[32]. Estos patrones se relacionan con la teoría de los estadios del desarrollo moral creada y verificada por Lawrence Kohlberg[33]. La tipología evolutiva de Kohlberg distingue tres niveles en el desarrollo del razonamiento moral: preconvencional, convencional y posconvencional. Dado que cada nivel tiene dos estadios, la tipología produce seis estadios en total: estadio uno (orientación al castigo y la obediencia); estadio dos (orientación instrumental relativista); estadio tres (orientación al acuerdo interpersonal); estadio cuatro (orientación a la ley y el orden); estadio cinco (orientación legalista hacia el contrato social); y estadio seis (orientación hacia principios éticos universales).

La tipología evolutiva de Kohlberg es de gran importancia potencial para evaluar el papel de normas y principios éticos en el análisis de política pública. Los seis estadios se afirman para representar una secuencia invariable por la que los individuos progresan en su *capacidad* para el juicio moral. En virtud de que la sucesión es invariable y secuencial, las transiciones evolutivas solo pueden ocurrir entre estadios adyacentes. En concordancia, no se puede esperar que los individuos se muevan directamente desde una sociedad de mercado egocéntrica (estadio dos) hacia una sociedad basada en principios éticos universales (estadio seis); por ejemplo, desde el interés en una ética de maximización del ingreso hacia una ética del tipo de la delineada por Rawls. A causa de que la teoría de Kohlberg se basa en fundamentos empíricos relativamente firmes (aunque imperfectos), tiene una importante relación con las cuestiones que rodean las posibilidades para los discursos éticos normativos en la sociedad contemporánea: "Cualquier concepción de lo que deba ser el juicio moral tiene que descansar en una concepción adecuada de lo que es. El hecho de que nuestra concepción de la moral 'funcione' empíricamente es importante para su adecuación filosófica"[34].

Teorías normativas

Las teorías normativas del valor, o ética normativa, pueden dividirse en tres tipos principales: deontológicas, teleológicas y prácticas. Las teorías normativas deontológicas afirman que ciertos tipos de acciones son de modo inherente correctos u obligatorios (el griego *déontos* significa "de lo obligatorio"), porque las acciones se conforman con algún principio formal. Las teorías normativas teleológicas, en contraste, sostienen que ciertas acciones son correctas porque resultan en bien de fines valiosos (el griego *téleios* significa "llevado a su fin o propósito"). Finalmente, las teorías normativas prácticas sostienen que ciertas acciones son correctas porque se ajustan a principios o resultan en consecuencias cuya corrección o bondad se han establecido mediante discursos o acuerdos razonados (el griego *praktikós*

29 Ver Saul Alinsky, *Rules for Radicals* (New York: Random House, 1971).
30 Ver Sissela Bok, *Lying: Moral Choice in Public and Private Life* (New York: Pantheon, 1978).
31 Rokeach, *Nature of Human Values*, pp. 215–234.
32 *Ibíd.*, p. 81.
33 Lawrence Kohlberg, *Stages in the Development of Moral Thought and Action* (New York: Holt, Rinehart, and Winston, 1961).
34 Lawrence Kohlberg, "From Is to Ought: How to Commit the Naturalistic Fallacy and Get Away with It in the Study of Moral Development", en *Cognitive Development and Epistemology*, ed. de T. Mischel (New York: Academic Press, 1971), pp. 151–235. La "falacia naturalista" es la falacia de derivar un "deber ser" de un "es".

significa "experimentar, negociar o tramitar") entre los que afectan y se ven afectados por la creación y la aplicación de reglas morales.

Las teorías normativas deontológicas descansan en conceptos y principios "deónticos" que se distinguen de conceptos y principios basados en la bondad de las consecuencias. Teorías de la justicia como la que ofrece Rawls son principalmente deontológicas porque emplean principios formales de obligación (un contrato social precivil ejecutado bajo un "velo de ignorancia") para justificar argumentos sobre justicia distributiva ("justicia como imparcialidad") y una sociedad justa (una sociedad que maximiza el bienestar de los que están peor). En contraste, las teorías teleológicas evalúan las acciones de acuerdo con la bondad de sus consecuencias. Una forma prominente de teoría teleológica, que ha afectado profundamente el análisis de política pública mediante la moderna economía del bienestar, es el *utilitarismo*. Las teorías utilitarias clásicas de Jeremy Bentham y John Stuart Mill sostenían que las acciones correctas son las que promueven el máximo o mayor bien para todos. Los analistas de política pública que usan el análisis costo-beneficio son utilitarios hasta el punto de que fundamentan sus recomendaciones de política en el criterio de maximizar los beneficios del ingreso neto, criterio que se supone refleja la satisfacción agregada experimentada por los miembros de la sociedad.

Las principales propiedades de las teorías teleológicas, incluyendo las modernas teorías neoutilitarias, se visualizan más fácilmente comparándolas con las teorías deontológicas[35].

- Las teorías teleológicas justifican las acciones por sus consecuencias (*e.g.*, maximización de los beneficios del ingreso neto), mientras que las teorías deontológicas justifican las acciones porque se conforman con algún principio (*e.g.*, justicia procedimental) o porque se consideran correctas de modo inherente (*e.g.*, decir la verdad).
- Las teorías teleológicas establecen obligaciones condicionales (*e.g.*, la libertad podría verse comprometida en interés de la seguridad nacional), mientras que las teorías deontológicas establecen obligaciones absolutas (*e.g.*, la libertad es un derecho general que no puede justificarse en términos de ningún principio superior).
- Las teorías teleológicas aducen criterios materiales o sustantivos (*e.g.*, placer, felicidad o satisfacción), en tanto que las teorías deontológicas promueven criterios formales o relacionales (*e.g.*, equidad social o imparcialidad administrativa).
- Las teorías teleológicas suministran criterios agregados (*e.g.*, bienestar social como la satisfacción total experimentada por los miembros de una comunidad), mientras que las teorías deontológicas ofrecen criterios distributivos que regulan la asignación de bienes (*e.g.*, oportunidades educativas o un salario digno) o de perjuicios (*e.g.*, exposición a desperdicios tóxicos y carcinógenos).

Las teorías normativas prácticas insisten en la acción moral reflexiva como un proceso para descubrir los criterios a partir de los cuales pueden conocerse los valores y la ética. Las teorías normativas prácticas han puesto énfasis en el discurso moral razonado como un proceso para crear y evaluar el conocimiento ético así como el científico[36]. Denominadas a veces teorías de las "buenas razones", estas teorías son "prácticas" en la medida en que las acciones se consideran correctas o valiosas porque se conforman con principios o resultan en consecuencias que se han establecido sobre la base de acuerdos razonados (del

35 Gewirth, *Reason and Morality.*

36 Ver P. W. Taylor, *Normative Discourse* (Englewood Cliffs, NJ: Prentice Hall, 1971); Toulmin, *The Place of Reason in Ethics* (Oxford: Oxford University Press, 1950); Stephen Toulmin, *The Uses of Argument* [sobre su versión española, ver n. 51 del Capítulo 1]; Kurt Baier, *The Moral Point of View* (Ithaca, NY: Cornell University Press, 1965); y Frank Fischer, *Politics, Values, and Public Policy* (Boulder, CO: Westview Press, 1980).

griego *praktikós*: "experimentar, negociar, tramitar") entre las personas que afectan y se ven afectadas por el desarrollo y la aplicación de reglas morales.

Teorías metaéticas

La función de las teorías éticas normativas en el análisis de política pública es responder la pregunta: ¿según qué criterios podemos determinar si las acciones públicas son correctas o equivocadas? Respuestas a esta pregunta, como vimos anteriormente, se pueden fundamentar en uno o más tipos de criterios éticos normativos: teleológicos, deontológicos, prácticos. La función de las teorías metaéticas, en contraste, es responder preguntas sobre las afirmaciones éticas normativas: ¿podemos determinar la verdad y falsedad de las afirmaciones éticas normativas? ¿La ética normativa produce algún tipo de conocimiento y, si es así, qué tipo de conocimiento es? Si la ética normativa no es capaz de ser verdadera y falsa, ¿qué tipos de resultados no cognitivos se producen?

Las teorías metaéticas difieren en términos de sus supuestos sobre el estatus epistemológico de las teorías éticas normativas; por ejemplo, la llamada metaética "cognitivista" afirma que las teorías éticas normativas son capaces de ser verdaderas o falsas y, por tanto, que la ética normativa constituye una clase de conocimiento. Las teorías metaéticas "no cognitivistas" niegan esto. Las teorías metaéticas se asocian con las teorías éticas normativas. Así, por ejemplo, el desarrollo del positivismo lógico en las ciencias sociales ha contribuido a las doctrinas metaéticas no cognitivistas que, a su vez, han resultado en la devaluación del discurso ético normativo y en la incapacidad de reconocer que teorías empíricas (economía del bienestar) y rutinas analíticas (análisis costo-beneficio) putativas se basan en premisas éticas controversiales. En este caso, una doctrina metaética particular (el no cognitivismo) ha ejercido un efecto directo y lógicamente constrictivo sobre la ética normativa apropiándose de las oportunidades para el discurso normativo reflexivo y el desarrollo de nuevo conocimiento ético.

EVALUACIÓN EN EL ANÁLISIS DE POLÍTICA PÚBLICA

Las teorías descriptivas, normativas y metaéticas proporcionan fundamento para la evaluación en el análisis de política pública, donde evaluación se refiere a la producción de conocimiento sobre el valor (*value*) o el mérito (*worth*) de los resultados de política pública. Los resultados de política pública tienen en realidad valor cuando contribuyen a la realización de metas y objetivos. En este caso, decimos que una política o un programa han alcanzado algún nivel significativo de desempeño.

Naturaleza de la evaluación

El rasgo principal de la evaluación es que conduce a afirmaciones que son de carácter evaluativo. Aquí la cuestión principal no es de hechos (*¿Existe algo?*) o de acción (*¿Qué debe hacerse?*), sino de valores (*¿Qué valor tiene?*). La evaluación por lo tanto tiene varias características que la distinguen de otros métodos analíticos de política pública:

1. *Enfoque de valor*. La evaluación, en contraste con el monitoreo, se centra en juicios respecto de la conveniencia o el valor de políticas y programas. La evaluación es primordialmente un esfuerzo por determinar el mérito o la utilidad social de una política o programa, y no simplemente un esfuerzo por reunir conocimiento sobre resultados previstos y no previstos de las acciones de política pública. En virtud de que siempre puede cuestionarse la pertinencia de metas y objetivos de política pública, la evaluación incluye la evaluación de metas y objetivos.
2. *Interdependencia de hechos y valores*. La evaluación depende tanto de "hechos" como de "valores". Afirmar que una política o un programa particular han alcanzado un alto (o bajo) nivel de desempeño demanda no solo que los resultados de política sean valiosos para algún individuo, grupo o la sociedad en general, sino también que los resultados de política sean realmente una

consecuencia de acciones adelantadas para resolver un problema. Por lo tanto, el monitoreo es un prerrequisito de la evaluación.

3. *Orientación hacia el presente y el pasado*. Las afirmaciones evaluativas, en contraste con las prescriptivas, se orientan hacia resultados actuales y pasados, en lugar de futuros. La evaluación es retrospectiva y acontece después de que las acciones se han emprendido (*ex post*). La prescripción, aunque también involucra premisas de valor, es prospectiva y ocurre antes de que las acciones se hayan emprendido (*ex ante*).
4. *Dualidad del valor*. Los valores subyacentes a las afirmaciones evaluativas tienen una cualidad dual, porque se pueden considerar como fines y medios. La evaluación es similar a la prescripción en la medida en que un valor dado (*e.g.*, salud) puede reconocerse tanto intrínseco (valioso en sí mismo) como extrínseco (deseable porque conduce a otro fin). Los valores se disponen con frecuencia en una jerarquía que refleja su importancia relativa y la interdependencia de metas y objetivos.

Funciones de la evaluación

La evaluación cumple varias funciones principales en el análisis de política pública. En primer lugar, y lo más importante, la evaluación brinda conocimiento fiable y válido sobre el *desempeño de la política pública*, esto es, sobre el grado en que se han satisfecho necesidades y se han realizado valores y oportunidades mediante la acción pública. En este respecto, la evaluación revela la medida en que se han alcanzado metas (*e.g.*, mejor salud) y objetivos (*e.g.*, una reducción del veinte por ciento de enfermedades crónicas en 1990) particulares.

En segundo lugar, la evaluación contribuye a la *clarificación* y *crítica* de los valores que subyacen a la selección de metas y objetivos. Los valores se clarifican con la definición y operacionalización de metas y objetivos. Los valores también se critican mediante el cuestionamiento sistemático de la adecuación de metas y objetivos en relación con el problema tratado. Al cuestionar la pertinencia de metas y objetivos, los analistas pueden examinar fuentes alternativas de valores (*e.g.*, funcionarios públicos, intereses creados, grupos de clientes) así como sus fundamentos en diferentes formas de racionalidad (técnica, económica, legal, social, sustantiva).

En tercer lugar, la evaluación puede contribuir a la aplicación de otros métodos analíticos de política pública, que incluyen la *estructuración de problemas* y la *prescripción*. La información sobre el desempeño inadecuado de la política puede servir a la reestructuración de problemas de política; por ejemplo, mostrando que metas y objetivos deberían redefinirse. La evaluación también puede contribuir a la definición de nuevas o revisadas alternativas de política indicando que una alternativa de política previamente privilegiada debería ser abandonada y reemplazada por otra.

Criterios para la evaluación de políticas públicas

Para producir información sobre el desempeño de la política pública, los analistas usan diferentes tipos de criterios para evaluar resultados de política pública. Estos tipos de criterios ya se han discutido en relación con las recomendaciones de política (Capítulo 5). La principal diferencia entre los criterios para la evaluación y los criterios para la prescripción es el momento en que se aplican tales criterios. Los criterios para la evaluación se aplican retrospectivamente (*ex post*), mientras que los criterios para la recomendación se aplican prospectivamente (*ex ante*). Estos criterios se resumen en la Tabla 7.2.

TABLA 7.2 *Criterios de evaluación*

Tipo de criterio	Pregunta	Criterios ilustrativos
Eficacia	¿Se ha alcanzado un resultado valorado?	Unidades de servicio
Eficiencia	¿Cuánto esfuerzo se requirió para alcanzar un resultado valorado?	Costo unitario Beneficios netos Razón costo-beneficio
Adecuación	¿En qué medida el logro de un resultado valorado resuelve el problema?	Costos fijos (problema Tipo I) Eficacia fija (problema Tipo II)
Equidad	¿Se distribuyen equitativamente los costos y beneficios entre los diferentes grupos?	Criterio de Pareto Criterio de Kaldor-Hicks Criterio de Rawls
Capacidad de respuesta	¿Los resultados de política satisfacen las necesidades, preferencias o valores de grupos particulares?	Coherencia con las encuestas ciudadanas
Pertinencia	¿Los resultados (objetivos) deseados son realmente meritorios o valiosos?	Los programas públicos deberían ser equitativos y eficientes

Nota: Ver Capítulo 5 para descripciones más amplias de los criterios.

ENFOQUES DE EVALUACIÓN

La evaluación, como vimos anteriormente, tiene dos aspectos interrelacionados: el uso de diversos métodos para monitorear los resultados de políticas y programas públicos y la aplicación de algún conjunto de valores para determinar el valor de estos resultados para algunas personas, grupos o la sociedad en general. Observe que estos dos aspectos interrelacionados apuntan a la presencia de premisas factuales y de valor en cualquier declaración evaluativa. Sin embargo, muchas actividades descritas como "evaluación" en el análisis de política pública *no* son en esencia *evaluativas* -esto es, se interesan primordialmente en la producción de afirmaciones designativas (factuales) y no evaluativas. De hecho, cuatro enfoques del monitoreo descritos en el Capítulo 6 se rotulan equivocadamente como enfoques de "investigación evaluativa" o de "evaluación de política pública"[37].

Dada la actual ausencia de claridad sobre el significado de la evaluación en el análisis de política pública, es esencial distinguir varios enfoques diferentes de evaluación de política pública: seudoevaluación, evaluación formal y evaluación teorético-decisionista. En la Tabla 7.3 se ilustran estos enfoques, sus objetivos, supuestos y formas principales.

37 Ver, por ejemplo, la descripción de la investigación de "evaluación" en Marcia Guttentag y Elmer Struening, eds., *Handbook or Evaluation Research*, 2 vols. (Beverly Hills, CA: Sage Publications, 1975), y Leonard Rutman, ed., *Evaluation Research Methods: A Basic Guide* (Beverly Hills, CA: Sage Publication, 1977).

TABLA 7.3 Tres enfoques de evaluación

Enfoque	Objetivos	Supuestos	Formas principales
Seudoevaluación	Utiliza métodos descriptivos para producir información fiable y válida sobre resultados de política	Medidas del mérito o del valor son evidentes por sí mismas o no controversiales	Experimentación social Contabilidad de sistemas sociales Auditoría social Síntesis de investigación y práctica profesional
Evaluación formal	Usa métodos descriptivos para producir información fiable y válida sobre resultados de política formalmente anunciados como objetivos de políticas o programas	Metas y objetivos formalmente anunciados por formuladores de política y administradores son medidas apropiadas del mérito o del valor	Evaluación evolutiva Evaluación experimental Evaluación retrospectiva de procesos Evaluación retrospectiva de resultados
Evaluación teorético-decisionista	Utiliza métodos descriptivos para producir información fiable y válida sobre resultados de política explícitamente valorados por múltiples partes interesadas	Metas y objetivos de partes interesadas, formalmente anunciados así como latentes, son medidas apropiadas del mérito o del valor	Evaluación de la evaluabilidad Análisis de la utilidad de atributos múltiples

Seudoevaluación

La *seudoevaluación* es un enfoque que usa métodos descriptivos para producir información fiable y válida sobre resultados de política pública, sin intentar cuestionar el mérito o el valor de estos resultados para personas, grupos o la sociedad en general. El principal supuesto de la seudoevaluación es que las medidas del mérito o del valor son evidentes por sí mismas o no controversiales.

En la seudoevaluación, el analista emplea de modo típico una variedad de métodos (diseño cuasiexperimental, cuestionarios, muestreo aleatorio, técnicas estadísticas) para explicar variaciones de los resultados de política pública en términos de variables de insumos y de procesos de política pública. Sin embargo, cualquier resultado de política dado (*e.g.*, número de aprendices empleados, unidades de servicios médicos entregadas, beneficios de ingreso neto producidos) se da por descontado como objetivo apropiado. Las formas principales de seudoevaluación comprenden cuatro enfoques del monitoreo discutidos en el Capítulo 6: experimentación social, contabilidad de sistemas sociales, auditoría social, y síntesis de investigación y práctica profesional.

Evaluación formal

La *evaluación formal* es un enfoque que usa métodos descriptivos para producir conocimiento fiable y válido sobre resultados de política pública, pero evalúa tales resultados sobre la base de los objetivos de políticas y programas formalmente anunciados por los formuladores de política y administradores de programas. El principal supuesto de la evaluación formal es que metas y objetivos formalmente anunciados son medidas apropiadas del mérito o del valor de políticas y programas.

En la evaluación formal el analista usa los mismos tipos de métodos que emplea la seudoevaluación y el objetivo es idéntico: producir conocimiento confiable y válido sobre variaciones en resultados e impactos de política pública que pueden remitirse a insumos y procesos de política pública. La diferencia, empero, es que las evaluaciones formales usan legislación, documentación de los programas y entrevistas con los formuladores de política y administradores para identificar, definir y especificar metas y objetivos formales. La pertinencia de estas metas y objetivos formalmente anunciados no se cuestiona. En las evaluaciones formales, los tipos de criterios evaluativos más frecuentemente utilizados son los de eficacia y eficiencia.

Uno de los principales tipos de evaluación formal es la *evaluación sumativa*, que implica un esfuerzo por monitorear el logro de metas y objetivos formales después de que una política o programa se han desarrollado durante un periodo de tiempo. Las evaluaciones sumativas se diseñan para evaluar productos de políticas y programas públicos estables y bien establecidos. En contraste, la *evaluación formativa* implica esfuerzos por monitorear en forma continua la realización de metas y objetivos formales. Sin embargo, las diferencias entre las evaluaciones sumativa y formativa no deben enfatizarse excesivamente, porque la principal característica distintiva de la evaluación formativa es el número de puntos en el tiempo en que se monitorean los resultados de política. Por consiguiente, la diferencia entre las evaluaciones sumativa y formativa es principalmente de grado.

Las evaluaciones formales pueden ser sumativas o formativas, pero también implican controles directos o indirectos sobre insumos y procesos de política pública. En el primer caso, los evaluadores pueden manipular directamente niveles de gasto, la combinación de programas o características de los grupos objetivo -esto es, la evaluación puede tener una o más características de experimentación como enfoque de monitoreo (Capítulo 6). En el caso de los controles indirectos, insumos y procesos de política pública no pueden manipularse directamente; antes bien, deben analizarse retrospectivamente sobre la base de las acciones que ya han ocurrido. En la Tabla 7.4 se ilustran los cuatro tipos de evaluación formal, basado cada uno en una orientación diferente hacia el proceso de política pública (sumativa *versus* formativa) y el tipo de control sobre la acción (directo *versus* indirecto).

TABLA 7.4 Tipos de evaluación formal

	Orientación hacia el proceso de política pública	
Control sobre las acciones de política pública	*Formativa*	*Sumativa*
Directo	Evaluación evolutiva	Evaluación experimental
Indirecto	Evaluación retrospectiva de procesos	Evaluación retrospectiva de resultados

Variedades de la evaluación formal

La *evaluación evolutiva* (*developmental evaluation*) se refiere a actividades de evaluación que se diseñan explícitamente para atender las necesidades diarias del personal del programa. La evaluación evolutiva es útil "para alertar al personal sobre debilidades incipientes o fallas no previstas de un programa y para asegurar su operación adecuada por parte de los responsables de esta"[38]. La evaluación evolutiva, que implica alguna medida de control directo sobre las acciones de política, se ha utilizado en una amplia variedad de situaciones en los sectores público y privado. Así, por ejemplo, las empresas usan con frecuencia evaluaciones evolutivas para distribuir, probar y retirar nuevos productos. En el sector público, las evaluaciones evolutivas se han utilizado para probar nuevos métodos y materiales de enseñanza en programas de educación pública, como *Sesame Street* y *The Electric Company*. Tales programas

38 Peter H. Rossi y Sonia R. Wright, "Evaluation Research: An Assessment of Theory, Practice, and Politics", *Evaluation Quarterly* 1, 1 (febrero 1977): 21.

se monitorean y evalúan sistemáticamente mostrándolos a audiencias integradas por niños dentro de límites de edad especificados. Posteriormente, "se revisan muchas veces sobre la base de observaciones sistemáticas de qué características del programa captaron la atención y sobre la base de entrevistas con los niños después de ver el programa"[39]. Las evaluaciones evolutivas, como son formativas e involucran controles directos, pueden utilizarse para adaptarse de inmediato a la nueva experiencia adquirida mediante manipulaciones sistemáticas de variables de insumos y de procesos.

La *evaluación retrospectiva de procesos* implica monitoreo y evaluación de programas después de que se han ejecutado por algún tiempo. La evaluación retrospectiva de procesos, que a menudo se enfoca en problemas y cuellos de botella encontrados en la implementación de políticas y programas, no permite la manipulación directa de insumos (*e.g.*, gastos) y procesos (*e.g.*, sistemas de prestación alternativos). Descansa más bien en descripciones *ex post facto* (retrospectivas) de las actividades del programa en curso, que después se relacionan con productos e impactos. La evaluación retrospectiva de procesos exige un sistema interno de reporte bien establecido que permita la generación continua de información relacionada con el programa (*e.g.*, número de grupos objetivo servidos, tipos de servicios ofrecidos y características del personal empleado en los programas). Los sistemas de información gerencial en las agencias públicas a veces permiten evaluaciones retrospectivas de procesos, siempre que contengan información sobre procesos así como sobre resultados.

El Departamento de Educación sometió el Título I de la Ley de Educación Básica y Secundaria (1965) a una forma de evaluación retrospectiva de procesos, pero con resultados decepcionantes. El Título I suministraba fondos a los sistemas escolares locales en proporción al número de estudiantes de familias pobres o necesitadas. Los distritos escolares locales entregaban información inadecuada y marginalmente útil, haciendo así imposible evaluar e implementar programas de forma concurrente. Las evaluaciones retrospectivas de procesos presuponen un sistema de información fiable y válida, que muchas veces es difícil de establecer.

La *evaluación experimental* implica monitoreo y evaluación de resultados en condiciones de control directo sobre insumos y procesos de política pública. El ideal de la evaluación experimental generalmente ha sido el "experimento científico controlado", donde todos los factores que podrían influir en los resultados de política pública excepto uno -esto es, una variable particular de insumo o de proceso- se controlan, se mantienen constantes o se tratan como hipótesis rivales plausibles. Las evaluaciones experimentales y cuasiexperimentales incluyen el *New Jersey-Pennsylvania Income Maintenance Experiment* (Experimento de Sostenimiento de Ingresos en Nueva Jersey-Pensilvania), el *California Group Therapy-Criminal Recidivism Experiment* (Experimento de Terapia Grupal y Reincidencia Criminal de California), el *Kansas City Preventive Patrol Experiment* (Experimento de Patrullaje Preventivo de la Ciudad de Kansas), el *Project Follow Through* (Proyecto Seguir Adelante), el *Supported Work Demonstration Project* (Proyecto de Demostración de Trabajo con Apoyo), y varios experimentos en contratación de desempeño educativo.

Las evaluaciones experimentales deben satisfacer requisitos bastante estrictos antes de que se puedan llevar a cabo[40]: (1) un conjunto de variables de "tratamiento" claramente definidas y directamente manipulables, especificadas en términos operacionales; (2) una estrategia de evaluación que permita la máxima generalización de conclusiones sobre el desempeño para muchos grupos objetivo o escenarios (*validez externa*); (3) una estrategia de evaluación que permita el mínimo error en la interpretación del desempeño de la política como resultado real de insumos y procesos de política manipulados (*validez interna*); y (4) un sistema de monitoreo que produzca datos confiables sobre las complejas interrelaciones entre precondiciones, eventos imprevistos, insumos, procesos, productos, impactos, efectos

39 *Ibíd.*, p. 22.
40 Walter Williams, *Social Policy Research and Analysis* (New York: Elsevier Publishing, 1971), p. 93.

laterales y desbordamientos (ver Figura 6.2). Como rara vez se satisfacen estos exigentes requisitos metodológicos, las evaluaciones experimentales de modo típico están por debajo del experimento "verdaderamente" controlado, denominándose "cuasiexperimentales".

Las *evaluaciones retrospectivas de resultados* también implican monitoreo y evaluación de resultados, pero sin control directo sobre insumos y procesos de política manipulables[41]. A lo más, los controles son indirectos o estadísticos -esto es, el evaluador intenta aislar los efectos de muchos factores diferentes usando métodos cuantitativos. En general, hay dos principales variantes de la evaluación retrospectiva de resultados: estudios transversales y longitudinales. Los *estudios longitudinales* son los que evalúan cambios en los resultados de uno, varios o muchos programas en dos o más puntos del tiempo. Se han efectuado muchos estudios longitudinales en el área de la planificación familiar, donde tasas de fertilidad y cambios en la aceptación de dispositivos anticonceptivos se monitorean y evalúan durante periodos de tiempo razonablemente largos (cinco a veinte años). Los *estudios transversales*, en contraste, buscan monitorear y evaluar múltiples programas en un punto del tiempo. La meta del estudio transversal es descubrir si los resultados e impactos de varios programas son significativamente diferentes entre sí, y de ser así, qué acciones, precondiciones o eventos imprevistos particulares podrían explicar la diferencia.

Dos ejemplos prominentes de evaluaciones retrospectivas de resultados de naturaleza transversal son el Proyecto *Head Start*, programa diseñado para proporcionar educación compensatoria a niños preescolares, y el Informe Coleman*. Desde luego,

> casi toda la evaluación de los programas nacionales de educación compensatoria iniciados a mediados de los 1960 se ha basado en datos transversales. Los estudiantes enrolados en programas de educación compensatoria se contrastaban con los que no lo estaban, manteniendo estadísticamente constantes las fuentes de explicaciones competidoras como antecedentes familiares, etnicidad, región, tamaño de ciudad, etc.[42]

Evaluación teorético-decisionista

La *evaluación teorético-decisionista* es un enfoque que usa métodos descriptivos para producir conocimiento confiable y válido sobre resultados de política pública que son explícitamente valorados por múltiples partes interesadas. La diferencia clave entre la evaluación teorético-decisionista, por una parte, y la seudoevaluación y la evaluación formal, por otra, es que la evaluación teorético-decisionista intenta llevar a la superficie y hacer explícitas metas y objetivos, así latentes como manifiestos, de las partes interesadas. Esto significa que metas y objetivos formalmente anunciados por formuladores de política pública y administradores son solo una fuente de valores, porque todas las partes interesadas en la formulación e implementación de una política pública (*e.g.*, personal de nivel medio y bajo, personal de otras agencias, grupos de clientes) están involucradas en generar metas y objetivos contra los cuales se mide el desempeño.

41 Obsérvese que tres de los enfoques de monitoreo discutidos en el Capítulo 6 -esto es, contabilidad de sistemas sociales, auditoría social, y síntesis de investigación y práctica profesional- pueden ser considerados como formas de evaluación retrospectiva de resultados. De manera semejante, los análisis costo-beneficio y costo-efectividad (Capítulo 5) pueden ser vistos como formas particulares de evaluación retrospectiva de resultados.

* *N. del t.*: En el Capítulo 6 el autor se ha referido a ambos estudios evaluativos: al estudio de V. Cicarelli *et al.* sobre el Programa *Head Start* y al Informe Coleman. Este último es el nombre con el que más comúnmente se conoce el informe denominado *Igualdad de oportunidades en educación*, publicado en 1966, llamado así por su investigador principal, el sociólogo James Coleman.

42 Rossi y Wright, "Evaluation Research", p. 27.

La evaluación teorético-decisionista es una forma de superar varias deficiencias de la seudoevaluación y la evaluación formal[43]:

1. *Subutilización y no utilización del conocimiento sobre el desempeño.* Buena parte del conocimiento generado mediante evaluaciones se subutiliza o nunca se usa para mejorar la factura de la política pública. Esto se debe en parte a que las evaluaciones no son lo suficientemente receptivas a las metas y objetivos de los actores que tienen participación en la formulación e implementación de políticas y programas.
2. *Ambigüedad de las metas de desempeño.* Muchas metas de políticas y programas públicos son vagas. Esto significa que la misma meta general -por ejemplo, mejorar la salud o estimular una mejor conservación de la energía- puede y resulta en objetivos específicos que entran en conflicto entre sí. Esto es evidente cuando consideramos que la misma meta (*e.g.*, mejorar la salud) puede operacionalizarse en términos de al menos seis tipos de criterios de evaluación: eficacia, eficiencia, adecuación, equidad, capacidad de respuesta y pertinencia. Uno de los propósitos de la evaluación teorético-decisionista es reducir la ambigüedad de las metas y hacer explícitos objetivos en conflicto.
3. *Múltiples objetivos en conflicto.* Metas y objetivos de políticas y programas públicos no pueden establecerse satisfactoriamente enfocándose en los valores de uno o varios partidos (*e.g.*, el Congreso, un grupo dominante de clientes, o un administrador jefe). De hecho, múltiples partes interesadas con metas y objetivos en conflicto están presentes en la mayoría de las situaciones que requieren evaluación. La evaluación teorético-decisionista intenta identificar estas múltiples partes interesadas y llevar a la superficie sus metas y objetivos.

Uno de los principales propósitos de la evaluación teorético-decisionista es conectar el conocimiento de resultados de política pública con los valores de las diversas partes interesadas. El supuesto de la evaluación teorético-decisionista es que las metas y objetivos formalmente anunciados así como los latentes son medidas apropiadas del mérito o del valor de políticas y programas. Las dos formas principales de la evaluación teorético-decisionista son la evaluación de la evaluabilidad y el análisis de la utilidad de atributos múltiples.

La *evaluación de la evaluabilidad* es un conjunto de procedimientos diseñados para analizar el sistema de toma de decisiones que, según se supone, se beneficiará del conocimiento sobre el desempeño y aclarará las metas, objetivos y supuestos contra los que habrá de medirse el desempeño[44]. La cuestión básica en la evaluación de la evaluabilidad es si una política o programa se pueden evaluar en absoluto. Para que una política o programa sean evaluables, deben estar presentes al menos tres condiciones: una política o programa claramente articulados, metas y/o consecuencias claramente especificadas, y un conjunto de supuestos explícitos que ligan las acciones de política con metas y/o consecuencias[45]. Al realizar la evaluación de la evaluabilidad, los analistas siguen una serie de pasos que clarifican una política o programa desde el punto de vista de los usuarios del conocimiento sobre el desempeño considerados y de los propios evaluadores[46]:

43 Para descripciones de estas y otras deficiencias, ver Carol H. Weiss, *Evaluation Research: Methods for Assessing Program Effectiveness* (Englewood Cliffs, NJ: Prentice Hall, 1972); Ward Edwards, Marcia Guttentag y Kurt Snapper, "A Decision-Theoretic Approach to Evaluation Research", en *Handbook of Evaluation Research*, ed. de Guttentag y Struening, pp. 139–181; y Martin Rein y Sheldon H. White, "Policy Research: Belief and Doubt", *Policy Analysis* 3, 2 (1977): 239–272.

44 Sobre la evaluación de la evaluabilidad, ver Joseph S. Wholey y otros, "Evaluation: When Is It Really Needed?", *Evaluation* 2, 2 (1975): 89–94; y Wholey, "Evaluability Assessment", *Evaluation Research Methods*, ed. de Rutman, pp. 41–56.

45 Ver Rutman, *Evaluation Research Methods*, p. 18.

46 Wholey, "Evaluability Assessment", pp. 43–55.

1. *Especificación de la política o programa.* ¿Qué actividades federales, estatales o locales y qué metas y objetivos constituyen el programa?
2. *Reunión de información de la política o programa.* ¿Qué información debe reunirse para definir objetivos, actividades y supuestos subyacentes de la política o programa?
3. *Modelación de la política o programa.* Desde el punto de vista de los usuarios del conocimiento sobre el desempeño, ¿qué modelo describe mejor el programa y sus objetivos y actividades relacionados? ¿Qué supuestos causales conectan acciones y resultados?
4. *Evaluación de la evaluabilidad de la política o programa.* ¿Es el modelo de la política o programa suficientemente inequívoco para que la evaluación sea útil? ¿Qué tipos de estudios de evaluación serían más útiles?
5. *Retroalimentación de la evaluación de la evaluabilidad para los usuarios.* Después de presentar conclusiones sobre la evaluabilidad de la política o programa a los usuarios previstos, ¿cuáles parecen ser los pasos siguientes que deberían (o no deberían) darse para evaluar el desempeño de la política?

Una segunda forma de evaluación teorético-decisionista es el *análisis de la utilidad de atributos múltiples*[47]. El análisis de la utilidad de atributos múltiples es un conjunto de procedimientos diseñados para suscitar en las varias partes interesadas juicios subjetivos sobre la probabilidad de ocurrencia y el valor de los resultados de política pública. Las fortalezas del análisis de la utilidad de atributos múltiples consisten en que hace emerger de modo explícito los juicios de valor de las diversas partes interesadas, reconoce la presencia de varios objetivos en conflicto en la evaluación de políticas y programas, y produce el conocimiento sobre el desempeño más utilizable desde el punto de vista de los usuarios previstos. Los pasos en la realización de un análisis de la utilidad de atributos múltiples son los siguientes:

1. *Identificación de partes interesadas.* Identifique los partidos que afectan y se ven afectados por una política o programa. Cada una de estas partes interesadas tendrá metas y objetivos que deseará maximizar.
2. *Especificación de temas de decisión relevantes.* Especifique los cursos de acción o inacción sobre los que hay desacuerdo entre las partes interesadas. En el caso más simple, habrá dos cursos de acción: el *statu quo* y alguna iniciativa nueva.
3. *Especificación de resultados de política.* Especifique el rango de consecuencias que puede seguir a cada curso de acción. Los resultados se pueden ordenar en una jerarquía donde una acción tiene varias consecuencias, cada una de las cuales tiene consecuencias ulteriores. Una jerarquía de resultados es similar a un árbol de objetivos (Capítulo 5), excepto que los resultados no son objetivos hasta que no hayan sido explícitamente valorados.
4. *Identificación de atributos de resultados.* Aquí la tarea es identificar todos los atributos relevantes que hacen los resultados meritorios o valiosos. Por ejemplo, cada resultado tiene diferentes tipos de beneficios y costos para distintos grupos objetivo y beneficiarios.
5. *Clasificación de atributos.* Clasifique cada atributo de valor en orden de importancia. Por ejemplo, si el aumento de los ingresos familiares es el resultado de un programa contra la pobreza, este resultado puede tener varios atributos de valor: sentimiento de bienestar familiar, mayor ingesta nutricional, más ingreso disponible para el cuidado de la salud. Estos atributos deben clasificarse en orden de importancia relativa entre sí.
6. *Escala de atributos.* Los atributos de la escala deben clasificarse en orden de importancia. Para hacerlo, asigne arbitrariamente al atributo menos importante un valor de diez. Transite al

47 Ver Edwards, Guttentag y Snapper, "A Decision-Theoretic Approach", pp. 148–159.

siguiente atributo más importante, respondiendo la pregunta: ¿cuántas veces más importante es este atributo que el siguiente menos importante? Continúe este procedimiento de escala hasta que el atributo más importante haya sido comparado con todos los demás. Observe que el atributo más importante puede tener un valor en la escala de diez, veinte, treinta o más veces que el atributo menos importante.

7. *Estandarización de la escala.* Los atributos que han sido clasificados en la escala tendrán diferentes valores máximos para las distintas partes interesadas. Por ejemplo, una parte interesada puede darle al atributo A un valor de sesenta, al atributo B un valor de treinta y al atributo C un valor de diez. Otra parte interesada, sin embargo, puede dar a estos mismos atributos valores de ciento veinte, sesenta y diez. Para estandarizar estas escalas, sume todos los valores originales para cada escala, divida cada valor original por su respectiva suma y multiplique por cien. Esto da como resultado escalas separadas cuyos valores componentes suman cien.
8. *Medición de resultados.* Medir el grado en que es probable que cada resultado redunde en el logro de cada atributo. A la probabilidad máxima se le debe dar un valor de cien; a la probabilidad mínima se le debe dar un valor de cero (*i.e.*, no hay chance de que el resultado redundará en el logro del atributo).
9. *Cálculo de la utilidad.* Calcule la utilidad (valor) de cada resultado usando la fórmula:

$$U_i = \sum w_i u_{ij}$$

donde

U_i = la utilidad (valor) agregada del resultado *i*ésimo
w_i = el valor de escala estandarizado del atributo *i*ésimo
u_{ij} = la probabilidad de ocurrencia del resultado *i*ésimo sobre el atributo *j*ésimo

10. *Evaluación y presentación.* Especifique el resultado de política con el mayor desempeño general y presente esta información a los tomadores de decisiones relevantes.

La fortaleza del análisis de la utilidad de atributos múltiples es que permite a los analistas lidiar de modo sistemático con objetivos en conflicto de diversas partes interesadas. Esto es posible, sin embargo, solamente cuando los pasos descritos se llevan a cabo como parte de un *proceso grupal* que involucra a las partes interesadas relevantes. Por consiguiente, el requerimiento esencial del análisis de la utilidad de atributos múltiples es que las partes interesadas que influyen y se ven afectadas por una política o programa sean participantes activos en la evaluación del desempeño de la política pública.

MÉTODOS DE EVALUACIÓN

Varios métodos y técnicas pueden asistir a los analistas en la evaluación del desempeño de la política pública. No obstante, casi todas estas técnicas también pueden usarse en conjunción con otros métodos analíticos de política pública, como la estructuración de problemas, el pronóstico, la prescripción y el monitoreo. Así, por ejemplo, el análisis de la argumentación (Capítulo 8) se puede utilizar para llevar a la superficie supuestos sobre las relaciones esperadas entre acciones y objetivos de política. El análisis de impacto cruzado (Capítulo 4) puede demostrar ser útil para identificar resultados de política no previstos que operan contra el logro de objetivos de políticas o programas. En forma similar, el descuento (Capítulo 5) puede ser relevante tanto para la evaluación como para la prescripción de políticas y programas, dado que los análisis costo-beneficio y costo-efectividad pueden usarse retrospectivamente (*ex post*) y prospectivamente (*ex ante*). Finalmente, técnicas que varían desde las representaciones gráficas y números índice hasta el análisis de series de control (Capítulo 6) pueden ser esenciales para monitorear resultados de política pública como preludio a su evaluación.

El hecho de que puedan usarse varias técnicas con más de un método analítico de política señala la interdependencia de la estructuración de problemas, el pronóstico, la prescripción, el monitoreo y la evaluación en el análisis de política pública. Muchos métodos y técnicas son relevantes para la seudoevaluación, la evaluación formal y la evaluación teorético-decisionista (Tabla 7.5).

TABLA 7.5 Técnicas de evaluación en tres enfoques

Enfoque	Técnica
Seudoevaluación	Representaciones gráficas
	Representaciones tabulares
	Números índices
	Análisis de series de tiempo interrumpidas
	Análisis de series de control
	Análisis de discontinuidad en la regresión
Evaluación formal	Mapeo de objetivos
	Clarificación de valores
	Crítica de valores
	Mapeo de restricciones
	Análisis de impacto cruzado
	Descuento
Evaluación teorético-decisionista	Lluvia de ideas
	Análisis de la argumentación
	Delphi de política pública
	Análisis de encuestas de usuarios

Solamente una de las técnicas listadas en la Tabla 7.5 no ha sido aún descrita. El *análisis de encuestas de usuarios* es un conjunto de procedimientos para reunir información sobre la evaluabilidad de una política o programa a partir de los usuarios previstos y otras partes interesadas[48]. Las encuestas de usuarios son centrales para la realización de evaluaciones de la evaluabilidad y otras formas de evaluación teorético-decisionista. El principal instrumento para reunir información es un protocolo de entrevista con una serie de preguntas abiertas. Las respuestas a estas preguntas brindan la información requerida para completar los varios pasos de una evaluación de la evaluabilidad previamente

48 Ver Wholey, "Evaluability Assessment", pp. 44–49.

descritos: especificación de la política o programa, modelación de la política o programa, evaluación de la política o programa, y presentación de la evaluación de la evaluabilidad a los usuarios. En la Tabla 7.6 se presenta un ejemplo de protocolo de entrevista para un análisis de encuestas de usuarios.

TABLA 7.6 Protocolo de entrevista para análisis de encuestas de usuarios

Pasos en la evaluación de la evaluabilidad	**Preguntas**
Especificación de la política o programa	1. ¿Cuáles son los objetivos de la política o programa?
	2. ¿Cuál sería la evidencia aceptable del logro de los objetivos de la política o programa? (1)
Modelación de la política o programa	3. ¿Qué acciones de política (por ejemplo, recursos, pautas, actividades del personal) están disponibles para alcanzar los objetivos? (2)
	4. ¿Por qué la acción *A* conducirá al objetivo *O*? (2)
Evaluación de la evaluabilidad de la política o programa	5. ¿Qué esperan las varias partes interesadas (por ejemplo, Congreso, Oficina de Gestión y Presupuesto, auditor general del estado, oficina del alcalde) del programa en términos de desempeño? ¿Son consistentes estas expectativas?
	6. ¿Cuál es el obstáculo más serio para alcanzar los objetivos?
Retroalimentación de la evaluación de la evaluabilidad para los usuarios	7. ¿Qué información sobre desempeño necesita usted en el trabajo? ¿Por qué?
	8. ¿Existen fuentes adecuadas de información sobre el desempeño? ¿Por qué? ¿Por qué no?
	9. ¿Cuál es la fuente más importante de información sobre el desempeño que usted necesitará el próximo año?
	10. ¿Qué cuestiones claves debe considerar cualquier evaluación?

Notas:

(1) Respuestas a esta pregunta generan medidas operacionales de objetivos.

(2) Respuestas a estas preguntas producen supuestos causales sobre la relación entre acciones y objetivos.

Fuente: Adaptado de Wholey (1977): Figura 3, p. 48.

RESUMEN DEL CAPÍTULO

Este capítulo ha ofrecido una visión general del proceso de evaluación, contrastando monitoreo y evaluación y sus muy diferentes funciones en el análisis de política pública. Tras distinguir valoración, evaluación y metaevaluación, el capítulo identifica el papel de los valores, la ética y la metaética en el análisis de política pública. Al analizar asuntos económicos y éticos de equidad social y justicia, el capítulo concluye con casos sobre la ética redistributiva y la moralidad de las decisiones económicas respecto del salario digno.

PREGUNTAS DE REPASO

1. Compare y contraste los métodos analíticos de política pública de evaluación y prescripción en términos del tiempo y los tipos de afirmaciones producidas por cada uno.
2. Muchas evaluaciones de políticas y programas fracasan en reconocer los propósitos latentes de evaluación, los cuales incluyen el deseo de (a) hacer que los programas luzcan bien

enfocándose en sus características superficiales ("lavado de ojos"); (b) ocultar fallas de los programas ("blanqueado"); (c) destruir un programa ("submarino"); (d) participar en la evaluación meramente como ritual que debe realizarse para recibir fondos ("postura"); y (e) posponer los intentos de resolver problemas ("postergación"). Ver Edward A. Suchman, "Action for What? A Critique of Evaluative Research", en *Evaluating Action Programs*, ed. de Carol H. Weiss (Boston: Allyn and Bacon, 1972), p. 81. ¿Qué problema plantea esto para definir objetivos contra los que se evalúa el desempeño?

3. Compare y contraste las evaluaciones formativa y sumativa. ¿Cuál de estos dos tipos de evaluación proporciona conocimiento sobre el desempeño que probablemente será más útil para los formuladores de política? ¿Por qué?
4. ¿Cuáles son las fortalezas y limitaciones del análisis costo-beneficio como enfoque de evaluación? (Capítulo 5). En su respuesta refiérase a los contrastes entre seudoevaluación, evaluación formal y evaluación teorético-decisionista.
5. Seleccione una política o programa que usted quisiera evaluar. Compare y contraste la evaluación de la evaluabilidad y el análisis de la utilidad de atributos múltiples como técnicas de evaluación, indicando cuál de los dos procedimientos ofrecerá probablemente los resultados más confiables, válidos y útiles.

EJERCICIO DE DEMOSTRACIÓN

Los asuntos del "salario digno" ponen en juego interrogantes sobre la pobreza, la desigualdad, la distribución del ingreso y la eficiencia económica. Muchas clases de desigualdades se han incrementado en los últimos treinta y cinco años y más en los Estados Unidos, independientemente de si los demócratas o los republicanos estuvieron en el poder, aunque los conservadores continúan refiriéndose a la sociedad estadounidense como una "sociedad de oportunidades" y los liberales como una "sociedad de desigualdad".

BIBLIOGRAFÍA

Bok, Sissela. *Lying: Moral Choice in Public and Private Life.* New York: Pantheon Books, 1978.

Dasgupta, Partha, "Valuation and Evaluation: Measuring the Quality of Life and Evaluating Policy". Documento de antecedentes preparado para el *World Development Report* anual del Banco Mundial (2000).

Hausman, Daniel M. y Michael S. McPherson. *Economic Analysis, Moral Philosophy and Public Policy.* Cambridge: Cambridge University Press, 2006.

MacRae, Duncan, Jr. *The Social Function of Social Science.* New Haven, CT: Yale University Press, 1976.

Nozick, Robert. *Anarchy, State, and Utopia.* New York: Basic Books, 1974 [*Anarquía, Estado y utopía* (México: FCE, 1988)].

Rawls, John. *A Theory of Justice.* Cambridge, MA: Harvard University Press, 1971 (sobre su versión española, ver n. 16 del Capítulo 5).

Rokeach, Milton. *The Nature of Human Values.* New York: Free Press, 1973.

Rossi, Peter H., Mark W. Lipsey y Howard E. Freeman. *Evaluation: A Systematic Approach.* Thousand Oaks, CA: Sage Publications, 2003.

Sen, Amartya, *Inequality Reexamined.* Oxford: Clarendon Press, 1992.

Stone, Deborah, *Policy Paradox: The Art of Political Decision Making.* Ed. rev. New York: W.W. Norton, 2002.

Weiss, Carol H. *Evaluation: Methods for Studying Programs and Policies.* Upper Saddle River, NJ: Prentice Hall, 1998.

Wholey, Joseph S. "Evaluability Assessment", en *Evaluation Research Methods: A Basic Guide*, ed. de Leonard Rutman. Beverly Hills, CA: Sage Publications, 1977.

CASO 7.1 LA ÉTICA DEL CORTE DE PASTELES

Las tentativas por definir la desigualdad usan a menudo la analogía de un pastel que se puede cortar en tajadas según diferentes reglas[49]. Estas reglas, junto con sus justificaciones subyacentes, tratan de la distribución del ingreso, la riqueza, las oportunidades educativas y el cuidado de la salud. Algunas de estas reglas son la base de teorías de la justicia propuestas por teóricos de la política y la ética bien conocidos como John Rawls[50] y Robert Nozick[51]. Rawls nos ha ofrecido una teoría de la justicia que se basa primordialmente en lo que él ve como una distribución justa de los bienes sociales. Para Rawls la regla fundamental de justicia es "asignar los bienes sociales de modo que los que están en peor situación mejoren". Nozick, en contraste, tiene una teoría de la justicia fundada en lo que él ve como un proceso justo para obtener bienes sociales. Aquí la regla es "asignar bienes sociales de acuerdo con la regla de que todos tengan igual oportunidad de adquirirlos". Ambos teóricos han tenido una influencia significativa en la forma en que muchas personas piensan sobre los valores, la ética y la política pública.

Organice tres grupos. Cada grupo usará diferentes reglas para distribuir un pastel entre miembros de la clase. El grupo A empleará tres reglas para distribuir un bien social de acuerdo con *quién se beneficia*. En contraste, el grupo B usará dos reglas basado en *qué se distribuye*. A su turno, el grupo C usará dos reglas basado en *el proceso para distribuir el bien*.

GRUPO A: ¿QUIÉN SE BENEFICIA?

- Divida el pastel por igual entre los miembros de la clase.
- Divida el pastel según el rango de los miembros de la clase. Defina rangos de acuerdo con el número de años de educación de los miembros.
- Divida el pastel por igual entre dos grupos hipotéticos: un grupo integrado por el veinte por ciento de los miembros de la clase que han experimentado discriminación histórica en los salarios, y el resto del grupo. Cada grupo debe dividir su porción igual de acuerdo con el rango, determinado por los años de educación.

GRUPO B: ¿QUÉ SE DISTRIBUYE?

- Divida el pastel de modo que las personas con ingesta calórica por debajo de algún estándar reciban trozos más grandes para compensar su déficit calórico.
- Divida el pastel de modo que las personas que prefieren tres trozos reciban un trozo más grande que los que prefieren dos trozos, los cuales, a su vez, recibirán un trozo más grande que los que prefieren un trozo o ninguno.

GRUPO C: ¿CUÁL ES EL PROCESO PARA DISTRIBUIR EL BIEN?

- Divida el pastel de acuerdo con un proceso competitivo en que los miembros de la primera fila de la habitación tengan una posibilidad del cien por ciento de obtener un trozo de pastel, los miembros de la segunda fila tengan una posibilidad del ochenta por ciento, los miembros de la tercera fila tengan una posibilidad del sesenta por ciento, los miembros de la cuarta fila una posibilidad del cuarenta por ciento, y los miembros sentados más lejos tengan una posibilidad del veinte por ciento. Algunos miembros de la última fila no tendrán chance en absoluto.
- Divida el pastel de acuerdo con un proceso aleatorio (lotería) en el que cada persona tenga igual probabilidad de ser elegida para recibir un trozo de pastel. Repita el proceso treinta veces[52].
- Divida el pastel de acuerdo con un proceso electoral en el que la mayoría simple obtenga dos terceras partes del pastel. Elija dos candidatos y vote por ellos.

49 Stone, *Policy Paradox: The Art of Political Decision Making*, Capítulo 2: Equidad, pp. 39–60, y Capítulo 3: Eficiencia, pp. 61–85.

50 Rawls, *A Theory of Justice* (sobre su versión española, ver n. 16 del Capítulo 5).

51 Robert Nozick, *Anarchy, State, and Utopia* (New York: Basic Books, 1974) [sobre su versión española, ver la bibliografía del presente capítulo].

52 Este es un muestreo con reemplazo, donde cada persona seleccionada se devuelve a la pileta y se puede seleccionar de nuevo en cada uno de los treinta sorteos.

CASO 7.2 LA ECONOMÍA DE LA MORALIDAD: EVALUACIÓN DE POLÍTICAS DE SALARIO DIGNO

Los grupos A, B y C del ejercicio anterior aplicarán sus reglas al asunto de si las políticas de "salario digno" descritas en el Caso 7.2 son justificables o no. Justifique cada una de sus reglas recurriendo a las teorías éticas normativas y metaéticas descritas en este capítulo, incluyendo a Nozick y Rawls. Luego elabore una sesión informativa de diez minutos en la que presente una recomendación o más al alcalde de una ciudad sobre un salario digno.

Muchos consideran el movimiento por el salario digno como una de las movilizaciones políticas de base más importantes desde el movimiento por los derechos civiles en los Estados Unidos. Los temas que rodean la adopción de un salario digno son tanto económicos como morales y éticos. Los economistas están divididos acerca de los efectos del salario digno sobre la pobreza, la desigualdad y el empleo, mientras que la mayoría de los líderes religiosos y comunitarios han apoyado el salario digno por más de una centuria.

Los cálculos siguientes han sido extraídos de una página web (www.livingwage.geog.psu.edu) desarrollada por Amy K. Glasmeier del Instituto de Tecnología de Massachusetts. El *salario digno* mostrado es la tarifa por hora en 2011 que una persona empleada tiempo completo (2.080 horas por año) en la ciudad de Nueva York (condado de Queens) debía ganar para sostener familias de distintos tamaños. En la ciudad de Nueva York, el *salario mínimo* de $7,25 por hora es el mismo para todas las personas, independientemente del número de dependientes. Aunque la tasa de pobreza se cita típicamente como ingreso bruto anual, con fines de comparación se ha convertido en salario por hora.

TABLA C7.2.1 Salarios por hora

Salarios por hora	**Un adulto**	**Un adulto, un niño**	**Dos adultos**	**Dos adultos, un niño**	**Dos adultos, dos niños**
Salario digno	$11,86	$19,66	$16,29	$24,10	$30,30
Salario de pobreza	$5,04	$6,68	$6,49	$7,81	$9,83
Salario mínimo	$7,25	$7,25	$7,25	$7,25	$7,25

Ciudades como San Francisco, Detroit y Chicago fijaron el salario mínimo más alto que el salario mínimo federalmente ordenado en 2011 de $7,25. El salario mínimo digno para un adulto con un hijo y familias más grandes también difiere. En Pittsburgh, el salario digno para un adulto con un hijo es de $34.244 por año, mientras que en Los Ángeles es de $45.235.

Gastos típicos

Estas cifras se usaron para calcular el salario digno en 2011 en la ciudad de Nueva York. Los números varían según el tamaño de la familia. Para gastos típicos, salarios dignos y salarios para diferentes ocupaciones a través de los Estados Unidos ver www.livingwage.geog.psu.edu.

TABLA C7.2.2 Gastos mensuales

Gastos mensuales	**Un adulto**	**Un adulto, un niño**	**Dos adultos**	**Dos adultos, un niño**	**Dos adultos, dos niños**
Alimentación	$232	$378	$448	$594	$740
Cuidado infantil	0	572	0	572	1.012
Médicos	76	151	152	227	302
Vivienda	1.185	1.318	1.185	1.318	1.318
Transporte	232	397	464	629	794
Otros	188	369	376	557	738
Mensuales después de los ingresos fiscales que se requieren	1.913	3.185	2.625	3.897	4.904
Anuales después de los ingresos fiscales que se requieren	22.956	38.220	31.500	46.764	58.853
Impuestos anuales	1.706	2.678	2.387	3.373	4.161
Anuales antes de los ingresos fiscales que se requieren	**$24.662**	**$40.898**	**$33.887**	**$50.137**	**$63.014**

Fuente: © 2011 Amy K. Glasmeier and The Pennsylvania State University.

PARTE III

MÉTODOS DE COMUNICACIÓN EN LA POLÍTICA PÚBLICA

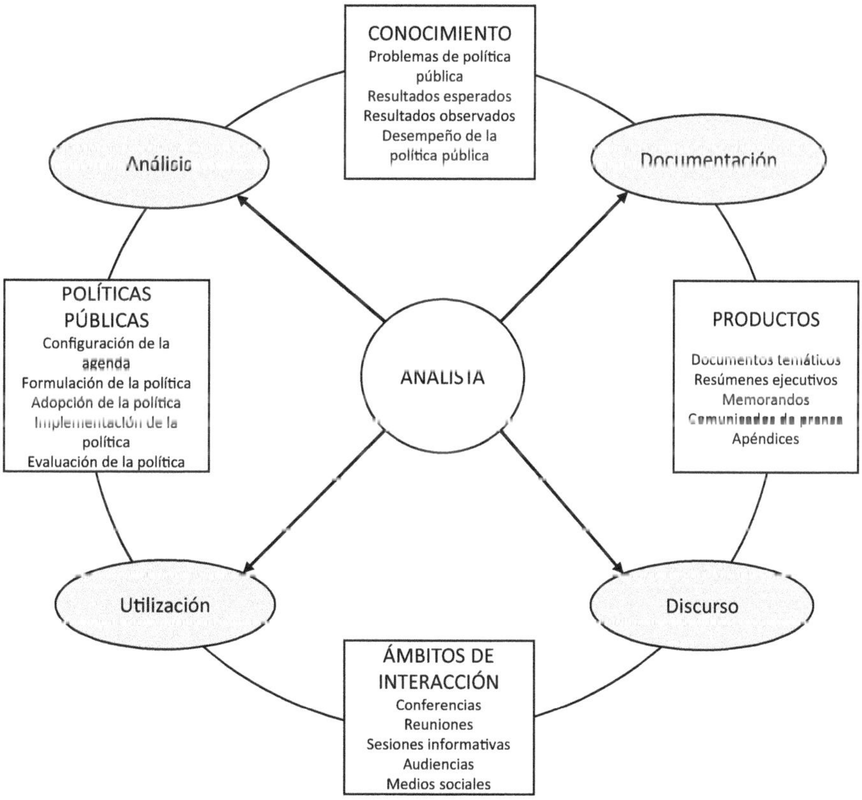

CAPÍTULO 8

DESARROLLO DE ARGUMENTOS DE POLÍTICA PÚBLICA

OBJETIVOS DE APRENDIZAJE

Mediante el estudio de este capítulo, usted debe ser capaz de:

- Describir la estructura de un argumento de política pública
- Comparar y contrastar cuatro tipos de afirmaciones de política pública
- Describir relaciones entre los siete elementos de un argumento
- Explicar cómo objeciones y refutaciones afectan la fuerza de un argumento
- Demostrar cómo cambian los calificadores en respuesta a objeciones y refutaciones
- Distinguir e ilustrar diferentes modos de argumentación en la política pública

- Explicar por qué falacias formales e informales menguan la fuerza de las afirmaciones
- Usar técnicas de mapeo de argumentos para representar casos de argumentación en la política pública

INTRODUCCIÓN

Lo que los formuladores de política pública entienden y los analistas olvidan con frecuencia es que la argumentación de política pública es central en la elaboración de la política pública[1]. Los argumentos de política pública están entre los principales vehículos para comunicar conocimiento relevante para la política pública, y son una fuente importante de conocimiento sobre las formas en que se elaboran y se llevan a efecto las políticas. En virtud de que los argumentos de política pública son portadores de conocimiento relevante para la política pública, son también importantes para entender el uso y el abuso del análisis de política pública por los formuladores de política pública[2].

La capacidad para organizar, estructurar y evaluar un argumento de política pública es central para el proceso de pensamiento analítico y crítico introducido en la primera parte de este libro. En contextos prácticos, la argumentación no se limita a los tipos de razonamiento empleados en la lógica formal o en las ciencias sociales: por ejemplo, el razonamiento basado en modelos cuantitativos diseñados para explicar la conducta política o en modelos matemáticos formales de elección racional usados en economía. Muchos otros modos de argumentación -desde el razonamiento ético y político hasta el razonamiento por analogía y metáfora- coexisten y compiten por la atención de los formuladores de política. Los analistas competentes deben ser capaces de comparar y contrastar diferentes modos de razonamiento y de expresar argumentos técnicos en un lenguaje que sea comprensible para los formuladores de política.

LA ESTRUCTURA DE LOS ARGUMENTOS DE POLÍTICA PÚBLICA

Un argumento de política pública es producto de la argumentación, que es el proceso. En escenarios de política pública de la vida real, los argumentos son complejos y proclives a malos entendidos. Por esta razón, los modelos o mapas conceptuales son útiles para identificar y relacionar los elementos de los argumentos de política pública. Uno de tales modelos es el modelo estructural de argumentación creado por el filósofo inglés Stephen Toulmin y ampliado por otros[3]. Otro modelo estructural de argumentación denominado *Rationale*, desarrollado por Van Gelder y asociados, es el que usamos aquí para mapear argumentos de política (ver Figura 8.1)[4].

1 Uno de los libros de referencia sobre argumentación en la política pública es Majone, *Evidence, Argument, and Persuasion in the Policy Process* [sobre su versión española, ver n. 49 del Capítulo 1].

2 Este punto es subrayado enfáticamente por la Academia Nacional de Ciencias, *Using Science as Evidence in Public Policy* (National Academies Press, 2012).

3 Toulmin, *The Uses of Argument* [sobre su versión española, ver n. 51 del Capítulo 1]; y Stephen Toulmin, Robert Rieke y Alan Janik, *An Introduction to Reasoning*, 2a. ed. (New York: Macmillan, 1984). Otros modelos de razonamiento y argumentación son Hayward Alker Jr., "The Dialectical Logic of Thucydides' Melian Dialogue", *American Political Science Review* 82, 3 (1988): 805–820; Michael Scriven, *Reasoning* (New York: McGraw Hill, 1977); D. R. Des Gasper, "Structures and Meanings: A Way to Introduce Argumentation Analysis in Policy Studies Education", *Africanus* (University of South Africa) 30, 1 (2000): 49–72; y D. R. Des Gasper, "Analyzing Policy Arguments", *European Journal of Development Research* 8, 1 (1996): 36–62.

4 Ver Tim van Gelder, "The Rationale for Rationale", *Law, Probability, and Risk* 6 (2007): 23–42. La aplicación para ordenador, denominada *Rationale*, está disponible en www.austhink.com.

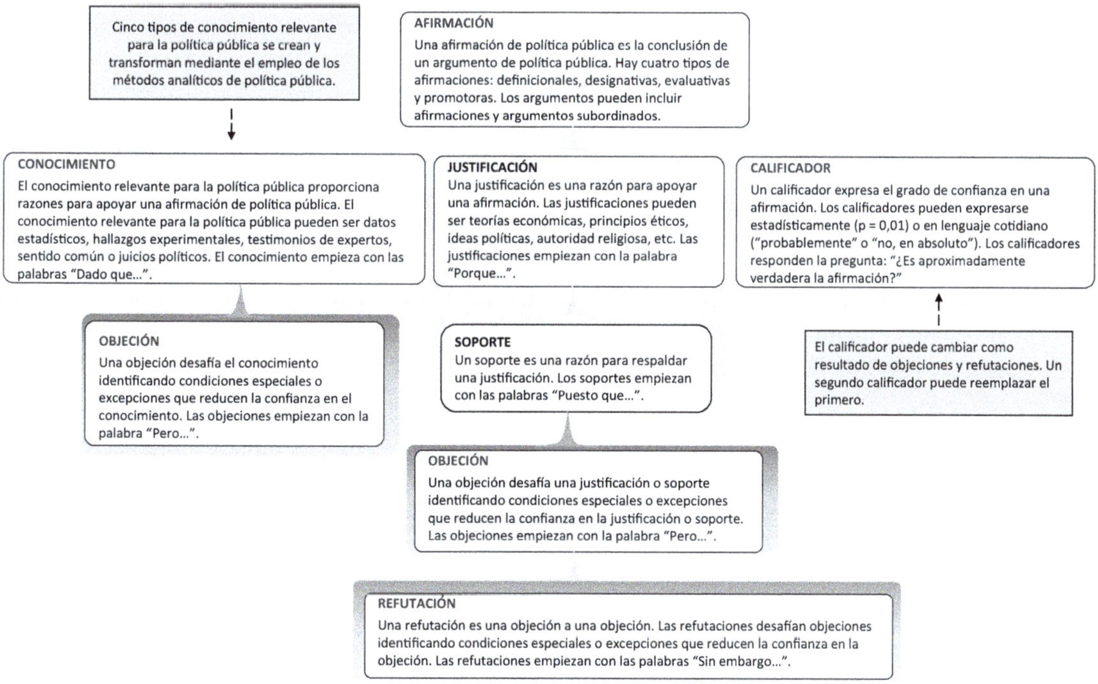

FIGURA 8.1 Estructura de un argumento de política pública

Los modelos estructurales se diseñan para investigar estructuras y procesos de razonamiento práctico. Los argumentos basados en el razonamiento práctico, que se distinguen de los basados en el razonamiento formal de las matemáticas y la lógica deductiva, carecen de la certidumbre de los argumentos lógicos formalmente válidos: por ejemplo, si A se prefiere a B, y B se prefiere a C, entonces A se prefiere a C. Los argumentos prácticos son siempre inciertos, como lo son las razones y la evidencia empleadas para justificar conclusiones. Las razones no siempre se afirman explícitamente y en algunos casos no se afirman en absoluto. Incluso cuando se afirman, rara vez son completas o concluyentes. En palabras de Toulmin, el razonamiento práctico produce conclusiones "sobre las cuales no estamos enteramente seguros al relacionarlas con otra información respecto de la cual tenemos mayor seguridad"[5]. Los argumentos de política pública raramente tienen la certidumbre de la lógica deductiva.

Tipos de afirmaciones de conocimiento

Una afirmación o aseveración de conocimiento es la conclusión de un argumento. Hay cuatro tipos de afirmaciones de conocimiento: definicionales, designativas, evaluativas y promotoras.

- *Definicionales*. Si una afirmación declara que una política tiene una particular definición, entonces la afirmación es definicional. Buscan palabras tales como *es*, *no es*, *constituido por*, *representado por*, *similar a* y *a diferencia de*. Una afirmación definicional declara que algo es o no es, que es semejante o no es semejante, o que pertenece a una clase o categoría en lugar de otra. Un tipo de afirmación definicional con particular relevancia para la política pública es la metáfora. Las políticas públicas se han definido metafóricamente en términos de "guerra", "contagio", "epidemia" y "cuarentena".

5 Toulmin, *The Uses of Argument*, p. 127.

- *Designativas.* Si una afirmación declara que se ha observado o se puede observar algún aspecto de una política pública, o si las observaciones se usan para inferir causas, entonces la afirmación es designativa. Buscan palabras que describen características observadas u observables tales como *se convirtió, originó, conectó, causó, tuvo como efecto, consecuencia* y *predicción*. Algunos términos que parecen ser designativos son realmente evaluativos; por ejemplo, "Él es un buen liberal" o "El imperio del mal (o el eje del mal) es el enemigo". Afirmaciones que usan estas y otras descripciones "evaluativas" no son cuestiones de hecho, son evaluativas, aunque también es posible estudiar empíricamente los valores haciendo observaciones relevantes para evaluar descripciones. Buenos ejemplos son las medidas de democracia, conducta ética, conservatismo y liberalismo incluidas en encuestas y programas de entrevistas[6]. Las afirmaciones designativas descansan en justificaciones "factuales".
- *Evaluativas.* Si una afirmación declara que algún aspecto de una política tiene o no tiene valor (*value*) o mérito (*worth*), es evaluativa. Acuden a palabras tales como *bueno, malo, correcto, errado, beneficioso, costoso, eficiente, sensible, equitativo, justo, imparcial* y *seguro*. Ejemplos: "La política pública traerá consigo un 'salario digno', conduciendo así a la sociedad hacia la equidad y la capacidad de respuesta (*responsiveness*)"; "El programa es menos eficiente de lo que se esperaba" o "La política pública edificará una economía saludable". Algunas afirmaciones evaluativas se refieren a estados o condiciones (*e.g.*, una sociedad justa) y otras a procesos procedimentales (*e.g.*, un juicio justo). Las afirmaciones evaluativas descansan en justificaciones que implican valores, ética y metaética.
- *Promotoras.* Si una afirmación declara que un gobierno o división dentro de él debería emprender una acción, la afirmación es promotora. Buscan palabras como *debería, es necesario* y *tiene que*. Ejemplos: "El Banco Mundial debería concluir su programa de ajuste estructural", "El Congreso debería aprobar la enmienda de igualdad de derechos", "Estados Unidos debería firmar el Tratado de Kioto" o "Los fabricantes de autos deberían producir vehículos más eficientes en el uso del combustible". Las afirmaciones promotoras se basan en justificaciones que involucran simultáneamente hechos y valores.

Mapas de política pública

Los mapas de política pública son útiles para representar argumentos complejos. Los argumentos constan de siete elementos: afirmación, *A*; conocimiento, *C*; justificación, *J*; soporte, *S*; objeción, *O*; refutación, *R*; y calificador, *Ca* (Figura 8.1). La afirmación, *A*, es la conclusión o aseveración de un argumento. El conocimiento relevante para la política pública, *C*, que es el inicio de un argumento, soporta la afirmación, *A*. La justificación, *J*, es la razón para concluir *A* de *C*. El calificador, *Ca*, expresa la verdad aproximada, plausibilidad o grado de confianza en la afirmación, *A*. Considérese el siguiente ejemplo:

> El Senador apoya la privatización del sistema federal de autopistas, que traerá ganancias en eficiencia y reducción de impuestos. Considerando que la privatización de los servicios públicos ha tenido éxito en otras áreas, esto definitivamente es "obvio". Un panel de expertos sobre privatización alcanzó la misma conclusión.

El argumento del Senador puede descomponerse en sus elementos básicos (Figura 8.2):

> El Senador apoya la privatización del sistema federal de autopistas (CONOCIMIENTO), que traerá ganancias en eficiencia y reducción de impuestos (AFIRMACIÓN). Considerando la JUSTIFICACIÓN

6 Ver Miller y Salkind, *Handbook of Research Design and Social Measurement.*

de que la privatización de los servicios públicos ha tenido éxito en otras áreas, el CALIFICADOR I sostiene que "esto es definitivamente 'obvio' ".

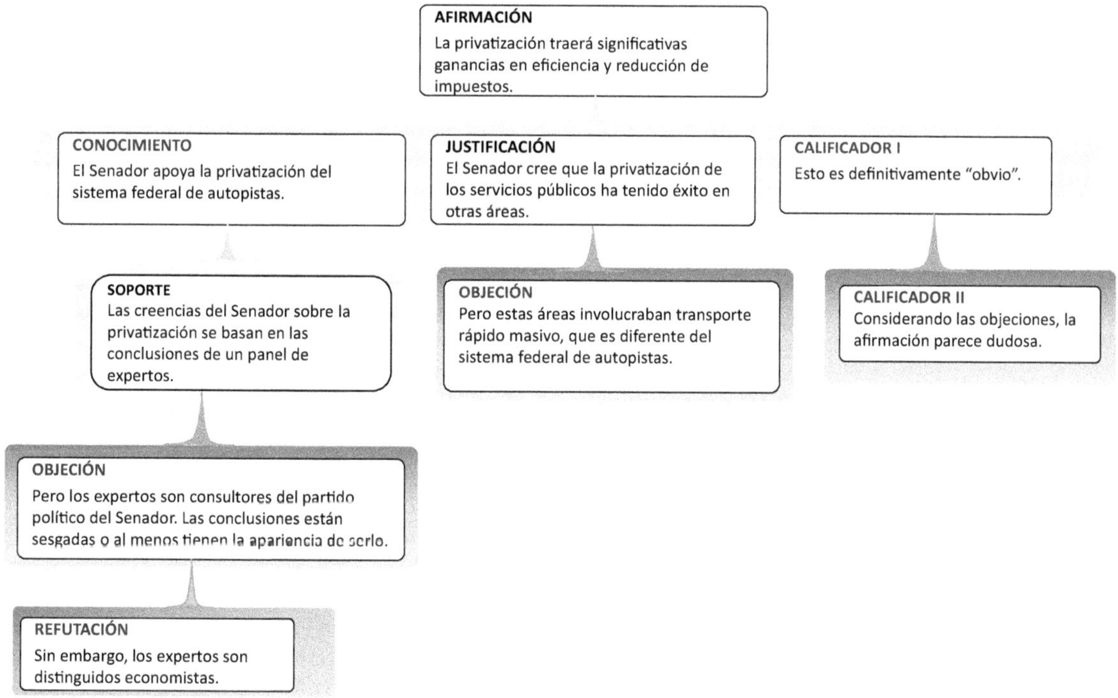

FIGURA 8.2 Mapa de argumentos. Privatización del transporte

Luego se introducen elementos adicionales para fortalecer el argumento. Por ejemplo, se ha sumado un SOPORTE ("Esta es la conclusión de un panel de expertos sobre privatización"). Finalmente, una OBJECIÓN al soporte sostiene que los expertos son empleados del partido del Senador. Una REFUTACIÓN débil sostiene que los expertos son distinguidos economistas. La refutación es débil porque no es un desafío plausible a la objeción, que trata de política no de posiciones académicas. Una segunda OBJECIÓN asevera que la administración del tráfico urbano masivo es diferente de la administración del sistema federal de autopistas. Este parece ser un desafío plausible. Finalmente, el CALIFICADOR I era que la afirmación es "obvia". En el CALIFICADOR II, esto se reduce a "quizá", considerando la fortaleza de las objeciones y la refutación. Esto debilita considerablemente la AFIRMACIÓN de que "la privatización del sistema federal de autopistas … traerá significativas ganancias en eficiencia y reducción de impuestos".

EXPOSICIÓN 8.1 Identificación y ordenación de los elementos de un argumento de política pública

Los argumentos de política pública tienen siete elementos: conocimiento, afirmación, calificador, justificación, soporte, objeción y refutación. Las orientaciones que siguen son útiles para identificar y organizar estos elementos:

1. Si es posible, haga un análisis de las partes interesadas (ver Capítulo 3) antes de analizar un argumento. Este es la principal fuente de elementos.
2. Empiece por localizar la afirmación que sea el punto final o producto del argumento. Una afirmación es siempre más general que el conocimiento sobre el que en parte se basa. Una afirmación usualmente involucra un "salto inferencial" más allá del conocimiento.
3. Busque la expresión que indique el grado de credibilidad que el argumentador atribuye a la afirmación -ella es el calificador.
4. Busque el conocimiento que soporta la afirmación. El conocimiento responde dos preguntas: "¿Cómo tiene que proseguir el argumentador?" y "¿Es relevante para el caso en cuestión?"
5. Busque la justificación que, en conexión con el conocimiento, soporta la afirmación. La justificación responde la pregunta: "¿Por qué el argumentador se justifica al hacer la afirmación sobre la base del conocimiento?"
6. Repita el mismo procedimiento con el soporte. Si hay duda sobre si una declaración es un soporte o una justificación, busque la que sea más general. Esta es el soporte.
7. Recuerde que una justificación o un soporte pueden estar implícitos y no ser expresados -no espere que los argumentos sean enteramente transparentes.
8. Acuda a los argumentos de otras partes interesadas para hallar objeciones y refutaciones. Objeciones y refutaciones demandan a alguien que realmente crea en ellas.
9. Recuerde que los elementos pueden ser reglas, principios, declaraciones o argumentos enteros.
10. Un argumento aislado es estático; la argumentación que involucra cuando menos a dos partes interesadas contendientes es dinámica. El calificador inicial usualmente cambia cuando objeciones y refutaciones desafían el argumento.
11. La mayoría de los calificadores llegan a ser débiles, aunque algunos permanecen igual. Otros pueden hacerse más fuertes (*a fortiori*) resistiendo los desafíos.
12. La argumentación produce "árboles" y "cadenas" que implican procesos de argumentación a lo largo del tiempo entre muchas partes interesadas.

MODOS DE ARGUMENTACIÓN EN LA POLÍTICA PÚBLICA

Distintos modos de argumentación se usan para justificar afirmaciones de política pública. Los modos de argumentación, que son patrones específicos de razonamiento sobre la política pública, incluyen razonamiento desde la autoridad, el método, la generalización, la clasificación, la intuición, la causa, el signo, la motivación, la analogía, el caso paralelo y la ética[7]. Cada uno de estos modos de argumentación y su patrón característico de razonamiento se describen en la Tabla 8.1. Obsérvese que puede usarse más de un modo en un argumento de política complejo.

7 Algunos de los modos presentados aquí derivan de Wayne Brockriede y Douglas Ehninger, "Toulmin or Argument: An Interpretation and Application", *Quarterly Journal of Speech* 1006 (1960): 45–53, y Toulmin, Rieke y Janick, *An Introduction to Reasoning*, pp. 213–237. He agregado varios modos adicionales.

TABLA 8.1 Modos de argumentación en la política pública y pautas de razonamiento

Modo	Pauta de razonamiento
Autoridad	El razonamiento desde la autoridad se basa en justificaciones relacionadas con el estatus alcanzado o adscrito de los productores de conocimiento relevante para la política pública; por ejemplo, expertos, personas con información privilegiada, científicos, especialistas, gurúes, personas influyentes. Notas a pie de página y referencias son argumentos autoritativos encubiertos.
Método	El razonamiento a partir del método se apoya en justificaciones sobre el estatus aprobado de métodos o técnicas usados para producir conocimiento. El foco está en el estatus obtenido o adscrito o en el "poder" de los procedimientos antes que de las personas. Los ejemplos incluyen métodos y técnicas estadísticos, econométricos, cualitativos, etnográficos y hermenéuticos aprobados.
Generalización	El razonamiento desde la generalización se fundamenta en semejanzas entre muestras y poblaciones de las que se seleccionan las muestras. Aunque las muestras pueden ser aleatorias, las generalizaciones también pueden basarse en comparaciones cualitativas. El supuesto es que lo que es cierto de los miembros de una muestra también lo será de los miembros de la población no incluida en la muestra. Por ejemplo, muestras aleatorias de $n \geq 30$ se consideran representativas de la población de elementos (no observada y con frecuencia inobservable) a partir de la cual se obtiene la muestra.
Clasificación	El razonamiento desde la clasificación tiene que ver con la membrecía en una clase definida. El razonamiento es que lo que es cierto de la clase de personas o eventos descritos en la justificación también es cierto de los individuos o grupos que son miembros de la clase descrita en la información. Un ejemplo es el insostenible argumento ideológico de que debido a que un país tiene una economía socialista debe ser antidemocrático, porque todos los sistemas socialistas son antidemocráticos.
Causa	El razonamiento desde la causa versa sobre la actividad de potencias generativas ("causas") y sus consecuencias ("efectos"). Por ejemplo, puede hacerse una afirmación basada en proposiciones generales, o leyes, de la economía que expresan relaciones invariantes entre causa y efecto. Otras afirmaciones causales se fundamentan en observar condiciones que deben satisfacerse para inferir que una política tiene un efecto especificado. La mayor parte de la argumentación en las ciencias sociales y naturales se apoya en razonamiento desde la causa.
Signo	El razonamiento a partir del signo se basa en signos o indicadores y sus referentes. La presencia de un signo indica la presencia de un evento o condición, porque el signo y a lo que se refiere ocurren juntos. Son ejemplos los indicadores de desempeño institucional como las "boletas de calificaciones organizacionales" y los "estándares", o los indicadores de desempeño económico como los "indicadores económicos principales". Los signos no son causas, porque la causalidad debe satisfacer requerimientos adicionales no esperados de los signos.
Motivación	El razonamiento desde la motivación descansa en el poder motivante de metas, valores e intenciones de configurar la conducta individual y colectiva. Por ejemplo, la afirmación de que los ciudadanos respaldarán el cumplimiento estricto de los estándares de contaminación podría basarse en el razonamiento de que, puesto que los ciudadanos están motivados por el deseo de alcanzar la meta de aire y agua limpios, actuarán para ofrecer su apoyo.
Intuición	El razonamiento desde la intuición se basa en los estados cognitivo, emocional o espiritual, conscientes o preconscientes, de los productores de conocimiento relevante para la política pública. Por ejemplo, la percepción de que un asesor tiene alguna intuición, sentimiento o "conocimiento tácito" especiales puede servir como razón para aceptar su juicio.

(*Continúa*)

TABLA 8.1

Modo	Pauta de razonamiento
Analogía	El razonamiento a partir de analogías se apoya en similitudes entre relaciones encontradas en un caso dado y relaciones características de una metáfora o analogía. Por ejemplo, la afirmación de que el gobierno debe "poner en cuarentena" a un país prohibiendo las drogas ilegales -viendo las drogas ilegales como una "enfermedad infecciosa"- se basa en el razonamiento de que, dado que la cuarentena ha sido efectiva en casos de enfermedades infecciosas, la prohibición será eficaz en el caso de las drogas ilegales.
Caso paralelo	El razonamiento desde el caso paralelo se basa en similitudes entre dos o más casos de elaboración de la política. Por ejemplo, una razón por la que un gobierno local debería hacer cumplir estrictamente estándares de contaminación es que una política paralela se implementó con éxito en un gobierno local semejante en otro lugar.
Ética	El razonamiento a partir de la ética se fundamenta en juicios sobre lo correcto o incorrecto, la bondad o iniquidad, de las políticas y sus consecuencias. Por ejemplo, las afirmaciones de política se apoyan con frecuencia en principios morales que expresan las condiciones de una sociedad "justa" o "buena", o en normas éticas que prohíben mentir en la vida pública. Principios morales y normas éticas van más allá de los valores y normas de individuos o grupos particulares. En política pública, muchos argumentos sobre beneficios y costos económicos involucran razonamiento moral y ético no expresado o implícito.

Argumentación desde la autoridad

En el modo autoritativo las afirmaciones se basan en argumentos desde la autoridad. El conocimiento relevante para la política pública consiste en relatos factuales o expresiones de opinión. La función de la justificación es afirmar la fiabilidad o integridad de la fuente de conocimiento. Dependiendo del contexto social, las autoridades pueden ser reyes, magos o líderes religiosos, o pueden desempeñar papeles como presidentes, legisladores, científicos, profesores o reporteros de noticias.

En un argumento autoritativo la afirmación reitera el conocimiento relevante para la política que ha proporcionado la autoridad, cuya fiabilidad, posición o sagacidad han sido avaladas mediante mandato. Con fines ilustrativos (Figura 8.3), imaginemos que un analista de política, que asesoraba al Consejo de Seguridad Nacional en el apogeo del ataque de 1999 de Estados Unidos y la OTAN contra Serbia, hizo la siguiente afirmación designativa, *A*: "Aunque los líderes occidentales continúen negándolo, poca duda cabe de que la campaña de bombardeos ha brindado motivo y oportunidad para una operación serbia más amplia y salvaje que la que se previó inicialmente"[8]. El conocimiento, *C*, procede de una declaración de Carnes Lord, profesor de la Escuela Fletcher de Derecho y Diplomacia y exconsejero de seguridad nacional de la administración Bush. La justificación *J* afirma la confiabilidad de Lord y se apoya *S* en un argumento autoritativo adicional destinado a sumarle persuasión al argumento. La objeción *O* desafía la justificación inicial, pero sin debilitar la credibilidad de la afirmación, que se expresa en el calificador *Ca*. La refutación *R* no tiene virtualmente ningún efecto en el *Ca*, que no cambia en respuesta al desafío de una autoridad rival, el vocero del Departamento de Estado James Rubin.

8 *Boston Globe*, abril 4 de 1999. Citado en Noam Chomsky, *Rogue States: The Rule of Force in World Affairs* (Cambridge, MA: South End Press, 2000), p. 35.

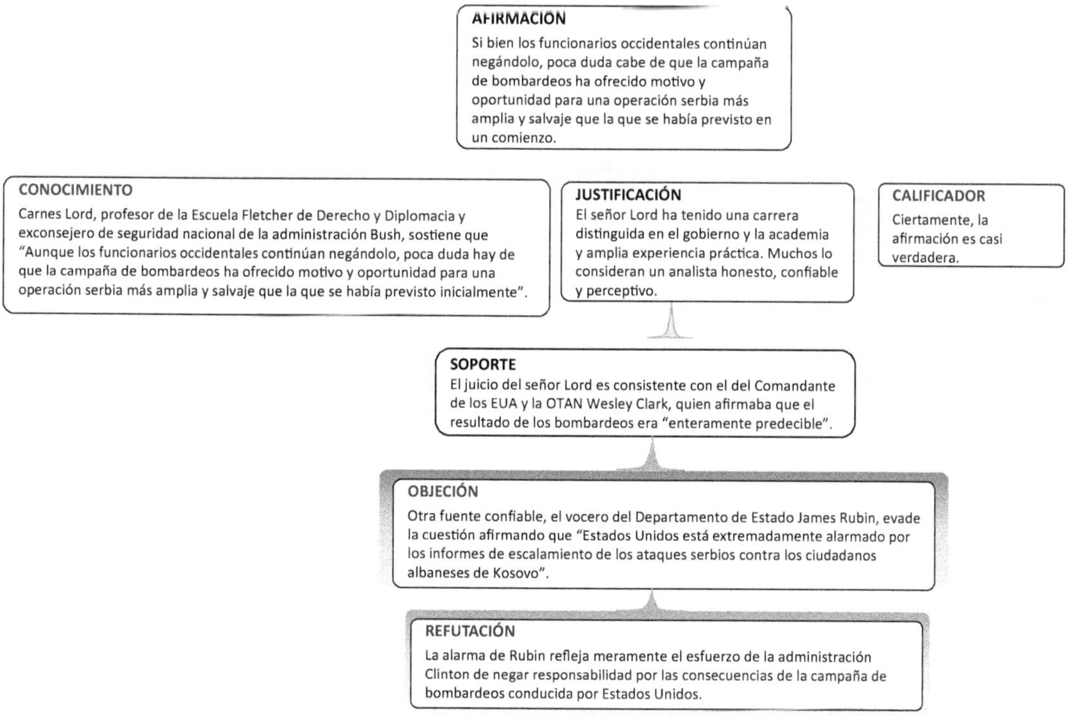

FIGURA 8.3 Argumentación desde la autoridad. Consecuencias no previstas del ataque de Estados Unidos y la OTAN a Serbia

Argumentación desde el método

La argumentación desde el método se apoya en justificaciones sobre el estatus aprobado de métodos o técnicas utilizados para producir conocimiento. El conocimiento relevante para la política pública puede consistir en enunciados o relatos factuales. El papel de la justificación es brindar una razón para aceptar la afirmación basada en conocimiento asociando este último con el uso de un método o regla aprobados. Usualmente, la afirmación es que el evento, condición u objeto descritos en el conocimiento deben estimarse como valiosos o no debido al método usado para producirlos.

Considérese el siguiente problema de inversión pública. Un analista tiene el conocimiento *C* de que la producción de energía por dólar es mayor en las plantas de energía nuclear que en las plantas hidroeléctricas, que a su vez producen más energía por dólar que las plantas de energía solar. La afirmación *A* es que el gobierno debe invertir en energía nuclear y no en energía solar. La justificación *J* asocia el conocimiento *C* con la afirmación *A* invocando la regla de transitividad de la economía matemática[9]. La justificación se apoya *S* en la presunción de que la transitividad es una "regla de selección universal" que garantiza la racionalidad de la elección.

La refutación *R* desafía la presunción sobre la validez universal de la transitividad señalando la presencia de preferencias cíclicas. El calificador original *Ca1* se reduce de "muy probablemente" al nuevo calificador *Ca2* que ahora se expresa como "bastante incierto" (Figura 8.4).

9 Sobre las reglas que expresan preferencias transitivas y cíclicas, ver, por ejemplo, Norman Frohlich y Joe A. Oppenheimer, *Modern Political Economy* (Englewood Cliffs, NJ: Prentice Hall, 1978), pp. 6–13.

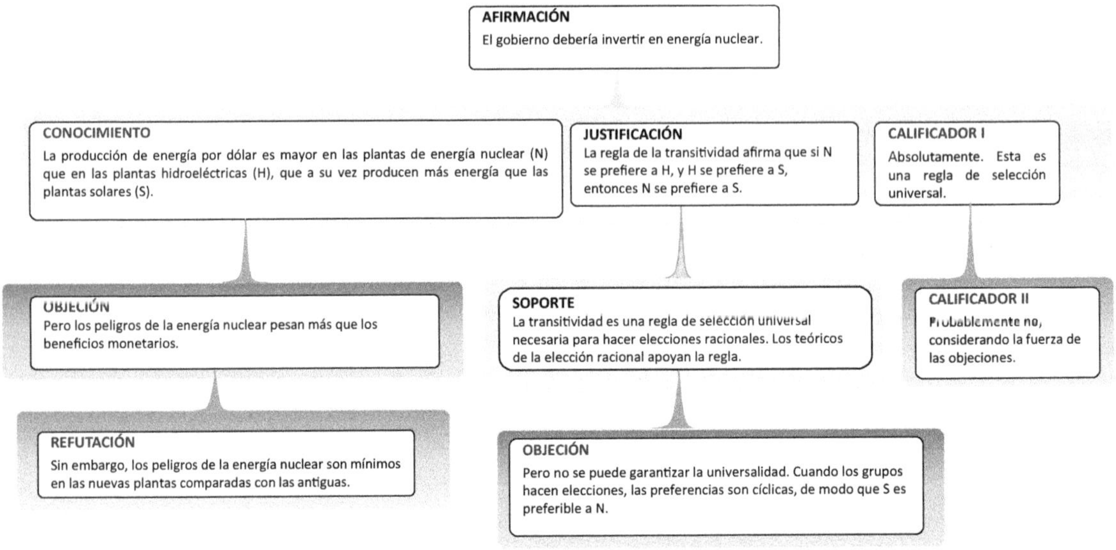

FIGURA 8.4 Argumentación desde el método. Intransitividad de las preferencias por la energía nuclear

En la argumentación desde el método, las afirmaciones se evalúan en términos del estatus alcanzado o adscrito de los procedimientos generales (métodos) y especializados (técnicas), junto con las reglas que guían su uso. Métodos y técnicas pueden ser "analíticos", en el sentido de la definición de diccionario de análisis como separación o descomposición de un todo en sus elementos fundamentales o partes constitutivas. Los analistas de política pública que aceptan la autoridad de métodos analíticos como la econometría, el análisis beneficio-costo o el análisis de decisiones parecen creer a veces que el uso de tales métodos realmente "establece la agenda de la política y sus orientaciones, que el análisis útil será análisis utilizado"[10].

La autoridad de los métodos no necesita derivarse de las reglas de la lógica formal o de las matemáticas, como lo muestra la historia de los métodos cualitativos. Muchos métodos cualitativos tienen su origen en la tradición hermenéutica, que evolucionó a partir de la interpretación de textos bíblicos. La autoridad de los métodos cualitativos, como cualquiera otra, proviene de las comunidades profesionales y científicas que crean definiciones del fin, alcance y apropiada aplicación de los métodos aprobados[11]. Estas comunidades son fuentes extracientíficas de autoridad.

La regla de la transitividad y otros axiomas básicos de las matemáticas han surgido también de fuentes extracientíficas:

> Considérese el axioma que afirma la transitividad de las preferencias: si A se prefiere a B, y B se prefiere a C, entonces A se prefiere (o racionalmente debe preferirse) a C. El atractivo intuitivo de esta afirmación es tan grande que pocos economistas, si es que hay alguno, sienten la urgencia de construir sistemas económicos formales en los que el axioma no opere. La geometría … es el ejemplo clásico; la fuerza intuitiva de los "postulados" de Euclides era tan grande que durante dos mil años los geómetras jugaron sus juegos estrictamente dentro del dominio … que Euclides había establecido. Incluso cuando

10 Allen Schick, "Beyond Analysis", *Public Administration Review* 37, 3 (1977): 259.
11 Los métodos aprobados son parte de la matriz disciplinaria de Kuhn. Kuhn, *The Structure of Scientific Revolutions*, p. 103 [sobre su versión española, ver n. 30 del Capítulo 3].

se descubrieron las geometrías no euclidianas a comienzos del siglo diecinueve, la mayoría de los matemáticos nunca pensaron en ellas como válidas[12].

Erróneamente se cree que la adhesión a métodos aprobados hace las decisiones de política pública de algún modo más "racionales". Se considera que una elección racional es posible si el analista puede ordenar todas las consecuencias asociadas con la acción, si el ordenamiento de las consecuencias es transitivo, y si el analista puede consistentemente y en forma transitiva elegir la alternativa que acarreará el mayor beneficio en relación con el costo[13]. Este argumento puede contradecirse sobre fundamentos empíricos, de autoridad, intuitivos y éticos[14]. Nuevas escuelas de análisis pueden servir como fuente de métodos aprobados, nuevos axiomas que establecen preferencias intransitivas pueden llegar a ser aceptados sobre fundamentos intuitivos, y reglas que van en contravía de principios morales y normas éticas pueden ser reemplazadas por unas nuevas[15]. También pueden erigirse desafíos sobre bases pragmáticas; por ejemplo, argumentando que la regla de la transitividad no promueve realmente mejores decisiones en escenarios de política pública caracterizados por información incompleta, conflictos de valores, múltiples objetivos en contienda, ajuste partidista mutuo y "anarquía organizada"[16]. En último análisis, un argumento exitoso desde el método es un asunto pragmático. Un argumento a partir del método debe demostrar solamente que los resultados de usar reglas particulares son superiores a los que acontecen sin ellas y que el mejoramiento observado es consecuencia de utilizar la regla o el procedimiento[17].

Argumentación desde la generalización

Los argumentos desde la generalización implican muestras. El conocimiento relevante para la política pública consiste en elementos muestreados -eventos, conductas, personas, grupos, organizaciones- que se consideran representativos de una población mayor de los mismos elementos. La función de la justificación es afirmar que lo que es cierto de los elementos muestreados también lo es de los elementos no observados (y con frecuencia inobservables) de la población. La afirmación de política pública descansa en el argumento de que la muestra es una representación satisfactoria de la población.

Para ilustrar lo anterior, considérese al director de un banco comunitario de alimentos que desea saber si las personas que reciben alimentación están obteniendo una adecuada asignación diaria de calcio, uno de los más importantes minerales en el cuerpo (Figura 8.5). El director, que está atento a las razones que podrían justificar financiación adicional para el banco de alimentos, hace la afirmación *A* de que es "bastante probable" que los clientes del banco de alimentos estén recibiendo suficiente calcio -específicamente, dado que la cantidad observada de 755 miligramos (mg) de calcio pudo haber ocurrido por casualidad nueve veces de cada cien, de modo confiable no se trata de una cantidad diferente de la cantidad diaria recomendada (CDR) de 800 mg, cantidad prescrita por la Junta de Alimentación y Nutrición de la Academia Nacional de Ciencias.

12 C. West Churchman, *The Design of Inquiring Systems: Basic Concepts of Systems and Organization* (New York: Basic Books, 1971), p. 25.
13 Joseph L. Bower, "Descriptive Decision Theory from the 'Administrative' Viewpoint", en *The Study of Policy Formation*, ed. de Raymond A. Bauer y Kenneth J. Gergen (New York: Free Press, 1968), pp. 104–106.
14 Buenos ejemplos de estos retos se pueden hallar en Friedman, ed., *The Rational Choice Controversy: Economic Models of Politics Reconsidered.*
15 Ver la discusión de la evolución de la economía del bienestar en el análisis de política pública de MacRae Jr., *The Social Function of Social Science*, pp. 107–157.
16 Ver Capítulo 2.
17 Bower, "Descriptive Decision Theory from the 'Administrative' Viewpoint", p. 106. Ver los ensayos de Nicholas Rescher sobre pragmatismo metodológico; por ejemplo, *Induction*.

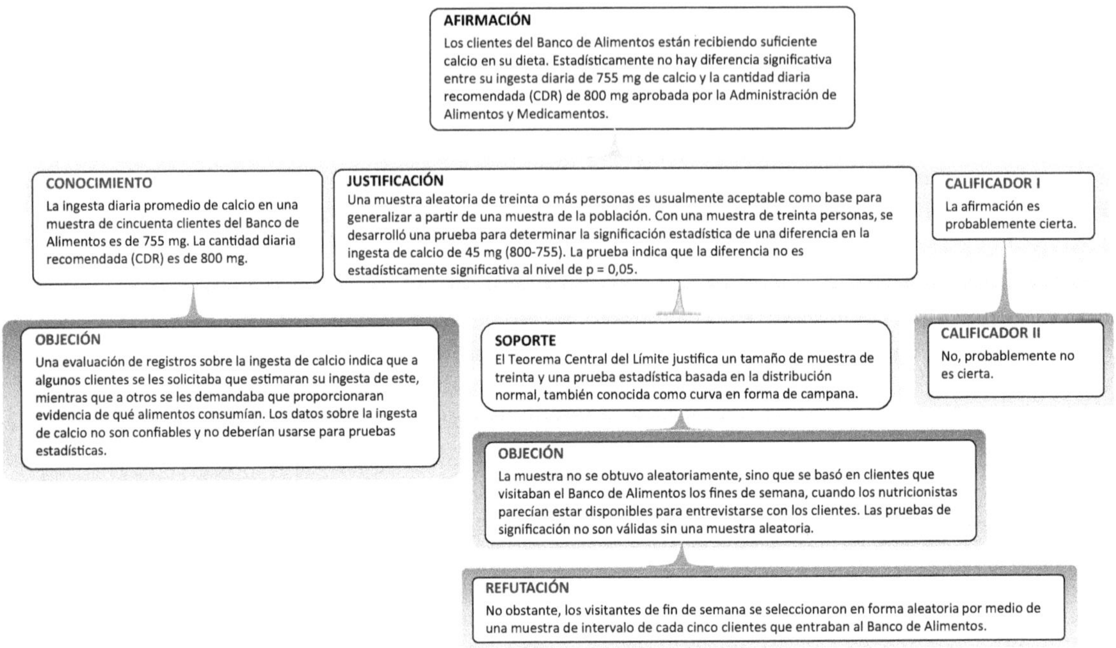

FIGURA 8.5 Argumentación desde la generalización. Un "falso positivo" sobre nutrición exitosa en una comunidad

En este caso, el conocimiento *C* describe la ingesta diaria promedio de calcio (755 mg) medida en una muestra aleatoria (a veces inapropiadamente llamada "muestra científica" en círculos de política pública) de cincuenta clientes. El conocimiento *C* indica que la diferencia entre 755 mg y 800 mg pudo ocurrir por casualidad nueve veces de cada cien, conclusión alcanzada sobre la base de una prueba estadística (la "prueba de dos muestras"). El valor de la probabilidad (p = 0,09) está incluido en el calificador *Ca* del lenguaje corriente de "bastante probable". La justificación *J* que proporciona la razón para transitar del conocimiento *C* a la afirmación *A* tiene dos partes: la regla de que una muestra aleatoria de al menos treinta es adecuada en tales casos para generalizar sobre la población de la que se selecciona la muestra, y la práctica de aceptar un nivel de significación estadística de p = 0,05 (cinco veces de cada cien) como nivel "aceptable" de riesgo. Cuando se presiona por una justificación adicional, el director revisa su texto de estadística para encontrar el soporte *S* teorético apropiado para la regla $n \geq 30$. El soporte *S* es el Teorema Central del Límite de la teoría de la probabilidad.

Un miembro del equipo del director responsable de distribuir la alimentación es sensible a la crítica y resistente a la idea de que los clientes atendidos por el banco de alimentos puedan tener una deficiencia de calcio. Por lo tanto, desafía la afirmación con varias refutaciones *R*: un margen de error del nueve por ciento deja mucho espacio para el azar, incluida la probabilidad del noventa y uno por ciento (100 – 9) de una conclusión, como "falso negativo", de que no hay diferencia (error Tipo II); otra muestra aleatoria podría resultar en otra conclusión; y, en cualquier caso, la diferencia entre 755 y 800 mg de calcio es *prácticamente* significativa y debería observarse cuidadosamente. Las refutaciones son muy plausibles y conjeturaríamos que el calificador *Ca1* del director cambió de "bastante probable" al *Ca2* "no es probable" que los clientes estén recibiendo su CDR mínima de calcio. En resumen, la afirmación inicial del director -de que la ingesta de calcio es probablemente adecuada- resulta disminuida por las refutaciones del bien intencionado y crítico miembro del equipo.

Los argumentos desde la generalización no siempre son estadísticos, en el sentido específico de que las estadísticas son estimaciones de valores de la población (llamados parámetros). Las muestras no aleatorias -por ejemplo, muestras intencionales, muestras teoréticas y muestras sociométricas (bola de nieve)- no permiten estimación estadística. Con todo, son útiles para hacer afirmaciones sobre poblaciones[18]. Incluso los estudios de caso (donde $n = 1$) pueden usarse para generalizar sobre amplias poblaciones por medio de varios métodos de coincidencia de patrones[19].

Argumentación desde la clasificación

La argumentación a partir de la clasificación se enfoca en la membrecía en una clase definida. El razonamiento es que lo que es cierto de la clase de personas o eventos descritos en la justificación también es cierto de los individuos o grupos que son miembros de la clase, como se describen en las declaraciones de conocimiento. Por ejemplo, considérese el siguiente argumento sobre la relación entre tipo de régimen y control del terrorismo (Figura 8.6). El conocimiento *C* es que Irán, Irak y la Autoridad Palestina son dictaduras autoritarias. La afirmación *A* es que Irán, Irak y la Autoridad Palestina controlan el terrorismo dentro de sus fronteras. La justificación *J* es que los regímenes autoritarios ejercen un firme control de los terroristas y de otros grupos armados dentro de sus territorios. El soporte *S* tiene dos partes. La primera es que el firme control ejercido por las dictaduras autoritarias es posible porque tales regímenes no permiten el uso privado de armas sin la aprobación expresa o tácita del gobierno. La segunda es que la teoría de la dictadura autoritaria fue desarrollada y probada por distinguidos académicos de la Universidad de Harvard. Las objeciones *O* son que uno o más de los regímenes de Oriente Medio permiten el uso privado de armas y que la definición de "régimen autoritario" puede ser inapropiada. El calificador original *Ca1* (ciertamente) se reduce al *Ca2* (no es claro).

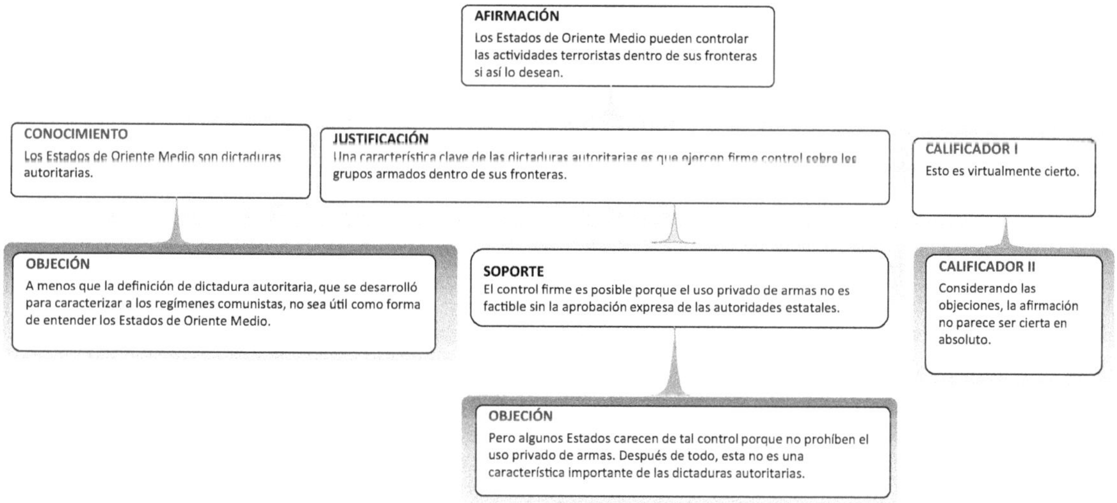

FIGURA 8.6 Argumentación desde la clasificación. Cuestionamiento de afirmaciones sobre gobiernos autoritarios y terrorismo

18 Ver, por ejemplo, Miller y Salkind, *Handbook of Research Design and Social Measurement*. La generalización (validez externa) en la investigación experimental es esencialmente no estadística. Es por esto, entre otras razones, por lo que Campbell la denominó "similaridad proximal". Ver Shadish, Cook y Campbell, *Experimental and Quasi-Experimental Designs for Generalized Causal Inference*.

19 Ver William N. Dunn, "Pattern Matching: Methodology", *International Encyclopedia of the Social and Behavioral Sciences* (New York: Elsevier, 2002).

La plausibilidad de los argumentos clasificacionales depende de la completitud y consistencia interna de las propiedades empleadas para definir una clase. Varias categorías de regímenes políticos -dictaduras autoritarias, democracias totalitarias, democracias socialistas, democracias capitalistas- son menos homogéneas e internamente consistentes de lo que sugieren las clasificaciones populares. Lo mismo es cierto para tipos de políticas (*e.g.*, "privatización"); organizaciones (*e.g.*, "burocracia"); doctrinas políticas (*e.g.*, "liberal" y "conservadora"); y grupos (*e.g.*, "clase baja", "clase media", "clase alta"). Muchas clasificaciones aparentemente simples resultan ser complejas, no simples, y pueden ser ideologías encubiertas.

Argumentación desde la causa

La argumentación desde la causa se centra en causas y efectos de las políticas públicas[20]. En los argumentos causales, el conocimiento consiste en una o más declaraciones o descripciones evidentemente factuales sobre un entorno de política pública, una parte interesada de la política pública o una política pública. La justificación transforma estas declaraciones o descripciones relacionándolas con las potencias generativas (causas) y sus resultados (efectos). La afirmación relaciona de nuevo estas causas y efectos con el conocimiento suministrado.

El papel de los argumentos causales en la transformación de conocimiento relevante para la política pública en afirmaciones de política pública puede ilustrarse con las bien conocidas explicaciones causales de Allison del comportamiento de la política exterior estadounidense durante la crisis de los misiles cubanos en octubre de 1962[21]. Mostrando cómo diferentes modelos producen explicaciones alternativas de la política exterior estadounidense, Allison argumenta que (1) los analistas gubernamentales de política pública piensan los problemas de política exterior en términos de modelos conceptuales implícitos que configuran su pensamiento; (2) la mayoría de los analistas explican el comportamiento de los gobiernos en términos de un modelo básico que asume la racionalidad de las elecciones políticas (*modelo racional de política pública*); (3) los modelos alternativos, incluidos los que hacen énfasis en procesos organizacionales (*modelo de proceso organizacional*) y en la política burocrática (*modelo de política burocrática*), proporcionan bases de mejores explicaciones del comportamiento de la política exterior.

En el contraste de los modelos alternativos, Allison evalúa la política exterior de los EUA durante la crisis de los misiles cubanos revisando los argumentos explicativos derivados de los tres modelos conceptuales. En 1962, las alternativas de política abiertas a los Estados Unidos variaban desde la inacción y las presiones diplomáticas hasta las negociaciones secretas, la invasión, el ataque aéreo quirúrgico y el bloqueo. Las alternativas se examinan en términos de explicaciones rivales del comportamiento de la política exterior. La estructura de estas explicaciones se conforma con el tipo de explicación causal que los filósofos denominan explicación nomológica-deductiva (N-D), que sostiene que las explicaciones

20 La argumentación causal domina los esfuerzos de los científicos de la política por explicar la elaboración de la política pública. Ejemplos recientes comprenden los contribuyentes a Sabatier, *Theories of the Policy Process* [sobre su versión española, ver n. 19 del Capítulo 1]. Otros ejemplos son James E. Anderson, *Public Policy-Making* (New York: Praeger Publishers, 1975); Thomas R. Dye, *Understanding Public Policy*, 3a. ed. (Englewood Cliffs, NJ: Prentice Hall, 1978) [decimoquinta edición: 2017]; Robert Eyestone, *The Threads of Public Policy: A Study in Policy Leadership* (Indianapolis, IN: Bobbs-Merrill, 1971); Jerald Hage y J. Rogers Hollingsworth, "The First Steps toward the Integration of Social Theory and Public Policy", *Annals of the American Academy of Political and Social Science*, 434 (Noviembre 1977): 1–23; Richard I. Hofferbert, *The Study of Public Policy* (Indianapolis, IN: Bobbs-Merrill, 1974); Charles O. Jones, *An Introduction to the Study of Public Policy*, 2a. ed. (North Scituate, MA: Duxbury Press, 1977); Robert J. Lineberry, *American Public Policy: What Government Does and What Difference It Makes* (New York: Harper & Row, 1977); Austin Ranney, ed., *Political Science and Public Policy* (Chicago: IL: Markham, 1968); Richard Rose, ed., *The Dynamics of Public Policy: A Comparative Analysis* (Beverly Hills, CA: Sage Publications, 1976); Ira Sharkansky, ed., *Policy Analysis in Political Science* (Cambridge, MA: Markham, 1970); y Peter Woll, *Public Policy* (Cambridge, MA: Winthrop Publishers, 1974).

21 Graham T. Allison, "Conceptual Models and the Cuban Missile Crisis", *American Political Science Review* 63, 3 (1969): 689–718 [sobre su versión española, ver n. 55 del Capítulo 1].

válidas son posibles solamente cuando las proposiciones teoréticas generales o leyes conectan circunstancias previas con eventos subsiguientes[22].

Entre las varias afirmaciones promotoras hechas en el momento de la crisis de los misiles cubanos, consideremos la recomendación de política realmente adoptada por los Estados Unidos: "Los Estados Unidos deberían bloquear a Cuba". En este caso, el conocimiento relevante para la política pública *C* es "La Unión Soviética está emplazando misiles ofensivos en Cuba". Para llevar el conocimiento *C* a la afirmación *A*, una justificación *J* responde la pregunta: ¿por qué es plausible, dado el conocimiento allegado, afirmar que los Estados Unidos deberían bloquear a Cuba? La justificación proporciona la respuesta indicando: *dado que* "el bloqueo forzará la retirada de los misiles mostrando a los rusos que Estados Unidos está dispuesto a usar la fuerza". Al brindar razones adicionales para aceptar la afirmación, el soporte *S* responde la pregunta: ¿Por qué el bloqueo tendría este efecto? El soporte responde la pregunta afirmando: *porque* "un incremento en el costo de una alternativa reduce la probabilidad de que esa alternativa sea elegida"[23]. El soporte *S* representa una proposición teorética general, o ley, dentro del modelo racional de política pública (Figura 8.7). En este caso, el *Ca1* (probablemente) cambia al *Ca2* (probablemente no) después de que la objeción *O* ha desafiado exitosamente el soporte *S* de la justificación *J*.

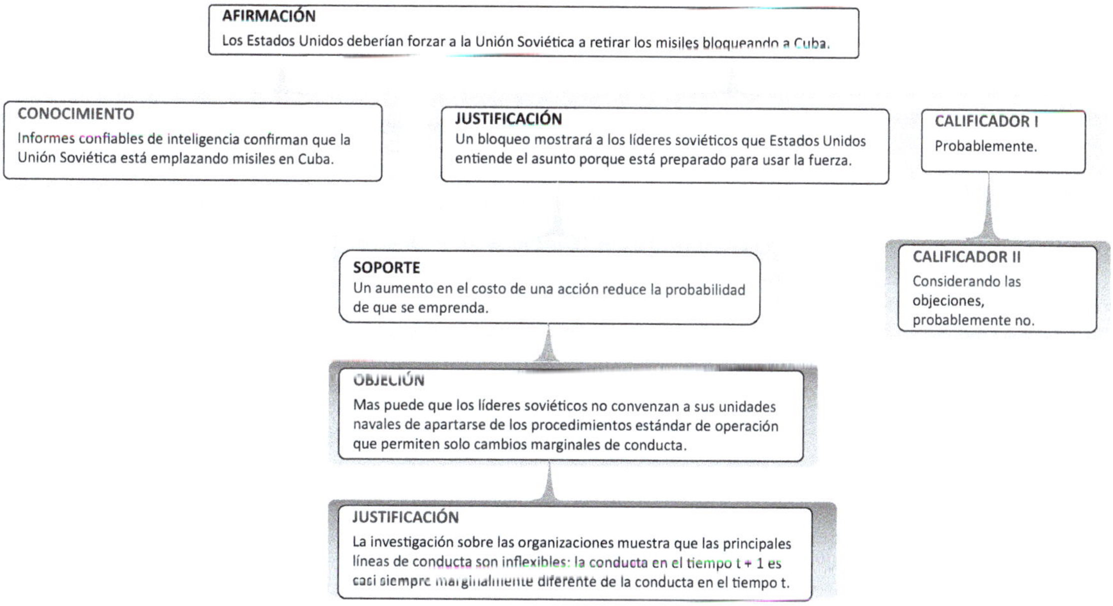

FIGURA 8.7 Argumentación desde la causa teorética. Explicaciones nomológicas-deductivas competidoras de la crisis de los misiles cubanos

El fin principal de la explicación de Allison no es demostrar la superioridad inherente de uno u otro de los tres modelos explicativos. Es más bien mostrar que el uso de diversos modelos en competencia puede resultar en mejores explicaciones del comportamiento de la política exterior. El uso de múltiples modelos conduce al análisis de política de un solo argumento autosuficiente y estático sobre la relación

22 Carl G. Hempel, *Aspects of Scientific Explanation and Other Essays in the Philosophy of Science* (New York: Free Press, 1965) [*La explicación científica. Estudios sobre la filosofía de la ciencia* (Barcelona: Paidós, 2005)].

23 Allison, "Conceptual Models", p. 694.

entre conocimiento y afirmación a un nuevo estadio de debate dinámico. En este contexto, el modelo de proceso organizacional proporciona una objeción *O* con su propio soporte *J* en la forma de un argumento causal competidor. La objeción *O* sostiene que los líderes soviéticos pueden ser incapaces de obligar a sus propias unidades organizacionales a apartarse de las tareas y rutinas asignadas. Se puede esperar que esto ocurra *porque* "las principales líneas de conducta organizacional son inflexibles, esto es, la conducta en un momento dado es marginalmente diferente de la misma conducta en *t* - 1"[24]. El soporte *S* para la objeción *O* es de nuevo una proposición general o ley dentro del modelo de proceso organizacional.

El caso de la crisis de los misiles cubanos ilustra algunas de las limitaciones de la argumentación causal basada en explicaciones nomológicas deductivas. En primer lugar, varios argumentos causales rivales son igualmente compatibles como proposiciones generales o leyes. Estos argumentos, apoyados en teorías científicas, no se pueden confirmar o refutar solamente sobre la base de esta o cualquier otra información o datos[25]. En segundo lugar, un determinado argumento causal, por más persuasivo que sea, no puede conducir directamente a una afirmación o recomendación promotoras, porque las explicaciones causales tradicionales no contienen premisas de valor[26]. En el ejemplo siguiente, hay una premisa de valor suprimida: que los líderes estadounidenses están motivados por el valor de la seguridad ante la presencia militar soviética en el hemisferio occidental. Si algún otro valor hubiese motivado a los decisores de política, cualquiera de las dos explicaciones causales competidoras habría apoyado afirmaciones del todo diferentes; por ejemplo, que Estados Unidos debería invadir y ocupar a Cuba.

La argumentación causal basada en el modelo nomológico deductivo de explicación científica intenta desarrollar y probar proposiciones generales sobre causas y efectos de política pública[27]. Carl Hempel ha elaborado la explicación N-D como sigue:

> Dividimos la explicación en dos componentes principales, el *explanandum* y el *explanans*. Por *explanandum* entendemos el enunciado que describe el fenómeno por explicar (no el fenómeno mismo); por *explanans* la clase de aquellos enunciados que se aducen para dar cuenta del fenómeno … [La explicación científica] responde la pregunta: "¿Por qué ocurre el fenómeno-*explanandum*?", mostrando que el fenómeno resultó de circunstancias particulares, especificadas en C_1, C_2, …, C_k, de acuerdo con las leyes L_1, L_2, … L_r. Señalando esto, el argumento muestra que, dadas las circunstancias particulares y las leyes en cuestión, era de *esperarse* la ocurrencia del fenómeno; y es en este sentido que la explicación nos permite entender por qué ocurrió el fenómeno[28].

Un simple ejemplo ilustra la explicación (N-D) causal tradicional[29]. Si dejo mi auto afuera durante la noche y la temperatura cae por debajo de cero, mi radiador (sin anticongelante) explotará. ¿Por qué sucederá esto? "Mi radiador explota" (*explanandum*). "Mi radiador estaba lleno de agua, la tapa estaba bien cerrada, y la temperatura exterior cayó por debajo de cero" (circunstancias, o C_k, en el *explanans*). Y "el volumen del agua se expande cuando se congela" (proposición general o ley, L_r, en el *explanans*)[30].

24 *Ibíd.*, p. 702.
25 Von Wright, *Explanation and Understanding*, p. 145 [sobre su versión española, ver n. 45 del Capítulo 2]; y Kuhn, *Structure of Scientific Revolutions* [sobre su versión española, ver n. 30 del Capítulo 3].
26 Esto no quiere decir que no impliquen valores, porque las teorías empíricas en las ciencias sociales y naturales descansan en premisas de valor no declaradas. Ver, por ejemplo, M. Gunther y K. Reshaur, "Science and Values in Political 'Science'", *Philosophy of Social Sciences* 1 (1971): 113–121; J. W. Sutherland, "Axiological Predicates in Scientific Enterprise", *General Systems* 19 (1974): 3–14; y Ian I. Mitroff, *The Subjective Side of Science: A Philosophical Inquiry into the Psychology of the Apollo Moon Scientists* (New York: American Elsevier Publishing, 1974).
27 Allison, "Conceptual Models", p. 690 (n. 4), nos dice que la explicación N-D (nomológica-deductiva) de Hempel es la base (soporte) de estos tres modelos.
28 Hempel, *Aspects of Scientific Explanation*, pp. 247–258.
29 Ver von Wright, *Explanation and Understanding*, p. 12.
30 *Ibíd.*, p. 12.

En este ejemplo, el conocimiento de las circunstancias previas y de la ley apropiada permite una predicción del evento resultante.

Se han planteado preguntas sobre la idoneidad de la explicación N-D en la historia y las ciencias sociales[31]. Estas preguntas surgen, entre otras razones, porque el análisis de política pública y otras ciencias sociales son en parte de naturaleza evaluativa y promotora (normativa). Toda afirmación promotora contiene premisas factuales y de valor, mientras que en las explicaciones causales tradicionales solo hallamos evidentemente premisas factuales. Las explicaciones causales tradicionales también requieren que el *explanans* preceda (o acompañe) al *explanandum*. No obstante, muchas afirmaciones promotoras invierten esta secuencia, en la medida en que las circunstancias que explican la acción están situadas en el futuro. Circunstancias futuras, que incluyen intenciones, metas y deseos, explican acciones presentes en la medida en que las acciones no pueden ocurrir sin la motivación que proporcionan tales intenciones, metas y deseos[32]. Finalmente, cualquier correspondencia entre los resultados de actuar con base en una afirmación promotora y las conclusiones de un argumento causal puede ser puramente coincidencial. En la elaboración de la política pública, fracasarán las predicciones basadas en explicaciones N-D si los actores de la política pública emplean reflexión inteligente para modificar su conducta o si intervienen factores impredecibles derivados del pensamiento creativo[33].

La explicación N-D no es la única forma legítima de argumentación causal en política pública. Otra forma es la explicación hipotético-deductiva (H-D), que implica la deducción de hipótesis a partir de teorías que no implican proposiciones sobre relaciones causales invariantes o leyes. Con frecuencia las hipótesis de interés son las que tratan con acciones de políticas o de programas diseñadas para alcanzar algún resultado práctico[34]. La relación entre acción y resultado, empero, es incierta. Si fuese cierta, se conformaría con los requerimientos siguientes, usualmente denominados visión "esencialista" de la causalidad:

- La política, *x*, debe preceder al resultado, *y*, en el tiempo.
- La ocurrencia de la política, *x*, debe ser necesaria para la ocurrencia del resultado, *y*, que no debe suceder en ausencia de la política, *x*.
- La ocurrencia de la política, *x*, debe ser suficiente para la ocurrencia del resultado, *y*, que debe acontecer cuando la política, *x*, está presente.

Si estos requerimientos fuesen satisfechos, la relación entre una acción de política y un resultado de política sería cierta. Este requerimiento virtualmente nunca se satisface en escenarios de política pública de la vida real. En su lugar, lo que acontece es que otras condiciones -contingencias no controladas que están más allá del control de los formuladores de política pública- impiden conocer en forma segura si una política es necesaria o suficiente para la ocurrencia de un resultado. Las contingencias no controladas son hipótesis rivales plausibles que deben tomarse en cuenta y, hasta donde sea posible, eliminarse como explicaciones competidoras de un resultado de política. Aquí, lo mejor que puede esperarse es una afirmación óptimamente plausible, esto es, una inferencia causal aproximadamente válida[35]. La Figura 8.8 expone una argumentación causal en la tradición cuasiexperimental creada por Donald

31 *Ibíd.*, p. 11.

32 *Ibíd.*, pp. 74–124; G. E. M. Anscombe, *Intention* (London: Basil Blackwell, 1957), y W. H. Dray, *Laws and Explanation in History* (London: Oxford University Press, 1957).

33 Alasdair MacIntyre, "Ideology, Social Science, and Revolution", *Comparative Politics* 5, 3 (1973): 334.

34 Ver la discusión de la "teoría de la actividad de la causalidad" en Thomas D. Cook y Campbell, *Quasi-Experimentation: Design and Analysis Issues for Field Settings* (Boston, MA: Houghton Mifflin, 1979), cap. 1.

35 La fuente preeminente sobre cuestiones de validez en las ciencias sociales y conductuales es Shadish, Cook y Donald T. Campbell, *Experimental and Quasi-Experimental Designs for Generalized Causal Inference.*

T. Campbell, tradición basada en la premisa fundamental de que la argumentación causal en escenarios de política pública de la vida real demanda la formulación, verificación y eliminación de hipótesis rivales[36]. La Figura 8.8 muestra que las hipótesis rivales utilizadas para desafiar la justificación modifican el calificador inicial de "definitivamente vale la pena" (*Ca1*) a "quizás" (*Ca2*).

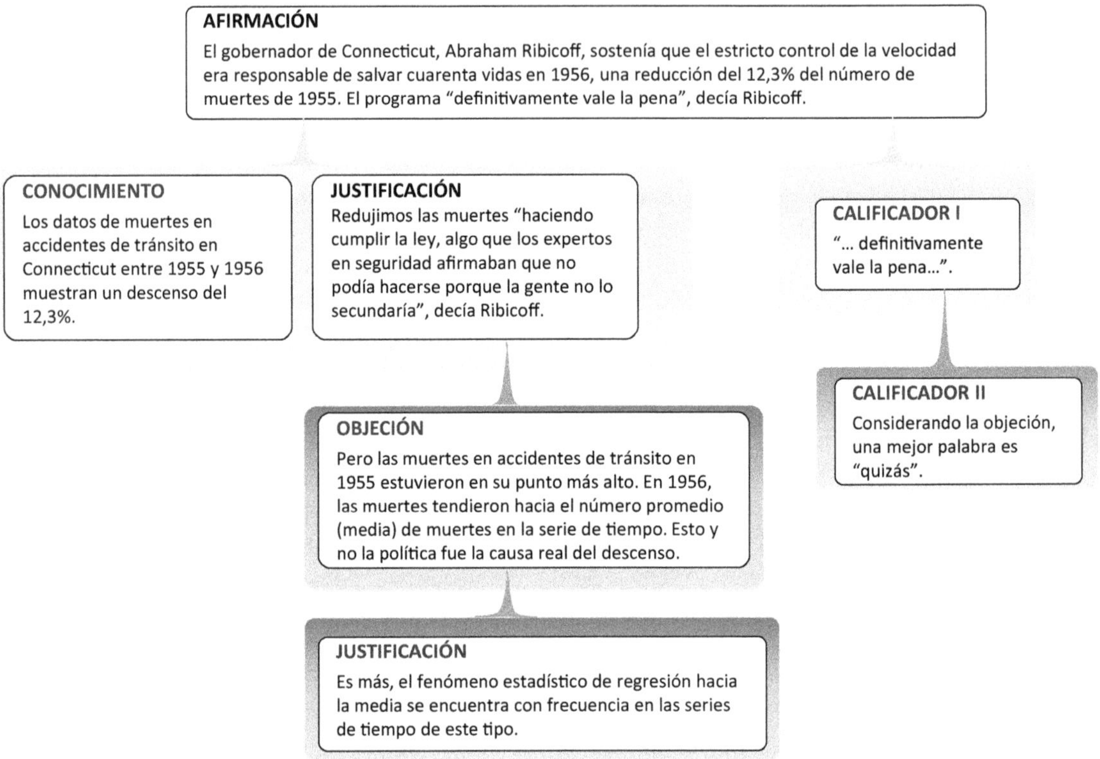

FIGURA 8.8 Argumentación desde la causa práctica. Explicaciones rivales de los efectos de la represión del exceso de velocidad en Connecticut

Argumentación desde el signo

El razonamiento desde el signo se basa en indicadores y sus referentes. La presencia de un signo indica la presencia de un evento, condición o proceso, porque el signo y a lo que se refiere ocurren juntos. Son ejemplos los indicadores de desempeño institucional como las "boletas de calificación organizacional", los "estándares" y las "mejores prácticas"[37]. Otro ejemplo es el conjunto ampliamente utilizado de indicadores (realmente índices) de desempeño económico -indicadores económicos "principales", "rezagados" y "coincidentes"- publicado periódicamente por *The Conference Board*. Los signos no son causas. Como vimos antes, la causalidad debe satisfacer requerimientos adicionales no esperados de los signos. La Figura 8.9 presenta una argumentación desde el signo basada en un coeficiente de correlación y el valor de probabilidad (valor *p*).

36 Las hipótesis rivales también se conocen como "amenazas a la validez". Ver Campbell, *Methodology and Epistemology for Social Science*. El ejemplo es de "Reforms as Experiments" de Campbell, en la edición de Overman anteriormente citada.
37 Por ejemplo, William T. Gormley Jr. y David L. Weimer, *Organizational Report Cards* (Cambridge, MA: Harvard University Press, 1999).

La Figura 8.9 hace una importante distinción entre signos y causas. En el análisis estadístico moderno, las medidas de correlación, regresión y significación estadística (*e.g.*, *chi* cuadrado, *t*, y valores *F*) son signos que se refieren a covariación. La covariación es condición necesaria pero no suficiente de causación. En la Figura 8.9, *r* afirma una relación causal entre participación en los programas *Head Start* y aumento en las tasas de graduación. Es una relación causal porque los estudiantes que participaron tuvieron altas tasas de graduación, los que no lo hicieron tuvieron bajas tasas de graduación, el programa tuvo lugar antes de la graduación, y había, además, una positiva correlación entre participación y graduación: positiva, de fuerza moderada ($r = 0{,}61$) y estadísticamente significativa ($p = 0{,}05$). La *O* desafía exitosamente el argumento desde el signo, que infiere erróneamente que *Head Start* es inefectivo. El calificador inicial *Ca1* ("probablemente") se convierte en *Ca2* ("probablemente no").

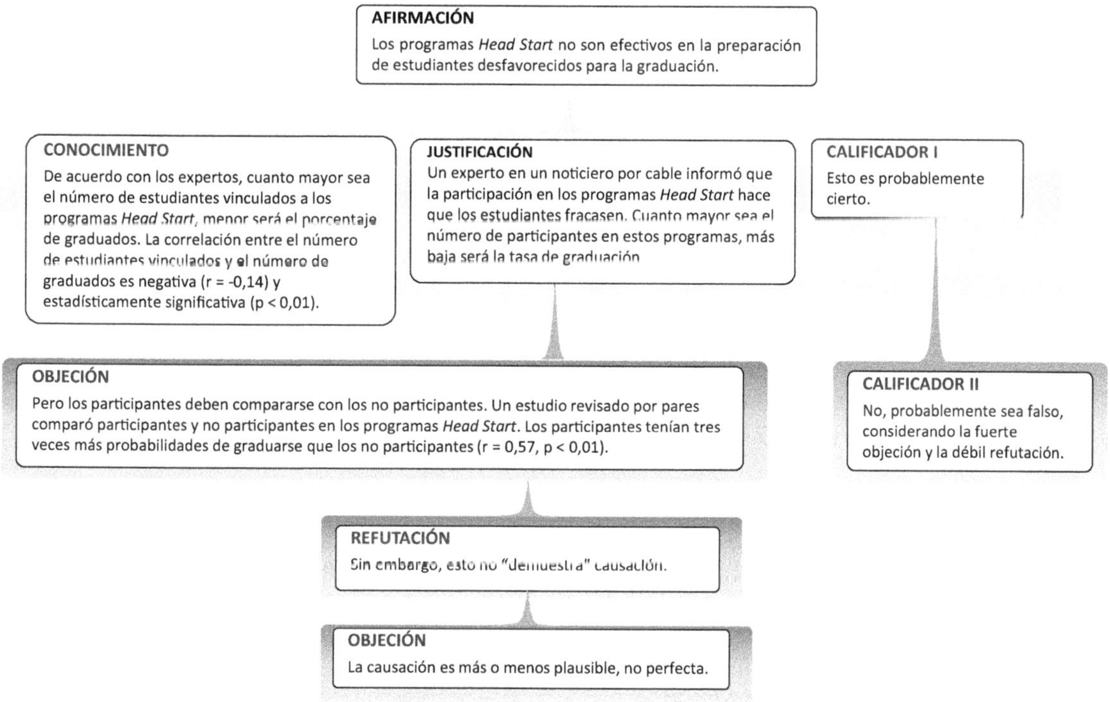

FIGURA 8.9 Argumentación desde el signo. Indicadores cuantitativos como los coeficientes de correlación y los valores p no "demuestran" causalidad

Los argumentos desde el signo -sean presentados como boletas de calificación organizacional, estándares o coeficientes de correlación- son, en el mejor de los casos, declaraciones de covariación o coincidencia. Aunque la covariación debe estar presente para que exista una relación causal, la causación requiere que cumplamos ciertas condiciones. John Stuart Mill, el filósofo inglés decimonónico, presentó un conjunto de métodos (a veces llamados "cánones") de inferencia inductiva diseñados para descubrir relaciones causales. Los *métodos de Mill* se emplean hoy ampliamente en las ciencias sociales y conductuales, el análisis de política pública y la evaluación de programas[38]. Los métodos son los de

38 El diseño cuasiexperimental en la evaluación de programas se basa en alta medida en los métodos de Mill. El mejor ejemplo es Cook y Campbell, *Quasi-Experimentation*, cap. 1, quienes critican los métodos de Mill y van más allá. Para otra crítica y reformulación, ver William N. Dunn, "Pragmatic Eliminative Induction", *Philosophica* 60, 2 (1997), número especial en honor a Donald T. Campbell. La ciencia política comparada, la sociología comparada, la política pública comparada y la sicología experimental también han abrevado en los métodos de Mill.

concordancia, diferencia, concordancia y diferencia (el llamado "método conjunto"), *variación concomitante* y *residuos*. La idea básica de los primeros tres métodos es como sigue:

- Si en dos o más ocasiones un presunto efecto tiene solamente una condición antecedente en común, entonces esa condición es probablemente la causa del presunto efecto. Si en la primera ocasión, el presunto efecto Y está precedido por las condiciones X_1, X_3 y X_5, y en la segunda ocasión el presunto efecto Y está precedido por las condiciones X_2, X_3 y X_6, entonces X_3 es probablemente la causa de Y.
- Si un presunto efecto y un presunto no efecto comparten todas las condiciones antecedentes excepto una, que acontece junto con el presunto efecto, entonces esa condición es probablemente la causa del presunto efecto. Si el presunto efecto Y y el presunto no efecto Z comparten las condiciones antecedentes X_1, X_2, X_5 y X_6, pero no comparten la condición X_3, que ocurre junto con el presunto efecto Y, entonces X_3 es probablemente la causa de Y.
- Si dos o más ocasiones, cuando ocurre un presunto efecto, tienen solamente un antecedente en común, mientras que dos o más ocasiones, cuando un presunto efecto no ocurre, no tienen nada en común excepto la ausencia de esa condición antecedente, entonces la condición antecedente en que difieren los presuntos efectos y los presuntos no efectos es probablemente la causa. Si en dos o más ocasiones, cuando ocurre el presunto efecto Y, este está acompañado solamente por la condición antecedente X_3, mientras que dos o más ocasiones, cuando el presunto efecto Y no ocurre, no tienen nada en común excepto la ausencia de la condición antecedente X_3, entonces X_3 es probablemente la causa de Y.

El método de variación concomitante, que hoy conocemos como correlación (covariación, asociación), no requiere comentario adicional aquí, excepto decir que es condición necesaria de causalidad. El método de residuos es similar a lo que actualmente denominamos análisis de varianza (error) residual en estadística multivariada y econometría. La lógica es que lo que "queda" cuando hemos explicado los efectos de todas las (presuntas) causas de un fenómeno son los "residuos" de otras posibles causas (usualmente desconocidas). Sin embargo, para saber si estamos analizando causalidad o correlación, se requiere que en primer lugar empleemos los tres primeros métodos, porque ningún análisis estadístico, por más avanzado que sea, es suficiente para establecer causalidad. La estadística proporciona signos, no causas.

Argumentación desde la motivación

En los argumentos motivacionales, las afirmaciones aseveran que una acción debe adoptarse en virtud de la potencia motivadora de intenciones, metas o valores. Los argumentos motivacionales buscan demostrar que las intenciones, metas o valores subyacentes a un curso de acción recomendado son tales como para justificar su aceptación, adopción o ejecución. Con frecuencia es suficiente saber que grupos grandes o importantes realmente desean seguir el curso de acción declarado en la afirmación.

La argumentación a partir de la motivación representa una forma de razonamiento que los filósofos desde Aristóteles han denominado *silogismo práctico* o *inferencia práctica*. En la inferencia práctica, la premisa principal o justificación J describe algún estado deseado o fin de la acción, mientras que la premisa menor o conocimiento C relaciona un curso de acción para este estado deseado como medio para un fin. La conclusión o afirmación A consiste en recomendar un cierto modo de actuar para alcanzar el estado o fin deseado. Mientras que en la *inferencia teorética* (argumentación desde la causa) la aceptación de una proposición general o ley conduce a la conclusión o afirmación, en la *inferencia práctica* (argumentación desde la motivación) la aceptación de una premisa sobre metas, valores o intenciones conduce a una conclusión o afirmación sobre acciones que concuerdan con ellos[39]. Las afirmaciones en

39 Von Wright, *Explanation and Understanding*, pp. 22–27 [sobre su versión española, ver n. 45 del Capítulo 2].

la inferencia práctica generalmente se diseñan para *comprender acciones*, mientras que las afirmaciones en la inferencia teorética pretenden *explicar eventos*[40].

El razonamiento práctico es de gran importancia para el análisis de política pública, donde uno de los problemas más importantes es explicar acciones en términos de metas, valores e intenciones:

> [...] el silogismo práctico provee a las ciencias del hombre de algo que hace mucho está ausente de su metodología: un modelo de explicación por derecho propio que es una alternativa definida al modelo de ley de cobertura teorética por subsunción [*i.e.*, explicación nomológica-deductiva -el *autor*]. Hablando en términos generales: lo que es el modelo teorético de subsunción para la explicación causal y la explicación en las ciencias naturales, lo es el silogismo práctico para la explicación teleológica y la explicación en la historia y las ciencias sociales[41].

La argumentación motivacional no solo proporciona un modelo explicativo alternativo para el análisis de política pública, sino que también nos compele a conceptualizar la elaboración de la política pública como un proceso político. Los argumentos desde la motivación obligan a los analistas a pensar en términos de las metas, valores e intenciones de los actores de política pública, y a "entrar en el mundo fenomenológico del formulador de política pública"[42]. Los argumentos motivacionales nos acercan además a las cuestiones de los valores y la ética, que en otros modos de argumentación de política pública a menudo y lamentablemente se separan de los asuntos "factuales". La Figura 8.10 presenta un argumento desde la motivación que es desafiado por otro argumento desde la motivación y por un argumento desde la clasificación. En este ejemplo, el *Ca1* ("definitivamente") se convierte en *Ca2* ("probablemente") después de la refutación.

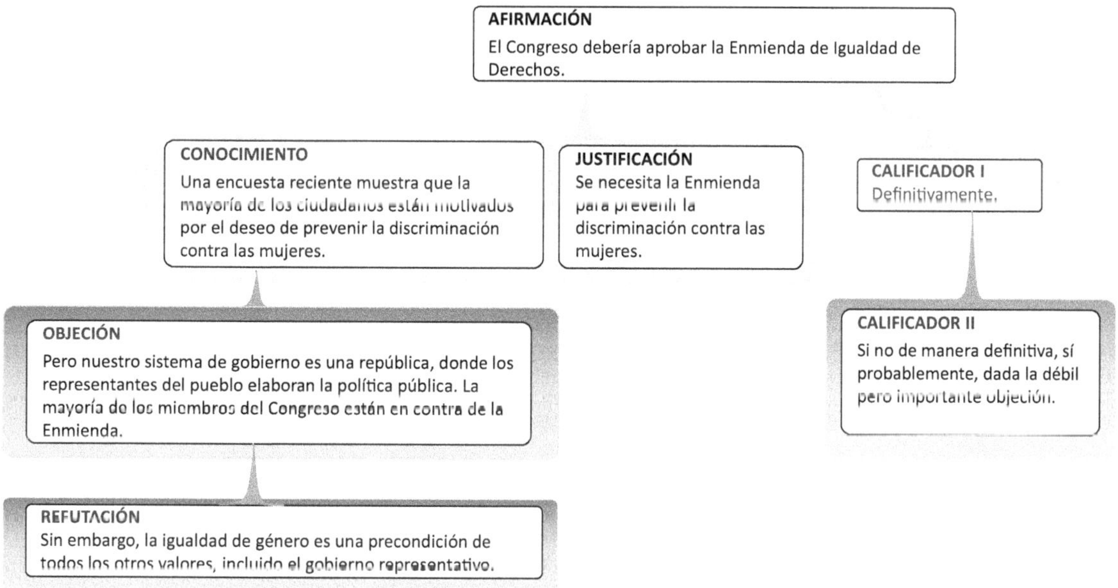

FIGURA 8.10 Argumentación desde la motivación. Apoyo a la Enmienda de Igualdad de Derechos

40 *Ibíd.*, pp. 22–24. Ver también Fred R. Dallmayr y Thomas A. McCarthy, eds., *Understanding and Social Inquiry* (Notre Dame, IN: University of Notre Dame Press, 1977); y Rein, *Social Science and Public Policy*, pp. 14–15, 139–170.

41 Von Wright, *Explanation and Understanding*, p. 27.

42 Bauer, *Study of Policy Formation*, p. 4.

Argumentación desde la intuición

En el razonamiento desde la intuición, las afirmaciones de política pública se basan en premisas o supuestos sobre la capacidad intuitiva de entendimiento (*insight*) de los participantes en el proceso de elaboración de la política pública. El conocimiento relevante para la política pública consiste en descripciones factuales o expresiones de opinión. La función de la justificación es afirmar que los estados mentales internos (intuición, juicio, comprensión) de los productores de conocimiento los califican de modo especial para ofrecer opiniones o asesoría. La afirmación de política pública puede simplemente reiterar el relato o la opinión suministrados en el conocimiento. Considérese este ejemplo de la vieja política militar:

> Cuando en 1334 la duquesa del Tirol, Margareta Maultasch, rodeó el castillo de Hochosterwitz en la provincia de Carintia, ella sabía muy bien que la fortaleza, situada en una roca increíblemente empinada que se eleva a gran altura sobre el piso del valle, era inexpugnable para el ataque directo y que solamente cedería ante un largo asedio. A su debido tiempo, la situación de los defensores llegó a ser crítica: se habían quedado sin su último buey y solo contaban con dos bolsas de grano de cebada. La situación de Margareta estaba haciéndose igualmente apremiante, aunque por diferentes razones: sus tropas estaban empezando a insubordinarse, el asedio no parecía tener fin a la vista, y ella tenía asuntos militares igualmente urgentes en otros lugares. En este punto, el comandante del castillo se decidió por un desesperado curso de acción, que a sus hombres les debió parecer pura locura: sacrificó el último buey, llenó su cavidad abdominal con la cebada restante, y ordenó que arrojaran el cadáver por el acantilado hacia una pastura al frente del campo enemigo. Tras recibir este despectivo mensaje desde arriba, la duquesa desanimada levantó el sitio y siguió adelante[43].

La Figura 8.11 sirve para enfatizar algunas de las ventajas únicas de la intuición (*insight*), el juicio y el conocimiento tácito en el desarrollo de soluciones creativas para los problemas de política pública. Con todo, también señala dificultades. Aunque especialistas en política pública insisten en que la intuición, el juicio y el conocimiento tácito deben ser incorporados en el análisis de política pública[44], rara vez es posible identificar de antemano los métodos o formas de razonamiento que pueden deparar intuición o creatividad. Un acto creativo, observa Churchman, "es un acto que no se puede diseñar por anticipado, aunque puede ser analizable retrospectivamente. Si este es el significado correcto de creatividad, entonces ningún técnico inteligente puede ser creativo"[45].

43 Citado en Watzlawick, Weakland y Fisch, *Change: Principles of Problem Formation and Problem Resolution*, p. xi.

44 Por ejemplo, Yehezkel Dror, *Ventures in Policy Sciences* (New York: American Elsevier Publishing, 1971), p. 52; Sir Geoffrey Vickers, *The Art of Judgement: A Study of Policy Making* (New York: Basic Books, 1965); y Edgar S. Quade, *Analysis for Public Decisions* (New York: American Elsevier Publishing, 1975), pp. 4–5. Algunos observadores también han comentado favorablemente sobre la posibilidad de cambios en los estados mentales de los formuladores de política inducidos por las drogas. Ver Kenneth B. Clark, "The Pathos of Power: A Psychological Perspective", *American Psychologist* 26, 12 (1971): 1047–1057.

45 Churchman, *The Design of Inquiring Systems*, p. 17.

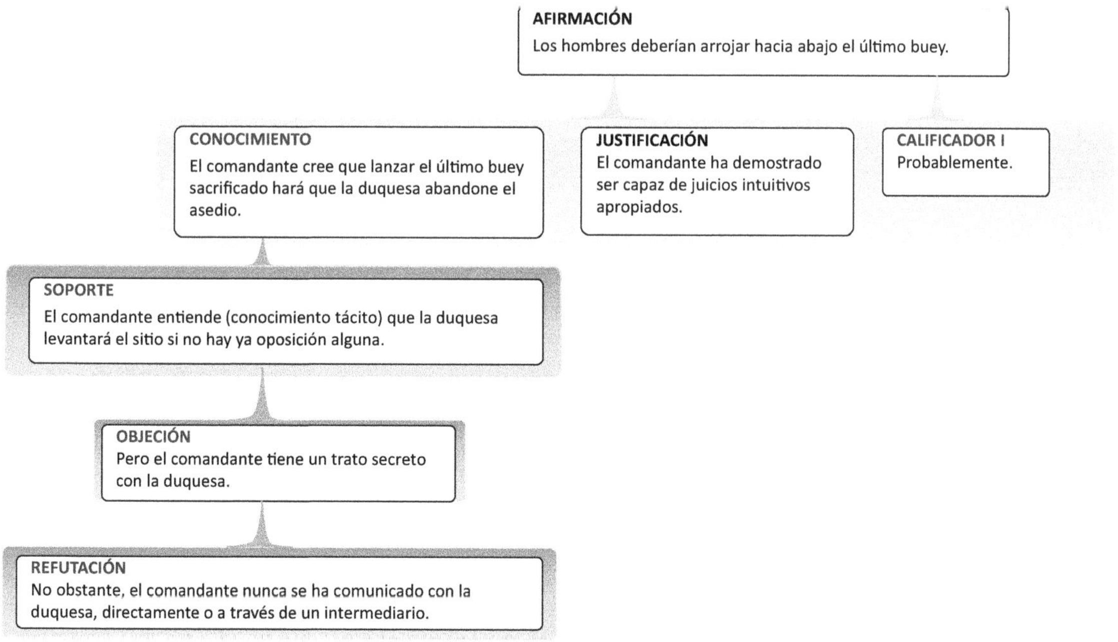

FIGURA 8.11 Argumentación desde la intuición. Una solución contraintuitiva evita una muerte cierta

Argumentación desde la analogía

El razonamiento desde analogías o metáforas se basa en semejanzas entre las relaciones halladas en un caso dado y las relaciones encontradas en una metáfora, analogía o alegoría (Figura 8.12). Por ejemplo, la afirmación de que el gobierno debería "poner en cuarentena" a un país prohibiendo las drogas ilegales -presentadas las drogas ilegales como una "enfermedad infecciosa"- se apoya en el razonamiento de que, debido a que la cuarentena ha sido eficaz en casos de enfermedades infecciosas, la interdicción será eficaz en el caso de las drogas ilegales. En argumentos a partir de la analogía, las afirmaciones se apoyan en la suposición de que las relaciones entre dos o más casos (no los casos mismos) son esencialmente similares. Por ejemplo, afirmaciones sobre la conveniencia de adoptar políticas para mitigar la contaminación del aire se han apoyado en creencias sobre el éxito de las políticas para menguar la contaminación del agua. Al hacer afirmaciones sobre formas de reducir la discriminación en el empleo contra las mujeres, el razonamiento se basa a veces en supuestos sobre el éxito o el fracaso de políticas diseñadas para reducir la discriminación contra minorías étnicas[46].

46 Robert L. Lineberry, *American Public Policy: What Government Does and What Difference It Makes* (New York: Harper and Row, 1977), p. 28.

FIGURA 8.12 Argumentación desde la analogía. La Enmienda de Igualdad de Derechos y una falsa analogía

Argumentación desde el caso paralelo

El razonamiento desde el caso paralelo se enfoca en semejanzas entre dos o más casos de elaboración de la política pública (Figura 8.13). Por ejemplo, una razón por la que un gobierno local debería hacer cumplir estrictamente los estándares de contaminación es que una política paralela se implementó con éxito en un gobierno local similar en otro lugar. Las afirmaciones de política pública se fundamentan en el supuesto de que los resultados de políticas adoptadas en circunstancias similares valen la pena o son exitosos. Las agencias gubernamentales de Estados Unidos y del extranjero confrontan a menudo problemas similares, y las afirmaciones de política pública pueden apoyarse en sus experiencias comunes. La experiencia británica con la atención médica integral y la planeación urbana ("nuevos pueblos"), y los enfoques holandés y suizo sobre la despenalización de las drogas ilegales, han influido en los debates sobre la política de drogas en los Estados Unidos. La experiencia de algunos estados en la adopción de impuestos, vivienda abierta y oportunidades iguales de empleo se ha utilizado como base para la política pública en el nivel federal[47]. Una variación de la argumentación desde el caso paralelo es la argumentación basada en la experiencia de la misma agencia a lo largo del tiempo. Políticas del pasado en la misma agencia se utilizan para sustentar afirmaciones de que la agencia debería adoptar cursos particulares de acción, por lo general aquellos marginalmente diferentes del *statu quo*. Afirmaciones sobre las políticas presupuestales federal y estatales se apoyan de modo típico en supuestos respecto de semejanzas con políticas de antaño adoptadas en la misma agencia[48].

47 *Ibíd.*

48 Ver, por ejemplo, el tratamiento hoy clásico de Aaron Wildavsky de la elaboración incremental de la política pública en *The Politics of Budgetary Process* (Boston: Little, Brown and Company, 1964). Ver también la discusión de los modelos de cambio en la política pública en el Capítulo 2.

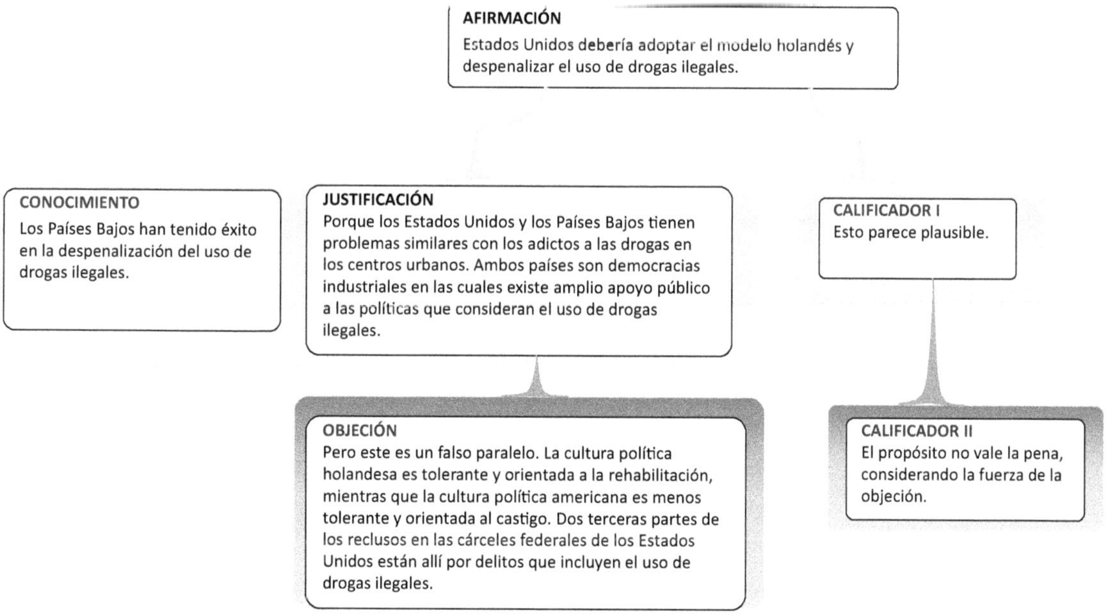

FIGURA 8.13 Argumentación desde el caso paralelo. El modelo holandés y el falso paralelo

Argumentación desde la ética

El razonamiento a partir de la ética se fundamenta en la corrección o incorrección, bondad o iniquidad, de las políticas públicas o de sus consecuencias (Figura 8.14). Por ejemplo, las afirmaciones de política pública se basan con frecuencia en principios morales que expresan las condiciones de una sociedad "justa" o "buena", o en normas éticas que prohíben mentir en la vida pública. Principios morales y normas éticas van más allá de los valores y normas de individuos o grupos particulares. En política pública, muchos argumentos sobre beneficios y costos económicos implican razonamiento moral y ético no declarado o implícito. La justificación de un argumento desde la ética ofrece razones para aceptar una afirmación asociándola con algún principio moral o regla ética. La afirmación es que la persona, situación o condición mencionadas en el conocimiento deberían considerarse valiosas o meritorias, o que una política descrita en el conocimiento debería adoptarse o no.

Para ilustrar la argumentación ética, considérese la Figura 8.14. Aquí, la afirmación evaluativa, *A*, es que "la distribución del ingreso existente en los Estados Unidos es justa". El conocimiento, *C*, es:

> En 1975, el 20 por ciento superior de las familias estadounidenses recibió el 41 por ciento de todo el ingreso, mientras que el 20 por ciento inferior recibió el 5,4 por ciento. En 1989, los porcentajes superior e inferior fueron 46 y 3,8 por ciento, mientras que en 2007 fueron 49 y 3,4 por ciento. Entre 1975 y 2007, si bien los ingresos aumentaron en promedio alrededor del 3 por ciento, los ganadores compensaron a los perdedores con servicio social y programas de bienestar. Estados Unidos tiene la mayor igualdad de ingresos de cualquier estado industrializado.

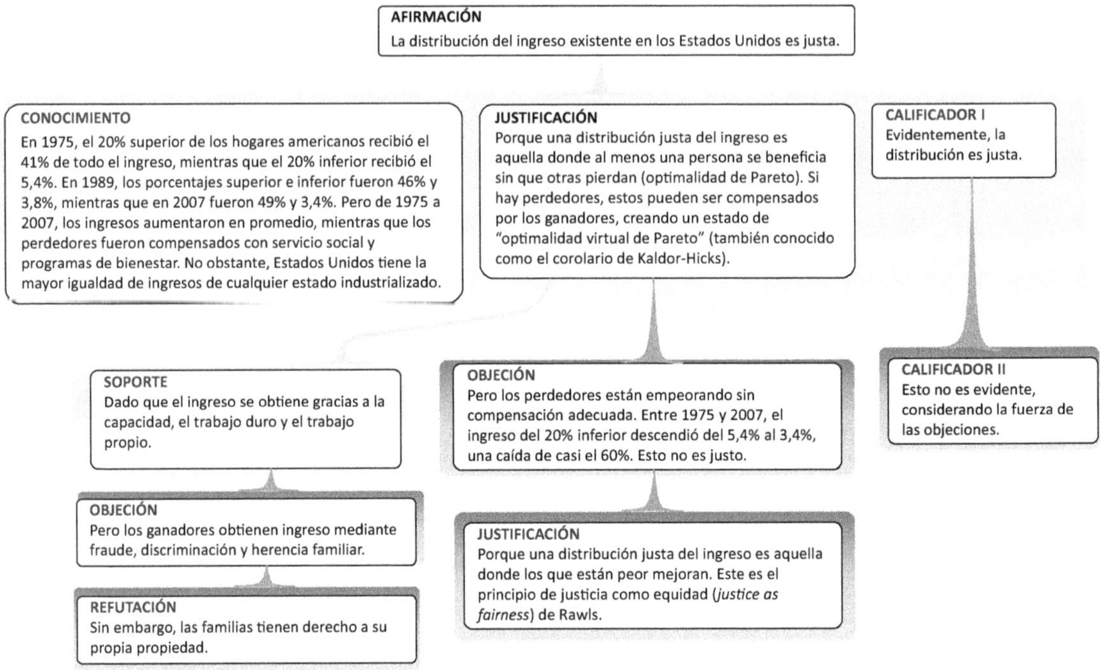

FIGURA 8.14 Argumentación desde la ética. Distribución del ingreso y justicia como equidad

La justificación, *J*, es la *regla de Pareto*, llamada así por el economista y sociólogo italiano Vilfredo Pareto (1848–1923). La regla de Pareto es un principio ético simple apoyado por muchos economistas de política pública[49]. La regla sostiene que "una distribución óptima del ingreso en la sociedad es aquella donde algunos individuos se benefician sin que otros pierdan". El soporte, *S*, para la justificación es "Dado que el ingreso se obtiene gracias a la capacidad, el trabajo duro y el trabajo propio". La objeción, *O*, es "Pero los ganadores obtienen ingresos mediante fraude, discriminación y herencia". La refutación, *R*, de la objeción es "Sin embargo, las familias tienen derecho a su propia propiedad" (Figura 8.14).

La Figura 8.14 también muestra cómo un importante principio moral contendiente, el principio de "justicia como equidad" de Rawls, sirve como objeción al principio de Pareto. El ejemplo de la optimalidad de Pareto demuestra asimismo que una regla ética ampliamente aceptada, si bien presta sustento a afirmaciones sobre una sociedad justa, no aplica en situaciones que implican fraude, discriminación y herencia. Comprometiéndose en el análisis sistemático del razonamiento ético y moral subyacente, los partidos incursos en el debate están obligados a aclarar el significado de conceptos clave como "derecho" (*entitlement*), que son más complejos de lo que puede parecer a primera vista. Los partidos que hacen una afirmación también pueden verse obligados a considerar si reglas éticas particulares, como la optimalidad de Pareto y la rawlsiana, violan sus propias convicciones morales. Los proponentes de la regla de Pareto pueden ver que su aplicación desconoce convicciones morales sobre la necesidad de basar principios de derecho (*principles of entitlement*) en la capacidad y el trabajo. Si esto se hace para los beneficiarios de la asistencia social, ¿por qué no para los herederos patrimoniales? En suma, el análisis de la argumentación ética puede ayudarnos a explorar reglas éticas y principios morales para determinar si son de aplicación general e internamente consistentes[50]. Debe subrayarse que la

49 Ver Peter G. Brown, "Ethics and Policy Research", *Policy Analysis* 2 (1976): 332–335.
50 MacRae, *Social Function of Social Science*, pp. 92–94.

argumentación ética difiere de todos los otros modos de razonamiento en un aspecto esencial: mientras que todos los otros modos consideran los valores como "dados" -por ejemplo, los valores que se describen en las encuestas de opinión pública como base de argumentos desde la motivación (Figura 8.10)-, el proceso de argumentación ética intenta descubrir si hay *buenas razones* para hacer afirmaciones éticas.

EVALUACIÓN DE ARGUMENTOS DE POLÍTICA PÚBLICA

La evaluación de argumentos de política pública facilita el pensamiento crítico en el análisis de política pública. Hasta este punto hemos examinado la estructura de los argumentos, el proceso de argumentación y los modos de razonamiento empleados en la factura de afirmaciones de política pública. Esto permite la identificación de supuestos ocultos o tácitos y muestra cómo la plausibilidad de una afirmación, expresada en su calificador, cambia como resultado de objeciones y refutaciones introducidas en el curso de la argumentación de política pública.

Transitemos ahora hacia criterios específicos para evaluar argumentos. Algunos de estos criterios provienen de la lógica proposicional, disciplina que ofrece criterios para determinar -sin calificación y con certeza deductiva- la validez *formal* de los argumentos[51]. Otros criterios se originan en un cuerpo continuamente cambiante de estándares para evaluar la validez *informal* de los argumentos[52]. Otros criterios más provienen de procedimientos empleados por metodólogos que trabajan en las tradiciones hermenéutica e interpretativa (*verstehende**). Estas tradiciones han estado interesadas desde hace tiempo en descubrir y representar de manera exacta el significado de las acciones humanas, ora expresadas en la forma de textos escritos, ora como lenguaje hablado[53]. Finalmente, algunos criterios tienen su origen en el pragmatismo filosófico, epistemología y metodología útil para evaluar sistemas completos de argumentación[54].

Algunas pautas hermenéuticas

La hermenéutica investiga los significados de los textos humanos. Es quizá la más exhaustiva y sistemática de las metodologías cualitativas. El término *cualitativo*, contrariamente a un malentendido común en las ciencias sociales[55], no es simplemente el complemento lógico de "cuantitativo", en el sentido de que cualitativo se refiere a lo que *no* es cuantitativo o estadístico. Sin duda, no es apropiado emplear el término "cualitativo" para la investigación de estudios de caso de *n* pequeña o para el nivel discreto (*versus* continuo) de medición. Mejor dicho, los métodos cualitativos -también conocidos como métodos hermenéutico, interpretativo, etnográfico o constructivista- están expresamente diseñados para investigar los significados de la acción individual o colectiva[56]. El análisis estadístico y otras formas de análisis cuantitativo no son apropiados para este fin.

Los textos humanos no se refieren solamente a documentos escritos que son producto de la acción humana, por ejemplo, transcripciones legislativas y leyes originadas en los debates de política pública; también se refieren a las acciones mismas, háyanse expresado o no en forma escrita. Entre las varias

51 Fuentes clásicas sobre la lógica formal incluyen a Irving M. Copi, *An Introduction to Logic* (New York: Macmillan, 1953) [*Introducción a la lógica* (Buenos Aires: Eudeba, 2010)].

52 Ver Toulmin, Rieke y Janik, *An Introduction to Reasoning*, Part V: Fallacies: How Arguments Go Wrong, pp. 129–197.

* *N. del t.*: *verstehende*: comprensiva o interpretativa. En alemán en el original.

53 El tratado clásico sobre hermenéutica, originalmente publicado en 1960 [con el título de *Wahrheit und Methode. Grundzüge einer philosophischen Hermeneutik*], es Hans Georg Gadamer, *Truth and Method* (New York: Seabury, 1975) [*Verdad y método. Fundamentos de una hermenéutica filosófica* (Salamanca: Sígueme, 1977)].

54 Ver Nicholas Rescher, *Induction* (Pittsburgh, PA: University or Pittsburgh Press, 1980).

55 Ver, por ejemplo, el texto ampliamente utilizado de Gary King, Robert Keohane y Sidney Verba, *Designing Social Inquiry: The Logic of Inference in Qualitative Research* (Princeton, NJ: Princeton University Press, 1994).

56 Para un extenso ensayo crítico sobre el significado de cualitativo ver John Searle, *The Construction of Social Reality* (New York: The Free Press, 1995) [*La construcción de la realidad social* (Barcelona: Paidós Ibérica, 1997)].

maneras de demostrar la importancia de las pautas hermenéuticas para la evaluación de argumentos de política pública, el enfoque en la argumentación ética es más revelador. Considérense los argumentos éticos alternativos sobre un prisionero capturado por soldados del ejército contrario:

- *Argumento A.* El prisionero no es miembro de una fuerza de combate regular. Es un criminal común, un terrorista que miente cuando se le interroga sobre conspiraciones terroristas y otros secretos militares. Dado que no califica como "prisionero de guerra", no debería ser protegido contra el "tratamiento inhumano" y la tortura.
- *Argumento B.* El prisionero es un luchador por la libertad que está combatiendo el terror y la opresión infligidos por el enemigo. Es un soldado leal que tiene la obligación moral de engañar a los interrogadores sobre secretos militares. Debería ser protegido como prisionero de guerra.
- *Argumento C.* El prisionero es miembro de una fuerza de combate constituida por un ejército permanente. Es un prisionero de guerra cuya lealtad demanda que engañe a los interrogadores sobre secretos militares. Como tal, debería recibir la protección que se ofrece a cualquier prisionero de guerra contra el tratamiento inhumano.

La evaluación de estos argumentos puede beneficiarse de pautas para la interpretación de argumentación escrita u oral (Exposición 8.2).

La principal función de los argumentos A y B es retórica, no dialéctica o lógica-empírica. Aunque el uso de A y B como refutaciones entre sí contribuiría a la función dialéctica, este no es el único propósito de A o B. A y B presentan evidentemente declaraciones factuales, algunas de las cuales parecen ser empíricamente sólidas e incluso incontrovertibles. Se capturó un prisionero, que estaba implicado como combatiente y que no estaba diciendo la verdad. Lo que se discute son dos asuntos principales: ¿Es moral y legalmente correcto mentir en tales circunstancias? ¿El soldado califica como prisionero de guerra?

También aplican otras pautas. Las comillas sobre algunas de las palabras ("prisionero de guerra" y "tratamiento inhumano") ocultan u oscurecen los significados. Los contextos de A y B son además importantes para comprender los argumentos. Dada la historia de muchos conflictos, no sorprende que ambas partes consideren a sus oponentes como terroristas. El principio de la benevolencia hermenéutica anima a brindar el beneficio de la duda a cada parte, por ejemplo, intentando comprender que ambas buscan ser tratadas con igualdad. Una de las partes impugna la aceptabilidad moral y legal de los ataques a sus tropas (y a civiles) por combatientes no uniformados arguyendo que tales prácticas son desleales. La otra parte afirma la aceptabilidad moral y legal de tales actos sobre la base de que tales actos son justos en condiciones donde una parte tiene preponderancia de armamento moderno ("guerra asimétrica"). Finalmente, ambos argumentos usan libremente términos peyorativos -"extremista", "criminal", "terrorista", "propagandistas", "luchador por la libertad", "opresión"- que oscurecen en lugar de aclarar los asuntos morales y legales.

EXPOSICIÓN 8.2 Pautas para interpretar argumentos

- La argumentación en la política pública tiene tres principales funciones: generar el debate que mejore la validez, solvencia y eficacia de las políticas (función dialéctica); presentar conclusiones óptimamente válidas y empíricamente firmes (función lógica-empírica); y persuadir a otros de aceptar argumentos de política pública (función retórica), aparte la validez, robustez o utilidad de los argumentos.
- Busque significados ocultos en palabras, oraciones y argumentos enteros. Una palabra u oración puede no significar lo que mienta sobre la superficie. Ejemplo: "Él es un buen liberal" no significa que la persona descrita se desempeñe bien como liberal; significa más bien que la identidad de la persona como liberal se asocia con algún tipo de debilidad o limitación.
- Distinga entre el significado superficial de una palabra, oración o argumento y su significado en el contexto del argumentador. Intente identificar cualquier diferencia en su comprensión de la del argumentador. Ejemplo: "El alcalde no debió haber aceptado públicamente las demandas de los manifestantes". Varias malinterpretaciones son posibles: alguien excepto el alcalde debió haber aceptado; el alcalde no debió haber aceptado en público; el alcalde no debió haber aceptado en absoluto.
- Observe el principio de benevolencia hermenéutica, que demanda que las discrepancias en el significado se resuelvan aceptando o intentando comprender lo que el argumentador está intentando decir. Ejemplo: los críticos de argumentos presentados en lenguaje cuantitativo etiquetan a menudo tales argumentos (y a los argumentadores) como "positivistas lógicos", pese al hecho de que la cuantificación, *per se*, nada tiene que ver con el positivismo lógico. Un esfuerzo benevolente por entender lo que el argumentador realmente cree puede solucionar este problema.
- Busque los términos que se usan peyorativamente para desacreditar a una persona o política. Sobre la superficie estos términos pueden ser neutrales; pero en el contexto se utilizan a menudo peyorativamente. Ejemplos: "Este es otro ejemplo de una nueva burocracia". "Estos son los argumentos de típicos 'abrazadores de árboles' ". "El reporte, escrito por un puñado de positivistas lógicos, es inaceptable".

Si tuviésemos que reformular los argumentos, introduciendo refutaciones y reemplazando afirmaciones absolutas con afirmaciones cualificadas, se parecerían en algo al argumento C. El argumento C tiene la ventaja de aislar el asunto impugnado, que es una *obligación en conflicto*: en la ética de la guerra, ha existido una comprensión generalizada de que los prisioneros que engañan a los interrogadores sobre secretos militares están mostrando coraje, honor, patriotismo y otras virtudes. Aquí, la misma comprensión presumiblemente aplicaría para ambas partes.

Pautas desde la lógica informal y formal

Las pautas hermenéuticas se diseñan para mejorar la comprensión de los significados que subyacen a los argumentos y la argumentación. Preguntas relativas a la robustez, credibilidad o plausibilidad de los argumentos no surgen, porque el principal objetivo es alcanzar una interpretación precisa de lo que los argumentadores significan. En contraste, los campos de la lógica informal y formal proporcionan pautas para reconocer y valorar la significación de falacias informales[57]. Aquí como en otros lugares se usa el término "pauta" en lugar de "regla", porque no hay forma de determinar de modo absoluto si un argumento es falaz. Por lo tanto, el análisis de falacias informales no permite conclusiones de todo o nada.

Como vimos en la primera parte de este capítulo, hay numerosos modos de argumentación que generalmente se reconocen como apropiados para el discurso de política pública. Argumentos de los siguientes tipos son *formalmente* válidos:

57 Los términos "lógica informal" y "falacia informal" se usan en la disciplina de la lógica, donde también se distinguen "lógica formal" y "falacia formal".

- *Silogismo hipotético*. Si p implica q, y q implica r, entonces p implica r. O: $p \supset q, q \supset r, \therefore p \supset r$ ($\supset$ = implica). Ejemplo: un orden de preferencia transitivo es una forma de silogismo hipotético. Dados los proyectos *A*, *B* y *C*, si A p B, y B p C, entonces A p C (p = prefiere a). Este argumento formalmente válido puede ser empíricamente inapropiado.
- *Modus ponens*. El *modus ponens* (método de afirmación) afirma que si p implica q, y p ocurre, entonces q ocurrirá. Si p $\supset q$, y p, entonces q. Ejemplo: Si la inversión *I* en un proyecto produce el resultado *O*, y se hace la inversión *I*, entonces se producirá el resultado *O*. Aunque este argumento es formalmente válido, la conclusión asume que no hay otro factor causalmente relevante que *I*, situación que casi nunca existe. Este argumento formalmente válido puede ser empíricamente inadecuado.
- *Modus tollens*. El *modus tollens* (método de negación) afirma que si p implica q, y q no ocurre, entonces p no ocurrirá. Si $p \supset q$, y q no ocurre ($\sim q$), entonces p no ocurrirá. Ejemplo: si la inversión *I* en un programa produce un resultado *O*, y *O* no ocurre, entonces *I* no es una causa. Este argumento formalmente válido puede ser empíricamente desacertado.

Transitemos ahora a modos de argumentación que generalmente se reconocen como formalmente inválidos, inapropiados o insatisfactorios -por más persuasivos que puedan parecer a primera vista. Estos modos de argumentación se denominan falacias. Una falacia es un argumento débil o gravemente defectuoso porque usa información irrelevante o inadecuada, razonamiento erróneo o poco sólido, o lenguaje inapropiado y equívoco. La Tabla 8.2 proporciona una lista de falacias y pautas útiles para reconocerlas.

TABLA 8.2 Pautas para identificar argumentos inválidos y falacias

Falacia	Pauta
Afirmar el consecuente	Un asunto de lógica formal (proposicional). Un argumento lógicamente inválido es: Si *p* entonces *q*, y *q*, entonces *p* ($p \supset q$, *q*, por tanto *p*). "El paradigma de 'prueba mediante predicción'", observa Merton, "es, por supuesto, lógicamente falaz: Si A (hipótesis), entonces B (predicción). B es observada. Por lo tanto, A es cierta"*. Si la observación estricta de los límites de velocidad hace que disminuyan los accidentes de tránsito, y los accidentes de tránsito disminuyen, entonces la observación estricta era la causa. En la investigación científica, esta forma de argumento, aunque formalmente inválido, puede ser útil porque una hipótesis puede mejorarse probando otras condiciones distintas de A, esto es, hipótesis rivales.
Negar el antecedente	De nuevo, un asunto de validez lógica formal. Si *p* entonces *q*, y no *p*, entonces no *q* ($p \supset q$, $\sim p$, por tanto $\sim q$) es falaz. Ejemplo: Dado que las economías de mercado son democracias, y el país X no es una economía de mercado, entonces no es una democracia.
Falsa analogía	La comparación de dos relaciones que se creen similares pasa por alto importantes diferencias que hacen relativamente inapropiada la comparación. Ejemplo: Porque la adicción a las drogas es como una enfermedad infecciosa, poner en cuarentena a los adictos es la única política que funcionará.
Falso paralelo	La comparación de dos casos que se creen similares desconoce importantes diferencias que hacen impropia la comparación. La aquiescencia de Estados Unidos en la Segunda Guerra Mundial condujo al genocidio y la limpieza étnica. Estados Unidos no puede consentir la limpieza étnica en los Balcanes.
Generalización apresurada	Al hacer una generalización desde instancias particulares de un caso, sin reconocer que existen muy pocos ejemplos del caso o que las instancias son excepcionales antes que generales. Al conducir encuestas de opinión, un inadecuado tamaño de la muestra arrojará muy pocas instancias, mientras que una falla en el uso del muestreo aleatorio -donde cada elemento o instancia tiene igual posibilidad de ser seleccionada- probablemente arroje conclusiones excepcionales antes que generales de la población. Ejemplo: Entrevistas de "grupos focales" con quince votantes típicos realizadas antes de la elección muestran que hay más apoyo para el candidato A que para el candidato B.
Falsa causa	Al hacer una afirmación sobre causa y efecto, argumentar que una sola causa es responsable de un efecto, pero sin examinar otras posibles causas. Falsas causas también resultan de confundir correlación estadística o covariación con causalidad y de inferir causas solo de secuencias temporales (falacia *post hoc*). Ejemplos: El excesivo gasto del gobierno es responsable del lento crecimiento del PIB (falsa causa singular). Que las condiciones económicas afectan el bienestar social es evidente a partir de la positiva correlación estadísticamente significativa (r – 0,74, p = 0,05) entre suicidio y desempleo (falsa causa basada en correlación). Después de que la administración Reagan (o Clinton) asumió el cargo, tuvimos el desempleo más alto (o gasto gubernamental) en 20 años (falacia *post hoc*).
Falacia de la composición	Concluir que algo es cierto del conjunto porque es cierto de las partes. La falacia de la composición (también llamada falacia agregada u holística) involucra a todas las partes, no simplemente una muestra, de modo que difiere de la falacia de la generalización apresurada (ver antes). Ejemplo: los estudios de seguridad vehicular sobre la gravedad del daño sufrido por los robots de prueba que viajan en automóviles a diferentes velocidades muestran que velocidad y severidad del daño están fuerte y positivamente correlacionadas. ¡Esta es una evidencia dramática de que la "velocidad mata"! Pero los estudios de accidentes fatales muestran que aproximadamente el veinte por ciento de estos accidentes están relacionados con la velocidad.

(*Continúa*)

TABLA 8.2

Falacia	Pauta
Falacia de la división	Concluir que algo es cierto de las partes porque es cierto del todo (también denominada falacia individualista). Ejemplo: Debido a que el ingreso per cápita de un país ha aumentado, todos están mejor. En muchos países, empero, esto es falso. Las personas que están mejor llegan a estar aún mejor, mientras que las que están peor llegan a estar aún peor. Otro ejemplo es usar la media aritmética y otros promedios para describir un grupo, sin examinar las diferencias entre los miembros del grupo (*e.g.*, valores atípicos en un diagrama de dispersión).
Falacia de la pendiente resbaladiza	Concluir sobre la base de evidencia insuficiente e inadecuada que si ocurre un evento, entonces otros seguirán en una secuencia inevitable o incontrolable. Ejemplo: Si la legislatura aprueba una nueva ley requiriendo un registro más estricto de pistolas, ello conducirá a la confiscación por el gobierno de todas las armas.
Suplicar la pregunta**	Una afirmación se asume como razón o evidencia. Ejemplo: "Con una fuerza de 500.000 hombres podremos invadir a Irak y derrocar al Presidente Saddam Hussein. Se necesitará mucha tropa para hacer este trabajo".
Ad hominem	Las características personales de un individuo se usan como parte de un argumento, cuando tales características son irrelevantes para el tema. Ejemplos: "Un eminente científico natural concluye que la reforma de bienestar es inadecuada". "El argumento de los ambientalistas es asaz débil. Después de todo, estos 'abrazadores de árboles' son socialistas disfrazados". "Las teorías del desarrollo económico son productos del pensamiento occidental. Obviamente, son inaplicables al mundo no occidental". Nótese que cuando las características personales son relevantes, no hay falacia *ad hominem* involucrada. Por ejemplo, los "testigos expertos" en los casos judiciales deberían tener una apropiada experticia.
Ad populum	Las características o creencias de un grupo o comunidad se usan como parte de un argumento, cuando las características o creencias son irrelevantes para el tema. "La mayoría de la comunidad cree que el flúor causa cáncer".
Apelación a la tradición	Una afirmación se basa en el acuerdo con la tradición, cuando la tradición es en gran medida o enteramente irrelevante para el tema. Ejemplos: "Siempre lo hemos hecho de esa forma". "Los padres fundadores estarían horrorizados por la propuesta del Senador". "Las disciplinas exitosas han tenido éxito porque han emulado a la física. Esta debería ser el modelo de las ciencias sociales, si quieren tener éxito".
Acento	Un énfasis fuera de lugar en una palabra, frase o porción de un argumento resulta en malos entendidos o en malas interpretaciones. El uso de cursivas, negritas, fuentes variables, fotos, imágenes predefinidas (*clip-art*) y colores puede acentuar la importancia de argumentos o partes de argumentos relativamente sólidos y plausibles, así como relativamente pobres o inverosímiles. Un ejemplo destacado de la falacia de acento es citar o extraer información, razones o argumentos fuera del contexto.

* Merton, *Social Theory and Social Structure*, p. 99n [sobre su versión española, ver n. 32 del Capítulo 4]. Campbell, *Epistemology and Methodology for Social Science*, p. 168, señala el mismo punto.

** *N. del t.*: Se ha indicado que la expresión "Suplicar o mendigar la pregunta" proviene de una inapropiada traducción del siglo XVI de la expresión aristotélica *petitio principii*, que se traduce literalmente por "asumir la premisa o el punto inicial". La falacia *petitio principii* es el intento de apoyar una afirmación con una premisa que presupone la afirmación.

RESUMEN DEL CAPÍTULO

Este capítulo ha proporcionado una comprensión de la estructura y proceso de la argumentación en la política pública, enfocándose en los contrastes entre tipos de afirmaciones, en la identificación y disposición de los elementos de los argumentos de política pública, y en los efectos de las refutaciones en la dinámica de la argumentación. El capítulo también contrasta diferentes modos de razonamiento en la política pública, y ofrece pautas para la identificación y valoración de falacias comunes que debilitan o invalidan seriamente los argumentos de política pública. La argumentación en la política pública es central para el análisis de política pública y el proceso de elaboración de la política pública.

PREGUNTAS DE REPASO

1. Use tres de los términos que siguen para construir afirmaciones definicionales, designativas, evaluativas y promotoras. Deben ser doce afirmaciones en total.

Delito	Crisis fiscal
Contaminación	Derechos humanos
Terrorismo	Limpieza étnica
Calidad de vida	Desempleo
Calentamiento global	Pobreza

2. Desarrolle un argumento de política pública sobre la base uno o más de los términos de la pregunta 1.
3. Convierta el argumento de la pregunta 2 en un debate de política pública proporcionando una objeción y una refutación.
4. Explique por qué el calificador cambió (si lo hizo) después de introducir la objección y la refutación. Si el calificador no cambió, ¿por qué?
5. Defina el término "falacia". ¿La comisión de una falacia formal como *afirmar el consecuente* invalida un argumento? ¿Es lo mismo cierto para falacias informales como, por ejemplo, *falsa analogía* o *ad populum*?

EJERCICIOS DE DEMOSTRACIÓN

1. Obtenga una copia en línea o dura de la sección de asuntos internacionales de un periódico. Identifique y describa tantos *modos de argumentación* como pueda. ¿Esperaría usted encontrar modos diferentes de argumentación en las revistas académicas que en los periódicos? Explicar.
2. Lea las cartas al editor en un periódico, revista, tablón de anuncios en línea o blog. Determine tantos ejemplos de falacias formales e informales como pueda. Una variación de este ejercicio es dividirse en grupos para completar la tarea.
3. Lea el Caso 8.1 (Pros y contras de la intervención en los Balcanes), que fue tomado de un editorial de *Los Angeles Times*. Utilice procedimientos del mapeo de argumentos presentados en este capítulo para analizar pros y contras (o fortalezas y debilidades) de la recomendación de que Estados Unidos *no* debería intervenir en los Balcanes. Al hacer este ejercicio, presente los elementos del argumento con *Microsoft Draw* o use *Rationale 2*, el programa computacional especial para mapear la estructura de argumentos de política.
4. Escriba un análisis de una página en el que evalúe la plausibilidad general de la afirmación "el conflicto en Bosnia es un problema ajeno. Estados Unidos no debería intervenir militarmente". Entregue una copia impresa de su mapa de argumentos.

5. Se presenta a continuación un mapa argumental en el que se han mezclado justificaciones, soportes, objeciones, refutaciones y calificadores[58]. Reordene los elementos para construir un argumento persuasivo y un contraargumento. Examine el Caso 8.2 como ejemplo.

El Senado no debería autorizar el uso de la fuerza en Libia.

No hay garantía de que grupos disidentes no se opondrán después a los Estados Unidos.

Las sanciones económicas son la mejor alternativa. Ellas han funcionado en el pasado en Asia.

Riesgoso e incierto.

El museo alberga tesoros antiguos y artefactos históricos.

Grupos disidentes están comprometidos en el conflicto armado con el ejercito libio, que está ganando.

No se justifica una intervención. Es una creación artificial del Presidente y no hay intereses vitales en juego.

Estados Unidos tiene la obligación de intervenir.

Las opciones diplomáticas no se han agotado.

Se ha informado que el Ministro de Asuntos Exteriores es partidario del terrorismo.

El líder es un brutal dictador que no tiene otros intereses que los suyos propios.

Sin ninguna duda.

Esta es una guerra civil y Estados Unidos no debería intervenir en los asuntos internos de un Estado.

La guerra puede no ganarse a menos que Estados Unidos ponga "los pies sobre la tierra".

Las acciones del ejercito libio son una clara violación de la Declaración Universal de los Derechos Humanos.

58 Esto puede hacerse con una utilidad de *Rationale 2*.

BIBLIOGRAFÍA

Alker, Hayward R., Jr. "The Dialectical Logic of Thucydides' Melian Dialogue". *American Political Science Review* 82, 3 (1988): 805–820.

Anderson, Charles W. "Political Philosophy, Practical Reason, and Policy Analysis". En *Confronting Values in Policy Analysis*. Edición de F. Fisher y J. Forester. Newbury Park, CA: Sage Publications, 1987.

Apthorpe, Raymond y Des Gasper, eds. *Arguing Development Policy: Frames and Discourses*. London: Frank Cass, 1996.

Campbell, Donald T. *Epistemology and Methodology for Social Science: Selected Essays*. Chicago, IL: University of Chicago Press, 1988.

Dunn, William N. "Policy Reforms as Arguments". En *The Argumentative Turn in Policy Analysis and Planning*. Edición de F. Fisher y J. Forester. Durham, NC: Duke University Press, 1993.

Fischer, David H. *Historians' Fallacies: Toward a Logic of Historical Thought*. New York: Random House, 1970.

Fischer, Frank y John Forester, eds. *The Argumentative Turn in Policy Analysis and Planning*. Durham, NC: Duke University Press, 1993.

Gasper, Des y R. V. George. "Analyzing Argumentation in Planning and Public Policy: Improving and Transcending the Toulmin-Dunn Model". *Environment and Planning B: Planning and Design* 25 (1998): 367–390.

Majone, Giandomenico. *Evidence, Argument, and Persuasion in the Policy Process*. New Haven, CT: Yale University Press, 1989 [sobre su versión española, ver n. 49 del Capítulo 1].

McCloskey, Deirdre N. *The Rhetoric of Economics*. Madison: University of Wisconsin Press, 1988.

Merton, Robert K. *Social Theory and Social Structure*. Ed. rev. Glencoe, IL: Free Press, 1957 [sobre su versión española, ver n. 32 del Capítulo 4].

Mitroff, Ian I., Richard O. Mason y Vicent P. Barabba. *The 1980 Census: Policy Making Amid Turbulence*. Lexington, MA: D.C. Heath, 1985.

Rawls, John. A *Theory of Justice*. Cambridge, MA: Harvard University Press, 2009 [sobre su versión española, ver n. 16 del Capítulo 5].

Roe, Emery. *Narrative Policy Analysis*. Durham, NC: Duke University Press, 1994.

Scriven, Michael. *Reasoning*. New York: McGraw-Hill, 1976.

Stone, Deborah. *Policy Paradox: The Art of Political Decision Making*. Ed. rev. New York: W.W. Norton, 2002.

Toulmin, Stephen Edelston. *An Examination of the Place of Reason in Ethics*. 1950.

Toulmin, Stephen Edelston. *The Uses of Argument*, Cambridge: Cambridge University Press, 2003 [sobre su versión española, ver n. 51 del Capítulo 1].

Toulmin, Stephen Edelston, Robert Rieke y Alan Janik. *An Introduction to Reasoning*. 2da. ed. New York: Macmillan, 1984.

Van Gelder, Tim. "The Rationale for Rationale", *Law, Probability & Risk*, 6, 1–4 (2007), pp. 23–42.

CASO 8.1 PROS Y CONTRAS DE LA INTERVENCIÓN EN LOS BALCANES[59]

"¿Debe considerarse la agonía de Bosnia-Herzegovina, sin importar cuánto lo lamentemos, como un problema ajeno? No pensamos así, pero los argumentos a favor de esta opinión merecen una respuesta. Entre ellos están los siguientes:

- El conflicto balcánico es una guerra civil y probablemente no se extenderá más allá de las fronteras de la antigua Yugoslavia. Incorrecto. Belgrado tiene misiles apuntando a Viena. La Yugoslavia de Tito sostenía que, por Macedonia, el norte de Grecia hasta Salónica estaba bajo su soberanía. Esas aseveraciones pueden devolverse. La guerra 'civil' que enfrenta a albaneses no eslavos y serbios podría extenderse a Albania, Turquía, Bulgaria y Grecia.
- Estados Unidos no tiene interés estratégico en los Balcanes. Incorrecto. Sin paz, no hay dividendos de paz. A menos que Occidente pueda imponer la opinión de que la pureza étnica ya no puede ser la base de la soberanía nacional, entonces guerras nacionales interminables reemplazarán la Guerra Fría. Esta amenaza ha aparecido en forma genocida en Bosnia. Si no se puede contener aquí, emergerá en cualquier parte, y la agenda interna de Clinton será una víctima temprana.
- Si Occidente interviene a favor de los bosnios, los rusos lo harán a favor de los serbios, y la Guerra Fría renacerá. Incorrecto. Los rusos tienen más que temer de la 'limpieza étnica' que cualquier pueblo sobre la tierra. Nada los tranquilizaría más que una nueva política occidental de posguerra fría de respuesta masiva y temprana contra la persecución de minorías nacionales, incluidas las minorías rusas que se hallan en todas las repúblicas postsoviéticas. La derecha rusa puede favorecer a los serbios, pero el interés propio ruso se encuentra en otra parte.
- Los serbios también tienen sus reivindicaciones. Incorrecto. Las tienen, pero su forma de responder a estas reivindicaciones, según el informe anual de derechos humanos del Departamento de Estado, publicado la semana pasada, 'eclipsa cualquier cosa vista en Europa desde la época nazi'. Vía la Convención sobre el Genocidio, la intervención armada es legal y también se justifica.
- El plan de paz de las Naciones Unidas es la única alternativa. Incorrecto. Increíblemente, el plan propone la reorganización de Bosnia-Herzegovina seguida por un cese al fuego. Un mejor primer paso sería una declaración de las Naciones Unidas de que cualquier nación o grupo étnico que proceda a consolidar un Estado según el principio de la pureza étnica creará un Estado fuera de la ley y será tratado como tal. Como está redactado actualmente, el plan de paz de las Naciones Unidas, con un mapa de provincias que ningún partido en el conflicto acepta, es realmente un plan para la 'limpieza étnica' continua".

59 De *Los Angeles Times*, enero 24 de 1993, p. A7.

CASO 8.2 IMÁGENES, ARGUMENTOS Y LA SEGUNDA CRISIS DEL GOLFO PÉRSICO, 1990-1991

El análisis de argumentos de política pública se puede emplear para investigar las formas en que los formuladores de política representan o estructuran los problemas (Capítulo 3). De este modo, podemos identificar las imágenes, o representaciones de los problemas, que configuran los procesos de elaboración y justificación de las decisiones. Por ejemplo, durante épocas de crisis, las imágenes que los formuladores de política de los Estados Unidos tienen de otro país afectan las deliberaciones sobre el uso del mantenimiento de la paz y la negociación, la imposición de sanciones económicas o el uso de fuerza letal. Este caso considera las deliberaciones que rodearon la decisión de los EUA de emplear la fuerza militar para producir la retirada iraquí de Kuwait durante la segunda crisis del Golfo Pérsico de 1990–1991.

Es importante reconocer que ha habido tres crisis en el Golfo Pérsico desde 1980. La primera crisis del Golfo Pérsico, que implicó ocho años de guerra entre Irak e Irán, cubrió el periodo septiembre de 1980-agosto de 1988. La guerra más larga del siglo veinte, con una estimación de medio millón de civiles y combatientes militares muertos en el conflicto.

La tercera crisis del Golfo Pérsico empezó en 2003 y pareció llegar a su fin en 2011, mientras las tropas de ocupación estadounidense y de la coalición sostenían una retirada permanente de Irak. Se estimó que, de 2003 a 2010, entre 700.000 y 1,5 millones de civiles iraquíes murieron como resultado directo e indirecto de la guerra, mientras que unos 11.800 miembros de las fuerzas de seguridad y de la policía iraquíes fueron asesinados[60]. Hubo más de 4.400 militares estadounidenses muertos y otros 220 entre las fuerzas de coalición, de los cuales aproximadamente la mitad eran británicos.

La segunda crisis del Golfo Pérsico puede fecharse convenientemente el 2 de agosto de 1990, cuando Irak invadió Kuwait. Siete meses después, el 3 de marzo de 1991, se firmó un cese al fuego[61]. Cuando Irak invadió a Kuwait en agosto de 1990, Estados Unidos empezó a enviar tropas y misiles *Patriot* para defender a Arabia Saudita y a Israel. El propósito era defender a Riad, Tel Aviv y Haifa de los ataques de los misiles SCUD iraquíes. También se impuso un embargo económico y el Consejo de Seguridad de las Naciones Unidas y Estados Unidos demandaron una retirada inmediata de Kuwait. Durante los cinco meses siguientes Sadam Hussein se rehusó a cumplir. En ese punto, se aprobó una resolución del Consejo de Seguridad dando a Irak plazo hasta el 15 de enero de 1991 para su retiro. La resolución autorizaba la intervención de una coalición dirigida por Estados Unidos después de esa fecha.

Antes de la fecha límite para el retiro de Kuwait, el Senado de los Estados Unidos debatió los méritos de la intervención estadounidense. Se presentaron dos alternativas de política. Una de estas, la resolución Dole-Warner, apoyaba a la administración Bush y a las Naciones Unidas autorizando el uso de la fuerza militar para obligar el retiro. La otra resolución, la resolución Mitchell-Nunn, pedía el uso permanente de sanciones. La votación a favor de la resolución Dole-Warner fue 52–47.

El politólogo Richard Cottam y el sicólogo político cognitivo James Voss muestran cómo las imágenes de otro Estado se pueden investigar enfocándose en indicadores de motivación, capacidad, cultura y procesos de decisión percibidos de ese Estado[62]:

- *Imagen del aliado*: La imagen del aliado se conoce hallando en el discurso de política exterior indicadores referidos a las metas mutuamente beneficiosas del aliado, a la capacidad militar y económica adecuada del aliado pero a menudo menos que posible, a la cultura comparablemente civilizada del aliado, y al proceso gubernamental de toma

60 Hanna Fischer, "Iraq Casualties: U.S. Military Forces and Iraqi Civilians, Police, and Security Forces", U.S. Congressional Research Service Report (11 de junio de 2010).

61 Antes, el 15 de febrero, el clérigo chiita Muqtada al-Sadr lideró una revuelta contra el régimen de Sadam Hussein, parcialmente en respuesta al llamado previo del Presidente George H. W. Bush del 2 de febrero a los iraquíes para derrocar el gobierno de Hussein. En el mismo mes, los kurdos del norte de Irak también se levantaron en un intento por derribar el régimen de Hussein.

62 Las imágenes se basan en Cottam, *Foreign Policy Motivation: A General Theory and a Case Study* (Pittsburgh, PA: Pittsburgh University Press, 1977). Las descripciones de imágenes y uso de citas se apoyan en Voss *et al.*, "Representations of the Gulf Crisis as Derived from the U.S. Senate Debate", pp. 279–302, en Donald A. Sylvan y James F. Voss, eds., *Problem Representation in Foreign Policy Decision Making* (Cambridge: Cambridge University Press, 1998).

de decisiones del aliado, bien administrado y popularmente respaldado.

- *Imagen del enemigo*: La imagen del Estado enemigo se conoce situando en el discurso de política exterior indicadores relativos a las motivaciones agresivas, perversas y expansionistas del enemigo, a la capacidad militar y económica comparable pero penetrable del enemigo, a la cultura comparablemente civilizada del enemigo, y al proceso gubernamental de toma de decisiones monolítico y antidemocrático del enemigo.
- *Imagen del radical*: La imagen del Estado radical se conoce determinando en el discurso de política exterior indicadores relativos a motivaciones fanáticas o extremistas, al uso del terror por el Estado radical para compensar su inferior capacidad militar y económica, a la cultura menos civilizada del Estado radical, y al proceso de decisión que es bien organizado e inteligente.
- *Imagen del degenerado*: La imagen del Estado degenerado se conoce encontrando indicadores referidos a líderes motivados por la acumulación y conservación de poder personal, a la capacidad militar y económica inferior y declinante del Estado degenerado, a la cultura menos civilizada del Estado degenerado, y a un proceso de decisión confuso y desorganizado.
- *Imperial*: La imagen del Estado imperial se conoce hallando en el discurso de política exterior indicadores relativos a motivaciones basadas en el nacionalismo y modernización en interés del pueblo, a la necesidad del Estado imperial de ayuda externa debido a su inferior capacidad militar y económica, a la cultura menos civilizada del Estado imperial, y a los procesos de decisión pobremente administrados que requieren asistencia militar y económica.

En la segunda crisis del Golfo Pérsico, los debates del Senado tuvieron lugar el 10, 11 y 12 de enero de 1991. Los argumentos expuestos en los debates contienen indicadores de estas imágenes[63]. Por ejemplo, un partidario de la resolución Dole-Warner, que estaba muy cerca de la posición de la Casa Blanca, el Senador Bryan (D-Nebraska), argumentaba en términos que muestran una imagen de Irak como enemigo tradicional: "Hussein tiene ahora en sus manos más hombres que Hitler cuando el ejército alemán marchó hacia Renania ... más tanques que cuando las Divisiones Panzer cruzaron Francia ... y lo más escalofriante de todo, [está] mucho más cerca de tener un arma nuclear de lo que estuvo Hitler".

Esta no era la imagen de un Estado radical o terrorista, sino la de un Estado agresivo, perverso y expansionista con capacidades comparables a los Estados Unidos. El Senador Roth (D-Delaware) reforzaba esta imagen: "Hussein ha demostrado que con el desvanecimiento de la Guerra Fría, la amenaza real para las naciones que defienden la libertad es la proliferación de armas en manos de dictadores despóticos. Misiles intercontinentales, y armas químicas, biológicas y nucleares, pueden convertir a inestables naciones del Tercer Mundo en potencias militares de primer nivel". El Senador Cohen (R-Maine), otro partidario de Dole-Warner, usaba un argumento que sugiere la imagen de un Estado radical o terrorista: "Ninguno de nosotros ... está a salvo de la violencia que actualmente se inflige en Kuwait ... Nuestra seguridad está solamente a un Pan Am 103 de distancia en cualquier momento". El Senador Hatch (R-Utah) empleaba un lenguaje similar: "Tenemos un interés político importante en evitar que Hussein radicalice al mundo árabe".

Entre los partidarios de la resolución Mitchell-Nunn estaba el Senador Joseph Biden (D-Delaware), quien argumentaba: "Sí, tenemos intereses en el Medio Oriente. Queremos apoyar el libre flujo de petróleo. Queremos promover la estabilidad, incluida la seguridad de Israel. Pero no hemos escuchado un argumento convincente de que esté en juego algún interés vital estadounidense en una forma que nos impulse a la guerra". En cuanto a capacidad militar, el Senador Moynihan argumentaba que "Los iraquíes no tienen (aún) la tecnología para imprimir su propio papel moneda". En apoyo del uso permanente de sanciones económicas, el Senador Lautenberg (D-New Jersey) arguía: "El análisis histórico del uso de sanciones económicas sugiere que pueden ser efectivas con el tiempo para forzar el retiro de las tropas iraquíes de Kuwait".

63 Todas las declaraciones fueron tomadas de *The Congressional Record* (enero 9, 10 y 11) por Voss *et al.*, "Representations of the Gulf Crisis as Derived from the U.S. Senate Debate".

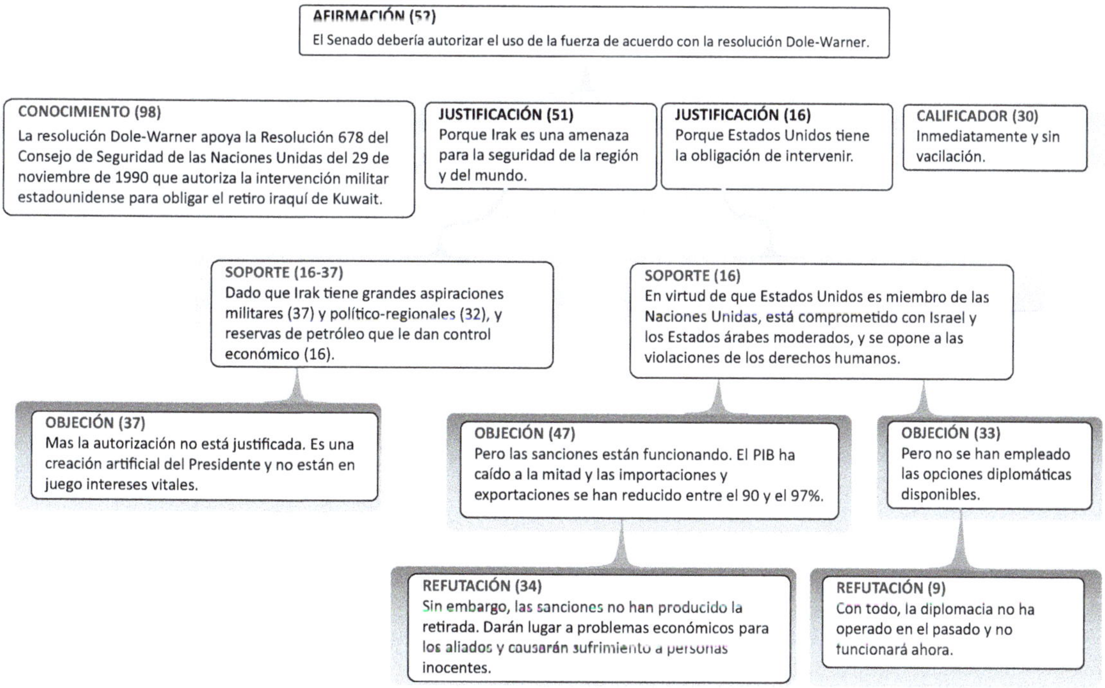

Figura C8.2.1 Argumentos del Senado que apoyan y se oponen a la participación de Estados Unidos, bajo la Resolución 678 del Consejo de Seguridad que autoriza la intervención militar, para obligar el retiro de Irak de Kuwait (29 de noviembre de 1990).

La Figura C8.2.1 mapea los argumentos que soportan la resolución promovida por Bob Dole (R-Kansas) y John Warner (R-Virginia). La figura también mapea las objeciones de los senadores que favorecen la contra-resolución promovida por George Mitchell (D-Maine) y Sam Nunn (D-Georgia). También se exponen las refutaciones a las objeciones. Los números entre paréntesis son los números de votos para las diferentes partes del argumento que secunda la intervención militar. Los votos siguieron las líneas de los partidos, excepto dos demócratas que votaron a favor de la resolución Dole-Warner. Dado que dos senadores no se presentaron a la votación, el número total de votos fue noventa y ocho.

El debate del Senado incluye argumentos que parecen ser la consecuencia de al menos tres imágenes de Irak como un Estado enemigo convencional, un Estado radical o terrorista, y un Estado degenerado. Los argumentos que apoyan la resolución Dole-Warner que autoriza un ataque militar parecen ser una consecuencia de imágenes de Irak como un Estado radical terrorista o degenerado. A su turno, los argumentos ofrecidos a favor de la continuación de sanciones económicas parecen originarse en una imagen de Irak como un Estado enemigo convencional, tal como lo fue Alemania durante la Segunda Guerra Mundial. El punto principal es que las imágenes gobiernan las representaciones de los problemas, que a su vez dirigen los procesos de argumentación en torno a los asuntos críticos de política exterior e interior.

CAPÍTULO 9

COMUNICACIÓN EN EL ANÁLISIS DE POLÍTICA PÚBLICA

OBJETIVOS DE APRENDIZAJE

Mediante el estudio de este capítulo, usted debe ser capaz de:

- Describir las etapas del proceso de comunicación en la política pública
- Contrastar análisis, documentación, comunicación, presentación interactiva y utilización del conocimiento de política pública
- Explicar cómo el proceso del análisis de política pública se relaciona con el proceso de elaboración de la política pública
- Describir los principales elementos de los documentos temáticos de política pública y los memorandos de política pública

- Identificar los factores que explican el uso, mal uso y abuso del análisis de política pública
- Trasladar argumentos de política pública a narrativas escritas estructuradas
- Planear, presentar y evaluar una sesión informativa oral
- Comunicar un análisis complejo a múltiples audiencias

INTRODUCCIÓN

El análisis de política pública es el comienzo, no el fin, de los esfuerzos por mejorar las políticas públicas. Por esta razón, el análisis de política pública se definió en la primera parte de este libro no solo como un proceso de crear y evaluar críticamente conocimiento relevante para la política pública, sino también de comunicar este conocimiento con el fin de maximizar la probabilidad de que se usará. Sin duda, la calidad del análisis es importante, pero el análisis de calidad no es necesariamente análisis utilizado. Existe una gran divisoria entre la producción de análisis de calidad y su uso por los formuladores de política pública (ver Recuadro 9.1).

EL PROCESO DE COMUNICACIÓN EN LA POLÍTICA PÚBLICA

La comunicación de conocimiento relevante para la política pública puede verse como un proceso de cuatro estadios que involucra análisis, documentación, comunicación y utilización. Como muestra la Figura 9.1, el análisis de política pública se inicia sobre la base de los requerimientos de conocimiento por parte de formuladores de política y de otras partes interesadas que desempeñan diferentes funciones en el proceso de elaboración de la política pública: configuración de la agenda, formulación de la política, adopción de la política, implementación de la política, evaluación de la política y adaptación de la política. Estas funciones se discutieron en el Capítulo 2.

En respuesta a las solicitudes de formuladores de política y de otras partes interesadas -por ejemplo, grupos de ciudadanos, organizaciones no gubernamentales, medios noticiosos, asociaciones profesionales y grupos de interés- los analistas crean y evalúan críticamente conocimiento sobre problemas de política, resultados de política esperados, políticas preferidas, resultados de política observados y desempeño de la política. Para hacerlo, los analistas usan los varios métodos discutidos hasta ahora bajo los títulos de estructuración de problemas, pronóstico, prescripción, monitoreo y evaluación (Capítulos 3–7).

Además de la conversión de tal conocimiento en argumentos de política pública (Capítulo 8), que son los vehículos o portadores esenciales del conocimiento relevante para la política pública, los analistas producen documentos de diferentes tipos: documentos temáticos, resúmenes ejecutivos, memorandos, comunicados de prensa y apéndices. A su vez, la sustancia de estos documentos se comunica en ámbitos de interacción de distintas clases: conferencias, reuniones, sesiones informativas, audiencias, y medios electrónicos y sociales. El propósito de elaborar documentos relevantes para la política pública y de hacer presentaciones es mejorar las perspectivas de utilización del conocimiento relevante para la política pública.

RECUADRO 9.1 PRODUCIR ANÁLISIS DE POLÍTICA PÚBLICA. UN ASERRADERO POBREMENTE ADMINISTRADO

"Los investigadores de las ciencias sociales han entrado al bosque del conocimiento, han derribado un árbol bueno y resistente, y han expuesto los frutos de su aplicado trabajo unos a otros. Unos cuantos leñadores emprendedores y orientados a la aplicación han arrastrado algunos troncos hacia el río y los han empujado aguas abajo ('difusión', la llaman ellos). En algún lugar río abajo, los practicantes están manejando empresas de construcción. Se las arreglan de alguna manera para armar algunos edificios improvisados con el material que se ha desplazado por el río, pero en general carecen de madera en los diversos tamaños y formas que necesitan para hacer su trabajo correctamente. El problema es que alguien olvidó construir el molino para transformar los troncos en madera utilizable en todas sus formas. Los troncos continúan apilándose en un extremo del sistema, mientras las empresas de construcción continúan haciendo lo suyo en el otro extremo … Ha habido apoyo gubernamental y de fundaciones para la operación de tala. Ha habido también algún apoyo para las empresas de construcción. Sin embargo, no ha habido casi nada para la planeación y el funcionamiento del molino".

Fuente: Rothman (1980): 16.

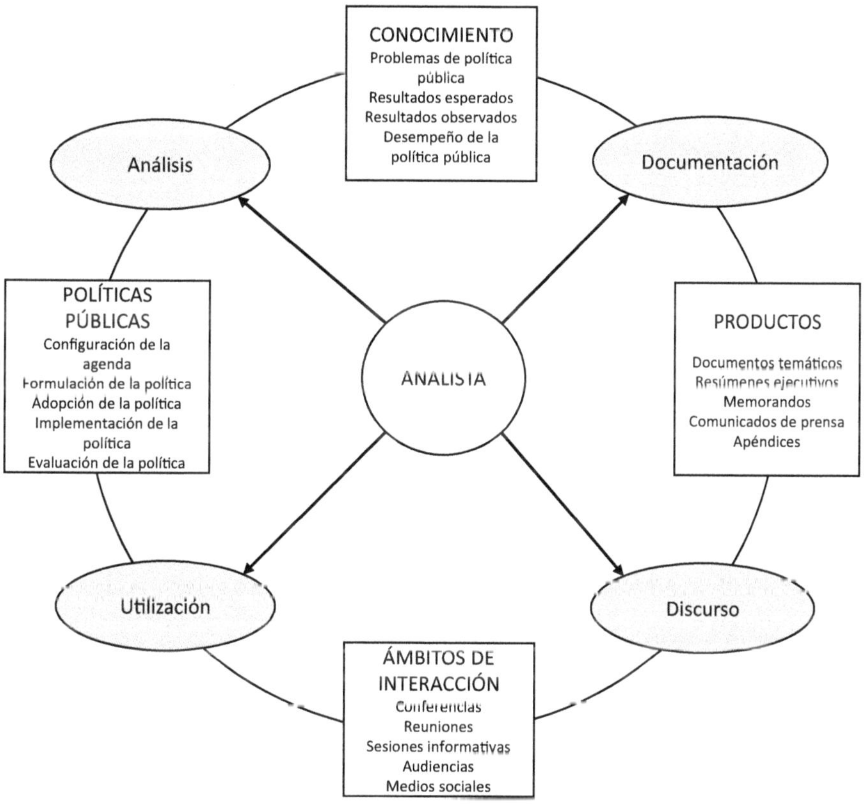

FIGURA 9.1 El proceso de comunicación en la política pública

Las cuatro flechas de la Figura 9.1 indican que los analistas influyen en la producción y uso del conocimiento en diversos puntos, no meramente realizando análisis. Los analistas no solo afectan la fiabilidad, validez y calidad general de las conclusiones y recomendaciones alcanzadas mediante el análisis, sino que también influyen en la forma, contenido y pertinencia de los documentos, y en el discurso interactivo posterior que conduce a la utilización del análisis en el proceso de elaboración de la política pública[1]. Como vimos en el Caso 2.2 (Monitoreo de los usos del análisis de política pública), hay al menos cuatro factores importantes que afectan el uso del análisis[2]:

- *Calidad técnica.* La fiabilidad, validez y pertinencia de los métodos es uno de los factores que influye en el uso del análisis. El movimiento hacia la política pública basada en la evidencia afirma la importancia de la calidad técnica, a pesar de los permanentes debates sobre la definición de evidencia y de la ciencia misma.
- *Conformidad con las expectativas del usuario.* Los usuarios del análisis no tienen expectativas uniformes sobre la utilidad del análisis, ni emplean los mismos criterios para evaluar la verdad o utilidad del conocimiento.
- *Desafío al* statu quo. Pese a la ausencia de expectativas uniformes, los usuarios parecen verse influidos por conocimiento basado en investigación que reta las políticas existentes. Los desafíos a políticas existentes pueden ser consistentes con diversas expectativas sobre la verdad o utilidad del conocimiento.
- *Restricciones organizacionales.* Los varios modelos de cambio y estabilidad en la política pública discutidos en el Capítulo 2, incluidos la racionalidad limitada y el mutuo ajuste partidista, afirman que factores sociales, políticos y económicos externos al proceso de evaluar la calidad, verdad o utilidad del conocimiento desempeñan un papel importante en la forma de usar el conocimiento.
- *Capacidad para la acción.* Una característica clave del análisis de política pública y de otras ramas de las ciencias sociales aplicadas es la improbabilidad de que se trasladen a la acción a menos que sean útiles en algún aspecto de la elaboración de la política pública. Los fundamentos del análisis de política pública, representados por las ciencias de la política pública, dependen de una visión del conocimiento que tiene su origen en las teorías de Dewey y de otros pragmatistas.

Tareas en la documentación de política pública

El conocimiento y las habilidades que se necesitan para realizar análisis de política pública son diferentes de los que se requieren para elaborar documentos relevantes para la política pública. La producción de documentos relevantes para la política pública capaces de transmitir conocimiento utilizable exige

1 El reciente informe de la Academia Nacional de Ciencias, *Using Science as Evidence in Public Policy* (Washington, DC: National Academies Press, 2012), es una fuente informativa de ejemplos de este debate. El informe fue editado por Kenneth Prewitt, Thomas A. Schwandt y Miron L. Straf a nombre del Comité sobre el Uso del Conocimiento de las Ciencias Sociales en Política Pública, Centro de Educación, División de Ciencias del Comportamiento y Sociales y Educación, Consejo Nacional de Investigación.

2 Carol H. Weiss y Michael J. Bucuvalas, "Truth Tests and Utility Tests: Decision-Makers' Frames of Reference for Social Science Research", *American Sociological Review* (1980): 302–313. Para una revisión y evaluación crítica de literatura sobre este tema, ver Dunn y Holzner, "Knowledge in Society: Anatomy of an Emergent Field", *Knowledge in Society*: 3–26. Ver también William N. Dunn, "The Two-Communities Metaphor and Models of Knowledge Use: An Exploratory Case Survey", *Science Communication* 1, 4 (1980): 515–536. David J. Webber, "The Distribution and Use of Policy Knowledge in the Policy Process", *Knowledge, Technology & Policy* 4, 4 (1991): 6–35. Judith A. Bradbury, "The Policy Implications of Differing Concepts of Risk", *Science, Technology & Human Values* 14, 4 (1989): 380–399.

conocimientos y habilidades orientados a sintetizar, organizar, traducir, simplificar, exponer y resumir información.

Síntesis. Los analistas trabajan generalmente con cientos de páginas de informes previamente publicados, artículos periodísticos y de revistas especializadas, resúmenes de entrevistas con partes interesadas y otros informantes clave, transcripciones de legislación vigente y legislación modelo, tablas de series estadísticas, y más. La información debe sintetizarse en documentos que varían de una o dos páginas (memorandos de política pública) a más de veinticinco páginas (documentos e informes temáticos de política pública). La información también debe sintetizarse cuando se compendian documentos temáticos de política pública en la forma de resúmenes ejecutivos y comunicados de prensa.

Organización. Los analistas deben ser capaces de organizar la información de una manera coherente, lógicamente consistente y económica. Aunque los documentos varían en estilo, contenido y extensión, típicamente tienen ciertos elementos comunes:

- Visión general o sumario de los contenidos del documento.
- Antecedentes de los esfuerzos previos por solucionar el problema.
- Diagnosis del alcance, gravedad y causas del problema.
- Identificación y evaluación de soluciones alternativas.
- Recomendaciones de acciones que pueden solucionar el problema.
- Los documentos temáticos de política, que contrastan con los memos de política, generalmente incluyen elementos adicionales como tablas y gráficos, apéndices técnicos que explican resultados del análisis de datos, legislación existente y propuesta, descripciones de fórmulas y ecuaciones, y otro material de apoyo.

Traducción. La terminología y las técnicas especializadas del análisis de política deben traducirse a los lenguajes de las partes interesadas de la política pública. En muchos casos, esto demanda la conversión de abstractos conceptos teoréticos y complejas rutinas analíticas y estadísticas al lenguaje y argumentación corrientes de los no expertos. Cuando la audiencia incluye expertos en el problema (*e.g.*, otros analistas y especialistas de la organización), la exposición detallada de conceptos teoréticos y rutinas analíticas y estadísticas puede incorporarse en apéndices.

Simplificación. Soluciones potenciales de un problema son a menudo complejas. Las combinaciones y permutaciones de alternativas y resultados de política pueden fácilmente exceder los cientos. En tales casos, puede presentarse un pequeño conjunto de opciones y resultados en la forma de una matriz o "cuadro de mando"[3]. Otra forma de simplificar la complejidad es usar una tabla de estrategia* como parte de un árbol de decisión o usar un árbol de decisión. En el Capítulo 1 se presentaron cuadros de mando y árboles de decisión. La simplificación de relaciones cuantitativas complejas también puede lograrse presentando en lenguaje ordinario casos que tipifiquen perfiles cuantitativos[4].

Presentaciones visuales. La disponibilidad de gráficos avanzados por computador fáciles de usar ha aumentado dramáticamente las capacidades de comunicación visual efectiva. La presentación visual de

3 Los cuadros de mando o dispositivos matriciales elaborados por Bruce F. Goeller de la Corporación RAND son útiles como medio para simplificar un gran conjunto de alternativas independientes. Para una visión general de los cuadros de mando o matrices de Goeller, ver Bruce F. Goeller, "A Framework for Evaluating Success in Systems Analysis" (Santa Mónica, CA: RAND Corporation, 1988).

* *N. del t.*: Una tabla de estrategia se define, en la atención de un objetivo, como una forma lógica y conveniente de describir alternativas de acción en términos de elecciones específicas hechas a partir de varias categorías de acciones.

4 Un buen ejemplo es Ronald D. Brunner, "Case-Wise Policy Information Systems: Redefining Poverty", *Policy Sciences*, 19 (1986): 201–223.

información cuantitativa -gráficos de barras, histogramas, gráficos circulares, gráficos lineales, mapas generados desde sistemas de información geográfica- es esencial para una eficaz comunicación visual[5].

Resúmenes. Los formuladores de política pública, con apretadas agendas, operan con severas restricciones de tiempo que limitan su lectura a no más de unos pocos minutos al día. Miembros del Congreso de los EE. UU. gastan aproximadamente quince minutos al día en lectura, y la mayor parte de este tiempo se emplea en periódicos locales y nacionales[6]. Lo mismo vale para formuladores de política de nivel superior en agencias como el Departamento de Estado de los EE. UU. En estas circunstancias, los analistas desempeñan un papel esencial en informar a los formuladores de política, que son mucho más propensos a leer un resumen ejecutivo o un conciso memorando que un extenso documento temático de política pública. Las habilidades en la preparación de resúmenes son esenciales para una efectiva comunicación en la política pública. El documento más comprehensivo y detallado es el documento temático de política pública (*policy issue paper*). Un documento temático de política pública considera cuestiones como las siguientes:

- ¿De qué manera se puede formular el problema de política pública?
- ¿Cuál es el alcance y la gravedad del problema?
- ¿En qué medida se requiere la acción pública?
- Si no se emprende ninguna acción, ¿cuán probable es que cambie el problema en los próximos meses o años?
- ¿Han considerado el problema otras unidades gubernamentales, y si es así, cuáles fueron las consecuencias?
- ¿Qué metas y objetivos deben perseguirse para solucionar el problema?
- ¿Qué alternativas de política principales están disponibles para alcanzar estas metas y objetivos?
- ¿Qué criterios deben emplearse para evaluar el desempeño de estas alternativas?
- ¿Qué alternativa(s) deben adoptarse e implementarse?
- ¿Qué agencia debe tener la responsabilidad de la implementación de la política?
- ¿Cómo se monitoreará y evaluará la política?

Rara vez se les pide a los analistas que ofrezcan respuestas a todas estas preguntas. En su lugar, se les pide que aborden un conjunto más pequeño de estas preguntas que han surgido en una o varias fases del proceso de factura de la política pública -por ejemplo, en la fase de configuración de la agenda, pueden emerger preguntas sobre los costos, beneficios y disponibilidad futuros de la atención en salud. Debe advertirse que los documentos temáticos de política son con frecuencia menos solicitados que los memorandos de política o que los resúmenes de política, cuya extensión varía de una a varias páginas. Los memorandos y resúmenes de política pública aprovechan y sintetizan la sustancia, conclusiones y recomendaciones de los documentos temáticos de política pública, informes de investigación y otras fuentes documentales. Los comunicados de prensa, a su turno, resumen usualmente las conclusiones y recomendaciones de un importante documento o informe temático de política pública.

La multiplicidad de documentos de política pública llama la atención sobre el hecho de que hay muchas formas de desarrollar apropiados materiales escritos sobre la base del mismo análisis de política pública. Hay también diversas audiencias para el conocimiento relevante para la política pública. Los "clientes" inmediatos son a menudo solo una audiencia, y la comunicación efectiva puede demandar que los analistas produzcan diferentes documentos para distintas audiencias, pensando así estratégicamente

5 La fuente destacada sobre la metodología de presentaciones gráficas es la trilogía de Edward R. Tufte, *The Visual Display of Quantitative Information* (Cheshire, CT: Graphics Press, 1983); *Envisioning Information* (Cheshire, CT: Graphics Press, 1990); *Visual Explanations* (Cheshire, CT: Graphics Press, 1997).

6 Comunicaciones personales de funcionarios de la Oficina de Contabilidad General de los EE. UU.

en oportunidades para el mejoramiento de la política pública. "Pensar estratégicamente sobre la composición de la audiencia es esencial para la comunicación eficaz. La selección de la audiencia no es algo que deba dejarse únicamente al cliente inmediato. ... Son muchos los clientes por contactar; algunos pueden ser periféricos, otros remotos o futuros, pero todos son parte de una potencial audiencia"[7]. Por ejemplo, cuando se permite la preparación de comunicados de prensa bajo procedimientos estándar de operación, el comunicado de prensa es el vehículo más apropiado para alcanzar al público general a través de los medios masivos de comunicación[8]. Un documento temático de política pública no lo es. Si el objetivo empero es comunicarse con el cliente inmediato, el resumen ejecutivo o el memorando de política pública son probablemente más efectivos.

Tareas en las presentaciones y sesiones informativas orales

Así como los procedimientos para realizar análisis son diferentes de los procedimientos para producir documentos relevantes para la política pública, de igual modo los procedimientos para elaborar estos documentos son diferentes de los procedimientos empleados para su comunicación en la forma de presentaciones y sesiones informativas orales. Un medio común de comunicación es el documento enviado por correo, medio impersonal de contactar clientes y otras partes interesadas de la política difundiendo físicamente el documento. La principal limitación de este medio es la probabilidad de que el documento llegue a los beneficiarios previstos, pero que luego repose en el anaquel. La probabilidad de utilización crece cuando las ideas se comunican mediante presentaciones de política pública. Las presentaciones de política pública, que incluyen conversaciones, conferencias, sesiones informativas, reuniones y audiencias, constituyen un modo interactivo de comunicación que se asocia positivamente con la utilización del conocimiento relevante para la política pública[9].

Si bien no existe un cuerpo codificado de reglas para hacer presentaciones orales, la experiencia ha mostrado que una serie de pautas generales son importantes para una efectiva comunicación en la política pública. Estas pautas ofrecen múltiples estrategias comunicativas apropiadas para las varias contingencias encontradas en escenarios reales complejos. Entre estas contingencias se hallan las siguientes:

- El tamaño del grupo que integra la audiencia.
- El número de especialistas en el área problema considerada.
- La familiaridad de los miembros del grupo con los métodos de análisis.
- La credibilidad del analista para el grupo.
- El grado en que la presentación es crítica para las políticas bajo consideración activa.

En tales contextos, las estrategias múltiples de comunicación son esenciales: no hay un "cliente universal" que utilice los mismos estándares para evaluar la plausibilidad, relevancia y nivel de uso del análisis de política pública. Las presentaciones efectivas de política pública dependen de que las estrategias de comunicación coincidan con las características de la audiencia del análisis de política pública (Recuadro 9.2).

7 Ver Arnold Meltsner, "Don't Slight Communication", *Policy Analysis* 2, 2 (1978): 221–231.

8 Sobre el papel de los medios de comunicación en la comunicación de conocimiento científico-social, ver Carol H. Weiss y Eleanor Singer, con la colaboración de Phyllis Endreny, *Reporting of Social Science in the National Media* (New York: Russell Sage Foundation, 1987). Un área bastante descuidada, el papel de la actividad editorial académica y comercial en la comunicación de ideas provenientes de las ciencias y las humanidades, es tratada en Irving Louis Horowitz, *Communicating Ideas: The Crisis of Publishing in a Post-Industrial Society* (New York: Oxford University Press, 1986).

9 La eficacia del modelo "interactivo" de comunicar y usar la información ha sido descrita en la literatura durante al menos treinta años. Ver Ronald G. Havelock, *Planning for Innovation: Through Dissemination and Utilization of Knowledge* (Ann Arbor, MI: Institute for Social Research, Center for the Utilization of Scientific Knowledge, 1969); Weiss, "Introduction", *Using Social Research in Public Policy Making*, pp. 1–22; Lindblom y Cohen, *Usable Knowledge*; y Michael Huberman, "Steps toward an Integrated Model of Research Utilization", *Knowledge: Creation, Diffusion, Utilization* 8, 4 (1987): 586–611.

RECUADRO 9.2 COMUNICACIÓN CONTINGENTE

Los análisis de política pública se presentan a menudo a grupos que tienen pocos expertos en el área problema, escasa familiaridad con métodos analíticos, limitada confianza en los analistas y poco tiempo para reuniones que absorben tiempo precioso. ¿Qué estrategias de comunicación pueden ser efectivas en estas condiciones?*

- Asegúrese de que la presentación tenga en cuenta las necesidades de los tomadores de decisiones clave y reconozca la diversidad de la audiencia.
- Evite ofrecer mucha información de fondo.
- Enfóquese en las conclusiones.
- Use gráficos simples para presentar los datos.
- Discuta métodos solo si es necesario apoyar las conclusiones.
- Identifique razones de su falta de credibilidad, eligiendo una estrategia para superar el problema -por ejemplo, busque ser presentado por un asociado con credibilidad o preséntese como parte de un equipo.
- Sea sensible a las restricciones de tiempo y a la posibilidad de que el grupo ya esté comprometido con un curso de acción.
- Posicione a sus seguidores junto a personas con reacciones negativas anticipadas.
- Priorice sus puntos de modo que presente los que sean más críticos para la decisión preferida del grupo.

* Adaptado de la versión 2.0 de *Presentation Planner*, un paquete de software desarrollado por Eastman Technology, Inc.

EL DOCUMENTO TEMÁTICO DE POLÍTICA PÚBLICA

Un documento temático de política pública debe brindar respuestas a una serie de preguntas:

- ¿Qué cursos actuales o potenciales de acción son objeto de conflicto o desacuerdo entre las partes interesadas?
- ¿De cuántas diferentes formas se puede definir el problema?
- ¿Cuál es el alcance y gravedad del problema?
- ¿Cómo es probable que cambie el problema en el futuro?
- ¿Qué metas y objetivos deben perseguirse para solucionar el problema?
- ¿Cómo se puede medir el grado de éxito en la consecución de los objetivos?
- ¿Qué actividades se hallan en curso para resolver el problema?
- ¿Qué alternativas de política, nuevas o adaptadas, deben considerarse como formas de resolver el problema?
- ¿Qué alternativa(s) son preferibles según metas y objetivos establecidos?

Para responder estas preguntas, los analistas necesitan adquirir conocimientos y habilidades para escribir documentos temáticos de política pública. Solo recientemente dichos conocimientos y habilidades se han convertido en parte integral de los programas formativos en departamentos universitarios y escuelas profesionales de política, gestión y administración públicas. El análisis de política pública, aunque se fundamenta en las disciplinas de las ciencias sociales, difiere de estas disciplinas porque busca tanto mejorar como comprender los procesos de elaboración de la política pública. En este respecto, el análisis de política pública posee características que lo constituyen en una disciplina de política pública "aplicada" antes que "básica"[10]. Los analistas necesitan adquirir los conocimientos y habilidades que les proporcionan las disciplinas de política pública básicas. Pero el propósito del análisis de política pública es "aplicado" y no "básico". Las características de las disciplinas de política pública básicas y aplicadas se presentan en la Tabla 9.1.

10 Los términos "básico" y "aplicado" se utilizan solo por conveniencia. Se reconoce ampliamente que estas dos orientaciones hacia la ciencia se traslapan en la práctica. Muchos de los más importantes avances en las ciencias sociales "básicas" tuvieron su origen en trabajo "aplicado" sobre problemas prácticos y conflictos. Ver, especialmente, Karl W. Deutsch, Andrei S. Markovits y John Platt, *Advances in the Social Sciences, 1900–1980: What, Who, Where, How?* (Lanham, MD: University Press of America and Abt Books, 1986).

TABLA 9.1 Dos tipos de disciplinas de política pública

Característica	Básica	Aplicada
Origen de los problemas	Colegas universitarios	Clientes y ciudadanos
Métodos típicos	Modelación cuantitativa	Desarrollo de argumentos
Tipo de investigación	Acopio de datos originales	Síntesis de datos existentes
Fin primordial	Mejorar la teoría	Mejorar la práctica
Medios de comunicación	Artículo o libro	Memo o documento temático de política pública
Fuente de incentivos	Universidades	Gobiernos y ONG

Temas considerados en el documento temático de política pública

El documento temático de política pública puede tratar temas en casi cualquier área: salud, educación, bienestar, crimen, trabajo, energía, ayuda extranjera, seguridad nacional, derechos humanos, etc. Los documentos en cualquiera de estas áreas temáticas se pueden enfocar en problemas de uno o más niveles de gobierno. La contaminación del aire, el calentamiento global y el terrorismo, por ejemplo, son de alcance internacional, nacional y local. Los documentos temáticos pueden presentarse como "informes administrativos", "documentos informativos", "documentos de opciones", o como los llamados "libros blancos" ("*white papers*"). Una lista ilustrativa de temas que pueden ser el foco de un documento temático de política es la siguiente:

- ¿Cuál de los varios contratos debería aceptar el equipo de negociación sindical?
- ¿Debería el alcalde aumentar el gasto en mantenimiento de vías?
- ¿Debería el administrador de la ciudad* instalar un sistema computarizado de información para la gestión?
- ¿Qué plan de transporte público debería presentar el alcalde para la financiación federal?
- ¿Debería una agencia estatal establecer una oficina especial para reclutar minorías y mujeres para cargos en el servicio civil?
- ¿Debería un grupo de ciudadanos apoyar la legislación de protección ambiental en el momento actual ante el Congreso?
- ¿Debería el gobernador vetar un proyecto de ley de impuestos aprobado por la legislatura estatal?
- ¿Debería un director de agencia respaldar un plan para flexibilizar el horario de trabajo (horario flexible)?
- ¿Debería un legislador apoyar un proyecto de ley para restringir la venta de pistolas?
- ¿Debería el presidente negar ayuda a los países que violan los derechos humanos?
- ¿Debería la Asamblea General de las Naciones Unidas condenar la violación de derechos humanos en un país en particular?
- ¿Debería Estados Unidos retirarse de la Organización Internacional del Trabajo?
- ¿Deberían aumentarse los impuestos a las inversiones extranjeras de corporaciones multinacionales registradas en los Estados Unidos?

* *N. del t.*: Un *administrador de la ciudad* (*city manager*) es un funcionario nombrado -no elegido- como gerente administrativo de una ciudad que trabaja en asocio con el Concejo de la ciudad. Es una forma de gobierno local de cierto desarrollo en Estados Unidos y en países europeos como Irlanda y los Países Bajos. Sus experiencias iniciales datan de las primeras décadas del siglo XX.

Elementos del documento temático de política pública

Un documento temático de política pública debe "explorar el problema con suficiente profundidad para darle al lector una buena idea de sus dimensiones y del posible alcance de la solución, de modo que un tomador de decisiones pueda llegar a la conclusión de no hacer nada más o de encargar un estudio definitivo que proponga alguna recomendación para la acción"[11]. En la experiencia de este autor, la mayoría de los documentos temáticos tratan primordialmente de la formulación de un problema y de posibles soluciones. Rara vez el documento temático arriba a conclusiones o recomendaciones definitivas. Si bien un documento temático puede contener recomendaciones y delinear planes para el monitoreo y la evaluación de resultados de política, es en esencia la primera fase de un análisis de política pública en profundidad que puede acometerse más adelante.

Al preparar un documento temático, el analista debe estar razonablemente seguro de que se han considerado todas las principales cuestiones. Aunque los documentos temáticos varían según la naturaleza del problema que se investiga, la mayor parte de los documentos temáticos contienen una serie de elementos estándar[12]. Estos elementos se han organizado alrededor del marco de referencia para el análisis de política pública presentado en este texto (Figura 9.2).

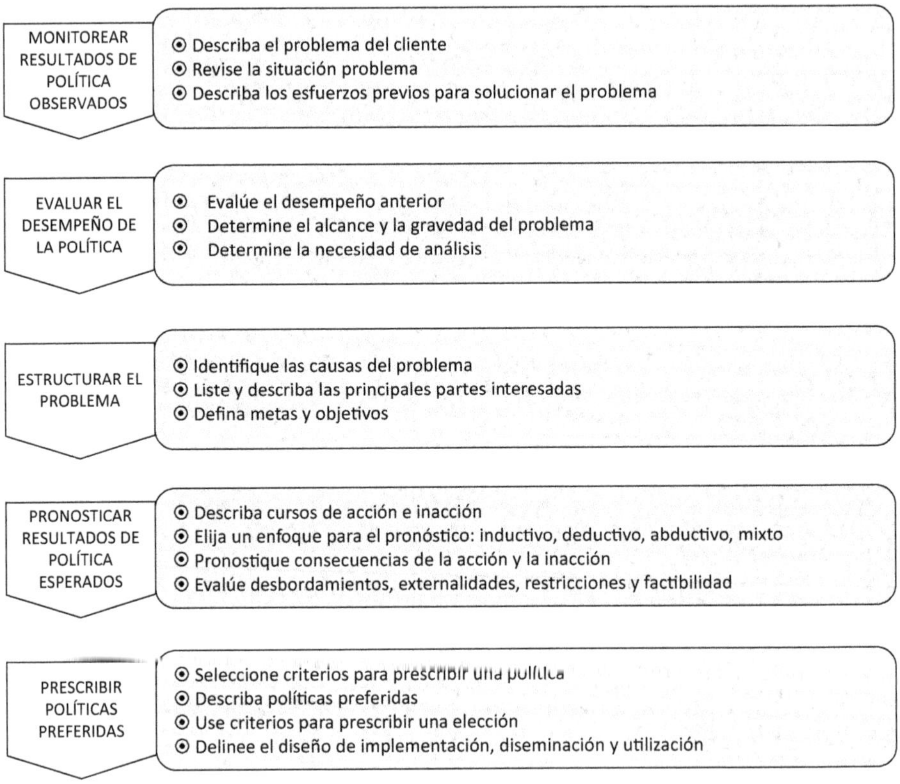

FIGURA 9.2 Métodos para elaborar un memorando o un documento temático de política pública

11 E. S. Quade, *Analysis for Public Decisions* (New York: American Elsevier Publishing, 1975), p. 69.

12 Compárese con Eugene Bardach, *The Eight-Step Path to Policy Analysis: A Handbook for Practice* (Berkeley: University of California Press, 1996) [*Los ocho pasos para el análisis de políticas públicas. Un manual para la práctica* (México: Miguel Ángel Porrúa, 1998)]; Quade, *Analysis for Public Decisions*, pp. 68–82; y Harry Hatry *et al.*, *Program Analysis for State and Local Governments* (Washington, DC: Urban Institute, 1976), Apéndice B, pp. 139–143.

Observe que cada elemento del documento temático requiere diferentes métodos analíticos de política pública para producir y transformar conocimiento. Sin embargo, un documento temático de política pública es esencialmente una investigación prospectiva (*ex ante*). Se basa en información limitada sobre acciones, resultados y desempeño del pasado, y en este respecto difiere de las evaluaciones de programas y de otros estudios retrospectivos (*ex post*). El Apéndice 1 proporciona una lista de chequeo para preparar un documento temático de política pública.

El memorando de política pública

Es creencia extendida pero errónea que los analistas de política gastan la mayor parte de su tiempo elaborando documentos, estudios e informes temáticos de política pública. De hecho, la actividad primordial de la mayoría de los analistas es la preparación de memorandos de política pública. Mientras que el documento temático es una actividad de largo plazo que implica realización de investigación y análisis de política durante muchos meses, el memorando de política se prepara en un breve periodo de tiempo -usualmente no más de un mes, pero con frecuencia es un asunto de días. Las diferencias entre el documento, estudio o informe temático y el memorando de política reflejan algunas de las diferencias entre el análisis de política pública básico y aplicado resumidas en la Tabla 9.1.

El memorando de política debe ser conciso, enfocado y bien organizado. Relaciona información de antecedentes y presenta conclusiones o recomendaciones, usualmente en respuesta al requerimiento de un cliente. El memo de política a menudo compendia y evalúa uno o más documentos o informes temáticos, junto con los documentos de respaldo y datos estadísticos que los acompañan.

El formato de un memo, que varía de agencia en agencia, está diseñado para una rápida y eficiente lectura. La mayoría de los memos presentan el nombre del destinatario, el nombre del analista que remite el memo, la fecha y la materia en líneas separadas en la parte superior de la página. La mayoría de las agencias han preimpreso formas de memos. Los programas procesadores de palabra disponen de plantillas para memos y otros documentos estándar. Los redactores de memos de política deben aprovechar todas las oportunidades para comunicar clara y eficazmente los principales puntos del análisis:

- La línea del asunto debe expresar en términos concisos la principal conclusión, recomendación o propósito del memo.
- El cuerpo del memo (usualmente no más de dos páginas) debe contener títulos.
- Las listas con viñetas deben usarse para relievar un pequeño conjunto de ítems importantes (no más de cinco) como metas, objetivos u opciones.
- El párrafo introductorio debe reseñar la solicitud de información y análisis, reafirmar las preguntas hechas por el cliente y describir los objetivos del memo.

En el Apéndice 3 se presenta un ejemplo de memorando de política.

El resumen ejecutivo

El resumen ejecutivo es una sinopsis de los principales elementos de un documento o informe temático de política pública. Típicamente, el resumen ejecutivo tiene los siguientes elementos:

- Propósito del documento o estudio temático que se resume.
- Antecedentes del problema o cuestión tratados.
- Principales hallazgos o conclusiones.
- Enfoque de análisis y metodología (cuando corresponda).
- Conclusiones y recomendaciones (cuando sean requeridas).

El Apéndice 2 proporciona un ejemplo de resumen ejecutivo.

La carta de presentación

Una carta de presentación acompañará un documento o estudio temático de política pública. Aunque la carta de presentación tiene la mayoría de los elementos de un memo de política, la finalidad de la carta (o memo) es introducir al destinatario en un documento o estudio más extenso. Algunos elementos comunes de una carta de presentación son los siguientes:

- El membrete o la dirección de la(s) persona(s) que divulga(n) el documento o estudio temático.
- El nombre, título formal y dirección de la(s) persona(s) o cliente(s) que solicitaron el documento o estudio temático.
- Un breve párrafo que exponga la pregunta o problema que la(s) persona(s) o cliente(s) esperan que el analista haya tratado.
- Un breve resumen de las conclusiones o recomendaciones más importantes del documento o estudio temático.
- Una revisión de los planes para una comunicación o trabajo complementarios con el cliente, por ejemplo, una sesión informativa programada sobre el documento o estudio temático.
- Una declaración final que indique dónde y cómo se puede contactar al analista para responder cualquier pregunta.
- Firma con el nombre y título del analista o supervisor del analista.

PLANEACIÓN DE SESIONES INFORMATIVAS ORALES Y DE PRESENTACIONES VISUALES

Los documentos escritos son solo uno de los medios para comunicar resultados del análisis de política. El otro es la sesión informativa oral. Aunque la sesión o presentación oral tiene muchos de los mismos elementos que el documento temático, el enfoque para planear y realizar una presentación oral es bastante diferente. Los elementos de una presentación oral incluyen por lo general los siguientes:

- Apertura y saludo a los participantes
- Antecedentes de la sesión informativa
- Principales hallazgos del documento, estudio o informe temático
- Enfoque y métodos
- Datos usados como base para el análisis
- Recomendaciones
- Preguntas de los participantes
- Cierre

Conocer la audiencia es uno de los más importantes aspectos de la planeación de presentaciones orales. En este contexto, debe responderse una serie de importantes preguntas antes de la sesión.

- ¿Cuán grande es la audiencia?
- ¿Cuántos miembros de la audiencia son expertos en el problema que usted va a considerar en la sesión?
- ¿Qué porcentaje de la audiencia entiende sus métodos de investigación?
- ¿Es usted creíble para los miembros de la audiencia?
- ¿La audiencia prefiere información detallada o general?
- ¿En qué punto del proceso de elaboración de la política pública se sitúa la sesión? ¿En la fase de configuración de la agenda? ¿En la fase de implementación?

Las respuestas a estas preguntas gobiernan estrategia y tácticas de la comunicación apropiada para una audiencia particular. Por ejemplo, si la audiencia es un grupo de tamaño medio de veinte a veinticinco personas, la diversidad de la audiencia demanda estrategias y tácticas específicas de comunicación:

- Haga circular materiales de antecedentes antes de la reunión para que todos partan de una base común.
- Diga al grupo que la estrategia seleccionada se diseñó para satisfacer los objetivos de todo el grupo, pero que no puede satisfacer las necesidades de todos.
- Enfóquese en las agendas de los formuladores clave de política, aunque esto signifique perder el resto de la audiencia.

Otro problema común al ofrecer sesiones informativas orales es que los formuladores de política pueden llevar su propio personal de expertos a la sesión. Si un alto porcentaje de la audiencia tiene expertícia en el área que usted va a considerar, las siguientes estrategias y tácticas son apropiadas:

- Evite comprometerse en un "concurso de conocimiento" con sujetos expertos. Enfóquese más bien en el propósito de la presentación.
- Capitalice la experticia del grupo centrándose en hallazgos y recomendaciones.
- Evite una extensa presentación de antecedentes y descripción de métodos.
- Intente generar diálogo y un debate productivo sobre las opciones de política.

Un problema igualmente importante en las presentaciones orales es conocer miembros individuales del grupo. Por ejemplo, es importante saber si los clientes inmediatos del análisis de política:

- Son expertos en el área problema.
- Son conocedores de sus métodos analíticos.
- Son participantes influyentes en el proceso de política pública.
- Están orientados hacia la información detallada *versus* la información general
- Tienen una alta, media o baja participación en el resultado.
- Son políticamente importantes para el éxito de sus recomendaciones.

Finalmente, la efectividad de las presentaciones orales se puede mejorar significativamente con varias presentaciones gráficas. Las más comunes de estas son las transparencias utilizadas con retroproyectores y las filminas creadas con programas para gráficos y presentaciones como *Microsoft PowerPoint*. Es importante reconocer que el uso de transparencias y filminas no es apropiado cuando se adopta un estilo informal de presentación -las transparencias tienden a hacer las presentaciones muy formales y a dificultar el diálogo abierto. También es importante observar las siguientes pautas:

- Mantenga las transparencias y diapositivas simples, con textos concisos e iluminados.
- Use letras claras, en negrita y ordenadas, y líneas de texto.
- Evite esquemas de color complicados, arte *pop* y plantillas recargadas.
- Ilumine los puntos importantes y use diferentes colores. Un fondo oscuro con letras blancas o amarillas sobreimpuestas es efectivo.
- Limite el texto en cualquier página a un máximo de diez líneas.
- Asegúrese de que el ancho de la pantalla sea al menos un sexto de la distancia entre la pantalla y el espectador más alejado.
- Asegúrese de que el espectador más cercano se halle a un mínimo de dos anchos de pantalla de la pantalla.

- Permanezca en la misma transparencia o filmina como mínimo dos minutos. Esto da a los espectadores tiempo para leer, más unos 30 segundos adicionales para estudiar el contenido.
- Mantenga las luces de la sala encendidas -transparencias y filminas están diseñadas para espacios iluminados. No es una sala de cine.
- Apague el proyector u oscurezca la pantalla del computador cuando desee redireccionar la atención hacia usted y reestablecer el contacto visual.

Estas son solo algunas de las estrategias y tácticas que son apropiadas para diferentes audiencias y medios de comunicación. Dada la meta de seleccionar medios y productos de comunicación que armonicen con las características de la audiencia, existe hoy una rica colección de técnicas para la presentación visual de información. Se dispone ampliamente de apropiados programas de gráficos por computador.

Muchos tipos de presentaciones visuales están disponibles para el analista que desea comunicar de manera efectiva ideas complejas. En el Apéndice 4 se ofrecen ejemplos de los siguientes dispositivos visuales (creados con *Harvard Graphics*). Los mismos gráficos se pueden crear con *Microsoft Excel* y *PowerPoint*.

- Matrices de impacto de opciones ("Cuadros de mando de Goeller")
- Hojas de cálculo
- Gráficos de barras
- Gráficos circulares
- Histogramas de frecuencias
- Ojivas (curvas de frecuencias acumuladas)
- Gráficos de dispersión
- Gráficos de series de tiempo interrumpidas y de series de control
- Diagramas de influencia
- Árboles de decisión
- Tablas de estrategias
- Diagramas causales (de flechas)

EL ANÁLISIS DE POLÍTICA PÚBLICA EN EL PROCESO DE ELABORACIÓN DE LA POLÍTICA PÚBLICA

Empezamos este libro definiendo el análisis de política pública como un proceso de investigación multidisciplinaria diseñado para crear, valorar críticamente y comunicar conocimiento útil en la comprensión y mejoramiento de las políticas públicas. A lo largo de él, hemos subrayado que el análisis de política pública consiste en una serie de actividades intelectuales inscritas en un proceso social conocido como elaboración de la política pública. La distinción entre estas dos dimensiones -la intelectual y la social- es importante para entender el uso, el uso insuficiente y el no uso del análisis por los formuladores de política pública.

Recuérdense las tres dimensiones interrelacionadas del uso del conocimiento presentadas en el Capítulo 2:

- *Composición de los usuarios*. El análisis es utilizado así por individuos como por colectivos (*e.g.*, agencias, oficinas, legislaturas). Cuando el uso del análisis implica ganancias (o pérdidas) individuales en el valor futuro percibido del conocimiento, el proceso del uso es un aspecto de decisiones individuales (*uso individual*). En contraste, cuando el proceso del uso implica ilustración pública o aprendizaje colectivo, el uso del conocimiento es un aspecto de decisiones colectivas (*uso colectivo*).

- *Efectos del uso.* El uso del análisis de política pública tiene diferentes clases de efectos. El análisis de política se usa para pensar sobre problemas y soluciones (*uso conceptual*). También se emplea para legitimar formulaciones privilegiadas de problemas y soluciones invocando la autoridad de expertos, de la religión y de métodos (*uso simbólico*). En contraste, los efectos en el comportamiento involucran la utilización del análisis de política como medio o instrumento para llevar a cabo actividades observables de elaboración de la política pública (*uso instrumental*). Los usos conceptual, simbólico y comportamental acontecen en los planos individual y colectivo.
- *Alcance del conocimiento utilizado.* El alcance del uso va de lo específico a lo general. El uso de "ideas en buena moneda" es de alcance general (*uso general*), mientras que el uso de una recomendación de política pública es específico (*uso específico*). El conocimiento, de variado alcance, es utilizado por individuos y colectivos, con efectos que son conceptuales, simbólicos y comportamentales.

Con estas distinciones en mente, el uso del conocimiento en la factura de la política pública está modelado por al menos cinco tipos de factores[13]. Estos factores incluyen diferencias en las características del conocimiento, los modos de indagación utilizados para producir conocimiento, la estructura de los problemas de política pública, las estructuras políticas y burocráticas, y la naturaleza de las interacciones entre analistas de política pública, formuladores de política pública y otras partes interesadas.

Calidad percibida del conocimiento

Las características del conocimiento producido por los análisis de política pública influyen en su uso por los formuladores de política. Es más probable que se use el conocimiento que se conforma con las especificaciones del producto definidas por los formuladores de política que el conocimiento que no lo hace, porque las especificaciones del producto reflejan las necesidades, valores y oportunidades percibidas del formulador de política. Los formuladores de política tienden a valorar más el conocimiento que se comunica en informes verbales personales que en documentos escritos formales, y que se expresa en un lenguaje que refleja los contextos concretos de política antes que los vocabularios más abstractos de las ciencias naturales y sociales[14]. Los formuladores de política también atribuyen mayor valor al conocimiento que es exacto, preciso y generalizable a escenarios similares[15].

Calidad percibida de los métodos

El uso del conocimiento por los formuladores de política está modelado por el proceso de investigación empleado por los analistas para producir e interpretar ese conocimiento. Es más probable que se use el conocimiento que se ajusta a los estándares de investigación y análisis de calidad. Sin embargo, hay opiniones ampliamente diferentes sobre el significado de "calidad". Para muchos analistas, la calidad se define en términos del uso de experimentación social, muestreo aleatorio y medición cuantitativa[16]. El supuesto es que la utilización del conocimiento es una función del grado en que la investigación y el análisis de política pública se allanan a métodos científicos aceptados, y siempre que el conocimiento resultante se adapte a restricciones organizacionales como la necesidad de conocimiento oportuno.

13 Para un estudio de caso de estos factores, ver William N. Dunn, "The Two-Communities Metaphor and Models of Knowledge Use: An Exploratory Case Survey", en *Knowledge: Creation, Diffusion, Utilization*, 4 (1980).

14 Ver Mark van de Vall, Cheryl Bolas y Thomas Kang, "Applied Social Research in Industrial Organizations: An Evaluation of Functions, Theory, and Methods", *Journal of Applied Behavioral Science* 12, 2 (1976): 158–177.

15 Ver Nathan Caplan, Andrea Morrison y Roger J. Stambaugh, *The Use of Social Science Knowledge in Policy Decisions at the National Level* (Ann Arbor, MI: Institute for Social Research, 1975).

16 Ver Bernstein y Freeman, *Academic and Entrepreneurial Research.*

En contraste, otros analistas definen la calidad en términos diferentes. Aquí, la calidad se define en términos que hacen énfasis en procedimientos no cuantitativos diseñados para revelar las comprensiones subjetivas de los problemas y las soluciones potenciales de formuladores de política y de otras partes interesadas[17].

Complejidad de los problemas

La utilización del conocimiento por los formuladores de política también se ve influida por la bondad del ajuste entre métodos y complejidad de los problemas. Los problemas relativamente bien estructurados que implican consenso sobre metas, objetivos, alternativas y sus consecuencias exigen metodologías distintas de las que demandan los problemas relativamente mal estructurados. Debido a que la característica esencial de los problemas mal estructurados es el conflicto, no el consenso, los problemas mal estructurados requieren metodologías holísticas que aportan múltiples perspectivas de la misma situación problema para definir la naturaleza del problema[18].

La distinción entre problemas bien estructurados y mal estructurados se asocia con la distinción entre problemas de nivel inferior (micro) y nivel superior (meta). Los problemas metanivel involucran asuntos sobre cómo estructurar un problema, cómo ayudar a los formuladores de política a determinar qué debe conocerse, y cómo decidir qué aspectos de un problema deben solucionarse sobre la base de conocimiento "conceptual"[19]. La mayor parte de la investigación y del análisis de política pública se orienta hacia la producción de conocimiento "instrumental", esto es, conocimiento sobre los medios más apropiados para alcanzar fines que se dan por sentado o acordados. En virtud de que el conocimiento instrumental es apropiado para problemas bien estructurados en el nivel micro, es menos probable que los formuladores de política lo utilicen cuando enfrentan problemas mal estructurados, que implican desacuerdos sobre la naturaleza de los problemas y sus potenciales soluciones.

Restricciones políticas y organizacionales

El uso del conocimiento también está configurado por las diferencias en las estructuras formales, procedimientos y sistemas de incentivos de las organizaciones públicas. El influjo de las élites formuladoras de políticas, la burocratización de papeles, la formalización de procedimientos, y la operación de sistemas de incentivos que recompensan el conservadurismo y penalizan la innovación contribuyen al uso insuficiente y al no uso del conocimiento producido por los analistas. Estos y otros factores, aunque son "externos" a la metodología del análisis de política pública, crean un contexto político y burocrático para el uso del conocimiento[20].

Interacciones entre formuladores de política y otras partes interesadas

La naturaleza y los tipos de interacción entre partes interesadas en las varias fases de la factura de la política pública también influyen en el uso del conocimiento por los formuladores de política[21]. El

17 Martin Rein y Sheldon H. White, "Policy Research: Belief and Doubt", *Policy Analysis* 3, 2 (1977); Michael Q. Patton, *Alternative Evaluation Research Paradigm* (Grand Forks: University of North Dakota, 1975); y H. Aeland, "Are Randomized Experiments the Cadillacs of Design?", *Policy Analysis* 5, 2 (1979): 223–242.

18 Ackoff, *Redesigning the Future* [sobre su versión española, ver n. 2 del Capítulo 3]; Mitroff, *The Subjective Side of Science*; y Mitroff y L. Blankenship, "On the Methodology of the Holistic Experiment", 339–353.

19 Ver Nathan Caplan, "The Two-Communities Theory and Knowledge Utilization", *American Behavioral Scientist* 22, 3 (197): 459–470.

20 Robert F. Rich, *The Power of Social Science Information and Public Policymaking: The Case of the Continuous National Survey* (San Francisco, CA: Jossey-Bass, 1981).

21 Ver Weiss, "Introduction", *Using Social Research in Public Policy Making*, pp. 13–15.

análisis de política pública no es simplemente un proceso científico y técnico; es también un proceso social donde la estructura, alcance e intensidad de la interacción entre las partes interesadas gobiernan la creación y el uso del conocimiento.

La naturaleza interactiva del análisis de política pública hace complejas las cuestiones relativas a la utilización del conocimiento. Los analistas rara vez producen conocimiento que sea o pueda ser meramente empleado para "solucionar problemas", en el sentido estrecho de descubrir mediante análisis los medios más apropiados para fines que están bien definidos y sobre los que existe consenso sustancial. Muchos de los más importantes problemas de política pública, como hemos visto en este libro, están lo suficientemente mal estructurados como para que el modelo de "solución de problemas" del análisis de política pública sea inapropiado o inaplicable. Por esta razón, el análisis de política pública se ha descrito a lo largo de este libro como un proceso integrado de investigación donde múltiples métodos -estructuración de problemas, pronóstico, prescripción, monitoreo y evaluación- se usan de modo continuo para crear y transformar conocimiento. Aunque el proceso del análisis de política pública es quintaesencialmente metodológico, es además un proceso de interacción comunicativa. El análisis de política pública, porque tiene como objetivo la creación, valoración crítica y comunicación de conocimiento relevante para la política pública, es vital para la argumentación en la política pública y el debate público.

RESUMEN DEL CAPÍTULO

Este capítulo final ha proporcionado una visión general del proceso de comunicación en la política pública y su importancia para el uso del análisis por los formuladores de política. El análisis de política pública es el comienzo, no el fin, de los esfuerzos por mejorar la factura de la política pública. El conocimiento y las habilidades para realizar análisis de política pública son diferentes del conocimiento y las habilidades requeridos para producir documentos de política pública y ofrecer sesiones informativas orales. Para ser efectivos, los analistas necesitan dominar y aplicar un amplio rango de habilidades de comunicación, estrechando así la gran divisoria entre las dimensiones intelectuales y sociales de la elaboración de la política pública.

PREGUNTAS DE REPASO

1. ¿Por qué la comunicación y el uso del conocimiento son centrales para los fines del análisis de la política pública?
2. Si el análisis de política pública es una actividad intelectual llevada a cabo dentro de un proceso social, ¿cuáles son las implicaciones para el uso del análisis por los formuladores de política?
3. "El análisis de política es el comienzo, no el fin, de los esfuerzos por mejorar el proceso de elaboración de la política pública". Comente.
4. Antes de que beneficiarios previstos puedan usar el conocimiento relevante para la política pública, este debe transformarse en documentos relevantes para la política pública y comunicarse en presentaciones de diferentes clases. ¿Esto garantiza que los beneficiarios previstos usarán la información?
5. Describa los estadios del proceso de comunicación en la política pública.
6. ¿Por qué las habilidades necesarias para elaborar documentos de política y ofrecer presentaciones orales son diferentes de las requeridas para conducir análisis de política pública?
7. Discuta los factores que afectan la utilización del análisis de política pública por los formuladores de política y otras partes interesadas.
8. ¿Por qué la producción de análisis de política pública se describe como un aserradero pobremente administrado?

EJERCICIOS DE DEMOSTRACIÓN

1. Después de leer el Caso 9.1, elabore mapas de argumentos para los cuatro tipos de documentos descritos en el caso:
   a. Un documento de posición
   b. Un documento temático o memo
   c. Un resumen de política
   d. Una carta al editor

   Después de crear los mapas, redacte documentos escritos que incluyan el razonamiento usado en cada uno de los cuatro mapas.
2. El propósito de este ejercicio es afinar el conocimiento y las habilidades para planear y conducir presentaciones orales efectivas. Este es un ejercicio de grupo, aunque diferentes individuos podrían completarlo. Divida la clase en cuatro grupos. Cada grupo debe ejecutar las siguientes tareas.
   a. Responda una de las siguientes solicitudes (I, II, II o IV) para hacer una exposición oral sobre la reducción de niveles perjudiciales de plomo en la gasolina. Asuma que usted es uno de los autores del análisis incluido como Caso 9.2. Es un análisis preparado por David Weimer y Aidan Vining, dos analistas de política pública altamente experimentados. Se le ha pedido a su grupo que haga una de las cuatro presentaciones que siguen a continuación.
   b. Cada grupo tendrá quince minutos para hacer su presentación y responder diez minutos de preguntas. El principal interrogante de política pública que usted debe responder es: ¿Debe el gobierno regular los aditivos de plomo en la gasolina?
   c. Otros miembros de la clase, que estarán utilizando la escala de calificación anexa, evaluarán las presentaciones. Las evaluaciones se usarán como base para la crítica y discusión de las presentaciones.
   - *Grupo I.* Prepare una presentación oral para un grupo ambiental comunitario integrado por sesenta ciudadanos que tienen poco o ningún conocimiento de métodos estadísticos y de investigación biomédica sobre el plomo. La audiencia no comparece ante su grupo, que está constituido por "personas ajenas" a Washington. Entre las personas del grupo ambiental hay una persona potencialmente disruptiva a la que le gusta llamar la atención participando en "certámenes de conocimiento". Esta persona se encuentra aspirando a un cargo público en las próximas elecciones. El grupo ambiental desea ver legislación nueva en la agenda pública. Se supone que su respuesta a la pregunta de política pública indicada anteriormente los ayudará.
   - *Grupo II.* Prepare una presentación oral para un grupo de diez expertos en bioestadística, econometría y economía ambiental. Todos tienen amplio conocimiento de los efectos de la gasolina con plomo sobre la salud. La mayoría de ellos son colegas con los que usted ha trabajado anteriormente. Un miembro del grupo de trabajo, un respetado bioestadístico, es un consultor que trabaja para la Unión Internacional de Plomo y Zinc (UIPZ), organización que comercializa productos de plomo y zinc. La UIPZ tiene la posición de que "las correlaciones estadísticas no demuestran causalidad". El grupo de trabajo está diseñando una propuesta de investigación para indagar los efectos del plomo en la salud. Su respuesta a la pregunta de política pública se supone que los ayudará.
   - *Grupo III.* Prepare una presentación oral para un grupo de treinta ejecutivos de la industria de refinamiento de petróleo. Ellos se oponen a la regulación gubernamental de la gasolina con plomo. Creen que la regulación reducirá las ganancias y destruirá la industria. Aunque han sido instruidos por su personal de expertos, no tienen familiaridad con la estadística y la investigación biomédica sobre el plomo. Los ejecutivos se están preparando para luchar contra un proyecto de

ley del Congreso que, de ser adoptado el mes siguiente, regularía y finalmente prohibiría la gasolina con plomo. Se supone que su respuesta al interrogante de política pública los ayudará.

- *Grupo IV*. Prepare una presentación oral para un grupo de seis expertos de la Administración de Salud y Seguridad Ocupacional. Ellos han realizado una amplia investigación sobre los efectos biomédicos de la exposición al plomo y están convencidos de que los bajos niveles de exposición al plomo son en extremo dañinos, especialmente para los niños del centro de la ciudad que están expuestos a cantidades inusualmente altas de gases de escape de los automóviles. Los expertos están evaluando su análisis en preparación para una conferencia anual. Su respuesta a la pregunta de política pública se supone que los ayudará.

Para preparar su exposición, use el modelo estructural de argumentación (Capítulo 8) como marco de referencia para organizarla, expresando claramente su argumento y anticipando los desafíos. (*Nota*: no presente el modelo de argumentación como parte de la exposición. Es una herramienta analítica).

Su presentación oral debe basarse en una estrategia de comunicación concordante con las características de su audiencia. Para desarrollar una estrategia de comunicación apropiada, use las pautas descritas en este capítulo. Las exposiciones se evaluarán con base en la lista de verificación anexa y la escala de calificación. Usted o su instructor deben hacer cuatro copias de la lista de verificación -tres para evaluar las otras presentaciones y una para sus registros.

RECUADRO 9.3 LISTA DE VERIFICACIÓN PARA UNA PRESENTACIÓN ORAL

Grupo evaluado (encierre con un círculo): I II III IV

Utilice la siguiente escala de valoración para su evaluación. Proporcione una breve justificación escrita en el espacio ofrecido próximo a cada ítem.

1 = Muy bien
2 = Bien
3 = Adecuado
4 = Pobre
5 = Muy pobre

1. Califique la eficacia de los siguientes elementos de la presentación:
   (a) apertura ____________
   (b) antecedentes ____________
   (c) hallazgos ____________
   (d) métodos ____________
   (e) evidencia/datos ____________
   (f) recomendaciones ____________
   (g) preguntas y respuestas ____________
   (h) cierre ____________
2. Pertinencia de la presentación para:
   (a) tamaño de la audiencia ____________
   (b) experticia de la audiencia ____________
   (c) familiaridad de la audiencia con los métodos ____________
   (d) preferencias de información de la audiencia ____________
   (e) fase del proceso de elaboración de la política ____________
   (f) percepciones de credibilidad del presentador ____________
3. Lógica, organización y fluidez de la presentación: ____________
4. Uso de dispositivos visuales: ____________
5. En conjunto, esta presentación fue: ____________

BIBLIOGRAFÍA

Barber, Bernard. *Effective Social Science: Eight Cases in Economics, Political Science, and Sociology*. New York: Russell Sage Foundation, 1987.

Freidson, Elliot. *Professional Powers: A Study of the Institutionalization of Formal Knowledge*. Chicago, IL: University of Chicago Press, 1986.

Hacker, Diana. *A Writer's Reference*, 4a. ed. New York: St. Martin's Press, 1999.

Horowitz, Irving L., ed. *The Use and Abuse of Social Science: Behavioral Science and Policy Making*. 2a. ed. New Brunswick, NJ: Transaction Books, 1985.

Jasanoff, Sheila. *The Fifth Branch: Science Advisors as Policymakers*. Cambridge, MA: Harvard University Press, 1990.

Lindblom, Charles E. y David K. Cohen. *Usable Knowledge: Social Science and Social Problem Solving*. New Haven, CT: Yale University Press, 1979.

Machlup, Fritz. *Knowledge: Its Creation, Distribution, and Economic Significance*. Vol. 1, *Knowledge and Knowledge Production*. Princeton, NJ: Princeton University Press, 1980.

McCloskey, Deidre. *Economical Writing*. 2a. ed. Long Grove, IL: Waveland Press, 2000.

Rothman, Jack. *Social R&D: Research and Development in the Human Services*. Englewood Cliffs, NJ: Prentice Hall, 1980.

Tufte, Edward R. *The Visual Display of Quantitative Information*. Cheshire, CT: Graphics Press, 1983.

Tufte, Edward R. *Envisioning Information*. Cheshire, CT: Graphics Press, 1990.

Tufte, Edward R. *Visual Explanations*. Cheshire, CT: Graphics Press, 1997.

Weiss, Carol H. y Michael Bucuvalas. *Social Science Research and Decision Making*. New York: Columbia University Press, 1980.

CASO 9.1 TRASLADO DE ARGUMENTOS DE POLÍTICA PÚBLICA A DOCUMENTOS TEMÁTICOS, DOCUMENTOS DE POSICIÓN Y CARTAS AL EDITOR. EL CASO DE LA SEGUNDA GUERRA DEL GOLFO PÉRSICO

Una habilidad importante es el traslado de argumentos de política a narrativas escritas estructuradas. Estas narrativas escritas tienen diferentes nombres: libros blancos, documentos temáticos, memos, comunicados de prensa y cartas. Todas se usan para comunicar resultados del análisis con la esperanza de maximizar la probabilidad de que realmente se utilizarán para tomar e influir en las decisiones.

En el Capítulo 8 se presentó el caso de la segunda guerra del Golfo Pérsico. El mapa de argumentos que muestra los pros y contras de la intervención de Estados Unidos se ilustró en la Figura C8.2.1.

Este mapa de argumentos se puede trasladar a cuatro tipos de documentos de política pública:

- *El documento de posición*. El documento de posición expresa solamente las razones para hacer una afirmación de política pública. No se incluyen puntos de vista opuestos; tampoco se incluyen objeciones y refutaciones. Los documentos de posición exponen un lado de un argumento de la manera más persuasiva posible.
- *El resumen de política pública*. El resumen de política pública es similar al resumen legal. Presenta las razones de una afirmación, seguidas por las objeciones, que son refutadas. Los documentos temáticos y memos presentan un argumento opuesto y luego muestran por qué no se sostiene.
- *El documento temático de política pública o el memo de política pública*. El documento temático de política pública o el memo de política pública (versión abreviada del documento temático de política) presentan por igual ambos lados de un asunto, sin tomar partido. Se proporcionan razones y objeciones para apoyar las afirmaciones o asuntos en disputa.
- *La carta al editor*. La carta al editor empieza por considerar una objeción a la afirmación, refutándola, suministrando luego múltiples razones para respaldar la afirmación. La carta al editor es un ejemplo del análisis *a fortiori* descrito en el Capítulo 5.

En cada uno de los siguientes documentos escritos, el mapa original del argumento ha sido trasladado a una narrativa escrita estructurada. Las declaraciones en letra *cursiva* se toman directamente del mapa de argumentos. Los documentos requerirían edición antes de darse a conocer.

Narrativa para el documento de posición sobre la invasión de EE. UU. a Irak

Hay tres razones para creer que el Senado debería autorizar el uso de la fuerza según la Resolución Dole-Warner.

En primer lugar, la Resolución 678 del Consejo de Seguridad de las Naciones Unidas del 29 de noviembre de 1990 justifica la Resolución Dole-Warner. Esto es evidente dado que la Resolución 678 autoriza la intervención militar estadounidense en Kuwait. Evidencia adicional es que la Resolución 678 obligará el retiro iraquí de Kuwait.

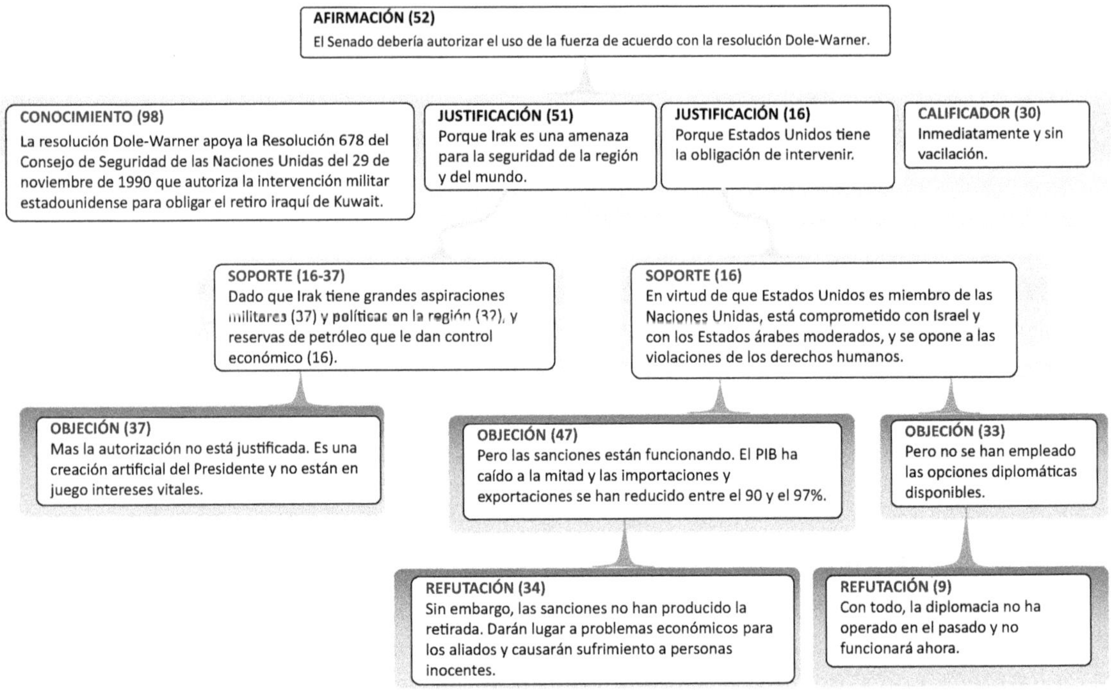

FIGURA C9.1.1 Ejemplo de un mapa de argumentos

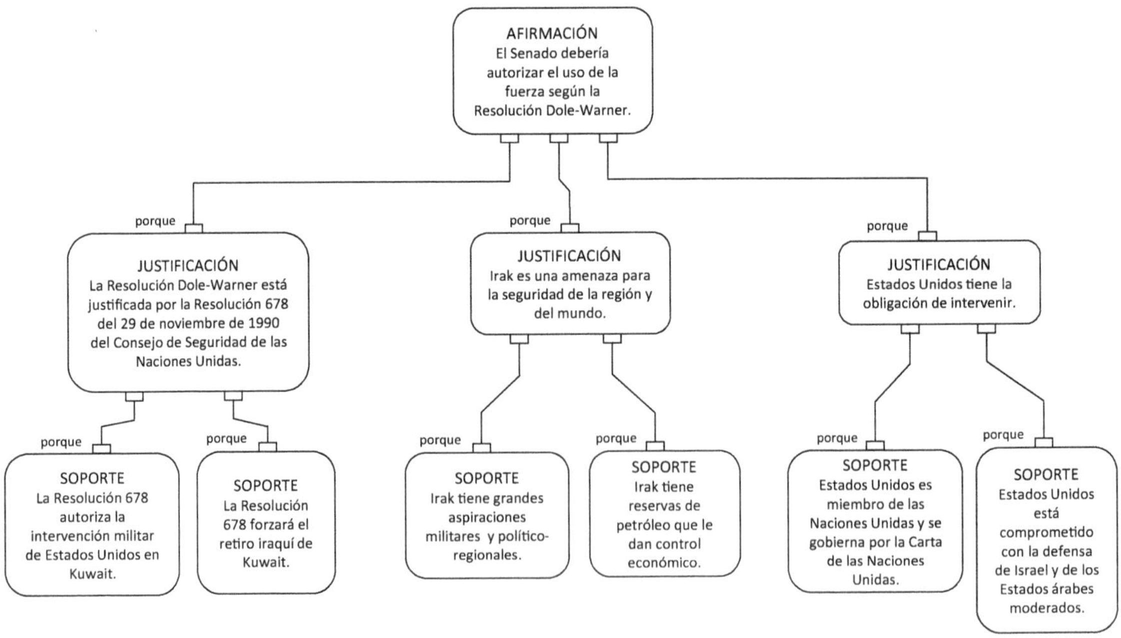

FIGURA C9.1.2 Mapa de argumentos para un documento de posición

En segundo lugar, Irak es una amenaza para la seguridad en la región y el mundo. Esto se asienta en la razón de que Irak tiene grandes aspiraciones militares y político-regionales. Además, Irak tiene reservas de petróleo que le dan control económico.

Finalmente, EE. UU. tiene la obligación de intervenir. Evidencia de esto es que EE. UU. es miembro de las Naciones Unidas y se gobierna por la Carta de las Naciones Unidas. Adicionalmente, EE. UU. está comprometido con la defensa de Israel y de los Estados árabes moderados, lo cual también muestra que EE. UU. tiene la obligación de intervenir.

Dadas estas consideraciones, es claro que el Senado debería autorizar el uso de la fuerza de acuerdo con la Resolución Dole-Warner.

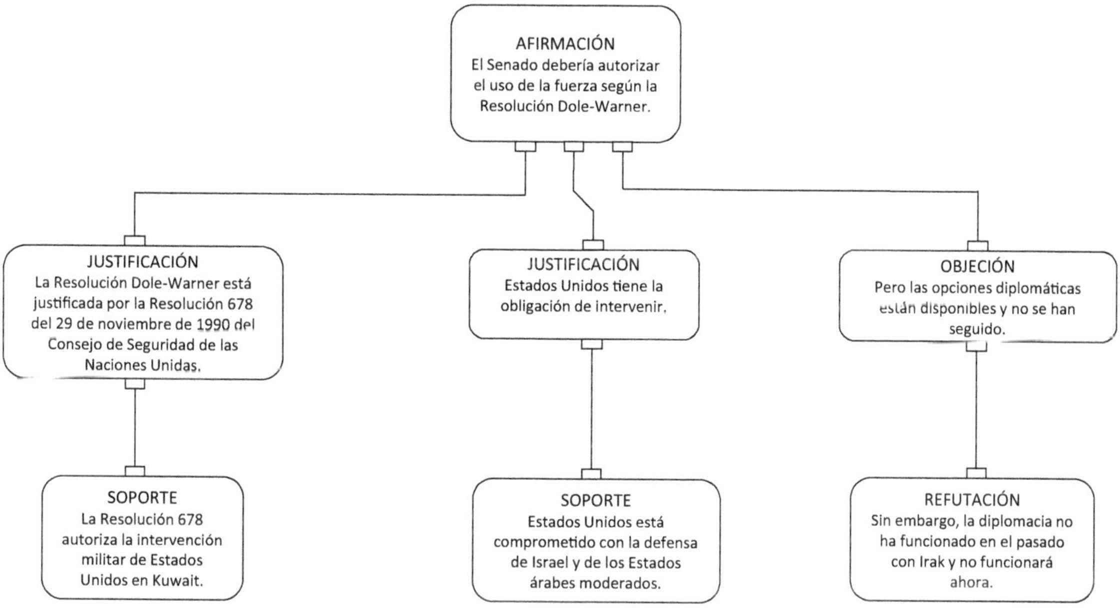

FIGURA C9.1.3 Mapa de argumentos para un resumen de política pública sobre la invasión de Irak

Narrativa para un resumen de política pública

El Senado debería autorizar el uso de la fuerza según la Resolución Dole-Warner. Hay dos principales razones que apoyan esta aseveración, y la principal objeción a ella se puede refutar.

La primera razón es que la Resolución Dole-Warner está justificada por la Resolución 678 del Consejo de Seguridad de las Naciones Unidas del 29 de noviembre de 1990. Esta razón se basa en el afirmación de que la Resolución 678 autoriza la intervención militar estadounidense en Kuwait.

La segunda razón para pensar que el Senado debería autorizar el uso de la fuerza según la Resolución Dole-Warner es que EE. UU. tiene la obligación de intervenir. Esto se debe a que EE. UU. está comprometido con la defensa de Israel y de los Estados árabes moderados.

Por otra parte, una consideración contra la idea de que el Senado debería autorizar el uso de la fuerza bajo la Resolución Dole-Warner es que las opciones diplomáticas están disponibles y no se han seguido. Sin embargo, esta objeción no es convincente porque la diplomacia no ha funcionado en el pasado con Irak y no funcionará ahora.

Basados en este razonamiento es claro que el Senado debería autorizar el uso de la fuerza en conformidad con la Resolución Dole-Warner.

Narrativa para el memo de política pública sobre la invasión de EE. UU. a Irak

Se ha planteado la pregunta de si *el Senado debería autorizar el uso de la fuerza según la Resolución Dole-Warner.* Este análisis considera varias perspectivas para determinar si se respalda o rechaza esta afirmación.

Una razón para aceptar que el Senado debería autorizar el uso de la fuerza según la Resolución Dole-Warner es la sugerencia de que la Resolución Dole-Warner está justificada por la Resolución 678 del Consejo de Seguridad de las Naciones Unidas del 29 de noviembre de 1990. Esta razón se apoya en el hecho de que la Resolución 678 autoriza la intervención militar de los EE. UU. en Kuwait. Una objeción a la afirmación de que la Resolución Dole-Warner esté justificada por la Resolución 678 del Consejo de Seguridad de las Naciones Unidas del 29 de noviembre de 1990 es que la resolución es una creación artificial del Presidente y no hay intereses vitales en juego.

Otra razón para creer que el Senado debería autorizar el uso de la fuerza bajo la Resolución Dole-Warner es que Irak es una amenaza para la seguridad regional y del mundo. Esto se fundamenta en la idea de que Irak tiene grandes aspiraciones militares y político-regionales.

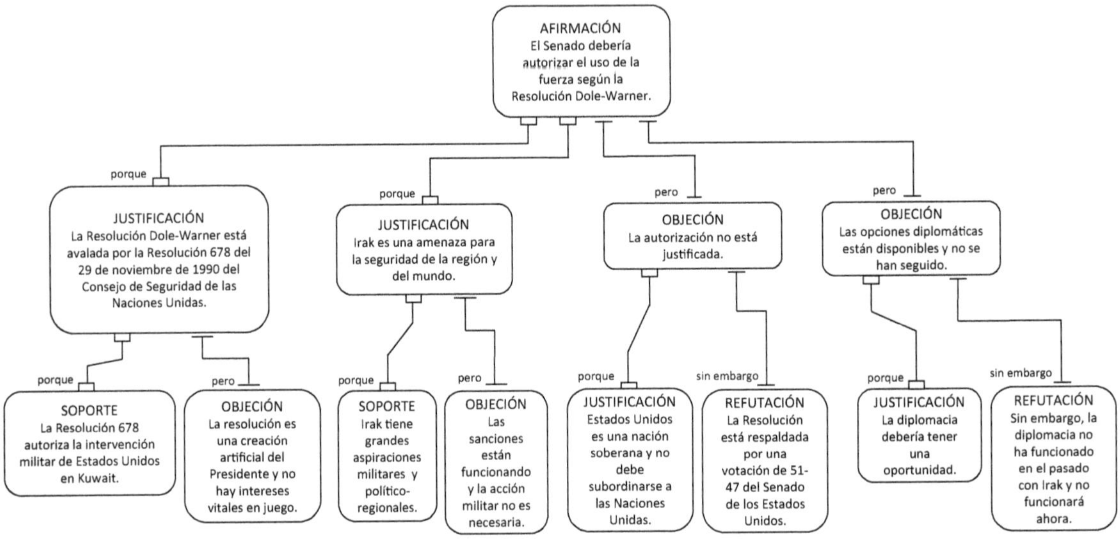

FIGURA C9.1.4 Mapa de argumentos para un documento temático de política pública o un memorando de política pública sobre la invasión de Irak

Sin embargo, la visión opuesta de que las *Sanciones están funcionando y la acción militar no es necesaria* ofrece una perspectiva interesante. En resumen, no obstante, parece más razonable rechazar este argumento.

Por otra parte, una consideración contra la afirmación de que el Senado debería autorizar el uso de la fuerza de acuerdo con la Resolución Dole-Warner es que la autorización no está justificada. Esta objeción se sustenta en la afirmación de que los EE. UU. son una nación soberana y no debe subordinarse a las Naciones Unidas. No obstante, la refutación de que la Resolución está respaldada por la votación de 51– 47 del Senado de los EE. UU. debe considerarse para determinar si la objeción es en efecto aceptable.

Finalmente, existe otra significativa objeción a la afirmación de que el Senado debería autorizar el uso de la fuerza según la Resolución Dole-Warner. Las objeciones diplomáticas están disponibles y no se han utilizado. Para apoyar esta opinión está la razón de que la diplomacia debe tener una oportunidad. En refutación, se sugiere que la diplomacia no ha funcionado en el pasado con Irak y que no funcionará ahora.

En resumen, parecería más razonable aceptar la afirmación de que el Senado debería autorizar el uso de la fuerza según la Resolución Dole-Warner. La línea más fuerte de razonamiento para esta opinión es que Irak es una amenaza para la seguridad de la región y del mundo. Irak tiene grandes aspiraciones militares y políticas.

Narrativa para una carta al editor sobre la invasión de EE.UU. a Irak

Respetado Señor/Señora

Le escribo para afirmar que el Senado debería autorizar el uso de la fuerza de acuerdo con la Resolución Dole-Warner. Esto es contrario a la opinión expresada por la minoría del Senado, que ha sostenido que las sanciones están funcionando y que la acción militar no es necesaria. Rechazo esta afirmación porque la diplomacia no ha operado en el pasado con Irak y no lo hará ahora.

Además, hay tres fuertes razones que apoyan mi opinión de que el Senado debería autorizar el uso de la fuerza de acuerdo con la Resolución Dole-Warner. La primera razón es que la Resolución Dole-Warner está justificada por la Resolución 678 del Consejo de Seguridad de las Naciones Unidas del 29 de noviembre de 1990, puesto que la Resolución 678 autoriza la intervención militar de EE. UU. en Kuwait. Adicionalmente, esta razón se sustenta en el hecho de que Gran Bretaña y otros aliados clave apoyan la Resolución 678.

La segunda razón es que Irak es una amenaza para la seguridad en la región y el mundo.

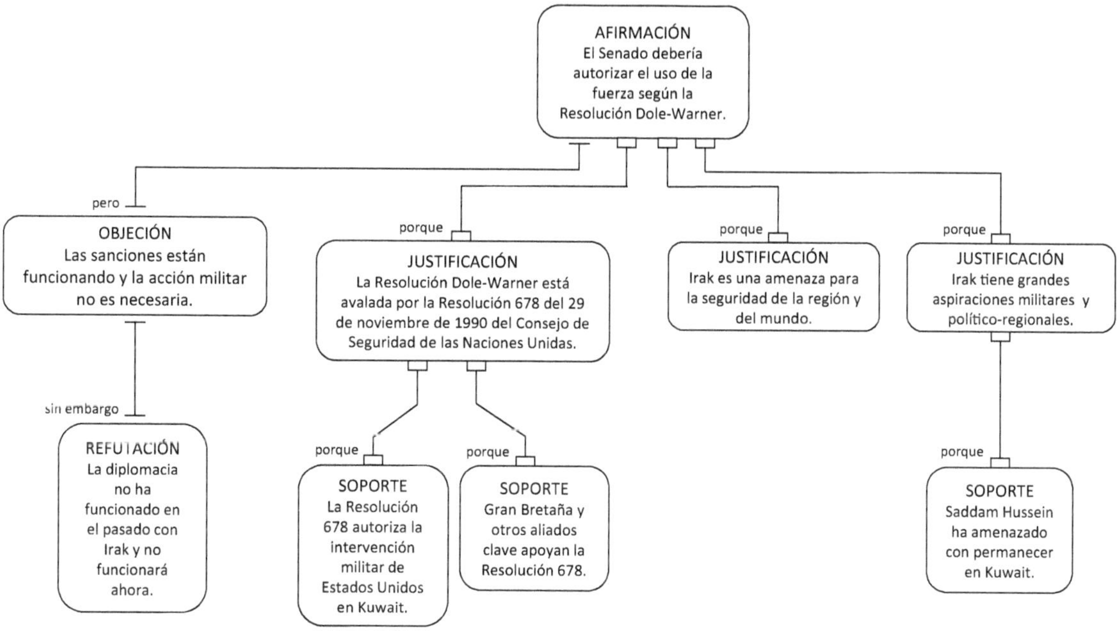

FIGURA C9.1.5 Mapa de argumentos para una carta al editor

Finalmente, es claro que el Senado debería autorizar el uso de la fuerza según la Resolución Dole-Warner, dado que Irak tiene grandes aspiraciones militares y político-regionales. Esta razón se ampara en la afirmación de que Sadam Hussein ha amenazado con permanecer en Kuwait.

Reafirmo mi argumento de que el Senado debería autorizar el uso de la fuerza según la Resolución Dole-Warner. Lo insto a usted a que también adopte esta opinión.

Suyo sinceramente,

[Su nombre]

CASO 9.2 COMUNICACIÓN DE ANÁLISIS COMPLEJOS A MÚLTIPLES AUDIENCIAS: LA REGULACIÓN DE LA GASOLINA CON PLOMO

Cuando la estadística cuenta: revisión del estándar de plomo de la Agencia de Protección Ambiental[22]

David L. Weimer y Aidan L. Vining

Los analistas de política pública deben tratar con muchos tipos de evidencia empírica. Con frecuencia las restricciones de tiempo y recursos, así como la naturaleza del problema de política pública en consideración, obligan a los analistas a depender de datos cualitativos y fragmentarios. A veces, sin embargo, los analistas pueden hallar datos que los habilitan para estimar magnitudes de los efectos de intervenciones de política pública en las condiciones sociales, económicas o políticas. Las estimaciones pueden permitirles a los analistas calcular los probables beneficios sociales netos de políticas propuestas o aun aplicar técnicas formales de optimización para encontrar mejores alternativas.

El uso efectivo de datos cuantitativos demanda comprensión de los temas básicos del diseño de investigación y desenvoltura con las técnicas de inferencia estadística. Incluso cuando los analistas no disponen de recursos para hacer análisis de datos primarios, a menudo deben confrontar evidencia cuantitativa producida por otros participantes en el proceso de política pública o extraída de la literatura académica. Si carecen de las habilidades necesarias para la evaluación crítica, corren el riesgo de perder su influencia ante la evidencia cuantitativa que a los tomadores de decisiones les puede parecer más objetiva y científica. Por consiguiente, los analistas bien entrenados necesitan cierto dominio de los conceptos básicos de inferencia estadística por razones de defensa propia, si no por otras.

Los fundamentos del diseño de investigación y de inferencia estadística no pueden cubrirse adecuadamente en un curso introductorio de análisis de política pública. De manera similar, no podemos ofrecer un cubrimiento adecuado en este libro. No obstante, podemos proporcionar un ejemplo de cambio en la política pública donde el análisis cuantitativo fue el medio clave: la decisión de la Agencia de Protección Ambiental de los EE. UU. en 1985 de reducir dramáticamente la cantidad de plomo permitida en la gasolina. La historia del nuevo estándar de plomo exhibe una serie de elementos hallados con frecuencia cuando se hace análisis cuantitativo en escenarios organizacionales: sustitución del análisis inicial "rápido y somero" por versiones más sofisticadas en cuanto se dispone de más tiempo y de datos; repetidos análisis para descartar explicaciones alternativas (hipótesis) ofrecidas por oponentes de la política propuesta; y eventos fortuitos que influyen en la estrategia analítica. Aunque nuestro propósito primordial es narrar lo que creemos que es una historia intrínsecamente interesante e instructiva sobre la práctica del análisis de política pública, esperamos ofrecer unas cuantas lecciones básicas sobre análisis cuantitativo a lo largo del camino.

Antecedente: los estándares de plomo de la Agencia de Protección Ambiental (APA)

Las Enmiendas de Aire Limpio de 1970 le dieron al administrador de la Agencia de Protección Ambiental autoridad para regular cualquier componente o aditivo del combustible para motores que produjese emisiones nocivas para la salud o el bienestar públicos [23]. Sin embargo, antes de ejercer dicha competencia el administrador debía considerar "toda la evidencia médica y científica relevante que tuviese disponible" así como métodos alternativos que estableciesen estándares sobre emisiones antes que sobre componentes del combustible[24].

En 1971 el administrador de la APA anunció que estaba considerando posibles controles sobre aditivos de plomo en la gasolina[25]. Una de las razones era los posibles efectos adversos sobre la salud de las emisiones de los motores que usaban gasolina con plomo, el combustible estándar en ese momento. La evidencia disponible sugería que el plomo es tóxico para el cuerpo humano, que el plomo puede ser absorbido por el cuerpo desde

22 Tomado de David L. Weimer y Aidan Vining, *Policy Analysis: Concepts and Practice*, 2a. ed. (Englewood Cliffs, NJ: Prentice Hall, 1992), cap. 13, pp. 382–406 [existe sexta edición de 2017]. Las restantes notas a pie de página en este capítulo son originales de Weimer y Vining.

23 The Clean Air Act Amendments of 1970, Public Law 91–604, 31 de diciembre de 1970.

24 Section 211 (c) (2) (A), 42 U.S.C. @ 1857f-6c (c) (2) (A).

25 36 *Fed. Reg.* 1468 (31 de enero de 1971).

el aire circundante y que los motores de gasolina dan cuenta de una importante fracción de plomo en el aire. La otra razón para controlar el contenido de plomo en la gasolina era la incompatibilidad entre el combustible con plomo y el convertidor catalítico, dispositivo que era visto con el potencial de reducir las emisiones de hidrocarburos de los automóviles. La primera razón sugería considerar si las reducciones en el contenido de plomo de toda la gasolina podían ser deseables; la segunda abogaba por la remoción total del plomo de la gasolina usada por los nuevos automóviles equipados con convertidores catalíticos.

Sin ir más lejos uno podría preguntar: ¿Por qué debía el gobierno preocuparse por el nivel de plomo en la gasolina? Y ¿por qué el gobierno había ya decidido exigir la instalación de convertidores catalíticos? El análisis que sigue no considera explícitamente la conveniencia de los convertidores catalíticos. Sin embargo, como hemos argumentado, siempre es importante asegurarse de que existe una base racional convincente para la acción pública. Las intervenciones a la mano, el convertidor catalítico y las restricciones relacionadas con el plomo, tratan con fallas del mercado -vistas como problemas de externalidades negativas o de bienes públicos (bienes públicos ambientales). Además, puede entrar en juego otra falla del mercado con respecto al plomo -información imperfecta del consumidor sobre los impactos del plomo en la salud y en el costo de mantenimiento de los vehículos. Debido a que los impactos en la salud y en el mantenimiento pueden no ser manifiestos durante muchos años (la gasolina con plomo es una buena experiencia posterior), los mercados pueden ser ineficientes por cuenta de la asimetría en la información. Estas evidentes fallas del mercado justificarían la intervención del Estado.

Pero la intervención puede ser costosa. Es perfectamente concebible que los costos de la intervención puedan exceder los beneficios. Es preciso responder varias preguntas antes de que pueda hacerse la comparación de costos y beneficios: ¿Cuáles son los impactos en la División de Análisis Económico que había trabajado en las regulaciones de 1982? Schwartz utilizó su conocimiento acumulado a partir de análisis previos para completar en dos o tres días un análisis beneficio-costo, rápido y somero, de la prohibición total de aditivos de plomo.

En virtud de que la prohibición total fue una de las opciones consideradas en 1982, a Schwartz le resultó bastante fácil obtener una estimación razonable del costo. Como suele ser el caso cuando se evalúan regulaciones de salud y seguridad, el problema más difícil era estimar los beneficios de la prohibición total. Schwartz examinó dos categorías de beneficios: el aumento de las puntuaciones en el coeficiente intelectual de los niños debido a más bajos niveles de plomo en la sangre, y el daño evitado a los convertidores catalíticos.

Schwartz usó estimaciones a partir de una variedad de fuentes para reconstruir una relación entre emisiones de plomo y valor presente de los ingresos de por vida de los niños. El primer paso implicó usar estimaciones de los análisis de 1982 de la relación entre emisiones de plomo y niveles de plomo en la sangre en niños. Luego acudió a estudios epidemiológicos que reportaban una relación entre niveles de plomo en la sangre y coeficientes intelectuales. Finalmente, encontró estudios econométricos que estimaban la contribución de puntajes de coeficiente intelectual al valor presente de ingresos futuros.

Como primera medida para cuantificar los beneficios resultantes del control más efectivo de otras emisiones, Schwartz calculó el costo de los convertidores catalíticos que, contaminados bajo los estándares actuales, no se contaminarían bajo la prohibición total. Usó el número de convertidores protegidos multiplicado por el precio por convertidor como medida del beneficio. Asumiendo que los convertidores tienen razones beneficio-costo mayores que uno, esta medida del beneficio sería conservadora.

Estos cálculos al "reverso del sobre" sugerían que los beneficios de la prohibición total de los aditivos de plomo serían más de dos veces los costos. Schwartz discutió los resultados con su jefe de sección, G. Martin Wagner, quien envió un mensaje a la oficina del administrador de que un análisis adicional de la prohibición total parecía valioso. Unas pocas semanas después Schwartz y su compañera analista Jane Leggett empezaron un trabajo de dos meses para transitar del reverso del sobre a un informe preliminar.

Juntando las piezas

La tarea más urgente que enfrentaron Schwartz y Leggett fue desarrollar mejores medidas de los beneficios de la prohibición del plomo. La clave para mejorar la medida de los beneficios de la evitación de envenenamientos por los convertidores era realizar una contabilidad más sofisticada de la composición de la edad futura de la flota de vehículos en los EE. UU. La clave para mejorar la medida de los beneficios de la reducción de emisiones de plomo era efectuar una mejor estimación cuantitativa de la relación entre plomo en la gasolina y plomo en la sangre. La modelación y el análisis estadístico serían una parte importante de su trabajo.

La composición de la edad de la flota de vehículos cambia continuamente en la medida en que los vehículos viejos, algunos de los cuales tienen convertidores contaminados o parcialmente contaminados, se retiran y unos nuevos, con convertidores frescos, se suman. La prohibición del plomo tendría diferentes efectos sobre los vehículos antiguos. Por ejemplo, sería irrelevante para vehículos que ya tienen convertidores contaminados, pero muy importante para vehículos que se contaminarían de otra forma y permanecerían en servicio por largo tiempo.

Los analistas desarrollaron un modelo de inventario que rastreaba cohortes de vehículos a lo largo del tiempo. Cada año una nueva cohorte entraría a la flota. Cada año sucesivo se retiraría una fracción de vehículos por accidentes o fallas mecánicas. Adicionalmente, una fracción sufriría envenenamiento del convertidor por falta de combustible adecuado. Al seguir las varias cohortes en el tiempo, fue posible predecir el número total de convertidores que se protegerían en cada año futuro a partir de reducciones específicas del contenido de plomo de la gasolina con plomo hoy y en el futuro. La pérdida que se evitaría del valor depreciado de los convertidores catalíticos (costos del daño a la salud y a la propiedad causados por contaminantes distintos al plomo que posteriormente se evitaron) podría calcularse para cada año futuro. Con un descuento apropiado, podrían sumarse los beneficios anuales para obtener el valor presente del programa de reducción de plomo que se estaba considerando.

Dos importantes consideraciones salieron a la luz durante el trabajo en el modelo de la flota de vehículos. Una era que cierta literatura sugería que el plomo aumenta los costos rutinarios de mantenimiento de los vehículos. En consecuencia, una nueva categoría de beneficios, los costos de mantenimiento evitados, se estimaba usando el modelo de flota de vehículos. La otra consideración era la posibilidad de que algunos motores podrían sufrir desgaste prematuro de las válvulas de asiento si se abastecían con gasolina totalmente libre de plomo. Aunque el problema era bastante limitado (principalmente motores de automóviles fabricados antes de 1971 y algunos camiones, motocicletas y vehículos todo terreno más nuevos), se sugería la necesidad de considerar alternativas a la prohibición total.

Los esfuerzos por cuantificar mejor el nexo entre plomo en la gasolina y plomo en la sangre se enfocaron en el análisis de los datos de la segunda Encuesta Nacional de Salud y Nutrición (*National Health and Nutrition Examination Survey* -NHANES II). La encuesta fue diseñada por el Centro Nacional de Estadística en Salud para proporcionar una muestra nacional representativa de la población entre seis meses y setenta y cuatro años de edad. Incluyó a 27.801 personas seleccionadas en sesenta y cuatro lugares representativos desde 1976 hasta 1980. De las 16.563 personas a las que se les solicitó muestra de sangre, el sesenta y uno por ciento lo consintió. Se midieron las concentraciones de plomo en las muestras de sangre y se obtuvieron datos que pudieron usarse para rastrear niveles promedio en la sangre durante los cuatro años de la encuesta. La cantidad de plomo en la gasolina vendida durante el periodo pudo entonces correlacionarse con las concentraciones de plomo en la sangre.

Los investigadores ya habían encontrado una relación positiva entre concentraciones de plomo en la sangre a partir de los datos de la NHANES II y plomo en la gasolina. La correlación positiva es evidente en la Figura C9.2.1, que preparó James Pirkle de los Centros para el Control y Prevención de Enfermedades a fin de mostrar el curso cercano de las concentraciones de plomo en la sangre y el total de plomo en la gasolina. Sin embargo, se necesitaba mucho más que la evidente correlación para el análisis beneficio-costo. Schwartz usó técnicas de regresión múltiple, que discutiremos en detalle más tarde en nuestra historia, para estimar el aumento en microgramos promedio de plomo por decilitro de sangre (µg/dl) debido a cada cien toneladas métricas adicionales por día de plomo en la gasolina consumida. Empleó también modelos que le permitieron estimar las probabilidades de que niños con características específicas tuvieran niveles tóxicos de plomo en la sangre (definidos entonces por los Centros para el Control de Enfermedades como superiores a 30 µg/dl). Estas probabilidades pudieron usarse después para predecir el número de niños en la población que evitarían la toxicidad del plomo si se impusiera la prohibición de plomo en la gasolina.

A principios de noviembre de 1983, Schwartz y Leggett reunieron los componentes de sus análisis y hallaron que la razón entre beneficios y costos de la prohibición total era mayor que el cálculo original de Schwartz al reverso del sobre. Junto con su jefe de sección, expusieron sus resultados al Administrador Adjunto Alm, quien los encontró alentadores. Y dio luz verde para la preparación de una refinada versión que pudiera presentarse al administrador como fundamento de una nueva regulación. Alm también quiso que los varios componentes del cuidadoso estudio se sometieran a una revisión de expertos ajenos a la APA. Al mismo tiempo, instó prontitud a fin de reducir las posibilidades de que la voz llegase a los refinadores y fabricantes de aditivos de plomo, principales oponentes de la prohibición, antes de que la APA tuviese la oportunidad de revisar toda la evidencia.

El jefe de sección amplió el equipo analítico para agilizar la preparación del refinado informe que se enviaría al administrador. A Schwartz y Leggett se unieron Ronnie Levin, Hugh Pitcher (un econometrista) y Bart Ostro (un experto en los beneficios de la reducción de ozono). En poco más de un mes el equipo estuvo listo para enviar un informe borrador con miras a su revisión por pares.

El esfuerzo implicó varios cambios en el enfoque analítico. En virtud del problema de la cabeza de la válvula, el análisis se centró en una reducción importante de los gramos de plomo por galón con plomo (de 1,1 gpgp a 0,1 gpgp), así como en la prohibición total. La evidencia disponible sugería que el nivel de 0,1 gpgp sería adecuado para evitar el excesivo desgaste de la cabeza de la válvula del pequeño número de motores diseñados para alimentarse con gasolina con plomo. Al mismo tiempo, se hizo un considerable esfuerzo por cuantificar los costos de mantenimiento que evitarían los propietarios de los demás vehículos si se redujera la concentración de plomo. Pronto pareció que los beneficios del mantenimiento de que disfrutarían los consumidores compensarían con creces los precios más altos que tendrían que pagar por la gasolina. Finalmente, el equipo decidió que los beneficios basados en el plomo en la sangre (a través del coeficiente intelectual) para la relación de ingresos futuros serían asaz controversiales. En su lugar, dirigieron su atención a los costos de la educación compensatoria para los niños que sufrieron pérdidas en su coeficiente intelectual por los altos niveles de plomo en la sangre.

A finales de diciembre, se remitieron partes del informe a expertos fuera de la APA para comentarios. La lista incluía ingenieros automotrices, economistas, bioestadísticos, toxicólogos, investigadores clínicos, expertos en transporte y un sicólogo. Durante enero de 1984, el equipo refinó su análisis e incorporó, o cuando menos respondió a, los comentarios realizados por los revisores externos.

Finalmente, a comienzos de febrero, el equipo estuvo listo para presentar sus resultados al Administrador Ruckelshaus. Convino este en que el análisis apoyaba un nuevo estándar de 0,1 gpgp. Le indicó al equipo que finalizara su informe sin proponer una regulación y que lo divulgase para comentarios del público. Asimismo, Ruckelshaus se dirigió a la Oficina del Administrador Adjunto de Aire y Radiación para que redactara una nueva regulación.

El *Proyecto de Informe Final* del equipo se imprimió y finalmente se entregó al público el 26 de marzo de 1984[26]. El equipo continuó refinando el análisis en los meses siguientes. Tuvo también que dedicar considerable tiempo a las relaciones externas. La Orden Ejecutiva 12291 solicitó a las agencias regulatorias que presentaran propuestas de regulaciones que tuviesen costos anuales de más de $100 millones a la Oficina de Administración y Presupuesto (OAP) para revisión. El equipo se reunió con analistas de la OAP varias veces antes de asegurar su aceptación del análisis beneficio-costo del estándar más estricto.

El ambiente político estaba tomando forma más o menos como se esperaba. La oposición llegaría de refinadores y fabricantes de aditivos de plomo. Los refinadores, sin embargo, parecían en general resignados a la eventual eliminación del plomo de la gasolina. Su interés primordial era la velocidad de la implementación. Algunos refinadores parecían particularmente preocupados por los primeros años del estándar más estricto, cuando tendrían dificultades para hacer las reducciones requeridas en las configuraciones existentes de sus bienes de capital. En respuesta, el equipo empezó a explorar costos y beneficios de planes de cumplimiento menos rigurosos.

Los fabricantes de aditivos de plomo estaban listos para luchar contra estándares más estrictos. En mayo, Schwartz atendió una conferencia en los Centros para el Control de Enfermedades en Atlanta, Georgia, sobre la propuesta de reducir el estándar de toxicidad de plomo en la sangre para niños de 30 μg/dl a 25 μg/dl. Representantes de los fabricantes de plomo estaban allí. Hablaron abiertamente de su estrategia para desafiar estándares más estrictos. Planeaban argumentar que los refinadores mezclarían en la gasolina más benceno, un sospechoso carcinógeno, para elevar el octano si se restringiera el plomo. Schwartz investigó esta posibilidad después de la conferencia. Encontró que, aun si se añadiera más benceno a la gasolina, las emisiones totales de benceno disminuirían debido a la reducción de la contaminación por los convertidores catalíticos, que oxidan el benceno si no están contaminados. El día en que se publicó la regulación propuesta, Schwartz puso una nota en el expediente aludiendo al tema del benceno, adelantándose así al principal ataque de los fabricantes.

La APA publicó la regulación propuesta el 2 de agosto de 1984[27]. Exigía que el nivel permitido de

26 Joel Schwartz, Jane Leggett, Bart Ostro, Hugh Pitcher y Ronnie Levin, *Costs and Benefits of Reducing Lead in Gasoline: Draft Final Report* (Washington, DC: Office of Policy Analysis, EPA, 26 de marzo de 1984).
27 49 *Fed. Reg.* 31031 (2 de agosto de 1984).

plomo en la gasolina se redujera a 0,1 gpgp a partir del 1º. de enero de 1986. La propuesta afirmaba el supuesto de la APA de que el nuevo estándar podía satisfacerse con el equipo de refinamiento existente, pero indicaba que también se estaban considerando planes alternativos que implicaban reducciones más graduales en caso de que se demostrara la falsedad de la suposición. Finalmente, la propuesta planteaba la posibilidad de una prohibición total del plomo en la gasolina en 1995.

Una mirada más cercana al nexo entre plomo en la gasolina y plomo en la sangre

El cálculo de los beneficios directos en la salud resultantes del estándar de plomo más estricto demandaba estimaciones cuantitativas de la contribución del plomo en la gasolina al plomo en la sangre. Los datos de NHANES II, combinados con la información sobre niveles de plomo en la gasolina, le permitieron al equipo de estudio hacer las estimaciones necesarias. Sus esfuerzos ofrecen un excelente ejemplo de cuán efectivamente se puede usar la inferencia estadística en el análisis de política pública.

La necesidad de análisis multivariado

Una inspección casual de la Figura C9.2.1 sugiere una fuerte relación positiva entre plomo en la gasolina y plomo en la sangre. ¿Por qué es necesario ir más allá? La razón es la dificultad de responder, directamente desde la Figura C9.2.1, la pregunta empírica central: ¿Cuánto disminuye el nivel promedio de plomo en la sangre en los Estados Unidos por cada reducción de 1.000 toneladas del plomo total en la gasolina usado durante el mes anterior? La Figura C9.2.1 indica una relación positiva entre plomo en la gasolina y plomo en la sangre -los cambios del plomo en la sangre siguen muy de cerca los cambios del plomo en la gasolina. Pero para la misma correlación en los datos, podríamos tener muy diferentes respuestas para nuestra pregunta central.

La Figura 9.3 ilustra la diferencia entre correlación y magnitud del efecto con datos estilizados. Si nuestros datos estuvieran representados por los triángulos, podríamos "encajar" en la línea uno como nuestra mejor estimación de la relación entre plomo en la sangre y plomo en la gasolina. El efecto de reducir el plomo en la gasolina de 500 toneladas por día a 400 toneladas por día reduciría el promedio de plomo en la sangre de 10,1 µg/dl a 10,0 µg/dl, es decir, 0,1 µg/dl por 100 toneladas por día. Una muestra alternativa de datos está representada por los puntos, que están graficados de modo que la correlación entre plomo en la gasolina y plomo en la sangre es aproximadamente la misma que la de los datos representados por los triángulos. La pendiente de la línea dos, el mejor ajuste a los puntos, es 1,0 µg/dl por 100 toneladas por día -diez veces mayor que la pendiente de la línea uno. Esto significa que, aunque los dos conjuntos de datos tienen la misma correlación, el segundo implica una contribución mucho mayor del plomo en la gasolina al plomo en la sangre que el primero.

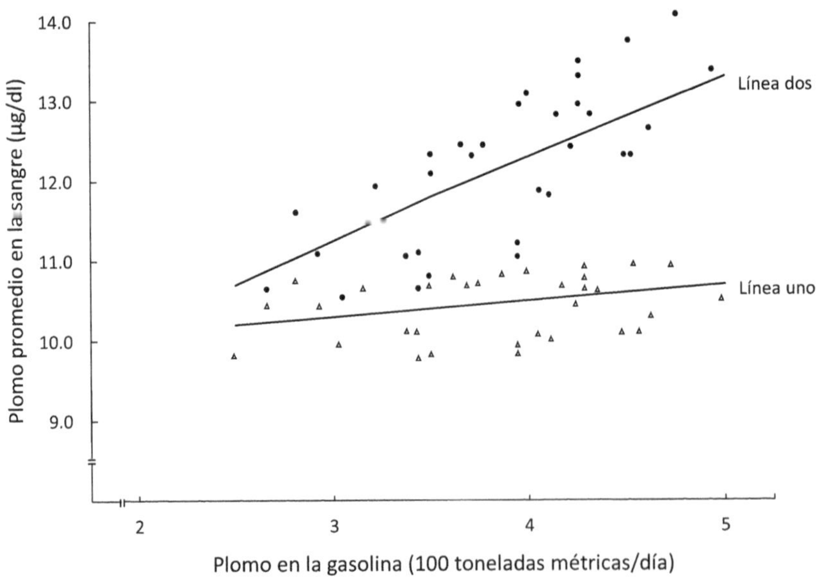

FIGURA 9.3 Muestras de datos con correlaciones iguales, pero diferentes líneas de regresión

Aun después de mostrar los datos de la Figura C9.2.1 como representación gráfica [de la relación] entre plomo en la sangre y plomo en la gasolina, nuestro análisis está lejos de ser completo porque la manifiesta relación (las pendientes de las líneas uno y dos de nuestro ejemplo) puede ser espuria. El plomo en la sangre y el plomo en la gasolina pueden no estar directamente relacionados entre sí sino con alguna tercera variable que los hace cambiar juntos. La ilustración clásica de este problema es la correlación a veces encontrada entre la densidad de nidos de cigüeñas y la tasa de natalidad humana. Si uno graficara tasas de natalidad contra densidad de nidos de cigüeñas para ciertos distritos en alguna región, podría muy bien encontrar una relación positiva y quizá concluir que puede haber algo en el mito acerca de las cigüeñas que traen bebés.

Por supuesto, hay una explicación más plausible. Una variable que mide el grado en que un distrito es rural "interviene" entre la tasa de natalidad y la densidad de nidos -las áreas rurales tienen agricultores que desean muchos niños para que ayuden con los quehaceres así como mucha tierra abierta que proporcione lugares de anidación para cigüeñas; las áreas más urbanizadas tienden a contar con personas que desean familias más pequeñas así como zonas de anidación menos hospitalarias. Al examinar una muestra que incluyese distritos rurales y urbanos podría producirse la correlación positiva entre tasa de natalidad y densidad de nidos. Si fuésemos a "controlar" estadísticamente la variable interviniente observando por separado los distritos rurales o los urbanos en lugar de agruparlos, esperaríamos que la correlación entre tasa de natalidad y densidad de nidos fuese irrelevante.

Volviendo a nuestro análisis del plomo, debemos preocuparnos por que una o más variables intervinientes podrían explicar la positiva correlación entre plomo en la gasolina y plomo en la sangre. Por ejemplo, hay alguna evidencia de que los fumadores tienen niveles de plomo en la sangre superiores a los de los no fumadores. Puede ser que durante el periodo en que se reunieron los datos de la NHANES II la proporción de fumadores en la muestra hubiese disminuido, de modo que la tendencia a la baja en los niveles de plomo en la sangre debería atribuirse a reducciones en el consumo de cigarrillos antes que a reducciones en el plomo en la gasolina.

Para determinar si fumar es una variable interviniente o distractora, podríamos elaborar diagramas por separado, como en la Figura 9.3, para fumadores y no fumadores. De esta forma, podríamos controlar la posibilidad de que los cambios en la proporción de fumadores en la muestra a lo largo del tiempo fueran responsables de los cambios en los niveles de plomo en la sangre. Si ajustáramos líneas con pendientes positivas similares para cada una de las muestras, concluiríamos que la conducta fumadora no era una variable interviniente en la relación entre plomo en la gasolina y plomo en la sangre[28].

Con cantidades ilimitadas de datos, podríamos controlar siempre posibles variables intervinientes en esta forma. Desafortunadamente, con un tamaño de muestra fijo, por lo general estiramos demasiado nuestros datos cuando intentamos formar subconjuntos de datos que mantengan todas las variables constantes (*e.g.*, todos son no fumadores), excepto la variable dependiente (niveles de plomo en la sangre) que estamos tratando de explicar y la variable independiente (plomo en la gasolina) que estamos considerando como una posible explicación. Por ejemplo, exposición ocupacional, consumo de alcohol, región y edad son solo algunas de las otras variables que podrían estar causando la relación en nuestros datos entre plomo en la gasolina y plomo en la sangre. Si seleccionáramos de nuestra muestra solo hombres adultos que viven en pequeñas ciudades del Sur, que son bebedores moderados y no fumadores, y no tienen exposición ocupacional al plomo, podríamos tener muy pocos datos para ajustar la línea de manera confiable como en la Figura 9.3. Aun si tuviésemos datos adecuados, terminaríamos con estimaciones de la relación entre plomo en la gasolina y plomo en la sangre a partir de todos nuestros subconjuntos. (El número de subconjuntos sería igual al producto del número de categorías que constituyen nuestras variables de control). Podríamos entonces tener dificultad para combinar estas estimaciones de subconjuntos en una estimación general[29].

28 Si las dos líneas coincidieran, concluiríamos que fumar no contribuía al plomo en la sangre. Si las líneas fuesen paralelas pero no idénticas, la diferencia entre sus interceptos con el eje vertical representaría el efecto promedio de fumar en el plomo en la sangre. Si las líneas no fuesen paralelas, podríamos sospechar que fumar interactuaba con la exposición al plomo en la gasolina de modo que sus efectos no son aditivos. Esto es, los fumadores eran más o menos susceptibles a la exposición al plomo en la gasolina que los no fumadores.

29 Si variase realmente la relación entre nuestros subconjuntos, entonces en general no tendría sentido hacer una estimación de conjunto. Sin embargo, como explicaremos después, realmente nunca observamos la relación real -siempre contiene algún error desconocido. Por lo tanto, no podemos estar seguros de si es razonable combinar nuestros datos

El modelo básico de regresión lineal

La regresión lineal proporciona una forma manejable de controlar estadísticamente los efectos de varias variables independientes[30]. Su uso nos exige asumir que los efectos de las diversas variables independientes son aditivos. Esto es: el efecto marginal sobre la variable dependiente del cambio de una unidad en cualquiera de las variables independientes permanece igual sin importar los valores de las otras variables independientes[31]. Podemos expresar un modelo de regresión lineal en forma matemática:

$$y = b_0 + b_1x_1 + b_2x_2 + \ldots + b_kx_k + e$$

donde y es la variable dependiente, x_1, x_2, ..., x_k son las k variables independientes, b_0, b_1, ..., b_k son los parámetros (coeficientes) por estimar, y e es un término de error que incorpora el efecto acumulado sobre y de todos los factores no explícitamente incluidos en el modelo. Si tuviéramos que aumentar x_1 en una unidad mientras se mantienen constantes los valores de las otras variables independientes, y cambiaría en una cantidad b_1. En forma semejante, cada uno de los coeficientes mide el efecto marginal del cambio de una unidad en su variable sobre la variable dependiente.

Imagine que establecemos los valores de todas las variables independientes, excepto x_1, iguales a cero. Podríamos entonces graficar y contra x_1 en un gráfico como el de la Figura 9.3. La ecuación $y = b_0 + b_1x_1$ representaría la línea ajustada a nuestra muestra de observaciones. La pendiente de la línea es b_1, la magnitud del cambio en y que resultará del cambio de una unidad en x_1, permaneciendo todas las otras cosas iguales. Sin embargo, las observaciones reales no se encuentran exactamente sobre la línea. Sus distancias verticales de la línea serán iguales al error aleatorio, representado en nuestro modelo por e, incorporado en cada una de las observaciones de y. Si los valores de e son pequeños, nuestra línea se ajustará bien a los datos en el sentido de que las observaciones reales estarán cerca de ella.

¿Qué debemos hacer para ajustar la línea? El procedimiento más comúnmente utilizado es el método de los *mínimos cuadrados ordinarios* (MCO). Cuando tenemos solamente una variable independiente, podemos graficar nuestros datos en un gráfico bidimensional como el de la Figura 9.3, y el procedimiento MCO selecciona la línea para la que la suma de las desviaciones verticales al cuadrado de los datos observados es la más pequeña. Cuando tenemos más de una variable independiente, MCO determina los valores de los coeficientes (b_0, b_1, ..., b_k) que minimizan la suma de los errores de predicción al cuadrado[32]. Mientras el número de observaciones en nuestra muestra exceda el número de coeficientes que estamos intentando estimar, y ninguna de nuestras variables independientes se pueda expresar como una combinación lineal de las otras variables independientes, los paquetes de *software* de regresión comúnmente disponibles nos permitirán usar

submuestrales. Debido a que la varianza del error será más grande cuanto más pequeño sea el tamaño de nuestras submuestras, más dividiremos nuestros datos y más difícil será determinar si las diferencias observadas reflejan diferencias reales.

30 Para introducciones claras, ver Eric A. Hanushek y John E. Jackson, *Statistical Methods for the Social Scientists* (New York: Academic Press, 1977); y Christopher H. Achen, *Interpreting and Using Regression* (Beverly Hills, CA: Sage Publications, 1982).

31 Este supuesto no es tan restrictivo como podría parecer a primera vista. Podemos crear nuevas variables que sean funciones de las variables independientes originales para capturar no linealidades. Por ejemplo, si pensáramos que los fumadores probablemente absorben el plomo ambiental más rápidamente que los no fumadores, podríamos incluir en nuestro modelo de regresión lineal una nueva variable que sea el producto del número de cigarrillos fumados por día y el nivel de plomo en la gasolina. Esta nueva variable, que captura la interacción de fumar y plomo en la gasolina, tendría un efecto que sería aditivo con las otras variables independientes del modelo, incluidas las variables fumar y plomo en la gasolina. El efecto marginal del plomo en la gasolina sobre el plomo en la sangre consistiría en la contribución de la variable plomo en la gasolina y la contribución de la variable que representa su interacción con fumar, que cambiará dependiendo del particular consumo de cigarrillos.

32 El *error de predicción* es el valor observado de la variable dependiente menos el valor que prediríamos para las variables dependientes basados en nuestras estimaciones de los parámetros y los valores de nuestras variables independientes. Para la observación *i*ésima el error de predicción está dado por:

$$y_i - (\hat{b}_0 + \hat{b}_1 x_{1i} + \ldots + \hat{b}_k x_{ki})$$

El error de predicción también se conoce como *residuo de la observación*. MCO selecciona las estimaciones de los parámetros para minimizar la suma de los cuadrados de los residuos.

computadores para hallar los coeficientes ajustados por MCO[33].

Las estimaciones de los coeficientes que obtenemos de MCO tienen por lo general una serie de propiedades muy deseables. Si las variables independientes no están correlacionadas con el término de error (*e*), entonces nuestros estimadores de los coeficientes serán *insesgados*[34]. (*Nota*: un *estimador* es la fórmula que usamos para calcular una estimación particular de nuestros datos). Para entender lo que significa que un estimador sea insesgado, debemos tener en mente que nuestra estimación particular depende de los errores realmente existentes en nuestra muestra de datos. Si seleccionáramos una nueva muestra, registraríamos errores diferentes y por consiguiente diferentes estimaciones de los coeficientes. Cuando un estimador es insesgado, esperamos que el promedio de nuestras estimaciones a través de diferentes muestras se halle muy cerca del verdadero valor del coeficiente. Por ejemplo, si el plomo en la gasolina no tuviese un efecto real sobre el plomo en la sangre, es casi seguro que estimaríamos que su coeficiente sería positivo o negativo y no exactamente cero. Sin embargo, repetir MCO sobre un gran número de muestras y promediar nuestras estimaciones del coeficiente del plomo en la gasolina regularmente arrojaría un resultado muy cercano a cero[35]. Desde luego, al agregar más y más muestras, podríamos obtener el promedio tan cerca de cero como quisiéramos.

Desafortunadamente, por lo general solo tenemos una muestra para estimar coeficientes. ¿Cómo decidimos si una estimación se desvía lo suficiente de cero para que podamos concluir que el verdadero valor del parámetro no es cero? Haciendo la suposición bastante razonable de que el término de error para cada observación puede tratarse como una elección al azar de una distribución Normal con varianza constante, los estimadores MCO se distribuirán de acuerdo con la distribución *t* de *Student*[36]. Esto es, podemos interpretar la estimación numérica particular de un coeficiente como una elección al azar de una variable aleatoria que sigue una distribución *t* de *Student* centrada alrededor del verdadero valor del coeficiente. (El estimador MCO es la variable aleatoria; la estimación real basada en nuestros datos es una realización de esa variable aleatoria).

Conocer la distribución del estimador MCO nos permite interpretar la *significación estadística* de

33 Cuando una variable independiente se puede escribir como una combinación lineal de las otras, tenemos un caso de *perfecta multicolinealidad.* Un problema relacionado y más común, sobre el que raramente podemos hacer algo, ocurre cuando las variables independientes en nuestra muestra están altamente correlacionadas. Esta condición, denominada *multicolinealidad*, no es un problema de la especificación de nuestro modelo, sino de los datos que tenemos disponibles para estimarlo. Si dos variables están altamente correlacionadas, positiva o negativamente, MCO tiene dificultad para identificar sus efectos independientes sobre la variable dependiente. Como resultado, las estimaciones de los parámetros asociados con estas variables no serán muy confiables. Esto es, tendrán grandes varianzas, aumentando las chances de que fracasemos en reconocer, estadísticamente hablando, sus efectos sobre la variable dependiente. Una forma de tratar con la multicolinealidad es sumar nuevas observaciones a nuestra muestra que disminuyan la correlación. Por ejemplo, si tuviéramos una alta correlación positiva entre fumar y beber en nuestra muestra, deberíamos intentar agregar observaciones sobre individuos que fuman pero no beben y que beben pero no fuman. Lamentablemente, no tenemos otra elección que la de trabajar con los datos que ya están disponibles.

34 Hablando estrictamente, debemos asumir que nuestras variables independientes son fijas en el sentido de que podríamos construir una nueva muestra con exactamente las mismas observaciones sobre las variables independientes. Por supuesto, aun si las variables independientes son fijas, observaríamos valores diferentes de la variable dependiente debido al término de error aleatorio. Adicionalmente, para una cabal generalización, debemos asumir que el valor esperado del término de error es constante para todas las observaciones.

35 Nuestro promedio no se acercará a cero si el plomo en la gasolina se correlaciona con una variable excluida de nuestro modelo que tiene un efecto sobre el plomo en la sangre. En este caso, el plomo en la gasolina se posiciona como una *proxy* de la variable excluida. Permaneciendo las otras cosas iguales, cuanto mayor sea el efecto real de la variable excluida sobre el plomo en la sangre y mayor sea el valor absoluto de la correlación entre plomo en la gasolina y la variable excluida, mayor será el sesgo del coeficiente de plomo en la gasolina. Podríamos no preocuparnos mucho por el sesgo si supiéramos que se aproxima a cero a medida que aumentamos el tamaño de la muestra. (Si la varianza del estimador también se aproxima a cero a medida que aumentamos el tamaño de la muestra, diríamos que el estimador es *consistente*). Aunque los estimadores MCO son consistentes para modelos correctamente especificados, la correlación con una importante variable excluida hace que el estimador sea inconsistente.

36 El *Teorema Central del Límite* nos dice que la distribución de la suma de las variables aleatorias independientes se aproxima a la distribución Normal cuando el número de la suma se hace grande. El teorema se aplica a casi cualquier distribución inicial -la existencia de una varianza finita es suficiente. Si pensamos el término de error como la suma de los muchos factores excluidos de nuestro modelo y, además, creemos que ellos no se relacionan sistemáticamente entre sí o con las variables incluidas, entonces el Teorema Central del Límite sugiere que la distribución de los términos de error será al menos aproximadamente Normal.

nuestra estimación de coeficientes. Determinamos la significación estadística formulando la siguiente pregunta: ¿qué probabilidad hay de que observemos un coeficiente estimado tan grande como el establecido si el verdadero valor del coeficiente fuera cero? Respondemos esta pregunta asumiendo primero que el verdadero valor del coeficiente es cero (la hipótesis nula), de modo que la distribución de nuestro estimador esté centrada alrededor de cero. Luego estandarizamos nuestra distribución para tener una varianza de uno dividiendo nuestro coeficiente estimado por la estimación de su error estándar (un subproducto del procedimiento MCO). El número resultante, llamado la razón *t*, puede entonces compararse con los valores críticos de las tablas de la distribución *t* de *Student* estandarizada que se encuentran en el apéndice de casi cualquier libro de estadística. Por ejemplo, podríamos decidir que rechazaremos la hipótesis nula de que el valor verdadero del coeficiente es cero si hay una probabilidad inferior al cinco por ciento de observar una razón *t* (en el sentido de valor absoluto) tan grande como la que se estimó y si la hipótesis nula es cierta. (La probabilidad que elegimos pone un límite alto a la probabilidad de rechazar falsamente la hipótesis nula)[37]. Para llevar a cabo nuestra prueba, buscamos en las tablas estandarizadas de la distribución *t* de *Student* el valor crítico correspondiente al cinco por ciento[38]. Si el valor absoluto de nuestra razón estimada de *t* supera el valor crítico, entonces rechazamos la hipótesis nula y decimos que nuestro coeficiente estimado es estadísticamente significativo diferente de cero.

Por fortuna, la mayoría del *software* de regresión nos ahorra el problema de buscar valores críticos en las tablas calculando directamente la probabilidad bajo la hipótesis nula de observar una razón *t* tan grande como la que se estimó. Para hacer una prueba clásica de hipótesis sobre el coeficiente, simplemente observamos si la probabilidad reportada es menor que la probabilidad máxima de rechazar falsamente la hipótesis nula que estamos dispuestos a aceptar. Si es más pequeña, entonces rechazamos la hipótesis nula.

Considérense los resultados de la regresión presentados en la Tabla C9.2.1. Se basan en datos de 6.534 personas blancas de la encuesta NHANES II a quienes se les hicieron mediciones de plomo en la sangre[39]. La variable dependiente es el nivel de plomo en la sangre del individuo medido en µg/dl. Las variables independientes están listadas bajo el encabezado "Efecto". La variable independiente de primordial interés es el consumo nacional de plomo en la gasolina (en cientos de toneladas métricas por día) en el mes previo a la medición de plomo en la sangre de la persona. Se incluyeron otras variables independientes en un esfuerzo por controlar estadísticamente otros factores que podrían afectar el nivel de plomo en la sangre de la persona. Con la excepción del número de cigarrillos fumados por día y de los factores dietéticos (vitamina C, riboflavina, etc.), estos otros controles estadísticos son variables indicadoras o "*dummy*" que toman el valor uno si se cumple alguna condición y cero en caso contrario. Así, por ejemplo, si el individuo es hombre, la variable "hombre" será igual a uno; si el individuo es mujer, será igual a cero. Las variables "vitamina C", "fósforo", "riboflavina" y "vitamina A", que se incluyen como medidas *proxy* de la ingesta dietética de plomo, miden la ingesta dietética en miligramos. Por otra parte, las otras variables están destinadas a capturar efectos demográficos, de ingresos, de exposición ocupacional, de consumo de alcohol y de ubicación. El R^2 reportado indica que, tomadas juntas, las variables independientes explican alrededor del

37 Rechazar falsamente la hipótesis nula se conoce como error Tipo I. No rechazar la hipótesis nula cuando de hecho la hipótesis alternativa es verdadera se conoce como error Tipo II. Usualmente establecemos la probabilidad de error Tipo I en un bajo nivel del cinco por ciento. Manteniendo constante el tamaño de la muestra, cuanto más baja fijemos la probabilidad de error Tipo I, mayor será la probabilidad de error Tipo II.

38 La distribución *t* de *Student* se tabula por grados de libertad. En el marco básico del procedimiento MCO, los grados de libertad son el número total de observaciones menos el número de coeficientes por estimar. A medida que aumentan los grados de libertad, más se parece la distribución *t* de *Student* a una distribución normal estandarizada. También se debe advertir la diferencia entre una prueba de una cola y una de dos colas. Debido a que la *t* de *Student* estandarizada es una distribución simétrica centrada en cero, una prueba del 5% implica por lo general establecer valores críticos de modo que el 2,5% del área queda situado debajo de cada una de las colas (positiva y negativa). Una prueba de una cola, apropiada cuando la hipótesis nula es que el valor verdadero del coeficiente es cero o menor que cero, pone todo el 5% en la cola positiva.

39 Los analistas estimaron modelos similares para personas de color, y para personas de color y blancos a la vez. Sus estimaciones del coeficiente para el plomo en la gasolina nunca se desviaron en más del diez por ciento en las diferentes muestras. Para ahorrar espacio, reportaron en detalle solamente sus resultados de regresión para blancos. Eligieron blancos porque era el subgrupo más grande y porque se adelantaron a la afirmación de que la relación entre plomo en la sangre y plomo en la gasolina se debía a cambios en la composición racial de la muestra a lo largo del tiempo.

33% de la variación total en los niveles de plomo en la sangre[40].

El coeficiente estimado para el plomo en la gasolina es 2,14 µg/dl de sangre por 100 toneladas métricas por día de consumo nacional de plomo en la gasolina. Dividiendo el coeficiente estimado por su error estándar estimado de 0,192 se obtiene una razón *t* de aproximadamente 11. La probabilidad de observar una razón *t* tan grande o más grande si el valor verdadero del coeficiente fuese realmente cero es menos de una en 10.000 (la entrada 0,0000 en la Tabla C.9.2.1 bajo el "valor *P*"). Así, rechazaríamos la hipótesis nula a favor de la hipótesis alternativa de que el plomo en la gasolina contribuye al plomo en la sangre. En otras palabras, diríamos que el plomo en la gasolina tiene un *efecto estadísticamente significativo* en el plomo en la sangre.

Tras determinar el efecto estadísticamente significativo, la pregunta que sigue es si el tamaño del coeficiente es *sustantivamente significativo*. Esto es, ¿la variable en cuestión tiene un efecto que valga la pena considerar?[41]. Un método para responder esta pregunta es multiplicar el coeficiente estimado por el cambio plausible en la variable independiente que podría ocurrir. Por ejemplo, al final de la encuesta NHANES II, el plomo en la gasolina se estaba consumiendo a una tasa de aproximadamente 250 toneladas métricas por día en todo el país. Una política estricta podría reducir el nivel, digamos, a 25 toneladas métricas por día. Usando el coeficiente estimado de plomo en la gasolina, esperaríamos una reducción de esta magnitud para disminuir los niveles de plomo en la sangre en promedio en más o menos 4,8 µg/dl (la reducción de 225 toneladas métricas por día multiplicada por el coeficiente estimado de 2,14 µg/dl por 100 toneladas métricas por día).

Para tener una mejor idea de si una reducción de 4,8 µg/dl es sustantivamente importante, podemos ver los niveles de plomo en la sangre para grupos representativos en los niveles de 250 y 25 toneladas métricas. Por ejemplo, en el nivel de 250 toneladas métricas se esperaría que un no fumador (número de cigarrillos igual a cero); consumo moderado de alcohol (bebedor igual a uno; fuerte bebedor igual a cero); no expuesto ocupacionalmente (ocupacionalmente expuesto igual a cero); mujer adulta (niño, adolescente, hombre, hombre adolescente y hombre adulto igual a cero); que vive en una gran ciudad del noreste (noreste igual a uno; pequeña ciudad, rural, sur y medio oeste igual a cero); con ingresos medios, título universitario y una dieta rica en nutrientes (bajos ingresos igual a cero; ingresos medios, nivel educativo, vitamina C, fósforo, riboflavina y vitamina A igual a uno), tuviese un nivel de plomo en la sangre de 10,6 µg/dl. Esperaríamos que la misma persona tuviera un nivel de plomo en la sangre de solo 5,8 µg/dl si el nivel de plomo en la gasolina se redujera a 25 toneladas métricas por día -una reducción de aproximadamente el 45%. De este modo, el efecto del plomo en la gasolina sobre el plomo en la sangre se muestra sustantiva y estadísticamente significativo.

El equipo de estudio estaba especialmente interesado en estimar la contribución del plomo en la gasolina al plomo en la sangre de los niños. En primera instancia, desarrollaron un modelo de regresión logística[42] para predecir la probabilidad de que un niño entre los seis meses y los ocho años de edad tuviera niveles [de plomo] en la sangre de más de 30 µg/dl, definición de la toxicidad del plomo utilizada en ese entonces por los Centros para el Control de Enfermedades. La *regresión logística*, que asume una relación no lineal entre las variables dependiente e independientes[43], es por lo general más apropiada que la regresión lineal cuando la variable dependiente es dicotómica (*Y* igual a uno si la condición se mantiene; *Y* igual a cero si no lo

40 El R^2 es una medida de la *bondad del ajuste* del modelo a la muestra particular de datos. Es el cuadrado de la correlación entre los valores de la variable dependiente predichos por el modelo y los valores realmente observados. Un R^2 de uno significaría que el modelo predijo perfectamente la variable independiente para la muestra; un R^2 de cero significaría que el modelo no hizo ninguna contribución a la predicción.

41 Los errores estándar de las estimaciones de los coeficientes disminuyen a medida que el tamaño de la muestra aumenta. Así, muestras muy grandes pueden producir razones *t* grandes aun cuando los coeficientes estimados (y su verdadero valor) sean pequeños. Nos referimos a la potencia de una prueba estadística como uno menos la probabilidad de no rechazar la hipótesis nula a favor de la hipótesis alternativa. Permaneciendo las otras cosas iguales, tamaños de muestra más grandes tienen mayor potencia, aumentando las chances de que rechazaremos la hipótesis nula a favor de alternativas muy cercanas a cero.

42 Para una introducción a la regresión logística, ver Hanushek y Jackson, *Statistical Methods*, pp. 179–216.

43 El modelo de regresión logística se escribe:
$P(Y) = e^z / (1 - e^z)$, donde $P(Y)$ es la probabilidad de que se mantenga la condición Y, e es la base natural, y $Z = b_0 + b_1x_1 + \ldots + b_kx_k$ es la suma ponderada de las variables independientes $x_1, x_2, \ldots x_k$. Los coeficientes, $b_0, b_1, \ldots, b_k$, se seleccionan para maximizar la probabilidad de observar los datos en la muestra. Observe que la contribución marginal de x_i al valor de la variable dependiente no es simplemente b_i, como sería el caso en un modelo de regresión lineal. Mejor dicho, es $b_i[1 - P(Y)]P(Y)$, que tiene su mayor valor cuando $P(Y) = 0,5$.

hace)[44]. El equipo de estudio encontró en los datos de NHANES II una fuerte relación entre el plomo en la gasolina y la probabilidad de que un niño tuviese un nivel tóxico de plomo en la sangre. De hecho, estimaron que la eliminación del plomo en la gasolina habría reducido el número de casos de toxicidad del plomo en la muestra en un ochenta por ciento para los niños de ocho años de edad. El equipo de estudio usó la regresión logística y otros modelos de probabilidad para estimar cómo las reducciones de plomo en la gasolina modificarían el número de niños con diferentes niveles de plomo en la sangre. Estas estimaciones fueron esenciales para su valoración posterior de los efectos de las reducciones de plomo en la gasolina sobre la salud de los niños.

Reconsiderando la causalidad

El hallazgo de que una variable independiente en un modelo de regresión tiene un coeficiente estadísticamente significativo no establece por sí mismo una relación causal, esto es, no garantiza que cambios en la variable independiente causen cambios en la variable dependiente. Aun si la variable independiente no tiene efecto directo sobre la variable dependiente, alguna otra variable, no incluida en el modelo, puede correlacionarse con ambas y producir una aparente relación en la muestra de datos (recuerde la aparente relación entre tasas de nacimiento y densidad de nidos de cigüeñas). ¿La fuerte relación entre plomo en la gasolina y plomo en la sangre debe interpretarse como una relación causal?

El equipo de estudio consideró esta pregunta en detalle. Aunque la demostración no era legalmente necesaria, creyeron que la adopción de la regulación propuesta sería más probable si pudiera constituirse un caso fuerte de causalidad. Su enfoque consistió en aplicar los criterios comúnmente utilizados por los epidemiólogos para determinar la probabilidad de causalidad. No todos los criterios son directamente aplicables más allá del área de la salud. Sin embargo, la forma en que el equipo de estudio aplicó los criterios ilustra la suerte de cuestionamiento que es valioso en la investigación empírica. Por consiguiente, revisaremos brevemente los seis criterios que ellos consideraron.

¿El modelo es biológicamente plausible? El equipo de estudio advirtió que el plomo puede ser absorbido a través del pulmón y el intestino. Señalaron que el plomo en la gasolina, la principal fuente de plomo ambiental, es emitido en forma predominante como material particulado respirable en los gases de escape de los automóviles. Este material particulado puede ser absorbido directamente por los pulmones. También contamina el polvo que puede ser inhalado por los pulmones y absorbido por el intestino. Por lo tanto, argumentaban, es biológicamente plausible que el plomo en la gasolina contribuya al plomo en la sangre.

La plausibilidad biológica es la declaración epidemiológica de un criterio más general: ¿es el modelo teoréticamente plausible? Antes de buscar en los datos relaciones empíricas, usted debe especificar un modelo (sus creencias sobre cómo se relacionan las variables). Si encuentra que sus datos son consistentes con su modelo, entonces puede estar más seguro de que las relaciones que estima no se deben simplemente al azar[45].

¿Hay evidencia experimental para apoyar los hallazgos? El equipo de estudio encontró reportes de varias investigaciones específicamente diseñadas para medir la contribución del plomo en la gasolina al plomo en la sangre. Uno fue el experimento realizado en Turín, Italia, por investigadores que monitoreaban cambios en la composición isotópica del plomo en la sangre a medida que variaba la composición isotópica del plomo en la gasolina[46]. Hallaron que al menos el veinticinco por ciento del plomo en la sangre de los residentes de Turín se originaba en la gasolina. De este modo, el experimento no solo confirmó la plausibilidad biológica de la contribución del plomo en la gasolina al plomo en la sangre, sino que también sugirió un

44 El modelo de regresión logística, a diferencia del modelo de regresión lineal, siempre predice las probabilidades que están entre cero y uno (como deben ser).

45 Imagine que regresa una variable sobre otras veinte variables. Asuma que ninguna de las veinte variables independientes tiene un efecto sobre la variable dependiente. (Los coeficientes en el modelo verdadero son todos cero). Sin embargo, si emplea una prueba estadística que limite la probabilidad de rechazar falsamente la hipótesis nula al cinco por ciento, entonces todavía tendría una probabilidad de 0,64 $[1 - (0{,}95)^{20}]$ de rechazar al menos una hipótesis nula. En otras palabras, si examina suficientes datos seguramente encontrará algunas relaciones estadísticamente significativas, aun cuando no existan relaciones verdaderas. Al obligarse a especificar relaciones teoréticas antes de observar los datos, reduce las posibilidades de ser engañado por la idiosincrasia de su particular muestra de datos. Para una breve revisión de estas cuestiones, ver David L. Weimer, “Collective Delusion in the Social Sciences: Publishing Incentives for Empirical Abuse”, *Policy Studies Review*, 5, 4 (1986), pp. 705–708.

46 S. Fachetti y F. Geiss, *Isotopic Lead Experiment Status Report*, Publication No. EUR8352ZEN (Luxembourg: Commission of the European Communities, 1982).

efecto en el orden de magnitud del estimado por el equipo de estudio.

Que sea posible encontrar un respaldo experimental tan sólido y directamente relevante es bastante raro en la investigación de política pública, gran parte de la cual se ocupa de respuestas conductuales de las personas. Los experimentos controlados en las ciencias sociales son inusuales, no solamente porque son costosos y difíciles de implementar, sino también porque a menudo comportan intrincadas cuestiones éticas relativas a la asignación de personas a grupos de "tratamiento" y "control". No obstante, en Estados Unidos se ha desarrollado una serie de experimentos de política en los últimos veinte años[47]. Es improbable, sin embargo, que cualquiera de estos experimentos sea directamente aplicable a su problema de política pública. Por consiguiente, típicamente debe usted extender su búsqueda de confirmación más allá de los experimentos a otras investigaciones empíricas.

¿Otros estudios que utilizan datos diferentes replican los resultados? El equipo de estudio revisó varios estudios que también hallaron relaciones entre plomo en la gasolina y plomo en la sangre. Estos estudios se basaron en datos reunidos en asocio con programas de detección de plomo en toda la comunidad financiados por los Centros para el Control de Enfermedades durante los años 1970[48] y en datos obtenidos de la sangre del cordón umbilical de más de once mil bebés nacidos en Boston entre abril de 1979 y abril de 1981[49]. Estos estudios reportaron relaciones estadísticamente significativas entre plomo en la gasolina y plomo en la sangre, y respaldaron en consecuencia el análisis del equipo de estudio basado en los datos de NHANES II.

¿La causa precede al efecto? El equipo de estudio usó información sobre la vida media del plomo en la sangre para hacer predicciones sobre la fortaleza de las relaciones que se esperarían entre niveles rezagados de plomo en la gasolina y plomo en la sangre si el plomo en la gasolina contribuye al plomo en la sangre. El plomo tiene una vida media de aproximadamente treinta días en la sangre. Observando que el análisis de sangre promedio de NHANES II se realizaba a mediados de mes, predijeron que el plomo en la gasolina del mes anterior (que en promedio representa emisiones que ocurren entre quince y cuarenta y cinco días antes de la prueba) debería tener un impacto más fuerte en el plomo en la sangre que el del mes en curso (exposición promedio de cero a quince días) o que el del mes que ocurre dos meses antes (exposición promedio de cuarenta y cinco a setenta y cinco días). Probaron sus predicciones regresando los niveles de plomo en la sangre sobre los niveles de plomo en la gasolina actuales, con un mes de rezago y con dos meses de rezago. Como se predijo, el plomo en la gasolina con rezago de un mes era el más significativo de los tres. Asimismo, consistente con la vida media de treinta días, el plomo en la gasolina con rezago de dos meses tenía un coeficiente que era aproximadamente la mitad del coeficiente del plomo con rezago de un mes. Así, la causa parecía preceder al efecto en la forma esperada.

¿Existe una relación dosis respuesta estable? El modelo de regresión utilizado por el equipo de estudio asumió una relación lineal entre plomo en la gasolina y plomo en la sangre. ¿Permanecía estable esta relación en cuanto cambiaba el nivel de plomo en la gasolina? Para responder esta pregunta, el equipo de estudio sacó ventaja del hecho de que, en promedio, los niveles de plomo en la gasolina eran aproximadamente un 50% más bajos en la segunda mitad de la encuesta NHANES II que en la primera mitad. Si la relación entre el plomo en la gasolina y el plomo en la sangre es estable y lineal, entonces reestimar el modelo de regresión usando solo los datos de la segunda mitad de la encuesta debía ofrecer un coeficiente para el plomo en la gasolina comparable con el de la muestra total. Encontraron que los coeficientes eran desde luego esencialmente los mismos. Adicionalmente, la estimación de los modelos de regresión que admitían directamente la posibilidad de efectos no lineales apoyaba los hallazgos iniciales de una relación lineal entre plomo en la gasolina y plomo en la sangre.

¿Es probable que factores no incluidos en el análisis puedan dar cuenta de la relación observada? El equipo de estudio consideró varios factores que podrían perturbar la aparente relación entre plomo en la gasolina y plomo en la sangre: ingesta

47 Para una revisión de los principales experimentos realizados en Estados Unidos, ver David H. Greenberg y Philip K. Robins, "The Changing Role of Social Experiments in Policy Analysis", *Journal of Policy Analysis and Management*, 5, 2 (1986), pp. 340–362.

48 Irwin H. Billick *et al.*, *Predictions of Pediatric Blood Lead Levels from Gasoline Consumption* (Washington, DC: U.S. Department of Housing and Urban Development, 1982).

49 Michael Rabinowitz y Herbert L. Needleman, "Petrol Lead Sales and Umbilical Cord Blood Lead Levels in Boston, Massachusetts", *Lancet*, January 1/8, 1983, p. 63.

dietética de plomo, exposición a pintura con plomo, estacionalidad y patrones de muestreo.

El modelo básico de regresión incluyó variables de nutrientes y demográficas como medidas *proxy* de la ingesta de plomo en la dieta. Sin embargo, estas variables pueden no controlar adecuadamente una posible tendencia a la baja del plomo en la dieta que podría estar causando la relación estimada entre plomo en la gasolina y plomo en la sangre. Con todo, estudios de canasta de mercado realizados por la Administración de Alimentos y Medicamentos durante el periodo de la encuesta, no mostraron ninguna tendencia a la baja en la ingesta de plomo en la dieta. Además, la ingesta de plomo del agua potable es en gran medida función de la acidez, que no cambió sistemáticamente durante el periodo de la encuesta. La evidencia sugería que los cambios en la soldadura redujeron el contenido de plomo en los alimentos enlatados durante el periodo. No obstante, el equipo de estudio fue capaz de descartar el contenido de plomo en los alimentos enlatados como factor perturbador cuando agregó el contenido de plomo en la soldadura como una variable independiente, reestimó el modelo básico de regresión y encontró que el coeficiente del plomo en la gasolina esencialmente no cambiaba.

El equipo de estudio reconoció que la cambiante exposición a la pintura con plomo era otro posible factor de confusión. Desestimaron la posibilidad con base en tres razones.

En primer lugar, el plomo en la pintura es una fuente importante de plomo en la sangre para los niños (que comen fragmentos de pintura), pero no para los adultos. Si la disminución de la exposición a la pintura con plomo fuera responsable de la relación estimada entre plomo en la gasolina y plomo en la sangre, esperaríamos que la reducción de plomo en la sangre fuera mayor en los niños que en los adultos. De hecho, la reducción promedio durante el periodo de la encuesta para los adultos fue solo un poco menor que la de los niños (37 por ciento *versus* 42 por ciento).

En segundo lugar, la ingestión de plomo de la pintura usualmente resulta en grandes incrementos en los niveles de plomo en la sangre. Si una exposición reducida al plomo de la pintura fuera responsable de la disminución de los niveles de plomo en la sangre, entonces esperaríamos observar la mejora ante todo en términos de una reducción del número de personas con muy altos niveles de plomo en la sangre. De hecho, los niveles de plomo en la sangre decrecieron durante el periodo de la encuesta incluso en los grupos con bajos niveles iniciales[50].

En tercer lugar, la menguante exposición al plomo de la pintura debería ser un factor más importante en las ciudades centrales que en los suburbios dado que estos últimos tienden a tener conjuntos de viviendas más nuevos con más bajas frecuencias de pintura con plomo descascarada. El coeficiente del plomo en la gasolina fue empero esencialmente el mismo para estimaciones separadas basadas en submuestras de ciudades centrales y áreas suburbanas.

Los niveles de plomo en la sangre en Estados Unidos son en promedio más altos en verano que en invierno. Para descartar la posibilidad de que la variación estacional estuviese perturbando la relación entre plomo en la gasolina y plomo en la sangre, el equipo de estudio reestimó el modelo básico con variables indicadoras incluidas para permitir la posibilidad de efectos estacionales independientes. Los coeficientes de las variables estacionales no fueron estadísticamente significativos cuando el plomo en la gasolina se mantuvo en el modelo. De este modo, pareció que los cambios de plomo en la gasolina podían explicar adecuadamente los cambios estacionales así como los de largo plazo en los niveles de plomo en la sangre.

Como ya se mencionó, el equipo de estudio estimó el modelo básico sobre una variedad de submuestras demográficas y no halló más de un diez por ciento de diferencia en cualquiera de las dos estimaciones del coeficiente de plomo en la gasolina. Sin embargo, también les preocupaba que los cambios en los lugares de muestreo de la NHANES II durante el periodo de la encuesta pudieran haber distorsionado la estimación del coeficiente de plomo en la gasolina. Por consiguiente, reestimaron el modelo básico con variables indicadoras para cuarenta y nueve lugares y encontraron que el coeficiente de plomo en la gasolina cambió solo alrededor de un cinco por ciento. Además, descubrieron que, incluso cuando se incluyeron variables para permitir diferentes coeficientes de plomo en la gasolina en diferentes lugares, el coeficiente que representaba el efecto nacional del plomo en la gasolina era estadística y sustantivamente significativo. Juntas, estas pruebas condujeron al equipo de estudio a descartar la posibilidad de un sesgo serio de muestreo.

50 El equipo de estudio también utilizó datos de un programa de detección de plomo en Chicago para estimar la probabilidad de toxicidad como una función del plomo en la gasolina para niños expuestos y no expuestos a pintura con plomo. Encontraron que el plomo en la gasolina tenía coeficientes positivos estadísticamente significativos para ambos grupos.

El peso de la evidencia

El equipo de estudio produjo un caso muy fuerte en apoyo de una importante relación causal entre plomo en la gasolina y plomo en la sangre. De muchas maneras sus esfuerzos fueron ejemplares. Obtuvieron evidencia relevante de una amplia variedad de fuentes para complementar sus datos primarios de análisis. Prestaron seria atención a posibles factores perturbadores, considerando pruebas internas (tales como análisis submuestrales y reespecificaciones del modelo) y evidencia externa para ver si ellos podían rechazarse. Como resultado, a los oponentes de la política propuesta les quedó poco margen para atacar sus fundamentos empíricos.

Conclusión de la regulación

La primera tarea que enfrentó el equipo analítico después de la publicación de la regulación propuesta fue responder a comentarios de los partidos interesados. Los miembros del equipo participaron en audiencias públicas durante el mes de agosto y pasaron buena parte del otoño de 1984 respondiendo los comentarios consignados en el expediente público, que cerró el 1º. de octubre. Durante este proceso llegaron a estar más seguros de que la regulación propuesta produciría los importantes beneficios netos que predecían. Al mismo tiempo, descubrieron otra categoría de beneficios -reducciones de los niveles de presión arterial en adultos que potencialmente podía empantanar sus estimaciones iniciales de beneficios.

En 1983 Schwartz descubrió un artículo de investigación que reportaba una correlación entre plomo en la sangre e hipertensión[51]. Empezó a trabajar con investigadores de los Centros para el Control de Enfermedades y de la Universidad de Michigan para determinar si existía una relación entre plomo en la sangre y niveles de presión arterial. En el verano de 1984 su análisis de los datos de NHANES II sugería un fuerte nexo[52]. A causa de que la presión arterial alta contribuye a la hipertensión, a los infartos de miocardio y a los accidentes cerebrovasculares, los beneficios potenciales de la reducción del plomo en la sangre eran enormes. Aunque finalmente la regulación se expidió sin referencia a estimaciones cuantitativas de los beneficios de más bajos niveles de plomo en la sangre de adultos, el equipo proporcionó tales estimaciones en documentos soporte.

El único asunto pendiente era el calendario de cumplimiento. Se estimaron los costos de varios estándares de plomo, usando un modelo del sector de refinación de EE. UU. originalmente desarrollado por el Departamento de Energía. El modelo representa los diversos tipos de capacidades de refinación que están disponibles para convertir petróleos crudos en derivados del petróleo. Emplea un procedimiento de optimización para hallar las asignaciones de petróleo crudo y productos intermedios del petróleo entre las unidades de refinación que maximiza el excedente social, la suma de los excedentes del consumidor y del productor. Esta asignación corresponde a lo que resultaría de un mercado perfectamente competitivo que opera sin restricciones en la utilización de unidades disponibles. El costo se estimó observando la disminución del excedente social resultante de una restricción más severa del plomo -por ejemplo, de 1,1 gpgp a 0,1 gpgp. Los fabricantes de aditivos de plomo desafiaron estos resultados sobre la base de que el modelo asumía más flexibilidad en la utilización de la capacidad en las diferentes refinerías de lo que era realista.

El equipo de análisis sostuvo reuniones con personal de las oficinas de la APA para considerar alternativas de calendarios de cumplimiento. Aunque se llegó a una decisión tentativa de fijar un estándar provisional de 0,5 gpgp, que fuese efectivo desde el 1º. de julio de 1985, y un estándar final de 0,1 gpgp, que fuese efectivo desde el 1º. de enero de 1986, varios funcionarios temían que algunos refinadores serían incapaces de cumplir con su equipamiento existente. Si estos temores se materializaban, los costos económicos de la nueva regulación serían más altos que los estimados y quizá sobrevendrían problemas políticos.

Un consultor del proyecto, William Johnson de *Sobotka and Company*, sugirió una solución. Razonaba que si la distribución física del equipamiento entre las refinerías interfería con la flexibilidad en las transferencias de petróleo asumidas en el modelo, podría acaso crearse un mercado secundario de derechos de plomo que facilitara el comercio y así sortear cuellos de botella específicos. Tomando el contenido total permitido de plomo desde el 1º. de julio de 1985 hasta el 1º.

51 V. Batuman, E. Landy, J. K. Maesaka y R. P. Wedeen, "Contribution of Lead to Hypertension with Renal Impairment", *New England Journal of Medicine*, 309 (1983), pp. 17–21.

52 Los resultados de su investigación se publicaron más tarde en J. L. Pirkle, J. Schwartz, J. R. Landes y W. R. Harlan, "The Relationship between Blood Lead Levels and Blood Pressure and Its Cardiovascular Risk Implications", *American Journal of Epidemiology*, 121, 2 (1985), pp. 246–258.

de enero de 1986 como una restricción, la clave era crear un incentivo para que los refinadores que pudieran hacer menos costosas las reducciones de los aditivos de plomo por debajo del estándar provisional de 0,5 gpgp lo hiciesen. Sus reducciones adicionales se podrían usar luego para compensar el exceso de plomo en la gasolina producida por los refinadores que no pudiesen fácilmente cumplir los estándares básicos con el equipamiento que tenían dispuesto. Debido a que las reducciones actuales por debajo del estándar crean un derecho a producir por encima del estándar algún día en el futuro, el proceso de negociación se denominó "banca de derechos de plomo". Los refinadores tendrían libertad para comprar y vender derechos de plomo a los precios que los beneficiaran mutuamente. Como resultado, se reduciría el costo agregado de satisfacer el nuevo estándar.

Representantes de las varias oficinas de la APA implicados en la regulación del plomo concordaron en que la banca parecía ser una buena forma de lidiar con las preocupaciones sobre el calendario de cumplimiento. En virtud de que no había sido discutida en la regulación propuesta publicada en agosto, la banca de derechos no pudo ser parte de la regulación final. Sin embargo, actuando rápidamente para proponerla en un anuncio complementario, estaría disponible poco después de que el nuevo estándar se convirtiera en definitivo[53].

La tarea que le quedaba al equipo era preparar el *Análisis final del impacto regulatorio*, que se publicaría en apoyo de la regulación final[54]. El documento resultante empezó por discutir los problemas del uso de combustible inadecuado y de salud asociados con los aditivos de plomo junto con las alternativas (educación pública, intensificación de la obligación local de atender específicamente el uso de combustible inadecuado, cobros por contaminación para lidiar de modo general con el plomo como una externalidad negativa, y otros estándares regulatorios) para la regulación final. Luego detalló los métodos usados para estimar los costos de estándares de plomo más rigurosos, el nexo entre plomo en la gasolina y plomo en la sangre, los beneficios para la salud de reducir la exposición de niños y adultos al plomo, los beneficios de reducir otros contaminantes distintos al plomo, y los beneficios de reducir los costos de mantenimiento de los vehículos y de aumentar la economía de combustible.

El valor presente de los beneficios netos de la regulación final se presentó con varios supuestos sobre el uso de combustible inadecuado (el uso de gasolina con plomo en vehículos con convertidores catalíticos). El nivel más bajo de plomo permitido reduciría la diferencia de precios entre la gasolina con plomo y la gasolina sin plomo, menguando de este modo el incentivo para el uso de combustible inadecuado. Sin embargo, no fue posible predecir con seguridad cuánto disminuiría realmente el uso de combustible inadecuado. Por lo tanto, el enfoque razonable fue considerar los beneficios netos sobre el rango de posibilidades. La Tabla C9.2.2 presenta los resultados de este análisis de sensibilidad. Obsérvese que los beneficios netos estaban dados incluyendo y excluyendo los beneficios de la presión arterial de adultos. Aunque los beneficios de la presión arterial parecían enormes, fue la última de las medidas de beneficios considerada y, por lo tanto, tenía la evidencia de respaldo menos desarrollada. No obstante, asumiendo incluso que el estándar no produciría ninguna reducción en el uso de combustible inadecuado y ningún beneficio en la salud de los adultos, el valor presente de los beneficios parecía ser más del doble del valor presente de los costos. En realidad, parecía que los beneficios de mantenimiento por sí solos cubrirían con creces los costos de refinación más altos.

El *Análisis final del impacto regulatorio* se dio a conocer en febrero de 1985. El 7 de marzo de 1985 se publicó la regulación final en el *Federal Register*[55]. El estándar de 0,1 gpgp tendría efecto a partir del 1°. de enero de 1986, casi tres años después de que comenzó el análisis de apoyo.

Conclusión

Hemos descrito un caso donde el análisis estadístico hizo una importante contribución para el cambio de una política. ¿Es este caso general? Sí y no. Usted no debe esperar que tal confluencia de habilidades, tiempo, datos, recursos e intereses emerja con frecuencia para producir hallazgos

53 *Fed. Reg.* 718 (4 de enero de 1985); y 50 *Fed. Reg.* 13116 (2 de abril de 1985).

54 Joel Schwartz, Hugh Pitcher, Ronnie Levin, Bart Ostro y Albert L. Nichols, *Costs and Benefits of Reducing Lead in Gasoline: Final Regulatory Impact Analysis*, Publication No. EPA-230-05-85-006 (Washington, DC: Office of Policy Analysis, EPA, febrero de 1985). Para el momento en que se preparaba el informe final, Jane Leggett abandonó el equipo del proyecto. Entre tanto, Albert Nichols, profesor de la Universidad de Harvard que se hallaba de visita en la APA como director interino de la División de Análisis Económico, empezó a trabajar estrechamente con el equipo para producir el documento final.

55 50 *Fed. Reg.* 9386 (7 de marzo de 1985).

empíricos tan definitivos. Al mismo tiempo, usted debe esperar encontrar cuestiones empíricas que, aunque no puedan responderse con seguridad, cuando menos puedan abordarse con el tipo de métodos estadísticos usados por los analistas de la APA. Considérense unos cuantos ejemplos relevantes de años recientes: ¿La pena de muerte refrena los homicidios?[56] ¿Elevar las edades mínimas legales para consumir licor y el límite de velocidad a 55 millas por hora reduce las muertes de tránsito?[57] ¿Tamaños de clase más pequeños mejoran el desempeño estudiantil?[58] Si bien respuestas ampliamente aceptadas a estas preguntas empíricas no serían necesariamente decisivas para resolver debates de política pública, al menos empujarían los debates más allá de las disputas sobre predicciones hacia consideraciones explícitas de los valores. Puestos aparte asuntos tan altamente controversiales, es probable que descubra que hacer inferencias empíricas y utilizar críticamente las de otros a menudo contribuye de modo importante a la calidad de sus análisis de política pública.

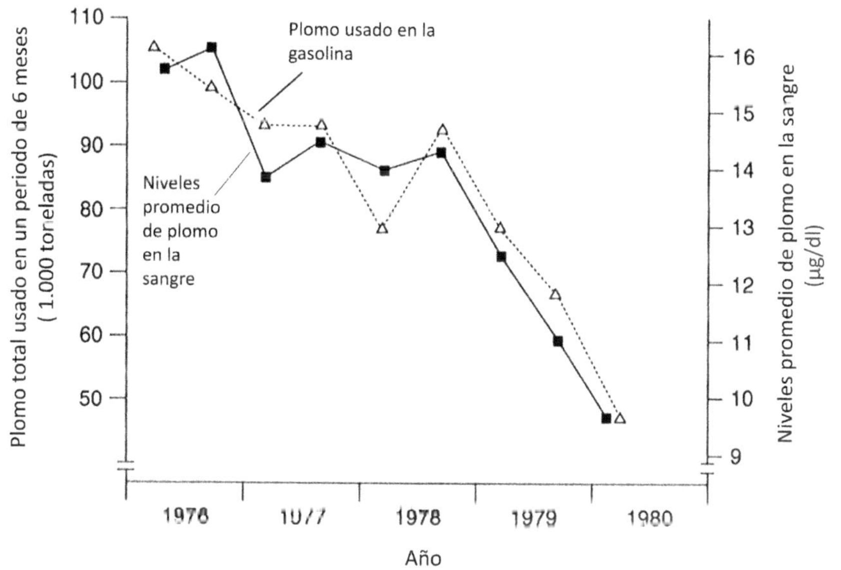

FIGURA C9.2.1 Uso de plomo en la producción de gasolina y niveles promedio de plomo en la sangre según NHANES II

Fuente: Joel Schwartz *et al.*, *Costs and Benefits of Reducing Lead in Gasoline: Final Regulatory Impact Analysis*, Publication No. EPA-230-05-85-006 (Washington, DC: EPA, 1985), p. E-5.

56 Ver Isaac Ehrlich, "The Deterrent Effect of Capital Punishment: A Question of Life and Death", *American Economic Review*, 65, 3 (1975), pp. 397–417; y Alfred Blumstein, Jacqueline Cohen y Daniel Nagin, eds., *Deterrence and Incapacitation: Estimating the Effects of Criminal Sanctions on Crime Rates* (Washington, DC.: National Academy of Sciences, 1978).

57 Ver Charles A. Lave, "Speeding, Coordination, and the 55 MPH Limit", *American Economic Review*, 75, 5 (1985), pp. 1159–1164; y Peter Asch y David T. Levy, "Does the Minimum Drinking Age Affect Traffic Fatalities?", *Journal of Policy Analysis and Management*, 6, 2 (1987), pp. 180–192.

58 Ver Eric A. Hanushek, "Throwing Money at Schools", *Journal of Policy Analysis and Management*, 1, 1 (1981), pp. 19–41.

TABLA C9.2.1 Modelo básico de regresión para estimar los efectos del plomo en la gasolina sobre el plomo en la sangre[a]

Efecto	Coeficiente	Error estándar	Valor *P*
Intercepto	6,15		
Gasolina	2,14	0,142	0,0000
Ingresos bajos	0,79	0,243	0,0025
Ingresos moderados	0,32	0,184	0,0897
Niños (menores de 8 años)	3,47	0,354	0,0000
Número de cigarrillos	0,08	0,012	0,0000
Ocupacionalmente expuesto	1,74	0,251	0,0000
Vitamina C	-0,04	0,000	0,0010
Adolescente	-0,30	0,224	0,1841
Hombre	0,50	0,436	0,2538
Adolescente hombre	1,67	0,510	0,0026
Adulto hombre	3,40	0,510	0,0000
Ciudad pequeña	-0,91	0,292	0,0039
Rural	-1,29	0,316	0,0003
Fósforo	-0,001	0,000	0,0009
Bebedor	0,67	0,173	0,0007
Fuerte bebedor	1,53	0,316	0,0000
Noreste	-1,09	0,332	0,0028
Sur	-1,44	0,374	0,0005
Oeste medio	-1,35	0,500	0,0115
Nivel educativo	-0,60	0,140	0,0000
Riboflavina	0,188	0,071	0,0186
Vitamina A	0,018	0,008	0,0355

Nota: [a] Variable dependiente: Plomo en la sangre (µg/dl) de blancos en la encuesta NHANES II.
Fuente: Joel Schwartz *et al.*, *Costs and Benefits of Reducing Lead in Gasoline: Final Regulatory Impact Analysis* (Washington, DC: EPA, 1985), p. III-15. El documento original reportó errores estándar incorrectos. Los errores estándar relacionados aquí fueron aportados por Joel Schwartz.

TABLA C9.2.2 Valor presente de costos y beneficios de la regulación final, 1985-1992 (millones de dólares de 1983)

	No uso de combustible inadecuado	Pleno uso de combustible inadecuado	Uso parcial de combustible inadecuado
Beneficios monetizados			
Efectos en la salud de niños	2.582	2.506	2.546
Presión arterial de adultos	27.936	26.743	27.462
Contaminantes convencionales	1.525	0	1.114
Mantenimiento	4.331	3.634	4.077
Economía de combustible	856	643	788
Beneficios totales monetizados	37.231	33.526	35.987
Costos totales de refinación	2.637	2.678	2.619
Beneficios netos	34.594	30.847	33.368
Beneficios netos excluyendo presión arterial	6.658	4.105	5.906

Fuente: Joel Schwartz *et al.*, *Costs and Benefits of Reducing Lead in Gasoline* (Washington, DC: EPA, 1985), table VIII-8, p. VIII-26.

APÉNDICE 1

Documentos temáticos de política pública

El documento temático de política pública es un informe que presenta un análisis de un tema de política pública. Los tipos de preguntas tratados en documentos temáticos de política pública son estos: ¿Qué cursos de acción actuales o potenciales son objeto de desacuerdo entre los formuladores de política y otras partes interesadas? ¿En cuántas formas diferentes puede definirse el problema? ¿Cuál es el alcance y la gravedad del problema? Si no se hace nada, ¿es probable que el problema empeore en los meses y años por venir? ¿Qué metas y objetivos deberían perseguirse para solucionar el problema? ¿Cómo puede medirse el grado de éxito en el logro de objetivos? ¿Qué actividades se hallan en curso para resolver el problema? ¿Qué nuevas alternativas de política deberían considerarse? ¿Cuáles son preferibles y por qué?

Para responder estas preguntas, el analista necesita adquirir conocimientos y habilidades para desarrollar materiales escritos y comunicarlos en presentaciones y otras reuniones informativas de política pública. Solo recientemente se han incluido tales conocimientos y habilidades en programas de enseñanza del análisis de política pública. El análisis de política pública puede ser "aplicado" o "básico"[1]. Pero la misión del análisis de política pública es principalmente "aplicada".

1 Los términos "básico" y "aplicado" se usan solo por conveniencia. Se reconoce ampliamente que estas dos orientaciones hacia la ciencia se traslapan en la práctica. En efecto, existe mucha evidencia para apoyar la conclusión de que muchos de los más importantes avances teoréticos, metodológicos y sustantivos en las ciencias sociales "básicas" se originaron en el trabajo "aplicado" sobre problemas prácticos y conflictos. Ver, especialmente, Karl W. Deutsch, Andrea S. Markovits y John Platt, *Advances in the Social Sciences, 1900–1980: What, Who, Where, How?* (Lanham, MD: University Press of America and Abt Books, 1986).

FOCOS Y FORMAS DEL DOCUMENTO TEMÁTICO DE POLÍTICA PÚBLICA

El documento temático de política puede centrarse en uno o más niveles de gobierno. El calentamiento global y la contaminación del aire, por ejemplo, son de alcance internacional, nacional y local. El documento temático puede adoptar una serie de formas específicas, dependiendo de la audiencia y el asunto particular por considerar. De este modo, los documentos temáticos pueden presentarse en la forma de "informes administrativos", "documentos informativos", "documentos de opciones", o de los llamados "libros blancos". La siguiente es una lista ilustrativa de temas que pueden servir como foco de un documento temático de política:

- ¿Cuál de los varios contratos alternativos debería ser aceptado por el equipo de negociación sindical?
- ¿Debería el alcalde aumentar el gasto en mantenimiento de vías?
- ¿Debería el administrador de la ciudad instalar un sistema de información computarizado para la gestión?
- ¿Qué plan de transporte público debería presentar el alcalde para recibir fondos federales?
- ¿Debería una agencia estatal establecer un cargo especial para reclutar minorías y mujeres para puestos en el servicio civil?
- ¿Debería un grupo de ciudadanos apoyar la legislación de protección ambiental ahora ante el Congreso?
- ¿Debería el gobernador vetar un proyecto de ley sobre impuestos aprobado por la legislatura del estado?
- ¿Debería el director de una agencia apoyar un plan para flexibilizar el horario de trabajo (horario flexible)?
- ¿Debería un legislador respaldar un proyecto de ley para restringir la venta de pistolas?
- ¿Debería el presidente negar la ayuda extranjera a países que violan los derechos humanos?
- ¿Debería el Congreso de los EE. UU. revocar la Ley de Atención Asequible en Salud?
- ¿Deberían los EE. UU. retirarse de Afganistán?

ELEMENTOS DEL DOCUMENTO TEMÁTICO DE POLÍTICA PÚBLICA

Un documento temático de política pública debe ser tan completo como el tiempo y la información disponible lo permitan. Un documento temático debe "explorar el problema con profundidad suficiente para brindar al lector una buena idea de sus dimensiones y del posible alcance de la solución, de modo que le permita al tomador de decisiones llegar a la conclusión de no hacer nada más o de encargar un estudio definitivo para obtener alguna recomendación de acción"[2]. En la experiencia de este autor, la mayoría de los documentos temáticos tratan primordialmente de la formulación de un problema y de posibles soluciones. Solo rara vez el documento temático alcanza conclusiones o recomendaciones definitivas. Si bien un documento temático puede contener recomendaciones y esbozar planes para monitorear y evaluar resultados de política pública, es en esencia la primera fase de un análisis de política pública en profundidad que puede llevarse a cabo en un momento posterior.

Al preparar un documento temático, el analista debe estar razonablemente seguro de que se han considerado todas las preguntas importantes. Aunque los documentos temáticos variarán con la naturaleza del problema que se investiga, la mayoría de los documentos temáticos contiene una serie de

2 Quade, *Analysis for Public Decisions*, p. 69.

elementos estándar[3]. Estos elementos, ya presentados en la Figura 9.2, se han organizado alrededor del marco de referencia para el análisis de política presentado en el texto.

Elemento	**Procedimiento analítico de política pública**
Carta de presentación	
Resumen ejecutivo	
I. Antecedentes del problema A. Describa la consulta del cliente B. Ofrezca una visión general de la situación problema C. Describa los esfuerzos iniciales para solucionar el problema	Monitoreo
II. Significación del problema A. Evalúe el desempeño de políticas anteriores B. Valore el alcance y la gravedad del problema C. Determine la necesidad de análisis	Evaluación
III. Declaración del problema A. Diagnostique el problema B. Describa las principales partes interesadas C. Defina metas y objetivos	Estructuración del problema
IV. Análisis de alternativas A. Describa alternativas B. Pronostique consecuencias de alternativas C. Describa desbordamientos y externalidades D. Valore restricciones y viabilidad política	Pronóstico
V. Conclusiones y recomendaciones A. Seleccione criterios o reglas de decisión B. Afirme conclusiones y recomendaciones C. Describa alternativa(s) preferida(s) D. Bosqueje una estrategia de implementación E. Resuma el plan de monitoreo y evaluación F. Liste limitaciones y consecuencias no anticipadas	Prescripción
Referencias	
Apéndices	

Observe que cada elemento del documento temático demanda un procedimiento analítico de política pública para producir y transformar conocimiento. Sin embargo, un documento temático de política tiene una característica crucial no compartida por el análisis de política pública integrado. El documento temático es esencialmente una investigación prospectiva (*ex ante*) que empieza con conocimiento limitado sobre resultados y desempeño de políticas anteriores, y concluye con tanto conocimiento como sea posible sobre la naturaleza de los problemas de política, los resultados de política esperados y las políticas preferidas.

UNA LISTA DE VERIFICACIÓN

La siguiente lista de verificación está diseñada como guía práctica para la preparación y autoevaluación de documentos temáticos de política pública. Los ítems de la lista de verificación se basan en las pautas

3 Comparar Quade, *Analysis for Public Decisions*, pp. 68–82, y Harry Hatry *et al.*, *Program Analysis for State and Local Governments* (Washington, DC: The Urban Institute, 1976), Apéndice B, pp. 139–143.

para preparar documentos temáticos de política presentadas anteriormente en este apéndice. La lista de verificación operacionaliza estas pautas, proporciona ejemplos breves, y contiene una escala de valoración que puede usarse para evaluar la adecuación de elementos específicos del documento. Recuerde, sin embargo, que algunos elementos de la lista de verificación pueden no ser apropiados para todos y cada uno de los documentos. Por consiguiente, la lista de verificación debe usarse en forma flexible y creativa.

Escala de valoración

1 = totalmente adecuado
2 = adecuado
3 = inadecuado
4 = totalmente inadecuado
5 = inaplicable

Elemento del documento temático de política pública	Ejemplo / Nota	Valoración
Carta de presentación		
1. ¿Se espera que todas las partes interesadas actúen sobre el documento considerado?	Un documento sobre el cumplimiento local de la ley podría ser considerado por el jefe de policía, el alcalde y el director de seguridad pública.	[ ]
2. ¿Describe la carta todos los materiales adjuntos?	"Adjunto encontrará usted un documento temático de política sobre opciones para aumentar la productividad de los empleados municipales. También se incluye un resumen ejecutivo de este documento, junto con materiales estadísticos anexos al texto".	[ ]
3. ¿La carta especifica de quién se espera que tome la iniciativa, cómo y cuándo?	"Esperamos su respuesta antes de la reunión programada para el 15 de junio".	[ ]
Resumen ejecutivo		
4. ¿Están descritos todos los elementos del documento temático en el resumen ejecutivo?	Todos los elementos del documento temático (origen y antecedente del problema, el problema de política, etc.) deben incluirse en el resumen.	[ ]
5. ¿El resumen es claro, conciso y específico?	"Este documento revisa los problemas de la contaminación del aire en los últimos diez años, mostrando que el nivel de contaminantes industriales ha aumentado más del 200% en el periodo 1968–1978".	[ ]
6. ¿Es comprensible el resumen para todos los que lo leerán?	El punto aquí es evitar jerga innecesaria, oraciones extensas y argumentos complejos tanto como sea posible.	[ ]
7. ¿Se destacan apropiadamente las recomendaciones en el resumen?	"En conclusión, recomendamos que se asignen fondos entre $15.000 y $20.000 para adelantar una evaluación de las necesidades de recreación en el área de Oakland".	[ ]

Elemento del documento temático de política pública	Ejemplo / Nota	Valoración
I. Antecedente del problema		[ ]
8. ¿Están descritas todas las dimensiones de la situación problema?	Las crecientes tasas de delitos pueden analizarse junto con datos sobre desempleo, reclutamiento policial, encuestas ciudadanas, migración, etc.	
9. ¿Se han descrito los esfuerzos previos por resolver los problemas en el área?	“Programas similares de capacitación se han implementado en Nueva York, Florida y California, a un costo de $4.000-5.000 por aprendiz”.	[ ]
10. ¿Hay una clara evaluación del desempeño de la política anterior?	“Los programas de capacitación en Nueva York y California resultaron en una reducción del uno por ciento del desempleo extremo y se juzgaron altamente exitosos”.	[ ]
II. Alcance y gravedad del problema		
11. ¿Están claramente descritos el alcance y la gravedad del problema?	“Los problemas de la contaminación industrial son más severos hoy que en cualquier época de nuestra historia y afectan el bienestar físico del sesenta por ciento de la población. La solución de estos problemas es un asunto urgente que reclama una acción oportuna y decisiva”.	[ ]
III. Declaración del problema		
12. ¿Está claramente planteado el problema?	“El problema considerado en este documento es cómo satisfacer mejor la necesidad de una mayor responsabilidad fiscal entre los gobiernos locales de la región”.	[ ]
13. ¿Está claramente afirmado el tema?	“El asunto considerado en este documento es si el Departamento de Asuntos Comunitarios del estado debería aumentar su asistencia técnica a los gobiernos locales en el área de administración financiera”.	[ ]
14. ¿Está claramente especificado el enfoque para el análisis?	“Para abordar este tema hemos empleado el análisis costo-efectividad como una forma de determinar los niveles de inversión necesarios para capacitar a diez mil funcionarios locales en técnicas de manejo de efectivo”.	[ ]
15. ¿Están identificadas todas las partes interesadas importantes?	La tarea aquí es identificar a todas las personas y grupos que afectan y se ven afectados de modo significativo por la formulación e implementación de políticas. Las partes interesadas que solo influyen (o se ven afectadas) marginalmente pueden eliminarse del análisis, pero esto requiere priorización.	[ ]
16. ¿Están metas y objetivos claramente especificados?	“La meta de esta política es mejorar la seguridad física de la comunidad. El objetivo es reducir en un diez por ciento o más los crímenes reportados en el periodo 1979–1980”.	[ ]
17. ¿Están las medidas de eficacia claramente especificadas?	Aquí hay muchas opciones: *ratios* beneficio-costo, beneficios netos, beneficios distributivos, etc.	[ ]
18. ¿Están delineados todos los conjuntos de soluciones potenciales?	“Cualquier esfuerzo por reducir la delincuencia en el área debe tener en cuenta la eficacia de los programas de aplicación de la ley, la tasa de desempleo, la densidad de población y la urbanización”.	[ ]

(*Continúa*)

Elemento del documento temático de política pública	Ejemplo / Nota	Valoración
IV. Alternativas de política		
19. ¿Hay soluciones alternativas especificadas?	"Tres alternativas de política se analizan en el transcurso de este documento: programas educativos para alertar a los ciudadanos sobre el papel que pueden desempeñar en el control de la delincuencia; programas de entrenamiento policial; y tecnología avanzada para el control de la delincuencia".	[ ]
20. ¿Se han comparado sistemáticamente alternativas en términos de sus costos y eficacia probables?	"El Programa A tiene una *ratio* beneficio-costo que es dos veces la del Programa B".	[ ]
21. ¿Están incluidos desbordamientos y externalidades relevantes en el análisis de alternativas?	"El programa educativo de la niñez temprana no solo es costo-efectivo. También producirá desbordamientos en la forma de participación creciente de los miembros de la familia en la escuela. Al mismo tiempo hay importantes externalidades en la forma de costos crecientes en el transporte hacia y desde la escuela".	[ ]
22. ¿Se tienen en cuenta todas las restricciones relevantes?	Estas pueden ser financieras (*e.g.*, costos fijos); legales (*e.g.*, leyes que proscriben ciertas acciones); o políticas (*e.g.*, ausencia de apoyo político).	[ ]
23. ¿Se han comparado en forma sistemática las alternativas en términos de factibilidad política?	El punto aquí es elaborar juicios informados sobre el apoyo, relevancia e influencia probables de partes interesadas clave para ganar aceptación e implementar cada alternativa.	[ ]
V. Recomendaciones de política		
24. ¿Están claramente especificados todos los criterios relevantes para prescribir alternativas?	Los criterios pueden incluir: mejora del bienestar neto, mejora distributiva, costo efectividad, etc.	[ ]
25. ¿Se ha descrito claramente la alternativa preferida?	"Por consiguiente, recomendamos que se adopte e implemente la segunda alternativa, ya que es probable que sea más costo-efectiva y es políticamente factible en las condiciones presentes".	[ ]
26. ¿Está delineada una estrategia para la implementación?	"La política propuesta debería ser implementada por el Departamento de Trabajo y las oficinas estatales de empleo. La implementación debería escalonarse durante un periodo de tres años y enfocarse en ciudades de más de 50.000 habitantes".	[ ]
27. ¿Se toman medidas para monitorear y evaluar las políticas?	"Las oficinas estatales de empleo deberían establecer unidades especiales para participar en evaluaciones de procesos y resultados, en intervalos de treinta días. Los resultados del monitoreo y la evaluación deberían almacenarse en un sistema de información de gestión, y los informes deberían presentarse cada tres meses".	[ ]
28. ¿Se tienen en cuenta limitaciones y posibles consecuencias no previstas?	Aquí el punto es especificar cómo las limitaciones del análisis afectan la confianza que uno tiene en las conclusiones. Posibles consecuencias no anticipadas (*e.g.*, abusos de los programas de bienestar social, accidentes nucleares, etc.) deben pensarse cabalmente.	[ ]

Elemento del documento temático de política pública	Ejemplo / Nota	Valoración
Referencias		
29. ¿Se incluyen las referencias citadas en el texto en la forma apropiada?	En un documento temático de política es preferible usar la forma bibliográfica "nombre-fecha". Solamente se incluirán en el texto el nombre del autor, la fecha de publicación y los números de las páginas, sin notas a pie de página al final de la página. Por ejemplo: (Jones, 1975: 20–23). La citación en las referencias rezará: Jones, John (1975), *A Report on the Fiscal Crisis*. Washington, DC: Fiscal Institute.	[ ]
Apéndices		
30. ¿Se incluyó información relevante de apoyo (estadísticas, legislación, documentos, correspondencia)?	Todas las tablas estadísticas deben numerarse y titularse adecuadamente, y la fuente de datos especificarse al final de la tabla. Legislación, documentos y correspondencia deben identificarse en cuanto a su fuente, fecha, autor(es), etc.	[ ]

APÉNDICE 2

Resúmenes ejecutivos

El resumen ejecutivo es una sinopsis de un documento temático de política pública. El resumen ejecutivo tiene estos elementos:

- Propósito del documento o estudio temático por resumir
- Antecedentes del problema o cuestión tratados
- Principales hallazgos o conclusiones
- Enfoque para el análisis o metodología
- Recomendaciones (opcionales: depende de las expectativas del cliente)

El siguiente resumen ejecutivo brinda una sinopsis de un estudio de noventa páginas titulado *Freight Trucking: Promising Approach for Predicting Carriers' Safety Risks* (*Camionaje de carga: enfoque promisorio para predecir los riesgos de seguridad de los transportadores*) (Washington, DC: U.S. General Accounting Office, Program Evaluation and Methodology Division, April 1991).

	Resumen ejecutivo
Propósito	Los camiones de carga plantean especiales riesgos de seguridad. Más de cuatro mil personas fallecen anualmente en accidentes relacionados con camiones de carga pesada. Las muertes son aproximadamente dos veces más probables en accidentes que involucran camiones con remolque de tractor que en aquellos que involucran solamente automóviles. En años recientes, el Congreso aprobó una legislación para prevenir situaciones que dan lugar a operaciones de transporte inseguras. Como medio para este fin, el Comité de la Cámara de Obras Públicas y Transporte y su Subcomité de Transporte de Superficie le solicitó a la *United States General Accounting Office* (GAO) (Oficina de Contabilidad General de los Estados Unidos) que determinara si ciertas condiciones económicas y otras podrían usarse como predictores de resultados de seguridad. El estudio de la GAO tenía los siguientes tres objetivos: (1) formular un modelo predictivo con especificación de relaciones hipotéticas entre seguridad y un conjunto de condiciones en la industria del transporte; (2) evaluar la disponibilidad y calidad de los datos federales requeridos para probar el modelo; y (3) utilizar los datos disponibles, en la medida de lo posible, para desarrollar un conjunto de indicadores que pudieran predecir problemas de seguridad en la industria del transporte de carga. El valor de un modelo viable es que el *Department of Transportation* (DOT) (Departamento de Transporte) podría usarlo como un sistema de alerta temprana para predecir problemas de seguridad.
Antecedentes	Aunque la Ley de Autotransportistas de 1980 codificó la relajación del control económico federal sobre la industria de carga, el Congreso aprobó una legislación en la década de 1980 diseñada para monitorear y prevenir situaciones que resultaran en operaciones de transporte inseguras. La GAO desarrolló un modelo que hipotéticamente liga cambios en las condiciones económicas con el declinante desempeño en la seguridad en la industria del transporte de carga (ver páginas 18 a 23). La hipótesis es que una caída en el desempeño económico entre los transportadores conducirá a una disminución del desempeño en la seguridad en una o más formas, descritas por cinco submodelos: (1) una baja de la calidad media del rendimiento del conductor; (2) las presiones salariales a la baja fomentan en los conductores el incumplimiento de las normas de seguridad; (3) menos énfasis de la gerencia en prácticas de seguridad; (4) mantenimiento y reemplazo diferidos de camiones; y/o (5) introducción de camiones multirremolque más grandes y pesados.

	Resumen ejecutivo
Síntesis de resultados	Los hallazgos preliminares de la GAO, que utilizó datos de 537 transportadores tomados del DOT y de la *Interstate Commerce Commission* (ICC) (Comisión Interestatal de Comercio), son que siete razones financieras se muestran prometedoras como predictoras de problemas de seguridad en la industria de transporte de carga interestatal. Por ejemplo, tres medidas de rentabilidad -rendimiento sobre el capital (*return on equity*), índice operativo y margen de utilidad neta- se asociaron con problemas de seguridad posteriores medidos por tasas de accidentes. Los datos coincidieron con el modelo de la GAO para cinco de siete razones financieras: las empresas en la posición financiera más débil tenían las tasas de accidentes más altas. La GAO también usó otra serie de factores para predecir resultados de seguridad, que incluían lo siguiente. En primer lugar, los transportadores más pequeños, como grupo, tenían una tasa de accidentalidad que excedía la tasa total del grupo en un 20 por ciento. En segundo lugar, las empresas que operan más cerca de un modelo de intermediación -esto es, aquellas que dependen de equipo y/o de conductores contratados temporalmente para mover la carga- tenían una tasa de accidentes para el grupo entre el 15 y el 21 por ciento por encima de la tasa total del grupo. Con respecto a dos de los submodelos (calidad y conformidad del conductor), la edad del conductor, los años de experiencia y la remuneración eran todos buenos predictores de los problemas de seguridad. La evidencia de la GAO es en general consistente con las hipótesis del modelo porque los conductores más jóvenes y menos experimentados y los conductores de empresas con salarios más bajos presentaban mayores riesgos de accidentes que el promedio. El estudio de la GAO demuestra así el potencial para desarrollar estrategias preventivas orientadas por las diferencias entre transportadores y conductores, y sugiere además la importancia de que el DOT monitoree las variaciones en las tasas de accidentes de transporte con el fin de disponer de una base sólida para formular aquellas estrategias preventivas.
El análisis de la GAO	
Datos federales disponibles	Con vistas a identificar y evaluar datos para probar el modelo de seguridad del transportador, la GAO revisó la literatura, conversó con expertos de la industria, y entrevistó a funcionarios federales responsables del mantenimiento de las bases de datos. La GAO combinó luego los datos proporcionados por el DOT y la ICC para realizar los análisis. La GAO encontró que las bases de datos federales existentes no reunían los datos necesarios para probar plenamente este modelo. La recopilación federal de datos sobre los accidentes de camiones de carga era esencialmente independiente del acopio de datos económicos, y combinar los dos tipos de datos procedentes de fuentes federales distintas no resultaba en general práctico. Más importante aún, los datos federales que permitían el cálculo de tasas de accidentes para los transportadores individuales no ofrecían un cuadro generalizable de un segmento definible de la industria o un análisis de las tendencias de seguridad a lo largo del tiempo. La información necesaria sobre conductores de camiones y sus tasas de accidentes también estaba ausente. En consecuencia, la GAO solo pudo probar dos de los submodelos (obteniendo datos de dos encuestas privadas). Una desafortunada implicación de esto es que, aun si todos los submodelos demuestran tener validez predictiva, las bases de datos federales existentes no contienen todavía información suficiente para convertir el modelo en un sistema de monitoreo efectivo.

(*Continúa*)

	Resumen ejecutivo
Predictores económicos	La GAO estimó que los mejores datos disponibles de tasas de accidentalidad para combinar con los extensos datos financieros de la ICC eran los que se obtenían de las auditorías de seguridad del DOT. Dado que las auditorías de seguridad no se continuaron después de octubre de 1986, el análisis de la GAO se limitó a los transportadores de la ICC más grandes y contratados con requerimientos de informes financieros que también fueron auditados por el DOT durante los años 1984–1986. La GAO encontró evidencia entre estos transportadores interestatales de que los transportadores en diferentes mercados o diferentes situaciones financieras plantean distintos riesgos de seguridad. Por ejemplo, los transportadores con pérdidas del 0,3% o más sobre el capital tuvieron una tasa grupal de accidentes (tasas definidas como accidentes por millón de millas) dos años después que fue un 27% superior a la tasa general del grupo.
Predictores del submodelo Calidad del conductor	Una de las encuestas privadas que utilizó la GAO suministró datos sobre aproximadamente 1.300 conductores interestatales que servían en Florida en 1989. Como lo predijo el submodelo de calidad del conductor, la GAO encontró que los conductores de camiones más jóvenes y menos experimentados eran más propensos a los accidentes. Por ejemplo, las probabilidades para conductores de 21 a 39 años de edad de haber estado involucrados en un accidente en los doce meses anteriores fueron más altas que las probabilidades para los conductores de más de 49 años en un factor de 1,6.
Predictores del submodelo Conformidad del conductor	La otra encuesta privada que usó la GAO arrojó datos pertinentes de una muestra nacional de conductores del camionaje, que compite con el ferrocarril. La GAO determinó que los conductores con salarios más bajos eran más proclives que sus contrapartes con salarios más altos a violar las normas de seguridad, pero solamente en el caso de conductores de la empresa, excluyendo a propietarios operadores (aquellos conductores que poseen sus propios camiones). Entre los conductores de la empresa, los que ganaban menos de 18,5 centavos por milla tenían casi el doble de probabilidades de haber recibido citaciones (o advertencias) por exceso de velocidad o de horas de servicio en los últimos noventa días.
Recomendación a la Secretaría de Transporte	El valor para el monitoreo, la aplicación de la ley y la formulación de políticas de mucha de la información sobre accidentes de camiones recopilada por el DOT se ve disminuido por la incapacidad de construir tasas de accidentalidad. Aunque el DOT reúne *datos* de accidentes, los datos de millaje necesarios para calcular *tasas* de accidentalidad no se obtienen rutinariamente de los transportadores. Por lo tanto, como primer paso para reducir los accidentes de los transportadores, la GAO recomienda que la Secretaría de Transporte se dirija al Administrador de la *Federal Highway Administration* (FHWA) (Administración Federal de Carreteras) para exigir que, bajo la regulación de esta Administración, se recaben anualmente datos sobre el millaje de los transportadores para mejorar el análisis de la accidentalidad. Cómo se obtengan tales datos puede depender de una serie de consideraciones, como costos y carga del encuestado, pero la consideración principal debería ser que los datos obtenidos dieran lugar al cálculo de tasas de accidentalidad en los transportadores bajo las regulaciones de la FHWA con el fin de apoyar los esfuerzos de monitoreo y de aplicación de la ley, y de permitir análisis de tendencias de seguridad. Al implementar la recomendación de la GAO, el DOT debería considerar el ulterior desarrollo de predictores de problemas de seguridad. Por ejemplo, el análisis de la GAO sugiere que indicadores de salud financiera, el segmento de mercado e información del conductor pueden ser útiles para el DOT en la identificación de grupos de transportadores de mayor riesgo para un seguimiento más estrecho o en los esfuerzos de aplicación de la ley. Se requiere hacer más trabajo para validar estos indicadores preventivos e identificar otros predictores de resultados de seguridad. El DOT debería considerar avanzar en este trabajo sobre indicadores preventivos porque, si tiene éxito, señalaría los cambios de política necesarios para evitar o reducir las condiciones de inseguridad predichas. La demostración de la GAO ilustra el tipo de trabajo que el DOT tendría que hacer para la prevención, particularmente si se desarrolla mejor información sobre tasas de accidentes, factores económicos y otros factores intermedios.

APÉNDICE 3

Memorandos de política pública

Los documentos temáticos de política pública son el producto de un prolongado proceso que demanda muchos meses o años de investigación y análisis. Los memorandos de política pública, en contraste, se preparan en un periodo de tiempo mucho más breve -con frecuencia no más de un mes, pero a veces es asunto de semanas o días. Los memorandos de política se basan a menudo en la síntesis de uno o varios documentos, estudios o informes temáticos. Las diferencias entre el documento temático, por una parte, y el memorando de política, por otra, se ilustran con los contrastes entre análisis "básico" y "aplicado" de política.

DOS TIPOS DE ANÁLISIS DE POLÍTICA PÚBLICA

Característica	**Básico**	**Aplicado**
Origen de los problemas	• Comunidad universitaria	• Comunidad de política pública
Métodos típicos	• Modelación cuantitativa	• Argumentación apropiada
Tipo de investigación	• Reunión original de datos	• Síntesis de datos existentes
Fin primordial	• Mejorar la teoría	• Mejorar la práctica
Medios de comunicación	• Artículo o libro	• Memo o documento temático de política
Fuente de incentivos	• Departamentos universitarios	• Departamentos de gobierno

El memo (abreviatura de *memorándum*) de política pública es una forma de comunicación escrita usada en las organizaciones públicas, sin ánimo de lucro y de negocios. Los memos de política son breves, bien organizados y comprensibles para no especialistas. En algunos casos, incluyen recomendaciones de política (pero solo si se solicitan). Los clientes de los memos de política pueden ser funcionarios electos nombrados, grupos de ciudadanos o representantes de organizaciones sin ánimo de lucro, gubernamentales y de negocios.

Los memos de política adoptan diferentes formas, dependiendo de la agencia u organización. Por ejemplo, diferentes agencias, departamentos o ministerios tienen su propia papelería con membretes preformateados, mientras que otros usan plantillas de procesamiento de textos. Pese a estas diferencias, hay varios elementos comunes. La mayoría de los memos presentan fecha, nombre del destinatario, nombre del analista y asunto del memo sobre líneas separadas en la parte superior de la página. Debido a que los memos están diseñados para comunicarse con ocupados formuladores de política, los memos deben ser breves (en su mayor parte de no más de tres a cinco páginas), estar claramente organizados con encabezamientos apropiados y escritos de modo comprensible con la menor jerga técnica posible. El contenido del memo debe ser comunicado de manera concisa en la línea del asunto. El material técnico y analítico (tablas, gráficos, figuras, documentos legales, etc.) que apoya las conclusiones y recomendaciones en el memo debe adjuntarse al memo como anexo o mantenerse a la mano para responder las preguntas que puedan surgir posteriormente (y que con frecuencia surgen).

- El párrafo introductorio debe afirmar el propósito del memo y la pregunta o el asunto para el cual el memo es una respuesta.
- Puede haber una sumaria descripción de los métodos empleados en el análisis. Pero recuerde que los atareados lectores generalmente no repararán mucho en sus métodos. (Esto *no* significa que usted no tendrá que justificar sus métodos a alguien posteriormente).
- Según corresponda, memos más largos, de tres o más páginas, deben usar encabezamientos, viñetas, subrayados, cursivas y otros dispositivos tipográficos para resaltar material especialmente importante.
- Normalmente, el memo debe terminar con información sobre dónde puede ser usted contactado para preguntas adicionales (*e.g.*, teléfono, *e-mail*).

Los que siguen son ejemplos representativos de memos de política.

MEMO DE POLÍTICA

PARA: La transición de seguridad nacional del presidente electo

DE: David Shorr, Fundación Stanley
Vikram Singh, Centro para una Nueva Seguridad Estadounidense

REF: Un presupuesto unificado para asuntos internacionales y seguridad nacional para aumentar la eficacia estadounidense en todo el mundo

El Centro para una Nueva Seguridad Estadounidense (CNSE) y la Fundación Stanley concluyeron recientemente una iniciativa de ocho meses centrada en la anémica condición de las agencias de asuntos internacionales civiles de los Estados Unidos. Hay un apoyo casi universal entre profesionales de la seguridad nacional para emprender una acción seria que remedie esta condición. El Secretario de Defensa Gates continúa solicitando más recursos para los elementos civiles del ejecutivo nacional, y se espera que el Proyecto de Reforma de la Seguridad Nacional recomiende duplicar los fondos del Departamento de Estado y de la USAID y aumentar el personal en un 50% como mínimo. Sin embargo, esta necesidad ampliamente reconocida de agencias civiles más fuertes no se ha visto acompañada por la voluntad política de ordenarlas y respaldarlas. El 94% de los fondos complementarios para las guerras de Irak y Afganistán ha sido para el Departamento de Defensa.

La esencia del problema está en la inadecuación de los recursos financieros y humanos para sostener la influencia política de Estados Unidos en un mundo rápidamente cambiante. Precisamente cuando las relaciones de Estados Unidos con el resto del mundo están en una profunda depresión, nuestra capacidad para cambiar las cosas permanece en mínimos históricos. Estados Unidos necesita inversión en infraestructura para la política exterior y no solo para iniciativas especiales o programas *boutique*.

Los hallazgos completos del proyecto CNSE-Stanley se hallan en cuatro informes disponibles en http://www.stanleyfoundation.org/articles.cfm?ID=492. Este memo, sin embargo, propone una sola iniciativa importante de política pública para dar un impulso inmediato y poner las bases para la reconstrucción de las capacidades de Estados Unidos en asuntos internacionales. *El Presidente electo debería demandar a sus nuevos equipos de seguridad nacional y de presupuesto preparar un presupuesto conjunto de asuntos internacionales y seguridad nacional para el año fiscal 2010.*

La administración Obama considerará, y debería considerar, medidas específicas para remediar las debilidades organizacionales en el aparato de política exterior del gobierno de los Estados Unidos, particularmente la reconstrucción posconflicto, el desarrollo económico de largo plazo y la diplomacia pública. Es crítico reconocer, no obstante, que estos son todos síntomas de un déficit sistémico de capacidad civil. Dado que este es un asunto relativo a la eficacia global de la política exterior estadounidense, el empuje para presupuestar entre las agencias a través de las tuberías de la estufa debe provenir de la cima. En otras palabras, independientemente de las demás reformas que se acometan, un mandato presidencial de un presupuesto conjunto para el año fiscal 2010 es de vital importancia con miras a iniciar el proceso de reconstrucción de la infraestructura organizacional.

El presupuesto conjunto para asuntos internacionales y seguridad nacional -empezando por la combinación de las funciones presupuestales 050 y 150 para el año fiscal 2010 y su expansión en los años siguientes- sería una primera herramienta para forzar el equilibrio entre departamentos. Sin exigir cambios en el proceso presupuestal normal dentro de las agencias, una revisión integral de la Casa Blanca promoverá la colaboración entre las áreas presupuestales superpuestas. Ello derivará en:

- Sustancial inversión en el fortalecimiento del Departamento de Defensa y la USAID para reforzar sus sobrecargadas oficinas centrales y misiones en el extranjero.
- Significativo crecimiento de su fuerza laboral.
- Equilibrio constante de los incrementos relativos en el gasto de defensa y asuntos internacionales observados en años recientes.

Otras iniciativas y organizaciones ofrecen detallados propósitos presupuestales y planes de implementación, como el informe *Foreign Affairs Budget for the Future* (*Presupuesto de relaciones exteriores para el futuro*) de la Academia Americana de Diplomacia y el Centro Stimson. Sugerimos que un presupuesto combinado de asuntos exteriores y seguridad nacional es la única palanca que puede estimular una inversión adicional más que marginal.

Esta iniciativa no debe depender de, ni esperar, otras reformas del aparato de política exterior. Será necesaria una serie de mecanismos relacionados para implementar esta disciplina presupuestal, y urgimos que sean incorporados en las estructuras que la nueva administración está estableciendo para la planeación y toma de decisiones de seguridad nacional:

- A medida que estos presupuestos se preparan, presentan y promulgan, necesitarán apoyo sustancial del personal del Consejo de Seguridad Nacional (CSN) y de la Oficina de Gestión y Presupuesto (OGP) de la Casa Blanca. Implementar tal presupuesto conjunto demandará un único director del CSN y la OGP de doble función para asuntos internacionales y seguridad nacional, y revisiones integrales de las presentaciones presupuestales de toda la agencia.

- Se requerirá cooperación intensiva entre las oficinas de presupuesto del Departamento de Defensa, el Departamento de Estado y la USAID para ayudar a sus directores a cumplir el mandato del Presidente.
- El presupuesto debe ser tratado como un solo conjunto de medidas desde el principio hasta el fin del proceso. Los directores del equipo de seguridad nacional del Presidente deben aceptar posiciones compartidas todo el camino hasta los proyectos de ley de apropiaciones finales.
- Si bien las reformas del proceso presupuestal del Congreso pueden ser en última instancia necesarias, mientras tanto la administración debería consultar lo más ampliamente posible a los comités de presupuesto, autorización y apropiación. El Congreso probablemente parcelará el presupuesto combinado tras recibirlo, pero la nivelación cruzada alcanzada por este nuevo proceso en la Casa Blanca aún se reflejará en los proyectos de ley de presupuesto de las agencias.

A pesar de ser un poder global, Estados Unidos no parece realmente poner su dedo en el pulso global. En una época de proliferación de partes interesadas, cualquier problema internacional que confronta Estados Unidos involucra no solo gobiernos nacionales sino un rango de actores: desde el sector privado y poderosas organizaciones no gubernamentales hasta redes criminales y terroristas. Para tener cualquier posibilidad de dar forma a los eventos mundiales, Washington debe poder acoplar esta panoplia de actores alrededor del globo.

Después de haber reducido las capacidades civiles estadounidenses más rápido que la defensa en los años 1990 y de haberlas incrementado más lentamente que la defensa desde 2001, el gobierno americano ha paralizado su capacidad para entender y relacionarse con los actores de los que depende la paz y la prosperidad del futuro. Así como Estados Unidos necesita invertir en educación y ciencia para asegurar que la fuerza de trabajo estadounidense pueda competir y prosperar en el mundo globalizado, de igual modo debe transformar nuestro poder ejecutivo para que sea competitivo en el esfuerzo de mantener el poder global de los Estados Unidos en el siglo veintiuno.

Fuente: www.stanleyfoundation.org/articles

28 de agosto de 1986

Honorable Presidente Butler Derrick
Grupo de Trabajo sobre el Proceso Presupuestal
Comisión de Presupuesto
Cámara de Representantes

Apreciado Señor Presidente:

En respuesta a su carta del 8 de mayo de 1985, hemos examinado los impactos potenciales de la inmigración sobre el presupuesto federal en los siguientes diez años. Este esfuerzo se hizo con dos objetivos: obtener la mejor estimación posible de los impactos presupuestales a pesar de las inadecuaciones de los datos conocidos, e iniciar el desarrollo de una metodología para tratar con asuntos de significación presupuestal de largo plazo y transversales, de los cuales la inmigración es un excelente ejemplo. El 1º. de mayo de 1986 les presentamos a usted y a otros miembros del grupo de trabajo y al personal en general los resultados de nuestro estudio. Este reporte es una versión escrita de esa sesión informativa. Hemos incluido también detalles adicionales sobre el impacto presupuestal de la inmigración en los gobiernos estatal y local.

Nuestro estudio estableció el año fiscal 1984 como línea base. Identificamos, y donde fue necesario estimamos, los principales gastos e ingresos federales relacionados con los inmigrantes para ese periodo. Luego proyectamos estos datos para producir estimaciones 1990 y 1995 bajo tres conjuntos diferentes de supuestos (escenarios) en cuanto al entorno social, económico y político futuro. Estas proyecciones no pretenden ser pronósticos, sino que se desarrollaron para brindar series ilustrativas. Buscamos además datos similares para programas y localidades seleccionados en los cinco estados más impactados, con fines de explicación, pero no hicimos proyecciones en este nivel.

Si bien hay restricciones y limitaciones en nuestro análisis, él demuestra que existen significativos impactos presupuestales de la inmigración en el nivel federal, en términos de gastos e ingresos. Pueden asignarse montos de dólares a tales impactos solo si se asumen supuestos importantes sobre la participación de los inmigrantes en los principales programas de seguridad social y de ingresos. Esto se debe a las incertidumbres acerca del tamaño y características de la población en 1984, así como a la ausencia de información directa sobre gastos e ingresos relacionados con los inmigrantes, vacíos en los datos que son incluso más evidentes en las proyecciones del año final. Asumimos, por consiguiente, que estas tasas de participación serían comparables, en el promedio, con las de las ciudadanos estadounidenses. No pudimos verificar esta hipótesis, y la opinión de los expertos varía.

Usando estos supuestos, encontramos que para el año fiscal 1984 en los programas que examinamos

- Los gastos federales per cápita para los inmigrantes eran más o menos comparables con los de los residentes promedio estadounidenses.
- Los inmigrantes aportaron menos ingresos per cápita al gobierno federal que los residentes promedio estadounidenses; y
- Los gastos totales relacionados con los inmigrantes difieren solo ligeramente de los ingresos totales relacionados con los inmigrantes.

En los tres escenarios examinados, estas observaciones siguen siendo válidas para 1990 y 1995, aunque la incertidumbre crece.

Respecto de los intereses metodológicos más amplios que orientaron la exploración, este estudio de un asunto transversal tiene valor y limitaciones. Si bien no pueden asignarse montos totales específicos de dólares sobre cualquier base sustentable, pueden identificarse gastos y rentas mínimos, pueden estimarse rangos, y pueden hacerse comparaciones basados en suposiciones explícitas. En razón a que las rentas y los gastos federales se ven afectados de modo significativo por la inmigración y permanecen de modo aproximado en equilibrio, la comisión puede querer monitorear las condiciones y tendencias clave para determinar si este equilibrio persiste. De esta forma, creemos haber demostrado la viabilidad de este enfoque, pero su utilidad variará con las circunstancias.

Me gustaría discutir esta información con usted más a fondo y a su conveniencia. Según lo acordado con su oficina, no hemos obtenido comentarios de la agencia sobre este informe. Estamos enviando copias del informe a partes interesadas y otras copias estarán disponibles sobre pedido.

Si usted o su personal tienen alguna pregunta sobre este informe, por favor contácteme en el número 275–9455.

Sinceramente suyo,

Kenneth W. Hunter
Asistente del Director

Fuente: *Budget Issues: Immigration to the United States. Federal Budget Impacts, 1984–1995* (Washington, DC: General Accounting Office, agosto de 1986).

Otro tipo de memo es el memo informativo que compendia los resultados de un análisis de inteligencia. Se presenta seguidamente un memo informativo sobre los planes de ataque de Osama bin Laden al *World Trade Center* del 11 de septiembre de 2001. Este memo fue presentado al Presidente George W. Bush el 6 de agosto de 2001.

INFORME DIARIO PRESIDENCIAL DESCLASIFICADO DEL 6 DE AGOSTO DE 2001

Solamente para el Presidente
6 de agosto de 2001

BIN LADEN DETERMINADO A ATACAR EN ESTADOS UNIDOS

Informes clandestinos, de gobiernos extranjeros y de medios de comunicación indican que desde 1997 Bin Laden ha querido llevar a cabo ataques terroristas en los Estados Unidos. Bin Laden dio a entender en entrevistas de la televisión estadounidense en 1997 y 1998 que sus seguidores seguirían el ejemplo del terrorista Razim Yousef y que "llevarían la lucha a América".

Después de los ataques de misiles estadounidenses a su base en Afganistán en 1998, Bin Laden les dijo a sus seguidores que quería tomar represalias en Washington, según un servicio (redactado).

Un agente de la *yihad* islámica egipcia le indicaba al mismo tiempo a un servicio (redactado) que Bin Laden estaba planeando explotar el acceso del agente a los Estados Unidos para organizar un golpe terrorista.

La conspiración del milenio en Canadá en 1999 pudo haber sido parte del primer intento serio por llevar a efecto un ataque terrorista en Estados Unidos. El conspirador convicto Ahmed Ressam le dijo a la Oficina Federal de Investigaciones que él concibió la idea de atacar el aeropuerto internacional de Los Ángeles, y que el lugarteniente de Bin Laden, Abu Zubaydah, lo animó y le ayudó a facilitar la operación. Ressam también señaló que en 1998 Abu Zubaydah estaba planeando su propio ataque a Estados Unidos.

Ressam dice que Bin Laden sabía de la operación de Los Ángeles.

Aunque Bin Laden no ha tenido éxito, sus ataques contra las embajadas de Estados Unidos en Kenia y Tanzania en 1998 demuestran que prepara operaciones con años de anticipación y que no se desanima por los contratiempos. Los asociados de Bin Laden vigilaban nuestras embajadas en Nairobi y Dar es-Salam ya en 1993, y algunos miembros de la célula de Nairobi que planearon los atentados fueron arrestados y deportados en 1997.

Miembros de Al Qaeda -incluyendo algunos que son ciudadanos estadounidenses- han residido en o viajado a los Estados Unidos durante años, y el grupo al parecer sostiene una estructura de apoyo que podría ayudar en los ataques. Dos miembros de Al Qaeda que fueron hallados culpables en la conspiración para bombardear nuestras embajadas en África oriental eran ciudadanos estadounidenses, y un miembro sénior de la *yihad* islámica egipcia vivía en California a mediados de los años noventa.

Una fuente clandestina decía en 1998 que una célula de Bin Laden en Nueva York estaba reclutando jóvenes musulmanes americanos para ataques.

No hemos podido corroborar algunos de los reportes de amenaza más sensacionales, como el de un servicio (redactado) en 1998 que dice que Bin Laden quería secuestrar un avión estadounidense para obtener la liberación del "Jeque Ciego" Omar Abdel-Rahman y de otros extremistas detenidos en Estados Unidos.

Sin embargo, información de la Oficina Federal de Investigaciones indica desde ese entonces patrones de actividad sospechosa en este país consistentes en preparativos de secuestros u otro tipo de ataques, que incluyen vigilancia reciente de edificios federales en Nueva York.

La Oficina Federal de Investigaciones está desarrollando aproximadamente setenta investigaciones de campo por todos los Estados Unidos que considera relacionadas con Bin Laden. La Agencia Central de Inteligencia y la Oficina Federal de Investigaciones están investigando una llamada de mayo a nuestra embajada en los Emiratos Árabes Unidos que afirmaba que un grupo de seguidores de Bin Laden estaba planeando ataques con explosivos en Estados Unidos.

Fuente: www.cnn.com/2004/images/04/10/whitehouse.pdf

APÉNDICE 4

Planeación de sesiones informativas orales

Los documentos escritos son solo uno de los medios de comunicar resultados de análisis de política pública. El otro es la sesión informativa oral. Si bien la sesión informativa o presentación oral tiene la mayor parte de los elementos del artículo temático, el enfoque para planear y efectuar una presentación oral es bastante diferente.

Los elementos de una sesión informativa oral comprenden generalmente los siguientes:

- Apertura y saludo a los participantes
- Antecedentes de la sesión informativa
- Principales hallazgos del análisis
- Enfoque y métodos
- Datos usados como base del análisis
- Recomendaciones
- Preguntas de los participantes
- Cierre

Como vimos en el Capítulo 9, un aspecto esencial de las comunicaciones orales es conocer la audiencia. Aquí debe formularse una serie de preguntas importantes antes de la sesión. ¿Cuán grande es la audiencia? ¿Cuántos miembros de la audiencia son expertos en el problema que usted va a tratar en la sesión? ¿Qué porcentaje de la audiencia entiende sus métodos de investigación? ¿Es usted creíble para los miembros de la audiencia? ¿La audiencia prefiere información detallada o general? ¿En qué estadio del proceso de factura de la política pública se sitúa la sesión? ¿En la fase de establecimiento de la agenda o en la de formulación y adopción? ¿O en las fases de implementación y evaluación?

Las respuestas a estas preguntas gobiernan la elección de la estrategia de comunicación apropiada para una audiencia particular. Por ejemplo, si la audiencia es un grupo de tamaño medio de veinte a veinticinco personas, la diversidad de la audiencia reclama estas estrategias de comunicación específicas[1].

- Haga circular materiales de antecedentes antes del encuentro de modo que todos partan de una base común.
- Dígale al grupo que la estrategia seleccionada está diseñada para satisfacer los objetivos del grupo en su conjunto, pero que no puede satisfacer las necesidades de cada uno.
- Enfóquese en las agendas de los formuladores de política clave, aun cuando pierda el resto de la audiencia.

Otro problema común al ofrecer sesiones informativas orales es que los formuladores de política pueden llevar su propio personal de expertos a la sesión. En este caso, un alto porcentaje de la audiencia tiene experticia en el área que usted abordará. Aquí, son apropiadas las siguientes estrategias:

- Evite comprometerse en un "concurso de conocimiento" con expertos centrándose en el propósito de su presentación.
- Capitalice la experticia del grupo para enfocarse en la evidencia que se refiere a hallazgos y recomendaciones.
- Evite una larga presentación de material sobre antecedentes y una larga descripción de métodos.
- Intente generar diálogo y un debate productivo sobre potenciales soluciones para el problema.

Un problema igualmente importante en las sesiones informativas orales es entender a los miembros individuales del grupo[2]. Por ejemplo, es importante saber si los clientes inmediatos del análisis de política son:

- Expertos en el área problema
- Conocedores de sus métodos analíticos
- Participantes influyentes en el proceso de elaboración de la política pública
- Personas orientadas hacia información detallada o general
- Personas que enfrentan riesgos altos, medios o bajos en el problema
- Políticamente importantes para el éxito de sus recomendaciones

Finalmente, las sesiones orales emplean varios tipos de ayudas visuales[3]. Uno de estas es la hoja de transparencia usada con un retroproyector (también conocido como "videoproyector"). Es importante reconocer que el uso de transparencias no es apropiado si usted desea un estilo informal de presentación -las transparencias tienden a hacer formales las presentaciones, dificultando el diálogo abierto. Alternativamente, usted puede desear limitar la discusión, y la estricta adhesión a las transparencias ayuda.

Es también importante observar las siguientes pautas en el uso de transparencias:

- Mantenga las transparencias simples, con texto resumido y resaltado.
- Use letras claras, en negrita y ordenadas, y líneas de texto.

1 Las pautas que siguen se basan en *Presentation Planner* (Pitsford, NY: Discus Electronic Training, Eastman Technology, 1991).
2 *Presentation Planner*, Individual Questions Menu.
3 *Presentation Planner*, Graphics Submenu.

- Destaque puntos importantes y use unos pocos colores diferentes (pero no más de tres).
- Limite el texto en cualquier página a un máximo de diez líneas.
- Asegúrese de que el ancho de la pantalla es al menos una sexta parte de la distancia entre la pantalla y el espectador más lejano.
- Permanezca en la misma transparencia durante al menos dos minutos para dar a los espectadores tiempo de leer y treinta segundos adicionales para estudiar el contenido.
- Mantenga encendidas las luces de la habitación -las transparencias no son películas.
- Apague el retroproyector cuando desee redireccionar de nuevo la atención hacia usted y restablecer el contacto visual.

Estas son solo algunas de las estrategias y tácticas que son apropiadas para audiencias y medios de comunicación diferentes. Dada la meta de seleccionar medios y productos de comunicación que se acoplen a las características de la audiencia, existe hoy un rico cuerpo de teoría y técnicas que orientan la presentación visual de información[4]. Actualmente se dispone de gráficos por computador apropiados, y de paquetes de presentación y de programas estadísticos. Estos incluyen el *Statistical Package for the Social Sciences* (*SPSS*), *Microsoft Excel* y *Microsoft Power Point.*

Muchos tipos de herramientas visuales están disponibles para el analista que desea comunicar de modo efectivo ideas complejas. Ejemplos de tales herramientas incluyen las siguientes:

- Gráficos de barras
- Gráficos circulares
- Histogramas de frecuencias
- Histogramas de frecuencias relativas
- Ojivas
- Diagramas de dispersión
- Gráficos de series de tiempo
- Gráficos con tablas de datos
- Árboles de decisión y otros diagramas
- Diagramas de flechas y modelos causales

Estas herramientas son útiles para comunicar en forma efectiva aspectos tanto simples como complejos de las políticas. En la mayor parte de las presentaciones de política pública, empero, un dispositivo visual clave es el que compendia relaciones entre dos o más alternativas y sus respectivos impactos. La matriz de opciones de impactos (ver Figura A.4.1), que es un arreglo rectangular de alternativas de política y sus impactos anticipados, se adapta bien a este fin. La matriz proporciona un mapa visual conciso del rango de impactos asociados con las alternativas. Los impactos preferidos pueden sombrearse, como en la Figura A.4.1, de modo que los participantes pueden examinar fácilmente el patrón de compensaciones (*tradeoffs*) entre impactos antes de que se hayan representado cuantitativamente en la forma de coeficientes, índices o razones (*e.g.*, una razón beneficio-costo), que pueden oscurecer los asuntos e impedir la discusión informada.

4 Cualquiera que desee alcanzar competencia en el tratamiento de estas cuestiones debe leer la premiada trilogía de Edward R. Tufte: *The Visual Display of Quantitative Information* (Cheshire, CT: Graphics Press, 1983); *Envisioning Information* (Cheshire, CT: Graphics Press, 1990); y *Visual Explanations: Images and Quantities, Evidence and Narrative* (Cheshire, CT: Graphics Press, 1997).

Matriz de opciones de impactos

IMPACTO DE POLÍTICA PÚBLICA	*ALTERNATIVAS DE POLÍTICA PÚBLICA*	
	55 MPH	65 MPH
TIEMPO DE VIAJE EN HORAS	22,6 billones	20,2 billones
GALONES DE GASOLINA CONSUMIDOS	81,6 billones	87,1 billones
CAMBIO EN LA CONTAMINACIÓN DEL AIRE	Descenso del 1%	Aumento del 3%
MUERTES EN TRÁFICO	45.200	54.100
LESIONADOS	1.800.000	2.000.000
APOYO PÚBLICO	70%	30%

NOTA: Los recuadros sombreados son impactos preferidos.

FIGURA A.4.1 Matriz de opciones de impactos

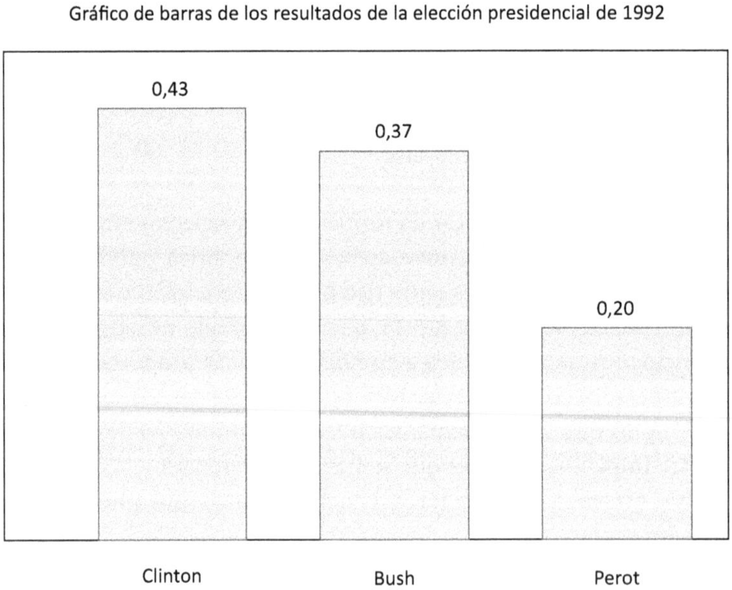

FIGURA A.4.2 Presentación en gráfico de barras de los resultados de la elección presidencial de 1992

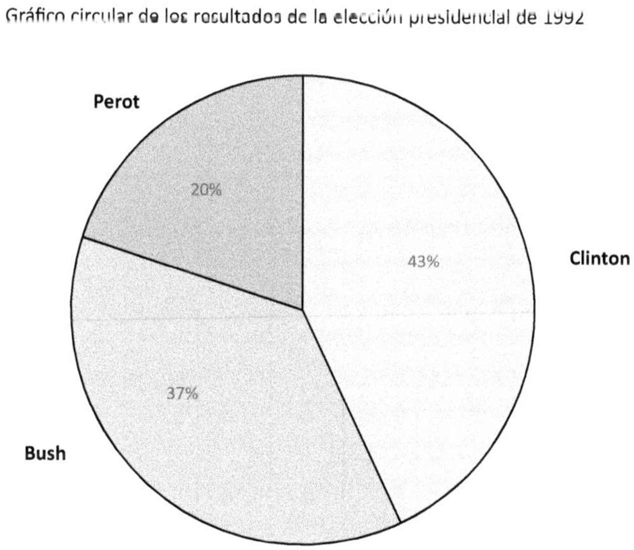

FIGURA A.4.3 Presentación en gráfico circular de los resultados de la elección presidencial de 1992

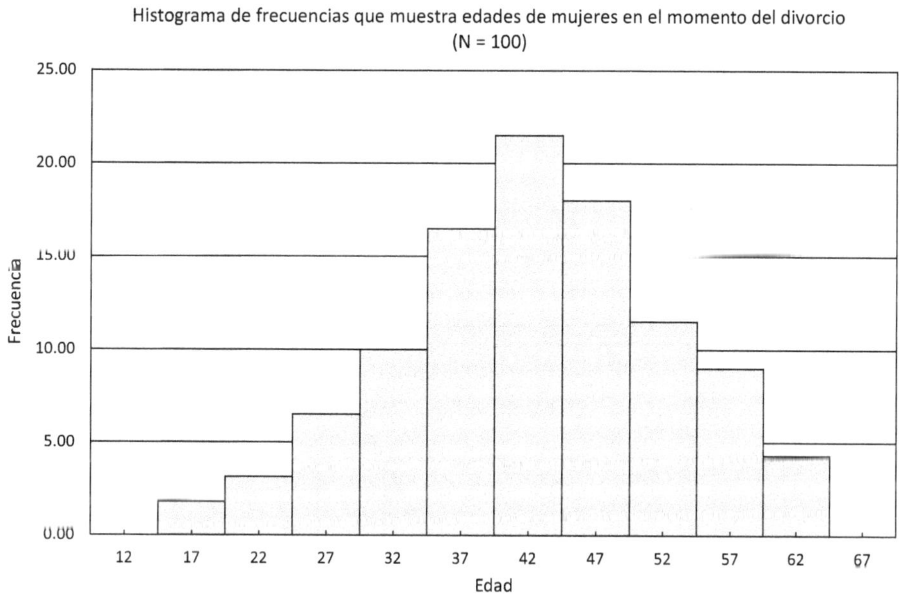

FIGURA A.4.4 Histograma de frecuencias que muestra las edades de mujeres en el momento del divorcio (N = 100)

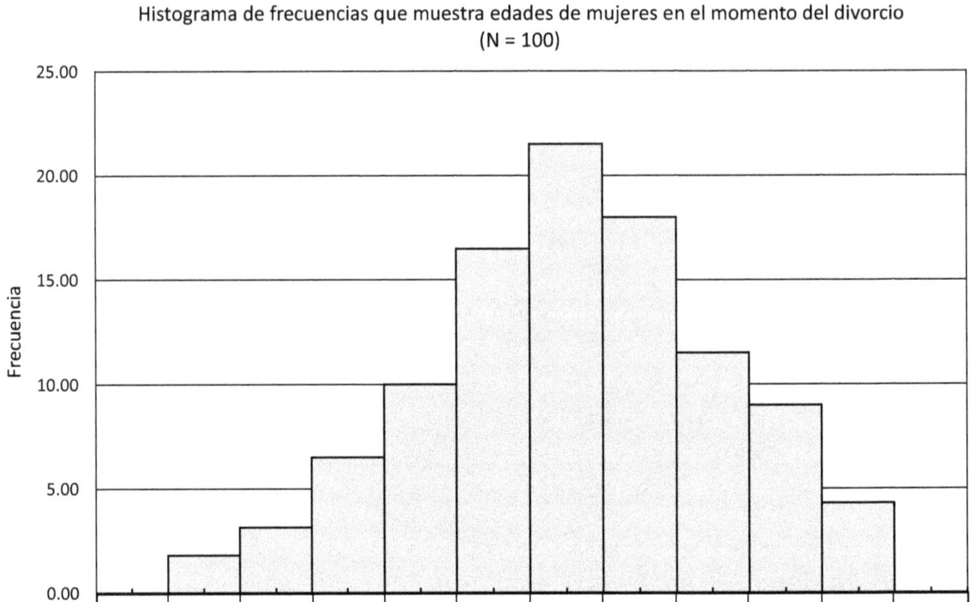

Edades	12	17	22	27	32	37	42	47	52	57	62	67
N = 100		2	3	6	10	16	21	18	11	9	4	

FIGURA A.4.5 Histograma de frecuencias que muestra las edades de mujeres en el momento del divorcio con tabla de datos anexa (N = 100)

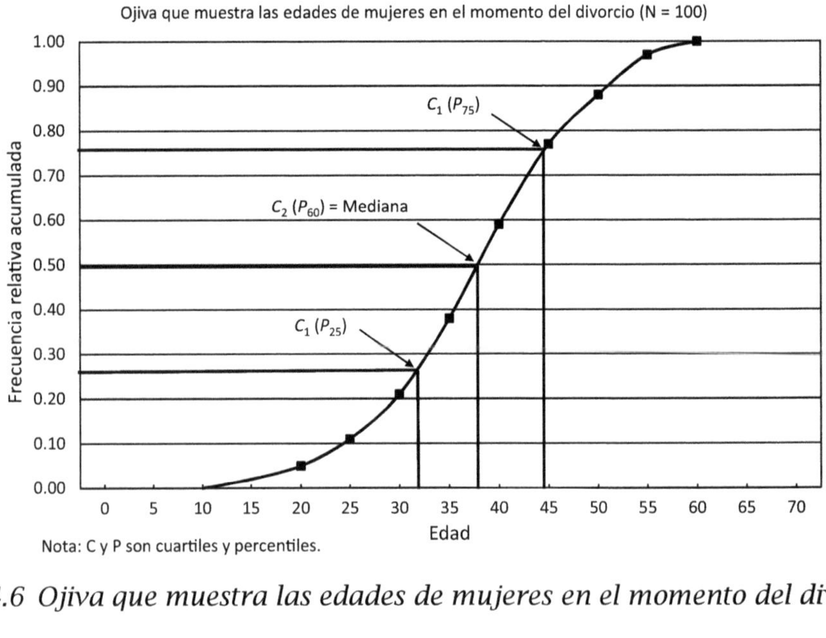

FIGURA A.4.6 Ojiva que muestra las edades de mujeres en el momento del divorcio (N = 100)

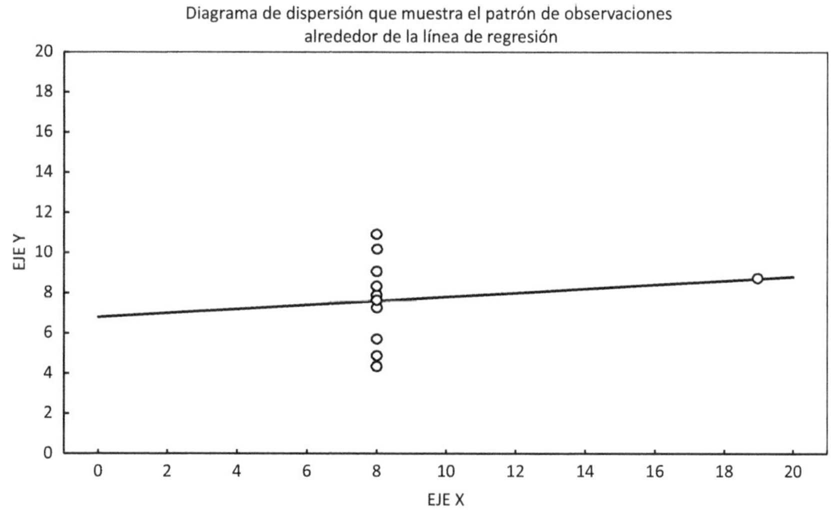

FIGURA A.4.7 Diagrama de dispersión que muestra el patrón de observaciones alrededor de la línea de regresión

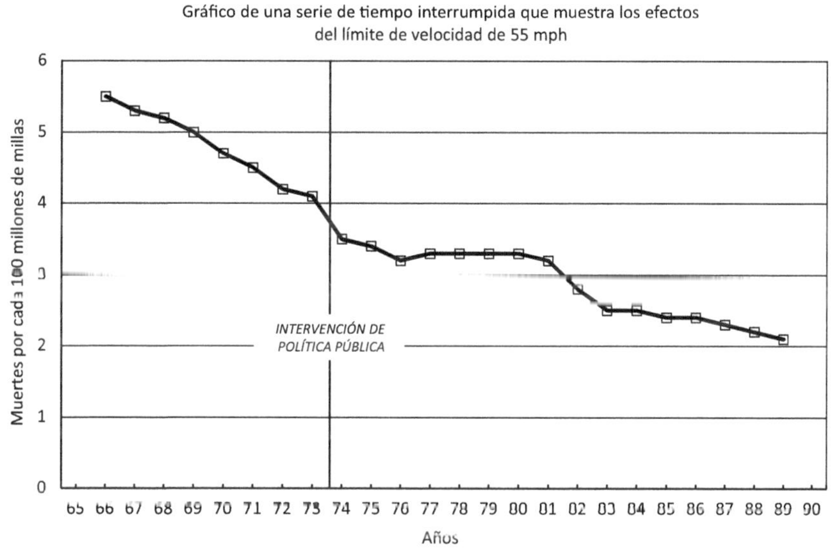

FIGURA A.4.8 Gráfico de una serie de tiempo interrumpida que muestra los efectos del límite de velocidad de 55 mph

Índice de autores

Números de página en negrita se refieren a tablas. Números de página en cursiva se refieren a figuras. Números de página con "n" se refieren a notas y con "nt" a notas del traductor.

Índice de materias

Números de página en negrita se refieren a tablas o recuadros. Números de página en cursiva se refieren a figuras. Números de página con "n" se refieren a notas y con "nt" a notas del traductor.

www.ingramcontent.com/pod-product-compliance
Ingram Content Group UK Ltd.
Pitfield, Milton Keynes, MK11 3LW, UK
UKHW051640031026
15588UKWH00007B/1247

9 781433 167881